工程数学 复变函数、矢量分析与场论、数学物理方法

田玉 郭玉翠 编著

清华大学出版社
北京

内容简介

本书包含复变函数、矢量分析与场论、数学物理方法三部分。复变函数部分的基本内容有：复数与复变函数的基本概念、复变函数的导数与积分、解析函数的性质和应用、复变函数的幂级数表示方法、留数定理及其应用等。矢量分析与场论部分介绍矢量函数及其导数与积分、梯度、散度和拉普拉斯算符在正交曲线坐标系中的表达式，以及算子方程等。数学物理方法部分的基本内容包括：波动方程、热传导方程、稳定场位势方程的导出、定解问题的提法；分离变量法求解定解问题的过程和步骤；二阶线性常微分方程的幂级数解法和斯图姆-刘维尔本征值问题；贝塞尔函数和勒让德函数的定义、性质与应用；求解定解问题的行波法、积分变换法和格林函数法等。

本书可以作为理科非数学专业和工科各专业本科生的教材或教学参考书。

图书在版编目(CIP)数据

工程数学：复变函数、矢量分析与场论、数学物理方法/田玉，郭玉翠编著.—北京：清华大学出版社，2018 (2023.8重印)

ISBN 978-7-302-50904-2

Ⅰ.①工… Ⅱ.①田… ②郭… Ⅲ.①工程数学 Ⅳ.①TB11

中国版本图书馆 CIP 数据核字(2018)第 189274 号

责任编辑：刘　颖
封面设计：傅瑞学
责任校对：刘玉霞
责任印制：丛怀宇

出版发行：清华大学出版社
　　网　　址：http://www.tup.com.cn，http://www.wqbook.com
　　地　　址：北京清华大学学研大厦 A 座　　**邮　　编**：100084
　　社 总 机：010-83470000　　**邮　　购**：010-62786544
　　投稿与读者服务：010-62776969，c-service@tup.tsinghua.edu.cn
　　质量反馈：010-62772015，zhiliang@tup.tsinghua.edu.cn
印 装 者：三河市龙大印装有限公司
经　　销：全国新华书店
开　　本：185mm×260mm　　**印　　张**：21.75　　**字　　数**：529 千字
版　　次：2018 年 9 月第 1 版　　**印　　次**：2023 年 8 月第 7 次印刷
定　　价：62.00 元

产品编号：080808-02

前　言

本书是在郭玉翠编著、清华大学出版社出版的《工程数学——复变函数与数学物理方法》基础上，经过5年教学实践的磨练，增删部分内容编写而成的，现呈现给广大同学和读者朋友。与清华大学出版社出版的《工程数学—复变函数与数学物理方法》相比，有以下一些改变。

1. 增加了矢量分析与场论一章内容和习题。从数学角度希望读者对这部分内容有深入了解，也为工科学生后继课程打下基础。

2. 调整了复变函数部分的内容，有些内容重新用定理描述，比如复合闭路定理，各类型孤立奇点的判定定理等，方便理解和总结归纳。

3. 增加了若干例题和习题。由于数学概念和定理很抽象，理解起来困难，为此增加例题的讲解，以方便读者学习和掌握。

4. 原有附录A和矢量分析与场论内容有关，故删去。阅读和学习数学物理方法部分时，常用到常微分方程求解的方法，为了让读者阅读和学习无障碍，增加了附录A常微分方程简介。

在本书的使用过程中，北京邮电大学的许多老师提出了具体的意见和建议。刘文军副教授、李莉副教授审阅了部分稿件。清华大学出版社给与了大力支持，在此一并表示衷心的感谢。

我们衷心期望使用和关心该教材的师生，对本书提出宝贵意见和建议。

田玉　郭玉翠

2018年6月

目 录

第1篇 复变函数

第2篇 矢量分析与场论

第3篇 数学物理方法

第1篇

复 变 函 数

第1章 复变函数及其导数与积分

1.1 引言

见到方程

$$x^2+1=0,$$

我们的第一反应是它在实数域内没有根.因为求它的根遇到了负数开平方的问题.

一般实系数一元二次方程

$$ax^2+bx+c=0$$

当判别式 $\Delta=b^2-4ac<0$ 时,都会遇到负数开平方的问题.再如 $\sqrt{-1}$,$\sqrt{-5}$ 这样的式子有什么意义吗?从有理数的角度来想象这样的数就没有任何意义.12世纪一位印度数学家婆什迦罗(Brahmin Bhaskara)说:"正数的平方是正数,负数的平方也是正数.因此,一个正数的平方根是两重的,一个正数和一个负数.负数没有平方根,因为负数不是平方数."

第一个将负数的平方根这个"显然"没有意义的东西写到公式里的人是16世纪意大利数学家卡尔达诺(Cardano),他把40看成是 $5+\sqrt{-15}$ 与 $5-\sqrt{-15}$ 的乘积.当时连卡尔达诺自己也认为这只是一种纯形式表达而已,没有任何意义,于是他给负数的平方根起了名字,称为"虚数",意指这是虚构的数.尽管不是有意为之,这个概念使数系得到了扩充,从实数域扩大到复数域.

关于复数理论系统的叙述是由瑞士数学家欧拉(Euler)作出的.他在1777年系统地建立起复数理论,发现了负指数函数和三角函数之间的关系,创立了复变函数论的一些基本定理,并开始把它们用到力学和地图制图学上.用符号"$\mathrm{i}=\sqrt{-1}$"作为虚数单位也是欧拉首创的,借助于这个虚数单位,就有 $\sqrt{-9}=\sqrt{9}\times\sqrt{-1}=3\mathrm{i}$,$\sqrt{-7}=\sqrt{7}\sqrt{-1}=2.646\cdots\mathrm{i}$,这样一来,每一个实数都有一个自己的虚数搭档.此外,实数和虚数还能结合起来,形成单一的表达式,例如 $5+\sqrt{-15}=5+\sqrt{15}\mathrm{i}$,而这种混合表达式通常称作**复数**.

复数被人们广泛认识和应用,是在两个业余数学家给出了虚数的几何解释之后.这两个业余数学家是:测绘员威塞尔(Wessel),挪威人;会计师阿尔刚(Robert Argand),法国人.

按照他们的解释，一个复数，例如 $3+4i$ 可以像图 1.1 那样表示出来，其中 3 是水平方向的坐标，4 是垂直方向的坐标.

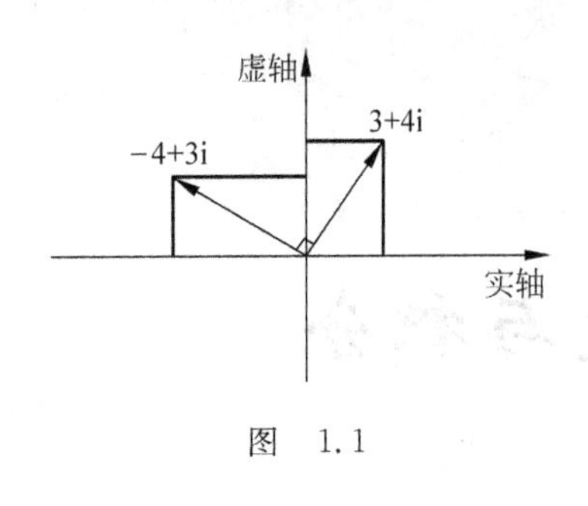

图 1.1

所有的实数(正数和负数)都对应横轴上的点，而虚数则对应纵轴上的点. 当我们把横轴上的 3 乘以虚数单位 i 时，就得到纵轴上的虚数 3i. 因此一个数乘以 i，相当于逆时针旋转 90°(见图 1.1).

如果把 3i 再乘以 i，又需再逆时针旋转 90°，这下又回到横轴上，不过是位于负数那一边了. 这可以帮助我们理解

$$3i\times i=-3 \quad 或 \quad i^2=-1.$$

这个规则同样适合于复数，把 $3+4i$ 乘以 i，就得到

$$(3+4i)i=3i+4i^2=3i-4=-4+3i.$$

从图 1.1 立刻可以看出，$-4+3i$ 正好相当于 $3+4i$ 这个点绕原点逆时针旋转了 90°. 同样道理，一个数乘以 $-i$ 就是它绕原点顺时针旋转了 90°. 这一点从图 1.1 也可以看出.

最后，我们通过一个例子来说明复数具有现实的应用.

从前有一个富于冒险的年轻人，在他祖父的遗物中发现了一张羊皮纸，上面指出了一项宝藏. 它这样写着：

乘船至北纬________，西经________(为了不泄密，隐去了实际经纬度)，就会找到一座荒岛. 岛上北岸有一大片草地，草地上有一株橡树和一株松树，还有一座绞架，那是过去用来吊死叛变者的. 从绞架走到橡树，并记住走了多少步；到了橡树向右拐个直角再走这么多步，在这里打个桩. 然后回到绞架那里，朝松树走去，同样记住所走的步数；到了松树向左拐个直角再走这么多步. 在这里也打个桩. 在两桩的正中间挖掘，就可找到宝藏.

这张纸指示很明确，所以年轻人就租了一条船开往目的地. 他找到了那座岛，也找到了橡树和松树，但令他大失所望的是绞架不见了. 经过长时间的风吹、日晒和雨淋，绞架已经糟烂成土，一点痕迹也看不出来了.

我们的这位探险家陷入了绝望，在狂乱中，他在地上乱掘起来. 但是地方太大了，一切只是白费力气，他只好两手空空、无功而返了. 因此那项宝藏恐怕还在岛上埋着呢！

这是一个令人伤心的故事，更令人伤心的是，如果小伙子懂点数学，特别是复数，他本来是可以找到宝藏的！

把这个岛看成一个复平面，过两棵树画一个轴线(实轴)，过两树中点与实轴垂直作虚轴，如图 1.2 所示.

以两树距离的一半作长度单位，这样橡树位于实轴的 -1 点上，而松树位于实轴的 $+1$ 点上. 我们不晓得绞架在哪里，不妨用大写希腊字母 Γ 来表示它的假设位置. 这个位置不一定在两根轴上，因此 Γ 应该是复数，即

$$\Gamma=a+bi.$$

现在来做点小计算，同时使用虚数的乘法. 既然绞架在 Γ，橡树在 -1，两者的距离和方位便是 $-1-\Gamma=-(1+\Gamma)$. 同理绞架与松树距离为 $1-\Gamma$. 将这两段距离分别顺时针和逆时针旋转 90°，也就是按照复数乘法的法则将这两个数分别乘以 $-i$ 和 i. 这样便得到两桩的位

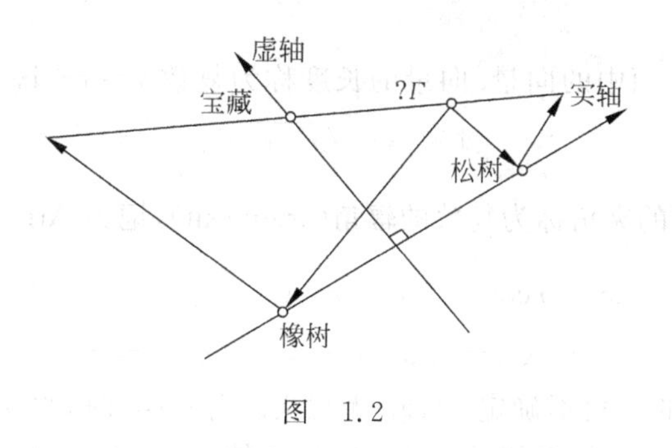

图　1.2

置为

第一根 $(-\mathrm{i})[-(1+\Gamma)]+1=\mathrm{i}(\Gamma+1)+1$,

第二根 $(+\mathrm{i})(1-\Gamma)-1=\mathrm{i}(1-\Gamma)-1$.

宝藏在两桩的正中间，因此我们应该求出上述两个复数之和的一半，即

$$\frac{1}{2}[\mathrm{i}(\Gamma+1)+1+\mathrm{i}(1-\Gamma)-1]=\frac{1}{2}[\mathrm{i}\Gamma+\mathrm{i}+1+\mathrm{i}-\mathrm{i}\Gamma-1]=\frac{1}{2}(2\mathrm{i})=\mathrm{i}.$$

现在看出来了，绞架 Γ 所在的位置在运算过程中消掉了，即不管绞架在何处，宝藏都在 $+\mathrm{i}$ 这个点上！

1.2　复数与复变函数

1.2.1　复数

设 x 和 y 是实数，形如 $z=x+\mathrm{i}y$ 的数称为复数. 其中 $\mathrm{i}=\sqrt{-1}$ 是虚数单位，x 和 y 分别称为 z 的**实部**(real part)和**虚部**(imaginary part)，分别记作 $x=\mathrm{Re}z$，$y=\mathrm{Im}z$.

复数 $z_1=x_1+\mathrm{i}y_1$ 和 $z_2=x_2+\mathrm{i}y_2$ 相等是指它们的实部与虚部分别相等.

如果 $\mathrm{Im}z=0$，则 z 可以看成一个实数，记为 $z=x$，因此复数是实数概念的推广；如果 $\mathrm{Im}z\neq0$，那么 z 称为一个虚数；如果 $\mathrm{Im}z\neq0$，而 $\mathrm{Re}z=0$，则称 z 为一个纯虚数.

复数的**共轭**定义为 $\bar{z}=x-\mathrm{i}y$.

复数的四则运算定义为

$$(x_1+\mathrm{i}y_1)\pm(x_2+\mathrm{i}y_2)=(x_1\pm x_2)+\mathrm{i}(y_1\pm y_2),$$

$$(x_1+\mathrm{i}y_1)(x_2+\mathrm{i}y_2)=(x_1x_2-y_1y_2)+\mathrm{i}(x_1y_2+x_2y_1),$$

$$\frac{(x_1+\mathrm{i}y_1)}{(x_2+\mathrm{i}y_2)}=\frac{(x_1+\mathrm{i}y_1)(x_2-\mathrm{i}y_2)}{(x_2+\mathrm{i}y_2)(x_2-\mathrm{i}y_2)}=\frac{x_1x_2+y_1y_2}{x_2^2+y_2^2}+\mathrm{i}\frac{x_2y_1-x_1y_2}{x_2^2+y_2^2}.$$

复数在四则运算这个代数结构下，构成一个复数域，记为 $\mathbb{C}$.

1.2.2　复平面

$\mathbb{C}$ 也可以看成平面 $\mathbb{R}^2$，称为复平面.

作映射：$\mathbb{C}\to\mathbb{R}^2: z=x+\mathrm{i}y\mapsto(x,y)$，则在复数集与平面 $\mathbb{R}^2$ 之间建立了一个一一对应关系. 建立直角坐标系如图 1.3 所示，横坐标轴称为实轴，纵坐标轴称为虚轴；复平面一般称

为 z 平面或 w 平面等.

复数可以等同于平面中的向量. 向量的长度称为复数 $z=x+\mathrm{i}y$ 的**模**,定义为

$$|z|=\sqrt{x^2+y^2}.$$

向量与正实轴之间的夹角称为复数的**辐角**(argument),记为 $\mathrm{Arg}z=\varphi$,$\tan\varphi=\dfrac{y}{x}$,于是有

$$x=r\cos\varphi,\quad y=r\sin\varphi \tag{1.1}$$

$$r=|z|=\sqrt{x^2+y^2},\quad |z|^2=z\bar{z}.$$

注意:当 $z=0$ 时的辐角不确定,Arg0 无意义. 当 $z\neq0$ 时,由于辐角 φ 增加 2π 的整数倍,其终边不变,因此 $\mathrm{Arg}z$ 是多值的. 可是满足条件 $-\pi<\mathrm{Arg}z\leqslant\pi$ 的辐角是唯一的,称该值为辐角主值,记为 $\arg z$,于是有 $-\pi<\arg z\leqslant\pi$,$\mathrm{Arg}z=\arg z+2k\pi(k=0,\pm1,\pm2,\cdots)$.

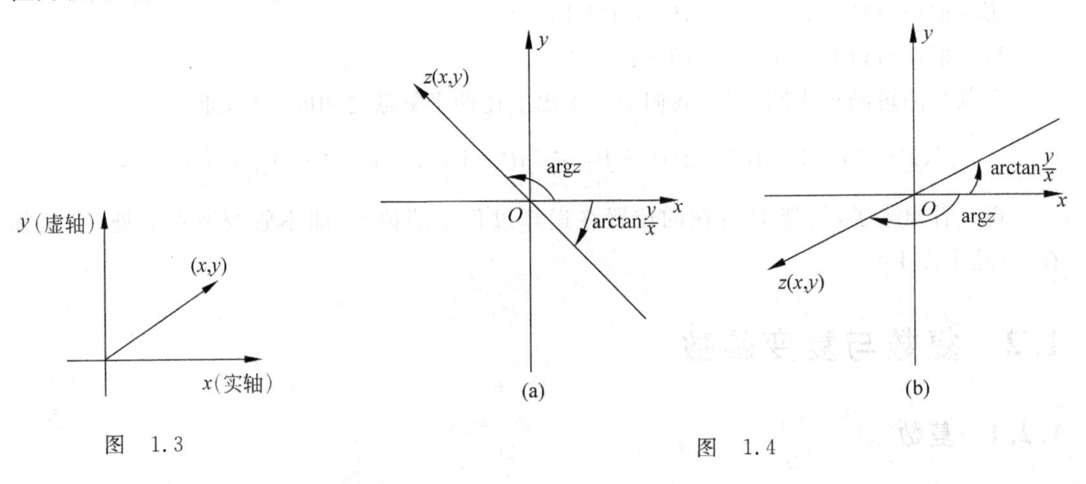

图 1.3　　图 1.4

当 $\arg z(z\neq0)$ 表示 z 的辐角主值时,它与 $\arctan\dfrac{y}{x}\left(-\dfrac{\pi}{2}<\arctan\dfrac{y}{x}<\dfrac{\pi}{2}\right)$,有如下关系(图 1.4):

$$\underset{(z\neq0)}{\arg z}=\begin{cases}\arctan\dfrac{y}{x}, & x>0,\\ \dfrac{\pi}{2}, & x=0,y>0,\\ \arctan\dfrac{y}{x}+\pi, & x<0,y\geqslant0,\\ \arctan\dfrac{y}{x}-\pi, & x<0,y<0,\\ -\dfrac{\pi}{2}, & x=0,y<0.\end{cases}$$

复数 $z=x+\mathrm{i}y$ 是复数的代数表示式。当 $z\neq0$,由(1.1)式和欧拉公式 $\mathrm{e}^{\mathrm{i}\varphi}=\cos\varphi+\mathrm{i}\sin\varphi$,可分别写出其三角表示式

$$z=|z|(\cos\mathrm{Arg}z+\mathrm{i}\sin\mathrm{Arg}z),$$

和指数表示式

$$z=|z|\mathrm{e}^{\mathrm{i}\mathrm{Arg}z}.$$

1.2.3　复数加法的几何表示

设 z_1,z_2 是两个复数，它们的加法、减法的几何意义是向量相加减如图 1.5 所示.

关于两个复数的和与差的模，有以下不等式：

(1) $|z_1+z_2|\leqslant|z_1|+|z_2|$;

(2) $|z_1+z_2|\geqslant||z_1|-|z_2||$;

(3) $|z_1-z_2|\leqslant|z_1|+|z_2|$;

(4) $|z_1-z_2|\geqslant||z_1|-|z_2||$;

(5) $|\mathrm{Re}z|\leqslant|z|,|\mathrm{Im}z|\leqslant|z|$;

(6) $|z|^2=z\bar{z}$.

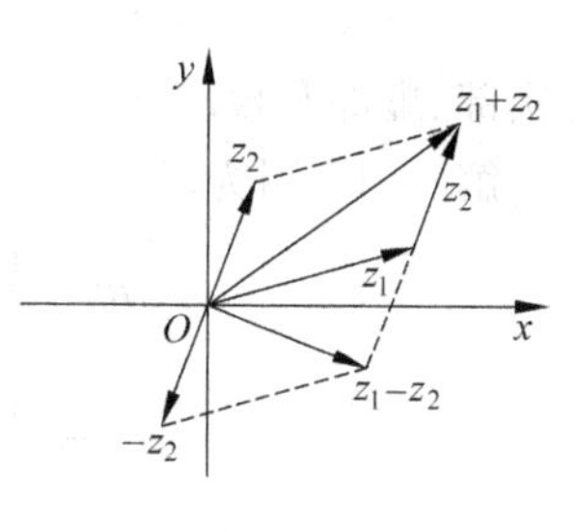

图　1.5

利用复数的三角表示，定义复数的乘幂为

$$z^n=|z|^n(\cos n\varphi+\mathrm{i}\sin n\varphi).$$

令 $z^{-n}=\dfrac{1}{z^n}$，则有

$$z^{-n}=|z|^{-n}[\cos(-n\varphi)+\mathrm{i}\sin(-n\varphi)].$$

进一步，有

$$z^{\frac{1}{n}}=\sqrt[n]{|z|}\left[\cos\left(\frac{1}{n}\varphi\right)+\mathrm{i}\sin\left(\frac{1}{n}\varphi\right)\right],$$

共有 n 个值.

例 1.1　试用复数表示圆的方程

$$a(x^2+y^2)+bx+cy+d=0,\quad a\neq0,$$

其中，a,b,c,d 是实常数.

解　由复数及其共轭的定义，上述方程的复数形式为

$$az\bar{z}+\bar{\beta}z+\beta\bar{z}+d=0,\quad 其中\ \beta=\frac{1}{2}(b+\mathrm{i}c).$$

例 1.2　设 z_1,z_2 是两个复数，证明

$$\overline{z_1+z_2}=\bar{z}_1+\bar{z}_2,\quad \overline{z_1z_2}=\bar{z}_1\bar{z}_2,\quad \bar{\bar{z}}_1=z_1.$$

证明　设 $z_1=x_1+\mathrm{i}y_1,z_2=x_2+\mathrm{i}y_2$，则 $z_1+z_2=x_1+x_2+\mathrm{i}(y_1+y_2)$.

$z_1z_2=(x_1+\mathrm{i}y_1)(x_2+\mathrm{i}y_2)=(x_1x_2-y_1y_2)+\mathrm{i}(x_1y_2+x_2y_1)$，所以

$\overline{z_1+z_2}=(x_1+x_2)-\mathrm{i}(y_1+y_2)=x_1-\mathrm{i}y_1+x_2-\mathrm{i}y_2=\bar{z}_1+\bar{z}_2$,

$\overline{z_1z_2}=(x_1x_2-y_1y_2)-\mathrm{i}(x_1y_2+x_2y_1)=\bar{z}_1\bar{z}_2$,

$\bar{\bar{z}}_1=\overline{x_1-\mathrm{i}y_1}=x_1+\mathrm{i}y_1=z_1$.

利用数学软件 Maple 可以进行复数运算. 例如计算 $\dfrac{(2+3\mathrm{i})(3-2\mathrm{i})}{(1+2\mathrm{i})(2+\mathrm{i})}$，只需在 Maple 窗口输入

```
num := ((2 + 3·I)·(3 - 2·I)) / ((1 + 2·I)·(2 + I))
```

回车后，直接输出结果：$1-\dfrac{12}{5}\mathrm{I}$.（注意：在 Maple 程序中虚数单位 $\sqrt{-1}$ 需用大写字母 I

表示.）

例 1.3 求复数

$$w=\frac{1+z}{1-z}\quad(\text{复数 }z\neq 1)$$

的实部、虚部和模.

解 (1) 因为

$$w=\frac{1+z}{1-z}=\frac{(1+z)(\overline{1-z})}{(1-z)(\overline{1-z})}=\frac{1-z\bar{z}+z-\bar{z}}{|1-z|^2}$$
$$=\frac{1-|z|^2+2\mathrm{iIm}z}{|1-z|^2},$$

所以

$$\mathrm{Re}w=\frac{1-|z|^2}{|1-z|^2},\quad \mathrm{Im}w=\frac{2\mathrm{Im}z}{|1-z|^2}.$$

(2) 因为

$$|w|^2=w\bar{w}=\frac{1+z}{1-z}\cdot\frac{1+\bar{z}}{\overline{1-z}}=\frac{1+z\bar{z}+z+\bar{z}}{|1-z|^2}=\frac{1+|z|^2+2\mathrm{Re}z}{|1-z|^2},$$

所以 $|w|=\dfrac{\sqrt{1+|z|^2+2\mathrm{Re}z}}{|1-z|}$.

例 1.4 求 $\sqrt[4]{(1+\mathrm{i})}$ 的所有值.

解 由于 $1+\mathrm{i}=\sqrt{2}\left(\cos\left(\frac{\pi}{4}+2k\pi\right)+\mathrm{i}\sin\left(\frac{\pi}{4}+2k\pi\right)\right)$，所以有

$$\sqrt[4]{(1+\mathrm{i})}=\sqrt[8]{2}\left[\cos\frac{1}{4}\left(\frac{\pi}{4}+2k\pi\right)+\mathrm{i}\sin\frac{1}{4}\left(\frac{\pi}{4}+2k\pi\right)\right]$$
$$=\sqrt[8]{2}\left[\cos\left(\frac{\pi}{16}+\frac{k\pi}{2}\right)+\mathrm{i}\sin\left(\frac{\pi}{16}+\frac{k\pi}{2}\right)\right],$$

其中，$k=0,1,2,3$.

1.2.4 复平面上的点集

定义 1.1 设 $z_0\in\mathbb{C}$，$r\in(0,+\infty)$，定义

$$U(z_0,r)=\{z\,\big|\,|z-z_0|<r,z\in\mathbb{C}\},$$

为 z_0 的 r **邻域**.

称集合

$$\{z\,\big|\,|z-z_0|\leqslant r,z\in\mathbb{C}\},$$

为以 z_0 为中心、r 为半径的闭圆盘，记为 $\overline{U}(z_0,r)$.

定义 1.2 设 $E\subset\mathbb{C}$，$z_0\in\mathbb{C}$，若 $\forall r>0$，$U(z_0,r)\cap E$ 中有无穷多个点，则称 z_0 为 E 的**聚点或极限点**；若 $\exists r>0$，使得 $U(z_0,r)\subset E$，则称 z_0 为 E 的**内点**；若 $\forall r>0$，$U(z_0,r)\cap E$ 中既有属于 E 的点，又有不属于 E 的点，则称 z_0 为 E 的**边界点**；集合 E 的全部边界点所组成的集合称为 E 的**边界**，记为 ∂E；$E\cup\partial E$ 称为 E 的**闭包**，记为 $\bar{E}$；若 $\exists r>0$，使得 $U(z_0,r)\cap E=\{z_0\}$，则称 z_0 为 E 的**孤立点**（是边界点但不是聚点）.

定义 1.3　所有点为内点的集合称为**开集**；或者没有聚点，或者所有聚点都属于 E 的集合称为**闭集 E**；任何集合 E 的闭包 $\overline{E}$ 一定是闭集；如果 $\exists r>0$，使得 $E\subset U(0,r)$，则称 E 是有界集，否则称 E 是**无界集**；复平面上的有界闭集称为**紧集**.

例 1.5　圆盘 $U(z_0,r)$ 是有界开集；闭圆盘 $\overline{U}(z_0,r)$ 是有界闭集.

例 1.6　集合 $\{z \mid |z-z_0|=r\}$ 是以 z_0 为圆心、半径为 r 的圆周，它是圆盘 $U(z_0,r)$ 和闭圆盘 $\overline{U}(z_0,r)$ 的边界.

例 1.7　复平面、实轴、虚轴是无界集，复平面是无界开集.

例 1.8　集合 $E=\{z \mid 0<|z-z_0|<r\}$ 是去掉圆心的圆盘. 圆心 $z_0\in\partial E$，它是 ∂E 的孤立点，是集合 E 的聚点.

定义 1.4　复平面 $\mathbb{C}$ 上的集合 D，如果满足：

(1) D 是开集；

(2) D 是连通集，即 D 中任意两点可以用有限条相衔接的线段所构成的折线连起来，而使这条折线上的点完全属于 D，则称 D 是一个区域.

结合前面的定义知区域分为有界区域和无界区域.

区域 D 内及其边界 C 所组成的集合称为闭区域，记作 $\overline{D}=D+C$.

定义 1.5　设已给

$$z=z(t)=x(t)+\mathrm{i}y(t),\quad a\leqslant t\leqslant b,$$

如果 $\mathrm{Re}z(t)=x(t)$ 和 $\mathrm{Im}z(t)=y(t)$ 作为实变量 t 的实值函数都在闭区间 $[a,b]$ 上连续，则称集合 $\{z(t) \mid t\in[a,b]\}$ 为一条连续**曲线**.

如果对 $[a,b]$ 上任意不同两点 t_1 及 t_2，但不同时是 $[a,b]$ 的端点，有 $z(t_1)\neq z(t_2)$，那么上述集合称为一条简单连续曲线，或若尔当曲线. 若还有 $z(a)=z(b)$，则称其为一条简单连续闭曲线，或若尔当闭曲线. 可参见图 1.6.

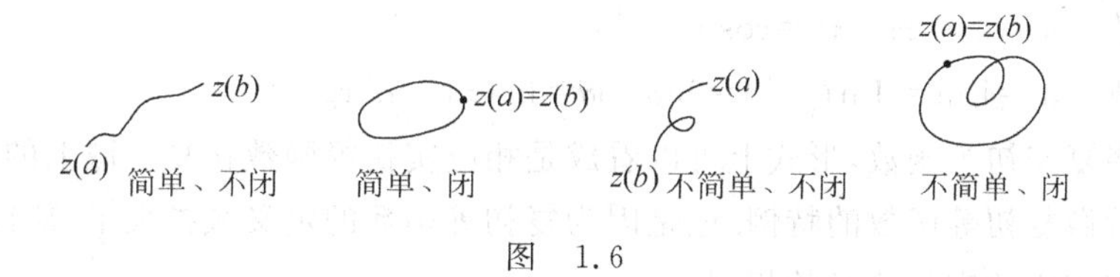

图　1.6

定理 1.1　**若尔当定理**：任意一条若尔当闭曲线把整个复平面分成两个没有公共点的区域：一个有界的称为内区域，一个无界的称为外区域.

光滑曲线：如果 $\mathrm{Re}z(t)$ 和 $\mathrm{Im}z(t)$ 都在闭区间 $[a,b]$ 上连续，且有连续的导函数，在 $[a,b]$ 上这两个导函数不同时为零，则称集合 $\{z(t) \mid t\in[a,b]\}$ 为一条光滑曲线；类似地，可以定义分段光滑曲线.

设 D 是在复平面 $\mathbb{C}$ 上的一个区域，如果 D 内任何简单闭曲线的内区域中每一点都属于 D，则称 D 是**单连通区域**，否则称 D 是**多连通区域**.

例 1.9　集合 $\{z \mid (1-\mathrm{i})z+(1+\mathrm{i})\bar{z}>0\}$ 为半平面，它是一个单连通无界区域，其边界为直线

$$(1-\mathrm{i})z+(1+\mathrm{i})\bar{z}=0,\quad 即\quad x+y=0.$$

例 1.10 集合$\{z \mid 2<\mathrm{Re}z<3\}$为一个垂直带形，它是一个单连通无界区域，其边界为直线 $\mathrm{Re}z=2$ 及 $\mathrm{Re}z=3$.

例 1.11 集合$\{z \mid 2<\arg(z-\mathrm{i})<3\}$为一角形，它是一个单连通无界区域，其边界为半射线 $\arg(z-\mathrm{i})=2$ 及 $\arg(z-\mathrm{i})=3$.

例 1.12 集合$\{z \mid 2<|z-\mathrm{i}|<3\}$为一个圆环，它是一个多连通有界区域，其边界为圆 $|z-\mathrm{i}|=2$ 及 $|z-\mathrm{i}|=3$.

1.2.5 复变函数

定义 1.6 设在复平面$\mathbb{C}$上已给点集 E，如果有一个法则 f，使得 $\forall z=x+\mathrm{i}y\in E$，$\exists w=u+\mathrm{i}v\in\mathbb{C}$ 与它对应，则称 f 在 E 上定义了一个**复变数函数**，简称为**复变函数**，记为 $w=f(z)$. z 称为 w 的**宗量**，E 称为复变函数 w 的**定义域**.

与实变数函数的定义不同，这里没有明确指出是否只有一个 w 和 z 对应；如果 w 和 z 为一一对应的关系，则称 w 为 z 的**单值函数**；否则称为**多值函数**. 事实上，复变函数等价于两个实变量的实值函数，即若 $z=x+\mathrm{i}y, w=\mathrm{Re}f(z)+\mathrm{i}\mathrm{Im}f(z)=u(x,y)+\mathrm{i}v(x,y)$，则 $w=f(z)$等价于两个二元实变量函数 $u=u(x,y)$和 $v=v(x,y)$.

常用的复变初等函数包括：

多项式函数 $w=a_0+a_1z+a_2z^2+\cdots+a_nz^n$.

有理函数 $w=\dfrac{a_0+a_1z+a_2z^2+\cdots+a_nz^n}{b_0+b_1z+b_2z^2+\cdots+b_mz^m}$ （其中 m 和 n 为正整数）.

无理函数 $w=(a_0+a_1z)^{1/2}$.

指数函数 $w=\mathrm{e}^z$.

三角函数 $w=\sin z$； $w=\cos z$.

双曲函数 $w=\sinh z$； $w=\cosh z$.

对数函数 $w=\mathrm{Ln}z=\mathrm{Ln}(\rho\mathrm{e}^{\mathrm{i}\theta})=\ln\rho+\mathrm{i}\theta=\ln|z|+\mathrm{i}\mathrm{Arg}z$.

对于这些复变初等函数，形式上可以看成是相应实初等函数在复数域上的推广，实初等函数也可以看做复初等函数的特例. 但是因为复初等函数的定义域扩大了，所以它们的全部性质不可能和相应的实初等函数相同.

例如对数函数，在实变量函数中，只有当自变量 $x>0$ 时函数才有意义；但在复对数函数情况下，当 $z=-x(x>0)$时，$\ln z$ 仍然有意义. 又如，在实变函数中，三角函数 $\sin x$ 的绝对值小于等于 1，但在复变函数时，$\sin z$ 的绝对值却完全可能大于 1. 例如利用 Maple 计算 $\sin(1.2+2.5\mathrm{i})$：

输入 `num1 := sin(1.2 + 2.4·I)`

回车后，输出 `5.1792911958 + 1.980730543I.`

复变函数的几何特征 在高等数学中，常常把函数的几何图形表示出来，这些几何图形对研究函数性质有直观帮助. 但是对于复变函数，无法借助同一平面或三维空间表示，比如 $w=f(x+\mathrm{i}y)=u+\mathrm{i}v$，必须用四维空间，为克服这个困难，取两个复平面，分别称为 z 平面

和 w 平面，具体地说，复变函数 $w=f(z)$ 给出了从 z 平面上的点集 E 到 w 平面的点集 A 间的一一对应关系.

从集合论的观点，令 $A=\{f(z)\,|\,z\in E\}$，记作 $A=f(E)$，我们称映射 $w=f(z)$ 把任意的 $z_0\in E$ 映射成为 $w_0=f(z_0)\in A$，把集合 E 映射成集合 A. 称 w_0 及 A 分别为 z_0 和 E 的像，而称 z_0 和 E 分别为 w_0 及 A 的**原像**.

若 $w=f(z)$ 把 E 中不同的点映射成 A 中不同的点，则称它是一个从 E 到 A 的双射.

例 1.13　考虑映射 $w=z+\alpha$.

解　设 $z=x+\mathrm{i}y$，$w=u+\mathrm{i}v$，$\alpha=a+\mathrm{i}b$，则有 $u=x+a$，$v=y+b$，这是一个 z 平面到 w 平面的双射，我们称为一个平移.

例 1.14　考虑映射 $w=\alpha z$，其中 $\alpha\neq 0$.

解　令 $z=r(\cos\theta+\mathrm{i}\sin\theta)$，则它可以分解为以下两个映射的复合：

$$\omega=\alpha(\cos\theta+\mathrm{i}\sin\theta),\quad w=r\omega.$$

第一个映射是一个旋转(旋转角为 θ)，第二个映射是一个以原点为中心的相似映射.

例 1.15　考虑映射 $w=\dfrac{1}{z}$.

解　它可以分解为以下两个映射的复合：

$$z_1=\frac{1}{\bar{z}},\quad w=\bar{z}_1.$$

映射 $w=\bar{z}_1$ 是一个关于实数轴的对称映射；映射 $z_1=\dfrac{1}{\bar{z}}$ 把 z 映射成 z_1，其辐角与 z 相同

$$\operatorname{Arg} z_1=-\operatorname{Arg}\bar{z}=\operatorname{Arg} z,$$

而模 $|z_1|=\left|\dfrac{1}{\bar{z}}\right|=\dfrac{1}{|z|}$，满足 $|z_1||z|=1$. 我们称 $z_1=\dfrac{1}{\bar{z}}$ 为关于单位圆的对称映射，z 与 z_1 称为关于单位圆的互相对称点.

若规定 $w=\dfrac{1}{z}$ 把 $z=0,\infty$ 映射成 $w=\infty,0$，则它是一个扩充 z 平面到扩充 w 平面的一个双射，扩充复平面的概念见 1.4 节.

例 1.16　设有函数 $w=z^2$，试问它把 z 平面上的下列曲线分别变成 w 平面上的何种曲线？

(1) 以原点为圆心，以 2 为半径，在第一象限内的圆弧；

(2) 倾角 $\theta=\pi/3$ 的直线(可以看成两条射线 $\arg z=\pi/3$ 及 $\arg z=4\pi/3$)；

(3) 双曲线 $x^2-y^2=4$.

解　设 $z=x+\mathrm{i}y=r(\cos\theta+\mathrm{i}\sin\theta)$，则 $w=u+\mathrm{i}y=R(\cos\varphi+\mathrm{i}\sin\varphi)$，即

$$R=r^2,\quad \varphi=2\theta.$$

(1) 当 z 的模为 2，辐角由 0 变为 $\dfrac{\pi}{2}$ 时，对应的 w 的模为 4，辐角由 0 变至 π. 故在 w 平面上对应的图形为以原点为圆心、4 为半径，在 u 轴上方的半圆周.

(2) 在 w 平面上对应图形为射线 $\varphi=\dfrac{2\pi}{3}$.

(3) 因为 $w=z^2=x^2-y^2+2xy\mathrm{i}$，故 $u=x^2-y^2$，$v=2xy$，所以 z 平面上的双曲线 $x^2-y^2=4$ 在 w 平面上的像为直线 $u=4$.

例 1.17 考虑映射 $w=z^2$.

解 $w=z^2=(x+\mathrm{i}y)^2=x^2-y^2+2\mathrm{i}xy$ 等价于

$$u=x^2-y^2,\quad v=2xy.$$

图 1.7、图 1.8 和图 1.9 是复平面上集合 $E=\left\{z\,\middle|\,0\leqslant z\leqslant 2\pi+\mathrm{i}\pi\right\}$ 到自身及到 $A=\left\{f(z)=z^2\,\middle|\,z\in E\right\}$ 和 $A=\left\{f(z)=\sin z\,\middle|\,z\in E\right\}$ 映射的图像(Maple 作图)，而图 1.10 是 E 到 $A=\left\{f(z)=\sin z\,\middle|\,z\in E\right\}$ 映射的三维图像：

```
conformal(z, z = 0..2·Pi + Pi·I); conformal(z^2, z = 0..2·Pi + Pi·I);
```

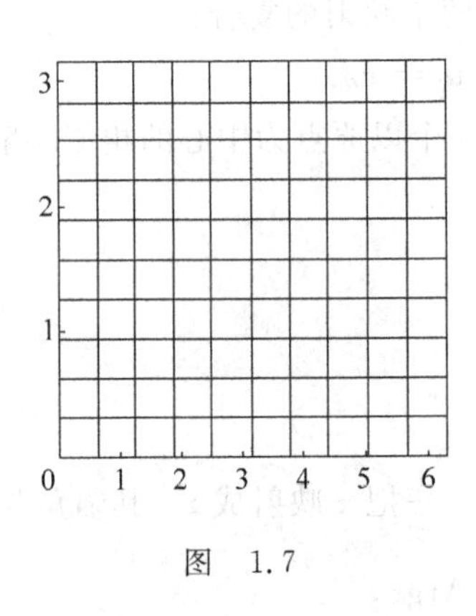

图 1.7

图 1.8

```
conformal(sin(z), z = 0..2·Pi + Pi·I); conformal3d(sin(z), z = 0..2·Pi + Pi·I).
```

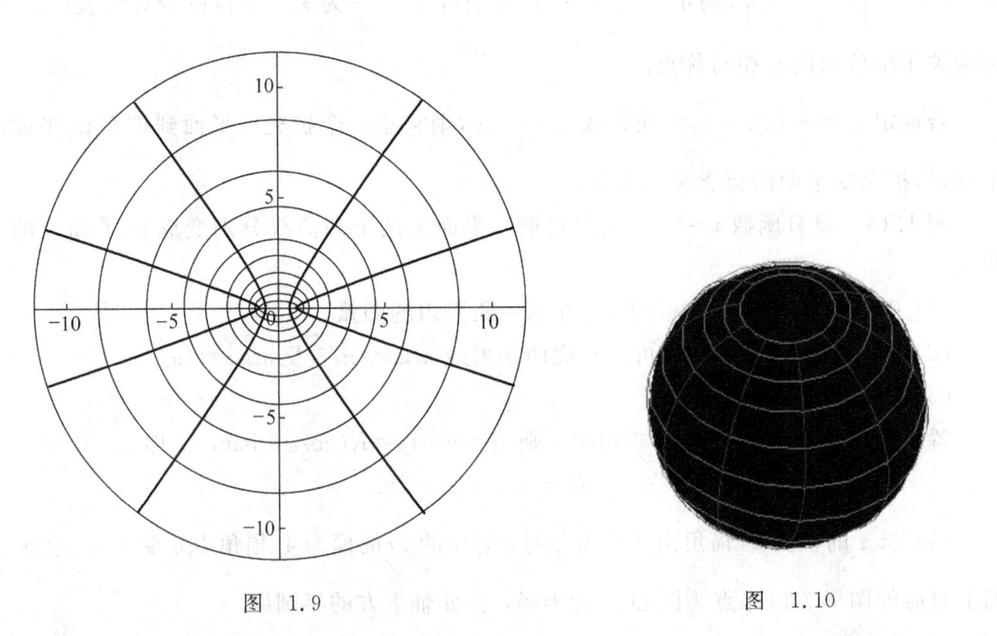

图 1.9

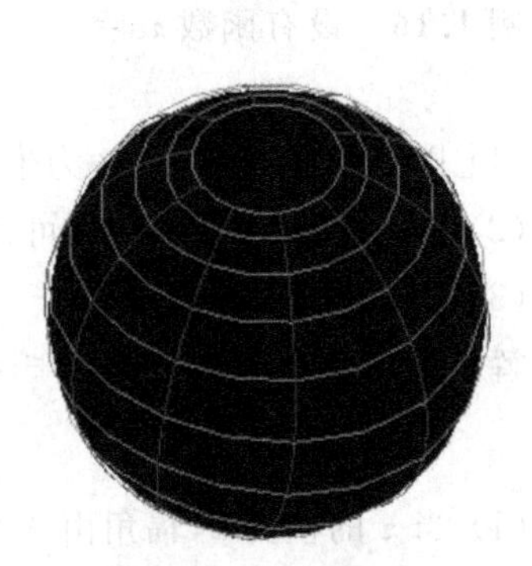

图 1.10

1.3 复变函数的极限与连续

定义 1.7 设函数 $w=f(z)$在集合 E 上确定,z_0 是 E 的一个聚点,a 是一个复常数.如果任给 $\varepsilon>0$,可以找到一个与 ε 有关的正数 $\delta=\delta(\varepsilon)>0$,使得当 $z\in E$,并且 $0<|z-z_0|<\delta$ 时,

$$|f(z)-a|<\varepsilon,$$

则称 a 为函数 $f(z)$当 z 趋于 z_0 时的极限,记作

$$\lim_{z\to z_0, z\in E} f(z)=a \quad \text{或} \quad f(z)\to a(\text{当 } z\to z_0).$$

值得注意的是,与实变情况的一元函数极限相比,用圆形邻域代替了区间邻域,定义中 z 趋近于 z_0 的方式是任意的.

由复变函数及其极限的定义可知,复变函数的极限等价于两个实变二元函数的重极限;关于实变量实值函数极限的和、差、积、商等性质可以不加改变地推广到复变函数.

定义 1.8 设函数 $w=f(z)=u(x,y)+\mathrm{i}v(x,y)$在集合 E 上确定,$z_0\in E$ 是 E 的一个聚点,如果

$$\lim_{z\to z_0} f(z)=f(z_0)$$

成立,则称 $f(z)$在 z_0 处连续;如果 $f(z)$在 E 中每一点连续,则称 $f(z)$在 E 上连续.

如果 $z_0=x_0+\mathrm{i}y_0$,则 $f(z)$在 z_0 处连续的充要条件为

$$\lim_{x\to x_0, y\to y_0} u(x,y)=u(x_0,y_0), \qquad \lim_{x\to x_0, y\to y_0} v(x,y)=v(x_0,y_0),$$

即一个复变函数的连续性等价于两个实变二元函数的连续性;两个复变连续函数的和、差、积、商(分母不等于零)仍是复变函数并且连续.

如果函数 $w=f(z)$在集合 E 上连续,并且函数值属于集合 F,而在集合 F 上,函数 $\zeta=g(w)$连续,那么复合函数 $\zeta=g[f(z)]=g\circ f(z)$在 E 上连续.

在有界闭区域上连续的复变函数具有与有界闭区间上连续的实一元函数或有界闭区域上连续的实二元函数相似的性质.

定理 1.2 设函数 $f(z)$在简单曲线或有界闭区域 E 上连续,那么它在 E 上有界,即 $|f(z)|=\sqrt{[u(x,y)]^2+[v(x,y)]^2}$在集合 E 上有界.

定理 1.3 设函数 $f(z)$在简单曲线或有界闭区域 E 上连续,那么 $f(z)$在 E 上达到它的最大模和最小模.

1.4 复球面与无穷远点

复数还有一种几何表示法,即用单位球面上的点表示复数.

在点的坐标是(x,y,u)的三维空间中,把 xOy 面看作是 $z=x+\mathrm{i}y$ 面.考虑球面

$$x^2+y^2+u^2=1.$$

给定赤道平面(Oxy 平面)上一点 $A(x,y,0)$,连续球面北极 $N(0,0,1)$和点 A 的直线必交球面于某点 A',称 A'为 A 的**球极投影**(参见图 1.11).

因此北极 N 可以看成是与赤道平面上的一个模是无穷大的假想点相对应,这个假想的

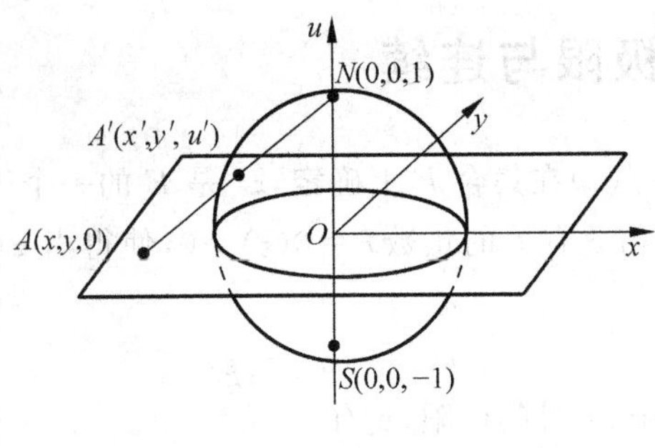

图 1.11

唯一点称为**无穷远点**,记作∞.

称$\mathbb{C}\cup\{\infty\}$为**扩充复平面**,记为$\mathbb{C}_\infty$.单位球面称为**复球面**,也称**黎曼球面**.

关于∞,其实部、虚部、辐角无意义,模等于+∞;基本运算为(a为有限复数)

$$a\pm\infty=\infty\pm a=\infty;$$

$$a\cdot\infty=\infty\cdot a=\infty,\quad a\neq 0;$$

$$\frac{a}{0}=\infty, a\neq 0;\quad \frac{a}{\infty}=0, a\neq\infty.$$

无穷远点的邻域:$\forall r>0$,集合$\{z\,\big|\,|z|>r, z\in\mathbb{C}_\infty\}$称为无穷远点的一个邻域.类似地有聚点、内点、边界点与孤立点、开集、闭集等概念.

$\mathbb{C}_\infty$中区域的**连通性**:如果D内任何简单闭曲线的内区域或外区域中每一点都属于D,则称D是**单连通区域**,否则称D是**多连通区域**.

例 1.17 在$\mathbb{C}_\infty$上,集合$\{z\,\big|\,2<|z|\leqslant+\infty\}$与$\{z\,\big|\,2<|z|<+\infty\}$分别为单连通及多连通的无界区域,其边界分别为$\{|z|=2\}$及$\{|z|=2\}\cup\{\infty\}$.

1.5 解析函数

1.5.1 复变函数的导数与微分

复变函数的导数定义,形式上和微积分中实函数的导数定义一致.

定义 1.9 设函数$w=f(z)$在点z_0的某邻域内有定义,考虑比值

$$\frac{\Delta w}{\Delta z}=\frac{f(z)-f(z_0)}{z-z_0}=\frac{f(z_0+\Delta z)-f(z_0)}{z-z_0}.$$

若当$\Delta z\to 0$(或$z\to z_0$)时,上面比值的极限存在,则称此极限为函数$f(z)$在点z_0的导数,记为$f'(z_0)$,即

$$f'(z_0)=\lim_{\Delta z\to 0}\frac{f(z_0+\Delta z)-f(z_0)}{\Delta z}.$$

此时称$f(z)$在点z_0可导.

要注意的是,上面极限存在要求与$\Delta z\to 0$的方式无关,而$\Delta z\to 0$意味着从四面八方趋于零,这与实函数情形$\Delta x\to 0$时只有左右两个方向是不同的.

类似实函数的微分定义，我们称 $f'(z)\Delta z$ 为 $w=f(z)$ 在点 z 的微分，记为

$$\mathrm{d}w = f'(z)\Delta z.$$

特别地，当 $f(z)=z$ 时，$\mathrm{d}z=\Delta z$，于是上式变为 $\mathrm{d}w=f'(z)\mathrm{d}z$，即

$$f'(z) = \frac{\mathrm{d}w}{\mathrm{d}z}.$$

由此可见，复变函数的可导与可微是一回事.

函数 $f(z)$ 在某点可导，必在该点连续，但连续不一定可导. 下面是一个处处连续但处处不可微的例子.

例 1.18　试证明 $f(z)=\bar{z}$ 在 z 平面上处处不可微.

证明　易知该函数在 z 平面上处处连续. 但

$$\frac{\Delta f}{\Delta z} = \frac{\overline{z+\Delta z}-\bar{z}}{\Delta z} = \frac{\overline{\Delta z}}{\Delta z}.$$

当 $\Delta z \to 0$ 时，极限不存在. 因 Δz 取实数趋于 0 时，其极限为 1，Δz 取纯虚数而趋于零时，其极限为 -1，故 $\bar{z}$ 处处不可微.

例 1.19　试证明函数 $f(z)=\mathrm{Re}(z)$ 在复平面上处处不可导.

分析　导数是一个特定类型的极限，要证明复变函数在某点的极限不存在，只需要找两条特殊的路径，使自变量沿这两条路径趋于该点时，函数值趋于不同的值.

证明　对任意点 z，因

$$\frac{f(z+\Delta z)-f(z)}{\Delta z} = \frac{\mathrm{Re}(z+\Delta z)-\mathrm{Re}(z)}{\Delta z}.$$

令 $\Delta z=\Delta x+\mathrm{i}\Delta y$，于是有

$$\frac{f(z+\Delta z)-f(z)}{\Delta z} = \frac{\Delta x}{\Delta x+\mathrm{i}\Delta y}.$$

由于上式当 $z+\Delta z$ 沿平行于虚轴的方向趋于点 z 时（即 $\Delta x=0,\Delta y\to 0$），其极限为 0，当 $z+\Delta z$ 沿平行于实轴的方向趋于点 z 时（即 $\Delta y=0,\Delta x\to 0$），其极限为 1，所以

$$\lim_{\Delta z\to 0}\frac{f(z+\Delta z)-f(z)}{\Delta z}$$

不存在，故 $f(z)$ 在点 z 处不可导. 由点 z 的任意性，函数 $f(z)=\mathrm{Re}(z)$ 于复平面上处处不可导.

1.5.2　解析函数的概念及其简单性质

定义 1.10　设函数 $w=f(z)$ 定义在区域 D 内，z_0 为 D 内某一点，若存在 z_0 一个邻域 $N(z_0,\delta)$，使得函数 $f(z)$ 在该邻域内处处可导，则称函数 $\boldsymbol{f(z)}$ **在点** $\boldsymbol{z_0}$ **解析**. 此时称点 z_0 为函数 $f(z)$ 的**解析点**. 如果函数 $w=f(z)$ 在区域 D 内每个点都解析，则称 $f(z)$ 为区域 D 内的**解析函数**，或称 $f(z)$ 在区域 D 内解析. 区域 D 内的解析函数也称为 D 内的全纯函数或正则函数.

函数 $f(z)$ 在点 z 解析等价于 $f(z)$ 在该点的某一邻域内解析；函数 $f(z)$ 在闭域 $\overline{D}$ 上解析等价于 $f(z)$ 在包含 $\overline{D}$ 的某区域内解析.

函数 $f(z)$ 在区域 D 内解析等价于它在区域 D 内可微，等价于 $f(z)$ 在区域 D 内每一点都解析；$f(z)$ 在点 z 解析说明 $f(z)$ 在点 z 可微，但反之未必.

定义 1.11 若函数 $f(z)$在点 z_0 不解析,但在 z_0 的任一邻域内总有 $f(z)$的解析点,则称 z_0 为函数 $f(z)$的**奇点**.

表面上看"解析"等同于"可微",但要注意,解析函数是与相伴区域密切联系的,在不是区域的点集 E 上的可微函数不能称为解析. 在某点 z_0 可微,亦不能称在该点解析.

容易看出,函数 $f(z)$在区域 D 内解析与函数 $f(z)$在区域 D 内处处解析的说法是等价的.

微积分中有关求导法则可推广到复变函数上来,即两个解析函数 $f_1(z),f_2(z)$的和、差、积、商(分母不为0)亦解析,且有类似实函数的求导公式及复合函数求导法则.

由于复变函数导数的定义在形式上跟实变函数的导数定义一样,所以实变函数论中的求导规则和公式可用于复变函数. 具体如下.

(1) **四则运算** 如果 $f_1(z),f_2(z)$在区域 D 内解析,则 $f_1(z)\pm f_2(z),f_1(z)f_2(z),\dfrac{f_1(z)}{f_2(z)}(f_2(z)\neq 0)$在 D 内解析,且有

$$[f_1(z)\pm f_2(z)]'=f_1'(z)\pm f_2'(z),$$

$$[f_1(z)f_2(z)]'=f_1'(z)f_2(z)+f_2'(z)f_1(z),$$

$$\left[\frac{f_1(z)}{f_2(z)}\right]'=\frac{f_1'(z)f_2(z)-f_2'(z)f_1(z)}{[f_2(z)]^2},\quad f_2(z)\neq 0.$$

(2) **复合函数** 设函数 $\xi=f(z)$在区域 D 内解析,函数 $w=g(\xi)$在区域 G 内解析. 若对于 D 内每一点 z,函数 $f(z)$的值 ξ 均属于 G,则 $w=g[f(z)]$在 D 内解析,并且

$$\frac{\mathrm{d}g[f(z)]}{\mathrm{d}z}=\frac{\mathrm{d}g(\xi)}{\mathrm{d}\xi}\cdot\frac{\mathrm{d}f(z)}{\mathrm{d}z}.$$

(3) **实变复值函数**

设

$$z(t)=x(t)+\mathrm{i}y(t),\qquad t\in[\alpha,\beta],$$

则

$$z'(t)=x'(t)+\mathrm{i}y'(t),\quad t\in[\alpha,\beta].$$

多项式函数

$$p(z)=a_0z^n+a_1z^{n-1}+\cdots+a_{n-1}z+a_n,\quad a_0\neq 0$$

在 z 平面上处处解析,且

$$p'(z)=na_0z^{n-1}+(n-1)a_1z^{n-2}+\cdots+a_{n-1}.$$

有理函数$\dfrac{P(z)}{Q(z)}$在使分母不为0的每个点都是解析的.

1.5.3 柯西-黎曼条件

设 $w=f(z)=u(x,y)+\mathrm{i}v(x,y)$是定义在区域 D 上的函数. 一般来说,即使函数 $u(x,y),v(x,y)$对 x 与 y 的偏导数都存在,函数 $f(z)$仍可能不可导. 例如 $f(z)=\bar{z}=x-\mathrm{i}y$. 因此,要使 $f(z)$可导,$u(x,y),v(x,y)$应当不是互相独立的,而必须适合一定的条件.

定理 1.4(可微的充要条件) 若函数 $f(z)=u(x,y)+\mathrm{i}v(x,y)$定义在 z 的某一邻域内,则函数 $f(z)$在点 $z=x+\mathrm{i}y$ 可微的充分必要条件是:

(1) $u(x,y)$与 $v(x,y)$在点 z 可微;

(2) $u_x=v_y, u_y=-v_x$ 在点 z 成立.

此时,有

$$f'(z)=u_x+\mathrm{i}v_x=v_y-\mathrm{i}u_y=u_x-\mathrm{i}u_y=v_y+\mathrm{i}v_x.$$

证明 **充分性** 由条件(1),有

$$\Delta u=u_x\Delta x+u_y\Delta y+\alpha_1,\quad \Delta v=v_x\Delta x+v_y\Delta y+\alpha_2,$$

其中 α_1,α_2 均是 $\sqrt{\Delta x^2+\Delta y^2}=|\Delta z|$ 的高阶无穷小.

再由条件(2),可设 $\lambda=u_x=v_y, \mu=v_x=-u_y$,于是有

$$\begin{aligned}\Delta f&=\Delta u+\mathrm{i}\Delta v\\&=\lambda\Delta x-\mu\Delta y+\alpha_1+\mathrm{i}(\mu\Delta x+\lambda\Delta y+\alpha_2)\\&=(\lambda+\mathrm{i}\mu)(\Delta x+\mathrm{i}\Delta y)+\alpha_1+\mathrm{i}\alpha_2.\end{aligned}$$

令 $\alpha=\dfrac{\alpha_1+\mathrm{i}\alpha_2}{\Delta x+\mathrm{i}\Delta y}$,则当 $\Delta z\to0$ 时,$\alpha\to0$,从而极限

$$\lim_{\Delta z\to0}\frac{\Delta f}{\Delta z}=\lim_{\Delta z\to0}(\lambda+\mathrm{i}\mu+\alpha)=\lambda+\mathrm{i}\mu$$

存在,因此

$$f'(z)=u_x+\mathrm{i}v_x=v_y-\mathrm{i}u_y=u_x-\mathrm{i}u_y=v_y+\mathrm{i}v_x.$$

必要性 若 $f(z)$ 在点 $z=x+\mathrm{i}y$ 可微,则

$$\Delta f(z)=f'(z)\Delta z+\alpha\Delta z, \tag{1.2}$$

其中 $\alpha\to0$(当 $\Delta z\to0$ 时). 若令

$$f'(z)=\lambda+\mathrm{i}\mu,\quad \Delta z=\Delta x+\mathrm{i}\Delta y,\quad \Delta f(z)=\Delta u+\mathrm{i}\Delta v,$$

则式(1.2)可写成

$$\Delta u+\mathrm{i}\Delta v=\lambda\Delta x-\mu\Delta y+\alpha_1+\mathrm{i}(\mu\Delta x+\lambda\Delta y+\alpha_2),$$

这里 $\alpha_1=\mathrm{Re}(\alpha\Delta z), \alpha_2=\mathrm{Im}(\alpha\Delta z)$ 是 $|\Delta z|=\sqrt{\Delta x^2+\Delta y^2}$ 的高阶无穷小. 比较上式两端的实部和虚部,得

$$\Delta u=\lambda\Delta x-\mu\Delta y+\alpha_1,\quad \Delta v=\mu\Delta x+\lambda\Delta y+\alpha_2,$$

因此,$u(x,y)$ 与 $v(x,y)$ 在点 (x,y) 可微,且 $u_x=\lambda=v_y, u_y=-\mu=-v_x$.

推论 1(可微的充分条件) 若函数 $f(z)=u(x,y)+\mathrm{i}v(x,y)$ 在区域 D 内有定义,则函数 $f(z)$ 在区域 D 内可微的充分条件是:

(1) u_x, u_y, v_x, v_y 在 D 内连续;

(2) $u_x=v_y, u_y=-v_x$ 在 D 内成立.

定理 1.5 函数 $f(z)$ 在区域 D 内为解析函数的充分必要条件是:

(1) $u(x,y)$ 与 $v(x,y)$ 在 D 内可微;

(2) $u_x=v_y, u_y=-v_x$ 在 D 内成立.

定理 1.6 函数 $f(z)$ 在区域 D 内为解析函数的充分条件是:

(1) u_x, u_y, v_x, v_y 在 D 内连续;

(2) $u_x=v_y, u_y=-v_x$ 在 D 内成立.

从以上几个定理可看出,判断复变函数在某点是否可微,主要看在该点是否满足条件:

$$u_x=v_y,\qquad u_y=-v_x.$$

称此条件为**柯西-黎曼(Cauchy-Riemann, C-R)条件.**

例 1.20 讨论 $f(z)=|z|^2$ 的解析性.

解 因为 $u(x,y)=x^2+y^2, v(x,y)=0$,故

$$u_x=2x,\quad u_y=2y,\quad v_x=v_y=0.$$

要使C-R条件成立,必有 $2x=0,2y=0$,因此 $f(z)$ 只在 $z=0$ 可微,从而,处处不解析.

例 1.21 讨论 $f(z)=x^2-\mathrm{i}y$ 的可微性和解析性.

解 因为 $u(x,y)=x^2, v(x,y)=-y$,所以

$$u_x=2x,\quad u_y=0,\quad v_x=0,\quad v_y=-1.$$

要使C-R条件成立,必有 $2x=-1$,故 $f(z)$ 只在直线 $x=-1/2$ 上可微,从而,处处不解析.

例 1.22 讨论 $f(z)=\mathrm{e}^x(\cos y+\mathrm{i}\sin y)$ 的可微性和解析性,并求 $f'(z)$.

解 因为 $u(x,y)=\mathrm{e}^x\cos y, v(x,y)=\mathrm{e}^x\sin y$,所以

$$u_x=\mathrm{e}^x\cos y,\quad u_y=-\mathrm{e}^x\sin y,\quad v_x=\mathrm{e}^x\sin y,\quad v_y=\mathrm{e}^x\cos y.$$

在复平面上处处连续且满足C-R条件,从而 $f(z)$ 在 z 平面上处处可微,也处处解析,且

$$f'(z)=u_x+\mathrm{i}v_x=\mathrm{e}^x\cos y+\mathrm{i}\mathrm{e}^x\sin y=f(z).$$

例 1.23 设函数 $f(z)=x^2+axy+by^2+\mathrm{i}(cx^2+dxy+y^2)$,问当常数 a,b,c,d 取何值时,函数 $f(z)$ 在复平面内处处解析.

解 令实部 $u=x^2+axy+by^2$,虚部 $v=cx^2+dxy+y^2$,则

$$u_x=2x+ay,\quad u_y=ax+2by,\quad v_x=2cx+dy,\quad v_y=dx+2y.$$

根据解析函数的充要条件 $u_x=v_y, u_y=-v_x$,有

$$2x+ay=dx+2y,\quad ax+2by=-2cx-dy$$

在复平面处处成立,因此,当 $a=2,b=-1,c=-1,d=2$ 时,函数 $f(z)$ 在复平面内处处解析.

利用C-R条件,我们可以在已知函数实部的条件下构造解析函数,具体运算可以借助Maple完成.

例如,已知 $u(x,y)=x^2-y^2+xy$,试求解析函数 $f(z)=u+\mathrm{i}v$.

解 偏微分方法:Maple运算过程如下(带提示符>的为输入语句,不带提示符的为输出语句):

```
> u := x^2 - y^2 + x·y;
u := x^2 - y^2 + x y
> v: = int(diff(u,x),y) + c(x);
v : = 2xy + (1/2)y^2 + c(x)
> diff(v,x);
2y + (d/dx)c(x)
> solve(diff(u,y) = - 2·y - diffc(x),diffc(x));
 - x
> f := u + I·(2·x·y + (1/2)·y^2 + int( - x,x) + c);
f := x^2 - y^2 + xy + I(2xy + (1/2)y^2 - (1/2)x^2 + c)
> z := 'z'
z := z
```

$$> \text{subs}\left(\left\{x=\frac{z+\text{conjugate}(z)}{2}, y=\frac{z-\text{conjugate}(z)}{2\cdot I}, x^2+y^2=z\cdot\text{conjugate}(z)\right\}, f\right);$$

$$\left(\frac{1}{2}z+\frac{1}{2}\bar{z}\right)^2+\frac{1}{4}(z-\bar{z})^2-\frac{1}{2}I\left(\frac{1}{2}z+\frac{1}{2}\bar{z}\right)(z-\bar{z})$$
$$+I\left(-I\left(\frac{1}{2}z+\frac{1}{2}\bar{z}\right)(z-\bar{z})-\frac{1}{8}(z-\bar{z})^2\right.$$
$$\left.-\frac{1}{2}\left(\frac{1}{2}z+\frac{1}{2}\bar{z}\right)^2+c\right)$$

```
> simplify( % );
```

$$z^2-\frac{1}{2}Iz^2+Ic$$

不定积分法：Maple 工作过程如下：

```
> u := x^2 - y^2 + x·y;
u := x^2 - y^2 + x·y
> g := diff(u,x) - I·diff(u,y);
g := 2x + y - I( - 2y + x)
> z := 'z';
z := z
```

$$> \text{subs}\left(\left\{x=\frac{(z+\text{conjugate}(z))}{2}, y=\frac{(z-\text{conjugate}(z))}{2\cdot I}, x^2+y^2=z\cdot\text{conjugate}(z)\right\}, g\right);$$

$$z+\bar{z}-\frac{1}{2}I(z-\bar{z})-I\left(I(z-\bar{z})+\frac{1}{2}z+\frac{1}{2}\bar{z}\right)$$

```
> simplify( % );
2z - Iz
> int( % ,z) + c;
```

$$z^2-\frac{1}{2}Iz^2+c.$$

1.6　复变函数的积分

1.6.1　复变函数积分的概念与计算

定义 1.12　设 l 为复平面上以 z_0 为起点，而以 $\tilde{z}$ 为终点的逐段光滑曲线(图 1.12)，$f(z)$为定义在 l 上的复变函数，在 l 上取一系列分点 $z_0, z_1, \cdots, z_{n-1}, z_n=\tilde{z}$把 l 分为 n 段，在每一小段 $z_{k-1}z_k$ 上任取一点 ξ_k 作和 $S_n=\sum_{k=1}^{n} f(\xi_k)(z_k-z_{k-1})=\sum_{k=1}^{n} f(\xi_k)\Delta z_k$，其中 $\Delta z_k=z_k-z_{k-1}$. 当 $n\to\infty$，且 $\max|\Delta z_k|\to 0$ 时，若 $\lim\limits_{n\to\infty} S_n$ 存在，则称 $f(z)$沿 l **可积**，$\lim\limits_{n\to\infty} S_n$ 称为 $f(z)$沿 l 的路径积分. l 为积分路径，记为 $\int_l f(z)\mathrm{d}z$ [若 l 为闭的曲线(围线)，则记为 $\oint_l f(z)\mathrm{d}z$]. $\int_l f(z)\mathrm{d}z=\lim\limits_{n\to\infty} S_n=\lim\limits_{n\to\infty}\sum_{k=1}^{n} f(\xi_k)\Delta z_k$ ($f(z)$在 l 上取值，即 z 在 l 上变化).

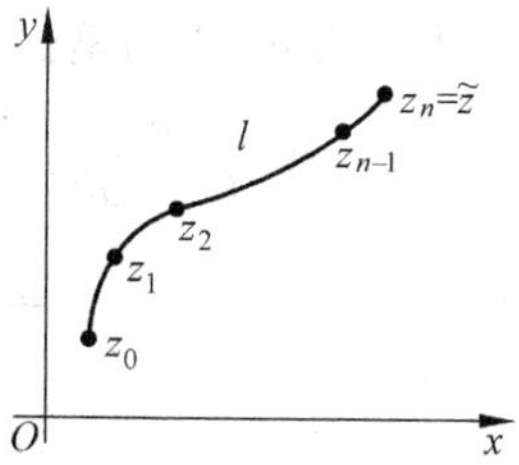

图　1.12

复变函数 $f(z)$ 的积分可以化为两个二元实变函数的线积分,因为

$$z=x+\mathrm{i}y,\quad \mathrm{d}z=\mathrm{d}x+\mathrm{i}\mathrm{d}y,\quad f(z)=u(x,y)+\mathrm{i}v(x,y),$$

于是

$$\begin{aligned}\int_l f(z)\mathrm{d}z&=\int_l[u(x,y)+\mathrm{i}v(x,y)](\mathrm{d}x+\mathrm{i}\mathrm{d}y)\\&=\int_l u(x,y)\mathrm{d}x-v(x,y)\mathrm{d}y+\mathrm{i}\int_l v(x,y)\mathrm{d}x+u(x,y)\mathrm{d}y,\end{aligned}$$

即复变函数的积分可以归结为两个实变函数的线积分,它们分别是复变函数积分的实部和虚部.

复变函数的积分还可以用参数表示.设曲线 l 的参数方程为 $z=z(t)=x(t)+\mathrm{i}y(t)$,或表示为

$$x=x(t),\quad y=y(t),\quad \alpha\leqslant t\leqslant\beta,\quad z_0=z(\alpha),\quad \tilde{z}=z(\beta),$$

记

$$u[x(t),y(t)]=u(t),\quad v[x(t),y(t)]=v(t),$$

于是 $\mathrm{d}x=x'(t)\mathrm{d}t,\mathrm{d}y=y'(t)\mathrm{d}t,\mathrm{d}z=z'(t)\mathrm{d}t,z'(t)=x'(t)+\mathrm{i}y'(t)$,则

$$\begin{aligned}\int_l f(z)\mathrm{d}z&=\int_\alpha^\beta[u(t)x'(t)-v(t)y'(t)]\mathrm{d}t+\mathrm{i}\int_\alpha^\beta[v(t)x'(t)+u(t)y'(t)]\mathrm{d}t\\&=\int_\alpha^\beta[u(t)+\mathrm{i}v(t)][x'(t)+\mathrm{i}y'(t)]\mathrm{d}t\\&=\int_\alpha^\beta f[z(t)]z'(t)\mathrm{d}t.\end{aligned}$$

下面看一个很重要的常用例子.

例 1.24 试证

$$\oint_l\frac{\mathrm{d}z}{(z-a)^n}=\begin{cases}2\pi\mathrm{i}, & n=1,\\0, & n\text{ 为 }n\neq1\text{ 的整数},\end{cases}$$

l 为以 $z=a$ 为圆心、ρ 为半径的圆周(图 1.13).

证明 l 的参数方程为

$$z-a=\rho\mathrm{e}^{\mathrm{i}\theta},\quad -\pi\leqslant\theta\leqslant\pi,$$

在 l 上,$\mathrm{d}z=\mathrm{i}\rho\mathrm{e}^{\mathrm{i}\theta}\mathrm{d}\theta$.

当 $n=1$ 时,

$$\oint_l\frac{\mathrm{d}z}{z-a}=\int_{-\pi}^{\pi}\frac{\mathrm{i}\rho\mathrm{e}^{\mathrm{i}\theta}\mathrm{d}\theta}{\rho\mathrm{e}^{\mathrm{i}\theta}}=\mathrm{i}\int_{-\pi}^{\pi}\mathrm{d}\theta=2\pi\mathrm{i}.$$

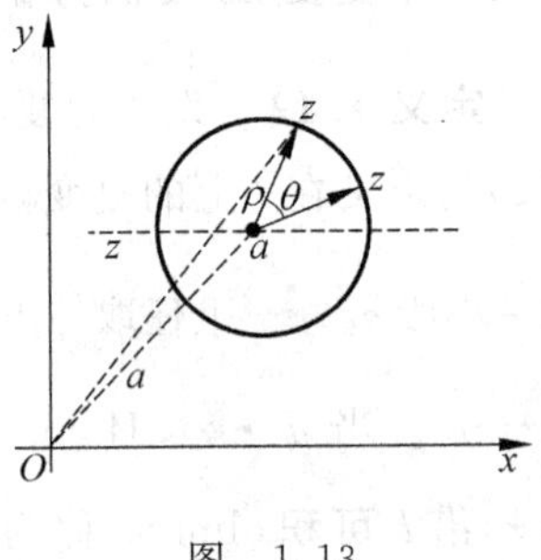

图 1.13

当 n 为 $n\neq1$ 的整数时,

$$\begin{aligned}\oint_l\frac{\mathrm{d}z}{(z-a)^n}&=\int_{-\pi}^{\pi}\frac{\mathrm{i}\rho\mathrm{e}^{\mathrm{i}\theta}\mathrm{d}\theta}{\rho^n\mathrm{e}^{\mathrm{i}n\theta}}=\frac{\mathrm{i}}{\rho^{n-1}}\int_{-\pi}^{\pi}\mathrm{e}^{-\mathrm{i}(n-1)\theta}\mathrm{d}\theta\\&=-\frac{1}{(n-1)\rho^{n-1}}\mathrm{e}^{-\mathrm{i}(n-1)\theta}\Big|_{-\pi}^{\pi}\\&=-\frac{1}{(n-1)\rho^{n-1}}[(-1)^{n-1}-(-1)^{n-1}]=0.\end{aligned}$$

例 1.25　计算 $\int_C z\mathrm{d}z$，其中 C 为从原点到 $1+\mathrm{i}$ 的直线段.

解　如图 1.14 所示，直线段 C 的参数方程为 $z=t+\mathrm{i}t=t(1+\mathrm{i})(0\leqslant t\leqslant 1)$，在 C 上 $z=t+\mathrm{i}t$，$\mathrm{d}z=(1+\mathrm{i})\mathrm{d}t$. 于是 $\int_C z\mathrm{d}z=\int_0^1(1+\mathrm{i})^2t\mathrm{d}t=(1+\mathrm{i})^2\int_0^1 t\mathrm{d}t=\frac{1}{2}(1+\mathrm{i})^2$.

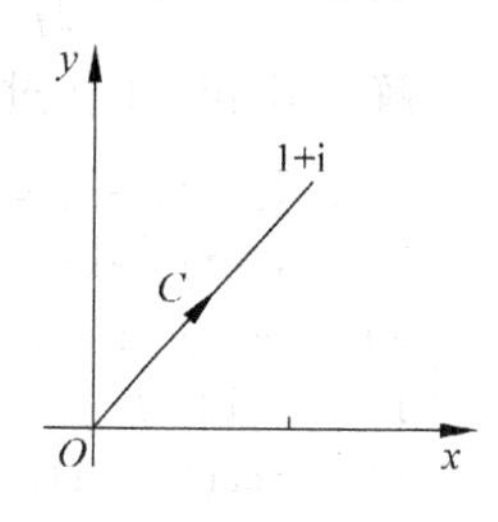

图　1.14

1.6.2　复变函数积分的简单性质

以下性质(1)、(2)、(3)、(4)均可从积分的定义式直接得出，我们不加证明地列出：

(1) $\int_l \mathrm{d}z=\tilde{z}-z_0$，$\tilde{z}$，$z_0$ 分别为 l 的终点和起点. $\int_l|\mathrm{d}z|=L$，$|\mathrm{d}z|$ 为 $\mathrm{d}z$ 的长度，L 为 l 的长度.

(2) $\int_l[a_1f_1(z)\pm a_2f_2(z)]\mathrm{d}z=a_1\int_l f_1(z)\mathrm{d}z\pm a_2\int_l f_2(z)\mathrm{d}z$，$a_1$，$a_2$ 为复常数.（可推广到 n 个函数的情形）

(3) $\int_l f(z)\mathrm{d}z=\int_{l_1}f(z)\mathrm{d}z+\int_{l_2}f(z)\mathrm{d}z$，其中 l_1，l_2 连接成 l.（可推广 n 条线段的情形）

(4) $\int_{l^-}f(z)\mathrm{d}z=-\int_l f(z)\mathrm{d}z$，$l^-$ 表示与 l 方向相反的同一条曲线.

(5) 复变函数积分不等式（估值公式）

① $\left|\int_l f(z)\mathrm{d}z\right|\leqslant\int_l|f(z)||\mathrm{d}z|$；

② 若 M 为 $|f(z)|$ 沿曲线 l 的最大值，L 为 l 的长度，则 $\left|\int_l f(z)\mathrm{d}z\right|\leqslant ML$.

证明　①
$$\begin{aligned}\left|\int_l f(z)\mathrm{d}z\right|&=\left|\lim_{n\to\infty}\sum_{k=1}^n f(\xi_k)\Delta z_k\right|=\lim_{n\to\infty}\left|\sum_{k=1}^n f(\xi_k)\Delta z\right|\\&\leqslant\lim_{n\to\infty}\sum_{k=1}^n|f(\xi_k)\Delta z_k|=\lim_{n\to\infty}\sum_{k=1}^n|f(\xi_k)||\Delta z_k|\\&=\int_l|f(z)||\mathrm{d}z|.\end{aligned}$$

（此处用了 $|z_1+z_2|\leqslant|z_1|+|z_2|$ 的推广，$|z_1+z_2+z_3|\leqslant|z_1+z_2|+|z_3|\leqslant|z_1|+|z_2|+|z_3|$，$|z_1+z_2+\cdots+z_n|\leqslant|z_1|+|z_2|+\cdots+|z_n|$，多边形一边之长≤其他边长之和.）

② $\left|\sum_{k=1}^n f(\xi_k)\Delta z_k\right|\leqslant\sum_{k=1}^n|f(\xi_k)||\Delta z_k|\leqslant M\sum_{k=1}^n|z_k|$，两边取极限 $\lim_{n\to\infty}\left|\sum_{k=1}^n f(\xi_k)\Delta z_k\right|\leqslant M\lim_{n\to\infty}\sum_{k=1}^n|\Delta z_k|$，即 $\left|\int_l f(z)\mathrm{d}z\right|\leqslant ML$，或

$$\left|\int_l f(z)\mathrm{d}z\right|\leqslant\int_l|f(z)||\mathrm{d}z|\leqslant M\int_l|\mathrm{d}z|\leqslant ML.$$

下面是一个用 Maple 软件计算复积分的例子.

例 1.26 计算$\int_l (x-y+\mathrm{i}x^2)\mathrm{d}z$,其中 l 是从原点到 $1+\mathrm{i}$ 的线段.

解 Maple 工作过程如下:

```
> z := (1 + I)·t;x:= t;y := I·t;
z := (1 + I)t, x:= t, y := It;
> f := x - y + I·x^2;
f := t - It + It^2
> R := int(f·diff(z,t), t = 0..1);
R := 2/3 + 1/3 I
```

1.6.3 柯西积分定理及其推广

从上一节所举的例子可见,复积分的值有的与路径有关,有的与路径无关,那么在什么条件下函数的积分与路径无关呢?

根据上一节的定理可知,复积分可以转化为实变函数的线积分来计算,因此复积分与路径无关的问题就归结为线积分与路径无关的问题. 而实变函数的线积分与路径无关等价于线积分沿任一简单闭曲线的积分为零,因此讨论复积分与路径无关的条件就转化为讨论沿任一简单闭曲线的积分为零的条件. 1825 年,法国数学家柯西给出了下面的定理,解决了这个问题,这个定理是复变函数理论的重要基础.

定理 1.7(柯西积分定理) 若 $f(z)$在单连通区域 D 上解析,l 是 D 内的任一闭曲线,则$\oint_l f(z)\mathrm{d}z=0$.

其实只要 $f(z)$在 l 所围单连通区域内解析,则$\oint_l f(z)\mathrm{d}z=0$.

所谓单连通区域是指区域内任一闭曲线可连续收缩为一点,简而言之即区域内没有洞. 而多连通区域是指区域内至少有一闭曲线不能连续收缩为一点,简而言之即区域内有洞.

定理的证明 由于 $f(z)$在 D 上解析,意味着 $f'(z)$在 D 上各点均存在. 为了证明简单,我们进一步要求 $f'(z)$在 D 上连续,因此$\frac{\partial u}{\partial x},\frac{\partial v}{\partial x},\frac{\partial u}{\partial y},\frac{\partial v}{\partial y}$在 D 上连续.

设 $f(z)=u(x,y)+\mathrm{i}v(x,y)$,$\mathrm{d}z=\mathrm{d}x+\mathrm{i}\mathrm{d}y$,则

$$f'(z)=\frac{\partial u}{\partial x}+\mathrm{i}\frac{\partial v}{\partial x}=-\mathrm{i}\frac{\partial u}{\partial y}+\frac{\partial v}{\partial y},\quad \oint_l f(z)\mathrm{d}z=\oint_l(u\mathrm{d}x-v\mathrm{d}y)+\mathrm{i}\oint_l(v\mathrm{d}x+u\mathrm{d}y).$$

由于 $f'(z)$在 D 上连续,所以 u,v 有连续偏导数,且满足 C-R 条件$\frac{\partial u}{\partial x}=\frac{\partial v}{\partial y},\frac{\partial u}{\partial y}=-\frac{\partial v}{\partial x}$,而由实函数线积分的格林定理得

$$\oint_l(u\mathrm{d}x-v\mathrm{d}y)=-\iint_{D'}\left(\frac{\partial v}{\partial x}+\frac{\partial u}{\partial y}\right)\mathrm{d}x\mathrm{d}y=0,\quad D' \text{ 为 } l \text{ 所围单连通区域(C-R 条件)},$$

$$\oint_l(v\mathrm{d}x+u\mathrm{d}y)=\iint_{D'}\left(\frac{\partial u}{\partial x}-\frac{\partial v}{\partial y}\right)\mathrm{d}x\mathrm{d}y=0,\quad D' \text{ 为 } l \text{ 所围单连通区域(C-R 条件)},$$

所以$\oint_l f(z)\mathrm{d}z=0$.

注意 柯西定理中只要求 $f(z)$在 D 上解析,对 $f(z)$在 D 外是否解析没有要求,证明

中未用到 $f(z)$ 在 l 外的性质. 因此只要 $f(z)$ 在 l 所围区域内解析即可.

推论 1　若 $f(z)$ 在 D 上解析, l_1, l_2 是 D 内有相同端点的任意两条曲线, 则

$$\int_{l_1} f(z)\mathrm{d}z = \int_{l_2} f(z)\mathrm{d}z.$$

即在 $f(z)$ 解析的单连通区域内, $f(z)$ 沿任一曲线 l 的积分, 只依赖于 l 的起点和终点, 而与 l 的具体形状无关.

证明　因为 l_1, l_2 的端点相同, 所以 l_1 与 l_2^- 组成一围线(图 1.15). 由柯西定理

$$\int_{l_1+l_2^-} f(z)\mathrm{d}z = 0, \quad 即 \quad \int_{l_1} f(z)\mathrm{d}z = -\int_{l_2^-} f(z)\mathrm{d}z = \int_{l_2} f(z)\mathrm{d}z.$$

柯西定理的多连通区域推广.

当 $f(z)$ 在 D 内处处解析, 且围线 l 全部在 D 内时, 则 $\oint_l f(z)\mathrm{d}z = 0$. 但当 l 所围区域内有 $f(z)$ 的奇点时, 情形又如何呢?

前面所讲的柯西定理是对单连通区域中的解析函数 $f(z)$ 而言的, 若 $f(z)$ 在 l 所围区域内有奇点, 可作一围线将此奇点围住, 若将所围的区域挖去, 则区域变成多连通区域 D' (图 1.16), 其正向边界曲线为 $l+l_1+l_2$.

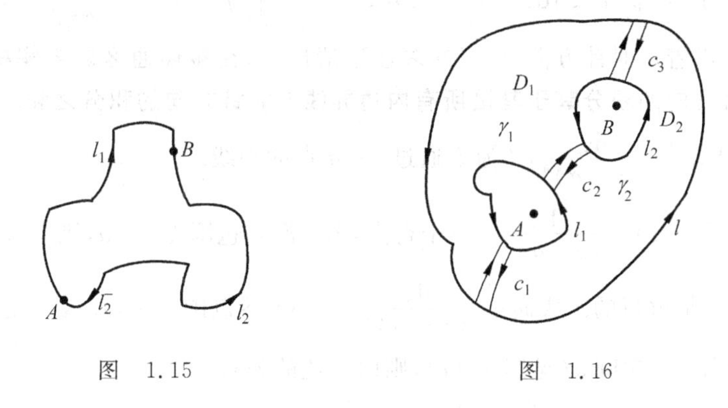

图 1.15　　　　图 1.16

可以得到如下结论.

推论 2(复合闭路定理)　设 $f(z)$ 在复连通区域 D' 上解析, D' 的正向边界曲线为 $l+l_1+\cdots+l_n$, 则

$$\int_{\partial D'} f(z)\mathrm{d}z = 0,$$

或写成 $\int_{\partial D'} f(z)\mathrm{d}z = \int_{l_1^-} f(z)\mathrm{d}z + \cdots + \int_{l_n^-} f(z)\mathrm{d}z.$

证明　以 $n=2$ 为例证明. 对于多连通区域 D', 作辅助线 c_1, c_2, c_3, 使 D' 分成两个单连通区域 D_1 和 D_2. D_1 的边界为 γ_1, D_2 的边界为 γ_2, 选取如此的方向为路径的正方向, 即当沿着路径行进时, 区域保持在左边, 所以 D' 的边界为 $l+l_1^-+l_2^-$.

$$\gamma_1+\gamma_2 = l+l_1^-+l_2^-+c_1+c_2+c_3+c_1^-+c_2^-+c_3^-.$$

由于 $f(z)$ 在 D', 从而在 D_1, D_2 上解析, 由柯西定理知

$$\oint_{\gamma_1} f(z)\mathrm{d}z = 0, \qquad \oint_{\gamma_2} f(z)\mathrm{d}z = 0,$$

所以 $$\oint_{\gamma_1+\gamma_2} f(z)\mathrm{d}z = \oint_{\gamma_1} f(z)\mathrm{d}z + \oint_{\gamma_2} f(z)\mathrm{d}z = 0.$$

而

$$\begin{aligned}\oint_{\gamma_1+\gamma_2} f(z)\mathrm{d}z &= \oint_{l+l_1^-+l_2^-+c_1+c_2+c_3+c_1^-+c_2^-+c_3^-} f(z)\mathrm{d}z\\ &= \oint_l f(z)\mathrm{d}z + \oint_{l_1^-} f(z)\mathrm{d}z + \oint_{l_2^-} f(z)\mathrm{d}z + \int_{c_1} f(z)\mathrm{d}z +\\ &\quad \int_{c_2} f(z)\mathrm{d}z + \int_{c_3} f(z)\mathrm{d}z + \int_{c_1^-} f(z)\mathrm{d}z + \int_{c_2^-} f(z)\mathrm{d}z + \int_{c_3^-} f(z)\mathrm{d}z\\ &= \oint_l f(z)\mathrm{d}z - \oint_{l_1} f(z)\mathrm{d}z - \oint_{l_2} f(z)\mathrm{d}z,\end{aligned}$$

所以 $\oint_l f(z)\mathrm{d}z - \oint_{l_1} f(z)\mathrm{d}z - \oint_{l_2} f(z)\mathrm{d}z = 0$，从而

$$\oint_l f(z)\mathrm{d}z = \oint_{l_1} f(z)\mathrm{d}z + \oint_{l_2} f(z)\mathrm{d}z.$$

容易将上述情形推广至内部有 n 个洞的多连通区域，即

$$\oint_{\partial D'} f(z)\mathrm{d}z = \oint_{l_1} f(z)\mathrm{d}z + \oint_{l_2} f(z)\mathrm{d}z + \cdots + \oint_{l_n} f(z)\mathrm{d}z = \sum_{k=1}^{n}\oint_{l_k} f(z)\mathrm{d}z.$$

上述积分均沿着逆时针方向，所以在多连通情形下，**在多连通区域内解析的函数，其沿外边界线逆时针方向的积分等于其沿所有内边界线逆时针方向的积分之和.**

例 1.27 计算 $\oint_l \frac{\mathrm{d}z}{(z-a)^n}$，$l$ 为不通过 $z=a$ 点的围线.

解 $z=a$ 是 $f(z)=\frac{1}{(z-a)^n}$ 的一个奇点，若 l 没有包围点 $z=a$，则 $f(z)=\frac{1}{(z-a)^n}$ 在 l 所包围的区域上是解析的. 从而 $\oint_l \frac{\mathrm{d}z}{(z-a)^n}=0$（$l$ 不包围 $z=a$）. 若 l 包围 $z=a$，作以 $z=a$ 为圆心的圆周 l_1 包围 a（见图 1.17），则由上述的公式得

$$\oint_l \frac{\mathrm{d}z}{(z-a)^n} = \oint_{l_1} \frac{\mathrm{d}z}{(z-a)^n}.$$

由前面的例子可得

$$\oint_{l_1} \frac{\mathrm{d}z}{(z-a)^n} = \begin{cases} 2\pi\mathrm{i}, & n=1,\\ 0, & n \text{ 为 } n\neq 1 \text{ 的整数}, \end{cases}$$

所以

$$\oint_l \frac{\mathrm{d}z}{(z-a)^n} = \begin{cases} 2\pi\mathrm{i}, & \text{当 } l \text{ 包围 } z=a, \text{且 } n=1,\\ 0, & \text{当 } n \text{ 为 } n\neq 1 \text{ 的整数，或 } l \text{ 不包围 } z=a. \end{cases}$$

例 1.28 计算积分 $\oint_C \frac{1}{z^2-z}\mathrm{d}z$ 的值，其中 C 为把 $|z|=1$ 包含在内的任何正向简单闭曲线。

解 $z=0$，$z=1$ 为被积函数的奇点. 在 C 内分别以 $z=0$ 和 $z=1$ 为中心作两个互不相交且互不包含的小圆周 C_1 和 C_2（见图 1.18），根据复合闭路定理

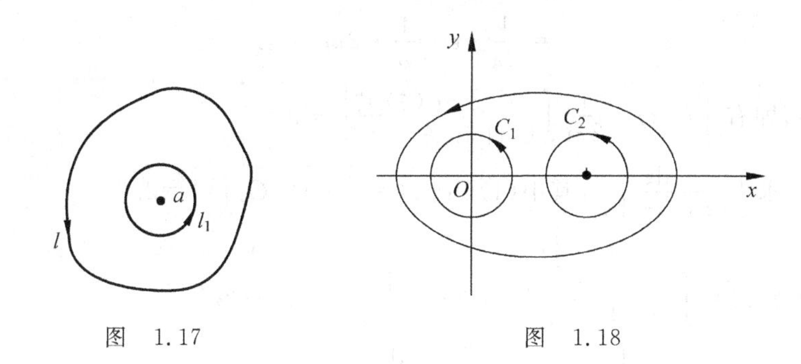

图　1.17　　　　图　1.18

$$
\begin{aligned}
\oint_C \frac{1}{z^2-z}\mathrm{d}z &= \oint_{C_1} \frac{1}{z^2-z}\mathrm{d}z + \oint_{C_2} \frac{1}{z^2-z}\mathrm{d}z \\
&= \oint_{C_1} \frac{1}{z-1}\mathrm{d}z - \oint_{C_1} \frac{1}{z}\mathrm{d}z + \oint_{C_2} \frac{1}{z-1}\mathrm{d}z - \oint_{C_2} \frac{1}{z}\mathrm{d}z \\
&= 0 - 2\pi\mathrm{i} + 2\pi\mathrm{i} - 0 \\
&= 0.
\end{aligned}
$$

1.6.4　柯西积分公式及其推论

柯西积分公式被称为解析函数的积分表达式，是研究解析函数的重要工具. 现在，我们来证明柯西积分公式及其推论.

1. 柯西积分公式

定理 1.8　设区域 D 的边界是围线(或复围线)C，$f(z)$在 D 内解析，在 $\overline{D}=D+C$ 上连续，则对 D 内任一点 z 有

$$
f(z)=\frac{1}{2\pi\mathrm{i}}\int_C \frac{f(\xi)}{\xi-z}\mathrm{d}\xi, \qquad \text{或} \qquad \int_C \frac{f(\xi)}{\xi-z}\mathrm{d}\xi = 2\pi\mathrm{i}f(z),
$$

称 $\frac{1}{2\pi\mathrm{i}}\int_C \frac{f(\xi)}{\xi-z}\mathrm{d}\xi$ 为柯西积分.

证明　对任意固定 $z\in D$，由于 $f(z)$ 在 $\overline{D}$ 连续，故 $\forall\varepsilon>0, \exists\delta>0, \forall |\xi-z|=\rho<\delta$，$|f(\xi)-f(z)|<\varepsilon$.

令 $F(\xi)=\frac{f(\xi)}{\xi-z}$，则在 D 内 $F(\xi)$ 以 z 为唯一奇点，故

$$
\int_C F(\xi)\mathrm{d}\xi = \int_{|\xi-z|=\rho} F(\xi)\mathrm{d}\xi.
$$

又

$$
f(z)=\frac{f(z)}{2\pi\mathrm{i}}2\pi\mathrm{i}=\frac{f(z)}{2\pi\mathrm{i}}\int_{|\xi-z|=\rho}\frac{\mathrm{d}\xi}{\xi-z}=\frac{1}{2\pi\mathrm{i}}\int_{|\xi-z|=\rho}\frac{f(z)\mathrm{d}\xi}{\xi-z},
$$

因此

$$
\begin{aligned}
\left|f(z)-\frac{1}{2\pi\mathrm{i}}\int_{|\xi-z|=\rho}\frac{f(\xi)\mathrm{d}\xi}{\xi-z}\right| &= \left|\frac{1}{2\pi\mathrm{i}}\int_{|\xi-z|=\rho}\frac{f(z)\mathrm{d}\xi}{\xi-z}-\frac{1}{2\pi\mathrm{i}}\int_{|\xi-z|=\rho}\frac{f(\xi)\mathrm{d}\xi}{\xi-z}\right| \\
&= \left|\frac{1}{2\pi\mathrm{i}}\int_{|\xi-z|=\rho}\frac{f(z)-f(\xi)}{\xi-z}\mathrm{d}\xi\right| \\
&\leqslant \frac{1}{2\pi}\int_{|\xi-z|=\rho}\frac{|f(z)-f(\xi)|}{|\xi-z|}|\mathrm{d}\xi| < \frac{1}{2\pi}\cdot\varepsilon\cdot\frac{1}{\rho}\cdot\int_{|\xi-z|=\rho}\mathrm{d}s
\end{aligned}
$$

$$=\frac{1}{2\pi}\cdot\varepsilon\cdot\frac{1}{\rho}\cdot 2\pi\rho=\varepsilon.$$

由 ε 的任意性,即有 $\left|f(z)-\frac{1}{2\pi i}\int_{|\xi-z|=\rho}\frac{f(\xi)d\xi}{\xi-z}\right|=0.$

例 1.29 求 $\int_C\frac{dz}{z(z-1)}$,其中(1)$C:|z|=\frac{1}{6}$;(2)$C:|z|=2$.

解 (1) 原式$=\int_{|z|=\frac{1}{6}}\frac{\frac{dz}{z-1}}{z}=2\pi i\left.\frac{1}{z-1}\right|_{z=0}=-2\pi i.$

(2) 原式$=\int_{|z|=\frac{1}{3}}\frac{\frac{dz}{z-1}}{z}+\int_{|z-1|=\frac{1}{3}}\frac{\frac{dz}{z}}{z-1}=2\pi i\left.\frac{1}{z-1}\right|_{z=0}+2\pi i\left.\frac{1}{z}\right|_{z=1}=0.$

例 1.30 求 $\int_{|z|=1}\frac{zdz}{(2z+1)(z-2)}$.

解 原式 $=\int_{|z|=1}\frac{\frac{z}{2(z-2)}}{z-\left(-\frac{1}{2}\right)}dz=2\pi i\cdot\left.\frac{z}{2(z-2)}\right|_{z=-\frac{1}{2}}=\frac{\pi}{5}i.$

注 公式中 z 是被积函数 $F(\xi)=\frac{f(\xi)}{\xi-z}$ 在 C 内部的唯一奇点,若 $F(\xi)$ 在 C 内部有两个以上奇点,就不能直接应用柯西积分公式.

例 1.31 求 $\int_{|z|=2}\frac{dz}{z^2+2}$.

解法 1

$$\begin{aligned}
原式&=\int_{|z-\sqrt{2}i|=\frac{1}{6}}\frac{dz}{z^2+2}+\int_{|z+\sqrt{2}i|=\frac{1}{6}}\frac{dz}{z^2+2}\\
&=\int_{|z-\sqrt{2}i|=\frac{1}{6}}\frac{\frac{dz}{z+\sqrt{2}i}}{z-\sqrt{2}i}+\int_{|z+\sqrt{2}i|=\frac{1}{6}}\frac{\frac{dz}{z-\sqrt{2}i}}{z+\sqrt{2}i}\\
&=2\pi i\cdot\left.\frac{1}{z+\sqrt{2}i}\right|_{z=\sqrt{2}i}+2\pi i\cdot\left.\frac{1}{z-\sqrt{2}i}\right|_{z=-\sqrt{2}i}\\
&=0.
\end{aligned}$$

解法 2

$$\begin{aligned}
原式&=\frac{1}{2\sqrt{2}i}\int_{|z|=2}-\frac{1}{z+\sqrt{2}i}+\frac{1}{z-\sqrt{2}i}dz\\
&=\frac{1}{2\sqrt{2}i}\left(\int_{|z+\sqrt{2}i|=\frac{1}{6}}-\frac{1}{z+\sqrt{2}i}dz+\int_{|z-\sqrt{2}i|=\frac{1}{6}}\frac{1}{z-\sqrt{2}i}dz\right)\\
&=\frac{1}{2\sqrt{2}i}(-2\pi i+2\pi i)=0.
\end{aligned}$$

2. 柯西高阶导数公式

$\int_C\frac{f(z)}{z-a}dz$ 可以看成是 $\int_C\frac{1}{z-a}dz$ 的推广,本节将 $\int_C\frac{1}{(z-a)^{n+1}}dz$ 推广到 $\int_C\frac{f(z)}{(z-a)^{n+1}}dz$.

定理 1.9　设 $f(z)$在 D 内解析，在 $\overline{D}=D+C$ 上连续，则 $f(z)$在区域 D 内有各阶导数，且

$$f^{(n)}(z)=\frac{n!}{2\pi i}\int_C \frac{f(\xi)}{(\xi-z)^{n+1}}d\xi,\quad z\in D, n\in \mathbb{N}.$$

证明　当 $n=1$ 时，对 $\Delta z\neq 0$，有

$$\begin{aligned}\frac{f(z+\Delta z)-f(z)}{\Delta z}&=\frac{1}{\Delta z}\left[\frac{1}{2\pi i}\int_C \frac{f(\xi)}{\xi-(z+\Delta z)}d\xi-\frac{1}{2\pi i}\int_C \frac{f(\xi)}{\xi-z}d\xi\right]\\&=\frac{1}{2\pi i}\int_C \frac{f(\xi)}{(\xi-z-\Delta z)(\xi-z)}d\xi.\end{aligned}$$

下证

$$\left|\frac{1}{2\pi i}\int_C \frac{f(\xi)d\xi}{(\xi-z-\Delta z)(\xi-z)}-\frac{1}{2\pi i}\int_C \frac{f(\xi)d\xi}{(\xi-z)^2}\right|=\left|\frac{1}{2\pi i}\int_C \frac{\Delta z f(\xi)}{(\xi-z-\Delta z)(\xi-z)^2}d\xi\right|$$

在$|\Delta z|$充分小时不超过任给正数 ε.

设沿 C，$|f(\xi)|\leqslant M$，d 表示 z 与 C 上点 ξ 间的最短距离，于是当 $\xi\in C$ 时，$|\xi-z|\geqslant d>0$. 先设 $\Delta z<\frac{d}{2}$，于是

$$|\xi-z-\Delta z|\geqslant|\xi-z|-|\Delta z|>\frac{d}{2},$$

故

$$\left|\frac{1}{2\pi i}\int_C \frac{\Delta z\cdot f(\xi)}{(\xi-z-\Delta z)(\xi-z)^2}d\xi\right|\leqslant\frac{1}{2\pi}\cdot\frac{|\Delta z|\cdot Ml}{\frac{d}{2}\cdot d^2},$$

其中 l 为 C 的长度.

只要取 $|\Delta z|<\delta=\min\left\{\frac{d}{2},\frac{\pi d^2\varepsilon}{Ml}\right\}$，即得 $f'(z)=\frac{1}{2\pi i}\int_C \frac{f(\xi)d\xi}{(\xi-z)^2}$.

设当 $n=k$ 时公式成立，当 $n=k+1$ 时，只需验证

$$\frac{f^{(n)}(z+\Delta z)-f^{(n)}(z)}{\Delta z}.$$

在 $\Delta z\to 0$ 时，以 $f^{(k+1)}(z)=\frac{(k+1)!}{2\pi i}\int_C \frac{f(\xi)d\xi}{(\xi-z)^{k+2}}$ 为极限，方法和证明 $n=1$ 时类似，但稍微复杂些，略去.

例 1.32　计算 $\int_C \frac{\cos z dz}{(z-i)^3}$，$C$ 是绕 i 一周的围线.

解　　　原式 $=\frac{2\pi i}{2!}(\cos z)''|_{z=i}=\pi i\cdot(-\cos i)=-\pi i\frac{e^{-1}+e}{2}$.

例 1.33　设 $g(z)=\int_{|\xi|=2}\frac{\sin\xi}{(\xi-z)^2}d\xi$，求 $g'(3)$和 $g'(1)$.

解　当 $|z|>2$ 时，由柯西积分定理 $g(z)=0$，从而 $g'(3)=0$.

当 $|z|<2$ 时，由柯西高阶导数公式

$$g(z)=2\pi i(\sin\xi)'|_{\xi=z}=2\pi i\cos z.$$

因此

$$g'(1)=2\pi i(\cos z)'|_{z=1}=-2\pi i\sin 1.$$

3. 平均值定理

定理 1.10　若 $f(z)$在$|\xi-z_0|<R$ 内解析，在$|\xi-z_0|\leqslant R$ 上连续，则

$$f(z_0)=\frac{1}{2\pi}\int_0^{2\pi}f(z_0+Re^{i\varphi})d\varphi,$$

即 $f(z)$ 在圆心 z_0 的值等于它在圆周上值的积分平均.

证明 设 $C:|z-z_0|=R, z=z_0+Re^{i\varphi}, \varphi\in[0,2\pi]$,则由柯西积分公式

$$\begin{aligned}f(z_0)&=\frac{1}{2\pi i}\int_C\frac{f(\xi)}{\xi-z_0}d\xi\\&=\frac{1}{2\pi i}\int_0^{2\pi}\frac{f(z_0+Re^{i\varphi})i\,Re^{i\varphi}}{Re^{i\varphi}}d\varphi\\&=\frac{1}{2\pi}\int_0^{2\pi}f(z_0+Re^{i\varphi})d\varphi.\end{aligned}$$

例 1.34 设 $f(z)$ 在 $|z|\leqslant R$ 上解析,若存在 $a>0$,当 $|z|=R$ 时 $|f(z)|>a$,且 $|f(0)|<a$,则在 $|z|<R$ 内 $f(z)$ 至少有一个零点.

证明 反证法.设 $f(z)$ 在 $|z|<R$ 内无零点.又已知 $f(z)$ 在 $|z|=R$ 上无零点,可设 $F(z)=\frac{1}{f(z)}$,则 $F(z)$ 在 $|z|\leqslant R$ 上解析,且 $|F(z)|<\frac{1}{a}(|z|=R)$. 由已知 $|f(0)|<a$,知 $|F(0)|>\frac{1}{a}$. 但

$$\begin{aligned}|F(0)|&=\left|\frac{1}{2\pi i}\int_{|z|=R}\frac{F(\xi)}{\xi}d\xi\right|\\&\leqslant\frac{1}{2\pi}\int_{|z|=R}\left|\frac{F(\xi)}{\xi}\right||d\xi|\\&<\frac{1}{2\pi}\cdot\frac{1}{a}\cdot\frac{1}{R}\int_{|z|=R}ds=\frac{1}{a}.\end{aligned}$$

矛盾.故假设不成立,定理得证.

4. 柯西不等式

由高阶导数公式可以得到关于导数模的一个估计式.

定理 1.11(柯西不等式) 设 $f(z)$ 在区域 D 内解析,$a\in D, C:|\xi-a|=R, \overline{I(C)}\subset D$,则

$$f^{(n)}(a)\leqslant\frac{n!M(R)}{R^n},\quad 其中\ M(R)=\max_{\xi\in C}|f(\xi)|,\quad n\in\mathbb{N}.$$

证明

$$\begin{aligned}|f^{(n)}(a)|&=\left|\frac{n!}{2\pi i}\int_C\frac{f(\xi)}{(\xi-a)^{n+1}}d\xi\right|\\&\leqslant\frac{n!}{2\pi}\int_C\frac{|f(\xi)|}{|\xi-a|^{n+1}}|d\xi|\\&\leqslant\frac{n!}{2\pi}\cdot\frac{M(R)}{R^{n+1}}\cdot 2\pi R\\&=\frac{n!M(R)}{R^n}.\end{aligned}$$

柯西不等式表明解析函数在一点处的导数的模的估计与它的解析区域大小有密切关系.特别地,当 $n=0$ 时,有 $|f(a)|\leqslant M(R)$. 此式表明,如果 $f(z)$ 在圆域上解析,则它在圆心处的模不超过它在圆周上模的最大值.

5. 莫勒拉(Morera)定理(柯西积分定理的逆定理)

定理 1.12 若 $f(z)$ 在单连通区域 D 内连续,且对 D 内任一围线 C,有

$$\int_C f(z)\mathrm{d}z = 0,$$

则 $f(z)$ 在 D 内解析.

证明　在定理假设的条件下,变上限的函数

$$F(z) = \int_{z_0}^{z} f(\xi)\mathrm{d}\xi$$

在 D 内解析,且 $F'(z)=f(z)(z\in D)$. 又解析函数的导数仍是解析的,故 $f(z)$ 在 D 内解析.

习题 1

1. 计算下列各题.

(1) 设 $z=\dfrac{(1+\mathrm{i})(2-\mathrm{i})(3-\mathrm{i})}{(3+\mathrm{i})(2+\mathrm{i})}$,求 $|z|$.

(2) 当 $z=\dfrac{1+\mathrm{i}}{1-\mathrm{i}}$ 时,求 $z^{100}+z^{75}+z^{50}$ 的值.

(3) 设 $z=(2-3\mathrm{i})(-2+\mathrm{i})$,求 $\arg z$.

(4) 求复数 $\dfrac{(\cos5\theta+\mathrm{i}\sin5\theta)^2}{(\cos3\theta-\mathrm{i}\sin3\theta)^2}$ 的指数表示式.

(5) 求复数 $z=\tan\theta-\mathrm{i}\left(\dfrac{\pi}{2}<\theta<\pi\right)$ 的三角表示式.

(6) 设 $f(z)=1-\bar{z}$, $z_1=2+3\mathrm{i}$, $z_2=5-\mathrm{i}$,求 $\overline{f(z_1-z_2)}$.

2. 证明下列各题.

(1) 若 z 为非零复数,证明 $|z^2-\bar{z}^2|\leqslant 2z\bar{z}$.

(2) 设 $z=x+\mathrm{i}y$,试证 $\dfrac{|x|+|y|}{\sqrt{2}}\leqslant|z|\leqslant|x|+|y|$.

(3) 试证 $\dfrac{z_1}{z_2}\geqslant0(z_2\neq0)$ 的充要条件为 $|z_1+z_2|=|z_1|+|z_2|$.

(4) 证明使得 $z^2=|z|^2$ 成立的 z 一定是实数.

(5) 设复数 $z\neq\pm\mathrm{i}$,试证 $\dfrac{z}{1+z^2}$ 是实数的充要条件为 $|z|=1$ 或 $\mathrm{Im}(z)=0$.

3. 设 x,y 为实数,$z_1=x+\sqrt{11}+y\mathrm{i}$, $z_2=x-\sqrt{11}+y\mathrm{i}$ 且有 $|z_1|+|z_2|=12$,问动点 (x,y) 的轨迹是什么曲线.

4. 设 z 为复数,求方程 $z+|\bar{z}|=2+\mathrm{i}$ 的解.

5. 满足不等式 $\left|\dfrac{z-\mathrm{i}}{z+\mathrm{i}}\right|\leqslant2$ 的所有点 z 构成的集合是有界区域还是无界区域?

6. 若复数 z 满足 $z\bar{z}+(1-2\mathrm{i})z+(1+2\mathrm{i})\bar{z}+3=0$,试求 $|z+2|$ 的取值范围.

7. 设 $a\geqslant0$,在复数集 $\mathbb{C}$ 中解方程 $z^2+2|z|=a$.

8. 方程 $|z+2-3\mathrm{i}|=\sqrt{2}$ 代表什么曲线?

9. 不等式 $|z-2|+|z+2|<5$ 所表示的区域的边界是什么曲线?

10. 求方程 $\left|\dfrac{2z-1-\mathrm{i}}{2-(1-\mathrm{i})z}\right|=1$ 所表示曲线的直角坐标方程.

11. 方程$|z+1-2\mathrm{i}|=|z-2+\mathrm{i}|$所表示的曲线是连续点________和________的线段的垂直平分线.

12. 对于映射$\omega=\frac{1}{2}\left(z+\frac{1}{z}\right)$,求出圆周$|z|=4$的像.

13. 证明$\lim\limits_{z\to z_0}\frac{\mathrm{Im}(z)-\mathrm{Im}(z_0)}{z-z_0}$不存在.

14. 求$\lim\limits_{z\to 1+\mathrm{i}}(1+z^2+2z^4)$.

15. 证明函数$f(z)=u(x,y)+\mathrm{i}v(x,y)$在点$z_0=x_0+\mathrm{i}y_0$处连续的充要条件是$u(x,y)$和$v(x,y)$在$(x_0,y_0)$处连续.

16. 设$z=x+\mathrm{i}y$,试讨论下列函数的连续性.

(1) $f(z)=\begin{cases}\frac{2xy}{x^2+y^2}, & z\neq 0;\\ 0, & z=0;\end{cases}$

(2) $f(z)=\begin{cases}\frac{x^3y}{x^2+y^2}, & z\neq 0,\\ 0, & z=0.\end{cases}$

17. 若$\lim\limits_{x\to x_0}f(z)=A\neq 0$,则存在$\delta>0$,使得当$0<|z-z_0|<\delta$时有$|f(z)|>\frac{1}{2}|A|$.

18. 求下列函数的导数.

(1) 求函数$f(z)=z^2\mathrm{Im}(z)$在$z=0$处的导数.

(2) 设$f(z)=x^2+\mathrm{i}y^2$,求$f'(1+\mathrm{i})$.

(3) 设$f(z)=x^3+y^3+\mathrm{i}x^2y^2$,求$f'\left(-\frac{3}{2}+\frac{3}{2}\mathrm{i}\right)$.

(4) 设$w^3-2zw+\mathrm{e}^z=0$,求$\frac{\mathrm{d}w}{\mathrm{d}z},\frac{\mathrm{d}^2w}{\mathrm{d}z^2}$.

19. 试证下列函数在z平面上解析,并分别求出其导数.

(1) $f(z)=\cos x\cosh y-\mathrm{i}\sin x\sinh y$;

(2) $f(z)=\mathrm{e}^x(x\cos y-y\sin y)+\mathrm{i}\mathrm{e}^x(y\cos y+\mathrm{i}x\sin y)$.

20. 若函数$f(z)=x^2+2xy-y^2+\mathrm{i}(y^2+axy-x^2)$在复平面内处处解析,那么实常数$a$的值是多少?

21. 如果$f'(z)$在单位圆$|z|<1$内处处为零,且$f(0)=-1$,那么在$|z|<1$内,$f(z)\equiv$?

22. 设$f(0)=1,f'(0)=1+\mathrm{i}$,求$\lim\limits_{z\to 0}\frac{f(z)-1}{z}$.

23. 设$f(z)=u+\mathrm{i}v$在区域D内是解析的,且$u+v$是实常数,证明$f(z)$在D内是常数.

24. 写出导函数$f'(z)=\frac{\partial u}{\partial x}+\mathrm{i}\frac{\partial v}{\partial x}$在区域$D$内解析的充要条件.

25. 若解析函数$f(z)=u+\mathrm{i}v$的实部$u=x^2-y^2$,求$f(z)$.

26. 已知$u-v=x^2-y^2$,试确定解析函数$f(z)=u+\mathrm{i}v$.

27. 解方程$\sin z+\mathrm{i}\cos z=4\mathrm{i}$.

28. 设 $f(z)=\frac{1}{5}z^5-(1+\mathrm{i})z$，求方程 $f'(z)=0$ 的所有根.

29. 设 $f(z)=u(x,y)+\mathrm{i}v(x,y)$ 为 $z=x+\mathrm{i}y$ 的解析函数，若记

$$w(z,\bar{z})=u\left(\frac{z+\bar{z}}{2},\frac{z-\bar{z}}{2\mathrm{i}}\right)+\mathrm{i}v\left(\frac{z+\bar{z}}{2},\frac{z-\bar{z}}{2\mathrm{i}}\right),$$

证明 $\frac{\partial w}{\partial \bar{z}}=0$.

30. 设 $f(z)=\begin{cases}\frac{xy^2(x+\mathrm{i}y)}{x^2+y^4}, & z\neq 0,\\ 0, & z=0,\end{cases}$ 试证 $f(z)$ 在原点满足柯西-黎曼方程，但却不可导.

31. 计算下列积分.

(1) 设 c 为沿原点 $z=0$ 到点 $z=1+\mathrm{i}$ 的直线段，计算 $\int_c 2\,\bar{z}\,\mathrm{d}z$.

(2) 设 c 为正向圆周 $|z-4|=1$，计算 $\int_c \frac{z^2-3z+2}{(z-4)^2}\mathrm{d}z$.

(3) 设 c 为从原点沿 $y^2=x$ 至 $1+\mathrm{i}$ 的弧段，求积分 $\int_c (x+\mathrm{i}y^2)\mathrm{d}z$.

(4) 设 c 为不经过点 1 与 -1 的正向简单闭曲线，计算 $\oint_c \frac{z}{(z-1)(z+1)^2}\mathrm{d}z$.

(5) 设 c_1：$|z|=1$ 为负向，c_2：$|z|=3$ 为正向，计算 $\oint_{c=c_1+c_2} \frac{\sin z}{z^2}\mathrm{d}z$.

(6) 设 c 为正向圆周 $|z|=2$，计算 $\oint_c \frac{\cos z}{(1-z)^2}\mathrm{d}z$.

(7) 设 c 为正向圆周 $|z|=\frac{1}{2}$，计算 $\oint_c \frac{z^3\cos\frac{1}{z-2}}{(1-z)^2}\mathrm{d}z$.

(8) 设 c 是从 0 到 $1+\frac{\pi}{2}\mathrm{i}$ 的直线段，计算积分 $\int_c z\mathrm{e}^z\mathrm{d}z$.

(9) 设 c 为正向圆周 $x^2+y^2-2x=0$，计算 $\oint_c \frac{\sin\left(\frac{\pi}{4}z\right)}{z^2-1}\mathrm{d}z$.

(10) 设 c 为正向圆周 $|z-\mathrm{i}|=1$，$a\neq\mathrm{i}$，计算 $\oint_c \frac{z\cos z}{(z-\mathrm{i})^2}\mathrm{d}z$.

(11) 设 c 为正向圆周 $|z|=3$，计算 $\oint_c \frac{z+\bar{z}}{|z|}\mathrm{d}z$.

(12) 设 c 为负向圆周 $|z|=4$，计算 $\oint_c \frac{\mathrm{e}^z}{(z-\pi\mathrm{i})^5}\mathrm{d}z$.

32. 设 $f(z)=\oint_{|\xi|=4} \frac{\mathrm{e}^\xi}{\xi-z}\mathrm{d}\xi$，其中 $|z|\neq 4$，求 $f'(\pi\mathrm{i})$.

33. 设 $f(z)$ 在单连通区域 B 内处处解析且不为零，c 为 B 内任何一条简单闭曲线，求积分 $\oint_c \frac{f''(z)+2f'(z)+f(z)}{f(z)}\mathrm{d}z$.

34. 设 $f(z)$ 在区域 D 内解析，c 为 D 内任一条正向简单闭曲线，它的内部全属于 D. 如

果 $f(z)$在 c 上的值为 2,那么对 c 内任一点 z_0,$f(z_0)$的值是什么?

35. 设 $f(z)=\oint_{|\xi|=2}\dfrac{\sin\left(\dfrac{\pi}{2}\xi\right)}{\xi-z}d\xi$,其中$|z|\neq 2$,求 $f'(3)$.

36. 若函数 $u(x,y)=x^3+axy^2$ 为某一解析函数的虚部,则常数 a 的值是多少?

37. 计算下列积分:

(1) $\oint_{|z|=R}\dfrac{6z}{(z^2-1)(z+2)}dz$,其中 $R>0,R\neq 1$ 且 $R\neq 2$;

(2) $\oint_{|z|=2}\dfrac{dz}{z^4+2z^2+2}$.

38. 设 $f(z)$在单连通区域 B 内解析,且满足$|1-f(z)|<1(x\in B)$. 试证:

(1) 在 B 内处处有 $f(z)\neq 0$;

(2) 对于 B 内任意一条闭曲线 c,都有$\oint_c\dfrac{f''(z)}{f(z)}dz=0$.

39. 设 $f(z)$在圆域$|z-a|<R$ 内解析,若 $\max\limits_{|z-a|=r}|f(z)|=M(r)(0<r<R)$,证明

$$|f^{(n)}(a)|\leqslant\frac{n!M(r)}{r^n}\quad (n=1,2,\cdots).$$

40. 求积分$\oint_{|z|=1}\dfrac{e^z}{z}dz$,从而证明$\int_0^{\pi}e^{\cos\theta}\cos(\sin\theta)d\theta=\pi$.

41. 设 $f(z)$在复平面上处处解析且有界,对于任意给定的两个复数 a,b,试求极限 $\lim\limits_{R\to+\infty}\oint_{|z|=R}\dfrac{f(z)}{(z-a)(z-b)}dz$ 并由此推证 $f(a)=f(b)$(刘维尔(Liouville)定理).

42. 设 $f(z)$在$|z|<R(R>1)$内解析,且 $f(0)=1,f'(0)=2$,试计算积分

$$\oint_{|z|=1}(z+1)^2\frac{f(z)}{z^2}dz,$$

并由此得出$\int_0^{2\pi}\cos^2\dfrac{\theta}{2}f(e^{i\theta})d\theta$之值.

43. 设 $f(z)=u+iv$ 是 z 的解析函数,证明

$$\frac{\partial^2\ln(1+|f(z)|^2)}{\partial x^2}+\frac{\partial^2\ln(1+|f(z)|^2)}{\partial y^2}=\frac{4|f'(z)|^2}{(1+|f(z)|^2)^2}.$$

44. 若 $u=u(x^2+y^2)$,试求解析函数 $f(z)=u+iv$.

第2章

复变函数的幂级数

2.1 复数序列和复数项级数

2.1.1 复数序列及其收敛性

定义 2.1 设有

$$z_1 = a_1 + ib_1, \quad z_2 = a_2 + ib_2, \quad \cdots, \quad z_n = a_n + ib_n, \cdots,$$

其中 z_n 是复数，$\mathrm{Re}z_n = a_n$，$\mathrm{Im}z_n = b_n$，称上述序列为**复数序列**，一般简单记为 $\{z_n\}$. 按照 $\{|z_n|\}$是有界或无界序列，我们也称 $\{z_n\}$ 为**有界或无界序列**.

设 z_0 是一个复常数，如果任给 $\varepsilon>0$，可以找到一个正数 N，使得当 $n>N$ 时

$$|z_n - z_0| < \varepsilon,$$

那么我们说 $\{z_n\}$ 收敛或有极限 z_0，或者说 $\{z_n\}$ 是**收敛序列**，并且收敛于 z_0，记作

$$\lim_{n\to+\infty} z_n = z_0.$$

如果序列 $\{z_n\}$ 不收敛，则称 $\{z_n\}$ 发散，或者说它是**发散序列**.

令 $z_0 = a + ib$，其中 a 和 b 是实数. 由不等式

$$|a_n - a| - |b_n - b| \leqslant |z_n - z_0| \leqslant |a_n - a| + |b_n - b|$$

容易看出，$\lim\limits_{n\to+\infty} z_n = z_0$ 等价于下列两极限式

$$\lim_{n\to+\infty} a_n = a, \quad \lim_{n\to+\infty} b_n = b.$$

因此，复数序列具有下列性质.

(1) 序列 $\{z_n\}$ 收敛于 $z_0 = a + ib$ 的必要与充分条件是：序列 $\{a_n\}$ 收敛于 a 以及序列 $\{b_n\}$ 收敛于 b.

(2) 复数序列也可以解释为复平面上的点列，于是点列 $\{z_n\}$ 收敛于 z_0，或者说有极限点 z_0 的定义用几何语言可以叙述为：任给 z_0 的一个邻域，相应地可以找到一个正整数 N，使得当 $n>N$ 时，z_n 都在这个邻域内.

(3) 利用两个实数序列的相应的结果，可以证明，两个收敛复数序列的和、差、积、商仍收敛，并且其极限是相应极限的和、差、积、商.

2.1.2 复数项级数及其收敛性

定义 2.2 复数项级数是指

$$z_1+z_2+\cdots+z_n+\cdots$$

或记为 $\sum\limits_{n=1}^{+\infty}z_n$，或 $\sum z_n$，其中 z_n 是复数.定义其部分和序列为

$$\sigma_n=z_1+z_2+\cdots+z_n.$$

如果序列 $\{\sigma_n\}$ 收敛，那么我们说级数 $\sum z_n$ **收敛**；如果 $\{\sigma_n\}$ 的极限是 σ，那么说 $\sum z_n$ 的和是 σ，或者说 $\sum z_n$ 收敛于 σ，记作

$$\sum_{n=1}^{+\infty}z_n=\sigma.$$

如果序列 $\{\sigma_n\}$ 发散，那么我们说级数 $\sum z_n$ **发散**.

复数项级数及其收敛性具有以下性质.

性质1 对于一个复数序列 $\{z_n\}$，总可以作一个复数项级数如下

$$z_1+(z_2-z_1)+(z_3-z_2)+\cdots+(z_n-z_{n-1})+\cdots,$$

于是序列 $\{z_n\}$ 的敛散性和上述级数的敛散性相同.

性质2 级数 $\sum z_n$ 收敛于 σ 的 ε-N 定义可以叙述为，$\forall\varepsilon>0$，$\exists N>0$，使得当 $n>N$ 时，有

$$\left|\sum_{k=1}^{n}z_k-\sigma\right|<\varepsilon.$$

性质3 如果级数 $\sum z_n$ 收敛，那么

$$\lim_{n\to+\infty}z_n=\lim_{n\to+\infty}(\sigma_n-\sigma_{n+1})=0.$$

性质4 令

$$a_n=\mathrm{Re}z_n,\quad b_n=\mathrm{Im}z_n,\quad a=\mathrm{Re}\sigma,\quad b=\mathrm{Im}\sigma,$$

则有

$$\sigma_n=\sum_{k=1}^{n}a_k+\mathrm{i}\sum_{k=1}^{n}b_k,$$

于是级数 $\sum z_n$ 收敛于 σ 的充分与必要条件是，级数 $\sum a_n$ 收敛于 a 以及级数 $\sum b_n$ 收敛于 b.

性质5 关于实数项级数的一些基本结果，可以不加改变地推广到复数项级数，例如下面的柯西收敛原理.

定理2.1(柯西收敛原理(复数项级数)) 级数 $\sum z_n$ 收敛的必要与充分条件是，任给 $\varepsilon>0$，可以找到一个正整数 N，使得当 $n>N$，$p=1,2,3,\cdots$ 时，有

$$|z_{n+1}+z_{n+2}+\cdots+z_{n+p}|<\varepsilon.$$

而**复数序列的柯西收敛原理**可以叙述为——序列 $\{z_n\}$ 收敛的必要与充分条件是：任给 $\varepsilon>0$，可以找到一个正整数 N，使得当 $m>N$ 及 $n>N$ 时，有

$$|z_n-z_m|<\varepsilon.$$

2.1.3　复数项级数的绝对收敛性

复数项级数 $\sum z_n$ 绝对收敛的概念如下.

定义 2.3　如果级数

$$|z_1|+|z_2|+\cdots+|z_n|+\cdots$$

收敛,我们称级数 $\sum z_n$ **绝对收敛**. 非绝对收敛的收敛级数称为**条件收敛**.

级数 $\sum |z_n|$ 收敛是复级数 $\sum z_n$ 收敛的一个充分条件.

关于复数项级数的绝对收敛性有下列性质.

性质 1　级数 $\sum z_n$ 绝对收敛的充分必要条件是,级数 $\sum a_n$ 以及 $\sum b_n$ 绝对收敛.

事实上,

$$\sum_{k=1}^{n}|a_k| \quad 及 \quad \sum_{k=1}^{n}|b_k| \leqslant \sum_{k=1}^{n}|z_k| = \sum_{k=1}^{n}\sqrt{a_k^2+b_k^2} \leqslant \sum_{k=1}^{n}|a_k| + \sum_{k=1}^{n}|b_k|.$$

性质 2　若级数 $\sum z_n$ 绝对收敛,则 $\sum z_n$ 一定收敛.

例 2.1　当 $|\alpha|<1$ 时,$1+\alpha+\alpha^2+\cdots+\alpha^n+\cdots$绝对收敛;并且有

$$1+\alpha+\alpha^2+\cdots+\alpha^n = \frac{1-\alpha^{n+1}}{1-\alpha}, \quad \lim_{n\to+\infty}\alpha^{n+1} = 0,$$

因此,当 $|\alpha|<1$ 时,

$$1+\alpha+\alpha^2+\cdots+\alpha^n+\cdots = \frac{1}{1-\alpha}.$$

定理 2.2　如果复数项级数 $\sum \tilde{z}_n$ 及 $\sum \tilde{\tilde{z}}_n$ 绝对收敛,并且它们的和分别为 $\tilde{\alpha}$,$\tilde{\tilde{\alpha}}$,那么级数

$$\sum_{n=1}^{+\infty}(\tilde{z}_1\tilde{\tilde{z}}_n + \tilde{z}_2\tilde{\tilde{z}}_{n-1} + \cdots + \tilde{z}_n\tilde{\tilde{z}}_1)$$

也绝对收敛,并且它的和为 $\tilde{\alpha}\tilde{\tilde{\alpha}}$.

2.2　复变函数项级数和复变函数序列

设

$$f_1(z), f_2(z), \cdots, f_n(z), \cdots$$

是 E 上的复函数列,记作 $\{f_n(z)\}_{n=1}^{+\infty}$ 或 $\{f_n(z)\}$.

定义 2.4　设复函数列 $\{f_n(z)\}$ 在复平面点集 E 上有定义,那么

$$f_1(z)+f_2(z)+\cdots+f_n(z)+\cdots$$

是定义在点集 E 上的复函数项级数,记为 $\sum\limits_{n=1}^{+\infty}f_n(z)$,或 $\sum f_n(z)$. 设函数 $f(z)$ 在 E 上有定义,如果在 E 上每一点 z,级数 $\sum f_n(z)$ 都收敛于 $f(z)$,那么我们说此**复函数项级数在 E 上收敛于** $f(z)$,或者此级数在 E 上有**和函数** $f(z)$,记作

$$\sum_{n=1}^{+\infty}f_n(z) = f(z).$$

设函数 $\varphi(z)$ 在 E 上有定义，如果在 E 上每一点 z，序列 $\{f_n(z)\}$ 都收敛于 $\varphi(z)$，那么我们说**此复函数序列在 E 上收敛**于 $\varphi(z)$，或者此序列在 E 上有**极限函数** $\varphi(z)$，记作

$$\lim_{n\to+\infty} f_n(z) = \varphi(z).$$

复变函数项级数和复变函数序列与它们的收敛性有下列性质.

(1) 复变函数项级数 $\sum f_n(z)$ 收敛于 $f(z)$ 的 ε-N 定义可以叙述为：$\forall \varepsilon>0$，$\exists N=N(\varepsilon,z)>0$，使得当 $n>N$ 时，有

$$\left|\sum_{k=1}^{n} f_k(z) - f(z)\right| < \varepsilon.$$

(2) 复变函数序列 $\{f_n(z)\}$ 收敛于 $\varphi(z)$ 的 ε-N 定义可以叙述为：$\forall \varepsilon>0$，$\exists N=N(\varepsilon,z)>0$，使得当 $n>N$ 时，有

$$|f_n(z) - \varphi(z)| < \varepsilon.$$

定义 2.5 如果任给 $\varepsilon>0$，可以找到一个只与 ε 有关，而与 z 无关的正整数 $N=N(\varepsilon)$，使得当 $n>N$，$z\in E$ 时，有

$$\left|\sum_{k=1}^{n} f_k(z) - f(z)\right| < \varepsilon,$$

或 $|f_n(z)-\varphi(z)|<\varepsilon$，那么我们说级数 $\sum f_n(z)$ 或序列 $\{f_n(z)\}$ 在 E 上**一致收敛**于 $f(z)$ 或 $\varphi(z)$.

与实变函数项级数和序列一样，复变函数项级数和**复变函数序列**的柯西一致收敛原理如下.

定理 2.3(柯西一致收敛原理(复函数项级数)) 复函数项级数 $\sum f_n(z)$ 在 E 上一致收敛的必要与充分条件是：任给 $\varepsilon>0$，可以找到一个只与 ε 有关，而与 z 无关的正整数 $N=N(\varepsilon)$，使得当 $n>N$，$z\in E$，$p=1,2,3,\cdots$ 时，有

$$|f_{n+1}(z) + f_{n+2}(z) + \cdots + f_{n+p}(z)| < \varepsilon.$$

柯西一致收敛原理(复函数序列) 复变函数序列 $\{f_n(z)\}$ 在 E 上一致收敛的必要与充分条件是：任给 $\varepsilon>0$，可以找到一个只与 ε 有关，而与 z 无关的正整数 $N=N(\varepsilon)$，使得当 $m>N$，$n>N$，$z\in E$ 时，有

$$|f_n(z) - f_m(z)| < \varepsilon.$$

定理 2.4(一致收敛的魏尔斯特拉斯判别法(优级数准则)) 设 $\{f_n(z)\}$ 在复平面点集 E 上有定义，并且设

$$a_1 + a_2 + \cdots + a_n + \cdots$$

是一个收敛的正项级数. 设在 E 上，

$$|f_n(z)| \leqslant a_n, \quad n = 1,2,\cdots,$$

那么级数 $\sum f_n(z)$ 在 E 上绝对收敛且一致收敛.

这里的正项级数 $\sum\limits_{n=1}^{+\infty} a_n$ 称为复函数项级数 $\sum f_n(z)$ 的优级数.

关于一致收敛的级数或序列，有以下定理.

定理 2.5 设复平面点集 E 表示区域、闭区域或简单曲线. 设 $\{f_n(z)\}$ 在集 E 上连续，并

且级数 $\sum f_n(z)$ 或序列$\{f_n(z)\}$在 E 上一致收敛于 $f(z)$或 $\varphi(z)$,那么 $f(z)$或 $\varphi(z)$在 E 上连续.

定理 2.6　设$\{f_n(z)\}$在简单曲线 C 上连续,并且级数 $\sum f_n(z)$ 或序列$\{f_n(z)\}$在 C 上一致收敛于 $f(z)$或 $\varphi(z)$,那么

$$\sum_{n=1}^{+\infty}\int_C f_n(z)\mathrm{d}z = \int_C f(z)\mathrm{d}z,$$

或

$$\lim_{n\to+\infty}\int_C f_n(z)\mathrm{d}z = \int_C \varphi(z)\mathrm{d}z.$$

这个定理表明一致收敛级数是逐项可积的.在研究复函数项级数和序列的逐项求导的问题时,我们一般考虑解析函数项级数和序列,并且用莫勒拉定理及柯西公式来研究和函数与极限函数的解析性及其导数.

定义 2.6　设函数列$\{f_n(z)\}$在复平面 C 上的区域 D 内解析.如果级数 $\sum f_n(z)$ 或序列$\{f_n(z)\}$在 D 内任一有界闭区域(或在一个紧集)上一致收敛于 $f(z)$或$\varphi(z)$,那么我们说此级数或序列在 D 中**内闭(或内紧)一致收敛于 $f(z)$或$\varphi(z)$**.

定理 2.7(魏尔斯特拉斯定理)　设函数列$\{f_n(z)\}$在区域 D 内解析,并且级数 $\sum f_n(z)$ 或序列$\{f_n(z)\}$在 D 内闭一致收敛于函数 $f(z)$或 $\varphi(z)$,那么 $f(z)$或 $\varphi(z)$在区域 D 内解析,并且在 D 内

$$f^{(k)}(z) = \sum_{n=1}^{+\infty} f_n^{(k)}(z),$$

或

$$\varphi^{(k)}(z) = \lim_{n\to+\infty} f_n^{(k)}(z),\quad k=1,2,\cdots.$$

证明　先证明 $f(z)$在 D 内任一点 z_0 解析,取 z_0 的一个邻域 U,使其包含在 D 内,在 U 内作一条简单闭曲线 C.由定理 2.6 以及柯西定理可得

$$\int_C f(z)\mathrm{d}z = \sum_{n=1}^{+\infty}\int_C f_n(z)\mathrm{d}z = 0,$$

根据莫勒拉定理(定理 1.12),可知 $f(z)$在 U 内解析.又由于 z_0 是 D 内任意一点,因此 $f(z)$在 D 内解析.

设 U 的边界即圆 K 也在 D 内,则

$$\sum_{n=1}^{+\infty}\frac{f_n(z)}{(z-z_0)^{k+1}}$$

对于 $z\in K$ 一致收敛于$\dfrac{f(z)}{(z-z_0)^{k+1}}$.由定理 2.6,有

$$\frac{1}{2\pi\mathrm{i}}\int_K \frac{f(z)}{(z-z_0)^{k+1}}\mathrm{d}z = \sum_{n=1}^{\infty}\frac{1}{2\pi\mathrm{i}}\int_K \frac{f_n(z)}{(z-z_0)^{k+1}}\mathrm{d}z,$$

也就是

$$f^{(k)}(z) = \sum_{n=1}^{+\infty} f_n^{(k)}(z),\quad k=1,2,\cdots.$$

定理中关于级数的部分得证.

对于序列，也先证明 $\varphi(z)$ 在 D 内任一点 z_0 解析，取 z_0 的一个邻域 U，使其包含在 D 内，在 U 内作一条简单闭曲线 C. 由定理 2.6 以及柯西定理，有

$$\int_C f(z)\mathrm{d}z = \int_C \lim_{z\to+\infty} f_n(z)\mathrm{d}z = \lim_{n\to+\infty}\int_C f_n(z)\mathrm{d}z = 0,$$

根据莫勒拉定理，可知 $\varphi(z)$ 在 U 内解析. 又由于 z_0 是 D 内任意一点，因此 $\varphi(z)$ 在 D 内解析.

再设 U 的边界即圆 K 也在 D 内，于是

$$\frac{f_n(z)}{(z-z_0)^{k+1}}$$

对于 $z\in K$ 一致收敛于 $\frac{\varphi(z)}{(z-z_0)^{k+1}}$. 由定理 2.6，有

$$\frac{1}{2\pi\mathrm{i}}\int_K \frac{\varphi(z)}{(z-z_0)^{k+1}}\mathrm{d}z = \frac{1}{2\pi\mathrm{i}}\int_K \lim_{n\to+\infty}\frac{f_n(z)}{(z-z_0)^{k+1}}\mathrm{d}z = \lim_{n\to+\infty}\frac{1}{2\pi\mathrm{i}}\int_K \frac{f_n(z)}{(z-z_0)^{k+1}}\mathrm{d}z,$$

即

$$\varphi^{(k)}(z) = \lim_{n\to+\infty} f_n^{(k)}(z), \quad k=1,2,\cdots.$$

到此，定理中关于序列的部分证明结束.

2.3 幂级数

本节研究一类特别的解析函数项级数，即幂级数

$$\sum_{n=0}^{+\infty}\alpha_n(z-z_0)^n = \alpha_0+\alpha_1(z-z_0)+\alpha_2(z-z_0)^2+\cdots+\alpha_n(z-z_0)^n+\cdots,$$

其中 z 是复变数，系数 α_n 是任何复常数.

幂级数在复变函数论中有着特殊重要的意义，因为一般的幂级数在一定的区域内收敛于一个解析函数，在一点 z_0 解析的函数在 z_0 的一个邻域内可以用幂级数表示出来.

关于幂级数的收敛性，有阿贝尔第一定理.

定理 2.8（**阿贝尔定理**） 如果幂级数 $\sum\limits_{n=0}^{+\infty}\alpha_n(z-z_0)^n$ 在 $z_1(\neq z_0)$ 收敛，那么它在 $|z-z_0|<|z_1-z_0|$ 内绝对收敛且内闭一致收敛.

证明 由于幂级数 $\sum\limits_{n=0}^{+\infty}\alpha_n(z-z_0)^n$ 在 $z_1(\neq z_0)$ 收敛，所以有

$$\lim_{n\to+\infty}\alpha_n(z_1-z_0)^n = 0,$$

因此存在着有限常数 M，使得 $|\alpha_n(z_1-z_0)^n|\leqslant M\ (n=0,1,2,\cdots)$. 设 z 是圆：$|z-z_0|<|z_1-z_0|$ 内任一点，则有

$$\left|\frac{z-z_0}{z_1-z_0}\right| = k < 1$$

把级数改写成

$$\sum_{n=0}^{+\infty}\alpha_n(z_1-z_0)^n\left(\frac{z-z_0}{z_1-z_0}\right)^n,$$

则有

$$|\alpha_n(z-z_0)^n| = |\alpha_n(z_1-z_0)^n| \left|\frac{z-z_0}{z_1-z_0}\right|^n \leqslant M\left|\frac{z-z_0}{z_1-z_0}\right|^n = Mk^n.$$

由于级数 $\sum_{k=0}^{+\infty} Mk^n$ 收敛，所以此幂级数在满足 $|z-z_0|<|z_1-z_0|$ 的任何点 z 绝对收敛且内闭一致收敛.

推论　若幂级数 $\sum_{n=0}^{+\infty}\alpha_n(z-z_0)^n$ 在 $z_2(\neq z_0)$ 发散，则它在以 z_0 为圆心并通过 z_2 的圆周外部发散.

现在看一下复数项幂级数与实数项幂级数之间的关系，与幂级数 $\sum_{n=0}^{+\infty}\alpha_n(z-z_0)^n$ 相对应，作实系数幂级数

$$\sum_{n=0}^{+\infty}|\alpha_n|x^n = |\alpha_0|+|\alpha_1|x+|\alpha_2|x^2+\cdots+|\alpha_n|x^n+\cdots,$$

其中 x 为实数.

设 $\sum_{n=0}^{+\infty}|\alpha_n|x^n$ 的收敛半径是 R，那么按照不同情况，下面结论成立.

(1) 如果 $0<R<+\infty$，那么当 $|z-z_0|<R$ 时，级数 $\sum_{n=0}^{+\infty}\alpha_n(z-z_0)^n$ 绝对收敛，当 $|z-z_0|>R$ 时，级数 $\sum_{n=0}^{+\infty}\alpha_n(z-z_0)^n$ 发散；

(2) 如果 $R=+\infty$，那么级数 $\sum_{n=0}^{+\infty}\alpha_n(z-z_0)^n$ 在复平面上每一点绝对收敛；

(3) 如果 $R=0$，那么级数 $\sum_{n=0}^{+\infty}\alpha_n(z-z_0)^n$ 在复平面上除去 $z=z_0$ 外每一点发散.

证明　(1) 先考虑 $0<R<+\infty$ 的情形. 如果 $|z_1-z_0|<R$，那么可以找到一个正实数 r_1，使它满足 $|z_1-z_0|<r_1<R$. 由于级数 $\sum_{n=0}^{+\infty}|\alpha_n|x^n$ 在 $x=r_1$ 时绝对收敛，所以级数 $\sum_{n=0}^{+\infty}\alpha_n(z-z_0)^n$ 在 $z-z_0=r_1$ 时绝对收敛，从而它在 $z=z_1$ 时也绝对收敛.

如果 $|z_1-z_0|>R$，那么可以找到一个正实数 r_2，使它满足 $|z_1-z_0|>r_2>R$. 假定级数 $\sum_{n=0}^{+\infty}\alpha_n(z-z_0)^n$ 在 $z=z_2$ 时收敛，那么级数 $\sum_{n=0}^{+\infty}|\alpha_n|x^n$ 在 $x=r_2$ 时也收敛，与所设相矛盾.

(2) 如果 $R=+\infty$，则对任何实数 x，级数 $\sum_{n=0}^{+\infty}|\alpha_n|x^n$ 都绝对收敛. 如果 $|z_1-z_0|=r$，由于级数 $\sum_{n=0}^{+\infty}|\alpha_n|x^n$ 在 $x=r$ 时绝对收敛，所以级数 $\sum_{n=0}^{+\infty}\alpha_n(z-z_0)^n$ 在 $z-z_0=r$ 时绝对收敛，从而它在 $z=z_1$ 时也绝对收敛，由于 z_1 的任意性，那么级数 $\sum_{n=0}^{+\infty}\alpha_n(z-z_0)^n$ 在复平面上每一点绝对收敛；

(3) 如果 $R=0$，则对任何实数 $x\neq 0$，级数 $\sum_{n=0}^{+\infty}|\alpha_n|x^n$ 都发散. 若存在一个复数 $z_1(\neq z_0)$，

使得 $\sum_{n=0}^{+\infty}\alpha_n(z_1-z_0)^n$ 收敛，则由定理2.8，当 $|z-z_0|<|z_1-z_0|$ 时，$\sum_{n=0}^{+\infty}\alpha_n(z-z_0)^n$ 绝对收敛，即 $\sum_{n=0}^{+\infty}|\alpha_n||z-z_0|^n$ 收敛，所以存在 $x\neq 0$，使得 $\sum_{n=0}^{+\infty}|\alpha_n|x^n$ 收敛，与假设矛盾.

注意，在上面的讨论中，当 $0<R<+\infty$ 时，对于 $|z-z_0|=R$，级数 $\sum_{n=0}^{+\infty}\alpha_n(z-z_0)^n$ 的敛散性不定，和微积分中一样，这里的 $R(0<R<+\infty)$ 称为此级数的**收敛半径**；而 $|z-z_0|<R$ 称为它的**收敛圆盘**. 当 $R=+\infty$ 时，说此级数的收敛半径是 $+\infty$，收敛圆盘扩大成复平面. 当 $R=0$ 时，我们说此级数的收敛半径是0，收敛圆盘收缩成一点 z_0. 因此，求 $\sum_{n=0}^{+\infty}\alpha_n(z-z_0)^n$ 的收敛半径的问题归结成求 $\sum_{n=0}^{+\infty}|\alpha_n|x^n$ 的收敛半径的问题. 和微积分中一样，常见情况下，可以用达朗贝尔法则或柯西法则求出. 对于一般情况，则可用柯西-阿达马公式求出.

定理2.9(柯西-阿达马公式) 如果下列条件之一成立：

(1) $l=\lim\limits_{n\to+\infty}\left|\dfrac{\alpha_{n+1}}{\alpha_n}\right|$； (2) $l=\lim\limits_{n\to+\infty}\sqrt[n]{|\alpha_n|}$； (3) $l=\varlimsup\limits_{n\to+\infty}\sqrt[n]{|\alpha_n|}$.

级数 $\sum_{n=0}^{+\infty}\alpha_n(z-z_0)^n$ 的收敛半径

$$R=\begin{cases}\dfrac{1}{l}, & l\neq 0,l\neq+\infty;\\ 0, & l=+\infty;\\ +\infty, & l=0.\end{cases}$$

在使用公式时，总是假定公式中的 l 是存在的. 上极限的定义是，已给一个实数序列 $\{a_n\}$ 和数 $l\in(-\infty,+\infty)$，如果对于任给 $\varepsilon>0$，有：(1)至多有有限个 $a_n>l+\varepsilon$；(2)有无穷个 $a_n>l-\varepsilon$，那么说序列 $\{a_n\}$ 的上极限是 l，记作

$$\varlimsup_{n\to+\infty}a_n=l.$$

如果任给 $M>0$，有无穷个 $a_n>M$，那么说序列 $\{a_n\}$ 的上极限是 $+\infty$，记作

$$\varlimsup_{n\to+\infty}a_n=+\infty.$$

如果任给 $M>0$，至多有有限个 $a_n>-M$，那么说序列 $\{a_n\}$ 的上极限是 $-\infty$，记作

$$\varlimsup_{n\to+\infty}a_n=-\infty.$$

柯西-阿达马公式的证明 设 $0<l<+\infty$，任取定 $\tilde{z}$，使得 $|\tilde{z}-z_0|<\dfrac{1}{l}$. 可以找到 $\varepsilon>0$，使得 $|\tilde{z}-z_0|<\dfrac{1}{l+2\varepsilon}$. 又由上极限的定义，存在着 $N>0$，使得当 $n>N$ 时，$\sqrt[n]{|\alpha_n|}<l+\varepsilon$，从而

$$|\alpha_n||\tilde{z}-z_0|^n<[(l+\varepsilon)/(l+2\varepsilon)]^n.$$

因此级数 $\sum_{n=0}^{+\infty}\alpha_n(z-z_0)^n$ 在 $z=\tilde{z}$ 时绝对收敛. 由于 $\tilde{z}$ 的任意性，得到此级数在 $|z-z_0|<\dfrac{1}{l}$ 内绝对收敛.

另一方面，任取定 $\tilde{z}$，使得 $|\tilde{z}-z_0|>\frac{1}{l}$. 可以找到 $\varepsilon\in(0,l/2)$，使得 $|\tilde{z}-z_0|>\frac{1}{l-2\varepsilon}$. 又由上极限的定义，有无穷多个 α_n，满足 $\sqrt[n]{|\alpha_n|}>l-\varepsilon$，即满足

$$|\alpha_n||\tilde{z}-z_0|^n>[(l-\varepsilon)/(l-2\varepsilon)]^n,$$

因此级数 $\sum\limits_{n=0}^{+\infty}\alpha_n(z-z_0)^n$ 在 $z=\tilde{z}$ 时发散，从而此级数在 $|z-z_0|>\frac{1}{l}$ 内发散.

例 2.2　试求下列各幂级数的收敛半径 R：

(1) $\sum\limits_{n=0}^{\infty}\frac{z^n}{n^2}$；　　(2) $\sum\limits_{n=0}^{\infty}\frac{z^n}{n!}$.

解　(1) $R=\lim\limits_{n\to\infty}\left|\frac{a_n}{a_{n+1}}\right|=\lim\limits_{n\to\infty}\left(\frac{n+1}{n}\right)^2=1$；

(2) $l=\lim\limits_{n\to\infty}\left|\frac{a_{n+1}}{a_n}\right|=\lim\limits_{n\to\infty}\frac{\frac{1}{(n+1)!}}{\frac{1}{n!}}=0$，故 $R=+\infty$.

由柯西准则可以证明，复数项级数收敛的一个必要条件也是其通项趋近于 0.

2.4　幂级数和函数的解析性

定理 2.10　(1) 幂级数 $f(z)=\sum\limits_{n=0}^{+\infty}c_n(z-z_0)^n$ 的和函数 $f(z)$ 在其收敛圆周 $K:|z-z_0|<R(0<R\leqslant+\infty)$ 内解析；

(2) 在 K 内，幂级数 $f(z)=\sum\limits_{n=0}^{+\infty}c_n(z-z_0)^n$ 可以逐项求导至任意阶，即

$$f^{(p)}(z)=p!c_p+(p+1)p\cdots 2c_{p+1}(z-z_0)+\cdots+$$
$$n(n-1)\cdots(n-p+1)c_n(z-z_0)^{n-p}+\cdots,\quad p=1,2,\cdots.$$

且其收敛半径与 $f(z)=\sum\limits_{n=0}^{+\infty}c_n(z-z_0)^n$ 的收敛半径相同；

(3) $c_p=\frac{f^{(p)}(z_0)}{p!}$，$p=0,1,2,\cdots$.

证明　由定理 2.8，幂级数 $\sum\limits_{n=0}^{+\infty}c_n(z-z_0)^n$ 在其收敛圆 $K:|z-z_0|<R(0<R\leqslant+\infty)$ 内内闭一致收敛于 $f(z)$，而其各项 $c_n(z-z_0)^n(n=0,1,2,\cdots)$ 又都在 z 平面上解析，故由定理 2.7，本定理的(1)、(2)部分得证. 逐项求 p 阶导数($p=0,1,2,\cdots$)，得

$$c_p=\frac{f^{(p)}(z_0)}{p!},\quad p=1,2,\cdots.$$

注意到 $c_0=f(z_0)=f^{(0)}(z_0)$，即得(3)中的公式.

说明　(1) 本定理还有一条结论：级数 $\sum\limits_{n=0}^{+\infty}c_n(z-z_0)^n$ 可沿 K 内曲线 C 逐项积分，且其收敛半径与原级数相同.

(2) 所有的幂级数 $\sum\limits_{n=0}^{+\infty}c_n(z-z_0)^n$ 至少在中心 z_0 是收敛的，但收敛半径等于零的级数

没有什么有益的性质，是平凡情景.

2.5 解析函数的泰勒展开式

定理 2.11 设函数 $f(z)$在区域 D 内解析，$z_0\in D$，圆盘 $K:|z-z_0|<R$ 含于 D，那么在 K 内，$f(z)$能展开成幂级数

$$f(z)=f(z_0)+\frac{f'(z_0)}{1!}(z-z_0)+\frac{f''(z_0)}{2!}(z-z_0)^2+\cdots+\frac{f^{(n)}(z_0)}{n!}(z-z_0)^n+\cdots,$$

其中系数 $c_n=\frac{1}{2\pi i}\int_C\frac{f(\xi)}{(\xi-z_0)^{n+1}}d\xi=\frac{f^{(n)}(z_0)}{n!}$.

证明 设 $z\in D$. 以 z_0 为心，在 U 内作一个圆 k，圆周记为 C，使 z 属于其内区域. 有

$$f(z)=\frac{1}{2\pi i}\int_C\frac{f(\xi)}{\xi-z}d\xi. \tag{2.1}$$

由于当 $\xi\in C$ 时，$\left|\frac{z-z_0}{\xi-z_0}\right|=\alpha<1$，及

$$\frac{1}{1-\alpha}=1+\alpha+\alpha^2+\cdots+\alpha^n+\cdots,\quad |\alpha|<1,$$

所以

$$\frac{1}{\xi-z}=\frac{1}{\xi-z_0-(z-z_0)}=\frac{1}{\xi-z_0}\cdot\frac{1}{1-\dfrac{z-z_0}{\xi-z_0}}=\sum_{n=0}^{+\infty}\frac{(z-z_0)^n}{(\xi-z_0)^{n+1}}.$$

上式的级数当 $\xi\in C$ 时一致收敛.

把上面的展开式代入积分式(2.1)中，然后利用一致收敛级数的性质，得

$$f(z)=c_0+c_1(z-z_0)+\cdots+c_n(z-z_0)^n+\cdots,$$

其中

$$c_n=\frac{1}{2\pi i}\int_C\frac{f(\xi)}{(\xi-z_0)^{n+1}}d\xi=\frac{f^{(n)}(z_0)}{n!},\quad n=0,1,2,\cdots;\quad 0!=1.$$

由于 z 是 k 内任意一点，定理的结论成立.

下面证明展开式的唯一性.

设另有展开式 $f(z)=\sum_{n=0}^{\infty}\tilde{c}_n(z-z_0)^n\,(z\in k:|z-z_0|<R)$，由定理 2.10(3)可知$\tilde{c}_n=\frac{f^n(z_0)}{n!}=c_n$，$n=0,1,2,\cdots$，故展开式是唯一的.

定理 2.12 函数 $f(z)$在一点 z_0 解析的必要与充分条件是，它在 z_0 的某个邻域内有定理 2.11 中的幂级数展开式，此展开式称为 $f(z)$在点 z_0 的**泰勒展开式**，等号右边的级数则称为**泰勒级数**.

关于幂级数的和函数在其收敛圆周上的状况，有以下定理.

定理 2.13 如果幂级数 $\sum_{n=0}^{+\infty}c_n(z-z_0)^n$ 的收敛半径 $R>0$ 且 $f(z)=\sum_{n=0}^{+\infty}c_n(z-z_0)^n$ $(z\in k:|z-z_0|<R)$，则 $f(z)$在收敛圆周 $C:|z-z_0|=R$ 上至少有一奇点，即不可能有这样的函数 $f(z)$存在，它在$|z-z_0|<R$ 内与 $f(z)$恒等，而在 c 上处处解析.

这说明纵使幂级数在其收敛圆周上处处收敛，其和函数在收敛圆周上仍然至少有一个奇点.

例如，由例 2.2 知级数 $\sum\limits_{n=0}^{+\infty}\frac{z^n}{n^2}$ 的收敛半径 $R=1>0$，设其和函数为 $f(z)$，则有

$$f(z)=\frac{z}{1^2}+\frac{z^2}{2^2}+\frac{z^3}{3^2}+\cdots+\frac{z^n}{n^2}+\cdots.$$

在圆周 $|z|=1$ 上，级数

$$\sum_{n=0}^{+\infty}\frac{z^n}{n^2}=\sum_{n=0}^{\infty}\frac{1}{n^2}$$

是收敛的，所以原级数 $\sum\limits_{n=0}^{+\infty}\frac{z^n}{n^2}$ 在收敛圆周 $|z|=1$ 上是处处绝对收敛的，从而 $\sum\limits_{n=0}^{+\infty}\frac{z^n}{n^2}$ 在闭圆 $|z|\leqslant 1$ 上绝对且一致收敛. 但

$$f'(z)=1+\frac{z}{2}+\frac{z^2}{3}+\cdots+\frac{z^{n-1}}{n}+\cdots,\quad |z|<1,$$

当 z 沿实轴从单位圆内趋于 1 时，$f'(z)$ 趋于 $+\infty$，所以 $z=1$ 是 $f(z)$ 的一个奇点.

例 2.3　求 e^z，$\sin z$，$\cos z$ 在 $z=0$ 的泰勒展开式.

解　由于 $(e^z)'=e^z$，所以 $(e^z)^{(n)}|_{z=0}=1$，因此

$$e^z=1+z+\frac{1}{2!}z^2+\cdots+\frac{1}{n!}z^n+\cdots.\tag{1}$$

同理，有

$$\cos z=1-\frac{1}{2!}z^2+\frac{1}{4!}z^4-\cdots+(-1)^{n-1}\frac{1}{(2n)!}z^{2n}+\cdots,\tag{2}$$

$$\sin z=z-\frac{1}{3!}z^3+\frac{1}{5!}z^5-\cdots+(-1)^{n-1}\frac{1}{(2n-1)!}z^{2n-1}+\cdots.\tag{3}$$

它们的收敛域都是整个复平面.

由此可以证明著名的欧拉公式

$$e^{iz}=\cos z+i\sin z.\tag{4}$$

以 iz 代替(1)式中的 z，可得

$$\begin{aligned}e^{iz}&=1+iz+\frac{1}{2!}(iz)^2+\cdots+\frac{1}{n!}(iz)^n+\cdots\\&=1+iz-\frac{1}{2!}z^2-i\frac{1}{3!}z^3+\frac{1}{4!}z^4+i\frac{1}{5!}z^5+\cdots\\&=\left(1-\frac{1}{2!}z^2+\frac{1}{4!}z^4+\cdots\right)+i\left(z-\frac{1}{3!}z^3+\frac{1}{5!}z^5+\cdots\right)\end{aligned}$$

联系式(2)与式(3)，就有式(4).

由于在复平面上，以某些射线为割线而得的区域内，多值函数——对数函数和一般幂函数可以分解成解析分支，因此在已给区域中任一圆盘内，可以作出这些分支的泰勒展开式.

例 2.4　求 $\ln(1+z)$ 的下列解析分支在 $z=0$ 的泰勒展开式：

$$\ln(1+z)=\ln|1+z|+i\arg(1+z),\quad -\pi<\arg(1+z)<\pi.$$

解　已给解析分支在 $z=0$ 的值为 0，它在 $z=0$ 的一阶导数为 1，二阶导数为 -1，n 阶导数为 $(-1)^n(n-1)!$，…，因此，它在 $z=0$ 或在 $|z|<1$ 的泰勒展开式是

$$\ln(1+z)=z-\frac{z^2}{2}+\frac{z^3}{3}-\cdots+(-1)^{n-1}\frac{z^n}{n}+\cdots,$$

其收敛半径为1.

例2.5　求$(1+z)^{\alpha}$的下列解析分支在$z=0$的泰勒展开式(其中α不是整数),$e^{\alpha\ln(1+z)}$($\ln 1=0$).

解　已给解析分支在$z=0$的值为1,它在$z=0$的一阶导数为α,二阶导数为$\alpha(\alpha-1)$,n阶导数为$\alpha(\alpha-1)\cdots(\alpha-n+1)$,$\cdots$,因此,它在$z=0$或在$|z|<1$的泰勒展开式是

$$e^{\alpha\ln(z+1)}=1+\alpha z+\binom{\alpha}{2}z^2+\cdots+\binom{\alpha}{n}z^n+\cdots,$$

其中$\binom{\alpha}{n}=\dfrac{\alpha(\alpha-1)\cdots(\alpha-n+1)}{n!}$,其收敛半径为1.

注意,这是二项式定理的推广,对α为整数的情况也成立.

利用例2.3～例2.5中的基本展开式,又可以求出其他一些函数的泰勒展开式.

例2.6　求下列函数在指定点z_0处的泰勒展开式.

(1) $\dfrac{1}{z^2}$, $z_0=1$;　　(2) $\dfrac{1}{4-3z}$, $z_0=1+i$.

解　(1)
$$\frac{1}{z^2}=-\left(\frac{1}{z}\right)'=-\left(\frac{1}{1+z-1}\right)'=-\left[\sum_{n=0}^{+\infty}(-1)^n(z-1)^n\right]'$$
$$=-\sum_{n=1}^{+\infty}(-1)^{n+1}(n+1)(z-1)^n,\quad |z-1|<1.$$

(2)
$$\frac{1}{4-3z}=\frac{1}{4-3(z-z_0)-3z_0}=\frac{1}{1-3i-3(z-z_0)}$$
$$=\frac{1}{1-3i}\cdot\frac{1}{1-\frac{3}{1-3i}(z-z_0)}$$
$$=\frac{1}{1-3i}\sum_{n=0}^{+\infty}\left[\frac{3}{1-3i}(z-z_0)\right]^n$$
$$=\sum_{n=0}^{+\infty}\frac{3^n}{(1-3i)^{n+1}}(z-z_0)^n,$$
$$|z-(1+i)|<\left|\frac{1-3i}{3}\right|=\frac{\sqrt{10}}{3}.$$

例2.7　将下列各函数展开为z的幂级数,并指出其收敛区域.

(1) $\dfrac{1}{1+z^3}$;　　(2) $\dfrac{1}{(z-a)(z-b)}(a\neq 0,b\neq 0)$.

解　(1) $\dfrac{1}{1+z^3}=\dfrac{1}{1-(-z^3)}=\sum\limits_{n=0}^{+\infty}(-z^3)^n=\sum\limits_{n=0}^{\infty}(-1)^n z^{3n}$,原点到所有奇点的距离最小值为1,故$|z|<1$.

(2)
$$\frac{1}{(z-a)(z-b)}=\frac{1}{a-b}\left(\frac{1}{z-a}-\frac{1}{z-b}\right)(a\neq b)=\frac{1}{b-a}\left(\frac{1}{a-z}-\frac{1}{b-z}\right)$$
$$=\frac{1}{b-a}\left[\frac{1}{a\left(1-\frac{z}{a}\right)}-\frac{1}{b\left(1-\frac{z}{b}\right)}\right]$$

$$= \frac{1}{b-a}\left(\sum_{n=0}^{+\infty}\frac{z^n}{a^{n+1}}-\sum_{n=0}^{+\infty}\frac{z^n}{b^{n+1}}\right),\quad \left|\frac{z}{a}\right|<1,\text{且}\left|\frac{z}{b}\right|<1,$$

即

$$|z|<\min\{|a|,|b|\}.$$

若 $a=b$，则

$$\frac{1}{(z-a)(z-b)}=\frac{1}{(z-a)^2}=-\left(\frac{1}{z-a}\right)'=\left(\frac{1}{a-z}\right)'$$

$$=\left(\frac{1}{a(1-z/a)}\right)'=\left(\sum_{n=1}^{+\infty}\frac{z^n}{a^{n+1}}\right)'=\sum_{n=1}^{+\infty}\left(\frac{z^n}{a^{n+1}}\right)'$$

$$=\sum_{n=1}^{+\infty}\frac{nz^{n-1}}{a^{n+1}},\quad |z|<|a|.$$

2.6 解析函数零点的孤立性及唯一性定理

定义 2.7　设函数 $f(z)$在解析区域 D 内一点 a 的值为零，那么称 a 为 $f(z)$的**零点**. 设 $f(z)$在 U 内的泰勒展开式是

$$f(z)=c_1(z-a)+c_2(z-a)^2+\cdots+c_n(z-a)^n+\cdots,$$

现在可能有下列两种情形：

(1) 如果当 $n=1,2,\cdots$时，$c_n=0$，那么 $f(z)$在 U 内恒等于零.

(2) 如果 $c_1,c_2,\cdots,c_n,\cdots$不全为零，并且对于正整数 m，$c_m\neq0$，而对于 $n<m$，$c_n=0$，那么我们说 a 是 $f(z)$的 **m 级零点**. 按照 $m=1$，或 $m>1$，我们说 a 是 $f(z)$的单零点或 m 级零点.

如果 a 是解析函数 $f(z)$的一个 m 级零点，那么显然在 a 的一个邻域 D 内

$$f(z)=(z-a)^m\varphi(z),\quad \varphi(a)\neq0,$$

其中 $\varphi(z)$在 U 内解析. 因此存在一个正数 $\varepsilon>0$，使得当 $0<|z-a|<\varepsilon$ 时，$\varphi(z)\neq0$. 于是 $f(z)\neq0$. 换而言之，存在着 a 的一个邻域，其中 a 是 $f(z)$的唯一零点.

定理 2.14　设函数 $f(z)$在 z_0 解析，并且 z_0 是它的一个零点，那么或者 $f(z)$在 z_0 的一个邻域内恒等于零，或者存在着 z_0 的一个邻域，在其中 z_0 是 $f(z)$的唯一零点.

这个性质称为解析函数零点的孤立性.

推论　设

(1) 函数 $f(z)$在邻域 K：$|z-a|<R$ 内解析；

(2) 在 K 内有 $f(z)$的一列零点$\{z_n\}$($z_n\neq a$) 收敛于 a；

则 $f(z)$在 K 内恒为零.

其实上述推论中的条件(2)可代换成更强的条件：$f(z)$在 K 内某一子区域上恒等于 0.

下面讨论解析函数的唯一性.

我们知道，已知一般有导数或偏导数的单元实变或多元实变函数在它的定义范围内某一部分的函数值，完全不能断定同一个函数在其他部分的函数值. 解析函数的情形却不同，已知某一个解析函数在其定义域内某些部分的值，同一函数在这区域内其他部分的值就可完全确定.

定理 2.15(解析函数的唯一性定理) 设函数 $f(z)$ 及 $g(z)$ 在区域 D 内解析，$z_k(k=1,2,\cdots)$ 是 D 内彼此不同的点，并且点列 $\{z_k\}$ 在 D 内有极限点. 如果 $f(z_k)=g(z_k)(k=1,2,\cdots)$，那么在 D 内，$f(z)=g(z)$.

证明 反证法. 假定定理的结论不成立. 即在 D 内，解析函数 $F(z)=f(z)-g(z)$ 不恒等于 0. 显然 $F(z_k)=0(k=1,2,\cdots)$. 设 z_0 是点列 $\{z_k\}$ 在 D 内有极限点. 由于 $F(z)$ 在 z_0 连续，可见 $F(z_0)=0$. 可是这时找不到 z_0 的一个邻域，在其中 z_0 是 $F(z)$ 唯一的零点，这与解析函数零点的孤立性矛盾.

例 2.8 在复平面解析、在实数轴上等于 $\sin x$ 的函数只能是 $\sin z$.

解 设 $f(z)$ 在复平面解析，并且在实轴上等于 $\sin x$，那么在复平面上解析的函数 $f(z)-\sin z$ 在实轴等于零，由解析函数的唯一性定理，在复平面上解析的函数 $f(z)-\sin z=0$，即 $f(z)=\sin z$.

例 2.9 是否存在着在原点解析的函数 $f(z)$，对于 $n=1,2,\cdots$，满足下列条件：

(1) $f\left(\dfrac{1}{2n-1}\right)=0, f\left(\dfrac{1}{2n}\right)=\dfrac{1}{2n}$；

(2) $f\left(\dfrac{1}{n}\right)=\dfrac{n}{n+1}$.

解 (1)由于 $\left\{\dfrac{1}{2n-1}\right\}$ 及 $\left\{\dfrac{1}{2n}\right\}$ 都以 0 为聚点，由解析函数的唯一性定理，$f(z)=z$ 是在原点解析并满足 $f\left(\dfrac{1}{2n}\right)=\dfrac{1}{2n}$ 的唯一的解析函数，但此函数不满足条件 $f\left(\dfrac{1}{2n-1}\right)=0$，因此在原点解析并满足这些条件的函数不存在.

(2) 因为 $f\left(\dfrac{1}{n}\right)=\dfrac{1}{1+1/n}$. 由解析函数的唯一性定理，$f(z)=\dfrac{1}{1+z}$ 是在原点解析并满足此条件的唯一的解析函数.

2.7 解析函数的洛朗级数展开式

2.7.1 洛朗级数

称级数

$$\sum_{n=-\infty}^{+\infty} c_n(z-z_0)^n=\cdots+\frac{c_{-n}}{(z-z_0)^n}+\cdots+\frac{c_{-1}}{z-z_0}+c_0+c_1(z-z_0)+\cdots+c_n(z-z_0)^n+\cdots \tag{2.2}$$

为洛朗级数或双边幂级数，其中 z_0 与 $c_n(n=0,\pm1,\pm2,\cdots)$ 为复常数，称 $c_n(n=0,\pm1,\pm2,\cdots)$ 为洛朗级数的系数.

当 $\sum\limits_{n=-\infty}^{-1} c_n(z-z_0)^n$ 与 $\sum\limits_{n=0}^{+\infty} c_n(z-z_0)^n$ 都收敛时，称洛朗级数 $\sum\limits_{n=-\infty}^{+\infty} c_n(z-z_0)^n$ 收敛. 类似地，可定义洛朗级数的绝对收敛、一致收敛、内闭一致收敛.

级数 $\sum\limits_{n=0}^{+\infty} c_n(z-z_0)^n$ 称为洛朗级数 $\sum\limits_{n=-\infty}^{+\infty} c_n(z-z_0)^n$ 正则部分或解析部分，级数 $\sum\limits_{n=-\infty}^{-1} c_n(z-z_0)^n$

称为洛朗级数 $\sum\limits_{n=-\infty}^{+\infty} c_n(z-z_0)^n$ 的主要部分.

正则部分 $\sum\limits_{n=0}^{+\infty} c_n(z-z_0)^n$ 在收敛圆 $|z-z_0|<r$ $(0\leqslant r<R\leqslant+\infty)$ 内表示一个解析函数 $f_1(z)$；对主要部分 $\sum\limits_{n=-\infty}^{-1} c_n(z-z_0)^n=\frac{c_{-1}}{z-z_0}+\frac{c_{-2}}{(z-z_0)^2}+\frac{c_{-3}}{(z-z_0)^3}+\cdots$，令 $\xi=\frac{1}{z-z_0}$，则此级数化为 $c_{-1}\xi+c_{-2}\xi^2+c_{-3}\xi^3+\cdots$，设它的收敛区域为 $|\xi|<\frac{1}{r}(0<r<+\infty)$，换回到原来的变量 z，即知原级数 $\sum\limits_{n=-\infty}^{-1} c_n(z-z_0)^n$ 在 $|z-z_0|>r(0<r\leqslant+\infty)$ 内收敛，表示一个解析函数 $f_2(z)$（也是绝对收敛且内闭一致收敛的）；因此，洛朗级数 $\sum\limits_{n=-\infty}^{+\infty} c_n(z-z_0)^n$ 在圆环 $r<|z-z_0|<R$ 内表示一个解析函数. 特别地，当主要部分恒为零时，洛朗级数即为泰勒级数，在某个收敛圆内表示一个解析函数.

定理 2.16　设洛朗级数 $\sum\limits_{n=-\infty}^{+\infty} c_n(z-z_0)^n$ 的收敛圆环为

$$H:r<|z-z_0|<R,\quad 0\leqslant r<R\leqslant+\infty,$$

则

(1) $\sum\limits_{n=-\infty}^{\infty} c_n(z-z_0)^n$ 在 H 内绝对收敛且内闭一致收敛于 $f(z)=f_1(z)+f_2(z)$；

(2) $f(z)$ 在 H 内解析；

(3) $f(z)=\sum\limits_{n=-\infty}^{+\infty} c_n(z-z_0)^n$ 在 H 内可逐项求导 p 次 $(p=1,2,\cdots)$.

2.7.2　解析函数的洛朗展开式

定理 2.17　若洛朗级数(2.2)的收敛圆环为 $H:r<|z-z_0|<R(0\leqslant r<R\leqslant+\infty)$，则该级数在 H 内绝对收敛，且在 H 内每个较小的同心闭圆环 $H':r'\leqslant|z-z_0|\leqslant R'(r<r'<R'<R)$ 上一致收敛，其和函数在 H 内为解析函数.

定理 2.18　若函数 $f(z)$ 在圆环 $H:r<|z-z_0|<R(0\leqslant r<R\leqslant+\infty)$ 内解析，则 $f(z)$ 在 H 内可展成洛朗级数为

$$\sum_{n=-\infty}^{+\infty} c_n(z-z_0)^n$$

其中

$$c_n=\frac{1}{2\pi i}\int_C\frac{f(\xi)}{(\xi-z_0)^{n+1}}d\xi,\quad n=0,\pm1,\pm2,\cdots,$$

这里的 C 为圆周 $|\xi-z_0|=\rho(r<\rho<R)$，并且系数 c_n 被 $f(z)$ 及圆环 H 唯一确定.

证明　设 z 为 H 内任意取定的点，总可以找到含于 H 内的两个圆周(图 2.1)

$$\Gamma_1:|\xi-z_0|=\rho_1,\quad \Gamma_2:|\xi-z_0|=\rho_2,$$

使得 z 含在圆环 $\rho_1\leqslant|z-z_0|\leqslant\rho_2$ 内. 因为 $f(z)$ 在闭圆环 $\rho_1\leqslant$

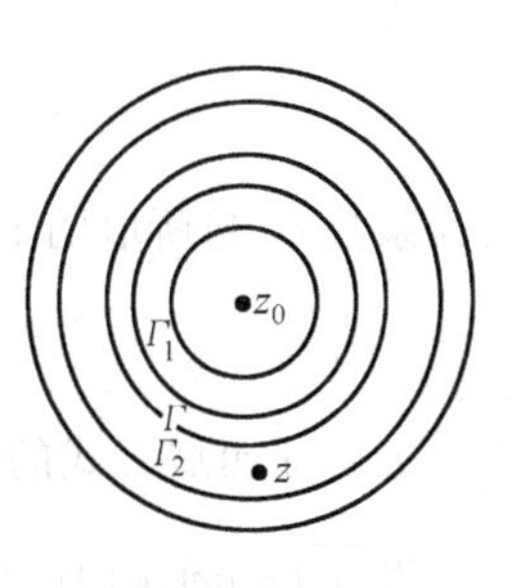

图　2.1

$|z-z_0|\leqslant\rho_2$上解析，由柯西积分公式有

$$f(z)=\frac{1}{2\pi i}\int_{\Gamma_2}\frac{f(\xi)}{\xi-z}d\xi-\frac{1}{2\pi i}\int_{\Gamma_1}\frac{f(\xi)}{\xi-z}d\xi,$$

或写成

$$f(z)=\frac{1}{2\pi i}\int_{\Gamma_2}\frac{f(\xi)}{\xi-z}d\xi+\frac{1}{2\pi i}\int_{\Gamma_1}\frac{f(\xi)}{z-\xi}d\xi.$$

对于第一个积分，根据泰勒定理的证明，有

$$\frac{1}{2\pi i}\int_{\Gamma_2}\frac{f(\xi)}{\xi-z}d\xi=\sum_{n=0}^{+\infty}c_n(z-z_0),$$

$$c_n=\frac{1}{2\pi i}\int_{\Gamma_2}\frac{f(\xi)}{(\xi-z_0)^{n+1}}d\xi,\quad n=0,1,2,\cdots.$$

类似地，考虑第二个积分$\frac{1}{2\pi i}\int_{\Gamma_1}\frac{f(\xi)}{z-\xi}d\xi$，因为

$$\frac{f(\xi)}{z-\xi}=\frac{f(\xi)}{(z-z_0)-(\xi-z_0)}=\frac{f(\xi)}{z-z_0}\frac{1}{1-\frac{\xi-z_0}{z-z_0}},$$

当$\xi\in\Gamma_1$时，$\left|\frac{\xi-z_0}{z-z_0}\right|=\frac{\rho_1}{|z-z_0|}<1$，则$\frac{f(\xi)}{z-\xi}=\frac{f(\xi)}{z-z_0}\sum_{n=1}^{+\infty}\left(\frac{\xi-z_0}{z-z_0}\right)^{n-1}$.

沿Γ_1逐项积分，再同乘$\frac{1}{2\pi i}$得

$$\frac{1}{2\pi i}\int_{\Gamma_1}\frac{f(\xi)}{z-\xi}d\xi=\sum_{n=1}^{+\infty}\frac{c_{-n}}{(z-z_0)^n},$$

其中

$$c_{-n}=\frac{1}{2\pi i}\int_{\Gamma_1}\frac{f(\xi)}{(\xi-z_0)^{-n+1}}d\xi,\quad n=1,2,\cdots,$$

于是

$$f(z)=\sum_{n=1}^{+\infty}c_n(z-z_0)^n+\sum_{n=1}^{+\infty}\frac{c_{-n}}{(z-z_0)^n}=\sum_{n=-\infty}^{+\infty}c_n(z-z_0)^n.$$

现在考察上述级数的系数. 由复围线的柯西积分定理，对任意圆周Γ：$|z-z_0|=\rho(r<\rho<R)$，

$$c_n=\frac{1}{2\pi i}\int_{\Gamma_2}\frac{f(\xi)}{(\xi-z_0)^{n+1}}d\xi=\frac{1}{2\pi i}\int_{\Gamma}\frac{f(\xi)}{(\xi-z_0)^{n+1}}d\xi,\qquad n=0,1,2,\cdots,$$

$$c_{-n}=\frac{1}{2\pi i}\int_{\Gamma_1}\frac{f(\xi)}{(\xi-z_0)^{-n+1}}d\xi=\frac{1}{2\pi i}\int_{\Gamma}\frac{f(\xi)}{(\xi-z_0)^{-n+1}}d\xi,\quad n=1,2,\cdots,$$

统一成

$$c_n=\frac{1}{2\pi i}\int_{\Gamma}\frac{f(\xi)}{(\xi-z_0)^{n+1}}d\xi,\quad n=0,\pm1,\pm2,\cdots.$$

因为系数c_n与所取的z无关，所以在圆环H内

$$f(z)=\sum_{n=-\infty}^{+\infty}c_n(z-z_0)^n.$$

最后证明展开式的唯一性.

设$f(z)$在圆环H内又可展成下式：$f(z)=\sum_{n=-\infty}^{+\infty}\bar{c}_n(z-z_0)^n$，由于它在圆周

Γ: $|z-z_0|=\rho(r<\rho<R)$上一致收敛，乘以沿Γ上的有界函数$\dfrac{1}{(z-z_0)^{n+1}}$仍然一致收敛，故可逐项积分得

$$c_n=\frac{1}{2\pi i}\int_\Gamma\frac{f(\xi)}{(\xi-z_0)^{m+1}}d\xi=\frac{1}{2\pi i}\sum_{n=-\infty}^{+\infty}\int_\Gamma\bar{c}_n\frac{(\xi-z_0)^{n-m-1}}{(\xi-z_0)^{m+1}}d\xi.$$

根据例 1.24 知右端级数中 $n=m$ 那一项积分为 $2\pi i$，其余各项为零，于是，$\bar{c}_n=c_n(n=0,\pm1,\pm2,\cdots)$.

2.7.3 洛朗级数与泰勒级数的关系

当已给函数 $f(z)$在点 z_0 处解析时，洛朗级数就转化为泰勒级数($c_{-n}=0,n=1,2,\cdots$)，因此，泰勒级数是洛朗级数的特殊情形.

例 2.10 将 $f(z)=\dfrac{1}{(z-1)(z-2)}$在$|z|<1$及$1<|z|<2,2<|z|<+\infty$内分别展开成洛朗级数.

解 (1) 在$|z|<1$内，有

$$f(z)=\frac{1}{z-2}-\frac{1}{z-1}=\frac{1}{1-z}-\frac{1}{2\left(1-\frac{z}{2}\right)}.$$

右端第一项在$|z|<1$内可展开，而第二项在$\left|\dfrac{z}{2}\right|<1$即$|z|<2$内可展开. 故在$|z|<1$展开式为

$$f(z)=\frac{1}{1-z}-\frac{1}{2\left(1-\frac{z}{2}\right)}=\sum_{n=0}^{+\infty}z^n-\frac{1}{2}\sum_{n=0}^{+\infty}\frac{z^n}{2^n}=\sum_{n=0}^{+\infty}\left(1-\frac{1}{2^{n+1}}\right)z^n.$$

(2) 在$1<|z|<2$内，由于$\left|\dfrac{z}{2}\right|<1,\dfrac{1}{|z|}<1$，所以

$$f(z)=\frac{1}{(z-1)(z-2)}=\frac{1}{z-2}-\frac{1}{z-1}=-\frac{1}{2\left(1-\frac{z}{2}\right)}-\frac{1}{z\left(1-\frac{1}{z}\right)}$$

$$=-\frac{1}{2}\sum_{n=0}^{+\infty}\frac{z^n}{2^n}-\frac{1}{z}\sum_{n=0}^{+\infty}\frac{1}{z^n}=-\sum_{n=0}^{+\infty}\frac{z^n}{2^{n+1}}-\sum_{n=0}^{+\infty}\frac{1}{z^{n+1}}.$$

(3) 在$2<|z|<+\infty$内，有

$$f(z)=\frac{1}{(z-1)(z-2)}=\frac{1}{z-2}-\frac{1}{z-1}$$

$$=\frac{1}{z\left(1-\frac{2}{z}\right)}-\frac{1}{z\left(1-\frac{1}{z}\right)}=\frac{1}{z}\sum_{n=0}^{+\infty}\frac{2^n}{z^n}-\frac{1}{z}\sum_{n=0}^{+\infty}\frac{1}{z^n}$$

$$=\sum_{n=0}^{+\infty}\frac{2^n-1}{z^{n+1}}=\sum_{n=1}^{+\infty}\frac{2^{n-1}-1}{z^n}.$$

2.7.4 解析函数在孤立奇点邻域内的洛朗展开式

定义 2.8 如果 $f(z)$在点 z_0 的某一去心邻域 $K-\{z_0\}$: $0<|z-z_0|<R$ 内解析，点 z_0

是 $f(z)$的奇点,则 z_0 称为 $f(z)$的一个**孤立奇点**.

如果 z_0 为 $f(z)$的孤立奇点,则必存在正数 R,使得 $f(z)$在点 z_0 的去心邻域 $K-\{z_0\}$:$0<|z-z_0|<R$ 可展成洛朗级数.

例 2.11 $f(z)=\dfrac{1}{(z-1)(z-2)}$在 z 平面上只有两个奇点 $z=1$ 及 $z=2$,试分别求 $f(z)$在此两点的去心邻域内的洛朗展开式.

解 (1) 在(最大的)去心邻域 $0<|z-1|<1$ 内,

$$
\begin{aligned}
f(z)&=\frac{1}{(z-1)(z-2)}=-\frac{1}{z-1}+\frac{1}{z-2}\\
&=-\frac{1}{z-1}+\frac{1}{(z-1)-1}\\
&=-\frac{1}{z-1}-\sum_{n=0}^{+\infty}(z-1)^n;
\end{aligned}
$$

(2) 在(最大的)去心邻域 $0<|z-2|<1$ 内,

$$
\begin{aligned}
f(z)&=\frac{1}{(z-1)(z-2)}=\frac{1}{z-2}-\frac{1}{z-2+1}\\
&=\frac{1}{z-2}-\sum_{n=0}^{+\infty}(-1)^n(z-2)^n.
\end{aligned}
$$

例 2.12 将 $f(z)=\dfrac{1}{(z^2+1)^2}$在 $z=\mathrm{i}$ 的去心邻域内展开成洛朗级数.

解 $f(z)$的孤立奇点为$\pm\mathrm{i}$. $f(z)$在最大的去心邻域 $0<|z-\mathrm{i}|<2$ 内解析.
当 $0<|z-\mathrm{i}|<2$ 时,

$$
\begin{aligned}
f(z)&=\frac{1}{(z^2+1)^2}=\frac{1}{(z-\mathrm{i})^2}\cdot\frac{1}{(z+\mathrm{i})^2}\\
&=-\frac{1}{(z-\mathrm{i})^2}\cdot\left(\frac{1}{z+\mathrm{i}}\right)'=-\frac{1}{(z-\mathrm{i})^2}\cdot\left[\frac{1}{2\mathrm{i}}\cdot\frac{1}{1+\dfrac{z-\mathrm{i}}{2\mathrm{i}}}\right]'\\
&=-\frac{1}{(z-\mathrm{i})^2}\cdot\frac{1}{2\mathrm{i}}\left[\sum_{n=0}^{+\infty}\left(\frac{z-\mathrm{i}}{2\mathrm{i}}\right)^n\cdot(-1)^n\right]'\\
&=-\frac{1}{(z-\mathrm{i})^2}\cdot\frac{1}{2\mathrm{i}}\cdot\sum_{n=0}^{+\infty}(-1)^n\cdot n\cdot\frac{(z-\mathrm{i})^{n-1}}{(2\mathrm{i})^n}\\
&=\sum_{n=1}^{+\infty}(-1)^{n+1}\cdot n\frac{(z-\mathrm{i})^{n-3}}{(2\mathrm{i})^{n+1}}\\
&=\sum_{n=0}^{+\infty}(-1)^n\cdot(n+1)\frac{(z-\mathrm{i})^{n-2}}{(2\mathrm{i})^{n+2}}.
\end{aligned}
$$

上式即为 $f(z)$在 $z=\mathrm{i}$ 的去心邻域内的洛朗级数.

例 2.13 将下列各函数在指定圆环内展开为洛朗级数.

(1) $\dfrac{z+1}{z^2(z-1)}$,$0<|z|<1$,$1<|z|<+\infty$; (2) $z^2\mathrm{e}^{1/z}$,$0<|z|<+\infty$.

解 (1) $0<|z|<1$ 时,

$$
\frac{z+1}{z^2(z-1)}=\frac{1}{z^2}\left(1-\frac{2}{1-z}\right)=\frac{1}{z^2}-\frac{2}{z^2}\sum_{n=0}^{+\infty}z^n;
$$

当$1<|z|<+\infty$时，$0<\left|\frac{1}{z}\right|<1$，

$$\frac{z+1}{z^2(z-1)}=\frac{1}{z^2}\left(1-\frac{2}{1-z}\right)=\frac{1}{z^2}\left(1+\frac{2}{z}\cdot\frac{1}{1-1/z}\right),$$

$$\frac{1}{z^2}+\frac{2}{z^3}\sum_{n=0}^{+\infty}\left(\frac{1}{z}\right)^n=\frac{1}{z^2}+\sum_{n=0}^{+\infty}\frac{2}{z^{n+3}}.$$

(2) $z^2e^{1/z}=z^2\sum_{n=0}^{+\infty}\left(\frac{1}{z}\right)^n/n!=\sum_{n=0}^{\infty}\frac{z^{2-n}}{n!}$.

用 Maple 软件求复变函数洛朗级数的过程如下.

例 2.14 将函数 $f(z)=\frac{z-1}{(z-2)(z+3)}$在圆环域 $2<|z|<3$ 内展开为洛朗级数.

解 先确定 $f(x)$的解析区间：

```
> f := (z-1)/((z-2)·(z+3));
f := (z-1)/((z-2)(z+3))
> readlib(residue):
> z := 'z';
z := z
> a := residue(f, z = 2); b := residue(f, z = -3);
a := 1/5,   b := 4/5
```

于是 $f(z)=\frac{z-1}{(z-2)(z+3)}$可以分解成

$$f(z)=\frac{z-1}{(z-2)(z+3)}=\frac{1}{5}\frac{1}{z-2}+\frac{4}{5}\frac{1}{z+3}=\frac{1}{5z}\frac{1}{1-\frac{2}{z}}+\frac{4}{15}\frac{1}{1+\frac{z}{3}}.$$

接着使用 Maple

```
> r1 := 1/(1 + z/3) : r2 := 1/(1-t);
r1 := 1/(1 + (1/3)z),   r2 := 1/(1-t)
>g := (4/15)·series(r1, z) + (1/(5·z))·subs({t = 2/z}, series(r2, t));
g := (4/15)(1 - (1/3)z + (1/9)z^2 - (1/27)z^3 + (1/81)z^4 - (1/243)z^5 + O(z^6))
     + (1/5)(1 + 2/z + (2/z)^2 + (2/z)^3 + (2/z)^4 + (2/z)^5 + O((2/z)^6))/z
```

从以上各例可以看出，在求一些初等函数的洛朗展开式时，一般不是按照公式去计算系数，而主要是利用已知的幂级数展开式去求所需要的洛朗展开式，再看下面的例子.

例 2.15 将 $\sin\frac{z}{z-1}$ 在 $0<|z-1|<+\infty$ 内展成洛朗级数.

解 $\sin\frac{z}{z-1}=\sin\left(1+\frac{1}{z-1}\right)$

$$=\sin1\cdot\cos\frac{1}{z-1}+\cos1\cdot\sin\frac{1}{z-1}$$

$$=\sin1\cdot\sum_{n=0}^{+\infty}\frac{(-1)^n(z-1)^{-2n}}{(2n)!}+$$

$$\cos1\cdot\sum_{n=0}^{+\infty}\frac{(-1)^n(z-1)^{-(2n+1)}}{(2n+1)!},\quad 0<|z-1|<+\infty.$$

例 2.16 试将 $f(z)=\frac{\sin z}{z}$在点 $z=0$ 的去心邻域内展成洛朗级数.

解 首先,确定使 $f(z)$在其中解析的点 $z=0$ 的最大去心邻域为 $0<|z|<+\infty$.

其次,将 $f(z)$展成洛朗级数,有

$$f(z)=\frac{\sin z}{z}=\frac{1}{z}\sum_{n=0}^{+\infty}(-1)^n\frac{z^{2n+1}}{(2n+1)!}=\sum_{n=0}^{+\infty}\frac{(-1)^nz^{2n}}{(2n+1)!},\quad 0<|z|<+\infty.$$

例 2.17 试将 $f(z)=\frac{z^2}{z-1}$在点 $z=1$ 的去心邻域内展成洛朗级数.

解法 1 首先,求出使 $f(z)$可展的点 $z=1$ 的去心邻域.因 $f(z)$的有限奇点只有 $z=1$,所以,使 $f(z)$可展的点 $z=1$ 的去心邻域为 $0<|z-1|<+\infty$.

其次,将 $f(z)$在 $0<|z-1|<+\infty$内展开,有

$$f(z)=\frac{z^2}{z-1}=\frac{(z-1+1)^2}{z-1}=\frac{(z-1)^2+2(z-1)+1}{z-1}$$

$$=2+(z-1)+\frac{1}{z-1},\quad 0<|z-1|<+\infty.$$

解法 2 首先,求出使 $f(z)$可展的点 $z=1$ 的去心邻域.与解法 1 相同,$f(z)$在 $0<|z-1|<+\infty$内可展.

其次,将问题归为在原点的展开来处理.为此,令 $\zeta=z-1$,于是

$$f(z)=f(1+\zeta)=\frac{(1+\zeta)^2}{\zeta}.$$

若令 $g(\zeta)=f(1+\zeta)=\frac{(1+\zeta)^2}{\zeta}$,则问题归结为将 $g(\zeta)=\frac{(1+\zeta)^2}{\zeta}$在点 $\zeta=0$ 的去心邻域内展成洛朗级数.

为此,先求出使 $g(\zeta)$可展的点 $\zeta=0$ 的去心邻域.因 $g(\zeta)$的有限奇点只有 $\zeta=0$,所以,使 $g(\zeta)$可展的点 $\zeta=0$ 的去心邻域为 $0<|\zeta|<+\infty$.其次,由于

$$g(\zeta)=2+\zeta+\frac{1}{\zeta},\quad 0<|\zeta|<+\infty,$$

即为 $g(\zeta)$在 $0<|\zeta|<+\infty$内的洛朗级数,所以,将 $\zeta=z-1$ 代入 $g(\zeta)$后得

$$f(z)=2+(z-1)+\frac{1}{z-1},\quad 0<|z-1|<+\infty,$$

即为所求.

2.8　解析函数的孤立奇点及其分类

前面已经给出定义，称 z_0 为 $f(z)$的孤立奇点是指，$f(z)$在 z_0 不解析，但在 z_0 的某个去心邻域 $U(\hat{z}_0,r)$内解析. 例如 $z_0=0$ 是 $\dfrac{1}{z(z-1)}$ 及 $e^{\frac{1}{z}}$的孤立奇点，而 $f(z)=\ln z$ 的奇点是原点和负实轴，都是非孤立奇点.

将函数 $f(z)$在 $U(\hat{z}_0,r)$内展开成洛朗级数，有

$$\sum_{n=-\infty}^{+\infty} c_n(z-z_0)^n,\quad 0<|z-z_0|<r. \tag{2.3}$$

下面以解析函数的洛朗展开式为工具，研究解析函数的孤立奇点及其分类.

2.8.1　可去奇点

若级数(2.3)中不含$(z-z_0)$的负幂项，即

$$f(z)=c_0+c_1(z-z_0)+c_2(z-z_0)^2+\cdots+c_n(z-z_0)^n+\cdots,\quad 0<|z-z_0|<r,$$

称 z_0 是 $f(z)$的**可去奇点**.

定理 2.19　点 a 为 $f(z)$的可去奇点的充要条件是$\lim\limits_{z\to a}f(z)=c_0(c_0\neq\infty)$.

证明　首先，设 a 为 $f(z)$的可去奇点，则在 a 的某一去心邻域内，有

$$f(z)=\sum_{n=0}^{\infty}c_n(z-a)^n=c_0+c_1(z-a)+\cdots,$$

所以$\lim\limits_{z\to a}f(z)=c_0\neq\infty$. 其次，设$\lim\limits_{z\to a}f(z)=c_0(c_0\neq\infty)$，则 $f(z)$在 a 的某去心邻域 $K:0<|z-a|<R$ 内以某正数 M 为界. 考虑 $f(z)$在点 z 处的主要部分的系数

$$c_{-n}=\frac{1}{2\pi i}\int_\Gamma\frac{f(\xi)}{(\xi-a)^{-n+1}}d\xi,\quad n=1,2,\cdots,\Gamma:|\xi-a|=\rho,0<\rho<R,$$

则有

$$|c_{-n}|\leqslant\frac{1}{2\pi}\frac{M}{\rho^{-n+1}}2\pi\rho=M\rho^n\to0,\quad \rho\to0.$$

因此$c_{-1}=c_{-2}=\cdots=0$，即 a 为 $f(z)$的可去奇点.

如果 a 为 $f(z)$的可去奇点，不论 $f(z)$原来在 a 处是否有定义，如果令 $f(a)=\lim\limits_{z\to a}f(z)=c_0$，那么函数 $f(z)$就变成了在 a 点处解析的函数。正是因为这个原因，a 才称为 $f(z)$的可去奇点.

记和函数 $F(z)=\sum\limits_{n=0}^{+\infty}c_n(z-z_0)^n$，$|z-z_0|<r$，当 $0<|z-z_0|<r$ 时，$f(z)=F(z)$. 令 $f(z_0)=F(z_0)=c_0$，则 $f(z)$在 $U(z_0,r)$内解析，且有 $f(z)=\sum\limits_{n=0}^{+\infty}c_n(z-z_0)^n$，$\lim\limits_{z\to z_0}f(z)=\lim\limits_{z\to z_0}F(z)=F(z_0)=c_0$(有限数).

例 2.18　设函数 $f(z)=\dfrac{\cos z-1}{z^2}$，$z_0=0$ 是 $f(z)$什么类型的孤立奇点?

解法 1　在 $0<|z|<+\infty$ 内的洛朗级数为

$$f(z)=\frac{1}{z^2}\left[\sum_{n=0}^{+\infty}\frac{(-1)^n z^{2n}}{(2n)!}-1\right]=\sum_{n=1}^{+\infty}\frac{(-1)^n z^{2(n-1)}}{(2n)!}$$
$$=-\frac{1}{2!}+\frac{z^2}{4!}-\frac{z^4}{6!}+\cdots+\frac{(-1)^n}{(2n)!}z^{2(n-1)}+\cdots,$$

不含负幂项,故 $z_0=0$ 是 $f(z)$的可去奇点. 若令 $f(z_0)=c_0=\frac{-1}{2}$,则 $f(z)$是全纯函数.

解法 2
$$\lim_{z\to 0}f(z)=\lim_{z\to 0}-\frac{\sin z}{2z}=-\frac{1}{2}.$$
所以由定理 2.19 知,$z_0=0$ 是 $f(z)$的可去奇点.

2.8.2 极点

若 $f(z)$的洛朗展开式为

$$f(z)=\sum_{n=-m}^{+\infty}c_n(z-z_0)^n=c_{-m}(z-z_0)^{-m}+\cdots+c_{-1}(z-z_0)^{-1}+$$
$$c_0+c_1(z-z_0)+c_2(z-z_0)^2+\cdots\quad(0<|z-z_0|<r,\quad m\geqslant 1,c_{-m}\neq 0),$$

则称 z_0 是 $f(z)$的 m 级极点.

记 $g(z)=c_{-m}+c_{-m+1}(z-z_0)+\cdots+c_{-m+n}(z-z_0)^n+\cdots$,则 $g(z)$在 $|z-z_0|<r$ 内解析,$g(z_0)=c_{-m}\neq 0$,且 $f(z)=\frac{g(z)}{(z-z_0)^m}$. 反之,若 $f(z)$能表示成上式,则 z_0 是 $f(z)$的 m 级极点. 而 $\lim\limits_{z\to z_0}f(z)=\infty$.

例 2.19 有理分式函数 $f(z)=\frac{z-3}{(z-1)(z-2)^3}$ 的奇点为 $z_1=1$, $z_2=2$. 将其写成 $f(z)=\frac{(z-3)/(z-2)^3}{(z-1)^1}$,可见 $z_1=1$ 是 $f(z)$的一级极点;而将 $f(z)$ 写成 $f(z)=\frac{(z-3)/(z-1)}{(z-2)^3}$,则可知 $z_2=2$ 是 $f(z)$的三级极点.

根据零点的定义,得到零点和极点的关系定理.

定理 2.20 若 z_0 是 $f(z)$的 m 级极点,则 z_0 是$\frac{1}{f(z)}$的 m 级零点. 反之亦然.

证明 设 z_0 是 $f(z)$的 m 级极点,则 $f(z)=\frac{g(z)}{(z-z_0)^m}$,$g(z)$在 z_0 处解析,且 $g(z_0)\neq 0$. 这样,$\frac{1}{f(z)}=(z-z_0)^m\frac{1}{g(z)}\overset{\text{def}}{=}(z-z_0)^m\varphi(z)$,其中 $\varphi(z)$在 z_0 处解析,且 $\varphi(z_0)=\frac{1}{g(z_0)}\neq 0$. 故 z_0 是$\frac{1}{f(z)}$的 m 级零点.

反之,设 z_0 是$\frac{1}{f(z)}$的 m 级零点,则 $\frac{1}{f(z)}=(z-z_0)^m\varphi(z)$,则 $\varphi(z)$在 z_0 处解析,$\varphi(z_0)\neq 0$. 即 $f(z)=\frac{1}{(z-z_0)^m}\cdot\frac{1}{\varphi(z)}\overset{\text{def}}{=}\frac{1}{(z-z_0)^m}\cdot h(z)$,其中 $h(z)$在 z_0 处解析,且 $h(z_0)=\frac{1}{\varphi(z_0)}\neq 0$. 故 z_0 是 $f(z)$的 m 级极点.

定理 2.20 为判别极点提供了一种简便方法(利用倒数的导数).

例 2.20　试求 $f(z)=\dfrac{1}{1-\cos z}$ 的孤立奇点类型.

解　求 $\varphi(z)=\dfrac{1}{f(z)}=1-\cos z$ 的零点即可.

由于 $1-\cos z=1-\dfrac{1}{2}(e^{iz}+e^{-iz})=0$，于是 $(e^{iz})^2-2e^{iz}+1=0$. 但 $e^{iz}=1=e^{2k\pi i}$，因此 $\varphi(z)$的零点是 $z_k=2k\pi(k\in\mathbb{Z})$. 同时

$$\varphi(z_k)=0,\quad \varphi'(z_k)=\sin z\big|_{z=z_k}=0,\quad \varphi''(z_k)=\cos z\big|_{z=z_k}=1\neq 0,$$

故 $z_k=2k\pi(k\in\mathbb{Z})$是 $\varphi(z)$ 的二级零点，是 $f(z)$的二级极点.

定理 2.21　函数 $f(z)$的孤立奇点 a 为极点的充要条件是$\lim\limits_{z\to a}f(z)=\infty$.

证明　a 为 $f(z)$的极点等价于 a 为$\dfrac{1}{f(z)}$的零点，也等价于$\lim\limits_{z\to a}f(z)=\infty$.

2.8.3　本性奇点

若级数(2.4)中含有无穷多项$(z-z_0)$的负幂项，称 z_0 是 $f(z)$的**本性奇点**.

例 2.21　函数 $e^{\frac{1}{z}}$ 的洛朗展开式是

$$e^{\frac{1}{z}}=e^{z^{-1}}=\sum_{n=0}^{+\infty}\frac{z^{-n}}{n!}=1+\frac{z^{-1}}{1!}+\frac{z^{-2}}{2!}+\cdots+\frac{z^{-n}}{n!}+\cdots\quad(z\neq 0),$$

因此 $z_0=0$ 是 $e^{\frac{1}{z}}$ 的本性奇点.

例 2.22　判断函数 $f(z)=\dfrac{\sin z}{z^2(z-i)^3}$ 的奇点及其类型.

解　首先，函数的奇点是 $z_1=0$，$z_2=i$，将 $f(z)$变形如下

$$f(z)=\frac{\dfrac{\sin z}{z}\cdot\dfrac{1}{(z-i)^3}}{z^1},$$

由此可见 $z_1=0$ 是 $f(z)$的一级极点；

再将 $f(z)$写成 $f(z)=\dfrac{\dfrac{\sin z}{z^2}}{(z-i)^3}$，则可知 $z_2=i$ 是 $f(z)$的三级极点.

由定理 2.19 和定理 2.21 可证得下面定理.

定理 2.22　函数 $f(z)$的孤立奇点 a 为本性奇点的充要条件是，当 z 趋于 a 时，$f(z)$无极限，即 $f(z)$既不趋于有限值也不趋于∞.

设函数 $f(z)$的零点为 z_0，$f(z)$在 z_0 处解析，$f(z)\neq 0$，则有泰勒级数展开式

$$f(z)=c_m(z-z_0)^m+c_{m+1}(z-z_0)^{m+1}+c_{m+2}(z-z_0)^{m+2}+\cdots$$

$$=(z-z_0)^m[c_m+c_{m+1}(z-z_0)+c_{m+2}(z-z_0)^2+\cdots]\overset{\text{def}}{=}(z-z_0)^m\varphi(z),\quad c_m\neq 0,$$

$|z-z_0|<r$，其中 $\varphi(z)=c_m+c_{m+1}(z-z_0)+c_{m+2}(z-z_0)^2+\cdots$　在 z_0 处解析，$\varphi(z_0)=c_m\neq 0$，则 z_0 为 $f(z)$的 ***m* 级零点**. 这等价于

$$f(z_0)=f'(z_0)=\cdots=f^{(m-1)}(z_0)=0,\text{且 } f^{(m)}(z_0)\neq 0.$$

例 2.23　(1) 设 $f(z)=z^2(z+1)$，则 $z_1=0$ 是其二级零点，$z_2=-1$ 是其一级零点.

(2) 显然 $z=1$ 是函数 $f(z)=z^4-1$ 的零点，因为 $f(1)=0$. 但 $f'(1)=4z^3\big|_{z=1}=4\neq 0$，

故 $z=1$ 是一级零点.

2.8.4 复变函数在无穷远点的性态

定义 2.9 若存在 $R>0$,使函数 $f(z)$ 在无穷远点的邻域 $R<|z|<+\infty$ 内解析,则称无穷远点为 $f(z)$ 的**孤立奇点**.

$f(z)$ 在 ∞ 的性态可以通过映射 $w=\dfrac{1}{z}$ 而得到分类. $w=\dfrac{1}{z}$ 把无穷远点映为原点,则可以通过讨论复合函数 $g(w)=f\left(\dfrac{1}{w}\right)$ 在原点 $w=0$ 的状态来规定函数 $f(z)$ 在无穷远点的状态,即有:

(1) 若 $w=0$ 是 $f\left(\dfrac{1}{w}\right)$ 的可去奇点(解析点),则 ∞ 是 $f(z)$ 的可去奇点(解析点);

(2) 若 $w=0$ 是 $f\left(\dfrac{1}{w}\right)$ 的 m 级极点,则 ∞ 是 $f(z)$ 的 m 级极点;

(3) 若 $w=0$ 是 $f\left(\dfrac{1}{w}\right)$ 的本性奇点,则 ∞ 是 $f(z)$ 的本性奇点.

定理 2.23 设 $f(z)$ 在区域 $R<|z|<+\infty$ 内解析,则 $z=\infty$ 为 $f(z)$ 的可去奇点、极点和本性奇点的充要条件分别是,极限 $\lim\limits_{z\to\infty}f(z)$ 存在、为无穷及既不存在,也不是无穷大.

例 2.24 ∞ 分别是函数 z^2+3, $\dfrac{-\mathrm{i}z+2}{z-1}$ 和 $\sin 2z$ 的哪类奇点?

解 由于 $w=0$ 是

$$f\left(\frac{1}{w}\right)=\frac{1}{w^2}+3$$

的 2 级极点,故 ∞ 是 $f(z)=z^2+3$ 的一个二级极点.

当 $z\to\infty$ 时有

$$\frac{-\mathrm{i}z+2}{z-1}\to-\mathrm{i},$$

故函数 $\dfrac{-\mathrm{i}z+2}{z-1}$ 在 ∞ 解析.

当 $z\to\infty$ 时, $\sin 2z$ 不存在极限. 因此 ∞ 是函数 $\sin 2z$ 的一个本性奇点.

习题 2

1. 选择题

(1) 设 $a_n=\dfrac{(-1)^n+n\mathrm{i}}{n+4}(n=1,2,\cdots)$,则 $\lim\limits_{n\to+\infty}a_n$( ).

(A) 等于 0 (B) 等于 1 (C) 等于 i (D) 不存在

(2) 下列级数中,条件收敛的级数为( ).

(A) $\sum\limits_{n=1}^{+\infty}\left(\dfrac{1+3\mathrm{i}}{2}\right)^n$ (B) $\sum\limits_{n=1}^{+\infty}\dfrac{(3+4\mathrm{i})^n}{n!}$

(C) $\sum\limits_{n=1}^{+\infty}\dfrac{\mathrm{i}^n}{n}$ (D) $\sum\limits_{n=1}^{+\infty}\dfrac{(-1)^n+\mathrm{i}}{\sqrt{n+1}}$

(3) 下列级数中,绝对收敛的级数为(　　).

(A) $\sum_{n=1}^{+\infty}\frac{1}{n}\left(1+\frac{\mathrm{i}}{n}\right)$　　(B) $\sum_{n=1}^{+\infty}\left[\frac{(-1)^n}{n}+\frac{\mathrm{i}}{2^n}\right]$

(C) $\sum_{n=2}^{+\infty}\frac{\mathrm{i}^n}{\ln n}$　　(D) $\sum_{n=1}^{+\infty}\frac{(-1)^n\mathrm{i}^n}{2^n}$

(4) 若幂级数 $\sum_{n=0}^{+\infty}c_nz^n$ 在 $z=1+2\mathrm{i}$ 处收敛,那么该级数在 $z=2$ 处的敛散性为(　　).

(A) 绝对收敛　　(B) 条件收敛　　(C) 发散　　(D) 不能确定

(5) 设幂级数 $\sum_{n=0}^{+\infty}c_nz^n$, $\sum_{n=0}^{+\infty}nc_nz^{n-1}$ 和 $\sum_{n=0}^{+\infty}\frac{c_n}{n+1}z^{n+1}$ 的收敛半径分别为 R_1,R_2,R_3,则 R_1, R_2,R_3 之间的关系是(　　).

(A) $R_1<R_2<R_3$　　(B) $R_1>R_2>R_3$

(C) $R_1=R_2<R_3$　　(D) $R_1=R_2=R_3$

(6) 设 $0<|q|<1$,则幂级数 $\sum_{n=0}^{+\infty}q^{n^2}z^n$ 的收敛半径 $R=$(　　).

(A) $|q|$　　(B) $\frac{1}{|q|}$　　(C) 0　　(D) $+\infty$

2. 求下列幂级数的收敛半径.

(1) $\sum_{k=0}^{+\infty}\frac{k!}{k^k}z^k$;　　(2) $\sum_{k=1}^{+\infty}k^nz^k$;

(3) $\sum_{n=1}^{+\infty}\frac{\sin\frac{n\pi}{2}}{n}\left(\frac{z}{2}\right)^n$;　　(4) $\sum_{n=0}^{+\infty}(2\mathrm{i})^nz^{2n+1}$;

(5) $\sum_{n=1}^{+\infty}\frac{(n!)^2}{n^n}z^n$;　　(6) $\sum_{n=0}^{+\infty}(1+\mathrm{i})^nz^n$;

(7) 设函数$\frac{\mathrm{e}^z}{\cos z}$的泰勒展开式为 $\sum_{n=0}^{+\infty}c_nz^n$, 求幂级数 $\sum_{n=0}^{+\infty}c_nz^n$ 的收敛半径 R;

(8) 设幂级数 $\sum_{n=0}^{+\infty}c_nz^n$ 的收敛半径为 R,求幂级数 $\sum_{n=0}^{+\infty}(2^n-1)c_nz^n$ 的收敛半径;

(9) 已知级数 $\sum_{k=0}^{+\infty}a_kz^k$ 和 $\sum_{k=0}^{+\infty}b_kz^k$ 的收敛半径分别为 R_1 和 R_2,试确定下列级数的收敛半径.

(A) $\sum_{k=0}^{+\infty}a_k^nz^k$　　(B) $\sum_{k=1}^{+\infty}\frac{1}{a_k}z^k$　　(C) $\sum_{k=1}^{+\infty}a_kb_kz^k$　　(D) $\sum_{k=1}^{+\infty}\frac{b_k}{a_k}z^k$

3. 求下列函数在指定点处的泰勒展开式.

(1) $\arctan z$ 在 $z=0$ 处;　　(2) $f(z)=\cos^2 z$ 在 $z=0$ 处;

(3) $\frac{1}{z^2}$在 $z=-1$ 处;　　(4) $\sin z$ 在 $z=\frac{\pi}{2}$处;

(5) $\frac{\sin z}{1+z^2}$在 $|z|<1$ 内点 $z_0=0$ 处;　　(6) $\mathrm{e}^{\frac{1}{1-z}}$在 $|z|<1$ 内点 $z_0=0$ 处.

4. 求级数 $\sum_{k=0}^{+\infty}z^k$, $\sum_{k=1}^{+\infty}\frac{z^k}{k}$, $\sum_{k=1}^{+\infty}\frac{z^k}{k^2}$ 的收敛半径,并讨论它们在收敛圆周上的敛散性.

5. 求下列函数在 z_0 处的泰勒展开式和收敛半径.

(1) $\dfrac{z}{(z+1)(z+2)}, z_0=2$;　　(2) $\dfrac{1}{4-3z}, z_0=1+\mathrm{i}$.

6. 求和函数.

(1) 求和函数 $f(z)=1+2z+3z^2+4z^3+\cdots, |z|<1$;

(2) 求和函数 $f(z)=\dfrac{1}{1\cdot 2}+\dfrac{z}{2\cdot 3}+\dfrac{z^2}{3\cdot 4}+\dfrac{z^3}{4\cdot 5}+\cdots, |z|<1$;

(3) 求幂级数 $\sum\limits_{n=0}^{+\infty}\dfrac{(-1)^n}{n+1}z^{n+1}$ 在 $|z|<1$ 内的和函数.

7. 若函数 $\dfrac{1}{1-z-z^2}$ 在 $z=0$ 处的泰勒展开式为 $\sum\limits_{n=0}^{+\infty}a_n z^n$，则称 $\{a_n\}$ 为斐波那契(Fibonacci)数列，试确定 a_n 满足的递推关系式，并明确给出 a_n 的表达式.

8. 求下列级数的洛朗级数.

(1) 求函数 $\dfrac{1}{z(z-\mathrm{i})}$ 在 $1<|z-\mathrm{i}|<+\infty$ 内的洛朗展开式.

(2) 求复变函数 $f(z)=\mathrm{e}^{\frac{1}{1-z}}$ 在孤立奇点 $z=1$ 的去心邻域 $0<|z-1|<+\infty$ 的洛朗展开式.

(3) 求函数 $\mathrm{e}^z+\mathrm{e}^{\frac{1}{z}}$ 在 $0<|z|<+\infty$ 内的洛朗展开式.

(4) 将函数 $\dfrac{\ln(2-z)}{z(z-1)}$ 在 $0<|z-1|<1$ 内展开成洛朗级数.

(5) 把下列各函数展开成 z 的幂级数，并指出它们的收敛半径.

(a) $\mathrm{e}^{z^2}\sin z^2$;　　(b) $\mathrm{e}^{\frac{z}{z-1}}$.

9. 把下列各函数在指定的圆环域内展开成洛朗级数.

(1) $\dfrac{1}{z(1-z)^2}, 0<|z|<1, 0<|z-1|<1$;　　(2) $\dfrac{z^2-2z+5}{(z-2)(z^2+1)}, 1<|z|<2$;

(3) $\sin z\cdot\sin\dfrac{1}{z}, 0<|z|<+\infty$;　　(4) $\dfrac{1}{z^2-3z+2}, 1<|z|<2$;

(5) $\sin\dfrac{z}{z-1}, |z-1|>0$.

10. 求下列洛朗级数的收敛域.

(1) 设函数 $\cot z$ 在原点的去心邻域 $0<|z|<R$ 内的洛朗展开式为 $\sum\limits_{n=-\infty}^{+\infty}c_n z^n$，求该洛朗级数收敛域的外半径 R.

(2) 求级数 $\dfrac{1}{z^2}+\dfrac{1}{z}+1+z+z^2+\cdots$ 的收敛域.

(3) 求双边幂级数 $\sum\limits_{n=1}^{+\infty}(-1)^n\dfrac{1}{(z-2)^2}+\sum\limits_{n=1}^{+\infty}(-1)^n\left(1-\dfrac{z}{2}\right)^n$ 的收敛域.

(4) 若 $c_n=\begin{cases}3^n+(-1)^n, & n=0,1,2,\cdots,\\ 4^n, & n=-1,-2,\cdots,\end{cases}$ 求双边幂级数 $\sum\limits_{n=-\infty}^{+\infty}c_n z^n$ 的收敛域.

11. 判断级数 $\sum\limits_{n=1}^{+\infty}\dfrac{\mathrm{i}^n}{n^\alpha}(\alpha>0)$ 的收敛性与绝对收敛性.

12. 设 $f(z)$ 在圆环域 $H:R_1<|z-z_0|<R_2$ 内的洛朗展开式为 $\sum\limits_{n=-\infty}^{+\infty}c_n(z-z_0)^n$，$c$ 为 H 内绕 z_0 的任一条正向简单闭曲线，求 $\oint_c \dfrac{f(z)}{(z-z_0)^2}dz=?$

13. 设函数 $f(z)=\dfrac{1}{z(z+1)(z+4)}$ 在以原点为中心的圆环内的洛朗展开式有 m 个，那么 $m=?$

14. 设 $f(z)$ 在区域 D 内解析，z_0 为 D 内的一点，d 为 z_0 到 D 的边界上各点的最短距离，那么当 $|z-z_0|<d$ 时，$f(z)=\sum\limits_{n=0}^{+\infty}c_n(z-z_0)^n$ 成立，求 c_n.

15. 试证明：

(1) $|e^z-1|\leqslant e^{|z|}-1\leqslant|z|e^{|z|}\ (|z|<+\infty)$；

(2) $(3-e)|z|\leqslant|e^z-1|\leqslant(e-1)|z|\ \ (|z|<1)$.

16. 设函数 $f(z)$ 在圆域 $|z|<R$ 内解析，$S_n=\sum\limits_{k=0}^{n}\dfrac{f^{(k)}(0)}{k!}z^k$，试证：

(1) $S_n(z)=\dfrac{1}{2\pi i}\oint_{|\xi|=r}f(\xi)\dfrac{\xi^{n+1}-z^{n+1}}{\xi-z}\dfrac{d\xi}{\xi^{n+1}}\ (|z|<r<R)$；

(2) $f(z)-S_n(z)=\dfrac{z^{n+1}}{2\pi i}\oint_{|\xi|=r}\dfrac{f(\xi)}{\xi^{n+1}(\xi-z)}d\xi\ (|z|<r<R)$.

17. 设 $f(z)=\sum\limits_{n=0}^{+\infty}a_nz^n(|z|<R_1)$，$g(z)=\sum\limits_{n=0}^{+\infty}b_nz^n(|z|<R_2)$，则对任意的 $r(0<r<R_1)$，在 $|z|<rR_2$ 内 $\sum\limits_{n=0}^{+\infty}a_nb_nz^n=\dfrac{1}{2\pi i}\oint_{|\xi|=r}f(\xi)g\left(\dfrac{z}{\xi}\right)\dfrac{d\xi}{\xi}$.

18. 设在 $|z|<R$ 内解析的函数 $f(z)$ 有泰勒展开式

$$f(z)=a_0+a_1z+a_2z^2+\cdots+a_nz^n+\cdots,$$

试证当 $0\leqslant r<R$ 时 $\dfrac{1}{2\pi}\int_0^{2\pi}|f(re^{i\theta})|^2d\theta=\sum\limits_{n=0}^{+\infty}|a_n|^2r^{2n}$.

19. 试证在 $0<|z|<+\infty$ 内下列展开式成立：

$$e^{z+\frac{1}{z}}=c_0+\sum_{n=1}^{+\infty}c_n\left(z^n+\frac{1}{z^n}\right),$$

其中 $c_n=\dfrac{1}{\pi}\int_0^{\pi}e^{2\cos\theta}\cos n\theta d\theta\ (n=0,1,2,\cdots)$.

20. 试证级数 $\sum\limits_{k=1}^{+\infty}\dfrac{\sin k|z|}{k(k+1)}$ 在全复平面上一致收敛.

21. 如果 C 为正向圆周 $|z|=3$，求积分 $\int_C f(z)dz$ 的值，设 $f(z)$ 为：

(1) $\dfrac{z+2}{z(z+1)}$；　　(2) $\dfrac{z}{(z+1)(z+2)}$.

22. 求出下列函数的奇点(包括无穷远点)，确定它们是哪一类的奇点(对于极点，要指出它们的级).

(1) $\dfrac{z^5}{(1-z)^2}$；　(2) $\dfrac{z^2+1}{e^z}$；　(3) $\dfrac{\tan(z-1)}{z-1}$.　(4) $\dfrac{z^3+5}{z^4(z+1)}$；

(5) $z^4 e^{\frac{1}{z}}$；　　(6) $\dfrac{\cos z}{z^2+1}+6z$；　　(7) $\dfrac{\sin(3z)}{z^2}-\dfrac{3}{z}$.

23. 试求级数 $\sum\limits_{n=0}^{+\infty} z^{n^2}$ 及其逐项求导级数、逐项求积级数的收敛半径，讨论它们在 $z=1$ 和 $z=\mathrm{i}$ 时级数的收敛性.

24. 试证 $\cosh\left(z+\dfrac{1}{z}\right)=c_0+\sum\limits_{k=1}^{+\infty} c_k(z^k+z^{-k})$，其中 $c_k=\dfrac{1}{2\pi}\displaystyle\int_0^{2\pi}\cos k\varphi\cosh(2\cos\varphi)\mathrm{d}\varphi$.

25. 设 $f(z)$，$g(z)$ 分别以 $z=b$ 为 m 级及 n 级极点，试问 $z=b$ 为 $\dfrac{f}{g}$ 的怎样的点？

26. 请指出下列级数在零点 $z=0$ 级.

(1) $z^2(e^{z^2}-1)$；　　(2) $6\sin z^3+z^3(z^6-6)$.

第3章

留数及其应用

留数是复变函数中特有的概念，它在复变函数论和其他实际问题中都有重要应用.

3.1 留数与留数定理

定义 3.1 设 z_0 是 $f(z)$ 的孤立奇点，即 $f(z)$ 在 z_0 的去心邻域 $0<|z-z_0|<\varepsilon$ 内解析，$f(z)$ 在此邻域内的洛朗展开式为

$$f(z)=\sum_{n=-\infty}^{\infty}C_n(z-z_0)^n. \tag{3.1}$$

设 L 是 $0<|z-z_0|<\delta$ 内包含 z_0 的任意一条简单闭曲线，对式(3.1)两边积分，得

$$\int_L f(z)\mathrm{d}z=2\pi\mathrm{i}C_{-1},$$

称

$$C_{-1}=\frac{1}{2\pi\mathrm{i}}\int_L f(z)\mathrm{d}z$$

为 $f(z)$ 在 z_0 的留数(也称为残数)，记为 $\mathrm{Res}[f(z),z_0]$ 或 $\mathrm{Res}(f,z_0)$.

从上述定义可以知道，如果 z_0 是 $f(z)$ 的可去奇点，那么 $\mathrm{Res}(f,z_0)=0$.

定理 3.1(**留数定理**) 设 D 是在复平面上的一个有界区域，其边界是一条或有限条简单闭曲线 C. 设 $f(z)$ 在 D 内除去有限个孤立奇点 $z_1,z_2,\cdots,z_n$ 外，在每一点都解析，并且它在 C 上每一点都解析，那么有

$$\int_C f(z)\mathrm{d}z=2\pi\mathrm{i}\sum_{k=1}^{n}\mathrm{Res}(f,z_k), \tag{3.2}$$

这里沿 C 的积分按关于区域 D 的正向取.

证明 以 D 内每一个孤立奇点 z_k 为心，作圆 γ_k，使以它为边界的闭圆盘上每一点都在 D 内，并且使任意两个这样的闭圆盘彼此无公共点. 从 D 中除去以这些 γ_k 为边界的闭圆盘的一个区域 G，其边界是 C 以及 γ_k，在 G 及其边界所组成的闭区域 $\overline{G}$ 上，$f(z)$ 解析. 因此根

据柯西定理，有

$$\int_C f(z)\mathrm{d}z = \sum_{k=1}^{n}\int_{\gamma_k} f(z)\mathrm{d}z,$$

这里沿 C 的积分是按关于区域 D 的正向取的，沿 γ_k 的积分是按反时针方向取的. 根据留数的定义，定理的结论成立.

3.2 留数的计算

3.2.1 一级极点的情形

方法1 设 z_0 是 $f(z)$的一个一级极点. 因此在去掉中心 z_0 的某一圆盘内$(z\neq z_0)$，

$$f(z) = \frac{1}{z-z_0}\varphi(z),$$

其中 $\varphi(z)$在这个圆盘内包括 $z=z_0$ 解析，其泰勒级数展开式是

$$\varphi(z) = \sum_{n=0}^{+\infty} C_n (z-z_0)^n, \tag{3.3}$$

而且 $C_0=\varphi(z_0)\neq 0$. 显然，在 $f(z)$的洛朗级数中，$\frac{1}{z-z_0}$的系数等于 $\varphi(z_0)$，因此

$$\mathrm{Res}[f(z),z_0] = \lim_{z\to z_0}(z-z_0)f(z), \tag{3.4}$$

如果容易求出 $\varphi(z)$的泰勒级数展开式(3.3)，那么由此可得 $\mathrm{Res}(f,z_0)=C_0$.

方法2 如果在上述去掉中心 z_0 的圆盘内$(z\neq z_0)$，有

$$f(z) = \frac{P(z)}{Q(z)},$$

其中 $P(z)$及 $Q(z)$在这圆盘内包括在 $z=z_0$ 解析，$P(z_0)\neq 0$，z_0 是 $Q(z)$的一级零点，并且 $Q(z)$在这圆盘内没有其他零点，那么 z_0 是 $f(z)$的一级极点，因而

$$\mathrm{Res}(f,z_0) = \lim_{z\to z_0}(z-z_0)f(z) = \lim_{z\to z_0}(z-z_0)\frac{P(z)}{Q(z)-Q(z_0)} = \frac{P(z_0)}{Q'(z_0)}. \tag{3.5}$$

例3.1 函数 $f(z)=\frac{\mathrm{e}^{\mathrm{i}z}}{1+z^2}$有两个一级极点 $z=\pm\mathrm{i}$. 这时

$$\frac{P(z)}{Q'(z)} = \frac{1}{2z}\mathrm{e}^{\mathrm{i}z},$$

因此 $\mathrm{Res}(f,\mathrm{i})=-\frac{\mathrm{i}}{2\mathrm{e}}$，$\mathrm{Res}(f,-\mathrm{i})=\frac{\mathrm{i}}{2}\mathrm{e}$.

3.2.2 高级极点的情形

方法1 设 z_0 是 $f(z)$的一个 k 级极点$(k>1)$. 这就是说，在去掉中心 z_0 的某一圆盘内$(z\neq z_0)$，

$$f(z) = \frac{1}{(z-z_0)^k}\varphi(z),$$

其中 $\varphi(z)$在这个圆盘内包括 $z=z_0$ 解析，而且 $\varphi(z_0)\neq 0$. 在这个圆盘内，$\varphi(z)$的泰勒级数展开式是

$$\varphi(z)=\sum_{n=0}^{+\infty}C_n\,(z-z_0)^n,$$

由此可见

$$\operatorname{Res}[f(z),z_0]=C_{k-1}.\tag{3.6}$$

因此问题转化为求 $\varphi(z)$ 的泰勒级数展开式的系数.如果容易求出 $\varphi(z)$ 的泰勒级数展开式，那么用式(3.6)即可.

方法 2　从上面的讨论可知

$$C_{k-1}=\frac{\varphi^{(k-1)}(z_0)}{(k-1)!}=\lim_{z\to z_0}\frac{\varphi^{(k-1)}(z)}{(k-1)!},$$

因此,还可根据下列公式计算 $\operatorname{Res}[f(z),z_0]$:

$$\operatorname{Res}[f(z),z_0]=\frac{1}{(k-1)!}\lim_{z\to z_0}\frac{\mathrm{d}^{k-1}[(z-z_0)^k f(z)]}{\mathrm{d}z^{k-1}}.\tag{3.7}$$

例 3.2　函数 $f(z)=\dfrac{\sec z}{z^3}$ 在 $z=0$ 有三级极点,则

$$\varphi(z)=\sec z=1+\frac{1}{2!}z^2+\frac{5}{4!}z^4+\cdots,$$

因此 $\operatorname{Res}(f,0)=\dfrac{1}{2}$.

由公式(3.7)也可得

$$\operatorname{Res}(f,0)=\frac{1}{2}\lim_{z\to z_0}\frac{\mathrm{d}^2}{\mathrm{d}z^2}\left(z^3\cdot\frac{\sec z}{z^3}\right)=\frac{1}{2}.$$

例 3.3　函数 $f(z)=\dfrac{\mathrm{e}^{\mathrm{i}z}}{z\,(z^2+1)^2}$ 在 $z=\mathrm{i}$ 有二级极点.这时

$$\varphi(z)=\frac{\mathrm{e}^{\mathrm{i}z}}{z\,(z+\mathrm{i})^2}.$$

令 $z=\mathrm{i}+t$,那么在

$$h(t)=\frac{\mathrm{e}^{\mathrm{i}(t+\mathrm{i})}}{(\mathrm{i}+t)\,(2\mathrm{i}+t)^2}$$

的泰勒展开式中,t 的系数就是 $f(z)$ 在 i 的留数.写出 $h(t)$ 中每个因子到 t 的一次项,当 $|t|<1$ 时,有

$$\mathrm{e}^{\mathrm{i}(t+\mathrm{i})}=\mathrm{e}^{-1}(1+\mathrm{i}t+\cdots),\quad \frac{1}{\mathrm{i}+t}=\frac{-\mathrm{i}}{1-\mathrm{i}t}=-\mathrm{i}(1+\mathrm{i}t+\cdots),$$

$$\frac{1}{(2\mathrm{i}+t)^2}=-\frac{1}{4}\frac{1}{\left(1-\dfrac{\mathrm{i}t}{2}\right)^2}=-\frac{1}{4}(1+\mathrm{i}t+\cdots),$$

因此当 $|t|<1$ 时,$h(t)=\dfrac{\mathrm{i}}{4\mathrm{e}}(1+3\mathrm{i}t+\cdots)$,于是 $\operatorname{Res}(f,\mathrm{i})=-\dfrac{3}{4\mathrm{e}}$.

由公式(3.7)也可得

$$\operatorname{Res}(f,\mathrm{i})=\lim_{z\to\mathrm{i}}\frac{\mathrm{d}}{\mathrm{d}z}\left[\frac{\mathrm{e}^{\mathrm{i}z}}{z(z+\mathrm{i})^2}\right]=-\frac{3}{4\mathrm{e}}.$$

3.3 无穷远点处的留数

设 $f(z)$在无穷远点 $z=\infty$的去心邻域 $R<|z|<+\infty$内解析，L 为 $R<|z|<+\infty$的一条逆时针方向的简单闭曲线，则 $f(z)$在 $z=\infty$处的留数定义为

$$\mathrm{Res}[f(z),\infty]=\frac{1}{2\pi\mathrm{i}}\oint_{L^-}f(z)\mathrm{d}z=-C_{-1},$$

其中 C_{-1} 为 $f(z)$ 在 $R<|z|<+\infty$ 内洛朗展开式 $\sum\limits_{n=-\infty}^{+\infty}C_nz^n$ 中 z^{-1} 的系数.

定理 3.2(扩充复平面上的留数定理) 如果函数 $f(z)$在 z 平面只有有限多个孤立奇点(包括无穷远点)，记为 $z_1,z_2,\cdots,z_n,\infty$，则 $f(z)$在所有孤立奇点处的留数和为零.

证明 以原点为中心做圆周 L，使 $z_1,z_2,\cdots,z_n$ 皆含于 L 的内部，则由留数定理有

$$\int_L f(z)\mathrm{d}z=2\pi\mathrm{i}\sum_{k=1}^{n}\mathrm{Res}(f,z_k),$$

两边除以 $2\pi\mathrm{i}$，并移项得

$$\sum_{k=1}^{n}\mathrm{Res}(f,z_k)+\frac{1}{2\pi\mathrm{i}}\int_{L^-}f(z)\mathrm{d}z=0,$$

亦即

$$\sum_{k=1}^{n}\mathrm{Res}(f,z_k)+\mathrm{Res}(f,\infty)=0. \tag{3.8}$$

必须注意，虽然 $f(z)$它在的有限可去奇点 z_0 处，必有 $\mathrm{Res}(f,z_0)=0$，但是如果无穷远点$z=\infty$为 $f(z)$的可去奇点(或解析点)，则 $\mathrm{Res}(f,\infty)$可以不为零. 例如 $f(z)=2+\dfrac{1}{z}$以 $z=\infty$为可去奇点，但 $\mathrm{Res}(f,\infty)=-1\neq0$.

下面是 $\mathrm{Res}(f,\infty)$的另一计算公式.

$$\mathrm{Res}[f(z),\infty]=-\mathrm{Res}\left[f\left(\frac{1}{z}\right)\cdot\frac{1}{z^2},0\right].$$

证明 令 $\xi=\dfrac{1}{z}$，于是 $\varphi(\xi)=f\left(\dfrac{1}{\xi}\right)=f(z)$，且无穷远的去心邻域 $R<|z|<+\infty$变成原点的去心邻域 $0<\xi<\dfrac{1}{R}$；圆周 L：$|z|=\rho>R$(参数方程为 $z=\rho\mathrm{e}^{\mathrm{i}\theta}$)变成圆周 C：$|\xi|=\lambda=\dfrac{1}{\rho}<\dfrac{1}{R}$(参数方程为 $\xi=\dfrac{1}{\lambda}\mathrm{e}^{\mathrm{i}\alpha}$，$\alpha=-\theta$). 于是

$$\begin{aligned}\mathrm{Res}[f(z),\infty]&=\frac{1}{2\pi\mathrm{i}}\int_{L^-}f(z)\mathrm{d}z=\frac{1}{2\pi\mathrm{i}}\int_0^{-2\pi}f(\rho\mathrm{e}^{\mathrm{i}\theta})\mathrm{i}\rho\mathrm{e}^{\mathrm{i}\theta}\mathrm{d}\theta\\&=\frac{1}{2\pi\mathrm{i}}\int_0^{2\pi}f\left(\frac{1}{\lambda}\mathrm{e}^{-\mathrm{i}\alpha}\right)\mathrm{i}\,\frac{1}{\lambda}\mathrm{e}^{-\mathrm{i}\alpha}\mathrm{d}(-\alpha)=-\frac{1}{2\pi\mathrm{i}}\int_0^{2\pi}f\left(\frac{1}{\lambda}\mathrm{e}^{-\mathrm{i}\alpha}\right)\mathrm{i}\,\frac{1}{\lambda^2}\mathrm{e}^{-2\mathrm{i}\alpha}\mathrm{d}(\lambda\mathrm{e}^{\mathrm{i}\alpha})\\&=-\frac{1}{2\pi\mathrm{i}}\int_{L}f\left(\frac{1}{\xi}\right)\frac{1}{\xi^2}\mathrm{d}\xi,\end{aligned}$$

所以

$$\mathrm{Res}[f(z),\infty]=-\mathrm{Res}\left[f\left(\frac{1}{z}\right)\cdot\frac{1}{z^2},0\right]. \tag{3.9}$$

例 3.4 求下列函数在无穷远处的留数：

(1) $f(z)=\frac{3z+2}{z^2(z+2)}$;　　　　(2) $f(z)=\frac{z}{1-z}$.

解　(1) $\lim\limits_{z\to\infty}f(z)$存在且有界，$z=\infty$为可去奇点，

$$\mathrm{Res}[f(z),\infty]=-\mathrm{Res}\left[f\left(\frac{1}{z}\right)\frac{1}{z^2},0\right]=-\mathrm{Res}\left[\frac{3+2z}{1+2z},0\right]=0.$$

(2) **方法 1**　因为当 $1<|z|<+\infty$时，

$$f(z)=\frac{z}{1-z}=\frac{-1}{1-\frac{1}{z}}=-\left(1+\frac{1}{z}+\frac{1}{z^2}+\cdots\right),$$

所以 $\mathrm{Res}[f(z),\infty]=-C_{-1}=1$.

方法 2

$$\mathrm{Res}[f(z),\infty]=-\mathrm{Res}\left[f\left(\frac{1}{z}\right)\frac{1}{z^2},0\right]=-\mathrm{Res}\left[\frac{\frac{1}{z}}{1-\frac{1}{z}}\frac{1}{z^2},0\right]$$

$$=-\mathrm{Res}\left[\frac{1}{(z-1)z^2},0\right]=1.$$

例 3.5　求 $f(z)=\frac{1-e^{2z}}{z^4}$的所有奇点及对应的留数.

解　**方法 1**　因为

$$f(z)=\frac{1-e^{2z}}{z^4}=\frac{1}{z^4}\left(1-\sum_{n=0}^{\infty}(2z)^n\frac{1}{n!}\right)=-\sum_{n=1}^{\infty}\frac{2^n}{n!}z^{n-4},$$

所以 $z=0$ 是 $f(z)$的三级极点，且

$$\mathrm{Res}[f(z),0]=C_{-1}=-\frac{4}{3}.$$

方法 2　因为 0 是分子的一级零点，是分母的四级零点，所以 0 是 $f(z)$的三级极点，取 $m=3$，应用公式(3.7)，得

$$\mathrm{Res}[f(z),0]=\frac{1}{2!}\lim_{z\to0}\left(z^3\frac{1-e^{2z}}{z^4}\right)''=-\frac{4}{3},$$

于是 $\mathrm{Res}[f(z),\infty]=-\frac{4}{3}$.

下面举几个用 Maple 软件计算留数的例子.

例 1　计算复变函数 $f(z)=\frac{3z+2}{z^2(z+2)}$在各孤立奇点处的留数.

解　Maple 工作过程如下：

```
> readlib(residue):
> z := 'z':
> f := (3·z + 2)/(z^2·(z + 2));
f := (3z + 2)/(z^2 (z + 2))
> solve(denom(f));
```

```
0,0, -2
> residue(f,z = 0);residue(f,z = - 2);
1; -1.
```

例 2 求复变函数 $f(z)=\dfrac{1}{z^4+1}$的孤立奇点和各孤立奇点处的留数.

解

```
> readlib(residue):
> z := 'z':
> f := 1/(z^4 + 1);
f := 1/(z^4 + 1)
> a := abs( - 1);b := argument( - 1);
a := 1,b := π
>for i from 0 to 3 do k[i] := a^(1/4)·(cos((2·Pi·i + b)/4) + I·sin((2·Pi·i + b)/4));r[i] := residue
 (f,z = k[i]);end do
```

$$k_0 := \frac{1}{2}\sqrt{2}+\frac{1}{2}I\sqrt{2},\ r_0 := \frac{1}{-2\sqrt{2}+2I\sqrt{2}};$$

$$k_1 := -\frac{1}{2}\sqrt{2}+\frac{1}{2}I\sqrt{2},\ r_1 := \frac{1}{2\sqrt{2}+2I\sqrt{2}};$$

$$k_2 := -\frac{1}{2}\sqrt{2}-\frac{1}{2}I\sqrt{2},\ r_2 := -\frac{1}{-2\sqrt{2}+2I\sqrt{2}};$$

$$k_3 := \frac{1}{2}\sqrt{2}-\frac{1}{2}I\sqrt{2},\ r_3 := -\frac{1}{2\sqrt{2}+2I\sqrt{2}}.$$

例 3 求复变函数 $f(z)=\dfrac{z^2}{\sin^5 z}$在孤立奇点 $z=0$ 处的留数.

解 $f(z)$在 $z=0$ 处的留数等于函数在 $z=0$ 的某个去心邻域洛朗展开式中 z^{-1}项的系数 C_{-1}，于是先求其洛朗展开式：

```
> g := sin(z):
> series(z^2/g^5, z = 0);
```

$$z^{-3}+\frac{5}{6}z^{-1}+\frac{3}{8}z+\frac{367}{3024}z^3+O(z^5)$$

从而知 $\text{Res}[f(z),0]=\dfrac{5}{6}$.

3.4 留数在定积分计算中的应用

留数定理可以用来计算某些类型的实函数积分. 应用留数定理计算实变函数定积分的方法称为围道积分方法. 所谓围道积分方法，概括起来说，就是将实函数的积分化为复变函数沿围线的积分，然后应用留数定理，使沿围线的积分计算归结为留数计算. 要使用留数计算，需要两个条件：一是被积函数与某个解析函数有关；其次，定积分可化为某个沿闭路的积分.现就几个特殊类型举例说明.

3.4.1 形如 $\int_0^{2\pi} R(\cos\theta,\sin\theta)\mathrm{d}\theta$ 的积分

这里 $R(\cos\theta,\sin\theta)$ 是 $\cos\theta,\sin\theta$ 的有理函数,作为 θ 的函数,在 $0\leqslant\theta\leqslant 2\pi$ 上连续.

令 $z=\mathrm{e}^{\mathrm{i}\theta}$,则 $\mathrm{d}z=\mathrm{i}\mathrm{e}^{\mathrm{i}\theta}\mathrm{d}\theta$,且

$$\sin\theta=\frac{\mathrm{e}^{\mathrm{i}\theta}-\mathrm{e}^{-\mathrm{i}\theta}}{2\mathrm{i}}=\frac{z^2-1}{2\mathrm{i}z},\quad \cos\theta=\frac{\mathrm{e}^{\mathrm{i}\theta}+\mathrm{e}^{-\mathrm{i}\theta}}{2}=\frac{z^2+1}{2z},$$

当 θ 经历变程 $[0,2\pi]$ 时,对应的 z 正好沿单位圆 $|z|=1$ 的正向绕行一周,于是 $f(z)=\frac{1}{\mathrm{i}z}R\left(\frac{z^2+1}{2z},\frac{z^2-1}{2\mathrm{i}z}\right)$ 在积分闭路 $|z|=1$ 上无奇点,因此

$$\begin{aligned}\int_0^{2\pi}R(\cos\theta,\sin\theta)\mathrm{d}\theta&=\oint_{|z|=1}R\left(\frac{z^2+1}{2z},\frac{z^2-1}{2\mathrm{i}z}\right)\frac{\mathrm{d}z}{\mathrm{i}z}\\&=\oint_{|z|=1}f(z)\mathrm{d}z=2\pi\mathrm{i}\sum_{k=1}^{n}\mathrm{Res}[f(z),z_k].\end{aligned}\tag{3.10}$$

例 3.6 计算积分 $I=\int_0^{2\pi}\frac{\mathrm{d}t}{a+\sin t}$,其中常数 $a>1$.

解 令 $\mathrm{e}^{\mathrm{i}t}=z$,那么 $\sin t=\frac{1}{2\mathrm{i}}\left(z-\frac{1}{z}\right)$,$\mathrm{d}t=\frac{\mathrm{d}z}{\mathrm{i}z}$,而且当 t 从 0 增加到 2π 时,z 按逆时针方向绕圆 $C:|z|=1$ 一周.因此

$$I=\int_C\frac{2\mathrm{d}z}{z^2+2\mathrm{i}az-1},$$

于是应用留数定理,只需计算 $\frac{2}{z^2+2\mathrm{i}az-1}$ 在 $|z|<1$ 内极点处的留数,就可求出 I.

上面的被积函数有两个极点:$z_1=-\mathrm{i}a+\mathrm{i}\sqrt{a^2-1}$ 及 $z_2=-\mathrm{i}a-\mathrm{i}\sqrt{a^2-1}$.显然 $|z_1|<1$,$|z_2|>1$.因此被积函数在 $|z|<1$ 内只有一个极点 z_1,而它在这点的留数是

$$\mathrm{Res}(f,z_1)=\frac{2}{2z_1+2\mathrm{i}a}=\frac{1}{\mathrm{i}\sqrt{a^2-1}}.$$

于是求得

$$I=2\pi\mathrm{i}\frac{1}{\mathrm{i}\sqrt{a^2-1}}=\frac{2\pi}{\sqrt{a^2-1}}.$$

例 3.7 计算 $I=\int_0^{2\pi}\frac{\mathrm{d}\theta}{5+3\cos\theta}$.

解 令 $z=\mathrm{e}^{\mathrm{i}\theta}$,则

$$\begin{aligned}I&=\int_0^{2\pi}\frac{\mathrm{d}\theta}{5+3\cos\theta}=\oint_{|z|=1}\frac{2}{\mathrm{i}(3z^2+10z+3)}\mathrm{d}z\\&=\frac{2}{\mathrm{i}}\oint_{|z|=1}\frac{1}{(3z+1)(z+3)}\mathrm{d}z\\&=\frac{2}{\mathrm{i}}\cdot 2\pi\mathrm{i}\mathrm{Res}\left[\frac{1}{(3z+1)(z+3)},-\frac{1}{3}\right]=\frac{\pi}{2}.\end{aligned}$$

例 3.8 计算 $I=\int_0^{2\pi}\frac{\mathrm{d}x}{(2+\sqrt{3}\cos x)^2}$.

解 $I=\int_0^{2\pi}\frac{\mathrm{d}x}{(2+\sqrt{3}\cos x)^2}=\oint_{|z|=1}\frac{2}{\left(2+\sqrt{3}\cdot\frac{z+\frac{1}{z}}{2}\right)^2}\frac{\mathrm{d}z}{\mathrm{i}z}$

$$=\frac{4}{\mathrm{i}}\oint_{|z|=1}\frac{z}{(4z+\sqrt{3}z^2+\sqrt{3})^2}\mathrm{d}z$$

$$=\frac{4}{3\mathrm{i}}\oint_{|z|=1}\frac{z\mathrm{d}z}{\left(z^2+\frac{4}{\sqrt{3}}z+1\right)^2}.$$

由于分母有两个根 $z_1=-\frac{1}{\sqrt{3}}$，$z_2=-\sqrt{3}$，其中 $|z_1|<1$，$|z_2|>1$，因此

$$I=\frac{4}{3\mathrm{i}}\cdot 2\pi\mathrm{i}\operatorname{Res}\left[\frac{z}{\left(z^2+\frac{4}{\sqrt{3}}z+1\right)^2},-\frac{1}{\sqrt{3}}\right]=4\pi.$$

例 3.9 求 $\int_0^{2\pi}\frac{\mathrm{d}x}{1-2p\cos x+p^2}$ 的值，其中 $0<p<1$.

解 令 $\mathrm{e}^{\mathrm{i}x}=z$，则

$$\int_0^{2\pi}\frac{\mathrm{d}x}{1-2p\cos x+p^2}=\frac{-1}{\mathrm{i}}\int_C\frac{\mathrm{d}z}{pz^2-(p^2+1)z+p}=\frac{-1}{\mathrm{i}p}\int_C\frac{\mathrm{d}z}{\left(z-\frac{1}{p}\right)(z-p)}.$$

由于 $0<p<1$，故在 $|z|\leqslant 1$ 内，被积函数只有一个极点 $z=p$，于是

$$\int_0^{2\pi}\frac{\mathrm{d}x}{1-2p\cos x+p^2}=\frac{-1}{\mathrm{i}p}\cdot 2\pi\mathrm{i}\operatorname{Res}\left[\frac{1}{\left(z-\frac{1}{p}\right)(z-p)},p\right]$$

$$=\frac{-2\pi}{p}\lim_{z\to p}\left[(z-p)\frac{1}{\left(z-\frac{1}{p}\right)(z-p)}\right]=\frac{2\pi}{1-p^2}.$$

3.4.2 形如 $\int_{-\infty}^{+\infty}R(x)\mathrm{d}x$ 的积分

先给出一个引理.

引理 3.1 设 C 的方程为 $z=R\mathrm{e}^{\mathrm{i}\theta}(0\leqslant\theta\leqslant\pi)$，函数 $f(z)$ 在 C 上连续，且 $\lim\limits_{z\to\infty}zf(z)=0$，则

$$\lim_{|z|=R\to\infty}\int_C f(z)\mathrm{d}z=0.$$

证 因为 $\lim\limits_{z\to\infty}zf(z)=0$，故对任给的 $\varepsilon>0$，当 $|z|=R$ 充分大时，有

$$|zf(z)|=|f(R\mathrm{e}^{\mathrm{i}\theta})R\mathrm{e}^{\mathrm{i}\theta}|<\varepsilon,$$

于是

$$\left|\int_C f(z)\mathrm{d}z\right|=\left|\int_0^{\pi}f(R\mathrm{e}^{\mathrm{i}\theta})R\mathrm{i}\mathrm{e}^{\mathrm{i}\theta}\mathrm{d}\theta\right|\leqslant\int_0^{\pi}|f(R\mathrm{e}^{\mathrm{i}\theta})R\mathrm{i}\mathrm{e}^{\mathrm{i}\theta}|\mathrm{d}\theta<\pi\varepsilon.$$

所以 $\lim\limits_{|z|=R\to\infty}\int_C f(z)\mathrm{d}z=0$.

定理 3.3 设 $R(z)=\frac{P(z)}{Q(z)}=\frac{z^n+a_1z^{n-1}+\cdots+a_n}{z^m+b_1z^{m-1}+\cdots+b_m}(m-n\geqslant 2)$，并且满足：

(1) $Q(z)$ 比 $P(z)$ 至少高两次；

(2) $Q(z)$在实轴上无零点；

(3) $R(z)$在上半平面 $\mathrm{Im}z>0$ 内的极点为 $z_k(k=1,2,\cdots,l)$，则有

$$\int_{-\infty}^{+\infty} R(x)\mathrm{d}x = 2\pi\mathrm{i}\sum_{k=1}^{l}\mathrm{Res}[R(z),z_k]. \tag{3.11}$$

证　作以 O 为心、r 为半径的圆盘。考虑这一圆盘在上半平面的部分，设其边界为 C_r。C_r 和实线段$[-r,r]$组成封闭曲线 C 作为积分曲线(参见图 3.1)其中 r 要充分大使得 $R(z)$ 在上半平面内所有极点都包含在 C 内部。

根据留数定理得

$$\oint_C R(z)\mathrm{d}z = 2\pi\mathrm{i}\sum_{k=1}^{l}\mathrm{Res}[R(z),z_k],$$

即 $\int_{-r}^{r} R(x)\mathrm{d}x + \int_{C_r} R(z)\mathrm{d}z = 2\pi\mathrm{i}\sum_{k=1}^{l}\mathrm{Res}[R(z),z_k].$

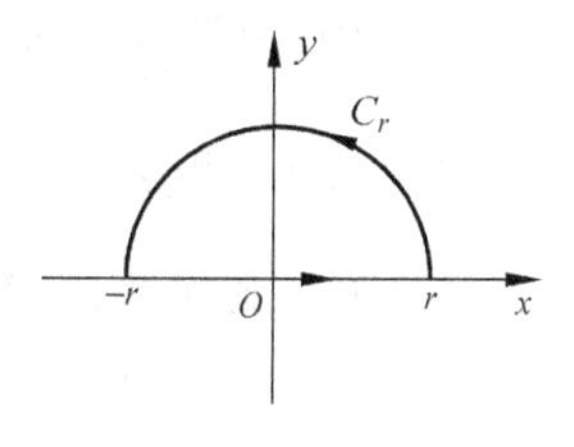

图　3.1

由于 $Q(z)$ 比 $P(z)$ 的次数至少高两次，所以

$$\lim_{z\to\infty} zR(z) = \lim_{z\to\infty}\frac{zP(z)}{Q(z)} = 0.$$

由引理 3.1，$\lim\limits_{r\to\infty}\int_{C_r} R(z)\mathrm{d}z = 0$. 所以 $\int_{-\infty}^{+\infty} R(x)\mathrm{d}x = 2\pi\mathrm{i}\sum\limits_{k=1}^{n}\mathrm{Res}[R(z),z_k]$.

例 3.10　计算 $I = \int_{-\infty}^{+\infty}\frac{x^2}{x^4+x^2+1}\mathrm{d}x$.

解　取 $f(z)=\frac{z^2}{z^4+z^2+1}=\frac{z^2}{(z^2-z+1)(z^2+z+1)}$，孤立奇点为 $z_1=\frac{1}{2}+\frac{\sqrt{3}}{2}\mathrm{i}$，$z_2=-\frac{1}{2}+\frac{\sqrt{3}}{2}\mathrm{i}$，$z_3=\frac{1}{2}-\frac{\sqrt{3}}{2}\mathrm{i}$，$z_4=-\frac{1}{2}-\frac{\sqrt{3}}{2}\mathrm{i}$，其中落在上半平面的为 z_1,z_2，因此

$$I = 2\pi\mathrm{i}\sum_{k=1}^{2}\mathrm{Res}[f(z),z_k] = \frac{\pi}{\sqrt{3}}.$$

例 3.11　计算 $I = \int_{-\infty}^{+\infty}\frac{x^2}{(x^2+a^2)^2}\mathrm{d}x(z>0)$.

解　取 $f(z)=\frac{z^2}{(z^2+a^2)^2}$，它在上半平面只有一个二级极点 $a\mathrm{i}$，因此

$$I=\int_{-\infty}^{+\infty}\frac{x^2}{(x^2+a^2)^2} = 2\pi\mathrm{i}\cdot\mathrm{Res}\left[\frac{z^2}{(z^2+a^2)^2},a\mathrm{i}\right]= 2\pi\mathrm{i}\cdot\left[\frac{z^2}{(z+a\mathrm{i})^2}\right]'\bigg|_{z=a\mathrm{i}} = \frac{\pi}{2a}.$$

3.4.3　形如 $\int_{-\infty}^{+\infty}\frac{P(x)}{Q(x)}\mathrm{e}^{\mathrm{i}mx}\mathrm{d}x$ 的积分

引理 3.2(若尔当引理)　设函数 $g(z)$ 在半圆周 $\Gamma_R: z=R\mathrm{e}^{\mathrm{i}\theta}(0\leqslant\theta\leqslant\pi, R$ 充分大)上连续，且 $\lim\limits_{R\to+\infty} g(z)=0$ 在 Γ_R 上一致成立，则

$$\lim_{R\to+\infty}\int_{\Gamma_R} g(z)\mathrm{e}^{\mathrm{i}mz}\mathrm{d}z = 0,\quad m>0. \tag{3.12}$$

证明　$\forall\varepsilon>0$，$\exists R_0(\varepsilon)>0$，使当 $R>R_0(\varepsilon)$ 时，有 $|g(z)|<\varepsilon$，$z\in\Gamma_R$，于是

$$\left|\int_{\Gamma_R} g(z)\mathrm{e}^{\mathrm{i}mz}\mathrm{d}z\right| = \left|\int_0^{\pi} g(R\mathrm{e}^{\mathrm{i}\theta})\mathrm{e}^{\mathrm{i}mR\mathrm{e}^{\mathrm{i}\theta}}R\mathrm{e}^{\mathrm{i}\theta}\mathrm{i}\mathrm{d}\theta\right| \leqslant R\varepsilon\int_0^{\pi}\mathrm{e}^{-mR\sin\theta}\mathrm{d}\theta. \tag{3.13}$$

这里利用了 $|g(R\mathrm{e}^{\mathrm{i}\theta})|<\varepsilon$，$|R\mathrm{e}^{\mathrm{i}\theta}\mathrm{i}|=R$ 以及 $|\mathrm{e}^{\mathrm{i}mR\mathrm{e}^{\mathrm{i}\theta}}|=|\mathrm{e}^{-mR\sin\theta+\mathrm{i}mR\cos\theta}|=\mathrm{e}^{-mR\sin\theta}$.

于是由若尔当不等式$\frac{2\theta}{\pi}\leqslant\sin\theta\leqslant\theta\left(0\leqslant\theta\leqslant\frac{\pi}{2}\right)$将式(3.13)化为

$$\left|\int_{\Gamma_R} g(z)\mathrm{e}^{\mathrm{i}mz}\mathrm{d}z\right| \leqslant 2R\varepsilon\int_0^{\frac{\pi}{2}}\mathrm{e}^{-mR\sin\theta}\mathrm{d}\theta \leqslant 2R\varepsilon\int_0^{\frac{\pi}{2}}\mathrm{e}^{-\frac{2mR\theta}{\pi}}\mathrm{d}\theta$$

$$= 2R\varepsilon\left[-\frac{\mathrm{e}^{-\frac{2mR}{\pi}\theta}}{\frac{2mR}{\pi}}\right]_{\theta=0}^{\theta=\frac{\pi}{2}} = \frac{\pi\varepsilon}{m}(1-\mathrm{e}^{-mR}) < \frac{\pi\varepsilon}{m},$$

即$\lim\limits_{R\to+\infty}\int_{\Gamma_R} g(z)\mathrm{e}^{\mathrm{i}mz}\mathrm{d}z = 0$.

定理 3.4 设$g(z)=\frac{P(z)}{Q(z)}$,其中$P(z)$和$Q(z)$是互质多项式,并且满足条件:

(1) $Q(z)$的次数比$P(z)$的次数高;

(2) 在实轴上$Q(z)\neq 0$;

(3) $m>0$.

则有

$$\int_{-\infty}^{+\infty} g(x)\mathrm{e}^{\mathrm{i}mx}\mathrm{d}x = 2\pi\mathrm{i}\sum_{\mathrm{Im}a_k>0}\mathrm{Res}[g(z)\mathrm{e}^{\mathrm{i}mz}, a_k]. \tag{3.14}$$

特别地,将式(3.14)分开实部、虚部,就可以得到形如

$$\int_{-\infty}^{+\infty}\frac{P(x)}{Q(x)}\cos mx\,\mathrm{d}x \quad 及 \quad \int_{-\infty}^{+\infty}\frac{P(x)}{Q(x)}\sin mx\,\mathrm{d}x$$

的积分.

证 因为$Q(z)$比$P(z)$次数高,所以$\lim\limits_{z\to\infty}g(z)=0$. 由引理3.2,有

$$\lim_{R\to\infty}\int_{C_R} g(z)\mathrm{e}^{\mathrm{i}mz}\mathrm{d}z = 0.$$

从而$\int_{-\infty}^{+\infty} g(x)\mathrm{e}^{\mathrm{i}mx}\mathrm{d}x = 2\pi\mathrm{i}\sum\limits_{\mathrm{Im}a_k>0}\mathrm{Res}[g(z)\mathrm{e}^{\mathrm{i}mz}, a_k]$, 或者

$$\int_{-\infty}^{+\infty} g(x)\cos mx\,\mathrm{d}x + \mathrm{i}\int_{-\infty}^{+\infty} g(x)\sin mx\,\mathrm{d}x = 2\pi\mathrm{i}\sum_{\mathrm{Im}a_k>0}\mathrm{Res}[g(z)\mathrm{e}^{\mathrm{i}mz}, a_k].$$

所以要计算积分$\int_{-\infty}^{+\infty} g(x)\cos mx\,\mathrm{d}x$或$\int_{-\infty}^{+\infty} g(x)\sin mx\,\mathrm{d}x$,只需求出$\int_{-\infty}^{+\infty} g(x)\mathrm{e}^{\mathrm{i}mx}\mathrm{d}x$的实部或虚部即可。

例 3.12 计算$I=\int_{-\infty}^{+\infty}\frac{x\mathrm{e}^{\mathrm{i}x}}{x^2-2x+10}\mathrm{d}x$.

解 不难验证,函数$f(z)=\frac{z\mathrm{e}^{\mathrm{i}z}}{z^2-2z+10}$满足若尔当引理条件. 这里$m=1$, $g(z)=\frac{z}{z^2-2z+10}$,函数有两个一级极点$z=1+3\mathrm{i}$及$z=1-3\mathrm{i}$,

$$\mathrm{Res}[f(z), 1+3\mathrm{i}] = \left.\frac{z\mathrm{e}^{\mathrm{i}z}}{(z^2-2z+10)'}\right|_{z=1+3\mathrm{i}} = \frac{(1+3\mathrm{i})\mathrm{e}^{-3+\mathrm{i}}}{6\mathrm{i}},$$

于是

$$I=\int_{-\infty}^{+\infty}\frac{x\mathrm{e}^{\mathrm{i}x}}{x^2-2x+10}\mathrm{d}x = 2\pi\mathrm{i}\,\frac{(1+3\mathrm{i})\mathrm{e}^{-3+\mathrm{i}}}{6\mathrm{i}}$$

$$= \frac{\pi}{3}e^{-3}(\cos 1 - 3\sin 1) + i\,\frac{\pi}{3}e^{-3}(3\cos 1 + \sin 1).$$

例 3.13　求$\int_{-\infty}^{+\infty}\frac{e^{ix}}{x^2+a^2}dx(a>0)$.

解　令 $F(z)=\frac{1}{z^2+a^2}$,选择积分路径,则 $F(z)$在 C_R 内只有一个一级极点 $z=ai$,$\forall z\in C_R$,显然有

$$\int_{-\infty}^{+\infty}\frac{e^{ix}}{x^2+a^2}dx = \lim_{k\to+\infty}\int_{-R}^{R}\frac{e^{ix}}{x^2+a^2}dx + \lim_{R\to+\infty}\int_{C_R}F(z)e^{iz}dz$$

$$= 2\pi i\mathrm{Res}\left[\frac{e^{iz}}{z^2+a^2},ai\right] = \frac{\pi}{ae^a}.$$

例 3.14　求$\int_{0}^{+\infty}\frac{\cos x}{x^2+1}dx$.

解　由于对任意 $R>0$ 均有

$$\int_0^R\frac{\cos x}{x^2+1}dx = \int_0^R\frac{e^{ix}+e^{-ix}}{2(x^2+1)}dx = \frac{1}{2}\int_{-R}^{R}\frac{e^{ix}+e^{-ix}}{2(x^2+1)}dx = \frac{1}{2}\int_{-R}^{R}\frac{e^{ix}}{x^2+1}dx.$$

令 $F(z)=\frac{1}{z^2+1}$,则 $F(z)$在 C_R 内只有一个一级极点 $z=i$.

$$\int_0^{+\infty}\frac{\cos x}{x^2+1}dx = \frac{1}{2}\lim_{R\to+\infty}\left[\int_{-R}^{R}\frac{e^{ix}}{(x^2+1)}dx + \int_{C_R}\frac{e^{iz}}{z^2+1}dz\right]$$

$$= \frac{1}{2}\cdot 2\pi i\mathrm{Res}\left[\frac{e^{iz}}{z^2+1},i\right] = \frac{\pi}{2e}.$$

例 3.15　计算 $I=\int_{-\infty}^{+\infty}\frac{\cos x}{(x^2+1)(x^2+9)}dx$.

解　利用$\frac{1}{(z^2+1)(z^2+9)}\to 0(z\to\infty)$以及若尔当引理,且分母在上半圆只有两个孤立奇点 $z=i$ 和 $z=3i$,得到

$$I=\int_{-\infty}^{+\infty}\frac{\cos x}{(x^2+1)(x^2+9)}$$

$$= \mathrm{Re}2\pi i\left(\mathrm{Res}\left[\frac{e^{iz}}{(z^2+1)(z^2+9)},i\right] + \mathrm{Res}\left[\frac{e^{iz}}{(z^2+1)(z^2+9)},3i\right]\right)$$

$$= \mathrm{Re}2\pi i\left(\left.\frac{e^{iz}}{(z^2+1)'(z^2+9)}\right|_{z=i} + \left.\frac{e^{iz}}{(z^2+1)(z^2+9)'}\right|_{z=3i}\right)$$

$$= \mathrm{Re}2\pi i\left(\frac{e^{-1}}{16i} + \frac{e^{-3}}{-48i}\right)$$

$$= \frac{\pi}{24e^3}(3e^2-1).$$

例 3.16　计算 $I=\int_0^{+\infty}\frac{x\sin mx}{x^4+a^4}dx(m>0,a>0)$.

解　被积函数为偶函数,所以

$$I=\int_0^{+\infty}\frac{x\sin mx}{x^4+a^4}dx = \frac{1}{2}\int_{-\infty}^{+\infty}\frac{x\sin mx}{x^4+a^4}dx = \frac{1}{2}\mathrm{Im}\int_{-\infty}^{+\infty}\frac{ze^{imz}}{z^4+a^4}dx.$$

设函数关系式为 $f(z)=\frac{ze^{imz}}{z^4+a^4}$,它共有四个一级极点,即

$$a_k = a\mathrm{e}^{\frac{\pi+2k\pi}{4}\mathrm{i}}, \quad k = 0,1,2,3.$$

因为 $a>0$,所以 $f(z)$在上半面只有两个一级极点 a_0 及 a_1,于是

$$\int_{-\infty}^{+\infty} \frac{x\mathrm{e}^{\mathrm{i}mx}}{x^4+a^4}\mathrm{d}x = 2\pi\mathrm{i}\sum_{a_k>0}\mathrm{Res}\left[\frac{z\mathrm{e}^{\mathrm{i}mz}}{z^4+a^4}, a_k\right] = \frac{\pi\mathrm{i}}{a^2}\mathrm{e}^{-\frac{ma}{\sqrt{2}}}\sin\frac{ma}{\sqrt{2}},$$

故

$$I = \int_0^{+\infty} \frac{x\sin mx}{x^4+a^4}\mathrm{d}x = \frac{1}{2}\mathrm{Im}\int_{-\infty}^{+\infty}\frac{z\mathrm{e}^{\mathrm{i}mz}}{z^4+a^4}\mathrm{d}x = \frac{\pi\mathrm{i}}{2a^2}\mathrm{e}^{-\frac{ma}{\sqrt{2}}}\sin\frac{ma}{\sqrt{2}}.$$

3.5　复变函数在物理中的应用简介

在结束本书第1篇“复变函数”之前,我们对复变函数在物理中的应用作一些简介,加深读者对复变函数的理解.

3.5.1　解析函数的物理解释

通过前面的学习,我们已经知道复变函数 $w=f(z)$可以看做复平面 z 到复平面 w 上相应区域的变换(或映射).一般来说,它把复平面 z 上的曲线族变为复平面 w 上相应区域内的曲线族.如果 $f(z)$是该区域内的解析函数并且满足条件 $f'(z)\neq 0$,这种变换将平面 z 某区域内过任意点的两条曲线变为平面 w 上相应区域内过相应点的两条曲线后,在相应点保持曲线间夹角不变.特别地,将处处相互正交的曲线族变为处处正交的曲线族.所以,满足 $f'(z)\neq 0$ 的解析函数 $w=f(z)$是复平面 z 到复平面 w 的保角变换,这是解析函数的几何解释.下面是其物理解释.

我们知道,解析函数的实部 $u(x,y)$和虚部 $v(x,y)$满足C-R条件,即

$$\frac{\partial u}{\partial x} = \frac{\partial v}{\partial y}, \quad \frac{\partial v}{\partial x} = -\frac{\partial u}{\partial y}.$$

两式分别对 x 和 y 求偏导数,有

$$\frac{\partial^2 u}{\partial x^2} = \frac{\partial^2 v}{\partial y\partial x}, \quad \frac{\partial^2 v}{\partial x\partial y} = -\frac{\partial^2 u}{\partial y^2}.$$

两式相加(注意到解析函数必具有任何阶导数,u 和 v 不仅具有任何阶偏导数且是连续的),于是有

$$\frac{\partial^2 u}{\partial x^2} + \frac{\partial^2 u}{\partial y^2} = 0. \tag{3.15}$$

同样有

$$\frac{\partial^2 v}{\partial x^2} + \frac{\partial^2 v}{\partial y^2} = 0. \tag{3.16}$$

满足拉普拉斯方程(这个方程是第3篇中讨论的3类基本数学物理方程之一)

$$\nabla^2\varphi \equiv \frac{\partial^2\varphi}{\partial x^2} + \frac{\partial^2\varphi}{\partial y^2} + \frac{\partial^2\varphi}{\partial z^2} = 0 \tag{3.17}$$

的函数 $\varphi(x,y,z)$称为三维调和函数,∇^2 称为拉普拉斯算符.由方程(3.15)和(3.16)可见,解析函数的实部和虚部都是二维调和函数.同一解析函数的实部和虚部称为共轭调和函数.下面以静电场为例进行分析(这些分析也适用于其他平面标量场,比如平面温度场,等等).由电学的知识知道,由电荷产生的静电场,它的电势在空间无源(即无电荷)区域中

是满足方程(3.17)(这个方程的详细推导见本书第3篇5.1.3节)的.如果电荷沿三维空间的某方向上的分布是均匀的,我们取此方向为z方向,则电场和电势$\varphi(x,y)$都与空间坐标z无关,这种场就是平面静电场.而这时$\varphi(x,y)$满足的是二维拉普拉斯方程

$$\nabla^2\varphi\equiv\frac{\partial^2\varphi}{\partial x^2}+\frac{\partial^2\varphi}{\partial y^2}=0. \tag{3.18}$$

比较方程(3.15)(或方程(3.16))与方程(3.18)可见,解析函数的实部(或虚部)可以解释为某平面静电场的电势.另一方面,将C-R条件中的两式相乘,得到

$$\frac{\partial u}{\partial x}\frac{\partial v}{\partial x}=-\frac{\partial u}{\partial y}\frac{\partial v}{\partial y},\quad 即\quad \frac{\partial u}{\partial x}\frac{\partial v}{\partial x}+\frac{\partial u}{\partial y}\frac{\partial v}{\partial y}=0.$$

所以

$$\nabla u\cdot\nabla v=\left(\frac{\partial u}{\partial x}\boldsymbol{i}+\frac{\partial u}{\partial y}\boldsymbol{j}\right)\cdot\left(\frac{\partial v}{\partial x}\boldsymbol{i}+\frac{\partial v}{\partial y}\boldsymbol{j}\right)=0.$$

算符∇称为哈密顿算符,$\boldsymbol{i},\boldsymbol{j}$是平面直角坐标系中两坐标轴上的单位向量.由此可见,在xOy平面上,$u(x,y)$的等值曲线族和$v(x,y)$的等值曲线族是处处相互正交的.注意到平面静电场的等势线族$\varphi(x,y)=C$(C是常数)与电力线族也是处处正交的,因此,如果我们将解析函数的实部$u(x,y)$(或虚部$v(x,y)$)解释为某平面静电场的电势,那么$v(x,y)$(或$u(x,y)$)的等值线族就是该静电场的电力线族.正因为如此,解析函数也称为相应平面静电场的复势.显然,同一平面静电场的复势可以相差一个任意常数.

例3.17　考虑解析函数$w=\ln z=\ln\rho+\mathrm{i}\varphi$(其中$z=\rho\mathrm{e}^{\mathrm{i}\varphi}$,$\rho\neq0$,且$0<\varphi<2\pi$)所对应的平面静电场,即问它是什么样静电场的复势.

解　如果将这个解析函数的实部$u=\ln\rho$看成是平面静电场的势,则电力线族是$\varphi=C$.这是与z轴重合的、电荷线密度为$-2\pi\varepsilon_0$(ε_0是真空中的介电常数)的无限长均匀带电线周围的静电场(图3.2(a)).另一种看法,如果将它的虚部$v=\varphi$看做平面静电场的势,则电力线族是$\rho=C$.这是以正实轴割线为边界,上岸的电势为零而下岸的电势为2π时的平面静电场(图3.2(b)).

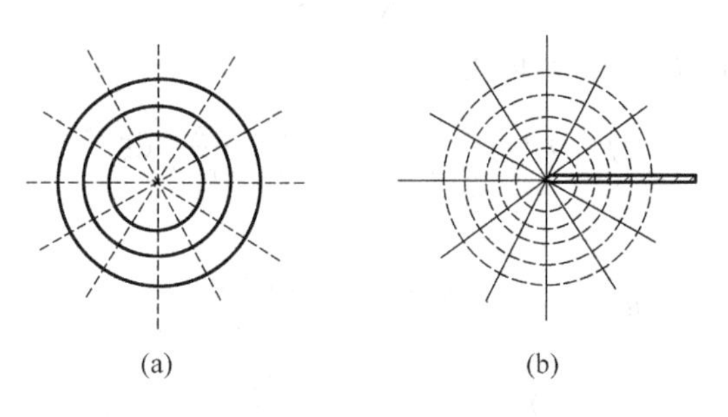

图　3.2

既然一个解析函数可以解释为两种不同的平面静电场,一般规定将解析函数的实部看做平面静电场的势,这样,一个解析函数就对应一种平面静电势.

3.5.2　两种特殊区域上解析函数的实部和虚部的关系　泊松积分公式

我们知道柯西积分公式

$$f(z)=\frac{1}{2\pi \mathrm{i}}\int_C \frac{f(\zeta)}{\zeta-z}\mathrm{d}\zeta \tag{3.19}$$

给出了解析函数本身在区域内部的值与区域上的值之间的关系，本节将给出它的实部或虚部在区域内部的值与边界上的值之间的关系，这区域是半平面和圆形区域.

先考虑上半平面区域. 设 $f(z)=u(x,y)+\mathrm{i}v(x,y)$ 在上半平面是解析的，而且当 $z\to\infty$ $(0\leqslant \arg z\leqslant \pi)$ 时 $f(z)$ 一致地趋于零，则由 $u(x,0)$（或 $v(x,0)$）就可确定 $f(z)$.

对于上半平面内的任意一点，考虑由实轴上的一段 $[-R,R]$ 和上半圆周 C_R（此圆周的中心在原点 O，半径为 R）所围的闭区域（z 点在其内部），如图 3.3 所示. 由柯西公式(3.19)，有

$$f(z)=\frac{1}{2\pi \mathrm{i}}\int_C \frac{f(\zeta)}{\zeta-z}\mathrm{d}\zeta,$$

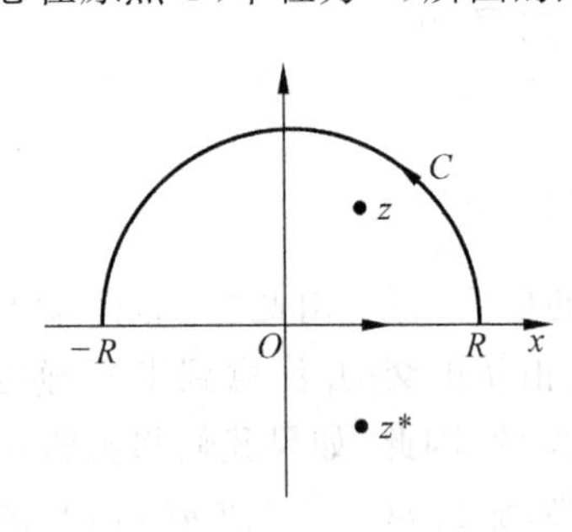

图 3.3

其中 C 是上述区域的边界线. 另一方面，对于 z 点关于实轴的对称点 z^*（z 的共轭复数），由于 z^* 在所考虑的区域之外，所以 $\dfrac{f(\zeta)}{\zeta-z^*}$ 是解析函数，由柯西定理，有

$$0=\frac{1}{2\pi \mathrm{i}}\int_C \frac{f(\zeta)}{\zeta-z^*}\mathrm{d}\zeta. \tag{3.20}$$

将式(3.19)和式(3.20)相减，得($z=x+\mathrm{i}y,\zeta=\xi+\mathrm{i}\eta$)：

$$\begin{aligned} f(z)&=\frac{1}{2\pi \mathrm{i}}\int_C \frac{2\mathrm{i}yf(\zeta)}{(\zeta-z)(\zeta-z^*)}\mathrm{d}\zeta \\ &=\frac{y}{\pi}\left[\int_{-R}^{R}\frac{f(\zeta)}{(\zeta-z)(\zeta-z^*)}\bigg|_{\eta=0}\mathrm{d}\xi+\int_{C_R}\frac{f(\zeta)}{(\zeta-z)(\zeta-z^*)}\mathrm{d}\zeta\right]. \end{aligned} \tag{3.21}$$

以 M 记 $|f(\zeta)|$ 在 C_R 上的上界，则

$$\begin{aligned} \left|\int_{C_R}\frac{f(\zeta)}{(\zeta-z)(\zeta-z^*)}\mathrm{d}\zeta\right| &\leqslant M\int_{C_R}\frac{1}{(R-|z|)(R-|z^*|)}|\mathrm{d}\zeta| \\ &=\frac{M\pi R}{(R-|z|)^2}\to 0,\quad R\to+\infty. \end{aligned}$$

据此，对式(3.21)取极限 $R\to+\infty$，即得

$$f(z)=\frac{y}{\pi}\int_{-\infty}^{+\infty}\frac{f(\zeta)\,|_{\eta=0}}{(\xi-x)^2+y^2}\mathrm{d}\xi.$$

分开实部和虚部，得到

$$u(x,y)=\frac{y}{\pi}\int_{-\infty}^{+\infty}\frac{u(\xi,0)}{(\xi-x)^2+y^2}\mathrm{d}\xi, \tag{3.22}$$

$$v(x,y)=\frac{y}{\pi}\int_{-\infty}^{+\infty}\frac{v(\xi,0)}{(\xi-x)^2+y^2}\mathrm{d}\xi. \tag{3.23}$$

将式(3.19)和式(3.20)相加，得到

$$f(z)=\frac{1}{2\pi \mathrm{i}}\int_C \frac{f(\zeta)(2\zeta-2x)}{(\zeta-z)(\zeta-z^*)}\mathrm{d}\zeta. \tag{3.24}$$

由于 $f(\zeta)$ 一致地趋于零（当 $\zeta\to\infty$ 时），所以对于任意的 $\varepsilon>0$，存在 $R>0$，使当 ζ 在 C_R 上时有 $|f(\zeta)|<\varepsilon$. 于是

$$\left|\int_{C_R}\frac{f(\zeta)(2\zeta-2x)}{(\zeta-z)(\zeta-z^*)}\mathrm{d}\zeta\right|<2\varepsilon\int_{C_R}\frac{(R+|x|)}{(R-|z|)^2}|\mathrm{d}\zeta|\leqslant\frac{2\varepsilon\cdot 2R\cdot\pi R}{(R-|z|)^2}.$$

当 $R\to\infty$ 时，这时右端是任意小的数. 据此，对式(3.24)取极限 $R\to\infty$ 即得

$$f(z)=\frac{1}{\pi\mathrm{i}}\int_{-\infty}^{+\infty}\left.\frac{f(\zeta)(\zeta-x)}{(\zeta-z)(\zeta-z^*)}\right|_{\eta=0}\mathrm{d}\zeta.$$

分开实部和虚部

$$u(x,y)=\frac{1}{\pi}\int_{-\infty}^{+\infty}\frac{v(\xi,0)(\xi-x)}{(\xi-x)^2+y^2}\mathrm{d}\xi, \tag{3.25}$$

$$v(x,y)=-\frac{1}{\pi}\int_{-\infty}^{+\infty}\frac{u(\xi,0)(\xi-x)}{(\xi-x)^2+y^2}\mathrm{d}\xi. \tag{3.26}$$

由式(3.22)和式(3.26)(或式(3.23)和式(3.25))可见，在上半平面给定解析函数 $f(z)$，由实轴上 $f(z)$ 的实部(或虚部)的值就可以确定 $f(z)$ 在上半平面内任意点之值.

下面考虑圆形区域的情况. 设 $f(z)$ 在以原点 O 为中心、a 为半径的闭圆域上是解析的，z 是圆内任意一点(图 3.4)，则由柯西公式

$$f(z)=\frac{1}{2\pi\mathrm{i}}\int_C\frac{f(\zeta)}{\zeta-z}\mathrm{d}\zeta$$

可得(取 $z=\rho\mathrm{e}^{\mathrm{i}\varphi},\zeta=a\mathrm{e}^{\mathrm{i}\theta}$)

$$f(\rho\mathrm{e}^{\mathrm{i}\varphi})=\frac{1}{2\pi}\int_0^{2\pi}\frac{f(a\mathrm{e}^{\mathrm{i}\theta})a\mathrm{e}^{\mathrm{i}\theta}\mathrm{d}\theta}{a\mathrm{e}^{\mathrm{i}\theta}-\rho\mathrm{e}^{\mathrm{i}\varphi}}. \tag{3.27}$$

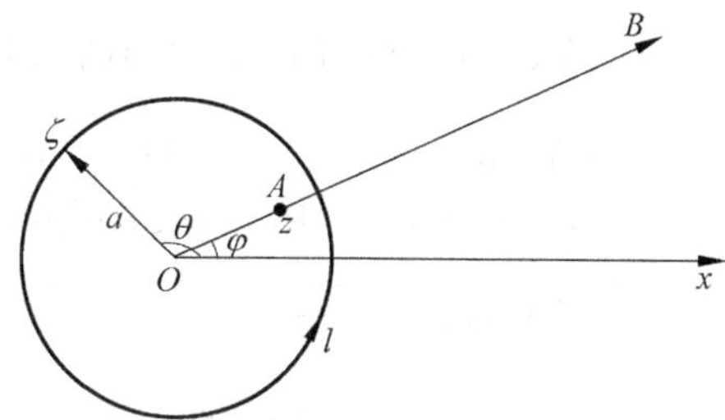

图　3.4

另一方面，在射线 OA 上取圆外一点 B，即 $z'=\frac{a^2}{\rho}\mathrm{e}^{\mathrm{i}\varphi}$(此点称为点 z 关于该圆的对称点). 由柯西定理，有

$$0=\frac{1}{2\pi\mathrm{i}}\int_C\frac{f(\zeta)}{\zeta-z'}\mathrm{d}\zeta.$$

将 $z'=\frac{a^2}{\rho}\mathrm{e}^{\mathrm{i}\varphi}$ 和 $\zeta=a\mathrm{e}^{\mathrm{i}\theta}$ 代入，上式成为

$$0=\frac{1}{2\pi}\int_0^{2\pi}\frac{f(a\mathrm{e}^{\mathrm{i}\theta})\rho\mathrm{e}^{\mathrm{i}\theta}\mathrm{d}\theta}{\rho\mathrm{e}^{\mathrm{i}\theta}-a\mathrm{e}^{\mathrm{i}\varphi}}. \tag{3.28}$$

将式(3.27)和式(3.28)两式相减，有

$$\begin{aligned}f(\rho\mathrm{e}^{\mathrm{i}\varphi})&=\frac{1}{2\pi}\int_0^{2\pi}f(a\mathrm{e}^{\mathrm{i}\theta})\mathrm{e}^{\mathrm{i}\theta}\frac{(\rho^2-a^2)\mathrm{e}^{\mathrm{i}\varphi}\mathrm{d}\theta}{(a\mathrm{e}^{\mathrm{i}\theta}-\rho\mathrm{e}^{\mathrm{i}\varphi})(\rho\mathrm{e}^{\mathrm{i}\theta}-a\mathrm{e}^{\mathrm{i}\varphi})}\\&=\frac{1}{2\pi}\int_0^{2\pi}f(a\mathrm{e}^{\mathrm{i}\theta})\frac{a^2-\rho^2}{a^2-2a\rho\cos(\theta-\varphi)+\rho^2}\mathrm{d}\theta.\end{aligned} \tag{3.29}$$

利用 $f(\rho\mathrm{e}^{\mathrm{i}\varphi})=u(\rho,\varphi)+\mathrm{i}v(\rho,\varphi)$，由式(3.29)的实部和虚部分别得到

$$u(\rho,\varphi)=\frac{1}{2\pi}\int_0^{2\pi}\frac{u(a,\theta)(a^2-\rho^2)\mathrm{d}\theta}{a^2-2a\rho\cos(\theta-\varphi)+\rho^2}, \tag{3.30}$$

$$v(\rho,\varphi)=\frac{1}{2\pi}\int_0^{2\pi}\frac{v(a,\theta)(a^2-\rho^2)\mathrm{d}\theta}{a^2-2a\rho\cos(\theta-\varphi)+\rho^2}. \tag{3.31}$$

式(3.30)和式(3.31)称为泊松积分公式(在第 11 章用格林函数方法求解圆域内拉普拉斯方程时，也会得出这个公式). 由此可知，对于解析函数来说，在圆周上给定它的实部(或虚部)的值就完全确定圆内实部(或虚部)的值. 这里 u 和 v 是分开的，这是调和函数的一般性质，也是平面静电场性质的一种反映.

习题 3

1. 选择题

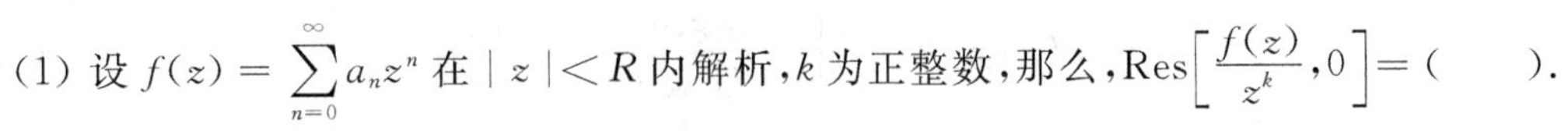

(1) 设 $f(z)=\sum_{n=0}^{\infty}a_n z^n$ 在 $|z|<R$ 内解析，k 为正整数，那么，$\mathrm{Res}\left[\dfrac{f(z)}{z^k},0\right]=$（ ）.

(A) a_k　　(B) $k!\ a_k$

(C) a_{k-1}　　(D) $(k-1)!\ a_{k-1}$

(2) 设 $z=a$ 为解析函数 $f(z)$ 的 m 级零点，那么 $\mathrm{Res}\left[\dfrac{f'(z)}{f(z)},a\right]=$（ ）.

(A) m　　(B) $-m$　　(C) $m-1$　　(D) $-(m-1)$

(3) 在下列函数中，$\mathrm{Res}[f(z),0]=0$ 的是（ ）.

(A) $f(z)=\dfrac{e^z-1}{z^2}$　　(B) $f(z)=\dfrac{\sin z}{z}-\dfrac{1}{z}$

(C) $f(z)=\dfrac{\sin z+\cos z}{z}$　　(D) $f(z)=\dfrac{1}{e^z-1}-\dfrac{1}{z}$

(4) 下列命题中，正确的是（ ）.

(A) 设 $f(z)=(z-z_0)^{-m}\varphi(z)$，$\varphi(z)$ 在 z_0 点解析，m 为自然数，则 z_0 为 $f(z)$ 的 m 级极点

(B) 如果无穷远点 ∞ 是函数 $f(z)$ 的可去奇点，那么 $\mathrm{Res}[f(z),\infty]=0$

(C) 若 $z=0$ 为偶函数 $f(z)$ 的一个孤立奇点，则 $\mathrm{Res}[f(z),0]=0$

(D) 若 $\oint_C f(z)\mathrm{d}z=0$，则 $f(z)$ 在 C 内无奇点

(5) $\mathrm{Res}\left[z^3\cos\dfrac{2i}{z},\infty\right]=$（ ）.

(A) $-\dfrac{2}{3}$　　(B) $\dfrac{2}{3}$　　(C) $\dfrac{2}{3}i$　　(D) $-\dfrac{2}{3}i$

(6) $\mathrm{Res}[z^2 e^{\frac{1}{z-i}},i]=$（ ）.

(A) $-\dfrac{1}{6}+i$　　(B) $-\dfrac{5}{6}+i$　　(C) $\dfrac{1}{6}+i$　　(D) $\dfrac{5}{6}+i$

(7) 下列命题中，不正确的是（ ）.

(A) 若 $z_0(\neq\infty)$ 是 $f(z)$ 的可去奇点或解析点，则 $\mathrm{Res}[f(z),z_0]=0$

(B) 若 $P(z)$ 与 $Q(z)$ 在 z_0 解析，z_0 为 $Q(z)$ 的一级零点，则

$$\mathrm{Res}\left[\frac{P(z)}{Q(z)},z_0\right]=\frac{P(z_0)}{Q'(z_0)}$$

(C) 若 z_0 为 $f(z)$ 的 m 级极点，$n\geqslant m$ 为自然数，则

$$\mathrm{Res}[f(z),z_0]=\frac{1}{n!}\lim_{z\to z_0}\frac{\mathrm{d}^n}{\mathrm{d}z^n}[(z-z_0)^{n+1}f(z)]$$

(D) 如果无穷远点 ∞ 为 $f(z)$ 的一级极点，则 $z=0$ 为 $f\left(\dfrac{1}{z}\right)$ 的一级极点，并且

$$\mathrm{Res}[f(z),\infty]=\lim_{z\to 0} zf\left(\frac{1}{z}\right)$$

(8) 设 $n>1$ 为正整数，则 $\oint_{|z|=2}\frac{1}{z^n-1}\mathrm{d}z=(\quad)$.

(A) 0　　(B) $2\pi i$　　(C) $\frac{2\pi i}{n}$　　(D) $2n\pi i$

(9) 积分 $\oint_{|z|=\frac{3}{2}}\frac{z^9}{z^{10}-1}\mathrm{d}z=(\quad)$.

(A) 0　　(B) $2\pi i$　　(C) 10　　(D) $\frac{\pi i}{5}$

(10) 积分 $\oint_{|z|=1} z^2\sin\frac{1}{z}\mathrm{d}z=(\quad)$.

(A) 0　　(B) $-\frac{1}{6}$　　(C) $-\frac{\pi i}{3}$　　(D) $-\pi i$

2. 填空题

(1) $f(z)=e^{\frac{1}{z}}$ 在本性奇点 $z=0$ 处的留数 $\mathrm{Res}f(z)=$ ________. $f(z)=\frac{e^{iz}}{1+z^2}$，则 $\mathrm{Res}f(i)=$ ________.

(2) $I=\oint_{|z|=2}\frac{e^z}{z^2-1}\mathrm{d}z=$ ________，$I=\int_{|z|=1}\frac{\cos z}{z^3}\mathrm{d}z=$ ________.

(3) $I=\int_0^{2\pi}\frac{\mathrm{d}\theta}{1+a\cos\theta}$，$|a|<1$，则 $I=$ ________. $I=\int_0^{\infty}\frac{\cos x}{x^2+b^2}\mathrm{d}x$，则 $I=$ ________.

(4) 设函数 $f(z)=\exp\left\{z^2+\frac{1}{z^2}\right\}$，则 $\mathrm{Res}[f(z),0]=$ ________.

(5) 设 $z=a$ 为函数 $f(z)$ 的 m 级极点，那么 $\mathrm{Res}\left[\frac{f'(z)}{f(z)},a\right]=$ ________.

(6) 设 $f(z)=\frac{2z}{1+z^2}$，则 $\mathrm{Res}[f(z),\infty]=$ ________.

(7) 设 $f(z)=\frac{1-\cos z}{z^5}$，则 $\mathrm{Res}[f(z),0]=$ ________.

(8) 积分 $\oint_{|z|=1} z^3 e^{\frac{1}{z}}\mathrm{d}z=$ ________.

(9) 积分 $\oint_{|z|=1}\frac{1}{\sin z}\mathrm{d}z=$ ________.

(10) 积分 $\int_{-\infty}^{+\infty}\frac{xe^{ix}}{1+x^2}\mathrm{d}x=$ ________.

3. 求下列各函数 $f(z)$ 在有限奇点处的留数：

(1) $\frac{z+1}{z^2-2z}$；　　(2) $\frac{1-e^{2z}}{z^4}$；　　(3) $\frac{1+z^4}{(z^2+1)^3}$；

(4) $\frac{z}{\cos z}$；　　(5) $\cos\frac{1}{1-z}$；　　(6) $z^2\sin\frac{1}{z}$；

(7) $\frac{1}{z\sin z}$；　　(8) $\frac{\sinh z}{\cosh z}$；　　(9) $\frac{ze^z}{(z-a)^3}$；

(10) $\dfrac{z-\sin z}{z^6}$.

4. 计算下列各积分(利用留数；圆周均取正向)：

(1) $\oint_{|z|=\frac{3}{2}} \dfrac{\sin z}{z}\mathrm{d}z$；　(2) $\oint_{|z|=2} \dfrac{\mathrm{e}^{2z}}{(z-1)^2}\mathrm{d}z$；

(3) $\oint_{|z|=2} \dfrac{z}{z^4-1}\mathrm{d}z$；　(4) $\oint_{|z|=2} \dfrac{1}{(z+\mathrm{i})^{10}(z-1)(z-3)}\mathrm{d}z$；

(5) $\oint_{|z|=\frac{1}{4}} \dfrac{z\sin z}{(\mathrm{e}^z-1-z)^2}\mathrm{d}z$.

5. 求下列函数在无穷远点的留数值：

(1) $\dfrac{\mathrm{e}^z}{z^2-1}$；　(2) $\dfrac{1}{z}$；　(3) $\dfrac{\cos z}{z}$；

(4) $\dfrac{z^{15}}{(z^2+1)^2(z^4+2)^3}$；　(5) $(z^2+1)\mathrm{e}^z$；　(6) $\exp\left(-\dfrac{1}{z^2}\right)$.

6. 计算下列各积分,C 为正向圆周：

(1) $\oint_C \dfrac{5z^{27}}{(z^2-1)^4(z^4+2)^5}\mathrm{d}z, C: |z|=4$；

(2) $\oint_C \dfrac{z^3}{z+1}\mathrm{e}^{\frac{1}{z}}\mathrm{d}z, C: |z|=2$；

(3) $\oint_C \dfrac{\mathrm{e}^z}{z^2-1}\mathrm{d}z, C: |z|=2$；

(4) $\oint_C \dfrac{\mathrm{d}z}{\varepsilon z^2+2z+\varepsilon}, C: |z|=1, 0<\varepsilon<1$.

7. 计算下列积分：

(1) $\int_0^{2\pi} \dfrac{1}{5+3\sin\theta}\mathrm{d}\theta$；　(2) $\int_{-\infty}^{+\infty} \dfrac{1}{(1+x^2)^2}\mathrm{d}x$；

(3) $\int_{-\infty}^{+\infty} \dfrac{x\sin x}{1+x^2}\mathrm{d}x$；　(4) $\int_0^{\pi/2} \dfrac{\mathrm{d}\theta}{1+\cos^2\theta}$；

(5) $\int_0^{2\pi} \dfrac{\mathrm{d}\theta}{a+b\cos\theta}(a^2>b^2)$；　(6) $\int_{-\infty}^{+\infty} \dfrac{\mathrm{d}x}{x^2+2x+2}$；

(7) $\int_0^{+\infty} \dfrac{\cos x}{(x^2+4)(x^2+1)}\mathrm{d}x$；　(8) $\int_{-\infty}^{+\infty} \dfrac{\cos(2x)\mathrm{d}x}{x^2+1}$.

8. 利用留数计算下列积分：

(1) $\int_0^{\pi} \dfrac{\mathrm{d}\theta}{a^2+\sin^2\theta}(a>0)$；　(2) $\int_{-\infty}^{+\infty} \dfrac{x^2-x+2}{x^4+10x^2+9}\mathrm{d}x$；

(3) $\int_0^{+\infty} \dfrac{x\sin x\cos 2x}{x^2+1}\mathrm{d}x$；　(4) $\int_{-\infty}^{+\infty} \dfrac{\cos(x-1)}{x^2+1}\mathrm{d}x$.

9. 求下列条件下函数 $f(z)/g(z)$ 在奇点 z_0 处的留数：

(1) $f(z)$ 在 z_0 的邻域 G_1 内解析,且 $f(z_0)\neq 0$,而 z_0 是 $g(z)$ 的二级零点；

(2) z_0 是 $f(z)$ 的一级零点,是 $g(z)$ 的三级零点.

10. 试用各种不同的方法计算 $\mathrm{Res}\left[\dfrac{5z-2}{z(z-1)},1\right]$.

11. 证明下列各题：

(1) 设 a 为 $f(z)$的孤立奇点，试证：若 $f(z)$是奇函数，则 $\mathrm{Res}[f(z),a]=\mathrm{Res}[f(z),-a]$；若 $f(z)$是偶函数，则 $\mathrm{Res}[f(z),a]=-\mathrm{Res}[f(z),-a]$.

(2) 设 $f(z)$以 a 为简单极点，且在 a 处的留数为 A，证明 $\lim\limits_{z\to a}\dfrac{|f'(z)|}{1+|f(z)|^2}=\dfrac{1}{|A|}$.

(3) 若函数 $\Phi(z)$ 在 $|z|\leqslant 1$ 上解析，当 z 为实数时，$\Phi(z)$ 取实数而且 $\Phi(0)=0$，$f(x,y)$ 表示 $\Phi(x+\mathrm{i}y)$ 的虚部，试证明 $\displaystyle\int_0^{2\pi}\frac{t\sin\theta}{1-2t\cos\theta+t^2}f(\cos\theta,\sin\theta)\,\mathrm{d}\theta=\pi\Phi(t)\ (-1<t<1)$.

第2篇

矢量分析与场论

第4章

矢量分析与场论初步

4.1 矢量函数及其导数与积分

在本科高等数学课程中，大家学习过模和方向都保持不变的矢量，这种矢量称为常矢（零矢量的方向为任意，可作为一个特殊的常矢量），并学习了矢量的代数运算法则．在实际问题中遇到更多的是模和方向或其中之一会发生变化的矢量，这种矢量称为变矢，也就是矢量函数，这一节我们建立矢量函数的概念，逐步建立矢量函数的微积分理论，为下面的场论分析打下基础．

4.1.1 场与矢量函数

场在数学上是指一个向量到另一个向量或数的映射．具体来说如果在全部空间或空间中某个区域 D 的每一点 M，都对应着某个物理量的一个确定的值 $A(M)$，就说在这个空间或区域里确定了该物理量 $A(M)$ 的一个**场**．如果该物理量 $A(M)$ 是数量，就称这个场为**数量场或标量场**，用标量函数 $f(x,y,z)$ 表示．如温度场、密度场等都是标量场．如果该物理量 $\boldsymbol{A}(M)$ 是矢量，就称这个场为**矢量场**．比如力场、速度场和电位场．

定义 4.1 对空间区域 D 上的每一点 M，$\boldsymbol{A}$ 都有一个确定的矢量与之对应，则称 $\boldsymbol{A}$ 为点 M 的**矢量函数（或称向量值函数）**，记为 $\boldsymbol{A}=\boldsymbol{A}(M)$，并称空间区域 D 为矢量函数 $\boldsymbol{A}$ 的定义域．

当点用坐标 (x,y,z) 表示时，则记为 $\boldsymbol{A}=\boldsymbol{A}(x,y,z)$，此时称 $\boldsymbol{A}$ 是变量 x,y,z 的矢量函数（或向量值函数）．

在讨论三维空间 $\mathbb{R}^3$ 中的矢量函数 $\boldsymbol{A}=\boldsymbol{A}(M)=\boldsymbol{A}(x,y,z)$ 时，矢量函数 $\boldsymbol{A}=\boldsymbol{A}(M)=\boldsymbol{A}(x,y,z)$ 在 $Oxyz$ 直角坐标系中的三个坐标（即它在三个坐标轴上的投影），显然都是 (x,y,z) 的函数：$A_1(x,y,z)$，$A_2(x,y,z)$，$A_3(x,y,z)$，矢量函数的坐标表达式为

$$\boldsymbol{A}=A_1(x,y,z)\boldsymbol{i}+A_2(x,y,z)\boldsymbol{j}+A_3(x,y,z)\boldsymbol{k},$$

或

$$\boldsymbol{A}=(A_1(x,y,z),A_2(x,y,z),A_3(x,y,z)),$$

其中 $\boldsymbol{i},\boldsymbol{j},\boldsymbol{k}$ 分别为 x,y,z 三个坐标轴上的正向单位矢量.

注 在直角坐标系中,数量场可表示为 $u(M)=u(x,y,z)$,其中 (x,y,z) 为 M 点的坐标,向量场可表示为 $\boldsymbol{F}(M)=(F_1,F_2,F_3)$,其中 $F_1=F_1(x,y,z)$,$F_2=F_2(x,y,z)$,$F_3=F_3(x,y,z)$ 分别表示矢量函数 $\boldsymbol{F}(M)$ 在 x 轴、y 轴和 z 轴上的投影. 场的性质与坐标系选取无关,因为选择某种坐标系是为了通过数学方法来进行计算或研究场的性质.

若场中物理量在各点不随时间而变化,则该场为稳定场; 否则称为不稳定场.

当 $\boldsymbol{A}$ 的大小和(或)方向随时间变量 t 变化时,我们得到变量 t 的向量值函数 $\boldsymbol{A}=\boldsymbol{A}(t)$.

定义 4.2 对某区间 I 上的每一个 t 值,$\boldsymbol{A}$ 都有一个确定的矢量与之对应,则称 $\boldsymbol{A}$ 为变量 t 的**向量值函数**,记为 $\boldsymbol{A}=\boldsymbol{A}(t)$,或 $\boldsymbol{A}(t)=A_1(t)\boldsymbol{i}+A_2(t)\boldsymbol{j}+A_3(t)\boldsymbol{k}$,其中 $A_1(t)$,$A_2(t)$,$A_3(t)$ 是向量值函数 $\boldsymbol{A}(t)$ 的三个分量,它们都是 t 的数量值函数,并且它们的共同定义域就是 $\boldsymbol{A}(t)$ 的定义域.

例如

$$\boldsymbol{A}(t)=\ln t\boldsymbol{i}+\sqrt{1-t}\boldsymbol{j}+t^4\boldsymbol{k},$$

分量函数分别是 $A_1(t)=\ln t$,$A_2(t)=\sqrt{1-t}$,$A_3(t)=t^4$,它们的共同定义域都是 $(0,1]$. 为了能用图形来直观地表示向量值函数的变化形态,我们将它的起点取在坐标原点,当 t 变化时,向量值函数 $\boldsymbol{A}(t)$ 的终点 M 就描绘出一条曲线,这条曲线称为向量值函数的**矢端曲线**,也称为**轨迹曲线**. 如图 4.1 所示,它的方程的参数形式是

$$x=A_1(t),\quad y=A_2(t),\quad z=A_3(t),$$

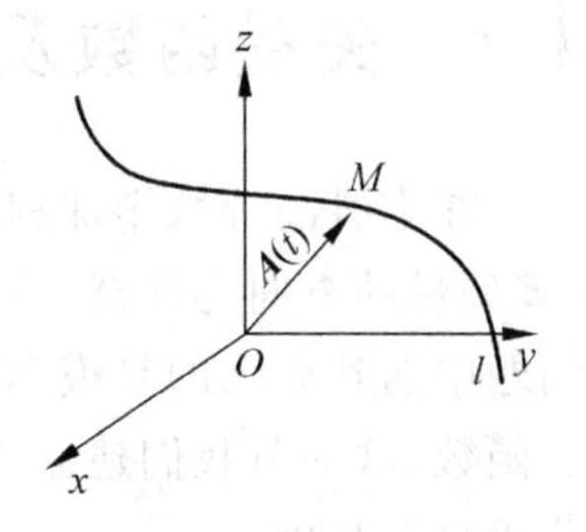

图 4.1

它的向量方程是 $\boldsymbol{A}(t)=A_1(t)\boldsymbol{i}+A_2(t)\boldsymbol{j}+A_3(t)\boldsymbol{k}$.

例 4.1 设 $\boldsymbol{F}(t)=\cos t\boldsymbol{i}+\sin t\boldsymbol{j}$,求 $\boldsymbol{F}(t)$ 的轨迹曲线.

解 因 $\boldsymbol{k}$ 方向的分量为零,故曲线在 xy 平面上,参数方程是 $x=\cos t$,$y=\sin t$,则 $|\boldsymbol{F}(t)|^2=x^2+y^2=1$,故 $\boldsymbol{F}(t)$ 代表单位圆周,当 t 增加时,$\boldsymbol{F}(t)$ 逆时针方向旋转.

4.1.2 矢量函数的极限与连续性

定义 4.3 设 D 是空间中某个区域,$\boldsymbol{A}$ 是 D 上的矢量函数,$\boldsymbol{x}^0\in D$,$\boldsymbol{A}^0$ 是常数向量. 若对于任意的 $\varepsilon>0$,存在 $\delta>0$,当 $0<\|\boldsymbol{x}-\boldsymbol{x}^0\|<\delta$ 时,都有 $\|\boldsymbol{A}(\boldsymbol{x})-\boldsymbol{A}^0\|<\varepsilon$ 成立,则称当 $\boldsymbol{x}\to\boldsymbol{x}^0$ 时,$\boldsymbol{A}(\boldsymbol{x})$ 以 $\boldsymbol{A}^0$ 为**极限**,记为 $\lim\limits_{\boldsymbol{x}\to\boldsymbol{x}^0,\boldsymbol{x}\in D}\boldsymbol{A}(\boldsymbol{x})=\boldsymbol{A}^0$ 或 $\lim\limits_{\boldsymbol{x}\to\boldsymbol{x}^0}\boldsymbol{A}(\boldsymbol{x})=\boldsymbol{A}^0$.

定义 4.4 当 $\boldsymbol{A}$ 是区间 $I\subseteq\mathbb{R}$ 上的矢量函数,$t^0\in I$,$\boldsymbol{A}^0$ 是常数向量. 若对于任意的 $\varepsilon>0$,存在 $\delta>0$,当 $0<|t-t^0|<\delta$ 时,都有 $\|\boldsymbol{A}(t)-\boldsymbol{A}^0\|<\varepsilon$ 成立,则称当 $t\to t^0$ 时,$\boldsymbol{A}(t)$ 以 $\boldsymbol{A}^0$ 为**极限**,记为 $\lim\limits_{t\to t^0}\boldsymbol{A}(t)=\boldsymbol{A}^0$.

利用函数的分量表示,矢量函数的极限可以化为数量函数的极限讨论.

定理 4.1 设 D 是空间中某个区域,$\boldsymbol{A}$ 是 D 上的矢量函数 $\boldsymbol{A}=(A_1,A_2,A_3)^{\mathrm{T}}$,$\boldsymbol{x}^0\in D$,$\boldsymbol{A}^0=(A_1^0,A_2^0,A_3^0)^{\mathrm{T}}$ 是常数向量. 则 $\lim\limits_{\boldsymbol{x}\to\boldsymbol{x}^0}\boldsymbol{A}(\boldsymbol{x})=\boldsymbol{A}^0$ 的充要条件是

$$\lim_{\boldsymbol{x}\to\boldsymbol{x}^0}A_i(\boldsymbol{x})=A_i^0,\quad i=1,2,3.$$

证明 可由不等式

$$|A_i(\boldsymbol{x})-A_i^0|<\|\boldsymbol{A}(\boldsymbol{x})-\boldsymbol{A}^0\|=\sqrt{\sum_{i=1}^{3}(A_i(\boldsymbol{x})-A_i^0)^2}\leqslant\sum_{i=1}^{3}|A_i(\boldsymbol{x})-A_i^0|$$

直接得到.

利用定理4.1和数量函数极限的四则运算法则,容易证明矢量函数的极限运算法则.

定理 4.2 设 $\boldsymbol{A}(\boldsymbol{x}),\boldsymbol{B}(\boldsymbol{x})$ 均为矢量函数,$\alpha(\boldsymbol{x})$ 为数量函数,且 $\lim\limits_{\boldsymbol{x}\to\boldsymbol{x}^0}\boldsymbol{A}(\boldsymbol{x})=\boldsymbol{A}^0$,$\lim\limits_{\boldsymbol{x}\to\boldsymbol{x}^0}\boldsymbol{B}(\boldsymbol{x})=\boldsymbol{B}^0$,$\lim\limits_{\boldsymbol{x}\to\boldsymbol{x}^0}\alpha(\boldsymbol{x})=\alpha^0$,则:

(1) $\lim\limits_{\boldsymbol{x}\to\boldsymbol{x}^0}[\boldsymbol{A}(\boldsymbol{x})+\boldsymbol{B}(\boldsymbol{x})]=\boldsymbol{A}^0+\boldsymbol{B}^0$;

(2) $\lim\limits_{\boldsymbol{x}\to\boldsymbol{x}^0}\alpha(\boldsymbol{x})\boldsymbol{A}(\boldsymbol{x})=\alpha^0\boldsymbol{A}^0$;

(3) $\lim\limits_{\boldsymbol{x}\to\boldsymbol{x}^0}(\boldsymbol{A}(\boldsymbol{x}),\boldsymbol{B}(\boldsymbol{x}))=(\boldsymbol{A}^0,\boldsymbol{B}^0)$;

(4) $\lim\limits_{\boldsymbol{x}\to\boldsymbol{x}^0}(\boldsymbol{A}\cdot\boldsymbol{B})(\boldsymbol{x})=\lim\limits_{\boldsymbol{x}\to\boldsymbol{x}^0}\boldsymbol{A}(\boldsymbol{x})\cdot\lim\limits_{\boldsymbol{x}\to\boldsymbol{x}^0}\boldsymbol{B}(\boldsymbol{x})$;

(5) $\lim\limits_{\boldsymbol{x}\to\boldsymbol{x}^0}(\boldsymbol{A}\times\boldsymbol{B})(\boldsymbol{x})=\lim\limits_{\boldsymbol{x}\to\boldsymbol{x}^0}\boldsymbol{A}(\boldsymbol{x})\times\lim\limits_{\boldsymbol{x}\to\boldsymbol{x}^0}\boldsymbol{B}(\boldsymbol{x})$.

例 4.2 设 $\boldsymbol{A}(t)=\cos\pi t\boldsymbol{i}+2\sin\pi t\boldsymbol{j}+4t^2\boldsymbol{k}$,$B(t)=t\boldsymbol{i}+t^3\boldsymbol{k}$,求 $\lim\limits_{t\to1}(\boldsymbol{A}\cdot\boldsymbol{B})(t)$,$\lim\limits_{t\to1}(\boldsymbol{A}\times\boldsymbol{B})(t)$.

解 有两种方法:(1)先求出 $\boldsymbol{A}$ 与 $\boldsymbol{B}$ 的乘积,再取极限;(2)先各自取极限,再按上述公式求极限的乘积.

用方法(1)求 $\lim\limits_{t\to1}(\boldsymbol{A}\cdot\boldsymbol{B})(t)$. 因为

$$(\boldsymbol{A}\cdot\boldsymbol{B})(t)=(\cos\pi t\boldsymbol{i}+2\sin\pi t\boldsymbol{j}+4t^2\boldsymbol{k})\cdot(t\boldsymbol{i}+t^3\boldsymbol{k})=t\cos\pi t+4t^5,$$

所以 $\lim\limits_{t\to1}(\boldsymbol{A}\cdot\boldsymbol{B})(t)=\lim\limits_{t\to1}t\cos\pi t+4t^5=\cos\pi+4=3$.

用方法(2)求 $\lim\limits_{t\to1}(\boldsymbol{A}\times\boldsymbol{B})(t)$. $\lim\limits_{t\to1}\boldsymbol{A}(t)=\cos\pi\boldsymbol{i}+2\sin\pi\boldsymbol{j}+4\boldsymbol{k}$,$\lim\limits_{t\to1}\boldsymbol{B}(t)=\boldsymbol{i}+\boldsymbol{k}$,所以 $\lim\limits_{t\to1}(A\times B)(t)=(\cos\pi\boldsymbol{i}+2\sin\pi\boldsymbol{j}+4\boldsymbol{k})\times(\boldsymbol{i}+\boldsymbol{k})=5\boldsymbol{j}$.

定义 4.5 设 D 是空间中某个区域,$\boldsymbol{A}$ 是 D 上的矢量函数,$\boldsymbol{x}^0\in D$. 若

$$\lim_{\boldsymbol{x}\to\boldsymbol{x}^0,x\in D}\boldsymbol{A}(\boldsymbol{x})=\boldsymbol{A}(\boldsymbol{x}^0)\quad 或\quad \lim_{\boldsymbol{x}\to\boldsymbol{x}^0}\boldsymbol{A}(x)=\boldsymbol{A}(\boldsymbol{x}^0),$$

则称矢量函数 $\boldsymbol{A}(\boldsymbol{x})$ 在 $\boldsymbol{x}^0$ 处**连续**.

定义 4.6 当 $\boldsymbol{A}$ 是区间 $I\subseteq\mathbb{R}$ 上的矢量函数,$t^0\in I$. 若 $\lim\limits_{t\to t^0}\boldsymbol{A}(t)=\boldsymbol{A}(t^0)$,则称矢量函数 $\boldsymbol{A}(t)$ 在 t^0 **连续**.

定理 4.3 设 D 是空间中某个区域,$\boldsymbol{A}$ 是 D 上的矢量函数 $\boldsymbol{A}=(A_1,A_2,A_3)^{\mathrm{T}}$,$\boldsymbol{A}$ 在 $\boldsymbol{x}^0\in D$ 连续的充要条件是 $A_i(i=1,2,3)$ 在 $\boldsymbol{x}^0$ 处连续.

定理 4.4 设 $\boldsymbol{A}(\boldsymbol{x}),\boldsymbol{B}(\boldsymbol{x})$ 均为矢量函数,$\alpha(\boldsymbol{x})$ 为数量函数,且 $\boldsymbol{A}(\boldsymbol{x}),\boldsymbol{B}(\boldsymbol{x})$ 和 $\alpha(\boldsymbol{x})$ 在 $\boldsymbol{x}^0$ 处连续,则 $\boldsymbol{A}(x)+\boldsymbol{B}(\boldsymbol{x}),\alpha(\boldsymbol{x})\boldsymbol{A}(\boldsymbol{x}),\boldsymbol{A}(\boldsymbol{x})\cdot\boldsymbol{B}(\boldsymbol{x})$ 都在 $\boldsymbol{x}^0$ 处连续.

例 4.3 已知矢量函数 $\boldsymbol{A}(M)=\left(\dfrac{xy}{\sqrt{xy+1}-1},x+z,\dfrac{\sin(xy)}{y}\right)$,计算极限 $\lim\limits_{M\to(0,0,0)}\boldsymbol{A}(M)$.

解 因为 $\lim\limits_{M\to(0,0,0)}\dfrac{xy}{\sqrt{xy+1}-1}=2$,$\lim\limits_{M\to(0,0,0)}(x+z)=0$,$\lim\limits_{M\to(0,0,0)}\dfrac{\sin(xy)}{y}=0$,故 $\lim\limits_{M\to(0,0,0)}\boldsymbol{A}(M)=(0,0,0)$.

例 4.4 讨论矢量函数 $\boldsymbol{A}(M)=(x+y)\boldsymbol{i}+\dfrac{x^2-9}{x-3}\boldsymbol{j}+(x^3+z)\boldsymbol{k}$ 在点 $M_0(3,1,-1)$ 处的

连续性.

解 分别考虑三个分量函数的连续性: $\lim\limits_{M\to M_0}(x+y)=4=A_1(M_0)$, 连续; $\lim\limits_{M\to M_0}(x^3+z)=26=A_3(M_0)$, 连续; 虽然 $\lim\limits_{M\to M_0}\dfrac{x^2-9}{x-3}=6$ 存在, 但 $A_2(M_0)$ 无定义, M_0 是 $A_2(M)$ 的第一类间断点, 所以该矢量函数在 M_0 处不连续.

4.1.3 矢量函数的导数

先给出三元矢量函数的偏导数的定义.

定义 4.7 设有定义在区域 D 上的三元矢量函数 $\boldsymbol{A}(x,y,z)$, 且 $\boldsymbol{A}$ 在以 (x,y,z) 为中心的某邻域内存在且连续, 则 $\boldsymbol{A}(x,y,z)$ 在点 (x,y,z) 关于 x 的**偏导数**定义为

$$\frac{\partial \boldsymbol{A}}{\partial x}\Big|_{(x,y,z)}=\lim_{\Delta x\to 0}\frac{\boldsymbol{A}(x+\Delta x,y,z)-\boldsymbol{A}(x,y,z)}{\Delta x}.$$

类似地, 可定义 $\boldsymbol{A}(x,y,z)$ 在点 (x,y,z) 关于 y 和 z 的偏导数和高阶偏导数.

定理 4.5 设有定义在区域 D 上的三元矢量函数

$$\boldsymbol{A}(x,y,z)=A_1(x,y,z)\boldsymbol{i}+A_2(x,y,z)\boldsymbol{j}+A_3(x,y,z)\boldsymbol{k},$$

$\boldsymbol{A}(x,y,z)$ 在点 (x,y,z) 关于 x 的偏导数存在的充要条件是 $A_i(x,y,z)\ (i=1,2,3)$ 在点 (x,y,z) 关于 x 的偏导数存在, 并且有

$$\frac{\partial \boldsymbol{A}}{\partial x}\bigg|_{(x,y,z)}=\frac{\partial A_1}{\partial x}\bigg|_{(x,y,z)}\boldsymbol{i}+\frac{\partial A_2}{\partial x}\bigg|_{(x,y,z)}\boldsymbol{j}+\frac{\partial A_3}{\partial x}\bigg|_{(x,y,z)}\boldsymbol{k}.$$

矢量函数的偏导数计算公式如下.

设 $u(x,y,z)$ 是三元标量函数, $\boldsymbol{A}(x,y,z)$, $\boldsymbol{B}(x,y,z)$ 是三元矢量函数, 则

$$\frac{\partial(u\boldsymbol{A})}{\partial x}=u\frac{\partial \boldsymbol{A}}{\partial x}+\frac{\partial u}{\partial x}\boldsymbol{A},$$

$$\frac{\partial(\boldsymbol{A}\cdot\boldsymbol{B})}{\partial x}=\boldsymbol{A}\cdot\frac{\partial \boldsymbol{B}}{\partial x}+\frac{\partial \boldsymbol{A}}{\partial x}\cdot\boldsymbol{B},$$

$$\frac{\partial(\boldsymbol{A}\times\boldsymbol{B})}{\partial x}=\boldsymbol{A}\times\frac{\partial \boldsymbol{B}}{\partial x}+\frac{\partial \boldsymbol{A}}{\partial x}\times\boldsymbol{B}.$$

以上三式中 x 改成 y 或 z, 等式仍成立.

例 4.5 求矢量函数 $\boldsymbol{A}(x,y,z)=[x^2+\sin(yz^2)]\boldsymbol{i}+(xyz-2)\boldsymbol{j}+(z+\cos yz)\boldsymbol{k}$ 的偏导数 $\dfrac{\partial \boldsymbol{A}}{\partial x}$, $\dfrac{\partial \boldsymbol{A}}{\partial y}$, $\dfrac{\partial \boldsymbol{A}}{\partial z}$.

解

$$\begin{aligned}\frac{\partial \boldsymbol{A}}{\partial x}&=\frac{\partial}{\partial x}[x^2+\sin(yz^2)]\boldsymbol{i}+\frac{\partial}{\partial x}(xyz-2)\boldsymbol{j}+\frac{\partial}{\partial x}(z+\cos yz)\boldsymbol{k}\\&=2x\boldsymbol{i}+yz\boldsymbol{j}+0\boldsymbol{k}\\&=2x\boldsymbol{i}+yz\boldsymbol{j},\\\frac{\partial \boldsymbol{A}}{\partial y}&=\frac{\partial}{\partial y}[x^2+\sin(yz^2)]\boldsymbol{i}+\frac{\partial}{\partial y}(xyz-2)\boldsymbol{j}+\frac{\partial}{\partial y}(z+\cos yz)\boldsymbol{k}\\&=z^2\cos(yz^2)\boldsymbol{i}+xz\boldsymbol{j}-z\sin yz\boldsymbol{k},\\\frac{\partial \boldsymbol{A}}{\partial z}&=\frac{\partial}{\partial z}[x^2+\sin(yz^2)]\boldsymbol{i}+\frac{\partial}{\partial z}(xyz-2)\boldsymbol{j}+\frac{\partial}{\partial z}(z+\cos yz)\boldsymbol{k}\\&=2yz\cos(yz^2)\boldsymbol{i}+xy\boldsymbol{j}+(1-y\sin yz)\boldsymbol{k}.\end{aligned}$$

特别地，在定义 4.7 中，当矢量函数 $\boldsymbol{A}(t)$ 定义在区间 $I\subseteq\mathbb{R}$ 上，$t\in I$，$\boldsymbol{A}(t)$ 关于 t 的导数记为

$$\boldsymbol{A}'(t)=\lim_{\Delta t\to 0}\frac{\boldsymbol{A}(t+\Delta t)-\boldsymbol{A}(t)}{\Delta t}.$$

若 $\boldsymbol{A}(t)=A_1(t)\boldsymbol{i}+A_2(t)\boldsymbol{j}+A_3(t)\boldsymbol{k}$，则

$$\boldsymbol{A}'(t)=A'_1(t)\boldsymbol{i}+A'_2(t)\boldsymbol{j}+A'_3(t)\boldsymbol{k}.$$

例 4.6　设 $\boldsymbol{F}(t)=\arctan t\boldsymbol{i}+5\boldsymbol{k}$，$\boldsymbol{G}(t)=\boldsymbol{i}+\ln t\boldsymbol{j}-2t\boldsymbol{k}$，求 $(\boldsymbol{F}\cdot\boldsymbol{G})'(t)$，$(\boldsymbol{F}\times\boldsymbol{G})'(t)$.

解　对题中要求的两个导数可以选择两种方法：(1)先求 $(\boldsymbol{F}\cdot\boldsymbol{G})(t)$ 或 $(\boldsymbol{F}\times\boldsymbol{G})(t)$，然后求导；(2)先求 $\boldsymbol{F}'(t)$ 和 $\boldsymbol{G}'(t)$，然后再用求导公式求 $(\boldsymbol{F}\cdot\boldsymbol{G})'(t)$ 或 $(\boldsymbol{F}\times\boldsymbol{G})'(t)$.

对 $(\boldsymbol{F}\cdot\boldsymbol{G})'(t)$ 选用方法(1)：因为 $(\boldsymbol{F}\cdot\boldsymbol{G})(t)=\arctan t-10t$，故

$$(\boldsymbol{F}\cdot\boldsymbol{G})'(t)=\frac{1}{1+t^2}-10.$$

对 $(\boldsymbol{F}\times\boldsymbol{G})'(t)$ 选用方法(2)：因为

$$\boldsymbol{F}'(t)=\frac{1}{1+t^2}\boldsymbol{i},\quad \boldsymbol{G}'(t)=\frac{1}{t}\boldsymbol{j}-2\boldsymbol{k},$$

则

$$\boldsymbol{F}'(t)\times\boldsymbol{G}(t)=\begin{vmatrix}\boldsymbol{i} & \boldsymbol{j} & \boldsymbol{k}\\ \frac{1}{1+t^2} & 0 & 0\\ 1 & \ln t & -2t\end{vmatrix}=\frac{2t}{1+t^2}\boldsymbol{i}-\boldsymbol{j}+\frac{\ln t}{1+t^2}\boldsymbol{k},$$

$$\boldsymbol{F}(t)\times\boldsymbol{G}'(t)=\begin{vmatrix}\boldsymbol{i} & \boldsymbol{j} & \boldsymbol{k}\\ \arctan t & 0 & 5\\ 0 & \frac{1}{t} & -2\end{vmatrix}=\frac{-5}{t}\boldsymbol{i}+2\arctan t\boldsymbol{j}+\frac{\arctan t}{t}\boldsymbol{k},$$

所以

$$\begin{aligned}(\boldsymbol{F}\times\boldsymbol{G})'(t)&=\boldsymbol{F}'(t)\times\boldsymbol{G}(t)+\boldsymbol{F}(t)\times\boldsymbol{G}'(t)\\&=-\frac{5}{t}\boldsymbol{i}+\left(\frac{2t}{1+t^2}+2\arctan t\right)\boldsymbol{j}+\left(\frac{\ln t}{1+t^2}+\frac{\arctan t}{t}\right)\boldsymbol{k}.\end{aligned}$$

4.1.4　矢量函数的积分

1. 积分结果为标量的积分

在高等数学我们学习过第一类、第二类曲线积分，第一类、第二类曲面积分和体积分(包括一元、二重、三重积分，相应的积分区域取为一维、二维和三维空间中的子域即可)，现在将它们改写成矢量积分的形式. 我们记 $f(\boldsymbol{r})$ 为 $f(x,y,z)$ 的缩写，是标量函数，记 $\boldsymbol{A}(\boldsymbol{r})$ 为 $\boldsymbol{A}(x,y,z)=P(x,y,z)\boldsymbol{i}+Q(x,y,z)\boldsymbol{j}+R(x,y,z)\boldsymbol{k}$ 的缩写，是矢量函数.

(1) 第一类曲线积分 $\int_C f(x,y,z)\mathrm{d}s$ 的矢量形式为 $\int_C f(\boldsymbol{r})\mathrm{d}s$.

(2) 第二类曲线积分 $\int_C P(x,y,z)\mathrm{d}x+Q(x,y,z)\mathrm{d}y+R(x,y,z)\mathrm{d}z$，它与第一类曲线积分的关系是

$$\int_C P(x,y,z)\mathrm{d}x+Q(x,y,z)\mathrm{d}y+R(x,y,z)\mathrm{d}z$$

$$=\int_C (P(x,y,z)\cos\alpha + Q(x,y,z)\cos\beta + R(x,y,z)\cos\gamma)\mathrm{d}s,$$

其中 α,β,γ 是有向曲线弧 C 在点 (x,y,z) 处的切向量的方向角. $\cos\alpha\mathrm{d}s,\cos\beta\mathrm{d}s,\cos\gamma\mathrm{d}s$ 分别为曲线弧长微分 $\mathrm{d}s$ 在 Ox,Oy,Oz 轴上的投影,分别记为 $\mathrm{d}x,\mathrm{d}y,\mathrm{d}z$,即 $\mathrm{d}x=\cos\alpha\mathrm{d}s,\mathrm{d}y=\cos\beta\mathrm{d}s,\mathrm{d}z=\cos\gamma\mathrm{d}s$. 我们记

$$\mathrm{d}\boldsymbol{s}=(\mathrm{d}x,\mathrm{d}y,\mathrm{d}z)^{\mathrm{T}}=(\cos\alpha\mathrm{d}s,\cos\beta\mathrm{d}s,\cos\gamma\mathrm{d}s)^{\mathrm{T}}.$$

因此第二类曲线积分的矢量形式为 $\int_C \boldsymbol{A}(\boldsymbol{r})\cdot\mathrm{d}\boldsymbol{s}$.

(3) 第一类曲面积分 $\iint\limits_{\Sigma} f(x,y,z)\mathrm{d}S$ 的矢量形式为 $\iint\limits_{\Sigma} f(\boldsymbol{r})\mathrm{d}S$.

(4) 第二类曲面积分 $\iint\limits_{\Sigma} P(x,y,z)\mathrm{d}y\mathrm{d}z+Q(x,y,z)\mathrm{d}z\mathrm{d}x+R(x,y,z)\mathrm{d}x\mathrm{d}y$,它与第一类曲面积分的关系是

$$\iint\limits_{\Sigma} P(x,y,z)\mathrm{d}y\mathrm{d}z+Q(x,y,z)\mathrm{d}z\mathrm{d}x+R(x,y,z)\mathrm{d}x\mathrm{d}y$$

$$=\iint\limits_{\Sigma}(P(x,y,z)\cos\alpha+Q(x,y,z)\cos\beta+R(x,y,z)\cos\gamma)\mathrm{d}S,$$

其中 α,β,γ 是有向曲面 Σ 在点 (x,y,z) 处的法向量的方向角. $\cos\alpha\mathrm{d}S,\cos\beta\mathrm{d}S,\cos\gamma\mathrm{d}S$ 分别为曲面 $\mathrm{d}S$ 在 yOz,zOx,xOy 平面上的投影,分别记为 $\mathrm{d}y\mathrm{d}z,\mathrm{d}z\mathrm{d}x,\mathrm{d}x\mathrm{d}y$,即 $\mathrm{d}y\mathrm{d}z=\cos\alpha\mathrm{d}S$, $\mathrm{d}z\mathrm{d}x=\cos\beta\mathrm{d}S,\mathrm{d}x\mathrm{d}y=\cos\gamma\mathrm{d}S$. 我们记

$$\mathrm{d}\boldsymbol{S}=(\mathrm{d}y\mathrm{d}z,\mathrm{d}z\mathrm{d}x,\mathrm{d}x\mathrm{d}y)^{\mathrm{T}}=(\cos\alpha\mathrm{d}S,\cos\beta\mathrm{d}S,\cos\gamma\mathrm{d}S)^{\mathrm{T}}.$$

因此第二类曲面积分的矢量形式为 $\iint\limits_{\Sigma}\boldsymbol{A}(\boldsymbol{r})\cdot\mathrm{d}\boldsymbol{S}$.

(5) 体积分 $\iiint\limits_{\Omega} f(x,y,z)\mathrm{d}x\mathrm{d}y\mathrm{d}z$,其矢量形式为 $\iiint\limits_{\Omega} f(\boldsymbol{r})\mathrm{d}v$.

2. 积分结果为矢量的积分

以上5种积分虽然都化成了矢量积分的形式,但是积分结果仍是标量. 下面介绍积分结果为矢量的积分.

设 $f(x,y,z)$ 为标量函数, $\mathrm{d}\boldsymbol{s}=\boldsymbol{i}\mathrm{d}x+\boldsymbol{j}\mathrm{d}y+\boldsymbol{k}\mathrm{d}z$,则

$$\int f(x,y,z)\mathrm{d}\boldsymbol{s}=\boldsymbol{i}\int f(x,y,z)\mathrm{d}x+\boldsymbol{j}\int f(x,y,z)\mathrm{d}y+\boldsymbol{k}\int f(x,y,z)\mathrm{d}z$$

的结果为矢量.

设 $\boldsymbol{A}(x,y,z)=A_1(x,y,z)\boldsymbol{i}+A_2(x,y,z)\boldsymbol{j}+A_3(x,y,z)\boldsymbol{k}$,则

$$\int\boldsymbol{A}(x,y,z)\mathrm{d}s=\boldsymbol{i}\int A_1(x,y,z)\mathrm{d}s+\boldsymbol{j}\int A_2(x,y,z)\mathrm{d}s+\boldsymbol{k}\int A_3(x,y,z)\mathrm{d}s$$

的结果为矢量.

例 4.7 设 $\boldsymbol{A}(t)=t\boldsymbol{i}+t^2\boldsymbol{j}+\sin t\boldsymbol{k}$,计算 $\int\boldsymbol{A}(t)\mathrm{d}t,\int_0^{\pi}\boldsymbol{A}(t)\mathrm{d}t$.

解

$$\int\boldsymbol{A}(t)\mathrm{d}t=\left(\int t\mathrm{d}t\right)\boldsymbol{i}+\left(\int t^2\mathrm{d}t\right)\boldsymbol{j}+\left(\int\sin t\mathrm{d}t\right)\boldsymbol{k}$$

$$= \left(\frac{1}{2}t^2 + C_1\right)\boldsymbol{i} + \left(\frac{1}{3}t^3 + C_2\right)\boldsymbol{j} + (-\cos t + C_3)\boldsymbol{k}.$$

$$\int_0^{\pi} \boldsymbol{A}(t)\,\mathrm{d}t = \left(\int_0^{\pi} t\,\mathrm{d}t\right)\boldsymbol{i} + \left(\int_0^{\pi} t^2\,\mathrm{d}t\right)\boldsymbol{j} + \left(\int_0^{\pi} \sin t\,\mathrm{d}t\right)\boldsymbol{k}$$

$$= \left(\frac{1}{2}t^2\right)\Big|_0^{\pi}\boldsymbol{i} + \left(\frac{1}{3}t^3\right)\Big|_0^{\pi}\boldsymbol{j} + (-\cos t)\Big|_0^{\pi}\boldsymbol{k}$$

$$= \frac{1}{2}\pi^2\boldsymbol{i} + \frac{1}{3}\pi^3\boldsymbol{j} + 2\boldsymbol{k}.$$

4.2　梯度、散度与旋度在正交曲线坐标系中的表达式

4.2.1　直角坐标系下“三度”及哈密顿算子

1. 梯度及哈密顿算子

梯度、散度、旋度是场论中的三个基本量. 下面我们先讨论在直角坐标系中这三个基本物理量的表达式.

梯度是描述数量场的一个向量，对于某数量场而言，在场中某点的梯度，其大小为数量场在这点的最大变化率，方向指向场量变化最快的方向. 梯度的数学定义如下

若某一数量场的函数关系在直角坐标系下为 $V=V(x,y,z)$，那么它的**梯度**就是

$$\mathrm{grad}V = \frac{\partial V(x,y,z)}{\partial x}\boldsymbol{i} + \frac{\partial V(x,y,z)}{\partial y}\boldsymbol{j} + \frac{\partial V(x,y,z)}{\partial z}\boldsymbol{k}.$$

设函数 $f(x,y)$ 在点 $P_0(x_0,y_0)$ 的某邻域内有定义，ℓ 是通过 P_0 的任意一条有向直线，其正向与 x,y 轴的正向间的夹角分别为 α,β，再设 $P(x_0+\Delta x, y_0+\Delta y)$ 是 ℓ 上任意一点，记 $\rho=\sqrt{\Delta x^2+\Delta y^2}$，则

$$\Delta x = \rho\cos\alpha,\quad \Delta y = \rho\cos\beta,$$

若

$$\lim_{\rho\to 0}\frac{f(x_0+\rho\cos\alpha, y_0+\rho\cos\beta) - f(x_0+y_0)}{\rho}$$

存在，则称此极限为 $f(x,y)$ 在 P_0 点沿 ℓ 方向的方向导数，记为 $\left.\frac{\partial f}{\partial \ell}\right|_{P_0}$.

注　若 f 在 P_0 存在关于 x 的偏导数，当 ℓ 为 x 轴正反向时，方向导数恰好为 $\left.\frac{\partial f}{\partial \ell}\right|_{P_0} = -\left.\frac{\partial f}{\partial \ell}\right|_{P_0}$. 如果函数 f 在点 $P_0(x_0,y_0,z_0)$ 处可微，射线 ℓ 的方向余弦为 $(\cos\alpha,\cos\beta,\cos\gamma)$，$f$ 在 P_0 点沿 ℓ 方向的方向导数为 $\left.\frac{\partial f}{\partial \ell}\right|_{P_0} = f_x(P_0)\cos\alpha + f_y(P_0)\cos\beta + f_z(P_0)\cos\gamma$. 当 f 为二元函数时，f 在点 (x_0,y_0) 处沿 ℓ 方向的方向导数为 $\left.\frac{\partial f}{\partial \ell}\right|_{(x_0,y_0)} = f_x(x_0,y_0)\cos\alpha + f_y(x_0,y_0)\sin\alpha$，其中 α 是由 x 轴正向转至 ℓ 的有向角. 方向导数的几何意义是函数在某点沿某个方向的变化率.

引入哈密顿算子“∇”，有

$$\mathrm{grad}V \stackrel{\mathrm{def}}{=} \nabla V(x,y,z) = \frac{\partial V(x,y,z)}{\partial x}\boldsymbol{i} + \frac{\partial V(x,y,z)}{\partial y}\boldsymbol{j} + \frac{\partial V(x,y,z)}{\partial z}\boldsymbol{k}.$$

这里算子

$$\nabla = \boldsymbol{i}\frac{\partial}{\partial x} + \boldsymbol{j}\frac{\partial}{\partial y} + \boldsymbol{k}\frac{\partial}{\partial z}$$

称为(直角坐标系下的)哈密顿(Hamilton)算子(∇读作 Nabla 那勃勒),它是一个矢量微分算子,在运算中具有矢量和微分双重性质,其运算规则如下:

$$\nabla u = \left(\boldsymbol{i}\frac{\partial}{\partial x} + \boldsymbol{j}\frac{\partial}{\partial y} + \boldsymbol{k}\frac{\partial}{\partial z}\right)u = \frac{\partial u}{\partial x}\boldsymbol{i} + \frac{\partial u}{\partial y}\boldsymbol{j} + \frac{\partial u}{\partial z}\boldsymbol{k},$$

$$\begin{aligned}\nabla\cdot\boldsymbol{a} &= \left(\boldsymbol{i}\frac{\partial}{\partial x} + \boldsymbol{j}\frac{\partial}{\partial y} + \boldsymbol{k}\frac{\partial}{\partial z}\right)\cdot(a_x\boldsymbol{i} + a_y\boldsymbol{j} + a_z\boldsymbol{k})\\ &= \frac{\partial a_x}{\partial x} + \frac{\partial a_y}{\partial y} + \frac{\partial a_z}{\partial z},\end{aligned}$$

$$\begin{aligned}\nabla\times\boldsymbol{a} &= \left(\boldsymbol{i}\frac{\partial}{\partial x} + \boldsymbol{j}\frac{\partial}{\partial y} + \boldsymbol{k}\frac{\partial}{\partial z}\right)\times(a_x\boldsymbol{i} + a_y\boldsymbol{j} + a_z\boldsymbol{k})\\ &= \left(\frac{\partial a_z}{\partial y} - \frac{\partial a_y}{\partial z}\right)\boldsymbol{i} + \left(\frac{\partial a_x}{\partial z} - \frac{\partial a_z}{\partial x}\right)\boldsymbol{j} + \left(\frac{\partial a_y}{\partial x} - \frac{\partial a_x}{\partial y}\right)\boldsymbol{k}.\end{aligned}$$

设 u,v 为(x,y,z)的函数,c,d 为常数,梯度的运算规则为

$$\nabla(cu + dv) = c\,\nabla u + d\,\nabla v,\quad \nabla(uv) = v\,\nabla u + u\,\nabla v,$$

如果有复合函数 $u[v(x,y,z)]$,则$\nabla u = \frac{\partial u}{\partial v}\nabla v$.

例 4.8 设 r 表示 $M(x,y,z)$的位置向量 $\boldsymbol{r}=(x,y,z)^{\mathrm{T}}$ 的模,求 r 的梯度∇r.

解 $r=\sqrt{x^2+y^2+z^2}$,故$\nabla r = \frac{1}{\sqrt{x^2+y^2+z^2}}(x,y,z)^{\mathrm{T}} = \frac{\boldsymbol{r}}{r}$.

可以看到,位置向量 $\boldsymbol{r}$ 的模 r 的梯度沿 $\boldsymbol{r}$ 的方向.从几何上看,数量场 $r=\sqrt{x^2+y^2+z^2}$ 的等值面为球面族

$$x^2 + y^2 + z^2 = C^2,$$

其法线向量与 $\boldsymbol{r}$ 同向,故 r 的值沿 $\boldsymbol{r}$ 的方向增长最快,其增长率为 1.

例 4.9 设质量为 m 的质点位于原点,质量为 1 的质点位于 $M(x,y,z)$,记 $OM=r=\sqrt{x^2+y^2+z^2}$,求 $u=\frac{m}{r}$的梯度.

解 $\nabla u = \left(\frac{m}{r}\right)'\nabla r = -\frac{m}{r^2}\nabla r = -\frac{m}{r^2}\frac{\boldsymbol{r}}{r} = -\frac{m\boldsymbol{r}}{r^3} = -\frac{m}{r^3}(x,y,z).$

2. 通量与散度

(1) 通量的引入

如图 4.2 所示,假设水流由上而下处处匀速(速度大小为 v)地流入下面一个矩形盆,盆口面积为 S,则在 t 时间内流入盆内的水量为 $v\times t\times S=vSt$,单位时间里流入盆内的水量,这里我们称为水通量,记为 $\Phi=vS$.若盆口面斜放与水流方向夹角为 θ 角,如图 4.3 所示,在这种情况下,单位时间内盆所接的水比平放时要少,因为盆口的进水量与盆口的平面投影有关,夹角 θ 越大,进水量越小,当夹角为直角时,即盆口与水流方向垂直时,那就一滴水也接不着,由于盆口面积 S 的单位时间投影面积为 $S_1=S\cos\theta$,$\Phi=vS\cos\theta=\boldsymbol{v}\cdot\boldsymbol{S}$.上式中向量的

方向为盆面向下的法向方向 $\boldsymbol{n}$.

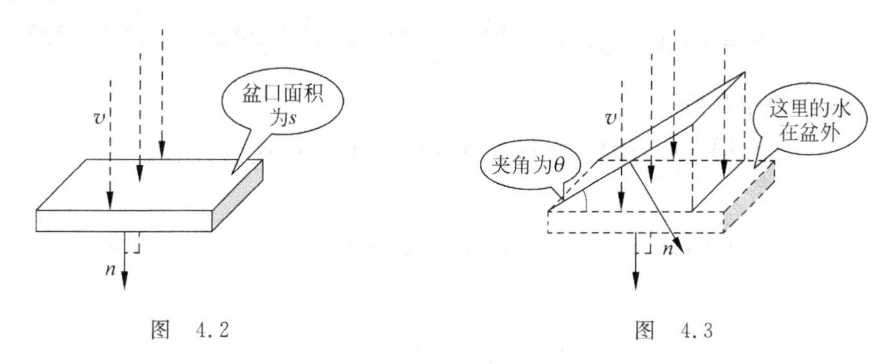

图 4.2　　　　图 4.3

(2) 通量的定义

定义 4.8　设有向量场 $\boldsymbol{A}(x,y,z)=A_1(x,y,z)\boldsymbol{i}+A_2(x,y,z)\boldsymbol{j}+A_3(x,y,z)\boldsymbol{k}$,沿其中有向曲面 S 一侧的曲面积分

$$\Phi=\iint_S \boldsymbol{A}\cdot \mathrm{d}\boldsymbol{S}$$

称为矢量场 $\boldsymbol{A}(x,y,z)$ 沿一侧穿过曲面 S 的通量.

闭合通量的理解：这里我们仍以水流场做形象说明,取空间内任意一个闭合曲面,通过积分可得通量,对于通量有三种情况,如图 4.4 所示. 对于图 4.4(a),$\Phi>0$,说明此闭合曲面里面有“水源”,谓之为“泉”;对于图 4.4(b),$\Phi=0$,说明此闭合曲面里面无“水源”,左边流进,右边流出,流进的通量与流出的通量大小相同、方向相反(一负一正),相互抵消,故总量为零,谓之“恒定水流场”;对于图 4.4(c),$\Phi<0$,说明此闭合曲面里面有“水穴”,因为水只流进,不流出.

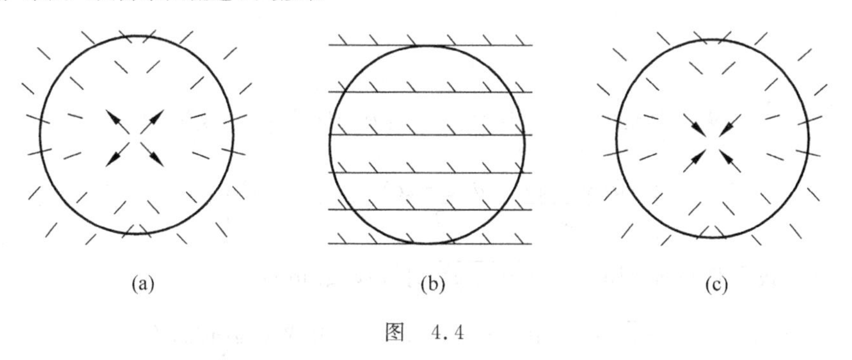

图 4.4

在向量场 $\boldsymbol{A}(x,y,z)$ 中,对于穿过闭曲面 S 的通量 Φ 可以定量描述该区域内的水流情况,但这种刻画,我们还不能确定出区域内哪一点是水源,哪一点是水穴,要确定出区域内的一点有源与否,那就看这点的“通量”,其定义为

$$\mathrm{div}\boldsymbol{A}(x,y,z)=\nabla\cdot \boldsymbol{A}(x,y,z)=\frac{\lim\limits_{S\to 0}\oiint_S \boldsymbol{A}(x,y,z)\cdot \mathrm{d}\boldsymbol{S}}{v},$$

其中 v 为曲面 S 所包围的体积.

(3) 通量的散度

定义 4.9　在直角坐标系中,向量场

$$\boldsymbol{A}(x,y,z)=A_1(x,y,z)\boldsymbol{i}+A_2(x,y,z)\boldsymbol{j}+A_3(x,y,z)\boldsymbol{k}$$

在任一点 $M(x,y,z)$ 处的散度为

$$\mathrm{div}\boldsymbol{A}(x,y,z)=\nabla\cdot\boldsymbol{A}(x,y,z)=\frac{\partial A_1(x,y,z)}{\partial x}+\frac{\partial A_2(x,y,z)}{\partial y}+\frac{\partial A_3(x,y,z)}{\partial z}.$$

在直角坐标系中高斯公式

$$\iiint\limits_{\Omega}\frac{\partial A_1(x,y,z)}{\partial x}+\frac{\partial A_2(x,y,z)}{\partial y}+\frac{\partial A_3(x,y,z)}{\partial z}\mathrm{d}v$$

$$=\oiint\limits_{S}A_1(x,y,z)\mathrm{d}y\mathrm{d}z+A_2(x,y,z)\mathrm{d}z\mathrm{d}x+A_3(x,y,z)\mathrm{d}x\mathrm{d}y.$$

可写成矢量形式

$$\iiint\limits_{\Omega}\mathrm{div}\boldsymbol{A}\mathrm{d}v=\oiint\limits_{S}\boldsymbol{A}\cdot\mathrm{d}\boldsymbol{S}.$$

散度是对矢量场的一点而言的，而通量是对一个场而言，矢量场的散度是标量，标量场的梯度是矢量. 用哈密顿算符表示散度，有

$$\mathrm{div}\boldsymbol{A}=\nabla\cdot\boldsymbol{A}.$$

(4) 散度运算基本公式

$\mathrm{div}(c\boldsymbol{A})=c\,\mathrm{div}\boldsymbol{A}$($c$ 为常数)；

$\mathrm{div}(\boldsymbol{A}+\boldsymbol{B})=\mathrm{div}(\boldsymbol{A})+\mathrm{div}(\boldsymbol{B})$；

$\mathrm{div}(u\boldsymbol{A})=u\,\mathrm{div}(\boldsymbol{A})+\nabla u\cdot\boldsymbol{A}$，($u$ 为标量函数).

例 4.10 在由向量场 $\boldsymbol{A}(x,y,z)=(y-z)\boldsymbol{i}+(z-x)\boldsymbol{j}+(x-y)\boldsymbol{k}$ 构成的矢量场中，有一由圆锥面 $x^2+y^2=z^2$ 和平面 $z=H(H>0)$ 所围成的封闭曲面 S，求向量场 $\boldsymbol{A}$ 从 S 内穿出 S 的通量 Φ.

解

$$\Phi=\oiint\limits_{S}(y-z)\mathrm{d}y\mathrm{d}z+(z-x)\mathrm{d}z\mathrm{d}x+(x-y)\mathrm{d}x\mathrm{d}y$$

$$=\iiint\limits_{\Omega}\left(\frac{\partial(y-z)}{\partial x}+\frac{\partial(z-x)}{\partial y}+\frac{\partial(x-y)}{\partial z}\right)\mathrm{d}v=0.$$

例 4.11 设数量场 $u=\ln\sqrt{x^2+y^2+z^2}$，求 $\mathrm{div}(\mathrm{grad}u)$.

解 $u=\ln\sqrt{x^2+y^2+z^2}=\frac{1}{2}\ln(x^2+y^2+z^2)$，先求梯度 $\mathrm{grad}u$，有

$$\frac{\partial u}{\partial x}=\frac{x}{x^2+y^2+z^2},\quad\frac{\partial u}{\partial y}=\frac{y}{x^2+y^2+z^2},\quad\frac{\partial u}{\partial z}=\frac{z}{x^2+y^2+z^2}.$$

再求 $\mathrm{grad}u$ 的散度，有

$$P=\frac{x}{x^2+y^2+z^2},\quad Q=\frac{y}{x^2+y^2+z^2},\quad R=\frac{z}{x^2+y^2+z^2},$$

$$\frac{\partial P}{\partial x}=\frac{y^2+z^2-x^2}{(x^2+y^2+z^2)^2},\quad\frac{\partial Q}{\partial x}=\frac{x^2+z^2-y^2}{(x^2+y^2+z^2)^2},\quad\frac{\partial R}{\partial x}=\frac{x^2+y^2-z^2}{(x^2+y^2+z^2)^2}.$$

于是

$$\mathrm{div}(\mathrm{grad}u)=\frac{x^2+y^2+z^2}{(x^2+y^2+z^2)^2}=\frac{1}{x^2+y^2+z^2}.$$

3. 环流量与旋度

(1) 环流量概念的引入

在空间某一路径是任意点上(例如点 $P(x,y,z)$),向量场 $\boldsymbol{A}(x,y,z)$ 与该点的线元的数量积称为该路径上向量场在该点的环量微量,用 $\mathrm{d}\varphi$ 表示,即

$$\mathrm{d}\varphi=\boldsymbol{A}(x,y,z)\cdot\mathrm{d}\boldsymbol{l}=A_1(x,y,z)\mathrm{d}x+A_2(x,y,z)\mathrm{d}y+A_3(x,y,z)\mathrm{d}z,$$

那么整个路径的环量可表示为

$$\varphi=\int_\Gamma\boldsymbol{A}(x,y,z)\cdot\mathrm{d}\boldsymbol{l}=\int_\Gamma A_1(x,y,z)\mathrm{d}x+A_2(x,y,z)\mathrm{d}y+A_3(x,y,z)\mathrm{d}z.$$

若路径为封闭曲线,则环量又称为封闭路径环量

$$\varphi=\oint_\Gamma\boldsymbol{A}(x,y,z)\cdot\mathrm{d}\boldsymbol{l}=\oint_\Gamma A_1(x,y,z)\mathrm{d}x+A_2(x,y,z)\mathrm{d}y+A_3(x,y,z)\mathrm{d}z.$$

环流量的物理意义,对于某力场 $\boldsymbol{A}(x,y,z)$,其在某一路经的环量微量 $\boldsymbol{A}(x,y,z)\cdot\mathrm{d}\boldsymbol{l}$ 就表示力场在线元上移动所做的功.

对于如图4.5(a)所示的场结构,场是向四面扩散的,在进行封闭环量积分时,环量微量 $\boldsymbol{A}(x,y,z)\cdot\mathrm{d}\boldsymbol{l}$ 有正有负,总量抵消,故环量为零;对于图4.5(b)所示的场结构,场的方向与闭合路经上线元方向大体上一致,即夹角处处为锐角,故总量不会为零,封闭环量不为零.

上述结论也可以从场的几何形状上来看,图4.5(a)对应的场"不打转",故称为无旋,图4.5(b)对应的场呈"转场",故称为有旋.

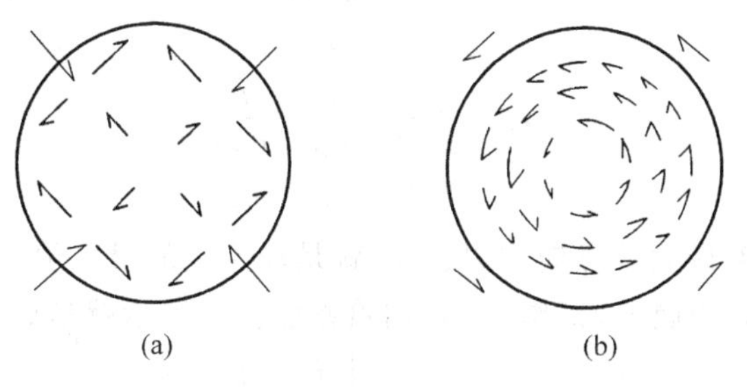

图　4.5

(2) 向量场的旋度

考查某一特定空间内某点 M 上有无旋点,可以做一个以 M 点为中心的封闭曲线作为积分路径,这一封闭曲线非常小,当曲面 S 在保持点 M 在其上的条件下,沿着自身收缩到点 M 时,若该封闭曲线的环流量与其所包围曲面面积之比的极限存在,即

$$\lim_{S\to M}\frac{\oint_\Gamma\boldsymbol{A}(x,y,z)\cdot\mathrm{d}\boldsymbol{l}}{S}$$

存在,则称该极限为该点沿方向 $\boldsymbol{n}$ 的环流量面密度(就是环流量对面积的变化率),记为 μ_n.

由斯托克斯(Stokes)公式

$$\oint_\Gamma\boldsymbol{A}(x,y,z)\cdot\mathrm{d}\boldsymbol{l}=\iint_S\begin{vmatrix}\cos\alpha & \cos\beta & \cos\gamma\\ \dfrac{\partial}{\partial x} & \dfrac{\partial}{\partial y} & \dfrac{\partial}{\partial z}\\ A_1 & A_2 & A_3\end{vmatrix}\mathrm{d}S$$

和积分中值定理,有

$$\lim_{S\to M}\frac{\oint_{\Gamma}\boldsymbol{A}(x,y,z)\cdot \mathrm{d}\boldsymbol{l}}{S}=\lim_{S\to M}\frac{\iint_S\begin{vmatrix}\cos\alpha & \cos\beta & \cos\gamma\\ \dfrac{\partial}{\partial x} & \dfrac{\partial}{\partial y} & \dfrac{\partial}{\partial z}\\ A_1 & A_2 & A_3\end{vmatrix}\mathrm{d}S}{S}$$

$$=\lim_{S\to M}\begin{vmatrix}\cos\alpha & \cos\beta & \cos\gamma\\ \dfrac{\partial}{\partial x} & \dfrac{\partial}{\partial y} & \dfrac{\partial}{\partial z}\\ A_1 & A_2 & A_3\end{vmatrix}_{M^*}=\begin{vmatrix}\cos\alpha & \cos\beta & \cos\gamma\\ \dfrac{\partial}{\partial x} & \dfrac{\partial}{\partial y} & \dfrac{\partial}{\partial z}\\ A_1 & A_2 & A_3\end{vmatrix},$$

其中 M^* 为 S 上的某一点，当 $S\to M$ 时，$M^*\to M$；第二个及第三个极限号下的 $\cos\alpha,\cos\beta$，$\cos\gamma$ 分别为 S 的法向量的方向余弦及 S 上在 M^* 点处法向量的方向余弦；最后一个式子中的 $\cos\alpha,\cos\beta,\cos\gamma$ 就是 $\boldsymbol{n}$ 的方向余弦.

因此，环流量面密度在直角坐标系中的计算公式是

$$\mu_n=\begin{vmatrix}\cos\alpha & \cos\beta & \cos\gamma\\ \dfrac{\partial}{\partial x} & \dfrac{\partial}{\partial y} & \dfrac{\partial}{\partial z}\\ A_1 & A_2 & A_3\end{vmatrix}.$$

可以看出，环流量面密度是一个与方向有关的量. 如同梯度与方向导数的关系，向量

$$\boldsymbol{\omega}=\begin{vmatrix}\boldsymbol{i} & \boldsymbol{j} & \boldsymbol{k}\\ \dfrac{\partial}{\partial x} & \dfrac{\partial}{\partial y} & \dfrac{\partial}{\partial z}\\ A_1 & A_2 & A_3\end{vmatrix}$$

的方向为环流量面密度最大的方向，其模 $|\boldsymbol{\omega}|$ 就是环流量的最大值. 我们把向量 $\boldsymbol{\omega}$ 称为向量场 $\boldsymbol{A}(x,y,z)$ 在点 M 处的**旋度**，记作 $\mathrm{rot}\boldsymbol{A}$，用哈密顿算符表示就是 $\nabla\times\boldsymbol{A}$，即

$$\mathrm{rot}\boldsymbol{A}\overset{\mathrm{def}}{=}\nabla\times\boldsymbol{A}=\begin{vmatrix}\boldsymbol{i} & \boldsymbol{j} & \boldsymbol{k}\\ \dfrac{\partial}{\partial x} & \dfrac{\partial}{\partial y} & \dfrac{\partial}{\partial z}\\ A_1 & A_2 & A_3\end{vmatrix}.$$

因此可以把斯托克斯公式写成如下形式：

$$\oint_{\Gamma}\boldsymbol{A}\cdot\mathrm{d}\boldsymbol{l}=\iint_S\mathrm{rot}\boldsymbol{A}\cdot\mathrm{d}\boldsymbol{S}=\iint_S\nabla\times\boldsymbol{A}\cdot\mathrm{d}\boldsymbol{S}.$$

注意 旋度的物理意义在于向量场在围绕 M 点周围的场线形状大体上是否成旋状，若是，则场在此点有旋，否则，无旋. 例如，假设有一股旋风，若考察旋风所在区域的各点风速，则构成了一个风速场，对此风速场处处求旋度，则在旋风中心所在的点有旋度，即旋度不为零，其余各点均无旋度.

例 4.12 设有平面向量场 $\boldsymbol{A}=-y\boldsymbol{i}+x\boldsymbol{j}$，$l$ 为场中的星形线 $x=R\cos^3\theta,y=R\sin^3\theta$. 求此向量场沿 l 正向的环流量 Γ.

解 由于在无特别申明时，平面封闭曲线的正方向. 即指沿逆时针方向. 因此，我们有

$$\Gamma=\oint_l\boldsymbol{A}\cdot\mathrm{d}\boldsymbol{l}=\oint_l -y\mathrm{d}x+x\mathrm{d}y$$

$$=\int_0^{2\pi}-R\sin^3\theta\mathrm{d}(R\cos^3\theta)+R\cos^3\theta\mathrm{d}(R\sin^3\theta)$$

$$= \frac{3}{4}R^2\int_0^{2\pi}\sin^2 2\theta\mathrm{d}\theta = \frac{3}{4}R^2.$$

例 4.13　求矢量场 $\boldsymbol{A}=xy^2z^2\boldsymbol{i}+z^2\sin y\boldsymbol{j}+x^2\mathrm{e}^y\boldsymbol{k}$ 的旋度.

解

$$\begin{vmatrix} \boldsymbol{i} & \boldsymbol{j} & \boldsymbol{k} \\ \frac{\partial}{\partial x} & \frac{\partial}{\partial y} & \frac{\partial}{\partial z} \\ xy^2z^2 & z^2\sin y & x^2\mathrm{e}^y \end{vmatrix} = \left[\frac{\partial}{\partial y}(x^2\mathrm{e}^y) - \frac{\partial}{\partial z}(z^2\sin y)\right]\boldsymbol{i} + \left[\frac{\partial}{\partial z}(xy^2z^2) - \frac{\partial}{\partial x}(x^2\mathrm{e}^y)\right]\boldsymbol{j} +$$

$$\left[\frac{\partial}{\partial x}(z^2\sin y) - \frac{\partial}{\partial y}(xy^2z^2)\right]\boldsymbol{k}$$

$$= (x^2\mathrm{e}^y - 2z\sin y)\boldsymbol{i} + 2x(y^2z - \mathrm{e}^y)\boldsymbol{j} - 2xyz^2\boldsymbol{k}.$$

4. “三度”的运算公式

1）梯度

(1) $\nabla c=0$（c 为常数）；

(2) $\nabla(cu)=c\,\nabla u$（c 为常数）；

(3) $\nabla(u\pm v)=\nabla u\pm\nabla v$；

(4) $\nabla(uv)=v\,\nabla u+u\,\nabla v$；

(5) $\nabla\left(\frac{u}{v}\right)=\frac{v\,\nabla u-u\,\nabla v}{v^2}$；

(6) $\nabla F(u)=F'(u)\nabla u$；

(7) $\nabla F(u,v)=\frac{\partial F}{\partial u}\nabla u+\frac{\partial F}{\partial v}\nabla v$；

(8) $\nabla\cdot(u\boldsymbol{c})=\nabla u\cdot\boldsymbol{c}$（$\boldsymbol{c}$ 为常矢量）.

2）散度

(1) $\nabla\cdot(c\boldsymbol{a})=c\,\nabla\cdot\boldsymbol{a}$（$c$ 为常数）；

(2) $\nabla(\boldsymbol{a}+\boldsymbol{b})=\nabla\cdot\boldsymbol{a}+\nabla\cdot\boldsymbol{b}$；

(3) $\nabla\cdot\boldsymbol{c}=0$（$\boldsymbol{c}$ 为常矢量）；

(4) $\nabla\cdot(u\boldsymbol{a})=u\,\nabla\cdot\boldsymbol{a}+(\nabla u)\cdot\boldsymbol{a}$.

3）旋度

(1) $\nabla\times\boldsymbol{c}=\boldsymbol{0}$（$\boldsymbol{c}$ 为常矢量）；

(2) $\nabla\times(c\boldsymbol{a})=c\,\nabla\times\boldsymbol{a}$（$c$ 为常数）；

(3) $\nabla\times(\boldsymbol{a}\pm\boldsymbol{b})=\nabla\times\boldsymbol{a}\pm\nabla\times\boldsymbol{b}$；

(4) $\nabla\times(u\boldsymbol{a})=u\,\nabla\times\boldsymbol{a}+\nabla u\times\boldsymbol{a}$；

(5) $\nabla\cdot(\boldsymbol{a}\times\boldsymbol{b})=\boldsymbol{b}\cdot(\nabla\times\boldsymbol{a})-\boldsymbol{a}\cdot(\nabla\times\boldsymbol{b})$；

(6) $\nabla\times(\boldsymbol{a}\times\boldsymbol{b})=\boldsymbol{a}(\nabla\cdot\boldsymbol{b})+(\boldsymbol{b}\cdot\nabla)\boldsymbol{a}-\boldsymbol{b}(\nabla\cdot\boldsymbol{a})-(\boldsymbol{a}\cdot\nabla)\boldsymbol{b}$；

(7) $\nabla(\boldsymbol{a}\cdot\boldsymbol{b})=\boldsymbol{b}\times(\nabla\times\boldsymbol{a})+(\boldsymbol{b}\cdot\nabla)\boldsymbol{a}-\boldsymbol{a}\times(\nabla\times\boldsymbol{b})-(\boldsymbol{a}\cdot\nabla)\boldsymbol{b}$；

(8) $\nabla\cdot(\nabla u)=\nabla^2 u$；

(9) $\nabla\cdot(\nabla\times\boldsymbol{a})=0$；

(10) $\nabla\times(\nabla u)=\boldsymbol{0}$；

(11) $\nabla\times(\nabla\times\boldsymbol{a})=\nabla(\nabla\cdot\boldsymbol{a})-\nabla^2\boldsymbol{a}$.

例 4.14 证明$\nabla(uv)=v\,\nabla u+u\,\nabla v$.

证明 因为

$$\begin{aligned}\nabla(uv)&=\left(\boldsymbol{i}\frac{\partial}{\partial x}+\boldsymbol{j}\frac{\partial}{\partial y}+\boldsymbol{k}\frac{\partial}{\partial z}\right)(uv)\\&=\boldsymbol{i}\frac{\partial uv}{\partial x}+\boldsymbol{j}\frac{\partial uv}{\partial y}+\boldsymbol{k}\frac{\partial uv}{\partial z}\\&=\left(u\frac{\partial v}{\partial x}+v\frac{\partial u}{\partial x}\right)\boldsymbol{i}+\left(u\frac{\partial v}{\partial y}+v\frac{\partial u}{\partial y}\right)\boldsymbol{j}+\left(u\frac{\partial v}{\partial x}+v\frac{\partial u}{\partial z}\right)\boldsymbol{k}\\&=u\left(\frac{\partial v}{\partial x}\boldsymbol{i}+\frac{\partial v}{\partial y}\boldsymbol{j}+\frac{\partial v}{\partial z}\boldsymbol{k}\right)+v\left(\frac{\partial u}{\partial x}\boldsymbol{i}+\frac{\partial u}{\partial y}\boldsymbol{j}+\frac{\partial u}{\partial z}\boldsymbol{k}\right)\\&=u\,\nabla v+v\,\nabla u.\end{aligned}$$

这说明哈密顿算子具有微分的性质,当然满足乘积的微分法则,由哈密顿算子的这个性质,可证明下面的例题.

例 4.15 证明$\nabla\cdot(u\boldsymbol{a})=u\,\nabla\cdot\boldsymbol{a}+(\nabla u)\cdot\boldsymbol{a}$.

证明 由∇算子的微分性质并由乘积的微分法则$\nabla\cdot(u\boldsymbol{a})=\nabla\cdot(u_c\boldsymbol{a})+\nabla\cdot(u\boldsymbol{a}_c)$. 加下标"c"表示在微分过程中暂时看成常量,由$\nabla\cdot(c\boldsymbol{a})=c\,\nabla\cdot\boldsymbol{a}$($c$为常数)有

$$\nabla\cdot(u_c\boldsymbol{a})=u_c\,\nabla\cdot\boldsymbol{a}=u\,\nabla\cdot\boldsymbol{a}.$$

再由$\nabla\cdot(u\boldsymbol{c})=\nabla u\cdot\boldsymbol{c}$($\boldsymbol{c}$为常矢量)有$\nabla\cdot u\boldsymbol{a}_c=\nabla u\cdot\boldsymbol{a}_c=\nabla u\cdot\boldsymbol{a}$,故

$$\nabla\cdot(u\boldsymbol{a})=u\,\nabla\cdot\boldsymbol{a}+(\nabla u)\cdot\boldsymbol{a}.$$

例 4.16 证明$\nabla\cdot(\boldsymbol{a}\times\boldsymbol{b})=\boldsymbol{b}\cdot(\nabla\times\boldsymbol{a})-\boldsymbol{a}\cdot(\nabla\times\boldsymbol{b})$.

证明 由∇算子的微分性质并由乘积的微分法则,有

$$\nabla\cdot(\boldsymbol{a}\times\boldsymbol{b})=\nabla\cdot(\boldsymbol{a}\times\boldsymbol{b}_c)+\nabla\cdot(\boldsymbol{a}_c\times\boldsymbol{b}).$$

再由∇的矢量性质,将上式右端两项都看成是三个矢量的混合积,然后由三个矢量在其混合积中的位置轮换性:

$$\mathbf{A}\cdot(\mathbf{B}\times\mathbf{A})=\mathbf{C}\cdot(\mathbf{A}\times\mathbf{B})=\mathbf{B}\cdot(\mathbf{C}\times\mathbf{A}),$$

将上式右端两项中的常矢量都轮换到∇的前面,同时使得变矢量都留在∇的后面,有

$$\begin{aligned}\nabla\cdot(\boldsymbol{a}\times\boldsymbol{b})&=\nabla\cdot(\boldsymbol{a}\times\boldsymbol{b}_c)+\nabla\cdot(\boldsymbol{a}_c\times\boldsymbol{b})\\&=\nabla\cdot(\boldsymbol{a}\times\boldsymbol{b}_c)-\nabla\cdot(\boldsymbol{b}\times\boldsymbol{a}_c)\\&=\boldsymbol{b}_c\cdot(\nabla\times\boldsymbol{a})-\boldsymbol{a}_c\cdot(\nabla\times\boldsymbol{b})\\&=\boldsymbol{b}\cdot(\nabla\times\boldsymbol{a})-\boldsymbol{a}\cdot(\nabla\times\boldsymbol{b}).\end{aligned}$$

例 4.17 已知$u=3x\sin yz$,$\boldsymbol{r}=x\boldsymbol{i}+y\boldsymbol{j}+z\boldsymbol{k}$,求$\nabla\cdot(u\boldsymbol{r})$.

解 由公式$\nabla\cdot(u\boldsymbol{r})=u\,\nabla\cdot\boldsymbol{r}+\nabla u\cdot\boldsymbol{r}$,而$\nabla\cdot\boldsymbol{r}=\left(\boldsymbol{i}\frac{\partial}{\partial x}+\boldsymbol{j}\frac{\partial}{\partial y}+\boldsymbol{k}\frac{\partial}{\partial z}\right)\cdot(x\boldsymbol{i}+y\boldsymbol{j}+z\boldsymbol{k})=3$,$\nabla u=\left(\boldsymbol{i}\frac{\partial}{\partial x}+\boldsymbol{j}\frac{\partial}{\partial y}+\boldsymbol{k}\frac{\partial}{\partial z}\right)3x\sin yz=3(\sin yz\boldsymbol{i}+xz\cos yz\boldsymbol{j}+xy\cos yz\boldsymbol{j})\cdot\boldsymbol{r}$,所以

$$\begin{aligned}\nabla\cdot(u\boldsymbol{r})&=9x\sin yz+3(\sin yz\boldsymbol{i}+xz\cos yz\boldsymbol{j}+xy\cos yz\boldsymbol{k})\cdot\boldsymbol{r}\\&=12x\sin yz+6xyz\cos yz.\end{aligned}$$

例 4.18 设静电场$\boldsymbol{E}=\frac{1}{4\pi\varepsilon_0}\frac{\boldsymbol{r}}{r^3}$,证明$\nabla\cdot\boldsymbol{E}=0(r\neq0)$.

证明 因为

$$
\begin{aligned}
\nabla\cdot \boldsymbol{E} &= \nabla\cdot \frac{1}{4\pi\varepsilon_0}\frac{\boldsymbol{r}}{r^3} \\
&= \frac{1}{4\pi\varepsilon_0 r^3}\nabla\cdot \boldsymbol{r} + \frac{1}{4\pi\varepsilon_0}\boldsymbol{r}\cdot\nabla\cdot\left(\frac{1}{r^3}\right) \\
&= \frac{3}{4\pi\varepsilon_0 r^3} + \frac{1}{4\pi\varepsilon_0}\boldsymbol{r}\cdot\frac{-3r^2\,\nabla r}{r^6} \\
&= \frac{3}{4\pi\varepsilon_0 r^3} - \frac{3}{4\pi\varepsilon_0}\boldsymbol{r}\cdot\frac{\frac{\boldsymbol{r}}{r}}{r^4} \\
&= 0,
\end{aligned}
$$

当空间充满电荷时，由高斯电通量定理$\oiint_S \boldsymbol{E}\cdot \mathrm{d}\boldsymbol{S} = \frac{1}{\varepsilon_0}\iiint_\Omega \rho\,\mathrm{d}v$，立即可得$\nabla\cdot \boldsymbol{E} = \frac{\rho}{\varepsilon_0}$，其中$\rho$为电荷体密度.

例 4.19　稳定磁场的安培(Ampere)环路定理的积分形式为$\oint_L \boldsymbol{B}\cdot \mathrm{d}\boldsymbol{l} = \mu_0\iint_S \boldsymbol{j}\cdot \mathrm{d}\boldsymbol{S}$.

解　对积分形式左边应用斯托克斯公式有$\iint_S \nabla\times\boldsymbol{B}\cdot \mathrm{d}\boldsymbol{S} = \iint_S \mu_0\boldsymbol{j}\cdot \mathrm{d}\boldsymbol{S}$，由于在$\boldsymbol{B}$的定义域区域内，$S$是任意的，故$\nabla\times\boldsymbol{B} = \mu_0\boldsymbol{j}$.

4.2.2　正交曲线坐标系下的“三度”

4.2.1 节中关于梯度、散度和旋度的定义式是在直角坐标系中给出的，直角坐标系的突出特点是坐标方向不随位置变化，即坐标方向上的单位向量$\boldsymbol{i},\boldsymbol{j},\boldsymbol{k}$对坐标的导数都为零，这样使得梯度、散度和旋度的表达式在直角坐标系中有很简单的形式. 但在许多数学物理问题中，除了直角坐标系外，还常常采用其他形式的坐标系，比如平面极坐标、空间柱面坐标和球面坐标等正交曲面坐标系，下面我们给出它们的定义和“三度”在这样的坐标系中的表达式，为进一步讨论数学物理问题打下了基础.

1. 正交曲线坐标系

设有空间坐标系q_1,q_2,q_3(即空间任意一点与三个有序数建立了一一对应的关系)，$\boldsymbol{e}_1$，$\boldsymbol{e}_2$，$\boldsymbol{e}_3$分别为沿q_1,q_2,q_3切线方向的单位矢量(如图 4.6 所示)，若有关系

$$
\begin{cases}
\boldsymbol{e}_i\cdot\boldsymbol{e}_j = 1, & i=j,\\
\boldsymbol{e}_i\cdot\boldsymbol{e}_j = 0, & i\neq j,
\end{cases}
$$

则称q_1,q_2,q_3为正交坐标系. 正交坐标系q_1,q_2,q_3和直角坐标系x,y,z的关系为

$$
x = x(q_1,q_2,q_3),\quad y = y(q_1,q_2,q_3),\quad z = z(q_1,q_2,q_3). \tag{4.1}
$$

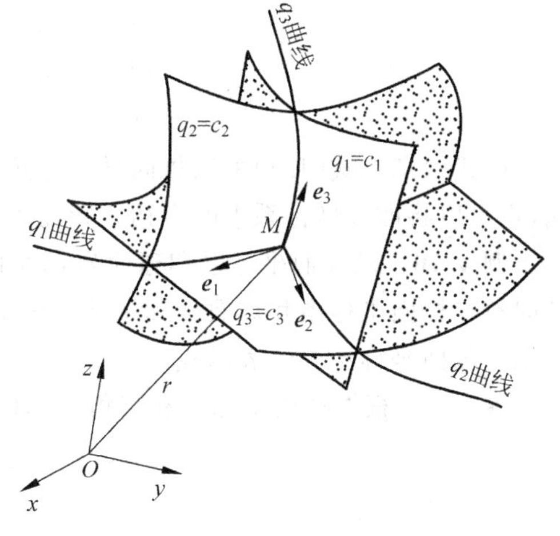

图　4.6

2. 正交曲线坐标系中基向量表示和度规系数

设 l：$\boldsymbol{r}=x\boldsymbol{i}+y\boldsymbol{j}+z\boldsymbol{k}$ 是空间的一条曲线，

其中 x,y,z 都是曲线坐标 q_1,q_2,q_3 的函数，其关系式由式(4.1)定义. $M(x,y,z)$是曲线上一点，则由导数的几何意义知 $\boldsymbol{r}$ 对于 q_i 的导数

$$\frac{\partial \boldsymbol{r}}{\partial q_i}=\frac{\partial x}{\partial q_i}\boldsymbol{i}+\frac{\partial y}{\partial q_i}\boldsymbol{j}+\frac{\partial z}{\partial q_i}\boldsymbol{k},\quad i=1,2,3$$

是 M 点处坐标曲线 q_i 上的切线向量，方向指向 q_i 增大的方向，而 $\boldsymbol{e}_i$ 则为$\dfrac{\partial \boldsymbol{r}}{\partial q_i}$的单位向量，则有

$$\boldsymbol{e}_i=\frac{\dfrac{\partial \boldsymbol{r}}{\partial q_i}}{\left|\dfrac{\partial \boldsymbol{r}}{\partial q_i}\right|}=\frac{\dfrac{\partial \boldsymbol{r}}{\partial q_i}}{\sqrt{\left(\dfrac{\partial x}{\partial q_i}\right)^2+\left(\dfrac{\partial y}{\partial q_i}\right)^2+\left(\dfrac{\partial z}{\partial q_i}\right)^2}}\overset{\text{def}}{=}\frac{1}{h_i}\frac{\partial \boldsymbol{r}}{\partial q_i}$$

$$=\frac{1}{h_i}\left(\frac{\partial x}{\partial q_i}\boldsymbol{i}+\frac{\partial y}{\partial q_i}\boldsymbol{j}+\frac{\partial z}{\partial q_i}\boldsymbol{k}\right),\quad i=1,2,3 \tag{4.2}$$

其中 $h_i=\sqrt{\left(\dfrac{\partial x}{\partial q_i}\right)^2+\left(\dfrac{\partial y}{\partial q_i}\right)^2+\left(\dfrac{\partial z}{\partial q_i}\right)^2}$为曲线坐标的度规系数，也称拉梅(G. Lamé)系数.

式(4.2)是曲线坐标系下的基向量 $\boldsymbol{e}_1,\boldsymbol{e}_2,\boldsymbol{e}_3$ 在直角坐标系基向量 $\boldsymbol{i},\boldsymbol{j},\boldsymbol{k}$ 下的表示式，基向量 $\boldsymbol{e}_1,\boldsymbol{e}_2,\boldsymbol{e}_3$ 不是常向量. 记

$$\alpha_i=\frac{1}{h_i}\frac{\partial x}{\partial q_i},\quad \beta_i=\frac{1}{h_i}\frac{\partial y}{\partial q_i},\quad \gamma_i=\frac{1}{h_i}\frac{\partial z}{\partial q_i},\quad i=1,2,3$$

用矩阵表示为

$$\begin{pmatrix}\boldsymbol{e}_1\\ \boldsymbol{e}_2\\ \boldsymbol{e}_3\end{pmatrix}=\begin{pmatrix}\alpha_1&\beta_1&\gamma_1\\ \alpha_2&\beta_2&\gamma_2\\ \alpha_3&\beta_3&\gamma_3\end{pmatrix}\begin{pmatrix}\boldsymbol{i}\\ \boldsymbol{j}\\ \boldsymbol{k}\end{pmatrix}. \tag{4.3}$$

由此也能得出直角坐标系基向量 $\boldsymbol{i},\boldsymbol{j},\boldsymbol{k}$ 在曲线坐标系基向量 $\boldsymbol{e}_1,\boldsymbol{e}_2,\boldsymbol{e}_3$ 下的表示式

$$\begin{pmatrix}\boldsymbol{i}\\ \boldsymbol{j}\\ \boldsymbol{k}\end{pmatrix}=\begin{pmatrix}\alpha_1&\beta_1&\gamma_1\\ \alpha_2&\beta_2&\gamma_2\\ \alpha_3&\beta_3&\gamma_3\end{pmatrix}^{-1}\begin{pmatrix}\boldsymbol{e}_1\\ \boldsymbol{e}_2\\ \boldsymbol{e}_3\end{pmatrix}. \tag{4.4}$$

由式(4.3)、式(4.4)可以将向量在直角坐标系中的表达式转化为曲线坐标系中的表达式，也可以将曲线坐标系中的表达式转化为直角坐标系中的表达式.

例 4.20 求柱面坐标系和球面坐标系的度规系数、基向量，并分别求出直角坐标系的基向量在柱面坐标系和球面坐标系基向量下的表示式，求出向量 $\boldsymbol{r}=x\boldsymbol{i}+y\boldsymbol{j}+z\boldsymbol{k}$ 在柱面坐标系和球面坐标系中的表示式.

解 (1) 根据柱面坐标系和直角坐标(x,y,z)的关系

$$x=\rho\cos\theta,\quad y=\rho\sin\theta,\quad z=z, \tag{4.5}$$

有

$$\frac{\partial x}{\partial \rho}=\cos\theta,\quad \frac{\partial y}{\partial \rho}=\sin\theta,\quad \frac{\partial z}{\partial \rho}=0,$$

$$\frac{\partial x}{\partial \theta}=-\rho\sin\theta,\quad \frac{\partial y}{\partial \theta}=\rho\cos\theta,\quad \frac{\partial z}{\partial \theta}=0,$$

$$\frac{\partial x}{\partial z}=0,\quad \frac{\partial y}{\partial z}=0,\quad \frac{\partial z}{\partial z}=1.$$

故 $h_1=1, h_2=\rho, h_3=1$.

由式(4.3)得到柱面坐标系的基向量为

$$\begin{pmatrix}\boldsymbol{e}_\rho\\ \boldsymbol{e}_\theta\\ \boldsymbol{e}_z\end{pmatrix}=\begin{pmatrix}\cos\theta & \sin\theta & 0\\ -\sin\theta & \cos\theta & 0\\ 0 & 0 & 1\end{pmatrix}\begin{pmatrix}\boldsymbol{i}\\ \boldsymbol{j}\\ \boldsymbol{k}\end{pmatrix}. \tag{4.6}$$

由式(4.4)得到

$$\begin{pmatrix}\boldsymbol{i}\\ \boldsymbol{j}\\ \boldsymbol{k}\end{pmatrix}=\begin{pmatrix}\cos\theta & -\sin\theta & 0\\ \sin\theta & \cos\theta & 0\\ 0 & 0 & 1\end{pmatrix}\begin{pmatrix}\boldsymbol{e}_\rho\\ \boldsymbol{e}_\theta\\ \boldsymbol{e}_z\end{pmatrix}. \tag{4.7}$$

向量 $\boldsymbol{r}$ 在柱面坐标系中的表示式为

$$\begin{aligned}\boldsymbol{r}&=x\boldsymbol{i}+y\boldsymbol{j}+z\boldsymbol{k}\\ &=\rho\cos\theta(\cos\theta\boldsymbol{e}_\rho-\sin\theta\boldsymbol{e}_\theta)+\rho\sin\theta(\sin\theta\boldsymbol{e}_\rho+\cos\theta\boldsymbol{e}_\theta)+z\boldsymbol{e}_z\\ &=\rho\boldsymbol{e}_\rho+z\boldsymbol{e}_z.\end{aligned}$$

(2) 根据球面坐标系和平面直角坐标系的关系

$$x=r\sin\theta\cos\varphi,\quad y=r\sin\theta\sin\varphi,\quad z=r\cos\theta, \tag{4.8}$$

得

$$\frac{\partial x}{\partial r}=\sin\theta\cos\varphi,\quad \frac{\partial y}{\partial r}=\sin\theta\sin\varphi,\quad \frac{\partial z}{\partial r}=\cos\theta,$$

$$\frac{\partial x}{\partial \theta}=r\cos\theta\cos\varphi,\quad \frac{\partial y}{\partial \theta}=r\cos\theta\sin\varphi,\quad \frac{\partial z}{\partial \theta}=-r\sin\theta,$$

$$\frac{\partial x}{\partial \varphi}=-r\sin\theta\sin\varphi,\quad \frac{\partial y}{\partial \varphi}=r\sin\theta\cos\varphi,\quad \frac{\partial z}{\partial \varphi}=0,$$

故 $h_1=1, h_2=r, h_3=r\sin\theta$.

由式(4.3)得到球面坐标系的基向量为

$$\begin{pmatrix}\boldsymbol{e}_r\\ \boldsymbol{e}_\theta\\ \boldsymbol{e}_\varphi\end{pmatrix}=\begin{pmatrix}\sin\theta\cos\varphi & \sin\theta\sin\varphi & \cos\theta\\ \cos\theta\cos\varphi & \cos\theta\sin\varphi & -\sin\theta\\ -\sin\varphi & \cos\varphi & 0\end{pmatrix}\begin{pmatrix}\boldsymbol{i}\\ \boldsymbol{j}\\ \boldsymbol{k}\end{pmatrix}. \tag{4.9}$$

由式(4.4)得到

$$\begin{pmatrix}\boldsymbol{i}\\ \boldsymbol{j}\\ \boldsymbol{k}\end{pmatrix}=\begin{pmatrix}\sin\theta\cos\varphi & \cos\theta\cos\varphi & -\sin\varphi\\ \sin\theta\sin\varphi & \cos\theta\sin\varphi & \cos\varphi\\ \cos\theta & -\sin\theta & 0\end{pmatrix}\begin{pmatrix}\boldsymbol{e}_r\\ \boldsymbol{e}_\theta\\ \boldsymbol{e}_\varphi\end{pmatrix}. \tag{4.10}$$

向量 $\boldsymbol{r}$ 在球面坐标系中的表示式为

$$\begin{aligned}\boldsymbol{r}&=x\boldsymbol{i}+y\boldsymbol{j}+z\boldsymbol{k}\\ &=r\sin\theta\cos\varphi(\sin\theta\cos\varphi\boldsymbol{e}_r+\cos\theta\cos\varphi\boldsymbol{e}_\theta-\sin\varphi\boldsymbol{e}_\varphi)+\\ &\quad r\sin\theta\sin\varphi(\sin\theta\sin\varphi\boldsymbol{e}_r+\cos\theta\sin\varphi\boldsymbol{e}_\theta+\cos\varphi\boldsymbol{e}_\varphi)+\\ &\quad r\cos\theta(\cos\theta\boldsymbol{e}_r-\sin\theta\boldsymbol{e}_\theta)\\ &=r\boldsymbol{e}_r.\end{aligned}$$

注 可以验证极坐标系、柱面坐标系和球面坐标系都是正交曲线坐标系.

3. 正交曲线坐标系中的弧微分

在直角坐标系下,有弧微分公式$(\mathrm{d}s)^2=(\mathrm{d}x)^2+(\mathrm{d}y)^2+(\mathrm{d}z)^2$.

定理 4.6 设(q_1,q_2,q_3)构成正交曲线坐标系,则有弧微分公式

$$(\mathrm{d}s)^2=h_1^2(\mathrm{d}q_1)^2+h_2^2(\mathrm{d}q_2)^2+h_3^2(\mathrm{d}q_3)^2, \tag{4.11}$$

其中$h_i=\sqrt{\left(\frac{\partial x}{\partial q_i}\right)^2+\left(\frac{\partial y}{\partial q_i}\right)^2+\left(\frac{\partial z}{\partial q_i}\right)^2}$为曲线坐标的度规系数.

证明 设s: $\boldsymbol{r}=x\boldsymbol{i}+y\boldsymbol{j}+z\boldsymbol{k}$是空间一条曲线,$x,y,z$是曲线坐标$q_1,q_2,q_3$的函数,即

$$x=x(q_1,q_2,q_3),\quad y=y(q_1,q_2,q_3),\quad z=z(q_1,q_2,q_3),$$

则有

$$\mathrm{d}x=\frac{\partial x}{\partial q_1}\mathrm{d}q_1+\frac{\partial x}{\partial q_2}\mathrm{d}q_2+\frac{\partial x}{\partial q_3}\mathrm{d}q_3,$$

$$\mathrm{d}y=\frac{\partial y}{\partial q_1}\mathrm{d}q_1+\frac{\partial y}{\partial q_2}\mathrm{d}q_2+\frac{\partial y}{\partial q_3}\mathrm{d}q_3,$$

$$\mathrm{d}z=\frac{\partial z}{\partial q_1}\mathrm{d}q_1+\frac{\partial z}{\partial q_2}\mathrm{d}q_2+\frac{\partial z}{\partial q_3}\mathrm{d}q_3.$$

于是

$$\begin{aligned}(\mathrm{d}s)^2&=(\mathrm{d}x)^2+(\mathrm{d}y)^2+(\mathrm{d}z)^2\\&=\left(\frac{\partial x}{\partial q_1}\mathrm{d}q_1+\frac{\partial x}{\partial q_2}\mathrm{d}q_2+\frac{\partial x}{\partial q_3}\mathrm{d}q_3\right)^2+\left(\frac{\partial y}{\partial q_1}\mathrm{d}q_1+\frac{\partial y}{\partial q_2}\mathrm{d}q_2+\frac{\partial y}{\partial q_3}\mathrm{d}q_3\right)^2+\\&\quad\left(\frac{\partial z}{\partial q_1}\mathrm{d}q_1+\frac{\partial z}{\partial q_2}\mathrm{d}q_2+\frac{\partial z}{\partial q_3}\mathrm{d}q_3\right)^2\\&=h_1^2(\mathrm{d}q_1)^2+h_2^2(\mathrm{d}q_2)^2+h_3^2(\mathrm{d}q_3)^2+2\frac{\partial x}{\partial q_1}\frac{\partial x}{\partial q_2}\mathrm{d}q_1\mathrm{d}q_2+\\&\quad 2\frac{\partial x}{\partial q_1}\frac{\partial x}{\partial q_3}\mathrm{d}q_1\mathrm{d}q_3+2\frac{\partial x}{\partial q_2}\frac{\partial x}{\partial q_3}\mathrm{d}q_2\mathrm{d}q_3+2\frac{\partial y}{\partial q_1}\frac{\partial y}{\partial q_2}\mathrm{d}q_1\mathrm{d}q_2+2\frac{\partial y}{\partial q_1}\frac{\partial y}{\partial q_3}\mathrm{d}q_1\mathrm{d}q_3+\\&\quad 2\frac{\partial y}{\partial q_2}\frac{\partial y}{\partial q_3}\mathrm{d}q_2\mathrm{d}q_3+2\frac{\partial z}{\partial q_1}\frac{\partial z}{\partial q_2}\mathrm{d}q_1\mathrm{d}q_2+2\frac{\partial z}{\partial q_1}\frac{\partial z}{\partial q_3}\mathrm{d}q_1\mathrm{d}q_3+2\frac{\partial z}{\partial q_2}\frac{\partial z}{\partial q_3}\mathrm{d}q_2\mathrm{d}q_3\\&=h_1^2(\mathrm{d}q_1)^2+h_2^2(\mathrm{d}q_2)^2+h_3^2(\mathrm{d}q_3)^2+2\frac{\partial \boldsymbol{r}}{\partial q_1}\frac{\partial \boldsymbol{r}}{\partial q_2}\mathrm{d}q_1\mathrm{d}q_2+2\frac{\partial \boldsymbol{r}}{\partial q_1}\frac{\partial \boldsymbol{r}}{\partial q_3}\mathrm{d}q_1\mathrm{d}q_3+\\&\quad 2\frac{\partial \boldsymbol{r}}{\partial q_2}\frac{\partial \boldsymbol{r}}{\partial q_3}\mathrm{d}q_2\mathrm{d}q_3.\end{aligned}$$

又

$$\frac{\partial \boldsymbol{r}}{\partial q_1}\cdot\frac{\partial \boldsymbol{r}}{\partial q_2}=\left(\left|\frac{\partial \boldsymbol{r}}{\partial q_1}\right|\cdot\boldsymbol{e}_1\right)\left(\left|\frac{\partial \boldsymbol{r}}{\partial q_2}\right|\cdot\boldsymbol{e}_2\right),$$

其中,$\boldsymbol{e}_i$为沿q_i切线方向的单位向量,即为$\frac{\partial \boldsymbol{r}}{\partial q_i}$的单位向量. 因为$(q_1,q_2,q_3)$为正交曲线坐标,所以$\boldsymbol{e}_i\cdot\boldsymbol{e}_j=0,i\neq j$. 因此

$$\frac{\partial \boldsymbol{r}}{\partial q_1}\cdot\frac{\partial \boldsymbol{r}}{\partial q_2}\mathrm{d}q_1\mathrm{d}q_2=0,\quad \frac{\partial \boldsymbol{r}}{\partial q_1}\cdot\frac{\partial \boldsymbol{r}}{\partial q_3}\mathrm{d}q_1\mathrm{d}q_3=0,\quad \frac{\partial \boldsymbol{r}}{\partial q_2}\cdot\frac{\partial \boldsymbol{r}}{\partial q_3}\mathrm{d}q_2\mathrm{d}q_3=0,$$

故

$$(\mathrm{d}s)^2=h_1^2(\mathrm{d}q_1)^2+h_2^2(\mathrm{d}q_2)^2+h_3^2(\mathrm{d}q_3)^2.$$

对坐标曲线 q_1 来说，其上只有坐标 q_1 在变化，另外两个坐标 q_2, q_3 都保持不变，即有 $\mathrm{d}q_2=\mathrm{d}q_3=0$. 用 $\mathrm{d}s_1$ 表示坐标曲线 q_1 的弧微分，则有

$$\mathrm{d}s_1=\sqrt{\left(\frac{\partial x}{\partial q_1}\right)^2+\left(\frac{\partial y}{\partial q_1}\right)^2+\left(\frac{\partial z}{\partial q_1}\right)^2}\,\mathrm{d}q_1=h_1\mathrm{d}q_1. \tag{4.12}$$

同理，坐标曲线 q_2, q_3 的弧微分 $\mathrm{d}s_2, \mathrm{d}s_3$ 分别为 $\mathrm{d}s_2=h_2\mathrm{d}q_2, \mathrm{d}s_3=h_3\mathrm{d}q_3$. 因此式(4.11)可写为 $(\mathrm{d}s)^2=(\mathrm{d}s_1)^2+(\mathrm{d}s_2)^2+(\mathrm{d}s_3)^2$，这与直角坐标系下的弧微分表达式一致.

4. 梯度在正交曲线坐标系下的表示式

设函数 $u=u(q_1, q_2, q_3)$ 的梯度在 q_1, q_2, q_3 增长方向上的分量分别等于 u 在这些方向上的变化率，即

$$(\mathrm{grad}u)_1=\lim_{\Delta s_1\to 0}\frac{\Delta u}{\Delta s_1}=\lim_{\Delta s_1\to 0}\frac{\Delta u}{h_1\Delta q_1}=\frac{1}{h_1}\frac{\partial u}{\partial q_1}.$$

同理，有

$$(\mathrm{grad}u)_2=\frac{1}{h_2}\frac{\partial u}{\partial q_2},\quad (\mathrm{grad}u)_3=\frac{1}{h_3}\frac{\partial u}{\partial q_3}.$$

于是

$$\begin{aligned}\mathrm{grad}u&=(\mathrm{grad}u)_1\boldsymbol{e}_1+(\mathrm{grad}u)_2\boldsymbol{e}_2+(\mathrm{grad}u)_3\boldsymbol{e}_3\\&=\left(\frac{1}{h_1}\frac{\partial u}{\partial q_1},\frac{1}{h_2}\frac{\partial u}{\partial q_2},\frac{1}{h_3}\frac{\partial u}{\partial q_3}\right)\\&\overset{\mathrm{def}}{=}\left(\frac{1}{h_1}\frac{\partial}{\partial q_1}\boldsymbol{e}_1+\frac{1}{h_2}\frac{\partial}{\partial q_2}\boldsymbol{e}_2+\frac{1}{h_3}\frac{\partial}{\partial q_3}\boldsymbol{e}_3\right)u\\&\overset{\mathrm{def}}{=}\nabla u,\end{aligned} \tag{4.13}$$

其中

$$\nabla=\frac{1}{h_1}\frac{\partial}{\partial q_1}\boldsymbol{e}_1+\frac{1}{h_2}\frac{\partial}{\partial q_2}\boldsymbol{e}_2+\frac{1}{h_3}\frac{\partial}{\partial q_3}\boldsymbol{e}_3 \tag{4.14}$$

为哈密顿算子在正交曲线坐标系 (q_1, q_2, q_3) 下的表达式.

由例 4.20，式(4.13)及式(4.14)立即可得梯度及哈密顿算子在柱坐标和球坐标系中的表达式分别为

$$(\mathrm{grad}u)_{柱}=\left(\frac{\partial u}{\partial\rho},\frac{1}{\rho}\frac{\partial u}{\partial\theta},\frac{\partial u}{\partial z}\right), \tag{4.15}$$

$$(\mathrm{grad}u)_{球}=\left(\frac{\partial u}{\partial r},\frac{1}{r}\frac{\partial u}{\partial\theta},\frac{1}{r\sin\theta}\frac{\partial u}{\partial\varphi}\right), \tag{4.16}$$

和

$$\nabla_{柱}=\boldsymbol{e}_\rho\frac{\partial}{\partial\rho}+\boldsymbol{e}_\theta\frac{1}{\rho}\frac{\partial}{\partial\theta}+\boldsymbol{e}_z\frac{\partial}{\partial z}, \tag{4.17}$$

$$\nabla_{球}=\boldsymbol{e}_r\frac{\partial}{\partial r}+\boldsymbol{e}_\theta\frac{1}{r}\frac{\partial}{\partial\theta}+\boldsymbol{e}_\varphi\frac{1}{r\sin\theta}\frac{\partial}{\partial\varphi}. \tag{4.18}$$

例 4.21　求 $u=xyz$ 的梯度 ∇u 在柱面坐标系下的表达式.

解　在柱面坐标系下 $u=xyz=z\rho^2\cos\theta\sin\theta=\frac{1}{2}z\rho^2\sin2\theta$. 由式(4.18)得 $h_1=1, h_2=\rho, h_3=1$. 又因为

$$\frac{\partial u}{\partial\rho}=z\rho\sin2\theta,\quad \frac{\partial u}{\partial\theta}=z\rho^2\cos2\theta,\quad \frac{\partial u}{\partial z}=\frac{1}{2}\rho^2\sin2\theta,$$

故

$$\begin{aligned}\nabla u &= \frac{1}{h_1}\left(\frac{\partial u}{\partial \rho}\right)\boldsymbol{e}_\rho + \frac{1}{h_2}\left(\frac{\partial u}{\partial \theta}\right)\boldsymbol{e}_\theta + \frac{1}{h_3}\left(\frac{\partial u}{\partial z}\right)\boldsymbol{e}_z \\ &= \left(\frac{\partial u}{\partial \rho}\right)\boldsymbol{e}_\rho + \frac{1}{\rho}\left(\frac{\partial u}{\partial \theta}\right)\boldsymbol{e}_\theta + \left(\frac{\partial u}{\partial z}\right)\boldsymbol{e}_z \\ &= z\rho\sin 2\theta \boldsymbol{e}_\rho + \frac{1}{\rho}z\rho^2\cos 2\theta \boldsymbol{e}_\theta + \frac{1}{2}\rho^2\sin 2\theta \boldsymbol{e}_z \\ &= z\rho\sin 2\theta \boldsymbol{e}_\rho + z\rho\cos 2\theta \boldsymbol{e}_\theta + \frac{1}{2}\rho^2\sin 2\theta \boldsymbol{e}_z.\end{aligned}$$

注 对于坐标曲线 $q_i(i=1,2,3)$，我们有结论

$$\nabla q_i = \frac{1}{h_i}\boldsymbol{e}_i, \quad i=1,2,3. \tag{4.19}$$

事实上，由式(4.14)，我们有

$$\nabla q_1 = \frac{\partial q_1}{\partial \boldsymbol{e}_1}\boldsymbol{e}_1. \tag{4.20}$$

设 $\boldsymbol{e}_1$ 和 x,y,z 的夹角为 α,β,γ，则

$$\frac{\partial q_1}{\partial \boldsymbol{e}_1} = \frac{\partial q_1}{\partial x}\cos\alpha + \frac{\partial q_1}{\partial y}\cos\beta + \frac{\partial q_1}{\partial z}\cos\gamma. \tag{4.21}$$

由于 $\boldsymbol{e}_1$ 是坐标曲线 q_1 的单位切向量，设 s_1 表示坐标曲线 q_1 上点的弧长，其增加方向即为 $\boldsymbol{e}_1$ 的正向，根据 $\cos\alpha=\frac{\mathrm{d}x}{\mathrm{d}s_1}$，$\cos\beta=\frac{\mathrm{d}y}{\mathrm{d}s_1}$，$\cos\gamma=\frac{\mathrm{d}z}{\mathrm{d}s_1}$和式(4.21)，我们有

$$\frac{\partial q_1}{\partial \boldsymbol{e}_1} = \frac{\partial q_1}{\partial x}\frac{\mathrm{d}x}{\mathrm{d}s_1} + \frac{\partial q_1}{\partial y}\frac{\mathrm{d}y}{\mathrm{d}s_1} + \frac{\partial q_1}{\partial z}\frac{\mathrm{d}z}{\mathrm{d}s_1} = \frac{\mathrm{d}q_1}{\mathrm{d}s_1}. \tag{4.22}$$

把式(4.12)中的$\frac{\mathrm{d}q_1}{\mathrm{d}s_1}=\frac{1}{h_1}$代入式(4.22)得$\nabla q_1=\frac{1}{h_1}\boldsymbol{e}_1$. 类似地可得式(4.19).

5. 散度在正交曲线坐标系下的表达式

设 $\boldsymbol{a}=a_1(q_1,q_2,q_3)\boldsymbol{e}_1+a_2(q_1,q_2,q_3)\boldsymbol{e}_2+a_3(q_1,q_2,q_3)\boldsymbol{e}_3$，则

$$\begin{aligned}\mathrm{div}\boldsymbol{a} &= \nabla\cdot\boldsymbol{a} = \nabla\cdot(a_1\boldsymbol{e}_1+a_2\boldsymbol{e}_2+a_3\boldsymbol{e}_3) \\ &= \nabla\cdot(a_1\boldsymbol{e}_2\times\boldsymbol{e}_3+a_2\boldsymbol{e}_3\times\boldsymbol{e}_1+a_3\boldsymbol{e}_1\times\boldsymbol{e}_2) \\ &= \nabla\cdot(a_1\boldsymbol{e}_2\times\boldsymbol{e}_3)+\nabla(a_2\boldsymbol{e}_3\times\boldsymbol{e}_1)+\nabla(a_3\boldsymbol{e}_1\times\boldsymbol{e}_2).\end{aligned} \tag{4.23}$$

根据式(4.19)及散度运算公式(4)，有

$$\mathrm{div}\boldsymbol{a} = \nabla\cdot(a_1h_2h_3\,\nabla q_2\times\nabla q_3)+\nabla\cdot(a_2h_3h_1\,\nabla q_3\times\nabla q_1)+\nabla\cdot(a_3h_1h_2\,\nabla q_1\times\nabla q_2). \tag{4.24}$$

$$\nabla\cdot(a_1h_2h_3\,\nabla q_2\times\nabla q_3) = a_1h_2h_3\,\nabla\cdot(\nabla q_2\times\nabla q_3)+(\nabla q_2\times\nabla q_3)\cdot\nabla(a_1h_2h_3). \tag{4.25}$$

根据旋度运算公式(5)，有

$$\nabla\cdot(\nabla q_2\times\nabla q_3) = \nabla q_3\cdot(\nabla\times\nabla q_2)-\nabla q_2\cdot(\nabla\times\nabla q_3)=0. \tag{4.26}$$

根据梯度的运算公式(7)，得

$$\nabla(a_1h_2h_3) = \frac{\partial(a_1h_2h_3)}{\partial q_1}\nabla q_1+\frac{\partial(a_1h_2h_3)}{\partial q_2}\nabla q_2+\frac{\partial(a_1h_2h_3)}{\partial q_3}\nabla q_3. \tag{4.27}$$

所以

$$(\nabla q_2\times\nabla q_3)\cdot\nabla(a_1h_2h_3)=\frac{\partial(a_1h_2h_3)}{\partial q_1}(\nabla q_2\times\nabla q_3)\cdot\nabla q_1+$$

$$\frac{\partial(a_1h_2h_3)}{\partial q_2}(\nabla q_2\times\nabla q_3)\cdot\nabla q_2+\frac{\partial(a_1h_2h_3)}{\partial q_3}(\nabla q_2\times\nabla q_3)\cdot\nabla q_3$$

$$=\frac{\partial(a_1h_2h_3)}{\partial q_1}\frac{1}{h_1h_2h_3}(\boldsymbol{e}_2\times\boldsymbol{e}_3)\cdot\boldsymbol{e}_1 \tag{4.28}$$

$$=\frac{1}{h_1h_2h_3}\frac{\partial(a_1h_2h_3)}{\partial q_1}.$$

将式(4.26)、式(4.28)代入式(4.25)，得

$$\nabla\cdot(a_1h_2h_3\ \nabla q_2\times\nabla q_3)=\frac{1}{h_1h_2h_3}\frac{\partial(a_1h_2h_3)}{\partial q_1}.$$

同理，$\nabla\cdot(a_2h_3h_1\ \nabla q_2\times\nabla q_3)=\frac{1}{h_1h_2h_3}\frac{\partial(a_2h_3h_1)}{\partial q_2}$，$\nabla\cdot(a_3h_1h_2\ \nabla q_1\times\nabla q_2)=\frac{1}{h_1h_2h_3}\frac{\partial(a_3h_1h_2)}{\partial q_3}$.

于是 $\boldsymbol{a}$ 的散度为 $\nabla\cdot\boldsymbol{a}=\frac{1}{h_1h_2h_3}\left[\frac{\partial(a_1h_2h_3)}{\partial q_1}+\frac{\partial(a_2h_3h_1)}{\partial q_2}+\frac{\partial(a_3h_1h_2)}{\partial q_3}\right]$.

由上式和例 4.20，得出散度在柱面坐标系下的表达式为

$$(\mathrm{div}\boldsymbol{a})_{柱}=\frac{1}{\rho}\frac{\partial(\rho a_\rho)}{\partial\rho}+\frac{1}{\rho}\frac{\partial a_\theta}{\partial\theta}+\frac{\partial a_z}{\partial z};$$

散度在球面坐标系下的表达式为

$$(\mathrm{div}\boldsymbol{a})_{球}=\frac{1}{r^2}\frac{\partial(r^2a_r)}{\partial r}+\frac{1}{r\sin\theta}\frac{\partial(a_\theta\sin\theta)}{\partial\theta}+\frac{1}{r\sin\theta}\frac{\partial a_\varphi}{\partial_\varphi}.$$

例 4.22　在柱面坐标系中，已知

$$\boldsymbol{A}(\rho,\theta,z)=\rho z^2\sin\theta\boldsymbol{e}_\rho+\rho z^2\cos\theta\boldsymbol{e}_\theta+\rho^2z\sin\theta\boldsymbol{e}_z,$$

求 $\mathrm{div}\boldsymbol{A}$.

解

$$\begin{aligned}\mathrm{div}\boldsymbol{A}=\nabla\cdot\boldsymbol{A}&=\frac{1}{\rho}\left[\frac{\partial(\rho\boldsymbol{A}_\rho)}{\partial\rho}+\frac{\partial\boldsymbol{A}_\theta}{\partial\theta}+\frac{\partial(\rho\boldsymbol{A}_z)}{\partial z}\right]\\&=\frac{1}{\rho}\left[\frac{\partial(\rho^2z^2\sin\theta)}{\partial\rho}+\frac{\partial(\rho z^2\cos\theta)}{\partial\theta}+\frac{\partial(\rho^3z\sin\theta)}{\partial z}\right]\\&=\frac{1}{\rho}(2\rho z^2\sin\theta-\rho z^2\sin\theta+\rho^3\sin\theta)\\&=(z^2+\rho^2)\sin\theta.\end{aligned}$$

6. 旋度在正交曲线坐标系下的表达式

设矢量场

$$\begin{aligned}\boldsymbol{a}&=a_1(q_1,q_2,q_3)\boldsymbol{e}_1+a_2(q_1,q_2,q_3)\boldsymbol{e}_2+a_3(q_1,q_2,q_3)\boldsymbol{e}_3\\&=a_1h_1\ \nabla q_1+a_2h_2\ \nabla q_2+a_3h_3\ \nabla q_3.\end{aligned}$$

则 $\boldsymbol{a}$ 的旋度为

$$\nabla\times\boldsymbol{a}=\nabla\times(a_1h_1\ \nabla q_1+a_2h_2\ \nabla q_2+a_3h_3\ \nabla q_3).$$

由旋度计算公式可得

$$\begin{aligned}\nabla\times(a_1h_1\nabla q_1)&=a_1h_1\nabla\times(\nabla q_1)+\nabla(a_1h_1)\times\nabla q_1\\&=\nabla(a_1h_1)\times\nabla q_1=\left(\sum_{i=1}^{3}\frac{\partial a_1h_1}{\partial q_i}\nabla q_i\right)\times\nabla q_1\end{aligned}$$

$$= \frac{\partial(a_1h_1)}{\partial q_2}\nabla q_2 \times \nabla q_1 + \frac{\partial(a_1h_1)}{\partial q_3}\nabla q_3 \times \nabla q_1$$

$$= \frac{\partial(a_1h_1)}{\partial q_2}\frac{1}{h_2h_1}(\boldsymbol{e}_2 \times \boldsymbol{e}_1) + \frac{\partial(a_1h_1)}{\partial q_3}\frac{1}{h_3h_1}(\boldsymbol{e}_3 \times \boldsymbol{e}_1)$$

$$= -\frac{1}{h_2h_1}\frac{\partial(a_1h_1)}{\partial q_2}\boldsymbol{e}_3 + \frac{1}{h_3h_1}\frac{\partial(a_1h_1)}{\partial q_3}\boldsymbol{e}_2$$

$$= \frac{1}{h_1h_2h_3}\left[\frac{\partial(a_1h_1)}{\partial q_3}h_2\boldsymbol{e}_2 - \frac{\partial(a_1h_1)}{\partial q_2}h_3\boldsymbol{e}_3\right].$$

由类似推导可得

$$\nabla \times (a_2h_2\nabla q_2) = \frac{1}{h_1h_2h_3}\left[\frac{\partial(a_2h_2)}{\partial q_1}h_1\boldsymbol{e}_3 - \frac{\partial(a_2h_2)}{\partial q_2}h_1\boldsymbol{e}_1\right],$$

$$\nabla \times (a_3h_3\nabla q_3) = \frac{1}{h_1h_2h_3}\left[\frac{\partial(a_3h_3)}{\partial q_2}h_1\boldsymbol{e}_1 - \frac{\partial(a_3h_3)}{\partial q_1}h_2\boldsymbol{e}_2\right].$$

于是，$\boldsymbol{a}$ 的旋度为

$$\nabla \times \boldsymbol{a} = \frac{1}{h_1h_2h_3}\left[\frac{\partial(a_1h_1)}{\partial q_3}h_2\boldsymbol{e}_2 - \frac{\partial(a_1h_1)}{\partial q_2}h_3\boldsymbol{e}_3 + \frac{\partial(a_2h_2)}{\partial q_1}h_1\boldsymbol{e}_3 - \frac{\partial(a_2h_2)}{\partial q_2}h_1\boldsymbol{e}_1 + \frac{\partial(a_3h_3)}{\partial q_2}h_1\boldsymbol{e}_1 - \frac{\partial(a_3h_3)}{\partial q_1}h_2\boldsymbol{e}_2\right].$$

为便于记忆，可记成

$$\nabla \times \boldsymbol{a} = \frac{1}{h_1h_2h_3}\begin{vmatrix} h_1\boldsymbol{e}_1 & h_2\boldsymbol{e}_2 & h_3\boldsymbol{e}_3 \\ \dfrac{\partial}{\partial q_1} & \dfrac{\partial}{\partial q_2} & \dfrac{\partial}{\partial q_3} \\ a_1h_1 & a_2h_2 & a_3h_3 \end{vmatrix}.$$

由上式和例 4.20，可得到旋度在柱面和球面坐标系中的表达式分别为

$$(\mathrm{rot}\boldsymbol{a})_{柱} = \frac{1}{\rho}\begin{vmatrix} \boldsymbol{e}_1 & \rho\boldsymbol{e}_2 & \boldsymbol{e}_3 \\ \dfrac{\partial}{\partial q_1} & \dfrac{\partial}{\partial q_2} & \dfrac{\partial}{\partial q_3} \\ a_1 & a_2\rho & a_3 \end{vmatrix}, \tag{4.29}$$

$$(\mathrm{rot}\boldsymbol{a})_{球} = \frac{1}{r\sin\theta}\begin{vmatrix} \boldsymbol{e}_1 & r\boldsymbol{e}_2 & r\sin\theta\boldsymbol{e}_3 \\ \dfrac{\partial}{\partial q_1} & \dfrac{\partial}{\partial q_2} & \dfrac{\partial}{\partial q_3} \\ a_1 & a_2r & a_3r\sin\theta \end{vmatrix}. \tag{4.30}$$

例 4.23 在球面坐标系中，已知

$$\boldsymbol{A}(r,\theta,\varphi) = r\sin\varphi\boldsymbol{e}_r + r\cos\theta\boldsymbol{e}_\theta + \sin\theta\boldsymbol{e}_\varphi.$$

求 $\mathrm{rot}\boldsymbol{A}$.

解

$$\mathrm{rot}\boldsymbol{A} = \frac{1}{r^2\sin\theta}\begin{vmatrix} \boldsymbol{e}_r & r\boldsymbol{e}_\theta & r\sin\theta\boldsymbol{e}_\varphi \\ \dfrac{\partial}{\partial r} & \dfrac{\partial}{\partial \theta} & \dfrac{\partial}{\partial \varphi} \\ \boldsymbol{A}_r & r\boldsymbol{A}_\theta & r\sin\theta\boldsymbol{A}_\varphi \end{vmatrix}$$

$$
=\frac{1}{r^2\sin\theta}\begin{vmatrix} \boldsymbol{e}_r & r\boldsymbol{e}_\theta & r\sin\theta\boldsymbol{e}_\varphi \\ \dfrac{\partial}{\partial r} & \dfrac{\partial}{\partial\theta} & \dfrac{\partial}{\partial\varphi} \\ r\sin\varphi & r^2\cos\theta & r\sin^2\theta \end{vmatrix}
$$

$$
=\frac{1}{r^2\sin\theta}[2r\sin\theta\cos\theta\boldsymbol{e}_r+(r\cos\varphi-\sin^2\theta)r\boldsymbol{e}_\theta+2r^2\sin\theta\cos\theta\boldsymbol{e}_\varphi]
$$

$$
=\frac{2}{r}\cos\theta\boldsymbol{e}_r+\left(\frac{r\cos\varphi-\sin^2\theta}{r\sin\theta}\right)\boldsymbol{e}_\theta+2\cos\theta\boldsymbol{e}_\varphi.
$$

4.3　正交曲线坐标系下的拉普拉斯算符、格林第一公式和格林第二公式

1. 拉普拉斯算符

记$\nabla\cdot(\nabla u)=\nabla^2 u$(有些书上也记作 Δu),∇^2(或 Δ)称为拉普拉斯(Laplace)算符.

在直角坐标系中,因为

$$
\nabla^2 u=\frac{\partial}{\partial x}\left(\frac{\partial u}{\partial x}\right)+\frac{\partial}{\partial y}\left(\frac{\partial u}{\partial y}\right)+\frac{\partial}{\partial z}\left(\frac{\partial u}{\partial z}\right)=\frac{\partial^2 u}{\partial x^2}+\frac{\partial^2 u}{\partial y^2}+\frac{\partial^2 u}{\partial z^2},
$$

所以

$$
\nabla^2=\frac{\partial^2}{\partial x^2}+\frac{\partial^2}{\partial y^2}+\frac{\partial^2}{\partial z^2}. \tag{4.31}
$$

在正交曲线坐标系中,因为

$$
\nabla\cdot\boldsymbol{a}=\frac{1}{h_1h_2h_3}\left[\frac{\partial(a_1h_2h_3)}{\partial q_1}+\frac{\partial(a_2h_1h_3)}{\partial q_2}+\frac{\partial(a_3h_2h_1)}{\partial q_3}\right],
$$

并且

$$
\nabla u=\frac{1}{h_1}\frac{\partial u}{\partial q_1}\boldsymbol{e}_1+\frac{1}{h_2}\frac{\partial u}{\partial q_2}\boldsymbol{e}_2+\frac{1}{h_3}\frac{\partial u}{\partial q_3}\boldsymbol{e}_3,
$$

所以

$$
\nabla^2 u=\nabla\cdot(\nabla u)=\frac{1}{h_1h_2h_3}\left[\frac{\partial}{\partial q_1}\left(\frac{h_2h_3}{h_1}\frac{\partial u}{\partial q_1}\right)+\frac{\partial}{\partial q_2}\left(\frac{h_3h_1}{h_2}\frac{\partial u}{\partial q_2}\right)+\frac{\partial}{\partial q_3}\left(\frac{h_1h_2}{h_3}\frac{\partial u}{\partial q_3}\right)\right]. \tag{4.32}
$$

应用于柱坐标系和球坐标系中,分别得到

$$
\nabla^2_{柱}=\frac{1}{\rho}\frac{\partial}{\partial\rho}\left(\rho\frac{\partial}{\partial\rho}\right)+\frac{1}{\rho^2}\frac{\partial^2}{\partial\theta^2}+\frac{\partial^2}{\partial z^2}, \tag{4.33}
$$

$$
\nabla^2_{球}=\frac{1}{r^2}\frac{\partial}{\partial r}\left(r^2\frac{\partial}{\partial r}\right)+\frac{1}{r^2\sin\theta}\frac{\partial}{\partial\theta}\left(\sin\theta\frac{\partial}{\partial\theta}\right)+\frac{1}{r^2\sin^2\theta}\frac{\partial^2}{\partial\varphi^2}. \tag{4.34}
$$

由式(4.33)可知,在平面极坐标系下有

$$
\nabla^2=\frac{1}{\rho}\frac{\partial}{\partial\rho}\left(\rho\frac{\partial}{\partial\rho}\right)+\frac{1}{\rho^2}\frac{\partial^2}{\partial\varphi^2}=\frac{\partial^2}{\partial\rho^2}+\frac{1}{\rho}\frac{\partial}{\partial\rho}+\frac{1}{\rho^2}\frac{\partial^2}{\partial\varphi^2}. \tag{4.35}
$$

满足$\nabla^2 u=0$ 的函数 u 称为调和函数.

2. 格林第一公式和格林第二公式

格林(Green)第一公式:设 Φ 有连续二阶偏导数,Ψ 有一阶连续的偏导数,则对单连通

区域 Ω,有

$$\iiint_{\Omega}(\Psi \nabla^2\Phi + \nabla\Psi \cdot \nabla\Phi)\mathrm{d}v = \oiint_{S}\Psi \nabla\Phi \cdot \mathrm{d}\boldsymbol{S}. \tag{4.36}$$

证明 由格林公式 $\oiint_{S}\boldsymbol{A} \cdot \mathrm{d}\boldsymbol{S} = \iiint_{\Omega}\nabla\cdot \boldsymbol{A}\mathrm{d}v$, 有

$$\oiint_{S}\Psi \nabla\Phi \cdot \mathrm{d}\boldsymbol{S}= \iiint_{\Omega}\nabla(\Psi \nabla\Phi)\mathrm{d}v = \iiint_{\Omega}(\Psi \nabla\cdot \nabla\Phi + \nabla\Psi \cdot \nabla\Phi)\mathrm{d}v$$

$$= \iiint_{\Omega}(\Psi \nabla^2\Phi + \nabla\Psi \cdot \nabla\Phi)\mathrm{d}v.$$

将式(4.36)中 Φ 和 Ψ 的位置互换,得到的式子与式(4.36)相减,就得到格林第二公式

$$\iiint_{\Omega}(\Psi \nabla^2\Phi - \Phi \nabla^2\Psi)\mathrm{d}v = \oiint_{S}(\Psi \nabla\Phi - \Phi \nabla\Psi) \cdot \mathrm{d}\boldsymbol{S}. \tag{4.37}$$

例 4.24 证明函数 $u=\dfrac{1}{r}=\dfrac{1}{\sqrt{x^2+y^2+z^2}}$满足$\nabla^2 u=0$(即 u 满足拉普拉斯方程).

证明

$$\nabla^2\frac{1}{r}= \nabla\cdot \nabla\frac{1}{r} = \nabla\left(-\frac{\nabla r}{r^2}\right)=-\nabla\left(\frac{1}{r^3}\cdot \boldsymbol{r}\right)$$

$$=-\left[\frac{1}{r^3}\nabla\boldsymbol{r}+\left(\nabla\frac{1}{r^3}\right)\cdot \boldsymbol{r}\right]=-\left[\frac{3}{r^3}-\frac{3}{r^4}\frac{\boldsymbol{r}\cdot\boldsymbol{r}}{r}\right]= 0.$$

4.4 算子方程

1. 由方程$\nabla\times\boldsymbol{a}=\boldsymbol{0}$定义的无旋场及其位势

定义 4.10 满足方程 $\mathrm{rot}\boldsymbol{a}=\nabla\times\boldsymbol{a}=0$ 的矢量场 $\boldsymbol{a}(x,y,z)$称为**无旋场**(或**保守场**).

定理 4.7 若有$\nabla\times\boldsymbol{a}=\boldsymbol{0}$,则有标量函数 $u(x,y,z)$,使 $\boldsymbol{a}=\nabla u$,u 称为 $\boldsymbol{a}$ 的势函数,因此无旋场(或保守场)又称为**有势场**.

证明 由斯托克斯公式有

$$\oint_C \boldsymbol{a} \cdot \mathrm{d}\boldsymbol{l} = \iint_S \nabla\times \boldsymbol{a} \cdot \mathrm{d}\boldsymbol{S}.$$

当 $\boldsymbol{a}$ 为无旋场时,有$\oint_C \boldsymbol{a} \cdot \mathrm{d}\boldsymbol{l} = 0$,即$\int_{M_0}^{M} \boldsymbol{a} \cdot \mathrm{d}\boldsymbol{l}$ 为 x,y,z 的单值函数,即为

$$u(x,y,z) = \int_{M_0}^{M}\boldsymbol{a} \cdot \mathrm{d}\boldsymbol{l}.$$

在 $M(x,y,z)$的邻域内取一点 $M_1(x+\Delta x,y,z)$,则

$$u(M_1) - u(M)= \left(\int_{M_0}^{M_1}\boldsymbol{a} \cdot \mathrm{d}\boldsymbol{l}-\int_{M_0}^{M}\boldsymbol{a} \cdot \mathrm{d}\boldsymbol{l}\right)$$

$$= \left(\int_{M_0}^{M}\boldsymbol{a} \cdot \mathrm{d}\boldsymbol{l}+\int_{M}^{M_1}\boldsymbol{a} \cdot \mathrm{d}\boldsymbol{l}-\int_{M_0}^{M}\boldsymbol{a} \cdot \mathrm{d}\boldsymbol{l}\right)= \int_{M}^{M_1}\boldsymbol{a} \cdot \mathrm{d}\boldsymbol{l}.$$

由积分中值定理,在 MM_1 上至少有一点 P,使

$$\int_{M_0}^{M}a_x\mathrm{d}x = a_x(p) \cdot \Delta x,$$

即

$$\frac{\partial u}{\partial x}=\lim_{\Delta x\to 0}\frac{u(M_1)-u(M)}{\Delta x}=a_x.$$

同理可证

$$\frac{\partial u}{\partial y}=a_y,\quad \frac{\partial u}{\partial z}=a_z.$$

即

$$a=\nabla u.$$

由于 M_0 是任意的，故 $u(x,y,z)$ 不是唯一的，不同的势函数之间相差一个常数. 有时也将势函数记为 $v=-u$. 求势函数可取平行于坐标轴的折线，如图 4.7 所示，则

$$u(x,y,z)=\int_{x_0}^{x}a_x(x,y_0,z_0)\mathrm{d}x+\int_{y_0}^{y}a_y(x,y,z_0)\mathrm{d}y+\int_{z_0}^{z}a_z(x,y,z)\mathrm{d}z. \tag{4.38}$$

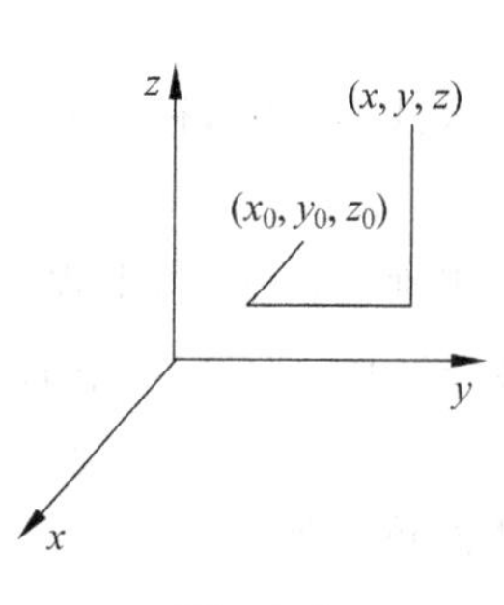

图　4.7

注　势函数有明确的物理意义，在引力场和静电场中，场的势能与势函数仅差一个符号，即 $v=-u$，势函数由式(4.38)确定。

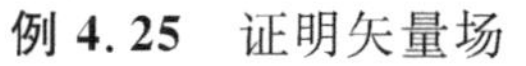
例 4.25　证明矢量场

$$\boldsymbol{A}=2xyz^2\boldsymbol{i}+(x^2z^2+\cos y)\boldsymbol{j}+2x^2yz\boldsymbol{k}$$

为有势场，并求其势函数.

证明

$$\nabla\times\boldsymbol{A}=\mathrm{rot}\boldsymbol{A}=\begin{vmatrix}\boldsymbol{i} & \boldsymbol{j} & \boldsymbol{k}\\ \dfrac{\partial}{\partial x} & \dfrac{\partial}{\partial y} & \dfrac{\partial}{\partial z}\\ 2xyz^2 & x^2z^2+\cos y & 2x^2yz\end{vmatrix}$$

$$=(2x^2z-2x^2z)\boldsymbol{i}+(4xyz-4xyz)\boldsymbol{j}+(2xz^2-2xz^2)\boldsymbol{k}$$

$$=\boldsymbol{0}.$$

故 $\boldsymbol{A}$ 为有势场.

现在应用 $u(x,y,z)=\int_{x_0}^{x}a_x(x,y_0,z_0)\mathrm{d}x+\int_{y_0}^{y}a_y(x,y,z_0)\mathrm{d}y+\int_{z_0}^{z}a_z(x,y,z)\mathrm{d}z$ 求势函数. 为简便计算，取 $M_0(x_0,y_0,z_0)$ 为坐标原点 $O(0,0,0)$，则有

$$u=\int_0^x 2xy_0z_0^2\mathrm{d}x+\int_0^y(x^2z_0^2+\cos y)\mathrm{d}y+\int_0^z 2x^2yz\mathrm{d}z$$

$$=\int_0^x O\mathrm{d}x+\int_0^y\cos y\mathrm{d}y+\int_0^z 2x^2yz\mathrm{d}z=\sin y+x^2yz^2,$$

于是得势函数

$$v=-u=-\sin y-x^2yz^2.$$

而势函数的全体则为

$$v=-\sin y-x^2yz^2+c.$$

求有势场的势函数还可用不定积分来计算，如下例.

例 4.26　用不定积分法求例 4.25 中的矢量场 $\boldsymbol{A}$ 的势函数.

解　例 4.25 中已证得 $\boldsymbol{A}$ 为有势场，故存在函数 u 满足 $\boldsymbol{A}=\mathrm{grad}u$，即有

$$u_x = 2xyz^2,\quad u_y = x^2z^2 + \cos y,\quad u_z = 2x^2yz. \tag{4.39}$$

由第一个方程对 x 积分，得

$$u = x^2yz^2 + \varphi(y,z), \tag{4.40}$$

其中 $\varphi(y,z)$ 暂时是任意的，为了确定它，将上式对 y 求导，得

$$u_y = x^2z^2 + \varphi'_y(y,z). \tag{4.41}$$

与式(4.39)中第二式作比较，知 $\varphi'_y(y,z)=\cos y$. 两边对 y 积分有

$$\varphi(y,z) = \sin y + \varphi(z),$$

代入式(4.40)，得

$$u = x^2yz^2 + \sin y + \varphi(z). \tag{4.42}$$

再来确定 $\varphi(z)$，将上式对 z 求导，得 $u_z=2x^2yz+\varphi'(z)$. 与式(4.39)中第三式比较知 $\varphi'(z)=0$，故 $\varphi(z)=c_1$. 代入式(4.42)，知势函数为

$$u = x^2yz^2 + \sin y + c_1,$$

从而势能为

$$v = -x^2yz^2 - \sin y + c.$$

2. 由 $\nabla\cdot\boldsymbol{a}$ 定义的无源场及其矢量势

定义 4.11 满足方程 $\mathrm{div}\boldsymbol{a}=\nabla\cdot\boldsymbol{a}=0$ 的矢量场 $\boldsymbol{a}(x,y,z)$ 称为**无源场**，无源场又称为**管形场**.

定理 4.8 如果 $\nabla\cdot\boldsymbol{a}=0$，则存在矢量场 $\boldsymbol{A}$，使 $\nabla\times\boldsymbol{A}=\boldsymbol{a}$，$\boldsymbol{A}$ 称为 $\boldsymbol{a}$ 的矢量势，$\boldsymbol{A}=(A_x,A_y,A_z)$ 满足下列等式：

$$A_x = \frac{\partial}{\partial x}\int A_x\mathrm{d}x,\quad A_y = \int a_z\mathrm{d}x + \frac{\partial}{\partial y}\int A_x\mathrm{d}x,\quad A_z = -\int a_y\mathrm{d}x + \frac{\partial}{\partial z}\int A_x\mathrm{d}x. \tag{4.43}$$

证明 如果能找到矢量场 $\boldsymbol{A}$，使得

$$\frac{\partial A_z}{\partial y} - \frac{\partial A_y}{\partial z} = a_x, \tag{4.44}$$

$$\frac{\partial A_x}{\partial z} - \frac{\partial A_z}{\partial x} = a_y, \tag{4.45}$$

$$\frac{\partial A_y}{\partial x} - \frac{\partial A_x}{\partial y} = a_z. \tag{4.46}$$

则定理得证. 为此暂任取函数 A_x，从式(4.45)、式(4.46)解得

$$A_z = -\int^x a_y\mathrm{d}x + \int^x \frac{\partial A_x}{\partial z}\mathrm{d}x, \tag{4.47}$$

$$A_y = \int^x a_z\mathrm{d}x + \int^x \frac{\partial A_x}{\partial y}\mathrm{d}x. \tag{4.48}$$

记号 $\int^x \cdots\mathrm{d}x$ 表示对 x 积分，其他变数暂时看做常数. 式(4.47)和式(4.48)显然满足式(4.45)和式(4.46)，现在来证明它们也满足式(4.44). 将式(4.47)，式(4.48)代入式(4.44)左边，得到

$$-\int^x \frac{\partial a_y}{\partial y}\mathrm{d}x + \int^x \frac{\partial A_x}{\partial y\partial z}\mathrm{d}x - \int^x \frac{\partial a_z}{\partial z}\mathrm{d}x - \int^x \frac{\partial A_x}{\partial y\partial z}\mathrm{d}x$$

$$=-\int^{x}\left(\frac{\partial a_y}{\partial y}+\frac{\partial a_z}{\partial z}\right)\mathrm{d}x \overset{\nabla\cdot\boldsymbol{a}=0}{=} \int^{x}\frac{\partial a_x}{\partial x}\mathrm{d}x = a_x.$$

可见式(4.44)也可以满足，于是得出矢量势的分量用式(4.43)表示.

注　上面证明了矢量势的存在性，但并不唯一. 例如，在式(4.43)中令 $A_x=0$，得到一个矢量势

$$A_x=0,\quad A_y=\int a_z\mathrm{d}x,\quad A_z=-\int a_y\mathrm{d}x.$$

事实上，因为 $\nabla\times\nabla\psi=0$，故 $\nabla\times(\boldsymbol{A}+\nabla\psi)=\nabla\times\boldsymbol{A}$（$\psi$ 为任意一个标量场），即一个无源场的矢量势加上任意一个标量场的梯度仍然是这个矢量场的矢量势.

例 4.27　稳定磁场的毕-沙定律表明磁感应强度 $\boldsymbol{B}$ 与电流分布之间有关系：

$$\boldsymbol{B}(x,y,z)=\frac{\mu_0}{4\pi}\iiint\limits_{v^*}\frac{\boldsymbol{j}(x',y',z')\times\boldsymbol{r}}{r^3}\mathrm{d}v',\tag{4.49}$$

其中 $\boldsymbol{j}$ 为电流密度，v^* 为电流分布区域. 证明磁感应强度 $\boldsymbol{B}$ 为无源场，并求出其矢量势.

解　由于 $\boldsymbol{j}$ 与场点坐标 (x,y,z) 无关，故

$$\nabla\times\boldsymbol{j}=\boldsymbol{0},$$

$$\nabla\times\frac{\boldsymbol{j}}{r}=\nabla\frac{1}{r}\times\boldsymbol{j}=\boldsymbol{j}\times\frac{\boldsymbol{r}}{r^3}.$$

故式(4.49)可改为 $\boldsymbol{B}=\frac{\mu_0}{4\pi}\nabla\iiint\limits_{v^*}\frac{\boldsymbol{j}(x',y',z')\times\boldsymbol{r}}{r^3}\mathrm{d}v'$. 既然 $\boldsymbol{B}$ 是某个矢量场的旋度，故 $\boldsymbol{B}$ 为无源场，同时，我们找到了 $\boldsymbol{B}$ 的一个矢量势

$$\boldsymbol{A}=\frac{\mu_0}{4\pi}\iiint\limits_{v^*}\frac{\boldsymbol{j}(x',y',z')\times\boldsymbol{r}}{r^3}\mathrm{d}v'.$$

例 4.28　证明 $\boldsymbol{F}=(2x^2+8xy^2z)\boldsymbol{i}+(3x^3y-3xy)\boldsymbol{j}-(4y^2z^2+2x^3z)\boldsymbol{k}$ 不是无源场，而 $\boldsymbol{A}=xyz^2\boldsymbol{F}$ 是无源场.

证明　因为

$$\begin{aligned}\nabla\cdot\boldsymbol{F}&=\frac{\partial}{\partial x}(2x^2+8xy^2z)+\frac{\partial}{\partial y}(3x^3y-3xy)-\frac{\partial}{\partial z}(4y^2z^2+2x^3z)\\&=4x+8y^2z+3x^3-3x-8y^2z-2x^3\\&=x+x^3\neq 0.\end{aligned}$$

所以 $\boldsymbol{F}$ 不是无源场. 而

$$\begin{aligned}\nabla\cdot\boldsymbol{A}&=\frac{\partial}{\partial x}(2x^3yz^2+8x^2y^3z^3)+\frac{\partial}{\partial y}(3x^4y^2z^2-3x^2y^2z^2)-\frac{\partial}{\partial z}(4xy^3z^4+2x^4yz^3)\\&=6x^2yz^2+16xy^3z^3+6x^4yz^2-6x^2yz^2-16xy^3z^3-6x^4yz^2\\&=0.\end{aligned}$$

由定义知 $\boldsymbol{A}$ 为无源场.

3. 调和场拉普拉斯方程

定义 4.12　既无源又无旋的矢量场称为**调和场**.

由定义 4.12，在调和场域内同时满足

$$\nabla\times\boldsymbol{a}=\boldsymbol{0},\quad \nabla\cdot\boldsymbol{a}=0.$$

由于无旋，所以是有势场，存在势函数 u 使得

$$\boldsymbol{a}=\nabla u=\left(\frac{\partial u}{\partial x},\frac{\partial u}{\partial y},\frac{\partial u}{\partial z}\right).$$

又由于 $\boldsymbol{a}$ 是无源场,所以有

$$\nabla\cdot\boldsymbol{a}=\nabla\cdot(\nabla u)=0,$$

即

$$\nabla^2 u=0\quad \text{或}\quad \frac{\partial^2 u}{\partial x^2}+\frac{\partial^2 u}{\partial y^2}+\frac{\partial^2 u}{\partial z^2}=0. \tag{4.50}$$

这便是拉普拉斯方程,u 为调和场的势函数.

例 4.29 证明 $\boldsymbol{A}=(2x+y,4y+x+2z,2y-6z)$ 为调和场.

证明 因为

$$\mathrm{div}\boldsymbol{A}=\frac{\partial P}{\partial x}+\frac{\partial Q}{\partial y}+\frac{\partial R}{\partial z}=2+4-6=0,$$

$$\mathrm{rot}\boldsymbol{A}=\begin{vmatrix}\boldsymbol{i}&\boldsymbol{j}&\boldsymbol{k}\\ \dfrac{\partial}{\partial x}&\dfrac{\partial}{\partial y}&\dfrac{\partial}{\partial z}\\ 2x+y&4y+x+2z&2y-6z\end{vmatrix}$$

$$=\left[\frac{\partial}{\partial y}(2y-6z)-\frac{\partial}{\partial z}(4y+x+2z)\right]\boldsymbol{i}+\left[\frac{\partial}{\partial z}(2x+y)-\frac{\partial}{\partial x}(2y-6z)\right]\boldsymbol{j}+$$
$$\left[\frac{\partial}{\partial x}(4y+x+2z)-\frac{\partial}{\partial y}(2x+y)\right]\boldsymbol{k}$$
$$=\boldsymbol{0},$$

所以,该向量场为一调和场.

4. 矢量场由它的散度、旋度和边界条件唯一确定

定理 4.9 如果给定矢量场的散度和旋度,以及矢量场在区域边界上的法向量或切向量,则区域内的矢量场唯一确定.

证明 (用反证法)假设有两个满足条件的矢量 $\boldsymbol{a}_1$ 和 $\boldsymbol{a}_2$,令 $\boldsymbol{b}=\boldsymbol{a}_1-\boldsymbol{a}_2$,则 $\nabla\times\boldsymbol{b}=\nabla\times\boldsymbol{a}_1-\nabla\times\boldsymbol{a}_2=\boldsymbol{0}$,故可将 $\boldsymbol{b}$ 表示为 $\boldsymbol{b}=\nabla u$,应用格林第一公式有

$$\iiint_V[u\,\nabla^2 u+(\nabla u)^2]\mathrm{d}v=\oiint_S u\,\frac{\partial u}{\partial \boldsymbol{n}}\mathrm{d}S. \tag{4.51}$$

由于 $\nabla^2 u=\nabla\cdot\boldsymbol{b}=\nabla\cdot\boldsymbol{a}_1-\nabla\cdot\boldsymbol{a}_2=0$,故上式左边第一项等于零. 如果在边界 S 上的法向矢量 $\boldsymbol{n}$ 给定,则

$$\left.\frac{\partial u}{\partial \boldsymbol{n}}\right|_S=(\boldsymbol{b})_n\,|_S=(\boldsymbol{a}_1)_n\,|_S-(\boldsymbol{a}_2)_n\,|_S=0.$$

从而式(4.51)的右端为零. 如果边界的切向量 $\boldsymbol{\tau}$ 给定

$$\left.\frac{\partial u}{\partial \boldsymbol{\tau}}\right|_S=(\boldsymbol{b})_{\tau}\,|_S\quad\left(\text{因为}\frac{\partial u}{\partial \boldsymbol{\tau}}=\nabla u\cdot\boldsymbol{\tau}^0=\boldsymbol{b}\cdot\boldsymbol{\tau}^0\right),$$

即 $\left.\dfrac{\partial u}{\partial \boldsymbol{\tau}}\right|_S=(\boldsymbol{b})_{\tau}|_S=(\boldsymbol{a}_1)_{\tau}|_S-(\boldsymbol{a}_2)_{\tau}|_S=0$,这表明 S 是 u 的等值面,于是

$$\oiint_S u\,\frac{\partial u}{\partial \boldsymbol{n}}\mathrm{d}S=u\oiint_S\frac{\partial u}{\partial \boldsymbol{n}}\mathrm{d}S=u\oiint_S\nabla u\,\mathrm{d}S=u\iiint_V\nabla^2 u\mathrm{d}v=0.$$

可见,在两种条件下都有 $\iiint_V(\nabla u)^2\mathrm{d}v=0$,因为 $(\nabla u)^2\geqslant 0$,故 $\nabla u=\boldsymbol{0}$,即 $\boldsymbol{b}=\boldsymbol{0}$,亦即 $\boldsymbol{a}_1=\boldsymbol{a}_2$,

定理得证.

5. 已知无旋场的散度求解场、泊松方程

现在要在一个的边界条件上求解方程组

$$\begin{cases}\nabla\times \boldsymbol{a}=\boldsymbol{0},\\ \nabla\cdot \boldsymbol{a}=f(x,y,z)\quad (f(x,y,z)\text{ 为已知函数}).\end{cases}\tag{4.52}$$

由于$\nabla\times\boldsymbol{a}=\boldsymbol{0}$,故可令 $\boldsymbol{a}=\nabla u$. 如果能够求出 u,则 $\boldsymbol{a}$ 得解. 对于 u,第二个方程化为

$$\nabla^2 u=f(x,y,z).\tag{4.53}$$

这就是泊松(Poisson)方程. 在一定条件下求解泊松方程就是数学物理的重要课题,将在下面的章节中讨论.

6. 已知无源场的旋度求解场、泊松方程组

已知 $\boldsymbol{a}$ 满足

$$\begin{cases}\nabla\cdot \boldsymbol{a}=0,\\ \nabla\times \boldsymbol{a}=\boldsymbol{u}(x,y,z)\quad (\boldsymbol{u}(x,y,z)\text{ 为已知的矢量函数}).\end{cases}\tag{4.54}$$

求解 $\boldsymbol{a}$.

由于$\nabla\cdot\boldsymbol{a}=0$,故可令 $\boldsymbol{a}=\nabla\times\boldsymbol{A}$. 如果能够求出 $\boldsymbol{A}$,则 $\boldsymbol{a}$ 得解,为此将第二个方程化为

$$\nabla\times(\nabla\times\boldsymbol{A})=\boldsymbol{u}(x,y,z).\tag{4.55}$$

利用旋度计算公式(11)得

$$\nabla(\nabla\cdot\boldsymbol{A})-\nabla^2\boldsymbol{A}=\boldsymbol{u}(x,y,z).\tag{4.56}$$

这是一个复杂的方程,我们设法将其简化. 由于原方程的解是唯一的,而我们所引入的矢量势却有无穷多个,只要找到其中之一,就能确定原方程的解. 为了简化式(4.56),加上附加条件(也称规范条件)$\nabla\cdot\boldsymbol{A}=0$. 首先说明这样的规范条件是合理的. 就是说在满足条件的所有矢量 $\boldsymbol{A}$ 中取其散度为零的. 事实上如果 $\boldsymbol{a}$ 有矢量势 $\boldsymbol{A}_1$,它的散度不为零,即如果

$$\nabla\times\boldsymbol{A}_1=\boldsymbol{a},\quad \nabla\cdot\boldsymbol{A}_1=\varphi(x,y,z)\neq 0,$$

另取 $\boldsymbol{A}$,使 $\boldsymbol{A}=\boldsymbol{A}_1+\nabla\psi$($\psi$ 为待定标量场). 一方面,$\nabla\times\boldsymbol{A}=\nabla\times\boldsymbol{A}_1=\boldsymbol{a}$,同时$\nabla\cdot\boldsymbol{A}=\varphi+\nabla^2\psi$,我们这样选取 ψ,使$\nabla^2\psi=-\varphi$,便可得到$\nabla\cdot\boldsymbol{A}=0$,加上这个条件后,式(4.56)化为

$$\nabla^2\boldsymbol{A}=-\boldsymbol{u}(x,y,z).\tag{4.57}$$

在直角坐标系下,式(4.57)相当于三个泊松方程

$$\nabla^2 A_x=-u_x,\quad \nabla^2 A_y=-u_y,\quad \nabla^2 A_z=-u_z.\tag{4.58}$$

7. 矢量场的分解

定理 4.10 若矢量场 $\boldsymbol{a}$ 具备由唯一性定理所要求的边界条件,则该矢量场可以唯一地分解为无旋场和无源场的叠加,即对于任意 $\boldsymbol{a}$ 有 $\boldsymbol{a}=\boldsymbol{a}_1+\boldsymbol{a}_2$,其中

$$\nabla\times\boldsymbol{a}_1=\boldsymbol{0},\quad \nabla\cdot\boldsymbol{a}_2=0.$$

证明 因为 $\boldsymbol{a}$ 已知,故$\nabla\times\boldsymbol{a}$ 和$\nabla\cdot\boldsymbol{a}$ 都可求出,即

$$\nabla\times\boldsymbol{a}=\nabla\times\boldsymbol{a}_1+\nabla\times\boldsymbol{a}_2=\boldsymbol{b}\text{ 已知},$$

$$\nabla\cdot\boldsymbol{a}=\nabla\cdot\boldsymbol{a}_1+\nabla\cdot\boldsymbol{a}_2=f\text{ 已知},$$

令$\nabla\times\boldsymbol{a}_1=\boldsymbol{0}$,$\nabla\cdot\boldsymbol{a}_2=0$,得到方程组

$$\begin{cases}\nabla\times\boldsymbol{a}_1=\boldsymbol{0},\\ \nabla\cdot\boldsymbol{a}_1=f,\end{cases}\tag{4.59}$$

和

$$\begin{cases}\nabla\cdot \boldsymbol{a}_2 = 0,\\ \nabla\times \boldsymbol{a}_2 = \boldsymbol{b}.\end{cases} \tag{4.60}$$

按照上面第5条和第6条中给出的方法求出 $\boldsymbol{a}_1$ 和 $\boldsymbol{a}_2$，则有 $\boldsymbol{a}=\boldsymbol{a}_1+\boldsymbol{a}_2$. 如果再有 $\boldsymbol{a}'=\boldsymbol{a}_1+\boldsymbol{a}_2$，则必有 $\nabla\cdot\boldsymbol{a}'=\nabla\cdot\boldsymbol{a}_1=f,\nabla\times\boldsymbol{a}'=\nabla\times\boldsymbol{a}_2=\boldsymbol{b}$. 而已知 $\nabla\cdot\boldsymbol{a}=f,\nabla\times\boldsymbol{a}=\boldsymbol{b}$，由解的唯一性有

$$\boldsymbol{a}'=\boldsymbol{a}.$$

习题 4

1. 求向量函数 $\boldsymbol{F}(M)=\left(\dfrac{xz}{\sqrt{xz+1}-1},\mathrm{e}^{x^2z+y^2},\dfrac{\sin(xy)}{y}\right)$ 的极限 $\lim\limits_{M\to(0,1,-1)}\boldsymbol{F}(M)$.

2. 求向量函数 $\boldsymbol{F}(M)=\left(\mathrm{e}^{x^2+y^2},yz+x^2,\dfrac{y-1}{1+xz}\right)$ 的极限 $\lim\limits_{M\to(1,0,1)}\boldsymbol{F}(M)$.

3. 讨论下列向量函数在指定处的连续性：

(1) $\boldsymbol{F}(M)=\left(\dfrac{x^3+y^3}{x^2+y^2},x+y+z,x^2+z^2\right)$ 在点 $M_0(0,0,2)$；

(2) $\boldsymbol{F}(M)=\left(\dfrac{\sin(xy)}{x},x+3y,3z+xy\right)$ 在点 $M_0(1,1,-1)$.

4. 求矢量函数 $\boldsymbol{A}(x,y,z)=x\sin(x+y)\boldsymbol{i}+x^4y^2\boldsymbol{j}+(x+\mathrm{e}^{yz})\boldsymbol{k}$ 的偏导数 $\dfrac{\partial\boldsymbol{A}}{\partial x},\dfrac{\partial\boldsymbol{A}}{\partial y}$ 和 $\dfrac{\partial\boldsymbol{A}}{\partial z}$.

5. (1) 已知 $\boldsymbol{A}(t)=(1+3t^2)\boldsymbol{i}-2t^3\boldsymbol{j}+\dfrac{t}{2}\boldsymbol{k}$，求 $\displaystyle\int_0^2\boldsymbol{A}(t)\mathrm{d}t$；

(2) 计算 $\displaystyle\int\boldsymbol{F}(M)\mathrm{d}x$，其中 $\boldsymbol{F}(M)=\left(1+3x^2,x^2+\dfrac{\mathrm{e}^x}{x},\ln x\right)$.

6. 计算下列各题：

(1) 设数量场 $u=\ln\sqrt{x^2+y^2+z^2}$，求 $\operatorname{div}(\operatorname{grad}u)$.

(2) 设 $\boldsymbol{r}=x\boldsymbol{i}+y\boldsymbol{j}+z\boldsymbol{k},r=\sqrt{x^2+y^2+z^2}$ 是 $\boldsymbol{r}$ 的模，$\boldsymbol{c}$ 是常向量，求 $\operatorname{rot}[f(r)\boldsymbol{c}]$.

(3) 求向量场 $\boldsymbol{F}=xy^2\boldsymbol{i}+y\mathrm{e}^z\boldsymbol{j}+x\ln(1+z^2)\boldsymbol{k}$ 在点 $P(1,1,0)$ 处的散度 $\operatorname{div}\boldsymbol{F}$.

7. 设数量场 $u=\dfrac{a}{r}$，其中 $r=\sqrt{x^2+y^2+z^2}$，a 为常数. 求：

(1) u 在 $P(x_0,y_0,z_0)$ 处的梯度 $\operatorname{grad}u|_P$；

(2) u 在 P 处沿 $x_0\boldsymbol{i}+y_0\boldsymbol{j}+z_0\boldsymbol{k}$ 方向的方向导数.

8. 一质点在力场 $\boldsymbol{F}=(y-z)\boldsymbol{i}+(z-x)\boldsymbol{j}+(x-y)\boldsymbol{k}$ 的作用下，沿螺旋线 $x=a\cos t,y=a\sin t,z=bt$ 运动，求其从 $t=0$ 到 $t=2\pi$ 时所做的功.

9. 设曲面 S 由平面 $x=0,y=0,z=0$ 和 $x+y+z=1$ 所构成，求向量场 $\boldsymbol{F}=x\boldsymbol{i}+y\boldsymbol{j}+z\boldsymbol{k}$ 从内穿出闭曲面 S 的通量 Φ.

10. 已知数量场 $u=\ln\dfrac{1}{r}$，其中 $r=\sqrt{(x-a)^2+(y-b)^2+(z-c)^2}$. 在空间 $Oxyz$ 的哪些点上 $|\operatorname{grad}u|=1$ 成立.

11. (1) 证明：$\nabla\dfrac{1}{r}=-\dfrac{\boldsymbol{r}}{r^3},\nabla\dfrac{1}{r^3}=-\dfrac{3\boldsymbol{r}}{r^5}$，其中 $\boldsymbol{r}=x\boldsymbol{i}+y\boldsymbol{j}+z\boldsymbol{k}$.

(2) 若 $u=u(v,w),v=v(x,y,z),w=w(x,y,z)$，证明：$\nabla u=\dfrac{\partial u}{\partial v}\nabla v+\dfrac{\nabla u}{\nabla w}\nabla w$.

(3) 求标量场 $u=x^2+2y^2+3z^2+xy+3x-2y-6z$ 在点(1,−2,1)处的梯度大小和方向.

(4) 证明∇u 为常矢量的充要条件是 u 为线性函数 $u=ax+by+cz+d$.

12. (1) 证明：$\nabla\cdot\frac{\boldsymbol{r}}{r}=\frac{2}{r}$，$\nabla\cdot(r\boldsymbol{k})=\frac{\boldsymbol{r}}{r}\boldsymbol{k}$（$\boldsymbol{k}$ 为常矢量，$r=\sqrt{x^2+y^2+z^2}$）.

(2) 若 $\boldsymbol{A}=\boldsymbol{A}(u)$，$u=u(x,y,z)$，求证$\nabla\cdot\boldsymbol{A}=\frac{\mathrm{d}\boldsymbol{A}}{\mathrm{d}u}\cdot\nabla u$.

(3) 可压缩流体的密度为非稳定场 $\rho(x,y,z,t)$，流体的质量守恒定律为：$\oiint_S\rho\boldsymbol{v}\cdot\mathrm{d}\boldsymbol{s}=-\frac{\mathrm{d}}{\mathrm{d}\boldsymbol{s}}\iiint_\Omega\rho\,\mathrm{d}\Omega$，试由此推出流体力学的连续性方程$\frac{\partial\rho}{\partial t}+\nabla\cdot(\rho\boldsymbol{v})=0$.

13. (1) 证明：$\nabla\times\frac{\boldsymbol{r}}{r^3}=\boldsymbol{0}$，$\nabla\times[F(r)\boldsymbol{r}]=\boldsymbol{0}$.

(2) 若 $\boldsymbol{k}$ 为常矢量，证明$\nabla\times\frac{\boldsymbol{k}}{r}=\boldsymbol{k}\times\frac{\boldsymbol{r}}{r^3}$.

(3) 若 $\boldsymbol{k}$ 为常矢量，证明$\nabla\times[F(r)\cdot\boldsymbol{k}]=F'(r)\frac{\boldsymbol{r}}{r}\times\boldsymbol{k}$.

(4) 若 $\boldsymbol{A}=\boldsymbol{A}(u)$，$u=u(x,y,z)$，证明：$\nabla\cdot\boldsymbol{A}=\nabla u\times\frac{\mathrm{d}\boldsymbol{A}}{\mathrm{d}u}$.

(5) 证明：$(\boldsymbol{A}\cdot\nabla)\boldsymbol{r}=\boldsymbol{A}$.

14. 设 $\boldsymbol{k}$ 为常矢量，$\nabla\times\boldsymbol{E}=\boldsymbol{0}$. 证明：

(1) $\nabla(\boldsymbol{k}\cdot\boldsymbol{E})=\boldsymbol{k}\cdot\nabla\boldsymbol{E}$;

(2) $\nabla(\boldsymbol{k}\cdot\boldsymbol{r})=\boldsymbol{k}$;

(3) $\nabla\left(\frac{\boldsymbol{k}\cdot\boldsymbol{r}}{r^3}\right)=-\left[\frac{3(\boldsymbol{k}\cdot\boldsymbol{r})\boldsymbol{r}}{r^5}-\frac{\boldsymbol{k}}{r^3}\right]$;

(4) $\nabla\left(\frac{\boldsymbol{k}\times\boldsymbol{r}}{r^3}\right)=\frac{3(\boldsymbol{k}\cdot\boldsymbol{r})\boldsymbol{r}}{r^5}-\frac{\boldsymbol{k}}{r^3}$.

15. (1) 证明 $\boldsymbol{E}\times(\nabla\times\boldsymbol{E})=\frac{1}{2}\nabla\boldsymbol{E}^2-(\boldsymbol{E}\cdot\nabla\boldsymbol{E})$;

(2) 证明 $\iiint_v\nabla\times\boldsymbol{A}\,\mathrm{d}v=-\oiint_s\boldsymbol{A}\times\mathrm{d}\boldsymbol{s}$;

(3) 由电磁感应定律的积分形式$\oint_l\boldsymbol{E}\,\mathrm{d}\boldsymbol{l}=-\frac{\mathrm{d}\iint_s\boldsymbol{B}\cdot\mathrm{d}\boldsymbol{s}}{\mathrm{d}l}$，推出其微分形式$\nabla\times\boldsymbol{E}=-\frac{\partial\boldsymbol{B}}{\partial t}$;

(4) 证明$\oint_l(\boldsymbol{A}\times\boldsymbol{r})\cdot\mathrm{d}\boldsymbol{l}=2\iint_s\boldsymbol{A}\,\mathrm{d}\boldsymbol{s}$（$\boldsymbol{A}$ 为常矢量）.

16. 证明：$\nabla^2(uv)=u\,\nabla^2v+v\,\nabla^2u+2\,\nabla u\cdot\nabla v$.

17. 已知 $u(r,\theta,\varphi)=2r\sin\varphi+r^2\cos\theta$，求$\nabla u$，$\Delta u$.

18. 已知 $\boldsymbol{A}(M)=r\cos^2\theta\boldsymbol{e}_\rho+r\sin\theta\boldsymbol{e}_\theta+z\cos\theta\boldsymbol{e}_z$，求 $\mathrm{div}\boldsymbol{A}$，$\mathrm{rot}\boldsymbol{A}$.

19. 设 $\boldsymbol{r}=x\boldsymbol{i}+y\boldsymbol{j}+z\boldsymbol{k}$，在柱面坐标系和球面坐标系下，证明$\nabla\cdot\boldsymbol{r}=3$.

20. 证明下列向量场是调和场：

(1) $\boldsymbol{F}(x,y,z)=(2x+y)\boldsymbol{i}+(4y+x+2z)\boldsymbol{j}+(2y-6z)\boldsymbol{k}$;

(2) $\boldsymbol{F}(x,y,z)=(1+2x-5y)\boldsymbol{i}+(4y-5x+7z)\boldsymbol{j}+(7y-6z)\boldsymbol{k}$;

(3) $\boldsymbol{F}(x,y,z)=yz\boldsymbol{i}+xz\boldsymbol{j}+xy\boldsymbol{k}$.

第3篇

数学物理方法

第5章

数学物理方程及其定解条件

5.1 数学物理基本方程的建立

本书的数学物理方法部分包含数学物理方程和特殊函数.因为本书所讲的特殊函数是在用分离变量法求解曲线(曲面)坐标系中数学物理定解问题时引出的,所以不将其单列,而是遵从一般工科数学物理方法的体系,将数学物理方程和特殊函数结合在一起,统称数学物理方法.

所谓数学物理方程,是指从物理学、工程科学与技术科学的实际问题中导出的、反映物理量之间关系的偏微分方程和积分方程等.本章主要介绍几类典型的二阶线性偏微分方程:波动方程、热传导方程、拉普拉斯(Laplace)方程、泊松(Poisson)方程和亥姆霍兹(Helmholtz)方程的建立,定解条件的给出、定解问题的提法以及线性偏微分方程的分类与化简,等等.

5.1.1 波动方程

1. 均匀弦的微小横振动

著名法国数学物理学家达朗贝尔(D'Alembert)在1746年发表的《张紧的弦振动时形成的曲线研究》中,对弦振动问题进行了研究,并提出了波动方程的概念,现在我们已经知道它是一大类偏微分方程的典型代表.下面就从弦振动问题开始,介绍波动方程.

弦,即均匀柔软的细线,这句话中包含3个假设:

(1) 弦是细线:弦的截面直径与长度相比可以忽略,因此弦可以视为一根曲线;

(2) 弦是均匀的,它的线密度 ρ 是常数;

(3) 弦是柔软的,它在形变时不抵抗弯曲,弦上各质点间的张力方向与弦的切线方向一致,弦的伸长形变与张力的关系服从胡克(Hooke)定律.

现在有一根长为 l 的弦,平衡时沿直线拉紧,取该直线为 x 轴.除了受不随时间变化的张力及弦本身的重力外,弦不受其他外力的作用.下面研究其作微小横振动的规律.所谓"横向"是指全部运动出现在一个平面内,而且弦上的点沿垂直于 x 轴的方向运动(如图5.1所示).所谓"微小"是指运动的幅度及弦在任意位置处切线的倾角都很小,以致它们的高于一次方的项可以忽略不计.

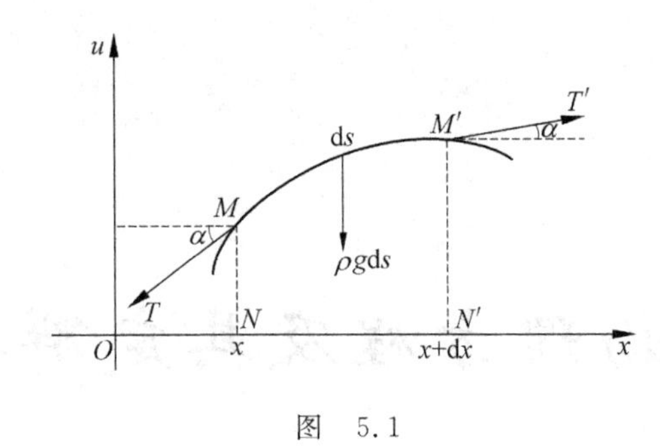

图 5.1

设弦上具有横坐标为 x 的点,在时刻 t 的位置为 M,位移 NM 记为 u,显然,在振动过程中位移 u 是变量 x 和 t 的函数,即 $u=u(x,t)$. 现在来建立位移 u 满足的方程. 采用微元法,即把弦上点的运动先看成小弧段的运动,然后再考虑小弧段趋于零的极限情况. 在弦上任取一弧段$\overset{\frown}{MM'}$,其长为 $\mathrm{d}s$,弧段$\overset{\frown}{MM'}$两端所受的张力依次记作 T,T'. 现在考虑弧段$\overset{\frown}{MM'}$在 t 时刻的受力和运动情况.

根据牛顿(Newton)第二定律,作用于弧段上任一方向上力的总和等于这段弧的质量乘以该方向上的运动加速度.

在 x 方向弧段$\overset{\frown}{MM'}$的受力总和为 $-T\cos\alpha+T'\cos\alpha'$,由于弦只作横向运动,所以

$$-T\cos\alpha+T'\cos\alpha'=0. \tag{5.1}$$

按照上述所做的弦作微小振动的假设,可知在振动过程中弦上 M 点与 M' 点处切线的倾角都很小,即 $\alpha\approx0,\alpha'\approx0$,从而由

$$\cos\alpha=1-\frac{\alpha^2}{2!}+\frac{\alpha^4}{4!}-\cdots$$

可知,当我们略去 α 和 α' 的所有高于一次方的各项时,就有

$$\cos\alpha\approx1,\quad \cos\alpha'\approx1.$$

代入到式(5.1),便可近似得到 $T=T'$. 在 u 方向弧段$\overset{\frown}{MM'}$的受力总和为 $-T\sin\alpha+T'\sin\alpha'-\rho g\mathrm{d}s$,其中 $-\rho g\mathrm{d}s$ 是弧段$\overset{\frown}{MM'}$的重力,g 为重力加速度. 由牛顿第二运动定律,有

$$-T\sin\alpha+T'\sin\alpha'-\rho g\,\mathrm{d}s=\rho\mathrm{d}s\,\frac{\partial^2u(x,t)}{\partial t^2}, \tag{5.2}$$

这里$\dfrac{\partial^2u(x,t)}{\partial t^2}$近似地表示小弧段在时刻 t 沿 u 方向的加速度,小弧段的质量为 $\rho\mathrm{d}s$.

因为当 $\alpha\approx0,\alpha'\approx0$ 时,有

$$\sin\alpha=\frac{\tan\alpha}{\sqrt{1+\tan^2\alpha}}\approx\tan\alpha=\frac{\partial u(x,t)}{\partial x},$$

$$\sin\alpha'\approx\tan\alpha'=\frac{\partial u(x+\mathrm{d}x,t)}{\partial x},\qquad \mathrm{d}s=\sqrt{1+\left[\frac{\partial u(x,t)}{\partial x}\right]^2}\,\mathrm{d}x\approx\mathrm{d}x,$$

将这些关系代入式(5.2),得

$$T\left[\frac{\partial u(x+\mathrm{d}x,t)}{\partial x}-\frac{\partial u(x,t)}{\partial x}\right]-\rho g\,\mathrm{d}x\approx\rho\,\frac{\partial^2u(x,t)}{\partial t^2}\mathrm{d}x. \tag{5.2$'$}$$

上式左端方括号的部分是由于 x 产生 $\mathrm{d}x$ 的变化引起的 $\frac{\partial u(x,t)}{\partial x}$ 的改变量，可以用微分近似代替，即

$$\frac{\partial u(x+\mathrm{d}x,t)}{\partial x}-\frac{\partial u(x,t)}{\partial x}\approx\frac{\partial}{\partial x}\left[\frac{\partial u(x,t)}{\partial x}\right]\mathrm{d}x=\frac{\partial^2 u(x,t)}{\partial x^2}\mathrm{d}x.$$

于是，式(5.2)′成为

$$\left[T\frac{\partial^2 u(x,t)}{\partial x^2}-\rho g\right]\mathrm{d}x\approx\rho\frac{\partial^2 u(x,t)}{\partial t^2}\mathrm{d}x\quad 或\quad \frac{T}{\rho}\frac{\partial^2 u(x,t)}{\partial x^2}\approx\frac{\partial^2 u(x,t)}{\partial t^2}+g.$$

一般来说，张力较大时弦振动的速度变化很快，即 $\frac{\partial^2 u(x,t)}{\partial t^2}$ 要比 g 大得多，因此又可以把 g 略去. 这样，经过逐步略去一些次要的量，抓住主要的量，在 $u(x,t)$ 关于 x 和 t 都是二次连续可微的前提下，最后得出 $u(x,t)$ 应近似地满足方程

$$\frac{\partial^2 u(x,t)}{\partial t^2}=a^2\frac{\partial^2 u(x,t)}{\partial x^2}. \tag{5.3}$$

这里 $a^2=\frac{T}{\rho}$. 式(5.3)称为弦振动方程，也称一维波动方程.

如果在振动过程中，弦上还另外受到一个与弦的振动方向平行的外力作用，且假定在时刻 t 弦上 x 点处的外力密度为 $F(x,t)$，显然式(5.1)和式(5.2)分别为

$$-T\cos\alpha+T'\cos\alpha'=0,$$

$$F\mathrm{d}s-T\sin\alpha+T'\sin\alpha'-\rho g\,\mathrm{d}s=\rho\mathrm{d}s\frac{\partial^2 u(x,t)}{\partial t^2}.$$

重复上面的推导，可得到有外力作用时弦的振动方程为

$$\frac{\partial^2 u(x,t)}{\partial t^2}=a^2\frac{\partial^2 u(x,t)}{\partial x^2}+f(x,t), \tag{5.4}$$

其中 $f(x,t)=\frac{1}{\rho}F(x,t)$，表示 t 时刻单位质量的弦在 x 点所受的外力. 式(5.4)称为弦的强迫振动方程. 相应地，式(5.3)称为弦的自由振动方程.

式(5.3)和式(5.4)的差别在于式(5.4)的右端多了一个与未知函数 u 无关的项 $f(x,t)$，这个项称为自由项. 包括非零自由项的方程称为非齐次方程. 自由项恒等于零的方程称为齐次方程. 式(5.3)为一维齐次波动方程，式(5.4)为一维非齐次波动方程.

2. 均匀弹性杆的微小纵振动

一根弹性杆，如果其中任意小段受外界影响发生纵振动，必然使杆上与它相邻的部分发生伸长或缩短，这段杆的伸长或缩短又使与它相邻的部分产生伸长或缩短，以此类推，杆上任意小段的纵振动必然传播到整根杆. 这种振动的传播就是波. 现在推导杆的纵振动方程. 设杆的弹性模量(杆伸长单位长度所需要的力)为 E，质量密度为 ρ，作用于杆上的外力密度为 $F(x,t)$.

取 x 轴沿杆的轴线方向，以 $u(x,t)$ 表示 x 点 t 时刻的纵向位移. 使用微元法，考虑杆上的一小段 $[x,x+\Delta x]$ 的运动情况. 以 $\sigma(x,t)$ 记杆上 x 点 t 时刻的应力(杆在伸缩过程中各点相互之间单位截面上的作用力)，其方向沿 x 轴，现在求杆上 x 点 t 时刻的应变(相对伸长). 如图5.2所示，$A'B'$ 表示 AB 段($t=0$ 时的平衡位置)在 t 时刻所处的位置，长度 $\overline{A'B'}=[x+\Delta x+u(x+\Delta x,t)]-[x+u(x,t)]$. 这小段的绝对伸长 $\overline{A'B'}-\overline{AB}=u(x+\Delta x,t)-$

$u(x,t)$，而 AB 段的相对伸长是

$$\frac{\overline{A'B'}-\overline{AB}}{\overline{AB}}=\frac{u(x+\Delta x,t)-u(x,t)}{\Delta x},\tag{5.5}$$

而 x 点的应变则是

$$\lim_{\Delta x\to 0}\frac{u(x+\Delta x,t)-u(x,t)}{\Delta x}=\frac{\partial u(x,t)}{\partial x}.$$

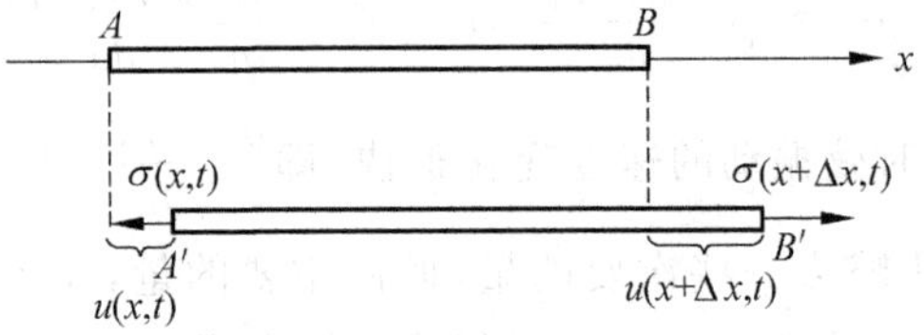

图 5.2　弹性杆的微小纵振动

由于振动是微小的(不超过杆的弹性限度)，由胡克定律有

$$\sigma(x,t)=E\frac{\partial u(x,t)}{\partial x}.\tag{5.6}$$

设杆的横截面为 S(设为常数)，则由牛顿第二定律，$[x,x+\Delta x]$段的运动方程是

$$\begin{aligned}\rho S\Delta x\left.\frac{\partial^2 u(\xi,t)}{\partial^2 t}\right|_{\xi=x+\theta_1\Delta x}&=\sigma(x+\Delta x,t)S-\sigma(x,t)S+F(x+\theta_2\Delta x,t)S\Delta x\\&=ES\left.\frac{\partial u(\xi,t)}{\partial\xi}\right|_{\xi=x+\Delta x}-ES\left.\frac{\partial u(\xi,t)}{\partial\xi}\right|_{\xi=x}+F(x+\theta_2\Delta x,t)S\Delta x\\&\approx ES\left.\frac{\partial^2 u(\xi,t)}{\partial\xi^2}\right|_{\xi=x}\Delta x+F(x+\theta_2\Delta x,t)S\Delta x,\end{aligned}\tag{5.7}$$

其中常数 θ_1,θ_2 满足 $0\leqslant\theta_i\leqslant 1\ (i=1,2)$，并利用了胡克定律式(5.6)，而且将函数 $\left.\frac{\partial u(\xi,t)}{\partial\xi}\right|_{\xi=x+\Delta x}$ 在 $\xi=x$ 处展开为泰勒级数并取前两项. 以 $S\Delta x$ 除上式的两端后，令 $\Delta x\to 0$ 取极限，得到

$$\rho u_{tt}(x,t)=Eu_{xx}(x,t)+F(x,t),\tag{5.8}$$

这里 $u_{tt}(x,t)=\frac{\partial^2 u}{\partial t^2}$表示 u 对 t 的二阶偏导数，$u_{xx}(x,t)$同理. 记

$$a=\sqrt{\frac{E}{\rho}},\quad f(x,t)=\frac{F(x,t)}{\rho},$$

则方程变为

$$u_{tt}(x,t)=a^2u_{xx}(x,t)+f(x,t).$$

这就是杆的纵振动方程，也是一维波动方程. 由以上两个例子可见，不同物理过程中的规律，可以用同一个数学物理方程来表示，并且这种性质不只是存在于以上两个例子之间，在以下的推导中，我们还可以看到这种现象. 正因为如此，才有可能用一种物理现象去模拟另一种物理现象.

3. 传输线方程

对于直流电或低频的交流电，电路的基尔霍夫(Kirchhoff)定律指出同一支路中电流相

等. 但对于较高频率的电流(指频率还没有高到能显著地辐射电磁波的情况),电路中导线的自感和电容效应不可忽略,因而同一支路中电流可能不再相等.

现在考虑一来一往的高频传输线,将它抽象成具有分布参数的导体(图 5.3),我们来研究这种导体内电流流动的规律. 在具有分布参数的导体中,电流通过的情况,可以用电流强度 i 与电压 v 来描述,此处 i 与 v 都是 x,t 的函数,记作 $i(x,t)$ 与 $v(x,t)$. 以 R,L,C,G 分别表示下列参数:

R——每一回路单位长度的串联电阻; L——每一回路单位长度的串联电感; C——每单位长度的分路电容; G——每单位长度的分路电导.

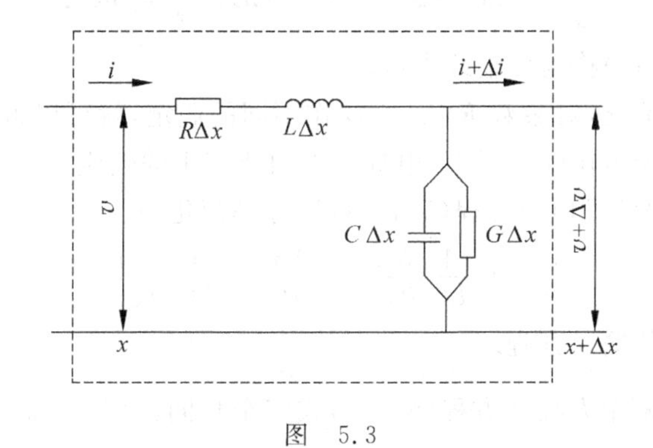

图　5.3

采用微元法,根据基尔霍夫第二定律,在长度为 Δx 的传输线中,电压降应等于电动势之和,即

$$v-(v+\Delta v)=R\Delta x\cdot i+L\Delta x\cdot\frac{\partial i}{\partial t},$$

两边除以 Δx,并且令 $\Delta x\to 0$ 取极限,得

$$\frac{\partial v}{\partial x}=-Ri-L\frac{\partial i}{\partial t}.\tag{5.9}$$

另外,由基尔霍夫第一定律,流入节点 x 的电流应等于流出该节点的电流,即

$$i=(i+\Delta i)+C\Delta x\cdot\frac{\partial v}{\partial t}+G\Delta x\cdot(v+\Delta v).$$

同样,等式两边除以 Δx,并且令 $\Delta x\to 0$ 取极限,并注意 $\Delta x\cdot\Delta v$ 是高阶无穷小,忽略不计,得

$$\frac{\partial i}{\partial x}=-C\frac{\partial v}{\partial t}-Gv.\tag{5.10}$$

将式(5.9)与式(5.10)合并,即得 i,v 应满足如下方程组

$$\begin{cases}\dfrac{\partial i}{\partial x}+C\dfrac{\partial v}{\partial t}+Gv=0,\\[2mm]\dfrac{\partial v}{\partial x}+L\dfrac{\partial i}{\partial t}+Ri=0.\end{cases}$$

从这个方程组消去 v (或 i),即可得到 i(或 v)所满足的方程. 例如,为了消去 v,我们将方程(5.10)对 x 微分(假定 v 与 i 对 x,t 都是二次连续可微的),同时在方程(5.9)两端乘以 C 后再对 t 微分,并把两个结果相减,即得

$$\frac{\partial^2 i}{\partial x^2}+G\frac{\partial v}{\partial x}-LC\frac{\partial^2 i}{\partial t^2}-RC\frac{\partial i}{\partial t}=0,$$

将方程(5.9)中的$\frac{\partial v}{\partial x}$代入上式,得

$$\frac{\partial^2 i}{\partial x^2}=LC\frac{\partial^2 i}{\partial t^2}+(RC+GL)\frac{\partial i}{\partial t}+GRi. \tag{5.11}$$

这就是电流 i 满足的微分方程.采用类似的方法从方程(5.9)与式(5.10)中消去 i 可得电压 v 满足的方程

$$\frac{\partial^2 v}{\partial x^2}=LC\frac{\partial^2 v}{\partial t^2}+(RC+GL)\frac{\partial v}{\partial t}+GRv. \tag{5.12}$$

方程(5.11)或方程(5.12)称为传输线方程.

根据不同的具体情况,对参数 R,L,C,G 作不同的假定,就可以得到传输线方程的各种特殊形式.例如,在高频传输的情况下,电导与电阻所产生的效应可以忽略不计,也就是说可令 $G=R=0$,此时方程(5.11)与方程(5.12)可以分别简化为

$$\frac{\partial^2 i}{\partial t^2}=\frac{1}{LC}\frac{\partial^2 i}{\partial x^2},\quad \frac{\partial^2 v}{\partial t^2}=\frac{1}{LC}\frac{\partial^2 v}{\partial x^2}.$$

这两个方程称为高频传输线方程.

若令 $a^2=\frac{1}{LC}$,这两个方程与方程(5.3)形式完全相同,也是一维波动方程.这又一次表明,同一个方程可以用来描述不同的物理现象.

一维波动方程只是波动方程中最简单的情况,在流体力学、声学及电磁场理论中,还要研究高维的波动方程.

4. 电磁场方程

从物理学我们知道,电磁场的特性可以用电场强度 $\boldsymbol{E}$ 与磁场强度 $\boldsymbol{H}$ 以及电感应强度 $\boldsymbol{D}$ 与磁感应强度 $\boldsymbol{B}$ 来描述.联系这些量的麦克斯韦(Maxwell)方程组为

$$\mathrm{rot}\boldsymbol{H}=\boldsymbol{J}+\frac{\partial \boldsymbol{D}}{\partial t}, \tag{5.13}$$

$$\mathrm{rot}\boldsymbol{E}=-\frac{\partial \boldsymbol{B}}{\partial t}, \tag{5.14}$$

$$\mathrm{div}\boldsymbol{B}=0, \tag{5.15}$$

$$\mathrm{div}\boldsymbol{D}=\rho, \tag{5.16}$$

其中 $\boldsymbol{J}$ 为传导电流的面密度,ρ 为电荷的体密度.

这组方程还必须与下述场的物质方程

$$\boldsymbol{D}=\varepsilon\boldsymbol{E}, \tag{5.17}$$

$$\boldsymbol{B}=\mu\boldsymbol{H}, \tag{5.18}$$

$$\boldsymbol{J}=\sigma\boldsymbol{E} \tag{5.19}$$

相联立,其中 ε 是介质的介电常数,μ 是磁导率,σ 为电导率,我们假定介质是均匀而且是各向同性的,此时 ε,μ,σ 均为常数.

方程(5.13)与方程(5.14)都同时包含有 $\boldsymbol{E}$ 与 $\boldsymbol{H}$,从中消去一个变量,就可以得到关于另一个变量的微分方程.例如先消去 $\boldsymbol{H}$,在方程(5.13)两端求旋度(假定 $\boldsymbol{H},\boldsymbol{E}$ 都是二次连续可微的)并利用方程(5.17)与方程(5.19)得

$$\text{rotrot}\boldsymbol{H} = \varepsilon \frac{\partial}{\partial t}\text{rot}\boldsymbol{E} + \sigma\text{rot}\boldsymbol{E}.$$

将方程(5.14)与方程(5.18)代入上式得

$$\text{rotrot}\boldsymbol{H} = -\varepsilon\mu \frac{\partial^2 \boldsymbol{H}}{\partial t^2} - \sigma\mu \frac{\partial \boldsymbol{H}}{\partial t}.$$

由公式 $\text{rotrot}\boldsymbol{H}=\text{graddiv}\boldsymbol{H}-\nabla^2\boldsymbol{H}$,及 $\text{div}\boldsymbol{H}=\frac{1}{\mu}\text{div}\boldsymbol{B}=0$,代入上式后得到 $\boldsymbol{H}$ 所满足的方程

$$\nabla^2\boldsymbol{H} = \varepsilon\mu \frac{\partial^2 \boldsymbol{H}}{\partial t^2} + \sigma\mu \frac{\partial \boldsymbol{H}}{\partial t}.$$

这里∇^2称为拉普拉斯算子或拉普拉斯算符,在三维直角坐标系中,$\nabla^2=\frac{\partial^2}{\partial x^2}+\frac{\partial^2}{\partial y^2}+\frac{\partial^2}{\partial z^2}$,在二维直角坐标系中$\nabla^2=\frac{\partial^2}{\partial x^2}+\frac{\partial^2}{\partial y^2}$.

同理,从方程(5.13)与方程(5.14)中消去 $\boldsymbol{H}$,即得到 $\boldsymbol{E}$ 所满足的方程

$$\nabla^2\boldsymbol{E} = \varepsilon\mu \frac{\partial^2 \boldsymbol{E}}{\partial t^2} + \sigma\mu \frac{\partial \boldsymbol{E}}{\partial t}.$$

如果介质不导电($\sigma=0$),则上面两个方程简化为

$$\frac{\partial^2 \boldsymbol{H}}{\partial t^2} = \frac{1}{\varepsilon\mu}\nabla^2\boldsymbol{H}, \tag{5.20}$$

$$\frac{\partial^2 \boldsymbol{E}}{\partial t^2} = \frac{1}{\varepsilon\mu}\nabla^2\boldsymbol{E}. \tag{5.21}$$

方程(5.20)与方程(5.21)称为(矢量形式的)三维波动方程.

若取 $\boldsymbol{E}$ 或 $\boldsymbol{H}$ 的任一分量为 u,并采用直角坐标系,则可将上述三维波动方程以标量函数的形式表示出来,即

$$\frac{\partial^2 u}{\partial t^2} = a^2\left(\frac{\partial^2 u}{\partial x^2} + \frac{\partial^2 u}{\partial y^2} + \frac{\partial^2 u}{\partial z^2}\right), \tag{5.22}$$

其中 $a^2=\frac{1}{\varepsilon\mu}$,$u$ 是 $\boldsymbol{E}$(或 $\boldsymbol{H}$)的任意一个分量,方程(5.22)是(标量形式的)三维波动方程.

5.1.2　热传导方程和扩散方程

1. 热传导方程

热量具有从温度高的地方向温度低的地方流动的性质,即一块热的物体,如果体内每一点的温度不全一样,则在温度较高的点处的热量就要向温度较低的点处流动,这种现象就是热传导. 由于热量的传导过程总是表现为温度随时间和点的位置的变化,所以,解决热传导问题都要归结为求物体内温度的分布. 现在我们来推导均匀且各向同性的导热体在传热过程中温度所满足的微分方程. 与上例类似,我们不是先讨论一点处的温度,而是先考虑一个区域的温度. 为此,采用微元法,在物体中任取一个闭曲面 S,它所包围的区域记作 V(图 5.4). 假设在时刻 t 区域 V 内点 $M(x,y,z)$处的温度为 $u(x,y,z,t)$,$\boldsymbol{n}$ 为曲面元素 dS 的法向(从 $V_{内}$ 指向 $V_{外}$).

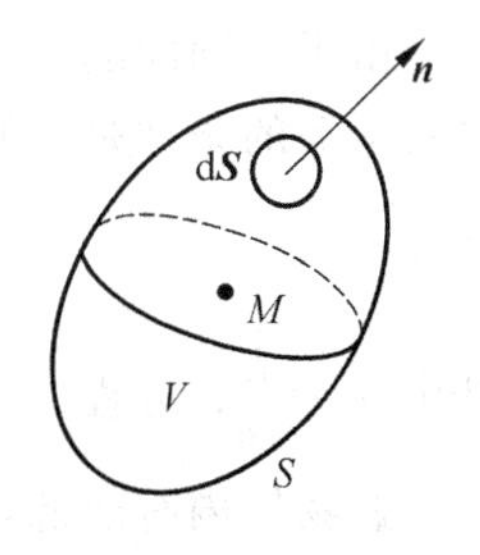

图　5.4

由传热学中的傅里叶(Fourier)实验定律可知,物体在无穷小时

间段 dt 内，流过一个无穷小面积 dS 的热量 dQ 与时间 dt、曲面面积 dS，以及物体温度 u 沿曲面 dS 的法线方向的方向导数 $\frac{\partial u}{\partial \boldsymbol{n}}$ 三者成正比，即

$$dQ = -k\frac{\partial u}{\partial \boldsymbol{n}}dSdt = -k(\mathrm{grad}u)_n dSdt = -k\mathrm{grad}u\cdot \boldsymbol{n}dSdt = -k\mathrm{grad}u\cdot d\boldsymbol{S}dt,$$

其中 $k=k(x,y,z)$ 称为物体的热传导系数，当物体为均匀且各向同性的导热体时，k 为常数. 负号是由于热量的流向和温度梯度的正向，即 $\mathrm{grad}u$ 的方向相反而产生的. 这就是说 $\frac{\partial u}{\partial \boldsymbol{n}}=\mathrm{grad}u\cdot\boldsymbol{n}>(<)0$ 时，物体的温度沿 $\boldsymbol{n}$ 的方向增加(减少)，而热流方向却与此相反，故沿 $\boldsymbol{n}$ 的方向通过曲面的热量应该是负(正)的.

利用上面的关系，从时刻 t_1 到时刻 t_2，通过曲面 S 流入区域 V 的全部热量为

$$Q_1 = \int_{t_1}^{t_2}\left[\iint_S k\,\mathrm{grad}u\cdot d\boldsymbol{S}\right]dt.$$

流入的热量使 V 内温度发生了变化，在时间间隔 $[t_1,t_2]$ 内区域 V 内各点温度从 $u(x,y,z,t_1)$ 变化到 $u(x,y,z,t_2)$，则在 $[t_1,t_2]$ 时间间隔内，体积 V 内温度升高所需要的热量为

$$Q_2 = \iiint_V c\rho[u(x,y,z,t_1)-u(x,y,z,t_2)]dV,$$

其中，c 为物体的比热容(即单位质量的物体升高单位温度所需要的热量)，ρ 为物体的密度，对各向同性的物体来说，它们都是常数.

由于热量守恒，流入的热量应等于物体温度升高所需吸收的热量，即

$$\int_{t_1}^{t_2}\left[\iint_S k\,\mathrm{grad}u\cdot d\boldsymbol{S}\right]dt = \iiint_V c\rho[u(x,y,z,t_1)-u(x,y,z,t_2)]dV.$$

此式左端的曲面积分中 S 是闭曲面，假设函数 u 关于 x,y,z 具有二阶连续偏导数，关于 t 具有一阶连续偏导数，可以利用高斯(Gauss)公式将它化为三重积分，即

$$\iint_S k\,\mathrm{grad}u\cdot d\boldsymbol{S} = \iiint_V k\,\mathrm{div}(\mathrm{grad}u)dV = \iiint_V k\,\nabla^2 u dV.$$

同时，右端的体积分可以写成

$$\iiint_V c\rho\left(\int_{t_1}^{t_2}\frac{\partial u}{\partial t}dt\right)dV = \int_{t_1}^{t_2}\left(\iiint_V c\rho\frac{\partial u}{\partial t}dV\right)dt.$$

因此有

$$\int_{t_1}^{t_2}\left(\iiint_V k\,\nabla^2 u dV\right)dt = \int_{t_1}^{t_2}\left(\iiint_V c\rho\frac{\partial u}{\partial t}dV\right)dt. \tag{5.23}$$

由于时间间隔 $[t_1,t_2]$ 及区域 V 都是任意取的，并且被积函数是连续的，所以式(5.23)左右恒等的条件是它们的被积函数恒等，即

$$\frac{\partial u}{\partial t} = a^2\left(\frac{\partial^2 u}{\partial x^2}+\frac{\partial^2 u}{\partial y^2}+\frac{\partial^2 u}{\partial z^2}\right), \tag{5.24}$$

其中 $a^2=\frac{k}{c\rho}$. 方程(5.24)称为三维热传导方程.

若物体内有热源，其强度为 $F(x,y,z,t)$，则相应的热传导方程为

$$\frac{\partial u}{\partial t} = a^2\left(\frac{\partial^2 u}{\partial x^2}+\frac{\partial^2 u}{\partial y^2}+\frac{\partial^2 u}{\partial z^2}\right)+f(x,y,z,t), \tag{5.25}$$

其中 $f=\frac{F}{c\rho}$.

作为特例,如果所考虑的物体是一根细杆(或一块薄板),或者即使不是细杆(或薄板),而其中的温度 u 只与 x,t(或 x,y,t)有关,则方程(5.25)就变成一维热传导方程

$$\frac{\partial u}{\partial t}=a^2\frac{\partial^2 u}{\partial x^2},\tag{5.26}$$

或二维热传导方程

$$\frac{\partial u}{\partial t}=a^2\left(\frac{\partial^2 u}{\partial x^2}+\frac{\partial^2 u}{\partial y^2}\right).\tag{5.27}$$

2. 扩散方程

物质因空间浓度不均匀而从浓度高的地方向浓度低的地方运动,这种现象称为扩散.选择物质的浓度 $u(x,y,z,t)$ 作为描写扩散现象的特征物理量,浓度的不均匀性用浓度的梯度 $\mathrm{grad}u$ 来表征.扩散现象的强弱用扩散流强度 $\boldsymbol{q}$ (单位时间通过单位截面的物质流量)来描述.扩散满足如下规律:浓度的不均匀程度和由此引起的扩散现象的强弱之间的关系为

$$\boldsymbol{q}=-k\ \mathrm{grad}u,\tag{5.28}$$

或在直角坐标系中写成分量形式就是

$$\begin{cases}q_1=-k\dfrac{\partial u}{\partial x}=-ku_x,\\ q_2=-k\dfrac{\partial u}{\partial y}=-ku_y,\\ q_3=-k\dfrac{\partial u}{\partial z}=-ku_z,\end{cases}\tag{5.28$'$}$$

其中 q_1,q_2 和 q_3 分别表示 $\boldsymbol{q}$ 沿 x,y 和 z 方向的分量. k 是扩散系数,不同的物质扩散系数不同.负号表示扩散转移的方向(浓度减少的方向)与浓度梯度(浓度增大的方向)相反.

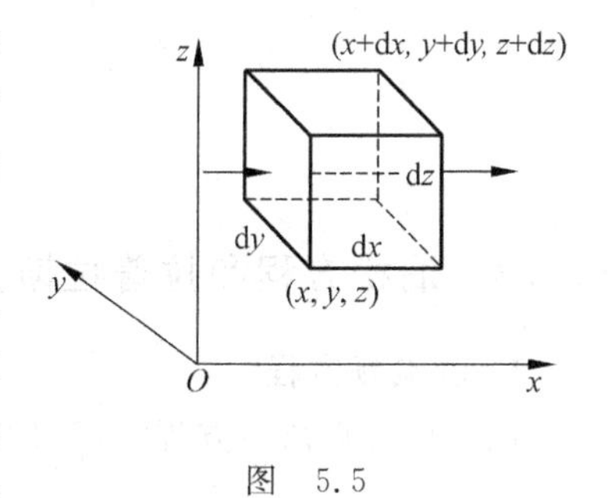

图　5.5

现在应用扩散规律(5.28)或(5.28)$'$来研究浓度在空间中的分布和在时间中的变化.在空间中任取一个微小六面体,位于 x 和 $x+\mathrm{d}x$, y 和 $y+\mathrm{d}y$,以及 z 和 $z+\mathrm{d}z$ 之间,如图 5.5 所示.这个平行六面体内浓度的变化取决于扩散流强度 $\boldsymbol{q}$ 是向它汇聚或从它发散,也就是取决于穿过它的表面的流量.

现在假设扩散只沿 x 方向进行,扩散流并不穿过前后和上下四面,而只穿过左右两面.设 $q_1|_x\mathrm{d}y\mathrm{d}z$ 从左面流入, $q_1|_{x+\mathrm{d}x}\mathrm{d}y\mathrm{d}z$ 从右面流出,因此通过左右两面的净流量是

$$Q_1=-(q_1|_{x+\mathrm{d}x}-q_1|_x)\mathrm{d}y\mathrm{d}z=-\frac{\partial q_1}{\partial x}\mathrm{d}x\mathrm{d}y\mathrm{d}z.$$

将扩散规律(5.28)$'$的第一式代入,得 $Q_1=\frac{\partial}{\partial x}(ku_x)\mathrm{d}x\mathrm{d}y\mathrm{d}z$.

如果小六面体中没有源和汇(即这种物质的原子或分子既不从其他物质转化出来也不转化成其他物质),则浓度对时间的变化率为

$$\frac{\partial u}{\partial t}=\frac{Q_1(\text{净流量})}{\mathrm{d}x\mathrm{d}y\mathrm{d}z}=\frac{\partial(ku_x)}{\partial x}.\tag{5.29}$$

这就是一维扩散方程.如果扩散系数在空间中是均匀的,则扩散方程(5.29)简化成为 $u_t=ku_{xx}$.如果引入记号 $a^2=k$,则一维扩散方程就成为

$$u_t = a^2 u_{xx}. \tag{5.30}$$

这和一维热传导方程(5.26)是一样的.

如果考虑空间 x,y,z 三个方向都有扩散发生,如同计算通过左右两面的流量一样,计算通过前后和上下四面的流量,而通过小六面体的总流量是通过六个面的流量之和,则方程(5.29)成为三维扩散方程

$$u_t - \left[\frac{\partial(ku_x)}{\partial x} + \frac{\partial(ku_y)}{\partial y} + \frac{\partial(ku_z)}{\partial z}\right] = 0. \tag{5.31}$$

如果扩散系数在空间是均匀的,则方程(5.31)变为

$$u_t - a^2(u_{xx} + u_{yy} + u_{zz}) = 0, \tag{5.32}$$

即 $u_t - a^2\ \nabla^2 u = 0$.

这个方程与三维热传导方程(5.24)是一样的.

在这里我们简单介绍一下源和汇的问题.假设所研究的物质具有放射性,退变的半衰期是 β,则单纯由退变所导致的浓度的时间变化率为 $-\dfrac{\ln 2}{\beta}u$,这一项被称为“汇”.这样一维和三维的扩散方程(5.30)和方程(5.32)应分别修改为

$$u_t - a^2 u_{xx} + \frac{\ln 2}{\beta}u = 0 \quad 和 \quad u_t - a^2\ \nabla^2 u + \frac{\ln 2}{\beta}u = 0.$$

又如所研究的物质由于链式反应而增值,浓度的增值时间变化率为 $b^2 u$,这一项被称为“源”.这样一维和三维的扩散方程(5.30)和方程(5.32)应分别修改为

$$u_t - a^2 u_{xx} - b^2 u = 0$$

和

$$u_t - a^2\ \nabla^2 u - b^2 u = 0.$$

5.1.3 泊松方程和拉普拉斯方程

1. 静电场方程

现在从麦克斯韦方程组(5.13)~(5.16)与物质方程(5.17)~(5.19)推导出静电场的电势所满足的微分方程.对于静电场情形 $\dfrac{\partial \boldsymbol{B}}{\partial t}=\boldsymbol{0}$,所以由式(5.14)有 $\mathrm{rot}\boldsymbol{E}=\boldsymbol{0}$,

即静电场的电场强度 $\boldsymbol{E}$ 是无旋场,旋度为零,即保守场,这时电场强度 $\boldsymbol{E}$ 与电势 u 之间存在关系 $\boldsymbol{E}=-\mathrm{grad}u$.

代入到式(5.17)和式(5.16),有 $\mathrm{div}(\mathrm{grad}u)=-\dfrac{\rho}{\varepsilon}$.而 $\mathrm{div}(\mathrm{grad}u)=\nabla^2 u$,于是静电场的电位满足

$$\nabla^2 u = -\frac{\rho}{\varepsilon}. \tag{5.33}$$

这个非齐次方程称为泊松方程.

如果静电场是无源的,即 $\rho=0$,则方程(5.33)变成

$$\nabla^2 u = 0. \tag{5.34}$$

这个方程称为位势方程或拉普拉斯方程，即无源静电场的电势满足拉普拉斯方程.

2. 稳定温度场方程

在热传导问题中，如果物体内部不存在热源，物体周围的环境温度不随时间变化，则经过相当长时间以后，物体内各点处的温度将不随时间变化，趋于稳定状态，这时 $u_t=0$，热传导方程(5.32)变成拉普拉斯方程$\nabla^2 u=0$. 即稳定温度场也满足拉普拉斯方程.

5.1.4 亥姆霍兹方程

下面的方程

$$\nabla^2 u+\lambda u=0$$

称为亥姆霍兹方程. 以后在讨论用分离变量法求解波动方程、热传导方程时就会用到这个方程. 量子力学中的定态薛定谔(Schrödinger)方程是典型的亥姆霍兹方程：

$$-\frac{h^2}{2m}\nabla^2\varphi(x,y,z)+V(x,y,z)\varphi(x,y,z)=E\varphi(x,y,z), \tag{5.35}$$

其中 $V(x,y,z)$是粒子势能，$\varphi(x,y,z)$是描述微观粒子运动状态的所谓波函数. 如果采用习惯的记号 $u(x,y,z)$来代替 $\varphi(x,y,z)$，并加以整理，式(5.35)就成为亥姆霍兹方程的形式

$$\nabla^2 u+\lambda u=0, \tag{5.36}$$

其中 $\lambda=\frac{2m}{h^2}(E-V)$.

显然，当系数 $\lambda=0$ 时，亥姆霍兹方程(5.36)就退化为拉普拉斯方程.

应当指出，很多重要的物理、力学学科的基本方程是偏微分方程，由于篇幅和传统学科划分的限制，我们这里只讨论最基本的偏微分方程：波动方程、热传导方程(或称扩散方程)和拉普拉斯方程等. 它们中都含有拉普拉斯算符∇^2，在前面我们已经给出了它在直角坐标系中的表达式，而在研究具有圆形、圆柱形或球形边界的物理系统时，采用正交曲线(曲面)坐标系(如平面极坐标系、空间柱坐标系和球坐标系等)比较合适，这就需要将方程在这类坐标系中写出来. 下面列出拉普拉斯算符∇^2在平面极坐标系、空间柱坐标系和球坐标系中的表达式. 利用直角坐标系与这些坐标系之间的关系(比如平面直角坐标系$\{x,y\}$与平面极坐标系$\{\rho,\varphi\}$之间的关系为 $x=\rho\cos\varphi, y=\rho\sin\varphi$；空间直角坐标系$\{x,y,z\}$与柱坐标系$\{\rho,\varphi,z\}$之间的关系是 $x=\rho\cos\varphi, y=\rho\sin\varphi, z=z$；空间直角坐标系$\{x,y,z\}$与球坐标$\{r,\varphi,\theta\}$之间的关系是 $x=r\sin\theta\cos\varphi, y=r\sin\theta\sin\varphi, z=r\cos\theta$)，通过变量变换，可以得到拉普拉斯算符$\nabla^2$在平面极坐标系、空间柱坐标系和球坐标系中的表达式. 它们的详细推导及物理意义见5.2节.

在平面极坐标系(ρ,φ)中，$u=u(\rho,\varphi)$或 $u=u(\rho,\varphi,t)$，有

$$\nabla^2 u=\frac{\partial^2 u}{\partial\rho^2}+\frac{1}{\rho}\frac{\partial u}{\partial\rho}+\frac{1}{\rho^2}\frac{\partial^2 u}{\partial\varphi^2}; \tag{5.37}$$

在柱坐标系(ρ,φ,z)中，$u=u(\rho,\varphi,z)$或 $u=u(\rho,\varphi,z,t)$，

$$\nabla^2 u=\frac{\partial^2 u}{\partial\rho^2}+\frac{1}{\rho}\frac{\partial u}{\partial\rho}+\frac{1}{\rho^2}\frac{\partial^2 u}{\partial\varphi^2}+\frac{\partial^2 u}{\partial z^2}; \tag{5.38}$$

在球坐标系(r,θ,φ)中，$u=u(r,\theta,\varphi)$或 $u=u(r,\theta,\varphi,t)$，

$$\nabla^2 u=\frac{1}{r^2}\frac{\partial}{\partial r}\left(r^2\frac{\partial u}{\partial r}\right)+\frac{1}{r^2\sin\theta}\frac{\partial}{\partial\theta}\left(\sin\theta\frac{\partial u}{\partial\theta}\right)+\frac{1}{r^2\sin^2\theta}\frac{\partial^2 u}{\partial\varphi^2}. \tag{5.39}$$

为了后面使用方便，我们在这里介绍一个重要的符号——哈密顿算子"∇"，它是矢量微分算子，在直角坐标系中的表达式是

$$\nabla \equiv \boldsymbol{i}\frac{\partial}{\partial x}+\boldsymbol{j}\frac{\partial}{\partial y}+\boldsymbol{k}\frac{\partial}{\partial z}.$$

应用这个算子，标量函数 $u(x,y,z)$ 的梯度、矢量函数 $\boldsymbol{A}(x,y,z)$ 的散度和旋度可以分别表示为

$$\mathrm{grad}u=\nabla u;\quad \mathrm{div}\boldsymbol{A}=\nabla\cdot\boldsymbol{A};\quad \mathrm{rot}\boldsymbol{A}=\nabla\times\boldsymbol{A}.$$

而前面提到的拉普拉斯算符 $\nabla^2=\nabla\cdot\nabla$.

5.2 定解条件

5.1节所讨论的是如何将一个具体物理问题所遵从的规律用数学公式表达出来，即得到了该物理现象所应满足的泛定方程，它们都是偏微分方程(方程中所含未知函数是二元或二元以上的函数). 对于一个偏微分方程来说，如果存在一个函数 $u(x,t)$，具有方程所需要的各阶偏导数，且将它代入方程时，能使方程两边成为恒等式，就称这个函数为该方程的解. 列出微分方程的目的就是要从微分方程中求得解，或研究解的性质. 为了将方程在各种状态下的解求出来，还需要把相应问题所满足的特定条件用数学式子表达出来，这是因为任何一个具体的物理过程都是处在特定条件之下的. 比如上节导出的弦振动方程是一切柔软均匀细弦作微小横向振动的共同规律，但我们知道，一个具体的弦振动在某一时刻的运动状态一定与此时刻之前某个时刻的状态以及对弦两端的约束有关，因此，研究弦的具体运动，除了列出方程外，还必须给出其所处的特定条件，其他物理现象也如此.

各个具体问题所处的特定条件，即研究对象所处的特定"环境"和"历史"，定义为数学物理问题的边界条件和初始条件.

5.2.1 初始条件

对于随着时间变化的问题，必须考虑研究对象特定的"历史"，就是说追溯到运动开始时刻的所谓"初始"时刻的状态，即初始条件.

对热传导问题而言，初始状态指的是物理量 u 的初始分布(初始温度分布等)，因此初始条件是

$$u(x,y,z,t)\big|_{t=0}=\varphi(x,y,z), \tag{5.40}$$

其中 $\varphi(x,y,z)$ 为已知函数.

对振动过程(弦、膜、较高频率交变电流沿传输线传播、电磁波等)只给出初始"位移"式(5.40)是不够的，还需给出初始"速度"

$$u_t(x,y,z,t)\big|_{t=0}=\psi(x,y,z), \tag{5.41}$$

其中 $\psi(x,y,z)$ 也为已知函数.

从数学角度看，就时间 t 这个自变量而言，热传导过程的泛定方程中只出现 t 的一阶导数 $\frac{\partial u}{\partial t}$，所以只需一个初始条件式(5.40)；振动过程的泛定方程则出现 t 的二阶导数 u_{tt}，所以需要两个初始条件式(5.40)和式(5.41).

在周期性外源引起的传导或周期性外力作用下的振动问题中,经过很多周期后,初始条件引起的自由传导或自由振动衰减到可以认为已经消失,这时的传导或振动可以认为完全是由周期性外源或外力引起的,处理这类问题时,完全可以忽略初始条件的影响,这类问题称为无初始条件的问题.

另外,稳定场问题(静电场、静磁场及稳定温度分布等)与时间无关,不存在初始条件.

5.2.2　边界条件

物理量在它所占"范围"即区域的边界上的分布总比内部的分布直观得多,因为边界上的"情况"总可以通过观察、测量甚至规定得出,通过边界上的条件来探索物理量在区域内部的分布,实际上是解决数学物理问题的重要方法,所以给出边界条件非常重要.

所谓边界,即区域边界点所组成的集合,一维区域(例如长为 l 弦)的边界,即两个端点 A: $x=0$, B: $x=l$; 二维区域的边界为曲线 C_1 和折线 C_2; 三维区域 Ω 的边界为曲面 Σ,等等,如图5.6所示.

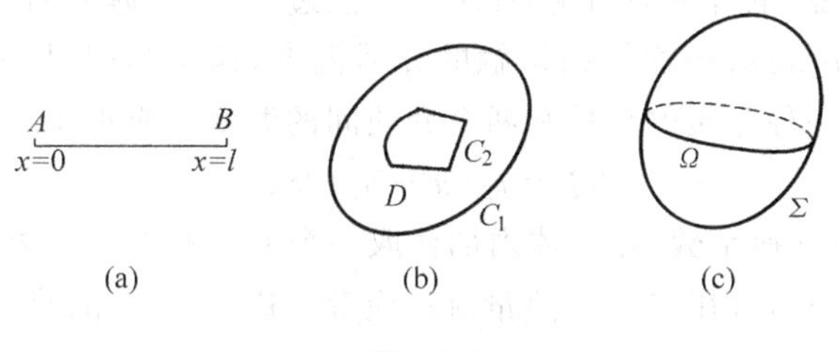

图　5.6

以下将区域通记为 Ω,将其边界记为 $\partial\Omega$,则边界条件主要有以下几种类型,其中第一、第二和第三类条件是常用的.

1. 第一类边界条件　直接给出物理量在边界上的分布

$$u(M,t)\big|_{M\in\partial\Omega} = f_1(M,t), \tag{5.42}$$

其中 $f_1(M,t)$ 为已知函数.

对于弦振动问题,若两端固定,相应的边界条件为 $u\big|_{x\in\partial\Omega}=0$,或 $u(x,t)\big|_{x=0}=0$, $u(x,t)\big|_{x=l}=0$,即为第一类边界条件;对热传导问题,如果在导热过程中,物体边界 $\partial\Omega$ 上的温度为已知,则边界条件为

$$u\big|_{\partial\Omega} = u_0, \tag{5.43}$$

也为第一类边界条件.第一类边界条件又称为狄利克雷(Dirichlet)条件.

2. 第二类边界条件　给出物理量沿边界法线方向的导数在边界上的分布

$$\left.\frac{\partial u}{\partial \boldsymbol{n}}\right|_{\partial\Omega} = f_2(M,t), \tag{5.44}$$

其中 $\boldsymbol{n}$ 为边界 $\partial\Omega$ 的法线方向, $f_2(M,t)$ 为已知函数.

弦振动问题中的自由端属于这类边界条件,这是因为弦在自由端处不受位移方向的外力,从而在这个端点上弦上的张力在位移方向的分量应该为零,由5.1节的推导过程可知,此时相应的边界条件为

$$T\left.\frac{\partial u}{\partial x}\right|_{x=l} = 0,\quad 即\quad \left.\frac{\partial u}{\partial x}\right|_{x=l} = 0.$$

对热传导问题，若物体 Ω 与周围介质处于绝热状态，或者说边界 $\partial\Omega$ 上的热量流速始终为零，则由5.1节的推导过程可知在 $\partial\Omega$ 上必满足

$$\left.\frac{\partial u}{\partial \boldsymbol{n}}\right|_{\partial\Omega}=0,$$

第二类边界条件又称为诺伊曼(Neuman)条件.

3. 第三类边界条件　给出物理量及其边界上法线方向导数的线性关系

$$\left.\left(u+\sigma\frac{\partial u}{\partial \boldsymbol{n}}\right)\right|_{\partial\Omega}=f_3(M,t),\tag{5.45}$$

其中 σ 为常数，$f_3(M,t)$ 是已知函数. 弦振动问题的弹性支承，即是这类边界条件. 在弹性支承时，由胡克定律可知

$$T\left.\frac{\partial u}{\partial x}\right|_{x=l}=-ku\mid_{x=l},\quad 即\quad \left.\left(\frac{\partial u}{\partial x}+\sigma u\right)\right|_{x=l}=0,$$

其中 $\sigma=\dfrac{k}{T}$，k 为弹性体的弹性系数.

对热传导方程来说，也有类似情况，如果在导热过程中，物体的内部通过边界 $\partial\Omega$ 与周围介质有热量交换，以 u_1 表示和物体相接触的介质温度，这时利用另一个热传导实验定律：从一种介质流入到另一种介质的热量和两个介质间的温度差成正比

$$\mathrm{d}Q=k_1(u-u_1)\mathrm{d}S\mathrm{d}t,$$

其中 k_1 是两介质的热交换系数，在物体内部任取一个无限贴近于边界 $\partial\Omega$ 的闭曲面 Γ，由于在 $\partial\Omega$ 内侧热量不能积累，所在 Γ 上的热量流速应等于边界 $\partial\Omega$ 上的热量流速，而在 Γ 上的热量流速为 $\left.\dfrac{\mathrm{d}Q}{\mathrm{d}S\mathrm{d}t}\right|_{\Gamma}=-k\left.\dfrac{\partial u}{\partial \boldsymbol{n}}\right|_{\Gamma}$，所以，当物体和外界有热交换时，相应的边界条件为

$$-k\left.\frac{\partial u}{\partial \boldsymbol{n}}\right|_{\partial\Omega}=k_1(u-u_1)\mid_{\partial\Omega},\quad 即\quad \left.\left(\frac{\partial u}{\partial \boldsymbol{n}}+\sigma u\right)\right|_{\partial\Omega}=\sigma u_1\mid_{\partial\Omega},$$

其中 $\sigma=k_1/k$. 第三类边界条件又称为混合边界条件.

当式(5.43)～式(5.45)中的函数 $f_i(i=1,2,3)$ 恒为零时，相应的边界条件称为齐次边界条件，否则称为非齐次边界条件.

当然，边界条件并不只限于以上三类，还有各式各样的边界条件，有时甚至是非线性的边界条件

$$-\left.\frac{\partial u}{\partial \boldsymbol{n}}\right|_{\partial\Omega}=C(u^4\mid_{\partial\Omega}-u_0^4),$$

其中 C 是一个常数，u_0 是外界的温度，u 和 u_0 都是绝对温标.

除了初始条件和边界条件外，有些具体的物理问题还需附加一些其他条件才能确定其解.

4. 其他条件

在研究具有不同媒质的问题中，方程的数目增多，除了边界条件外，还需加上不同媒质界面处的衔接条件，如在静电场问题中，在两种电介质的交界面 $\partial\Omega$ 上电势应当相等(连续)，电位移矢量的法向分量也应当相等(连续)，因而有衔接条件

$$u_1\mid_{\partial\Omega}=u_2\mid_{\partial\Omega},\tag{5.46}$$

$$\varepsilon_1\left.\frac{\partial u_1}{\partial \boldsymbol{n}}\right|_{\partial\Omega}=\varepsilon_2\left.\frac{\partial u_2}{\partial \boldsymbol{n}}\right|_{\partial\Omega},\tag{5.47}$$

其中 u_1 和 u_2 分别代表两种介质的电势，ε_1 和 ε_2 则分别为两种电介质的介电常数.

在某些情况下，出于物理上的合理性等原因，要求解为单值、有限，提出所谓自然边界条件，这些条件通常都不是由研究的问题直接明确给出的，而是根据解的特殊要求自然加上去的，故称为自然边界条件.

所谓“没有边界条件的问题”是一种抽象结果. 实际物理系统都是有限的，必然有边界，可以给出边界条件. 但是，如果着重研究不靠近边界处的情形，在不太长的时间间隔内，边界的影响还没有来得及传到，不妨认为边界在“无穷远处”，将问题抽象成无边界条件的问题.

5.3　定解问题的提法

在前两节中，我们推导出几种不同类型的偏微分方程，并且讨论了与它们相应的初始条件与边界条件的表达式，初始条件和边界条件统称为定解条件. 把某个偏微分方程和相应的定解条件结合在一起，就构成了一个定解问题.

只有初始条件，没有边界条件的定解问题称为初值问题(或称柯西问题)；反之，没有初始条件，只有边界条件的定解问题称为边值问题，既有初始条件也有边界条件的问题称为混合问题.

一个定解问题提得是否符合实际情况当然必须靠实验来证实. 然而从数学角度来看，可以从以下三方面加以检验，即讨论定解问题的适定性：

(1) 解的存在性，即看所归纳的问题是否有解；

(2) 解的唯一性，即看是否只有一个解；

(3) 解的稳定性，即看当定解条件有微小变动时，解是否相应地只有微小的变动. 因为定解条件通常总是利用实验方法获得的，因而所提的结果总有一定的误差，如果因此而使解的变化很大，那么这种解显然不能符合客观实际的要求.

如果一个定解问题存在唯一且稳定的解，则此问题称为适定的，在以后的讨论中，我们把着眼点放在定解问题的解法上，而很少讨论它的适定性，这是因为讨论定解问题的适定性，往往十分困难，而本书所讨论的定解问题基本上都是经典的，它们的适定性都是经过证明了的.

5.4　二阶线性偏微分方程的分类与化简　解的叠加原理

5.4.1　含有两个自变量二阶线性偏微分方程的分类与化简

鉴于我们在本章中导出的偏微分方程都是二阶线性的，并且两个自变量的情形又是最常见的，这里我们对其共性加以进一步的讨论.

含有两个自变量的二阶线性偏微分方程的一般形式是

$$A(x,y)u_{xx}+2B(x,y)u_{xy}+C(x,y)u_{yy}+D(x,y)u_x+E(x,y)u_y+F(x,y)u=f(x,y),\tag{5.48}$$

当 $f(x,y)\equiv 0$ 时，式(5.48)变成

$$A(x,y)u_{xx}+2B(x,y)u_{xy}+C(x,y)u_{yy}+D(x,y)u_x+E(x,y)u_y+F(x,y)u=0, \tag{5.49}$$

式(5.49)称为式(5.48)相应的齐次方程.

在式(5.48)中,设$\Delta=B^2-AC=\Delta(x,y),x,y\in D\subset\mathbb{R}^2$,若$M(x_0,y_0)\in D$使得:

(1) $\Delta(x_0,y_0)>0$,称式(5.48)在M点为双曲型方程;比如一维波动方程$u_{tt}-a^2u_{xx}=0$是双曲型方程.

(2) $\Delta(x_0,y_0)=0$,称式(5.48)为抛物线型方程;一维热传导方程$u_t-a^2u_{xx}=0$是抛物线型方程.

(3) $\Delta(x_0,y_0)<0$,称式(5.48)在M点为椭圆型方程;二维拉普拉斯方程$u_{xx}+u_{yy}=0$为椭圆型方程.

定理 5.1 设有可逆变换

$$\begin{cases}\xi=\xi(x,y),\\ \eta=\eta(x,y),\end{cases} \tag{5.50}$$

其中ξ,η有二阶连续偏导数,且行列式$J=\begin{vmatrix}\xi_x & \xi_y\\ \eta_x & \eta_y\end{vmatrix}\neq 0$,则:

(1) 在变换式(5.50)之下,方程(5.48)变为自变量是ξ,η的方程,但方程类型不变;

(2) 对三种不同类型的方程,各存在一组特殊的变换,使新方程变为如下标准型:

双曲型:$u_{\xi\eta}=H_1(\xi,\eta,u,u_\xi,u_\eta)$或$u_{\xi\xi}-u_{\eta\eta}=H_2(\xi,\eta,u,u_\xi,u_\eta)$;

椭圆型:$u_{\xi\xi}+u_{\eta\eta}=H(\xi,\eta,u,u_\xi,u_\eta)$;

抛物线型:$u_{\xi\xi}=K(\xi,\eta,u,u_\xi,u_\eta)$.

证明 (1) 在式(5.50)变换意义下,由复合函数求导法,有

$$u_x=u_\xi\xi_x+u_\eta\eta_x,\quad u_y=u_\xi\xi_y+u_\eta\eta_y,$$

$$\begin{cases}u_{xx}=u_{\xi\xi}\xi_x^2+u_\xi\xi_{xx}+u_{\xi\eta}\xi_x\eta_x+u_{\xi\eta}\xi_x\eta_x+u_{\eta\eta}\eta_x^2+u_\eta\eta_{xx}\\ \qquad =u_{\xi\xi}\xi_x^2+2u_{\xi\eta}\xi_x\eta_x+u_{\eta\eta}\eta_x^2+u_\xi\xi_{xx}+u_\eta\eta_{xx},\\ u_{xy}=u_{\xi\xi}\xi_x\xi_y+u_{\xi\eta}(\xi_x\eta_y+\xi_y\eta_x)+u_{\eta\eta}\eta_x\eta_y+u_\xi\xi_{xy}+u_\eta\eta_{xy},\\ u_{yy}=u_{\xi\xi}\xi_y^2+2u_{\xi\eta}\xi_y\eta_y+u_{\eta\eta}\eta_y^2+u_\xi\xi_{yy}+u_\eta\eta_{yy}.\end{cases} \tag{5.51}$$

将式(5.51)代入式(5.48),并整理得

$$\overline{A}u_{\xi\xi}+2\overline{B}u_{\xi\eta}+\overline{C}u_{\eta\eta}+\overline{D}u_\xi+\overline{E}u_\eta+\overline{F}u=\overline{G}, \tag{5.48$'$}$$

其中

$$\begin{cases}\overline{A}=A\xi_x^2+2B\xi_x\xi_y+C\xi_y^2,\\ \overline{B}=A\xi_x\eta_x+B(\xi_x\eta_y+\xi_y\eta_x)+C\xi_y\eta_y,\\ \overline{C}=A\eta_x^2+2B\eta_x\eta_y+C\eta_y^2,\\ \overline{D}=A\xi_{xx}+2B\xi_{xy}+C\xi_{yy}+D\xi_x+E\xi_y,\\ \overline{E}=A\eta_{xx}+2B\eta_{xy}+C\eta_{yy}+D\eta_x+E\eta_y,\overline{F}=F,\overline{G}=f.\end{cases} \tag{5.52}$$

以上复合函数的求导过程和系数的化简整理计算起来很烦琐,也容易出错,我们可以借助于应用数学软件,比如 Maple,在计算机上完成.

```
> d1 := diff(u(xi(x,y),eta(x,y)),x);
```

$$d1 := D_1(u)(\xi(x,y),\eta(x,y))\left(\frac{\partial}{\partial x}\xi(x,y)\right)+D_2(u)(\xi(x,y),\eta(x,y))\left(\frac{\partial}{\partial x}\eta(x,y)\right)$$

```
> d2 := diff(u(xi(x,y),eta(x,y)),y);
```

$$d2 := D_1(u)(\xi(x,y),\eta(x,y))\left(\frac{\partial}{\partial y}\xi(x,y)\right)+D_2(u)(\xi(x,y),\eta(x,y))\left(\frac{\partial}{\partial y}\eta(x,y)\right)$$

```
> d11 := simplify(diff(u(xi(x,y),eta(x,y)),x $ 2));
```

$$\begin{aligned}d11 := {} & D_{1,1}(u)(\xi(x,y),\eta(x,y))D_1(\xi)(x,y)^2+2D_1(\xi)(x,y)D_{1,2}(u)(\xi(x,y),\eta(x,y))D_1(\eta)(x,y)\\ & +D_1(u)(\xi(x,y),\eta(x,y))D_{1,1}(\xi)(x,y)+D_{2,2}(u)(\xi(x,y),\eta(x,y))D_1(\eta)(x,y)^2\\ & +D_2(u)(\xi(x,y),\eta(x,y))D_{1,1}(\eta)(x,y)\end{aligned}$$

```
> d22 := simplify(diff(u(xi(x,y),eta(x,y)),y $ 2));
```

$$\begin{aligned}d22 := {} & D_{1,1}(u)(\xi(x,y),\eta(x,y))D_2(\xi)(x,y)^2+2D_2(\xi)(x,y)D_{1,2}(u)(\xi(x,y),\eta(x,y))D_2(\eta)(x,y)\\ & +D_1(u)(\xi(x,y),\eta(x,y))D_{2,2}(\xi)(x,y)+D_{2,2}(u)(\xi(x,y),\eta(x,y))D_2(\eta)(x,y)^2\\ & +D_2(u)(\xi(x,y),\eta(x,y))D_{2,2}(\eta)(x,y)\end{aligned}$$

```
> d12 := simplify(diff(u(xi(x,y),eta(x,y)),x,y));
```

$$\begin{aligned}d12 := {} & D_1(\xi)(x,y)D_{1,1}(u)(\xi(x,y),\eta(x,y))D_2(\xi)(x,y)\\ & +D_1(\xi)(x,y)D_{1,2}(u)(\xi(x,y),\eta(x,y))D_2(\eta)(x,y)\\ & +D_1(u)(\xi(x,y),\eta(x,y))D_{1,2}(\xi)(x,y)\\ & +D_1(\eta)(x,y)D_{1,2}(u)(\xi(x,y),\eta(x,y))D_2(\xi)(x,y)\\ & +D_1(\eta)(x,y)D_{2,2}(u)(\xi(x,y),\eta(x,y))D_2(\eta)(x,y)\\ & +D_2(u)(\xi(x,y),\eta(x,y))D_{1,2}(\eta)(x,y)\end{aligned}$$

```
> new := simplify(A * d11 + 2 * B * d12 + C * d22 + D * d1 + E * d2 + F * u);
```

$$\begin{aligned}new := {} & AD_{1,1}(u)(\xi(x,y),\eta(x,y))D_1(\xi)(x,y)^2\\ & +2AD_1(\xi)(x,y)D_{1,2}(u)(\xi(x,y),\eta(x,y))D_1(\eta)(x,y)\\ & +AD_1(u)(\xi(x,y),\eta(x,y))D_{1,1}(\xi)(x,y)+AD_{2,2}(u)(\xi(x,y),\eta(x,y))D_1(\eta)(x,y)^2\\ & +AD_2(u)(\xi(x,y),\eta(x,y))D_{1,1}(\eta)(x,y)\\ & +2BD_1(\xi)(x,y)D_{1,1}(u)(\xi(x,y),\eta(x,y))D_2(\xi)(x,y)\\ & +2BD_1(\xi)(x,y)D_{1,2}(u)(\xi(x,y),\eta(x,y))D_2(\eta)(x,y)\\ & +2BD_1(u)(\xi(x,y),\eta(x,y))D_{1,2}(\xi)(x,y)\\ & +2BD_1(\eta)(x,y)D_{1,2}(u)(\xi(x,y),\eta(x,y))D_2(\xi)(x,y)\\ & +2BD_1(\eta)(x,y)D_{2,2}(u)(\xi(x,y),\eta(x,y))D_2(\eta)(x,y)\\ & +2BD_2(u)(\xi(x,y),\eta(x,y))D_{1,2}(\eta)(x,y)\\ & +CD_{1,1}(u)(\xi(x,y),\eta(x,y))D_2(\xi)(x,y)^2\\ & +2CD_2(\xi)(x,y)D_{1,2}(u)(\xi(x,y),\eta(x,y))D_2(\eta)(x,y)\\ & +CD_1(u)(\xi(x,y),\eta(x,y))D_{2,2}(\xi)(x,y)+CD_{2,2}(u)(\xi(x,y),\eta(x,y))D_2(\eta)(x,y)^2\\ & +CD_2(u)(\xi(x,y),\eta(x,y))D_{2,2}(\eta)(x,y)+DD_1(u)(\xi(x,y),\eta(x,y))D_1(\xi)(x,y)\\ & +DD_2(u)(\xi(x,y),\eta(x,y))D_1(\eta)(x,y)+ED_1(u)(\xi(x,y),\end{aligned}$$

```
        η(x,y))D2(ξ)(x,y) + ED2(u)(ξ(x,y),η(x,y))D2(η)(x,y) + Fu
> c1 := coeff(new,D[1,1](u)(xi(x,y),eta(x,y)));
c1 := AD1(ξ)(x,y)^2 + 2BD1(ξ)(x,y)D2(ξ)(x,y) + CD2(ξ)(x,y)^2
> c2 := coeff(new,D[1,2](u)(xi(x,y),eta(x,y)));
c2 := 2AD1(ξ)(x,y)D1(η)(x,y) + 2BD1(ξ)(x,y)D2(η)(x,y)
      + 2BD1(η)(x,y)D2(ξ)(x,y) + 2CD2(ξ)(x,y)D2(η)(x,y)
> c3 := coeff(new,D[2,2](u)(xi(x,y),eta(x,y)));
c3 := AD1(η)(x,y)^2 + 2BD1(η)(x,y)D2(η)(x,y) + CD2(η)(x,y)^2
> c4 := coeff(new,D[1](u)(xi(x,y),eta(x,y)));
c4 := AD1,1(ξ)(x,y) + 2BD1,2(ξ)(x,y) + CD2,2(ξ)(x,y) + DD1(ξ)(x,y) + ED2(ξ)(x,y)
> c5 := coeff(new,D[2](u)(xi(x,y),eta(x,y)));
c5 := AD1,1(η)(x,y) + 2BD1,2(η)(x,y) + CD2,2(η)(x,y) + DD1(η)(x,y) + ED2(η)(x,y)
```

其中 d_1,d_2,d_{11},d_{22} 和 d_{12} 依次表示 u_x,u_y,u_{xx},u_{yy} 和 u_{xy}，式子"new"表示变换后用变量 ξ 和 η 表示的方程，而 c_1,c_2,c_3,c_4 和 c_5 分别表示 $u_{\xi\xi},u_{\xi\eta},u_{\eta\eta},u_\xi$ 和 u_η 的系数.

由式(5.52)易证

$$\bar{\Delta}=\bar{B}^2-\bar{A}\,\bar{C}=J^2(B^2-AC)=J^2\Delta.$$

因为 $J\neq0$，所以 $J^2>0$，故 $\bar{\Delta}$ 与 Δ 同号，式(5.48)与式(5.48)′同类型.

(2) 将式(5.48)′改写成

$$\bar{A}u_{\xi\xi}+2\bar{B}u_{\xi\eta}+Cu_{\eta\eta}=H(\xi,\eta,u,u_\xi,u_\eta),$$

从系数 $\bar{A},\bar{C}$ 的表达式可见，如果取一阶偏微分方程

$$Az_x^2+2Bz_xz_y+Cz_y^2=0 \tag{5.53}$$

的一个特解作为新自变量 ξ，则有

$$A\xi_x^2+2B\xi_x\xi_y+C\xi_y^2=0,\quad 即\quad \bar{A}=0.$$

同理，取式(5.53)的另一个特解作为新自变量 η，则 $\bar{C}=0$，这样可将式(5.48)化成标准型. 式(5.53)的求解可化成常微分方程的求解. 将式(5.53)改写为

$$A\left(-\frac{z_x}{z_y}\right)^2-2B\left(-\frac{z_x}{z_y}\right)+C=0. \tag{5.54}$$

将 $z(x,t)=C$ 当作定义隐函数 $y=y(x)$ 的方程，则 $\frac{\mathrm{d}y}{\mathrm{d}x}=-\frac{z_x}{z_y}$，这样式(5.54)就是

$$A\left(\frac{\mathrm{d}y}{\mathrm{d}x}\right)^2-2B\left(\frac{\mathrm{d}y}{\mathrm{d}x}\right)+C=0. \tag{5.55}$$

当 $B^2-AC>0$ 时，有

$$\frac{\mathrm{d}y}{\mathrm{d}x}=\frac{2B+\sqrt{4B^2-4AC}}{2A}=\frac{B+\sqrt{B^2-AC}}{A},\quad 及\quad \frac{\mathrm{d}y}{\mathrm{d}x}=\frac{B-\sqrt{B^2-AC}}{A}. \tag{5.55$'$}$$

求出式(5.55)′的一个特解 $\xi(x,y)=C_1$ 后，取 $\xi=\xi(x,y)$ 作为新的自变量，则在式(5.52)中有 $\bar{A}=0$；求得式(5.55)′的另一个特解 $\eta(x,y)=C_2$ 后，又取 $\eta=\eta(x,y)$ 作为新的自变量使 $\bar{C}=0$；式(5.55)称为式(5.48)的特征方程，特征方程的一般积分 $\xi(x,y)=C_1,\eta(x,y)=C_2$，称为式(5.48)的特征线.

1. 双曲型

当 $B^2-AC>0$ 时，式(5.55)′各给出一组实特征线 $\begin{cases}\xi(x,y)=C_1,\\ \eta(x,y)=C_2,\end{cases}$ 取 $\xi=\xi(x,y)$，$\eta=\eta(x,y)$代入式(5.48)，有 $\overline{A}=\overline{C}=0$，则式(5.48)′成为

$$u_{\xi\eta}=H_1(\xi,\eta,u,u_\xi,u_\eta). \tag{5.56}$$

或再做变换

$$\begin{cases}\xi=\alpha+\beta,\\ \eta=\alpha-\beta,\end{cases}\quad 即\quad \begin{cases}\alpha=\dfrac{1}{2}(\xi+\eta),\\ \beta=\dfrac{1}{2}(\xi-\eta),\end{cases}$$

则式(5.48)′变成

$$u_{\alpha\alpha}-u_{\beta\beta}=H_2(\alpha,\beta,u,u_\alpha,u_\beta). \tag{5.57}$$

式(5.56)或式(5.57)就是双曲型方程的标准形式.

2. 抛物线型

当 $B^2-AC=0$ 时，式(5.55)成为 $\left(\sqrt{A}\dfrac{\mathrm{d}y}{\mathrm{d}x}-\sqrt{C}\right)^2=0$. 因此只有一组实特征线 $\xi(x,y)=C_1$，取 $\xi=\xi(x,y)$，作为新的自变量，有 $\overline{A}=0$，取 $\eta=\eta(x,y)$为异于 $\xi(x,y)$的任意变量，则有 $\overline{B}=0$，从而式(5.48)′变为

$$u_{\eta\eta}=K(\xi,\eta,u,u_\xi,u_\eta). \tag{5.58}$$

式(5.58)是抛物线方程的标准型.

3. 椭圆型

当 $B^2-AC<0$ 时，特征方程(5.55)给出两组复特征线 $\xi(x,y)=$常数，$\eta(x,y)=\overline{\xi}(x,y)=$常数（$\eta$ 是 ξ 的复共轭），取 $\xi=\xi(x,y)$，$\eta=\eta(x,y)=\overline{\xi}(x,y)$，作为新的自变量，则 $\overline{A}=0$，$\overline{C}=0$，代入式(5.48)后，有

$$u_{\xi\eta}=K_1(\xi,\eta,u,u_\xi,u_\eta). \tag{5.59}$$

这时 ξ,η 是复变数，为了使方程中的变量和函数都用实数表示，再设 $\xi=\alpha+\mathrm{i}\beta$，$\eta=\alpha-\mathrm{i}\beta$，即

$$\alpha=\mathrm{Re}\xi=\frac{1}{2}(\xi+\eta),\quad \beta=\mathrm{Im}\xi=\frac{1}{2\mathrm{i}}(\xi-\eta),$$

则式(5.59)化成

$$u_{\alpha\alpha}+u_{\beta\beta}=\overline{K}(\alpha,\beta,u,u_\alpha,u_\beta). \tag{5.60}$$

式(5.60)为椭圆型方程的标准型.

例 5.1　讨论方程 $y^2u_{xx}-x^2u_{yy}=0$ 的类型，并将其化为标准型 $(x,y\neq0)$.

解　$A=y^2$，$B=0$，$C=-x^2$，所以 $B^2-AC=x^2y^2>0$，故所给方程为双曲型的. 其特征方程为

$$y^2\left(\frac{\mathrm{d}y}{\mathrm{d}x}\right)^2-x^2=0,\quad 即\quad \frac{\mathrm{d}y}{\mathrm{d}x}=\pm\frac{x}{y}.$$

解之有

$$\frac{y^2}{2}-\frac{x^2}{2}=C_1,\quad \frac{y^2}{2}+\frac{x^2}{2}=C_2,$$

特征曲线为

$$\xi = \frac{y^2}{2} - \frac{x^2}{2} = C_1, \quad \eta = \frac{y^2}{2} + \frac{x^2}{2} = C_2.$$

令

$$\begin{cases} \xi = \dfrac{y^2}{2} - \dfrac{x^2}{2}, \\ \eta = \dfrac{y^2}{2} + \dfrac{x^2}{2}, \end{cases}$$

将新变量代入原方程,用 Maple 计算:

```
> xi(x,y) := y^2/2 - x^2/2;
```

$$\xi(x,y) := \frac{y^2}{2} - \frac{x^2}{2}$$

```
> eta(x,y) := y^2/2 + x^2/2;
```

$$\eta(x,y) := \frac{y^2}{2} + \frac{x^2}{2}$$

```
> simplify(y^2*diff(u(xi(x,y),eta(x,y)),x$2) - x^2*diff(u(xi(x,y),eta(x,y)),y$2) = 0);
```

$$-4y^2 D_{1,2}(u)\left(\frac{y^2}{2}-\frac{x^2}{2},\frac{y^2}{2}+\frac{x^2}{2}\right)x^2 - y^2 D_1(u)\left(\frac{y^2}{2}-\frac{x^2}{2},\frac{y^2}{2}+\frac{x^2}{2}\right)$$
$$+ y^2 D_2(u)\left(\frac{y^2}{2}-\frac{x^2}{2},\frac{y^2}{2}+\frac{x^2}{2}\right) - x^2 D_1(u)\left(\frac{y^2}{2}-\frac{x^2}{2},\frac{y^2}{2}+\frac{x^2}{2}\right)$$
$$- x^2 D_2(u)\left(\frac{y^2}{2}-\frac{x^2}{2},\frac{y^2}{2}+\frac{x^2}{2}\right) = 0$$

整理一下,即得

$$u_{\xi\eta} = -\frac{2\eta}{4(\eta^2-\xi^2)}u_\xi + \frac{2\xi}{4(\eta^2-\xi^2)}u_\eta.$$

例 5.2 将方程 $x^2u_{xx}+2xyu_{xy}+y^2u_{yy}=0$ 化成标准型,并求其通解.

解 特征方程为

$$x^2\left(\frac{dy}{dx}\right)^2 - 2xy\frac{dy}{dx} + y^2 = 0,$$

解 $x\dfrac{dy}{dx}-y=0$,得 $y=c_1x$,即$\dfrac{y}{x}=c_1$. 令$\begin{cases}\xi=\dfrac{y}{x} \\ \eta=y,\end{cases}$,用 Maple 计算:

```
> xi(x,y) := y/x;
```

$$\xi(x,y) := \frac{y}{x}$$

```
> eta(x,y) := y;
```

$$\eta(x,y) := y$$

```
>simplify(x^2*diff(u(xi(x,y),eta(x,y)),x$2) + 2*x*y*diff(u(xi(x,y),eta(x,y)),x,y) +
 y^2*diff(u(xi(x,y),eta(x,y)),y$2) = 0);
```

$$y^2 D_{2,2}(u)\left(\frac{y}{x},y\right) = 0$$

原方程化为

$$u_{\eta\eta} = 0, \quad 或 \quad \frac{\partial}{\partial\eta}\left(\frac{\partial u}{\partial\eta}\right) = 0.$$

将上述方程积分两次，得其通解为

$$u=f_1(\xi)\eta+f_2(\xi),$$

其中 f_1,f_2 是两个任意函数，代回原变量得 $u=f_1\left(\frac{y}{x}\right)\eta+f_2\left(\frac{y}{x}\right)$.

例 5.3　将 $u_{xx}+u_{xy}+u_{yy}+u_x=0$ 化为标准型.

解　$B^2-AC=\frac{1}{4}-1<0$，所给方程为椭圆型，特征方程为

$$\left(\frac{\mathrm{d}y}{\mathrm{d}x}\right)^2-\frac{\mathrm{d}y}{\mathrm{d}x}+1=0,$$

即 $\frac{\mathrm{d}y}{\mathrm{d}x}=\frac{1}{2}\pm\mathrm{i}\frac{\sqrt{3}}{2}$，其解为

$$y-\frac{x}{2}-\mathrm{i}\frac{\sqrt{3}}{2}x=C_1,\quad y-\frac{x}{2}+\mathrm{i}\frac{\sqrt{3}}{2}x=C_2.$$

令 $\alpha=y-\frac{1}{2}x,\beta=-\frac{\sqrt{3}}{2}x$，用 Maple 计算：

```
>alpha(x,y) := y-1/2*x;
```

$$\alpha(x,y):=y-\frac{x}{2}$$

```
>beta(x,y) := -sqrt(3)/2*x;
```

$$\beta(x,y):=-\frac{\sqrt{3}x}{2}$$

```
>simplify(diff(u(alpha(x,y),beta(x,y)),x$2)+diff(u(alpha(x,y),beta(x,y)),x,y)+
 diff (u(alpha(x,y),beta(x,y)),y$2)+diff(u(alpha(x,y),beta(x,y)),x)=0);
```

$$\frac{3}{4}D_{1,1}(u)\left(y-\frac{x}{2},-\frac{\sqrt{3}x}{2}\right)+\frac{3}{4}D_{2,2}(u)\left(y-\frac{x}{2},-\frac{\sqrt{3}x}{2}\right)-\frac{1}{2}D_1(u)\left(y-\frac{x}{2},-\frac{\sqrt{3}x}{2}\right)$$

$$-\frac{1}{2}D_2(u)\left(y-\frac{x}{2},-\frac{\sqrt{3}x}{2}\right)\sqrt{3}=0$$

即将所给方程化为 $u_{\alpha\alpha}+u_{\beta\beta}=\frac{2}{3}u_\alpha+\frac{2\sqrt{3}}{3}u_\beta$.

5.4.2　线性偏微分方程的叠加原理

最后需要指出线性偏微分方程(5.48)和式(5.49)具有一个非常重要的特性，称为叠加原理. 记 L 为微分算子，即

$$L\equiv A(x,y)\frac{\partial^2}{\partial x^2}+2B(x,y)\frac{\partial^2}{\partial x\partial y}+C(x,y)\frac{\partial^2}{\partial y^2}+$$

$$D(x,y)\frac{\partial}{\partial x}+E(x,y)\frac{\partial}{\partial y}+F(x,y),$$

则方程(5.48)可以简记为

$$Lu=f. \tag{5.61}$$

式(5.49)成为

$$Lu=0. \tag{5.62}$$

叠加原理Ⅰ(齐次方程的叠加原理)

设 u_1,u_2 是微分方程(5.62)的解，即 $Lu_1=0,Lu_2=0$，则

$$u = C_1u_1 + C_2u_2$$

也是方程(5.62)的解,即

$$Lu = C_1Lu_1 + C_2Lu_2 = 0, \quad \text{其中 } C_1, C_2 \text{ 为任意常数}.$$

进而,若 $u_i(i=1,2,\cdots)$ 均为方程(5.62)的解,即

$$Lu_i = 0, \quad i = 1,2,\cdots,$$

级数 $\sum_{i=1}^{+\infty} C_iu_i$($C_i$ 为常数) 收敛,并且可以逐项微分两次,则这个级数也是方程(5.62) 的解,即

$$L\left[\sum_{i=1}^{+\infty} C_iu_i\right] = 0.$$

叠加原理Ⅱ(非齐次方程的叠加原理)

设 u_1, u_2 分别满足 $Lu_1 = f_1, Lu_2 = f_2$,则 $u = C_1u_1 + C_2u_2$ 满足

$$Lu = C_1Lu_1 + C_2Lu_2 = C_1f_1 + C_2f_2, \quad \text{其中 } C_1, C_2 \text{ 为任意常数}.$$

进而,若 u_i 是方程

$$Lu = f_i, \quad i = 1,2,\cdots$$

的解,级数 $u = \sum_{i=1}^{+\infty} c_iu_i$ 收敛,并且能够逐项微分两次,其中 $c_i(i=1,2,\cdots)$ 为任意常数,则 u 一定是方程

$$Lu = \sum_{i=1}^{+\infty} c_if_i$$

的解(当然要假定这个方程右端的级数是收敛的).

以上叠加原理的证明非常容易(留作练习),但它却是下一章要讲的分离变量法的基础和出发点.

习题 5

1. 一均匀杆的原长为 l,一端固定,另一端沿杆的轴线方向拉长 e 而静止,突然放手任其振动,试建立振动方程与定解条件.

2. 长为 l 的弦两端固定,开始时在 $x=c$ 受冲量 k 的作用,试写出相应的定解问题.

3. 长为 l 的均匀杆,侧面绝缘.一端温度为零,另一端有恒定热流 q 进入(即单位时间内通过单位截面积流入的热量为 q),杆的初始温度分布是 $\frac{x(l-x)}{2}$,试写出相应的定解问题.

4. 半径为 R 而表面熏黑的金属长圆柱体,受到阳光照射,阳光方向垂直于柱轴(图 5.7),热流强度为 M,写出这个圆柱的热传导问题的边界条件.

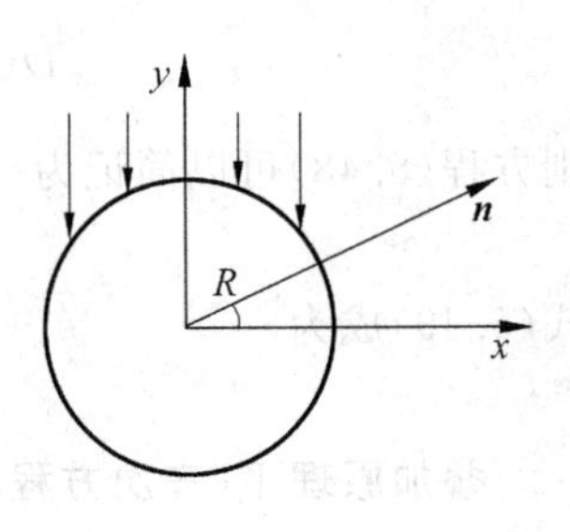

图 5.7

5. 若 $F(z), G(z)$ 是两个任意二次连续可微函数,验证

$$u = F(x+at) + G(x-at)$$

满足方程 $\frac{\partial^2 u}{\partial t^2} = a^2 \frac{\partial^2 u}{\partial x^2}$.

6. 验证线性齐次方程的叠加原理,即若 $u_1(x,y), u_2(x,$

$y), \cdots, u_n(x,y), \cdots$ 均是线性二阶齐次方程

$$A\frac{\partial^2 u}{\partial x^2}+2B\frac{\partial^2 u}{\partial x\partial y}+C\frac{\partial^2 u}{\partial y^2}+D\frac{\partial u}{\partial x}+E\frac{\partial u}{\partial y}+Fu=0$$

的解，其中 A,B,C,D,E,F 都只是 x,y 的函数，而且级数 $u=\sum\limits_{i=1}^{+\infty}c_iu_i(x,y)$ 收敛，其中 $c_i(i=1,2,\cdots)$ 为任意常数，并对 x,y 可以逐次微分两次，求证 $u=\sum\limits_{i=1}^{+\infty}c_iu_i(x,y)$ 仍是原方程的解.

7. 把下列方程化为标准型.

(1) $u_{xx}+4u_{xy}+5u_{yy}+u_x+2u_y=0$；　(2) $u_{xx}+yu_{yy}=0$；　(3) $u_{xx}+xu_{yy}=0$；

(4) $y^2u_{xx}+x^2u_{yy}=0$.

例题补充

为了便于同学们学习和理解课程内容，本书在一些章的习题后面给出部分扩充例题，供同学自习和进一步学习使用.

例 1　导出无旋流体中声波的传播方程.

解　直接从现有的理想流体动力学方程和热力学的物态方程出发导出声波方程.

设流体密度为 $\rho(x,y,z,t)$，空间中一点 (x,y,z) 的流体元的速度为 $\boldsymbol{v}(x,y,z,t)=v_x\boldsymbol{i}+v_y\boldsymbol{j}+v_z\boldsymbol{k}$，压强为 $p(x,y,z,t)$，而连续性方程是

$$\frac{\partial\rho}{\partial t}+\nabla\cdot(\rho\boldsymbol{v})=0; \tag{1}$$

理想流体的动力学方程是

$$\rho\frac{\mathrm{d}\boldsymbol{v}}{\mathrm{d}t}=\rho\left[\frac{\partial\boldsymbol{v}}{\partial t}+(\boldsymbol{v}\cdot\nabla)\boldsymbol{v}\right]=-\nabla p; \tag{2}$$

此外，声波传播过程是绝热过程，它的物态方程是

$$p=k\rho^\gamma, \tag{3}$$

其中 k 和 γ 是常数，它们由流体的性质决定.

原则上 5 个方程(1)～方程(3)(方程(2)是矢量方程，它相当于 3 个标量方程)可以确定 5 个未知函数 ρ,v_x,v_y,v_z 和 p，然而它们是非线性的，其求解已超出本课程的范围. 这里我们设法将它们线性化.

设平衡时流体的密度为 ρ_0，引入稠密度 $s(x,y,z,t)=\dfrac{\rho(x,y,z,t)-\rho_0}{\rho_0}$ 以代替 ρ. 因为声波在传播过程中，$s,\nabla s,|\boldsymbol{v}|,|\nabla v_x|,|\nabla v_y|,|\nabla v_z|,\left|\dfrac{\partial\boldsymbol{v}}{\partial t}\right|$ 都是小量，略去高阶小量后，方程(1)～方程(3)成为

$$\frac{\partial s(x,y,z,t)}{\partial t}+\nabla\cdot\boldsymbol{v}(x,y,z,t)=0, \tag{4}$$

$$\rho_0\frac{\partial\boldsymbol{v}(x,y,z,t)}{\partial t}=-\nabla p, \tag{5}$$

$$\nabla p=k\gamma\rho_0^\gamma\nabla s. \tag{6}$$

由方程(5)、方程(6)消去 p 后所得的方程再与方程(4)联立消去 $\boldsymbol{v}$，即得

$$s_{tt}(x,y,z,t) = a^2 \nabla^2 s(x,y,z,t), \tag{7}$$

其中 $a=\sqrt{k\gamma\rho_0^{\gamma-1}}$，由方程(3)、方程(7)和 $\rho=\rho_0(1+s)$，得到

$$p_{tt}(x,y,z,t) = a^2 \nabla^2 p(x,y,z,t), \tag{8}$$

由于流体是无旋的，即 $\nabla\times \boldsymbol{v}(x,y,z,t)=\boldsymbol{0}$，必存在速度势 $u(x,y,z,t)$，使得

$$\boldsymbol{v}(x,y,z,t) = -\nabla u(x,y,z,t). \tag{9}$$

这样，求三个未知函数 v_x,v_y,v_z 归结为求一个未知函数 u. 方程(5)和方程(6)消去 p 后，将方程(9)代入，有 $\nabla\left(\frac{\partial u}{\partial t}-a^2 s\right)=0$，所以

$$\frac{\partial u}{\partial t} - a^2 s = c. \tag{10}$$

方程(4)与方程(10)联立消去 s 后，将方程(9)代入，得到

$$u_{tt}(x,y,z,t) = a^2 \nabla^2 u(x,y,z,t). \tag{11}$$

方程(7)、方程(8)和方程(11)都是声波的传播方程. 如果 $\rho(x,y,z,t)$，$\boldsymbol{v}(x,y,z,t)$，$p(x,y,z,t)$都不随 t 变化，则方程(7)、方程(8)和方程(11)都变成拉普拉斯方程：

$$\nabla^2 s(x,y,z,t) = 0, \tag{12}$$

$$\nabla^2 p(x,y,z,t) = 0, \tag{13}$$

$$\nabla^2 u(x,y,z,t) = 0, \tag{14}$$

这些方程给出的是稳定场方程.

例 2 均匀、各向同性的弹性圆膜，沿圆周固定，试列出膜的横振动方程和边界条件.

解 设圆膜的质量面密度为 ρ 是常数(因为圆模是均匀的). 又因为圆膜是弹性各向同性的，故可设任何方向上单位长度上所受的张力 T 也是常数. 在非边界的膜上任取一小块 r 到 $r+\Delta r$，φ 到 $\varphi+\Delta\varphi$，现在来分析此小块横向上的受力和运动情况：

沿平行于 r 的方向，设张力与平衡位置的夹角为 α，有

在 r 边上受力 $\quad T r\Delta\varphi\sin\alpha|_r$，

在 $r+\Delta r$ 边上受力 $\quad T(r+\Delta r)\Delta\varphi\sin\alpha|_{r+\Delta r}$，

沿平行于 φ 的方向，设张力与平衡位置的夹角为 β，有

在 φ 边上受力 $\quad T\Delta r\sin\beta|_\varphi$，

在 $\varphi+\Delta\varphi$ 边上受力 $\quad T\Delta r\sin\beta|_{\varphi+\Delta\varphi}$，

在小振动近似下，$\sin\alpha\approx\tan\alpha\approx\frac{\Delta u}{\Delta r}$，$\sin\beta\approx\tan\beta\approx\frac{\Delta u}{r\Delta\varphi}$，由此并根据牛顿第二定律可得

$$T(r+\Delta r)\Delta\varphi\left.\frac{\Delta u}{\Delta r}\right|_{r+\Delta r} - Tr\Delta\varphi\left.\frac{\Delta u}{\Delta r}\right|_r + T\Delta r\left.\frac{\Delta u}{r\Delta\varphi}\right|_{\varphi+\Delta\varphi} - T\Delta r\left.\frac{\Delta u}{r\Delta\varphi}\right|_\varphi = \rho r\Delta r\Delta\varphi\frac{\partial^2 u}{\partial t^2},$$

用 $\Delta r\Delta\varphi$ 除方程两边，并且令 $\Delta r\to 0$，$\Delta\varphi\to 0$ 取极限，得

$$T\frac{\partial}{\partial r}\left(r\frac{\partial u}{\partial r}\right) + T\frac{1}{r}\frac{\partial^2 u}{\partial\varphi^2} = \rho r\frac{\partial^2 u}{\partial t^2},$$

或

$$\frac{\partial^2 u}{\partial t^2} - a^2\left[\frac{1}{r}\frac{\partial}{\partial r}\left(r\frac{\partial u}{\partial r}\right) + \frac{1}{r^2}\frac{\partial^2 u}{\partial\varphi^2}\right] = 0,$$

其中 $a=\sqrt{\frac{T}{\rho}}$.

边界条件为 $u|_{r=R}=0$.

例 3　均质材料制成的细圆锥杆如图 5.8 所示,试推导它的纵振动方程.

解　设想在圆锥杆上截取一小段 B,C 段对 B 的拉力是 $Esu_x|_x$,合力是

$$Esu_x|_{x+\mathrm{d}x}-Esu_x|_x=E\frac{\partial}{\partial x}(su_x)\mathrm{d}x.$$

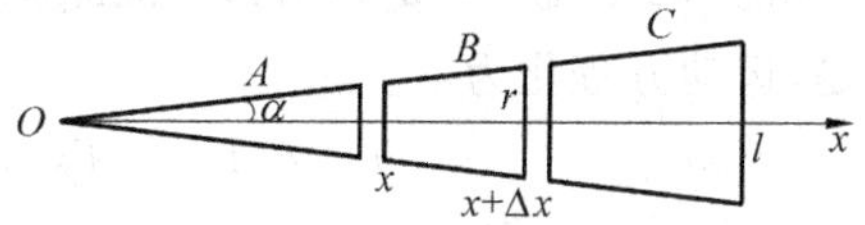

图 5.8　细圆锥杆的纵振动

由牛顿第二定律,有

$$(\rho s\mathrm{d}x)u_{tt}=E\frac{\partial}{\partial x}(su_x)\mathrm{d}x,$$

其中 $s=\pi r^2=\pi(x\tan\alpha)^2$ 为 x 点处的截面积,故上式又可写成

$$(\rho\pi x^2\tan^2\alpha)\mathrm{d}xu_{tt}=E\frac{\partial}{\partial x}(u_x\pi x^2\tan^2\alpha)\mathrm{d}x,\quad 即\quad x^2u_{tt}=\frac{E}{\rho}\frac{\partial}{\partial x}(x^2u_x),$$

令 $a^2=\dfrac{E}{\rho}$,则圆锥杆的纵振动方程可以写成 $u_{tt}=\dfrac{a^2}{x^2}\dfrac{\partial}{\partial x}(x^2u_x)$.

例 4　推导无旋稳恒电流场的方程.

解　设在导电物质中有稳恒电流分布.稳恒是指电流密度 $\boldsymbol{j}$ 不随时间变化.由散度的定义,$\nabla\cdot\boldsymbol{j}=\lim\limits_{\Omega\to 0}\left[\dfrac{1}{\Omega}\oint_s\boldsymbol{j}\cdot\mathrm{d}\boldsymbol{s}\right]$,其中 s 是闭合曲面,Ω 是 s 所围的体积.上式右边的曲面积分是单位时间里从 Ω 流出的总电量,从而上式右边的极限表示单位时间里从单位体积里流出的电量,正是电流的源的强度.把电流源的强度分布记作 $f(x,y,z)$,就有

$$\nabla\cdot\boldsymbol{j}=f.\tag{1}$$

既然电流是无旋的,必定存在势函数 φ,

$$\boldsymbol{j}=-\nabla\varphi\tag{2}$$

把式(2)代入式(1),得到无旋电流势满足泊松方程

$$\nabla^2\varphi=-f.\tag{3}$$

如果在某一区域没有电流源,则式(3)在该区域上满足拉普拉斯方程

$$\nabla^2\varphi=0.\tag{4}$$

例 5　在弦的横振动问题中,若弦受到一个与速度成正比的阻力,试导出弦的阻尼振动方程.

解　设 $u(x,t)$是弦上 x 点在 t 时刻的位移,考虑弦上任意一小段 Δx 的受力情况.由题意,设单位长弦线所受阻力为 bu_t(b 为常数),则在振动过程中,Δx 段所受纵向力为

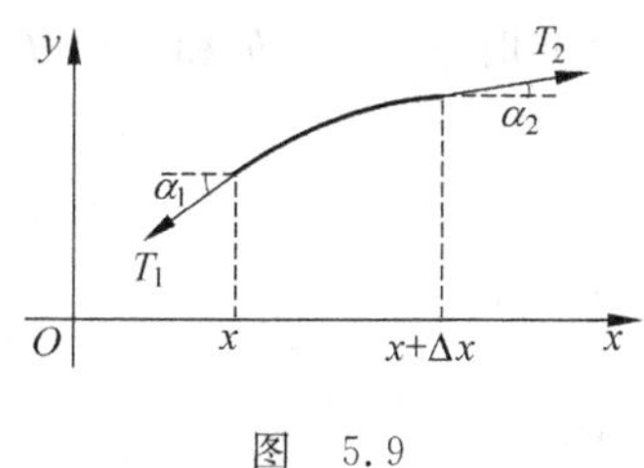

图　5.9

$$T_2\cos\alpha_2-T_1\cos\alpha_1,$$

所受横向力为

$$T_2\sin\alpha_2-T_1\sin\alpha_1-bu_t(x+\theta\Delta x)\cdot\Delta x,$$

其中,$0<\theta\leqslant 1$,T_1 和 T_2 为 Δx 段两端所受张力(如图 5.9 所示).

由于弦仅作横向振动,而无纵向振动,于是,由牛顿第二定律,有

$$T_2\cos\alpha_2-T_1\cos\alpha_1=0,\tag{1}$$

$$T_2\sin\alpha_2-T_1\sin\alpha_1-bu_t(x+\theta\Delta x,t)\cdot\Delta x=\rho u_{tt}(x+\theta\Delta x,t)\cdot\Delta x,\tag{2}$$

其中，ρ 为弦的线密度.

注意在小振动情况下有

$$\sin\alpha_1 \approx \tan\alpha_1 = u_x(x,t), \quad \sin\alpha_2 \approx \tan\alpha_2 = u_x(x+\Delta x,t), \quad \cos\alpha_1 \approx \cos\alpha_2 = 1,$$

于是，运动方程化为

$$\begin{cases} T_1 = T_2 = T, \\ T_2 u_x(x+\Delta x,t) - T_1 u_x(x,t), \\ -bu_t(x+\theta\Delta x,t)\cdot\Delta x = \rho u_{tt}(x+\theta\Delta x)\cdot\Delta x, \end{cases}$$

即

$$\frac{T}{\rho}\frac{u_x(x+\Delta x,t)-u_x(x,t)}{\Delta x} - \frac{b}{\rho}u_t(x+\theta\Delta x,t) = u_{tt}(x+\theta\Delta x),$$

令 $\Delta x \to 0$ 取极限，得

$$u_{tt} + cu_t = a^2 u_{xx},$$

这就是弦的阻尼振动方程，其中，$a^2=\dfrac{T}{\rho}, c=\dfrac{b}{\rho}$.

例 6 对弦的横振动问题导出下列情况下的初始条件：

(1) 弦的两端点 $x=0$ 和 $x=l$ 固定，用手将弦上的点 $x=c\ (0<c<l)$ 拉开使之与平衡位置的偏离为 h(图 5.10(a)，并设 $h \ll l$)，然后放手；

(2) 弦的两端点 $x=0$ 和 $x=l$ 固定，用横向力 F_0($F_0 \ll T$)拉弦上的点 $x=c\ (0<c<l)$，达到平衡后放手(图 5.10(b))；

(3) 弦的两端点 $x=0$ 和 $x=l$ 固定，以槌击弦上的点 $x=c\ (0<c<l)$ 使之获得冲量 I.

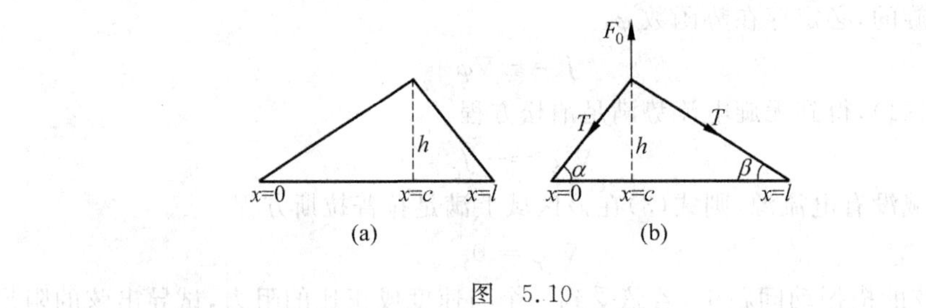

图 5.10

解 (1) 由 $x=c$ 点的初始位移，求出其他点的初始位移. 设 $u|_{t=0}=\varphi(x)$. 由于$[0,c]$段 $\varphi(x)$是直线，设 $\varphi(x)=Ax+B$，由 $x=0$ 时 $\varphi(x)=0$ 和 $x=c$ 时 $\varphi(x)=h$ 定出 $A=h/c$ 和 $B=0$. 同样，$[c,l]$段 $\varphi(x)$ 也是直线，设 $\varphi(x)=Cx+D$，由 $x=c$ 时 $\varphi(x)=h$ 和 $x=l$ 时 $\varphi(x)=0$，定出 $C=-\dfrac{h}{l-c}$ 和 $D=\dfrac{hl}{l-c}$. 综上得

$$u|_{t=0} = \varphi(x) = \begin{cases} \dfrac{h}{c}x, & 0 \leqslant x \leqslant c, \\ \dfrac{h}{l-c}(l-x), & c < x \leqslant l. \end{cases}$$

另外，由题意，显然 $u_t|_{t=0}=0$.

(2) 先求初始位移 $u|_{t=0}=\varphi(x)$，设拉力 F_0 与张力 T 平衡时点 $x=c$ 的位移为 h，由于 $\sin\alpha \approx \tan\alpha = \dfrac{h}{c}$ 和 $\sin\beta \approx \tan\beta = \dfrac{h}{l-c}$，所以

$$F_0 = T\sin\alpha + T\sin\beta = T\left(\frac{h}{c} + \frac{h}{l-c}\right) = \frac{hlT}{c(l-c)},$$

由此得 $h=\dfrac{F_0 c(l-c)}{Tl}$,利用情况(1)的结果,得到

$$u\big|_{t=0} = \varphi(x) = \begin{cases} \dfrac{F_0(l-c)}{Tl}x, & 0 \leqslant x \leqslant c, \\ \dfrac{F_0 c}{Tl}(l-x), & c < x \leqslant l. \end{cases}$$

同样有 $u_t\big|_{t=0}=0$.

(3) 由题意有 $u\big|_{t=0}=0$. 在点 $x=c$,由冲量定理,有 $I=\rho u_t\big|_{t=0}$,即 $u_t\big|_{t=0}=\dfrac{I}{\rho}$($\rho$ 是弦的质量密度);在其他点处 $u_t\big|_{t=0}=0$. 因此 $u_t\big|_{t=0}=\psi(x)=\dfrac{I}{\rho}\delta(x-c)$.

说明　$u_t\big|_{t=0}$ 也可以用极限的形式写出. 将冲量 I 看成均匀分布在小段 $c-\dfrac{\varepsilon}{2}<x<c+\dfrac{\varepsilon}{2}$($\varepsilon$ 为小量)内,则在此小段上单位长度受到的冲量是 $\dfrac{I}{\varepsilon}$,于是,由冲量定理,得

$$u_t\big|_{t=0} = \psi(x) = \begin{cases} \dfrac{I}{\varepsilon\rho}, & |x-c| < \dfrac{\varepsilon}{2}, \\ 0, & |x-c| > \dfrac{\varepsilon}{2}. \end{cases}$$

在计算结果最后取 $\varepsilon\to 0$.

例 7　导出长为 l 的杆的一维热传导问题下的边界条件:(1) $x=0$ 端保持恒温 T_0, $x=l$ 端为绝热(即热流为零);(2)两端均有热流流入;(3)两端以牛顿冷却定律与周围介质(其温度恒为 u_0)进行热交换.

解　(1) 显然 $u\big|_{x=0}=T_0$. 设热流强度为 $\boldsymbol{q}(x,y,z,t)$,由热学中的傅里叶定律,热流强度 $\boldsymbol{q}(x,y,z,t)$ 与介质的温度 $u(x,y,z,t)$ 的关系是

$$\boldsymbol{q} = -k\,\nabla u, \tag{1}$$

利用 $\boldsymbol{q}\cdot\boldsymbol{i}=0$($\boldsymbol{i}$ 是 x 方向的单位矢量),将(1)代入此式,即得

$$u_x\big|_{x=l} = 0. \tag{2}$$

(2) 设 $x=0$ 处的热流强度为 $q_1(t)$, $x=i$ 处的热流强度为 $q_2(t)$. 考虑杆的小段 $[0,\Delta x]$ 的热量守恒问题(设杆的侧面是绝热的),有

$$c\rho S\Delta x \left.\frac{\partial u(\xi,t)}{\partial t}\right|_{\xi=\theta x} = q_1(t)S - \boldsymbol{q}\cdot\boldsymbol{i}\big|_{x=\Delta x}\cdot S,$$

其中 S 为杆的截面积,常数 θ 满足 $0\leqslant\theta\leqslant 1$,将(1)代入此式,并令 $\varepsilon\to 0$ 取极限,得到

$$u_x\big|_{x=0} = -\frac{1}{k}q_1(t). \tag{3}$$

类似地,对于小段 $[l-\Delta x, l]$,有

$$c\rho S\Delta x \left.\frac{\partial u(\xi,t)}{\partial t}\right|_{\xi=l-\theta\Delta x} = \boldsymbol{q}\cdot\boldsymbol{i}\big|_{x=l-\Delta x}\cdot S + q_2(t)S,$$

其中 θ 满足 $0\leqslant\theta\leqslant 1$. 将(1)代入此式,并令 $\varepsilon\to 0$ 取极限,得到

$$u_x\big|_{x=l} = \frac{1}{k}q_2(t). \tag{4}$$

(3) 所谓牛顿冷却定律是指,在介质边界面 S 上,热流强度 $\boldsymbol{q}$ 的外法向分量是同介质温度 $u|_s$ 与周围介质温度 u_0 之差成正比,即

$$\boldsymbol{q}\cdot\boldsymbol{n}\,|_S=-k\left.\frac{\partial u}{\partial \boldsymbol{n}}\right|_s=b(u\,|_s-u_0),\tag{5}$$

其中的比例常数 $b(b>0)$ 称为热交换系数.

在 $x=l$ 处,$\boldsymbol{n}$ 的方向就是 x 的正方向,所以(5)成为 $(u_x+hu)|_{x=l}=hu_0$,其中 $h\equiv\dfrac{b}{k}$.

在 $x=0$ 段,$\boldsymbol{n}$ 的方向与 x 的正方向相反,所以有 $(u_x-hu)|_{x=0}=-hu_0$.

第6章

分离变量法

第 5 章中我们讨论了怎样将一个物理问题表达为定解问题，这一章以及以后几章的任务是怎样去求解这些定解问题，也就是说在已经列出方程和定解条件之后，怎样去求既满足方程又满足定解条件的解.

从微积分学得知，在计算诸如多元函数的微分和积分（重积分等）时总是把它们转化为单元函数的相应问题来解决，与此类似，求解偏微分方程的定解问题也可以设法把它们转化为常微分方程的定解问题来求解. 分离变量法就是这样一种常用的转化方法. 常见的常微分方程的求解方法见附录 A. 在这一章中，我们将通过一些实例，讨论分离变量法及其应用.

6.1 (1+1)维齐次方程的分离变量法

我们将函数 $u(x,t)$ 满足的偏微分方程称为(1+1)维偏微分方程，表示空间一维和时间一维之意，下面讨论求解这类方程的分离变量方法.

6.1.1 有界弦的自由振动

由第 5 章的讨论可知，两端固定弦的自由振动问题可以归结为求解下列定解问题：

$$\begin{cases} \dfrac{\partial^2 u}{\partial t^2} = a^2 \dfrac{\partial^2 u}{\partial x^2}, & 0 < x < l, t > 0, \quad (6.1) \\ u\big|_{x=0} = 0, u\big|_{x=l} = 0, & t > 0, \quad (6.2) \\ u\big|_{t=0} = \varphi(x), \dfrac{\partial u}{\partial t}\Big|_{t=0} = \psi(x), & 0 < x < l. \quad (6.3) \end{cases}$$

这个问题的特点是，偏微分方程是线性齐次的，边界条件也是齐次的. 求解这样的问题可以运用叠加原理. 我们知道，在求解常系数齐次常微分方程的初值问题时，是在先不考虑初始条件的情况下，求出满足方程的足够多的特解，再利用叠加原理做出这些特解的线性组合，构成方程的通解，然后利用初始条件来确定通解中的任意常数，得到初值问题的特解. 这就启发我们要求解定解问题(6.1)～(6.3)，需首先寻求齐次方程(6.1)满足边界条件(6.2)的足够多的具有简单形式(变量被分离的形式)的特解，再利用它们作线性组合，得到方程满足边界条件的一般解，再使这个一般解满足初始条件(6.3).

这种思想方法，还可以从物理模型中得到启示. 从物理学知道，乐器发出的声音可以分解成各种不同频率的单音，每种频率的单音振动时形成正弦曲线，其振幅依赖于时间 t，每个单音可以表示为 $u(x,t)=A(t)\sin\omega x$ 的形式，这种形式的特点是 $u(x,t)$ 中的变量 x 和 t 被分离出来了.

根据上面的分析，我们来求方程(6.1)的具有变量分离形式

$$u(x,t)=X(x)T(t) \tag{6.4}$$

的非零解，并要求它满足齐次边界条件(6.2)，式中 $X(x)$，$T(t)$ 分别表示只与 x，t 有关的待定函数. 将式(6.4)代入方程(6.1)，由于

$$\frac{\partial^2 u}{\partial x^2}=X''(x)T(t),\quad \frac{\partial^2 u}{\partial t^2}=X(x)T''(t),$$

得

$$X(x)T''(t)=a^2X''(x)T(t),$$

用 $a^2X(x)T(t)$ 除方程的两边，得

$$\frac{X''(x)}{X(x)}=\frac{T''(t)}{a^2T(t)}.$$

这个式子的左端仅是 x 的函数，右端仅是 t 的函数，一般情况下两者不可能相等，只有当它们均为常数时才能相等. 令此常数为 $-\lambda$，则有

$$\frac{X''(x)}{X(x)}=\frac{T''(t)}{a^2T(t)}=-\lambda,$$

这样，我们得到两个常微分方程

$$T''(t)+\lambda a^2T(t)=0, \tag{6.5}$$

$$X''(x)+\lambda X(x)=0. \tag{6.6}$$

利用边界条件(6.2)，由 $u(x,t)=X(x)T(t)$，有

$$X(0)T(t)=0,\quad X(l)T(t)=0.$$

但 $T(t)\neq0$，因为如果 $T(t)=0$，则 $u(x,t)\equiv0$，与要求非零解矛盾，所以

$$X(0)=X(l)=0. \tag{6.7}$$

因此，要求方程(6.1)满足边界条件(6.2)的变量分离形式的解，就先要从下列常微分方程的边值问题

$$\begin{cases}X''(x)+\lambda X(x)=0,\\ X(0)=X(l)=0\end{cases}$$

中解出 $X(x)$.

现在我们来求非零解 $X(x)$. 但要求出 $X(x)$ 并不是一个简单问题，因为方程(6.6)包含一个待定任意常数 λ. 因此我们的任务是要确定 λ 取何值时方程(6.6)才有满足条件(6.7)的非零解，又要求出这个非零解 $X(x)$. 这样的问题称为常微分方程(6.6)在条件(6.7)下的本征值问题(也称固有值问题或特征值问题). 使问题(6.6)、(6.7)有非零解的 λ 称为该问题

的本征值(也称固有值或特征值),相应的非零解 $X(x)$ 称为本征函数(也称固有函数或特征函数).下面我们对 λ 取值的三种情况进行讨论.

(1) 当 $\lambda<0$ 时,设 $\lambda=-k^2$,这时方程(6.6)是一个二阶线性常系数常微分方程,容易求出其通解为 $X(x)=Ae^{-kx}+Be^{kx}$.

也可以用数学软件 Maple 求解:

```
> ode := diff(X(x),x $ 2) - k ^2 * X(x) = 0;
```

$$\text{ode} := \left(\frac{d^2}{dx^2}X(x)\right) - k^2 X(x) = 0$$

```
> dsolve(ode);
```

$$X(x) = \_C1e^{(kx)} + \_C2e^{(-kx)}$$

结果是一样的.式中 A,B(或_C1,_C2)为积分常数.

由条件(6.7)得

$$\begin{cases} A+B=0, \\ Ae^{-kl}+Be^{kl}=0. \end{cases}$$

由此解得 $A=B=0$,即 $X(x)=0$,为平凡解,不符合非零解的要求,故不可能有 $\lambda<0$.

(2) 当 $\lambda=0$ 时,方程(6.6)的通解是 $X(x)=Ax+B$.

由边界条件(6.7)仍得 $A=B=0$,即 $X(x)=0$,仍为平凡解,故也不可能有 $\lambda=0$.

(3) 设 $\lambda=\beta^2>0$ 时,此时方程(6.6)的通解为 $X(x)=A\cos\beta x+B\sin\beta x$.

当然也可用 Maple 求出:

```
> ode := diff(X(x),x $ 2) + beta ^2 * X(x) = 0;
```

$$\text{ode} := \left(\frac{d^2}{dx^2}X(x)\right) + \beta^2 X(x) = 0$$

```
> dsolve(ode);
```

$$X(x) = \_C1\sin(\beta x) + \_C2\cos(\beta x)$$

代入条件(6.7),得

$$A=0,\quad B\sin\beta l=0.$$

由于 $B\neq0$(否则 $X(x)\equiv0$),故 $\sin\beta l=0$,即

$$\beta=\frac{n\pi}{l},\quad n=1,2,\cdots.$$

$\left(n\right.$ 为负整数的情况可以不必考虑,因为例如 $n=-2$ 时,$B\sin\dfrac{-2\pi}{l}x=-B\sin\dfrac{2\pi}{l}x$,仍是 $B'\sin\dfrac{2\pi}{l}x$ 的形式$\left.\right)$从而得到一系列固有值与固有函数

$$\lambda_n=\frac{n^2\pi^2}{l^2},\quad n=1,2,\cdots,\tag{6.8}$$

$$X_n(x)=B_n\sin\frac{n\pi}{l}x,\quad n=1,2,\cdots.\tag{6.9}$$

确定了固有值 λ 之后,将它代入到常微分方程(6.5),得

$$T''(t)+\frac{n^2\pi^2a^2}{l^2}T(t)=0,$$

这也是一个二阶线性常系数常微分方程,其通解是

$$T_n(t) = C'_n \cos\frac{n\pi a}{l}t + D'_n \sin\frac{n\pi a}{l}t, \quad n = 1,2,\cdots. \tag{6.10}$$

用 Maple 求解的话,过程就是

```
> ode := diff(T(t),t $ 2) + a^2 * n^2 * Pi^2/l^2 * T(t) = 0;
```

$$\text{ode} := \left(\frac{d^2}{dt^2}T(t)\right) + \frac{a^2 n^2 \pi^2 T(t)}{l^2} = 0$$

```
> dsolve(ode);
```

$$T(t) = \_C1\sin\left(\frac{\pi nat}{l}\right) + \_C2\cos\left(\frac{\pi nat}{l}\right)$$

由式(6.9)和式(6.10)得到满足方程(6.1)和边界条件(6.2)的一组变量分离形式的特解

$$u_n(x,t) = \left(C_n \cos\frac{n\pi a}{l}t + D_n \sin\frac{n\pi a}{l}t\right)\sin\frac{n\pi}{l}x, \quad n = 1,2,\cdots. \tag{6.11}$$

其中 $C_n = B_n C'_n$, $D_n = B_n D'_n$ 是任意常数. 至此我们的第一步工作完成了,求出了既满足方程(6.1)又满足边界条件(6.2)的无穷多个非零特解(6.11). 为了求出原问题的解,还须满足初始条件(6.3). 为此将(6.11)中的所有函数 $u_n(x,t)$ 叠加起来,得

$$u(x,t) = \sum_{n=1}^{+\infty} u_n(x,t) = \sum_{n=1}^{+\infty}\left(C_n\cos\frac{n\pi a}{l}t + D_n\sin\frac{n\pi a}{l}t\right)\sin\frac{n\pi}{l}x. \tag{6.12}$$

由 5.4.2 节中叠加原理可知,如果式(6.12)右端的无穷级数是收敛的,而且关于 x 和 t 都能逐项微分两次,则它的和 $u(x,t)$ 也满足方程(6.1)和边界条件(6.2). 现在要适当选择 C_n, D_n,使函数 $u(x,t)$ 也满足初始条件(6.3). 为此必须有

$$\begin{cases} u(x,t)\big|_{t=0} = u(x,0) = \displaystyle\sum_{n=1}^{+\infty} C_n \sin\frac{n\pi}{l}x = \varphi(x), \\ \left.\dfrac{\partial u}{\partial t}\right|_{t=0} = u_t(x,0) = \displaystyle\sum_{n=1}^{+\infty} D_n\frac{n\pi a}{l}\sin\frac{n\pi}{l}x = \psi(x). \end{cases} \tag{6.13}$$

因为 $\varphi(x)$ 和 $\psi(x)$ 是定义在 $[0,l]$ 上的函数,所以只要选取 C_n 为 $\varphi(x)$ 的傅里叶正弦级数展开式的系数,$\frac{n\pi a}{l}D_n$ 为 $\psi(x)$ 的傅里叶正弦级数展开式的系数即可,也就是取

$$C_n = \frac{2}{l}\int_0^l \varphi(x)\sin\frac{n\pi}{l}x\,dx, \quad D_n = \frac{2}{n\pi a}\int_0^l \psi(x)\sin\frac{n\pi}{l}x\,dx, \tag{6.14}$$

初始条件(6.3)就能满足. 将式(6.14)所确定的 C_n, D_n 代入到式(6.12),就得到了原定解问题的解.

当然,如上所述,要使式(6.12)所确定的函数 $u(x,t)$ 满足定解问题(6.1)~(6.3),除了其中的系数 C_n, D_n 必须由式(6.14)确定外,还要求其中的级数收敛,并且能够对 x 和 t 逐项微分两次. 这些要求只要对 $\varphi(x)$ 和 $\psi(x)$ 加上一些条件就能满足. 可以证明(参阅谷超豪、李大潜等编《数学物理方法》2002 年第二版 1.3 节),如果 $\varphi(x)$ 三次连续可微,$\psi(x)$ 二次连续可微,且 $\varphi(0)=\varphi(l)=\varphi''(0)=\varphi''(l)=\psi(0)=\psi(l)=0$,则问题(6.1)~(6.3)的解存在,并且这个解可以由式(6.12)给出,其中 C_n, D_n 由式(6.14)确定. 这样的解称为古典解.

以上方法的特点就是利用具有变量分离形式的特解(6.4)来构造定解问题(6.1)～(6.3)的解，故这一方法称为分离变量法. 18 世纪初，傅里叶首先利用这种方法求解偏微分方程，这种求解过程显示了傅里叶级数的作用与威力，因此分离变量法又称为傅里叶级数方法.

需要指出的是，当 $\varphi(x)$ 和 $\psi(x)$ 不满足这里所述的条件时，由式(6.12)和(6.14)确定的函数 $u(x,t)$ 不具备古典解的要求，它只能是原定解问题的一个形式解. 根据相关理论，只要 $\varphi(x)$ 和 $\psi(x)$ 在 $[0,l]$ 上平方可积，函数列

$$\varphi_n(x)=\sum_{k=1}^{n}C_k\sin\frac{k\pi}{l}x,\quad \psi_n(x)=\sum_{k=1}^{n}\frac{k\pi a}{l}D_k\sin\frac{k\pi}{l}x$$

分别平均收敛$\left(\text{设 } f_n,f \text{ 都是平方可积的，如对任给 } \varepsilon>0\text{，存在 } N\text{，当 } n>N \text{ 时，有 } \left[\int(f_n-f)^2\mathrm{d}x\right]^{\frac{1}{2}}<\varepsilon \text{ 成立，则称 } f_n \text{ 平均收敛于 } f\right)$于 $\varphi(x)$ 和 $\psi(x)$，其中 C_k，D_k 由式(6.14)确定.

如果将初始条件代之以

$$u(x,t)\big|_{t=0}=\varphi_n(x),\quad \left.\frac{\partial u(x,t)}{\partial t}\right|_{t=0}=\psi_n(x),$$

则相应的定解问题的解为

$$S_n(x,t)=\sum_{k=1}^{n}\left(C_k\cos\frac{k\pi a}{l}t+D_k\sin\frac{k\pi a}{l}t\right)\sin\frac{k\pi}{l}x.$$

当 $n\to\infty$，它平均收敛于式(6.12)所给的形式解 $u(x,t)$. 由于 $S_n(x,t)$ 既满足方程(6.1)及边界条件(6.2)，又近似地满足初始条件(6.3)，所以当 n 很大时，可以把 $S_n(x,t)$ 看成是原定解问题的近似解. 作为近似解平均收敛的极限 $u(x,t)$，当然也是很有意义的.

此外，从上述求解偏微分方程的方法来看，在大多数情况下，也都是先求形式解，然后在一定条件下验证这个形式解就是古典解. 这个验证的过程称为综合工作，鉴于篇幅和讲授时间的限制，也因为本书中所讨论的问题都是经典问题，在今后的叙述中，都不去做这个综合工作. 也不去讨论所得的形式解成为古典解时需要附加的条件，只要求得了形式解，就认为问题得到了解决.

从前面的运算过程可以看出，用分离变量法求解定解问题的关键步骤是确定固有函数和运用叠加原理. 这些运算之所以能够进行，是因为所讨论的偏微分方程和边界条件都是线性齐次的，这是使用分离变量法的基础，希望读者注意.

例 6.1　解下列定解问题：

$$\begin{cases}\dfrac{\partial^2 u}{\partial t^2}=a^2\dfrac{\partial^2 u}{\partial x^2}, & 0<x<l,t>0,\\ u\big|_{x=0}=0,\left.\dfrac{\partial u}{\partial x}\right|_{x=l}=0, & t>0,\\ u\big|_{t=0}=x^2-2lx,\left.\dfrac{\partial u}{\partial t}\right|_{t=0}=0, & 0<x<l.\end{cases}$$

解　这里所考虑的方程仍是式(6.1)，所不同的只是在 $x=l$ 这一端的边界条件不是第

一类齐次边界条件 $u|_{x=l}=0$，而是第二类齐次边界条件 $\left.\frac{\partial u}{\partial x}\right|_{x=l}=0$. 因此，通过分离变量(即令 $u(x,t)=X(x)T(t)$)的步骤后，仍得到式(6.5)和式(6.6)：

$$T''(t)+\lambda a^2 T(t)=0,$$
$$X''(x)+\lambda X(x)=0.$$

但条件(6.7)应代之以

$$X(0)=X'(l)=0, \tag{6.7$'$}$$

相应的固有值问题为求

$$\begin{cases} X''(x)+\lambda X(x)=0, \\ X(0)=X'(l)=0 \end{cases}$$

的非零解.

重复前面的讨论可知，只有当 $\lambda=\beta^2>0$ 时，上述固有值问题才有非零解. 此时式(6.6)的通解仍为 $X(x)=A\cos\beta x+B\sin\beta x$. 代入条件(6.7)$'$，得

$$A=0,\quad B\cos\beta l=0,$$

由于 $B\neq 0$，故 $\cos\beta l=0$，即

$$\beta=\frac{2n+1}{2l}\pi,\quad n=0,1,2,\cdots,$$

从而得到一系列固有值与固有函数

$$\lambda_n=\frac{(2n+1)^2\pi^2}{4l^2},\quad X_n(x)=B_n\sin\frac{(2n+1)\pi}{2l}x,\quad n=0,1,2,\cdots.$$

与这些固有值相对应的方程(6.5)的通解为

$$T_n(t)=C'_n\cos\frac{(2n+1)\pi a}{2l}t+D'_n\sin\frac{(2n+1)\pi a}{2l}t,\quad n=0,1,2,\cdots.$$

于是，所求定解问题的解可表示为

$$u(x,t)=\sum_{n=0}^{+\infty}\left(C_n\cos\frac{(2n+1)\pi a}{2l}t+D_n\sin\frac{(2n+1)\pi a}{2l}t\right)\sin\frac{(2n+1)\pi}{2l}x,$$

其中 $C_n=B_nC'_n$，$D_n=B_nD'_n$ 为任意常数，现在利用初始条件确定它们，得到

$$D_n=0,\quad C_n=\frac{2}{l}\int_0^l(x^2-2lx)\sin\frac{(2n+1)\pi}{2l}x\,dx.$$

这个积分可用 Maple 计算

```
>c[n] := 2/l * int((x^2 - 2 * l * x) * sin((2 * n + 1) * Pi * x/(2 * l)), x = 0..l);
```

$$c_n := -\frac{4l^2(8+4\sin(\pi n)n\pi^2+4\sin(\pi n)n^2\pi^2+\sin(\pi n)\pi^2+8\sin(\pi n))}{\pi^3(8n^3+12n^2+6n+1)}$$

```
>factor(8 * n^3 + 12 * n^2 + 6 * n + 1);
```

$$(2n+1)^3$$

因为，$\sin n\pi=0$，故可知 $C_n=-\frac{32l^2}{(2n+1)^3\pi^3}$. 因此，所求定解问题的解为

$$u(x,t)=-\frac{32l^2}{\pi^3}\sum_{n=0}^{+\infty}\frac{1}{(2n+1)^3}\cos\frac{(2n+1)\pi a}{2l}t\sin\frac{(2n+1)\pi}{2l}x.$$

在上面定解问题的求解过程中，我们看到求解本征值问题和确定形式解中的任意常数

是关键，本征值问题与所给的边界条件有关，而确定常数主要是计算初始函数的傅里叶展开系数，这两个关键步骤可以借助于数学软件，比如 Maple 进行. 例如在上述积分结果中令 $\sin(n\pi)=0$，以及使 $8n^3+12n^2+6n+1=(2n+1)^3$ 的过程，也可以在 Maple 中完成：只要在 Maple 中输入命令

```
> res1 := int((x^2 - 2*l*x)*sin((2*n+1)*Pi*x/(2*l)),x=0..l);
```

$$\text{res1} := -\frac{2l^3(8+4\sin(\pi n)n\pi^2+4\sin(\pi n)n^2\pi^2+\sin(\pi n)\pi^2+8\sin(\pi n))}{\pi^3(8n^3+12n^2+6n+1)}$$

```
> res2 := subs(sin(Pi*n) = 0,res1);
```

$$\text{res2} := -\frac{16l^3}{\pi^3(8n^3+12n^2+6n+1)}$$

```
> factor(8*n^3+12*n^2+6*n+1);
(2n+1)^3
```

这样，借助于计算机的帮助，就可以避开原来的难点或烦琐的推导与计算，读者就可以节省大量原本用来计算的时间来思考问题本身.

为了加深理解，我们来分析一下级数形式解(6.12)的物理意义. 先分析级数

$$u_n(x,t)=\left(C_n\cos\frac{n\pi a}{l}t+D_n\sin\frac{n\pi a}{l}t\right)\sin\frac{n\pi}{l}x,\quad n=1,2,\cdots \tag{6.11}$$

每一项的物理意义. 分析的方法是，先固定时间 t，看看在任意指定时刻波形是什么形状；再固定弦上一点，看看该点的振动规律.

把式(6.11)括号内的式子改变形式，得到

$$u_n(x,t)=A_n\cos(\omega_n t-\theta_n)\sin\frac{n\pi}{l}x,$$

其中 $A_n=\sqrt{C_n^2+D_n^2}$，$\omega_n=\frac{n\pi a}{l}$，$\theta_n=\arctan\frac{C_n}{D_n}$. 当时间 t 取固定值 t_0 时，得

$$u_n(x,t_0)=A_n'\sin\frac{n\pi}{l}x,$$

其中 $A_n'=A_n\cos(\omega_n t_0-\theta_n)$是一个固定值. 这表示在任意时刻，波形 $u_n(x,t_0)$的形状都是一些正弦曲线，只是它们的振幅随着时间的改变而改变.

当弦上任意一点的横坐标 x 取定值 x_0 时，得

$$u_n(x_0,t)=B_n\cos(\omega_n t-\theta_n),$$

其中 $B_n=A_n\sin\frac{n\pi}{l}x_0$ 是一个定值. 这说明弦上以 x_0 点为横坐标的点作简谐振动，其振幅为 B_n，角频率为 ω_n，初位相为 θ_n. 若 x 取另外一个定值，情况也一样. 只是振幅 B_n 不同而已. 所以 $u_n(x,t)$表示这样一些振动波：弦上各点以同样的角频率 ω_n 作简谐振动，各点的初位相也相同，而各点的振幅则随位置的改变而改变；此振动波在任意时刻的外形是一条正弦曲线.

这种振动还有一个特点，在$[0,l]$范围内的 $n+1$ 个点(包括两个端点)永远保持不动. 这是因为在 $x_m=\frac{ml}{n}(m=0,1,2,\cdots,n)$这些点上，$\sin\frac{n\pi}{l}x_m=\sin m\pi=0$ 的缘故. 这些点在物理上称为节点. 这也说明 $u_n(x,t)$的振动是在$[0,l]$范围内的分段振动，其中有 $n+1$ 个节

点.人们把这种包含节点的振动波称为驻波.另外,驻波还在 n 点达到最大值(读者可以自己讨论),这种使振动达到最大值的点称为腹点.图 6.1 是用 Maple 画出的在某一时刻 t,$n=1,2,3$ 时的驻波形状.而在时间段 $t\in[0,10]$内,$n=1,2,3$ 时,立体形式的驻波见图 6.2.

综上所述,可知 $u_1(x,t),u_2(x,t),\cdots,u_n(x,t),\cdots$是一系列驻波,它们的频率、位相与振幅都随 n 不同而不同.因此可以说,一维波动方程用分离变量法解出的解 $u(x,t)$是由一系列驻波叠加而成的,而每一个驻波的波形由固有函数确定,它的频率由固有值确定.这完全符合实际情况.因为人们在考察弦的振动时,就发现许多驻波,它们的叠加又可以构成各种各样的波形.因此很自然地会想到用驻波的叠加表示弦振动方程的解.这就是分离变量法的物理背景,所以分离变量法又称驻波法.

```
> plot([sin(Pi * x),sin(2 * Pi * x),sin(3 * Pi * x)],x = 0..1);
```

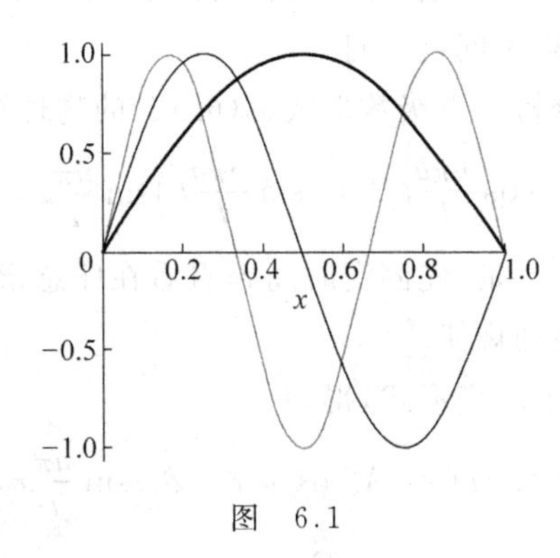

图 6.1

```
> plot3d(cos(t - Pi/2) * sin(Pi * x),t = 0..10,x = 0..1);
```

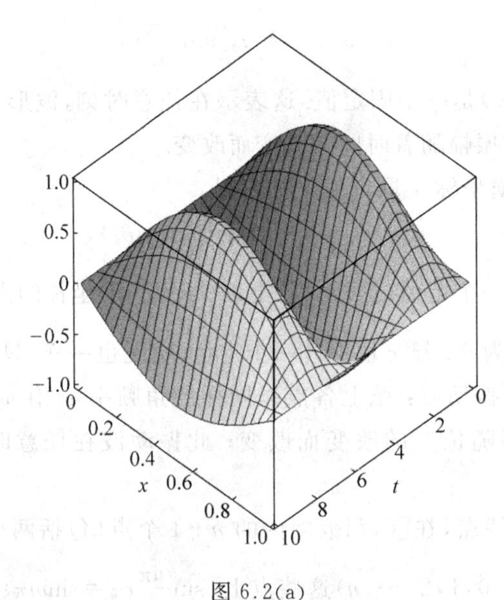

图 6.2(a)

```
>plot3d(cos(t-Pi/2)*sin(2*Pi*x),t=0..10,x=0..1);
```

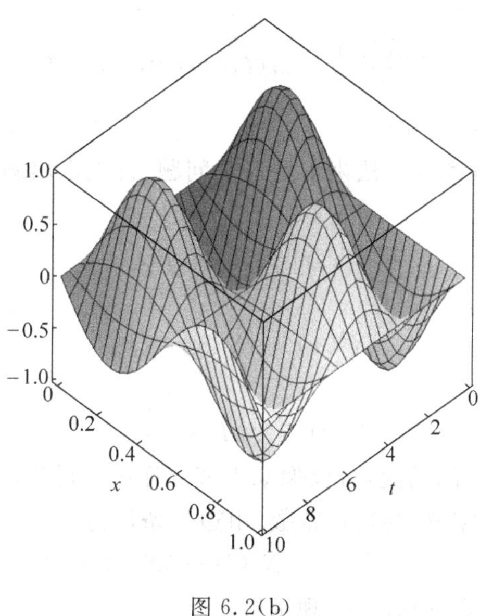

图 6.2(b)

```
>plot3d(cos(t-Pi/2)*sin(3*Pi*x),t=0..10,x=0..1);
```

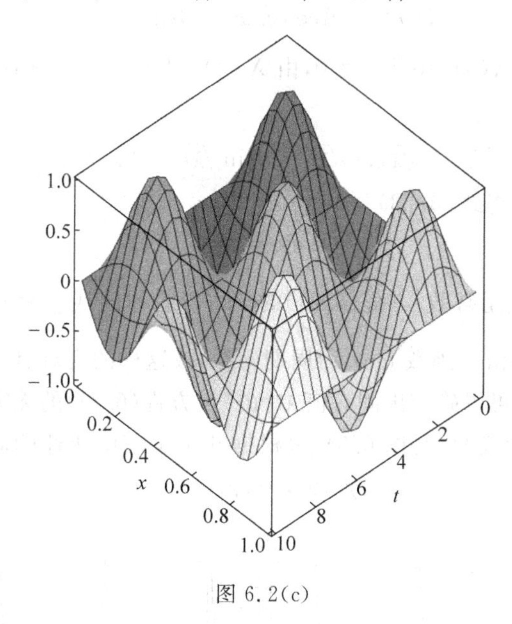

图 6.2(c)

6.1.2 有限长杆上的热传导

设有一个均匀细杆，长为 l，两端点的坐标为 $x=0$，$x=l$，杆的侧面是绝热的，且在端点 $x=0$ 处温度为 0℃，而在另一端 $x=l$ 处杆的热量自由地发散到周围温度是 0℃ 的介质中去(参考 5.2 节中第三类边界条件，并注意到在杆的 $x=l$ 端的截面上，外法线方向就是 x 轴的正方向)．已知初始温度为 $\varphi(x)$，求杆上的温度变化规律．问题可以化为求解下列定解问题

$$
\begin{cases}
\dfrac{\partial u}{\partial t} = a^2 \dfrac{\partial^2 u}{\partial x^2}, & 0 < x < l, t > 0, \quad (6.15) \\
u(0,t) = 0, \dfrac{\partial u(l,t)}{\partial x} + hu(l,t) = 0, & t > 0, \quad (6.16) \\
u(x,0) = \varphi(x), & 0 < x < l, \quad (6.17)
\end{cases}
$$

其中 h 为常数. 我们仍用分离变量法来求解这个问题. 首先求出满足边界条件而且是变量被分离形式的特解,为此设

$$u(x,t) = X(x)T(t), \tag{6.18}$$

代入到方程(6.15),得

$$X''(x) + \lambda X(x) = 0, \tag{6.19}$$

和

$$T'(t) + a^2\lambda T(t) = 0, \tag{6.20}$$

其中 $\lambda>0$(对 $\lambda<0$ 和 $\lambda=0$ 的情况,可以像 6.1 节那样进行讨论,得知当 $\lambda<0$ 和 $\lambda=0$ 时,方程没有满足边界条件的非零解)为待定常数. 由边界条件得

$$X(0) = 0, \quad X'(l) + hX(l) = 0. \tag{6.21}$$

式(6.19)和式(6.21)构成本征值问题. 现求解之.

式(6.19)的通解为

$$X(x) = A\cos\sqrt{\lambda}x + B\sin\sqrt{\lambda}x. \tag{6.22}$$

考虑边界条件(6.21),由 $X(0)=0$ 得 $A=0$,由 $X'(l)+hX(l)=0$ 得 $B\sqrt{\lambda}\cos\sqrt{\lambda}l+hB\sin\sqrt{\lambda}l=0$. 因为 $B\neq0$,有

$$\sqrt{\lambda}\cos\sqrt{\lambda}l + h\sin\sqrt{\lambda}l = 0. \tag{6.23}$$

为了求出 λ,令 $\lambda=\beta^2$,并将式(6.23)写成

$$\tan\gamma = \alpha\gamma, \tag{6.24}$$

其中 $\gamma=\beta l=\sqrt{\lambda}l$,$\alpha=-\dfrac{1}{hl}$是常数. 方程(6.24)的解可以看作曲线 $y_1=\tan\gamma$ 与直线 $y_2=\alpha\gamma$ 交点的横坐标(图 6.3). 显然,由于函数 $\tan x$ 为周期函数,故这样的交点有无穷多个,即方程(6.24)有无穷多个根. 由这些根可以确定出固有值 $\lambda=\beta^2$. 设方程(6.24)的无穷多个正根(不取负根是由于负根与正根只差一个符号(见图 6.3),再根据 6.1.1 节中所述的同样理由)依次为

$$\gamma_1, \gamma_2, \cdots, \gamma_n, \cdots.$$

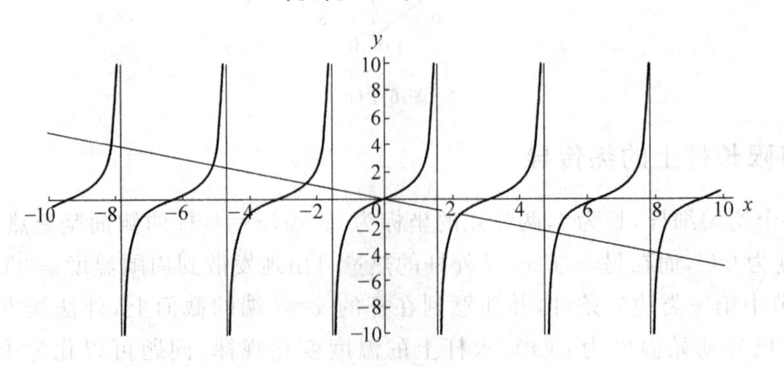

图 6.3

于是得到固有值问题(6.19)和(6.21)的无穷多个固有值

$$\lambda_1=\beta_1^2=\frac{\gamma_1^2}{l^2},\lambda_2=\beta_2^2=\frac{\gamma_2^2}{l^2},\cdots,\lambda_n=\beta_n^2=\frac{\gamma_n^2}{l^2},\cdots$$

和相应的固有函数

$$X_n(x)=B_n\sin\beta_n x,\quad n=1,2,\cdots.$$

将得到的固有值代入到式(6.20),这是可分离变量的一阶微分方程,容易求出其通解为

$$T_n(t)=C'_n\mathrm{e}^{-a^2\lambda_n t}=C'_n\mathrm{e}^{-a^2\beta_n^2 t},\quad n=1,2,\cdots.$$

用 Maple 求出的结果一样:

```
> dsolve(diff(T(t),t) + a ^2 * lambda[n] * T(t) = 0);
T(t) = _C1e^(-a^2 λ_n t)
```

代入式(6.18),得到方程(6.15)满足边界条件(6.16)的一组特解

$$u_n(x,t)=X_n(x)T_n(t)=C_n\mathrm{e}^{-a^2\beta_n^2 t}\sin\beta_n x,\quad n=1,2,\cdots,\tag{6.25}$$

其中 $C_n=B_nC'_n$ 是待定常数.由于方程(6.15)和边界条件(6.16)都是线性齐次的,所以上述解的叠加

$$u(x,t)=\sum_{n=1}^{+\infty}C_n\mathrm{e}^{-a^2\beta_n^2 t}\sin\beta_n x\tag{6.26}$$

仍然满足方程和边界条件.最后考虑 $u(x,t)$ 能否满足初始条件(6.17).由式(6.26)得

$$u(x,0)=\varphi(x)=\sum_{n=1}^{+\infty}C_n\sin\beta_n x,$$

现在希望它等于已知函数 $\varphi(x)$,那么首先要问在 $[0,l]$ 上 $\varphi(x)$ 能否展开为 $\sum_{n=1}^{+\infty}C_n\sin\beta_n x$ 的级数形式,其次要问系数 C_n 如何确定.关于前者只要 $\varphi(x)$ 在 $[0,l]$ 上满足狄利克雷条件即可.关于求系数的问题,回忆傅里叶展开系数的得来是根据三角函数系 $\sin\frac{n\pi x}{l}(n=1,2,\cdots)$ 在 $[0,l]$ 上的正交性,所以现在要考虑三角函数系 $\sin\beta_n x(n=1,2,\cdots)$ 在 $[0,l]$ 上的正交性.因为对于不同的 β_n 和 β_m,$\sin\beta_n x$ 及 $\sin\beta_m x$ 是微分方程(6.19)的解,故有

$$(\sin\beta_n x)''+\beta_n^2\sin\beta_n x=0,\quad (\sin\beta_m x)''+\beta_m^2\sin\beta_m x=0.$$

上面第一式乘以 $\sin\beta_m x$,第二式乘以 $\sin\beta_n x$,两式相减,并在 $[0,l]$ 上积分得

$$\int_0^l[\sin\beta_m x\ (\sin\beta_n x)''-\sin\beta_n x\ (\sin\beta_m x)'']\mathrm{d}x+(\beta_n^2-\beta_m^2)\int_0^l\sin\beta_n x\sin\beta_m x\,\mathrm{d}x=0,$$

对上式第一个积分应用分部积分法,并应用边界条件(6.21),可得

$$\int_0^l[\sin\beta_m x(\sin\beta_n x)''-\sin\beta_n x(\sin\beta_m x)'']\mathrm{d}x=0,$$

于是

$$(\beta_n^2-\beta_m^2)\int_0^l\sin\beta_n x\sin\beta_m x\,\mathrm{d}x=0.$$

由于 $\beta_n\neq\beta_m$,故有

$$\int_0^l\sin\beta_n x\sin\beta_m x\,\mathrm{d}x=0,\quad m\neq n.\tag{6.27}$$

这说明三角函数系 $\sin\beta_n x(n=1,2,\cdots)$ 在 $[0,l]$ 上正交.现在设

$$\varphi(x)=\sum_{n=1}^{+\infty}C_n\sin\beta_n x,$$

来求系数 C_n. 用 $\sin\beta_m x$ 乘上式两边,并在$[0,l]$上积分,设右边的级数收敛并可以逐项积分,得

$$\int_0^l\varphi(x)\sin\beta_m x\,\mathrm{d}x=\sum_{n=1}^{+\infty}C_n\int_0^l\sin\beta_m x\sin\beta_n x\,\mathrm{d}x,$$

由三角函数系 $\sin\beta_n x(n=1,2,\cdots)$在$[0,l]$上的正交性,并记

$$L_n=\int_0^l\sin\beta_n x\sin\beta_n x\,\mathrm{d}x=\int_0^l\sin^2(\beta_n x)\,\mathrm{d}x,\quad m=n, \tag{6.28}$$

得

$$C_n=\frac{1}{L_n}\int_0^l\varphi(x)\sin\beta_n x\,\mathrm{d}x. \tag{6.29}$$

将式(6.29)代入到式(6.26),即得到定解问题(6.15)~(6.17)的解.

例 6.2 求解一维热传导方程,其初始条件及边界条件为

$$u|_{t=0}=x,\quad u_x|_{x=0}=0,\quad u_x|_{x=l}=0.$$

解 由题意即求定解问题

$$\begin{cases}\dfrac{\partial u}{\partial t}=a^2\dfrac{\partial^2 u}{\partial x^2}, & 0<x<l,t>0,\\ u_x|_{x=0}=0,\ u_x|_{x=l}=0, & t>0,\\ u|_{t=0}=x, & 0<x<l.\end{cases}$$

设 $u(x,t)=X(x)T(t)$,代入方程,分离变量得

$$T'(t)+a^2\lambda T(t)=0, \tag{6.30}$$

$$X''(x)+\lambda X(x)=0, \tag{6.31}$$

其中 λ 为分离常数. 由边界条件得

$$X'(0)=X'(l)=0. \tag{6.32}$$

式(6.31)和式(6.32)构成本征值问题. 分三种情况讨论.

(1) 当 $\lambda<0$ 时,方程(6.31)的通解为 $X(x)=A\mathrm{e}^{-\sqrt{-\lambda}x}+B\mathrm{e}^{\sqrt{-\lambda}x}$,代入式(6.32)得

$$-A+B=0,\ -A\mathrm{e}^{-\sqrt{-\lambda}l}+B\mathrm{e}^{\sqrt{-\lambda}l}=0,$$

解得 $A=B=0$,故不可能有 $\lambda<0$.

(2) 当 $\lambda=0$ 时,方程(6.31)的通解为 $X(x)=Ax+B$,代入式(6.32)得 $A=0$,得特解 $X_0(x)=B$.

由此可见,当边界条件为第二类边界条件时,$\lambda=0$ 是一个本征值. 相应的本征函数是 $X_0(x)=B$(常数).

(3) 当 $\lambda>0$ 时,方程(6.31)的通解是 $X(x)=C\cos\sqrt{\lambda}x+D\sin\sqrt{\lambda}x$,代入式(6.32)得 $D=0$, $-C\sqrt{\lambda}\sin\sqrt{\lambda}l=0$,即

$$\sqrt{\lambda}=\frac{n\pi}{l},\quad\lambda=\left(\frac{n\pi}{l}\right)^2,\quad n=1,2,\cdots,$$

相应的本征函数为

$$X_n(x)=C_n'\cos\frac{n\pi}{l}x,\quad n=1,2,\cdots.$$

综合(2)、(3)两种情况,得到本定解问题的本征值和本征函数分别为

$$\lambda = \left(\frac{n\pi}{l}\right)^2, \qquad n = 0,1,2,\cdots, \tag{6.33}$$

$$X_n(x) = C'_n \cos \frac{n\pi}{l} x, \quad n = 0,1,2,\cdots. \tag{6.34}$$

注意 n 从 0 开始计数.

将式(6.33)代入式(6.31),解得

$$T_0 = E_0, n = 0; \quad T_n(t) = E_n e^{-\lambda a^2 t} = E_n e^{-\frac{n^2\pi^2}{l^2}a^2 t}, \quad n = 1,2,\cdots.$$

于是,原方程满足边界条件的一般解为

$$u_n(x,t) = C_n e^{-\frac{n^2\pi^2}{l^2}a^2 t} \cos \frac{n\pi x}{l}, \quad n = 0,1,2,\cdots,$$

其中 $C_n = C'_n E_n$. 将这些解叠加起来,得到

$$u(x,t) = X_0 T_0 + \sum_{n=1}^{+\infty} C_n e^{-\frac{n^2\pi^2}{l^2}a^2 t} \cos \frac{n\pi x}{l} = C_0 + \sum_{n=1}^{+\infty} C_n e^{-\frac{n^2\pi^2}{l^2}a^2 t} \cos \frac{n\pi x}{l}.$$

根据初始条件 $u|_{t=0} = x$,有 $u(x,0) = C_0 + \sum_{n=1}^{+\infty} C_n \cos \frac{n\pi x}{l} = x$,由傅里叶余弦展开定理,有

$$C_0 = \frac{1}{2}\left(\frac{2}{l}\int_0^l x\,dx\right) = \frac{l}{2}, \quad C_n = \frac{2}{l}\int_0^l x \cos \frac{n\pi}{l} x\,dx = \frac{2l}{n^2\pi^2}[(-1)^n - 1],$$

故得原定解问题的解为

$$u(x,t) = \frac{l}{2} + \sum_{n=1}^{+\infty} \frac{2l}{n^2\pi^2}[(-1)^n - 1] e^{-\frac{n^2\pi^2}{l^2}a^2 t} \cos \frac{n\pi x}{l}.$$

由此可见,本征函数和定解问题解的形式与边界条件密切相关,读者可以自己讨论一维波动方程和一维热传导方程在其他边界条件下的本征函数和解的形式.

下面我们列出用分离变量法求解定解问题的基本步骤:

(1) 首先将问题中的偏微分方程通过分离变量化成常微分方程的定解问题,对于线性齐次偏微分方程来说是可以办到的.

(2) 确定本征值与本征函数. 由于本征函数是要经过叠加的,所以用来确定本征函数的方程和边界条件,当函数经过叠加之后,仍要满足. 当边界条件是齐次时,求本征函数就是求一个常微分方程(其通解可用 Maple 来求)满足齐次边界条件的非零解.

(3) 定出本征值、本征函数后,再解其他常微分方程(也可以用 Maple 来求),把得到的解与本征函数乘起来成为本征解 $u_n(x,t)$,这时 $u_n(x,t)$ 中还包含有任意常数.

(4) 最后,为了使解满足其余的定解条件,需要把所有的 $u_n(x,t)$ 叠加起来成为级数形式,这时级数中的一系列任意常数就由其余的定解条件来确定. 在这最后的一步工作中,需要把已知的函数展开成固有函数系的级数,这种展开的合理性将在第 7 章中论述,而其中的展开式系数可以用 Maple 来计算.

6.2　二维拉普拉斯方程的定解问题

例 6.3　在矩形域 $0 \leqslant x \leqslant a, 0 \leqslant y \leqslant b$ 内求拉普拉斯方程

$$\nabla^2 u = \frac{\partial^2 u}{\partial x^2} + \frac{\partial^2 u}{\partial y^2} = 0 \tag{6.35}$$

的解，使其满足边界条件

$$\begin{cases} u\big|_{x=0}=0, & u\big|_{x=a}=Ay; \\ u_y\big|_{y=0}=0, & u_y\big|_{y=b}=0. \end{cases} \tag{6.36}$$

注意 与6.1节讨论的问题不同的是这里的定解条件是两组边界条件，而不是一组边界条件，一组初始条件. 但从数学上讲，边界条件与初始条件并无区别，都是可以用来作为确定积分常数的代数公式. 具体的应用见下面的解题过程.

解 令 $u(x,y)=X(x)Y(y)$，代入式(6.35)，得

$$X''(x)-\lambda X(x)=0, \tag{6.37}$$

$$Y''(y)+\lambda Y(y)=0. \tag{6.38}$$

又由边界条件(6.36)得

$$Y'(0)=Y'(b)=0. \tag{6.39}$$

式(6.38)和式(6.39)构成本征值问题，注意是应用具有齐次边界条件的问题作为本征值问题. 采用与6.1节同样的方法可以处理此问题.

当 $\lambda<0$ 时，式(6.38)的通解为 $Y(y)=C_1\mathrm{e}^{-\sqrt{-\lambda}y}+C_2\mathrm{e}^{\sqrt{-\lambda}y}$，由式(6.39)有

$$-C_1+C_2=0,\quad -C_1\mathrm{e}^{-\sqrt{-\lambda}b}+C_2\mathrm{e}^{\sqrt{-\lambda}b}=0,$$

由此得 $C_1=C_2=0$，即式(6.38)、式(6.39)无非零解，因此不能有 $\lambda<0$.

当 $\lambda=0$ 时，式(6.38)的通解为 $Y(y)=A_1y+A_0$，从而 $Y'(y)=A_1$. 由 $Y'(0)=Y'(b)=0$ 推出 $A_1=0$，故有特解 $Y_0(y)=A_0$（常数）.

当 $\lambda>0$ 时，式(6.38)的通解为 $Y(y)=A\cos\sqrt{\lambda}y+B\sin\sqrt{\lambda}y$，从而

$$Y'(y)=-A\sqrt{\lambda}\sin\sqrt{\lambda}y+\sqrt{\lambda}B\cos\sqrt{\lambda}y.$$

由 $Y'(0)=0$ 得 $B=0$；由 $Y'(b)=0$ 得 $A\sqrt{\lambda}\sin\sqrt{\lambda}b=0$. 故得 $\lambda=0$ 或 $\sqrt{\lambda}b=n\pi$，即 $\lambda=\dfrac{n^2\pi^2}{b^2}$ $(n=1,2,\cdots)$.

综合 $\lambda=0$ 和 $\lambda>0$ 两种情况，可知，本征值为

$$\lambda=\frac{n^2\pi^2}{b^2},\quad n=0,1,2,\cdots,$$

本征函数为

$$Y_n(y)=A_n\cos\frac{n\pi}{b}y,\quad n=0,1,2,\cdots.$$

注意本征值和本征函数中的 n 是从0开始，即包含了零本征值和常数特解的情况. 将 λ 的值代入式(6.37)，解得

$$X_0=C_0+D_0x,\quad \lambda=0,$$

$$X_n(x)=C_n\mathrm{e}^{\frac{n\pi x}{b}}+D_n\mathrm{e}^{-\frac{n\pi x}{b}},\quad n=1,2,\cdots,\lambda>0.$$

故问题的一般解是

$$\begin{aligned} u(x,y)&=X_0(x)Y_0(y)+\sum_{n=1}^{+\infty}X_n(x)Y_n(y) \\ &=C_0+D_0x+\sum_{n=1}^{+\infty}\left(C_n\mathrm{e}^{\frac{n\pi x}{b}}+D_n\mathrm{e}^{-\frac{n\pi x}{b}}\right)\cos\frac{n\pi y}{b}. \end{aligned} \tag{6.40}$$

注意，这里的任意常数已经做了合并处理. 由边界条件 $u|_{x=0}=0$ 得到

$$C_0+\sum_{n=1}^{+\infty}(C_n+D_n)\cos\frac{n\pi y}{b}=0.$$

一个无穷级数等于零，说明各项系数均为零，因此

$$C_0=0, C_n+D_n=0,\quad n=1,2,\cdots. \tag{6.41}$$

又由 $u|_{x=a}=Ay$，得

$$D_0 a+\sum_{n=1}^{+\infty}(C_n e^{\frac{n\pi a}{b}}+D_n e^{-\frac{n\pi a}{b}})\cos\frac{n\pi y}{b}=Ay,$$

将 Ay 展开成傅里叶余弦级数，并比较系数有

$$D_0 a=\frac{1}{2}\left(\frac{2}{b}\int_0^b Ay\,dy\right)=\frac{A}{b}\frac{1}{2}b^2=\frac{Ab}{2},\quad 即\quad D_0=\frac{Ab}{2a}.$$

由此得

$$C_n e^{\frac{n\pi a}{b}}+D_n e^{-\frac{n\pi a}{b}}=\frac{2}{b}\int_0^b Ay\cos\frac{n\pi y}{b}dy=\frac{2Ab}{n^2\pi^2}(\cos n\pi-1). \tag{6.42}$$

我们已经知道，上面两式的积分可以用 Maple 来计算．从式(6.41)和式(6.42)中解出 C_n 和 D_n 也可用 Maple 来完成：

```
>solve({C[n] + D[n] = 0,C[n] * exp(n * Pi * a/b) + D[n] * exp( - n * Pi * a/b) = 2 * A * b/(n ^ 2 *
 Pi ^ 2) * (cos(n * Pi) - 1)},[C[n],D[n]]);
```

$$\left[\left[C_n=\frac{2Ab(\cos(n\pi)-1)}{n^2\pi^2(e^{(\frac{n\pi a}{b})}-e^{(-\frac{n\pi a}{b})})}, D_n=-\frac{2Ab(\cos(n\pi)-1)}{n^2\pi^2(e^{(\frac{n\pi a}{b})}-e^{(-\frac{n\pi a}{b})})}\right]\right]$$

整理一下，得

$$C_n=\frac{Ab(\cos n\pi-1)}{n^2\pi^2\sinh\frac{n\pi a}{b}},\quad D_n=\frac{-Ab(\cos n\pi-1)}{n^2\pi^2\sinh\frac{n\pi a}{b}},\quad n=1,2,\cdots.$$

其中 $\sinh x$ 是双曲正弦函数，$\sinh x=\frac{e^x-e^{-x}}{2}$，相应地有双曲余弦函数 $\cosh x=\frac{e^x+e^{-x}}{2}$ 和双曲正切函数 $\tanh x=\frac{\sinh x}{\cosh x}$ 等，将上式代入式(6.40)得问题的解为

$$u(x,y)=\frac{Ab}{2a}x+\frac{2Ab}{\pi^2}\sum_{n=1}^{+\infty}\frac{\cos n\pi-1}{n^2\sinh\frac{n\pi a}{b}}\sinh\frac{n\pi x}{b}\cos\frac{n\pi y}{b}. \tag{6.43}$$

有些问题中的边界条件在极坐标下的表达式较为简单，所以常常需要在极坐标下求解定解问题，看下面的例题．

例 6.4　带电云与大地之间的静电场近似匀强静电场，其电场强度 $\boldsymbol{E}_0$ 是铅垂的．水平架设的输电线处在这个静电场中．输电线是导体圆柱．柱面由于静电感应出现感应电荷，圆柱附近的静电场也就不再是匀强的了．不过，离圆柱“无限远”处的静电场仍保持匀强，现研究导体圆柱怎样改变了匀强静电场(即讨论导线附近的电场分布)．

解　化成定解问题，取柱轴为 z 轴，设导线“无限长”，那么场强和电势都与 z 无关，只需在 x,y 平面上讨论．如图 6.4 所示，圆柱在 x,y 平面上的截面圆周 $x^2+y^2=a^2$(a 为半径)作为静电场的边界，所以我们采用极坐标．柱外空间无电荷，电势满足二维拉普拉斯方程 $\frac{\partial^2 u}{\partial x^2}+\frac{\partial^2 u}{\partial y^2}=0$，由式(4.35)化成极坐标即为

$$\frac{\partial^2 u}{\partial \rho^2}+\frac{1}{\rho}\frac{\partial u}{\partial \rho}+\frac{1}{\rho^2}\frac{\partial^2 u}{\partial \varphi^2}=0,\quad \rho>a. \tag{6.44}$$

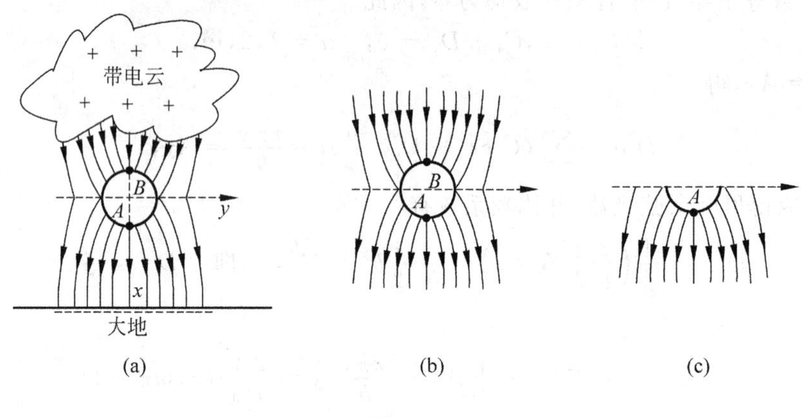

图 6.4

现在给出边界条件：导体中的电荷不再移动，说明导体中电势相同. 又因为电势具有相对意义，可以把导体的电势当作零，故

$$u\big|_{\rho=a}=0. \tag{6.45}$$

“无穷远”处也为一个边界(圆内则考虑圆心点)，“无穷远”处静电场仍为匀强静电场 $\boldsymbol{E}_0$，由于选取了 x 轴平行 $\boldsymbol{E}_0$，故有 $E_y=0, E_x=E_0$. 由电势与场强的关系为 $\boldsymbol{E}=-\nabla u$，有 $-\dfrac{\partial u}{\partial x}=E_0$，积分得 $u=-E_0x=-E_0\rho\cos\varphi$，因此有

$$\lim_{\rho\to+\infty}\frac{u(\rho,\varphi)}{\rho}=-E_0\cos\varphi. \tag{6.46}$$

式(6.44)～式(6.46)为带电云与大地之间匀强电场中输电线问题的定解问题，下面求解这个定解问题.

首先分离变量，令 $u=u(\rho,\varphi)=R(\rho)\Phi(\varphi)$，代入方程(6.44)，得到两个常微分方程

$$\Phi''+\lambda\Phi=0, \tag{6.47}$$

$$\rho^2\frac{\mathrm{d}^2R}{\mathrm{d}\rho^2}+\rho\frac{\mathrm{d}R}{\mathrm{d}\rho}-\lambda R=0, \tag{6.48}$$

其中 λ 为分离常数. 因为极角具有周期性，(ρ,φ) 和 $(\rho,\varphi+2\pi)$ 应表示一个点，同一点处的 u 值应该相同，故应有

$$u(\rho,\varphi+2\pi)=u(\rho,\varphi),\quad 即\quad R(\rho)\Phi(\varphi+2\pi)=R(\rho)\Phi(\varphi),$$

所以有

$$\Phi(\varphi+2\pi)=\Phi(\varphi). \tag{6.49}$$

方程(6.49)称为自然周期条件.

方程(6.47)，(6.49)构成本征值问题，现解之.

当 $\lambda<0$ 时，令 $\lambda=-k^2$，解得方程(6.47)的通解为 $\Phi(\varphi)=A\mathrm{e}^{k\varphi}+B\mathrm{e}^{-k\varphi}$，只要 A,B 不全为零，就不可能满足周期条件(6.49)，所以不能有 $\lambda<0$.

当 $\lambda=0$ 时，方程(6.47)的通解为 $\Phi(\varphi)=A\varphi+B$. 当 $A=0$ 时，有满足周期条件(6.49)的特解 $\Phi_0(\varphi)=B$.

当 $\lambda=\beta^2>0$ 时，解得方程(6.47)的通解为 $\Phi(\varphi)=A\cos\beta\varphi+B\sin\beta\varphi$，代入周期条件(6.49)，应有

$$A\cos\beta(\varphi+2\pi)+B\sin\beta(\varphi+2\pi)=A\cos\beta\varphi+B\sin\beta\varphi.$$

要使上式成立，应有 $\beta=m$ 为整数，取 $m=1,2,\cdots$，不取负整数的原因与 6.1.1 节中解释的原因相同.

综合以上几种情况，我们得到本征值问题(6.47)和(6.49)的本征值和本征函数分别为

$$\lambda=m^2,\qquad m=0,1,2,\cdots,\tag{6.50}$$

$$\Phi(\varphi)=A\cos m\varphi+B\sin m\varphi,\quad m=0,1,2,\cdots.\tag{6.51}$$

将 $\lambda=m^2$ 代入到方程(6.48)得到

$$\rho^2\frac{\mathrm{d}^2R}{\mathrm{d}\rho^2}+\rho\frac{\mathrm{d}R}{\mathrm{d}\rho}-m^2R=0.\tag{6.52}$$

这是一个欧拉方程. 作变换 $\rho=\mathrm{e}^t$ 化成常系数线性微分方程，不难求出其通解为

$$R_0=C+D\ln\rho,\qquad m=0,$$

$$R=C\rho^m+D\frac{1}{\rho^m},\quad m>0.$$

也可以直接用 Maple 求出其通解：

```
> dsolve(rho ^ 2 * diff(R(rho),rho $ 2) + rho * diff(R(rho),rho) = 0);
R(ρ) = _C1 + _C2ln(ρ)   (m = 0)
> dsolve(rho ^ 2 * diff(R(rho),rho $ 2) + rho * diff(R(rho),rho) - m ^ 2 * R(rho) = 0);
R(ρ) = _C1ρ^(-m) + _C2ρ^m   (m>0)
```

于是得到极坐标系中拉普拉斯方程的本征解

$$u_0(\rho,\varphi)=C_0+D_0\ln\rho,\quad \lambda=0$$

$$u_m(\rho,\varphi)=(A_m\cos m\varphi+B_m\sin m\varphi)\left(C_m\rho^m+D_m\frac{1}{\rho^m}\right),\quad \lambda=m^2.$$

一般解应叠加得到

$$u(\rho,\varphi)=C_0+D_0\ln\rho+\sum_{m=1}^{+\infty}(A_m\cos m\varphi+B_m\sin m\varphi)\left(C_m\rho^m+D_m\frac{1}{\rho^m}\right).\tag{6.53}$$

由边界条件(6.45)，有

$$C_0+D_0\ln a+\sum_{m=1}^{+\infty}(A_m\cos m\varphi+B_m\sin m\varphi)\left(C_ma^m+D_m\frac{1}{a^m}\right)=0,$$

一个傅里叶级数为零，各系数为零，即

$$C_0+D_0\ln a=0,\quad C_ma^m+D_m\frac{1}{a^m}=0.$$

由此，得 $C_0=-D_0\ln a$，$D_m=-C_ma^{2m}$. 代入式(6.53)，并将 C_m 合并到 A_m，B_m 中，有

$$u(\rho,\varphi)=D_0\ln\frac{\rho}{a}+\sum_{m=1}^{+\infty}(A_m\cos m\varphi+B_m\sin m\varphi)\left(\rho^m-a^{2m}\frac{1}{\rho^m}\right).\tag{6.54}$$

再由边界条件(6.46)，有

$$\lim_{\rho\to+\infty}\frac{u(\rho,\varphi)}{\rho}=\lim_{\rho\to+\infty}\left\{\frac{D_0\ln\frac{\rho}{a}}{\rho}+\frac{1}{\rho}\sum_{m=1}^{+\infty}(A_m\cos m\varphi+B_m\sin m\varphi)\left(\rho^m-a^{2m}\frac{1}{\rho^m}\right)\right\}=-E_0\cos\varphi.$$

比较等式两边的系数,有

$$A_1=-E_0,\quad A_m=0,\quad m\neq 1,$$
$$B_m=0,\quad m=1,2,\cdots.$$

代入式(6.54),得导体周围的电势分布

$$u(\rho,\varphi)=D_0\ln\frac{\rho}{a}-E_0\rho\cos\varphi+E_0\frac{a^2}{\rho}\cos\varphi. \tag{6.55}$$

式(6.55)中间项为原来静电场的电势分布,最后一项当 $\rho\to\infty$ 时可以忽略,所以它代表在导体圆柱附近对匀强电场的修正,这自然是柱面感应电荷的影响.前面的一项与导体原来的带电量有关,如果导体不带电,则 $D_0=0$,这时圆柱周围的电势是

$$u(\rho,\varphi)=-E_0\rho\cos\varphi+E_0\frac{a^2}{\rho}\cos\varphi.$$

由此计算出图6.4(a)中 A,B 两点的电场强度

$$E=-\frac{\partial u}{\partial\rho}\bigg|_{\substack{\rho=a\\ \varphi=0,\pi}}=\left(E_0\rho\cos\varphi+E_0\frac{a^2}{\rho^2}\cos\varphi\right)\bigg|_{\substack{\rho=a\\ \varphi=0,\pi}}=\pm 2E_0$$

是原来匀强电场的两倍.所以在这两点处特别容易击穿,而且场强的大小与圆柱的半径无关.

图6.4(a)中 y 轴上的电势是

$$u\,|_{\varphi=\pm\frac{\pi}{2}}=\left(-E_0\rho\cos\varphi+E_0\frac{a^2}{\rho}\cos\varphi\right)\bigg|_{\varphi=\pm\frac{\pi}{2}}=0,$$

跟导体圆柱的电势相同.图6.4(a)中 y 轴实际上代表三维空间中的 yz 平面,因此 yz 平面上的电势跟导体圆柱上的电势相同.既然导体圆柱跟 yz 平面电势相同,如果让导体圆柱的两侧沿 yz 平面延伸出两翼(图6.4(b)),静电场并不改变,电势分布仍然是式(6.55).

要是只看带翼圆柱体的下方(图6.4(c)),可以看成平板电容器两极板间的静电场,A 点突起,则其电场强度可以达到 $2E_0$,极易击穿.因此高压电容器的极板必须刨得特别平滑.

下面举一个所谓无初始条件的例子.

例6.5 长为 l 的理想传输线,一端接于电动势为 $v_0\sin\omega t$ 的交流电源,另一端开路,求解线上的稳恒电振荡.

解 经历交流电的许多周期后,初始条件所引起的自由振荡衰减到可以认为已经消失,这时的电振荡完全是由交流电源引起的,所以称为稳恒振荡.因此是没有初始条件的问题:

$$\begin{cases}u_{tt}-a^2u_{xx}=0,\quad a=\dfrac{1}{\sqrt{LC}},\\ u\,|_{x=0}=v_0\mathrm{e}^{\mathrm{j}\omega t},\quad u\,|_{x=l}=0.\end{cases}$$

为了计算方便,将电动势 $v_0\sin\omega t$ 写成 $v_0\mathrm{e}^{\mathrm{i}\omega t}$(其中 $\mathrm{i}=\sqrt{-1}$),最后将得到的解取虚部.

由于振荡完全由交流电源引起,当然可以认为振荡的周期与交流电源相同,即令

$$u(x,t)=X(x)\mathrm{e}^{\mathrm{i}\omega t},$$

代入方程得

$$(\mathrm{i}\omega)^2\mathrm{e}^{\mathrm{i}\omega t}X(x)-a^2X''(x)\mathrm{e}^{\mathrm{i}\omega t}=0,\quad 即\quad X''(x)+\left(\frac{\omega}{a}\right)^2X(x)=0.$$

其通解为 $X(x)=A\mathrm{e}^{\mathrm{i}\frac{\omega}{a}x}+B\mathrm{e}^{-\mathrm{i}\frac{\omega}{a}x}$.故有

$$u(x,t)=(A\mathrm{e}^{\mathrm{i}\frac{\omega}{a}x}+B\mathrm{e}^{-\mathrm{i}\frac{\omega}{a}x})\mathrm{e}^{\mathrm{i}\omega t}.$$

由 $u|_{x=0}=v_0\mathrm{e}^{\mathrm{i}\omega t}$ 得

$$A+B=v_0,\tag{6.56}$$

及 $u|_{x=l}=0$,得

$$A\mathrm{e}^{\mathrm{i}\frac{\omega}{a}l}+B\mathrm{e}^{-\mathrm{i}\frac{\omega}{a}l}=0.\tag{6.57}$$

从式(6.56)和式(6.57)中解出

$$A=\frac{v_0}{1-\mathrm{e}^{2\mathrm{i}\frac{\omega}{a}l}}=\frac{\mathrm{i}v_0\mathrm{e}^{-\mathrm{i}\frac{\omega}{a}l}}{2\sin\left(\frac{\omega}{a}l\right)},\quad B=\frac{v_0}{1-\mathrm{e}^{-2\mathrm{i}\frac{\omega}{a}l}}=-\frac{\mathrm{i}v_0\mathrm{e}^{\mathrm{i}\frac{\omega}{a}l}}{2\sin\left(\frac{\omega}{a}l\right)}.$$

代入解的表达式,得

$$u(x,t)=\frac{v_0\left[\mathrm{e}^{\mathrm{i}\frac{\omega}{a}(x-l)}-\mathrm{e}^{-\mathrm{i}\frac{\omega}{a}(x-l)}\right]\mathrm{e}^{\mathrm{i}\omega t}}{-2\mathrm{i}\sin\left(\frac{\omega}{a}l\right)}=\frac{v_0\left[\mathrm{e}^{\mathrm{i}\frac{\omega}{a}(l-x)}-\mathrm{e}^{-\mathrm{i}\frac{\omega}{a}(l-x)}\right]\mathrm{e}^{\mathrm{i}\omega t}}{2\mathrm{i}\sin\left(\frac{\omega}{a}l\right)}=\frac{v_0\sin\frac{\omega}{a}(l-x)}{\sin\left(\frac{\omega l}{a}\right)}\mathrm{e}^{\mathrm{i}\omega t}.$$

取虚部,并以 $a=\sqrt{\frac{1}{LC}}$ 代入,得传输线内稳恒的电振荡为

$$u(x,t)=\frac{v_0\sin\omega\sqrt{LC}(l-x)}{\sin\omega l\sqrt{LC}}\sin\omega t.$$

6.3　非齐次方程的解法

前面所讨论的问题中的偏微分方程都是齐次的,现在来讨论非齐次偏微分方程的解法.为方便起见,以弦的强迫振动为例,所用方法对其他类型的方程也适合.

我们所研究的问题是一根弦在两端固定的情况下,受强迫力作用所产生的振动现象,即考虑定解问题

$$\begin{cases}\dfrac{\partial^2 u}{\partial t^2}=a^2\dfrac{\partial^2 u}{\partial x^2}+f(x,t), & 0<x<l,t>0, \quad (6.58)\\ u|_{x=0}=0,u|_{x=l}=0, & t>0, \quad (6.59)\\ u|_{t=0}=\varphi(x),\left.\dfrac{\partial u}{\partial t}\right|_{t=0}=\psi(x), & 0<x<l. \quad (6.60)\end{cases}$$

在上述定解问题中,弦的振动是由两部分干扰引起的:一是强迫力 $f(x,t)$;一是初始函数 $\varphi(x)$ 和 $\psi(x)$.由问题的物理意义可知,此时的振动可以看作仅由强迫力引起的振动和仅由初始函数引起的振动的合成.

由此得到启发,我们设定解问题(6.58)~(6.60)的解为

$$u(x,t)=v(x,t)+w(x,t),\tag{6.61}$$

其中 $v(x,t)$ 表示仅由初始状态引起弦的位移,它满足

$$\begin{cases}\dfrac{\partial^2 v}{\partial t^2}=a^2\dfrac{\partial^2 v}{\partial x^2}, & 0<x<l,t>0,\\ v|_{x=0}=0,v|_{x=l}=0, & t>0,\\ v_{t=0}=\varphi(x),\left.\dfrac{\partial v}{\partial t}\right|_{t=0}=\psi(x), & 0<x<l.\end{cases}\tag{6.62}$$

而 $w(x,t)$ 表示仅由强迫力引起弦的位移,它满足

$$\begin{cases}\dfrac{\partial^2 w}{\partial t^2}=a^2\dfrac{\partial^2 w}{\partial x^2}+f(x,t), & 0<x<l,t>0,\\ w\,|_{x=0}=0, w\,|_{x=l}=0, & t>0,\\ w\,|_{t=0}=0, \left.\dfrac{\partial w}{\partial t}\right|_{t=0}=0, & 0<x<l.\end{cases} \tag{6.63}$$

不难验证，如果 v 是(6.62)的解，w 是(6.63)的解，则 $u=v+w$ 一定是原定解问题的解. 问题(6.62)可以直接用分离变量法求解，因此现在的问题是讨论如何求解问题(6.63).

关于求解问题(6.63)，我们采用类似于线性非齐次常微分方程中所采用的**参数变异法**，并保持如下设想：即这个定解问题的解可以分解成无穷多个驻波的叠加，而每个驻波的波形仍然由相应齐次方程通过分离变量所得到的固有值问题的固有函数所决定. 这就是说，我们假设定解问题(6.63)的解具有形式

$$w(x,t)=\sum_{n=1}^{+\infty}w_n(t)\sin\frac{n\pi}{l}x, \tag{6.64}$$

其中 $w_n(t)$ 为待定函数. 为了确定 $w_n(t)$，将自由项 $f(x,t)$ 也按固有函数系展开成下列级数

$$f(x,t)=\sum_{n=1}^{+\infty}f_n(t)\sin\frac{n\pi}{l}x, \tag{6.65}$$

其中

$$f_n(t)=\frac{2}{l}\int_0^l f(x,t)\sin\frac{n\pi}{l}x\,\mathrm{d}x.$$

将式(6.64)和式(6.65)代入到式(6.63)的第一式，得到

$$\sum_{n=1}^{+\infty}\left[w_n''(t)+\frac{a^2n^2\pi^2}{l^2}w_n(t)-f_n(t)\right]\sin\frac{n\pi}{l}x=0,$$

由此可得

$$w_n''(t)+\frac{a^2n^2\pi^2}{l^2}w_n(t)=f_n(t). \tag{6.66}$$

再将式(6.64)代入式(6.62)的初始条件得

$$w_n(0)=0,\quad w_n'(0)=0. \tag{6.67}$$

这样一来，确定函数 $w_n(t)$ 的问题就成为求解二阶线性非齐次常微分方程的初值问题(6.66)和(6.67).

用拉普拉斯变换法(或特解法或参数变异法)，利用 Maple 求解式(6.66)和式(6.67)得到

```
> ode := diff(w(t),t $ 2) + a^2 * n^2 * Pi^2/l^2 * w(t) = f(t);
```

$$ode := \left(\frac{d^2}{dt^2}w(t)\right)+\frac{a^2n^2\pi^2w(t)}{l^2}=f(t)$$

```
> ics := w(0) = 0,D(w)(0) = 0;
```

ics := w(0) = 0,D(w)(0) = 0

```
> dsolve({ode,ics},w(t),method = laplace);
```

$$w(t)=-\left(\frac{\sqrt{-l^2a^2n^2}}{\pi n^2a^2}\int_0^t f(\_U1)\sinh\left(\frac{\pi\sqrt{-l^2a^2n^2}(t-\_U1)}{l^2}\right)d\_U_1\right)$$

整理一下，即有

$$w_n(t) = \frac{l}{n\pi a}\int_0^l f_n(\tau)\sin\frac{n\pi a(t-\tau)}{l}\mathrm{d}\tau.$$

将其代入到式(6.64)得到式(6.63)的解

$$w(x,t) = \sum_{n=1}^{+\infty}\left[\frac{l}{n\pi a}\int_0^l f_n(\tau)\sin\frac{n\pi a(t-\tau)}{l}\mathrm{d}\tau\right]\sin\frac{n\pi x}{l}. \tag{6.68}$$

将这个解与式(6.62)的解加起来,就得到原定解问题(6.58)～(6.60)的解.

这里所给的求解定解问题(6.63)的方法,实质是将方程的自由项和方程的解都按齐次方程所对应的一组本征函数展开.随着方程和边界条件不同,本征函数也不同,但总是把非齐次方程的解按照与其相应的本征函数展开,这种方法称为本征函数法.

以上的方法中是将问题分成两部分来求解,从第一部分的求解中可以得到本征函数,对于**本征函数已知的问题**也可以不必将问题分成两部分,而是将初始条件也按固有函数系展开,然后求解常微分方程的非齐次初始值问题.看下面的例子.

例 6.6　求解具有放射衰变的热传导方程

$$\frac{\partial^2 u}{\partial x^2} - a^2\frac{\partial u}{\partial t} + A\mathrm{e}^{-\beta x} = 0,$$

已知边界条件为

$$u\big|_{x=0} = 0,\quad u\big|_{x=l} = 0;$$

初始条件为

$$u\big|_{t=0} = T_0(\text{常数}).$$

解　首先令 $\frac{1}{a^2}=b^2$,$\frac{A}{a^2}=B$,将定解问题化为如下更整齐的形式

$$\begin{cases}\frac{\partial u}{\partial t} = b^2\frac{\partial^2 u}{\partial x^2} + B\mathrm{e}^{-\beta x},\\ u\big|_{x=0} = u\big|_{x=l} = 0,\\ u\big|_{t=0} = T_0.\end{cases}$$

(1) 分成两部分来处理,令

$$u(x,t) = v(x,t) + w(x,t),$$

其中 $v(x,t)$和 $w(x,t)$分别满足

$$\begin{cases}\frac{\partial v}{\partial t} = b^2\frac{\partial^2 v}{\partial x^2},\\ v\big|_{x=0} = v\big|_{x=l} = 0,\\ v\big|_{t=0} = T_0.\end{cases}\quad(\text{I})\qquad \begin{cases}\frac{\partial w}{\partial t} = b^2\frac{\partial^2 w}{\partial x^2} + B\mathrm{e}^{-\beta x},\\ w\big|_{x=0} = w\big|_{x=l} = 0,\\ w\big|_{t=0} = 0.\end{cases}\quad(\text{II})$$

用分离变量法求解问题(Ⅰ).令 $v(x,t)=X(x)T(t)$,代入到方程和边界条件得本征值问题

$$\begin{cases}X''(x) + \lambda X(x) = 0,\\ X(0) = X(l) = 0\end{cases}$$

和 $T(t)$所满足的方程

$$T'(t) + \lambda b^2 T(t) = 0.$$

求解本征值问题,得本征值和本征函数分别为

$$\lambda_n = \frac{n^2\pi^2}{l^2}, \quad X_n = B_n \sin\frac{n\pi}{l}x, \quad n = 1,2,\cdots.$$

而

$$T_n(t) = C_n e^{-\left(\frac{n\pi b}{l}\right)^2 t}.$$

于是问题(Ⅰ)的一般解为

$$v(x,t) = \sum_{n=1}^{+\infty} B_n e^{-\left(\frac{n\pi b}{l}\right)^2 t} \sin\frac{n\pi x}{l}.$$

由初始条件定得 $B_n = \frac{2T_0}{n\pi}[1-(-1)^n]$,从而问题(Ⅰ)的解为

$$\begin{aligned} v(x,t) &= \sum_{n=1}^{+\infty} \frac{2T_0}{n\pi}[1-(-1)^n] e^{-\left(\frac{n\pi b}{l}\right)^2 t} \sin\frac{n\pi x}{l} \\ &= \sum_{n=1}^{+\infty} \frac{2T_0}{n\pi}[1-(-1)^n] e^{-\left(\frac{n\pi}{la}\right)^2 t} \sin\frac{n\pi x}{l}. \end{aligned}$$

再用本征函数法求解问题(Ⅱ).

将未知函数 $w(x,t)$ 和自由项 $Be^{-\beta x}$ 按固有函数系展开

$$w(x,t) = \sum_{n=1}^{+\infty} w_n(t) \sin\frac{n\pi}{l}x, \quad Be^{-\beta x} = \sum_{n=1}^{+\infty} f_n \sin\frac{n\pi}{l}x,$$

其中

$$f_n = \frac{2}{l}\int_0^l Be^{-\alpha\xi}\sin\frac{n\pi}{l}\xi d\xi = \frac{2n\pi B}{l^2}\frac{[1-(-1)^n e^{-\beta l}]}{\beta^2 + \left(\frac{n\pi}{l}\right)^2} = \frac{2n\pi B[1-(-1)^n e^{-\beta l}]}{\beta^2 l^2 + n^2\pi^2}.$$

代入到问题(Ⅱ)的方程,得

$$\sum_{n=1}^{+\infty} w_n'(t)\sin\frac{n\pi}{l}x + b^2\sum_{n=1}^{+\infty} w_n(t)\left(\frac{n\pi}{l}\right)^2 \sin\frac{n\pi}{l}x - \sum_{n=1}^{+\infty} f_n(t)\sin\frac{n\pi}{l}x = 0.$$

比较等式两边系数,并由齐次初始条件有

$$\begin{cases} w_n'(t) + \left(\frac{n\pi b}{l}\right)^2 w_n(t) = f_n(t), \\ w_n(0) = 0. \end{cases}$$

这是一个一阶线性微分方程的定解问题,很容易求出其解为

$$w_n(t) = \frac{l^2 f_n}{n^2\pi^2 b^2}\left(1 - e^{-\left(\frac{n\pi b}{l}\right)^2 t}\right).$$

也可用 Maple 求解.

```
> ode := diff(w[n](t),t) + n^2 * Pi^2 * b^2/l^2 * w[n](t) = f[n];
```

$$ode := \left(\frac{d}{dt}w_n(t)\right) + \frac{n^2\pi^2 b^2 w_n(t)}{l^2} = f_n$$

```
> ics := w[n](0) = 0;
```

$$ics := w_n(0) = 0$$

```
> dsolve({ode,ics});
```

$$w_n(t) = \frac{l^2 f_n}{n^2\pi^2 b^2} - \frac{e^{\left(-\frac{n^2\pi^2 b^2 t}{l^2}\right)} l^2 f_n}{n^2\pi^2 b^2}$$

于是

$$w(x,t)=\sum_{n=1}^{+\infty}\frac{l^2 f_n}{n^2\pi^2 b^2}(1-\mathrm{e}^{-(\frac{n\pi b}{l})^2 t})\sin\frac{n\pi}{l}x=\sum_{n=1}^{+\infty}\frac{l^2 f_n a^2}{n^2\pi^2}(1-\mathrm{e}^{-(\frac{n\pi}{al})^2 t})\sin\frac{n\pi}{l}x.$$

最后

$$\begin{aligned}u(x,t)&=v(x,t)+w(x,t)\\&=\sum_{n=1}^{+\infty}\frac{2T_0}{n\pi}[1-(-1)^n]\mathrm{e}^{-(\frac{n\pi}{la})^2 t}\sin\frac{n\pi x}{l}+\sum_{n=1}^{+\infty}\frac{l^2 f_n a^2}{n^2\pi^2}(1-\mathrm{e}^{-(\frac{n\pi}{al})^2 t})\sin\frac{n\pi}{l}x\\&=\sum_{n=1}^{+\infty}\left\{\frac{2T_0}{n\pi}[1-(-1)^n]\mathrm{e}^{-(\frac{n\pi}{al})^2 t}+\frac{2Al^2}{n\pi}\frac{[1-(-1)^n\mathrm{e}^{-\beta l}]}{\beta^2+(n\pi)^2}[1-\mathrm{e}^{-(\frac{n\pi}{al})^2 t}]\right\}\sin\frac{n\pi}{l}x.\end{aligned}$$

(2) 直接利用本征函数展开

在本征函数已知的条件下，可以直接将原问题中的未知函数、非齐次项和初始条件直接按本征函数展开，通过待定函数法求解. 由于本题对应的齐次问题具有第一类边界条件，本征函数已知，故可直接令

$$u(x,t)=\sum_{n=1}^{+\infty}T_n(t)\sin\frac{n\pi}{l}x,\quad B\mathrm{e}^{-\beta x}=\sum_{n=1}^{+\infty}f_n\sin\frac{n\pi}{l}x.$$

$$T_0=\sum_{n=1}^{+\infty}C_n\sin\frac{n\pi x}{l}$$

代入到原方程和初始条件得

$$\begin{cases}\sum_{n=1}^{+\infty}\left[T_n'(t)+\left(\frac{n\pi b}{l}\right)^2T_n(t)\right]\sin\frac{n\pi}{l}x=\sum_{n=1}^{+\infty}f_n\sin\frac{n\pi}{l}x,\\ \sum_{n=1}^{+\infty}T_n(0)\sin\frac{n\pi}{l}x=\sum_{n=1}^{+\infty}C_n\sin\frac{n\pi x}{l}.\end{cases}$$

比较上式两端系数，得

$$\begin{cases}T_n'(t)+\left(\frac{n\pi b}{l}\right)^2T_n(t)=f_n,\\ T_n(0)=C_n\end{cases}\tag{6.69}$$

其中

$$\begin{aligned}f_n&=\frac{2}{l}\int_0^l B\mathrm{e}^{-\beta\xi}\sin\frac{n\pi}{l}\xi\mathrm{d}\xi=\frac{2n\pi B}{l^2}\frac{[1-(-1)^n\mathrm{e}^{-\beta l}]}{\beta^2+\left(\frac{n\pi}{l}\right)^2}\\&=\frac{2n\pi B[1-(-1)^n\mathrm{e}^{-\beta l}]}{\beta^2 l^2+(n\pi)^2}.\end{aligned}\tag{6.70}$$

$$C_n=\frac{2}{l}\int_0^l T_0\sin\frac{n\pi\xi}{l}\mathrm{d}\xi=\frac{2T_0}{n\pi}[1-(-1)^n].$$

用 Maple 求解方程(6.69)，过程和结果如下：

```
> ode := diff(T(t),t) + (n * Pi * b/l)^2 * T(t) = f;
```

$$ode:=\left(\frac{\mathrm{d}}{\mathrm{d}t}T(t)\right)+\frac{n^2\pi^2b^2T(t)}{l^2}=f$$

```
> ics := T(0) = 2 * T[0]/(n * Pi) * (1 - ( - 1)^n);
```

$$ics:=T(0)=\frac{2T_0(1-(-1)^n)}{n\pi}$$

```
> res := dsolve({ode,ics});
```

$$res:=T(t)=\frac{l^2f}{n^2\pi^2b^2}+\mathrm{e}^{\left(-\frac{n^2\pi^2b^2t}{l^2}\right)}\left(-\frac{2T_0(-1+(-1)^n)}{n\pi}-\frac{l^2f}{n^2\pi^2b^2}\right)$$

```
> f := 2 * n * Pi * B/l^2 * ((1 - (-1)^n * e^(-beta * l))/(beta^2 + (n * Pi/l)^2));
```

$$f := \frac{2n\pi B(1-(-1)^n e^{(-al)})}{l^2\left(a^2+\frac{n^2\pi^2}{l^2}\right)}$$

```
> res;
```

$$T(t) = \frac{2B(1-(-1)^n e^{(-al)})}{n\pi b^2\left(a^2+\frac{n^2\pi^2}{l^2}\right)} + e^{\left(-\frac{n^2\pi^2 b^2 t}{l^2}\right)}\left(-\frac{2T_0(-1+(-1)^n)}{n\pi} - \frac{2B(1-(-1)^n e^{(-al)})}{n\pi b^2\left(a^2+\frac{n^2\pi^2}{l^2}\right)}\right)$$

整理一下,并将 $T(t)$ 写成 $T_n(t)$,即有

$$\begin{aligned}T_n(t) &= \frac{2T_0}{n\pi}[1-(-1)^n]e^{-\left(\frac{n\pi b}{l}\right)^2 t} - \frac{2B}{b^2 n\pi}\frac{[1-(-1)^n e^{-\beta l}]}{\beta^2+\left(\frac{n\pi}{l}\right)^2}\left[e^{-\left(\frac{n\pi b}{l}\right)^2 t}-1\right]\\ &= \frac{2T_0}{n\pi}[1-(-1)^n]e^{-\left(\frac{n\pi}{al}\right)^2 t} + \frac{2Al^2}{n\pi}\frac{[1-(-1)^n e^{-\beta l}]}{\beta^2 l^2+(n\pi)^2}\left[1-e^{-\left(\frac{n\pi}{al}\right)^2 t}\right].\end{aligned}$$

于是原定解问题的解为

$$u(x,t) = \sum_{n=1}^{+\infty}\left\{\frac{2T_0}{n\pi}[1-(-1)^n]e^{-\left(\frac{n\pi}{al}\right)^2 t} + \frac{2Al^2}{n\pi}\frac{[1-(-1)^n e^{-\beta l}]}{\beta^2 l^2+(n\pi)^2}\left[1-e^{-\left(\frac{n\pi}{al}\right)^2 t}\right]\right\}\sin\frac{n\pi}{l}x. \tag{6.71}$$

显然,直接展开法简单,但前提是本征函数已知.在不知道本征函数的情况下,还是要先求本征函数.

例 6.7 在环形域 $a\leqslant\sqrt{x^2+y^2}\leqslant b(0<a<b)$ 内求解下列定解问题

$$\begin{cases}\dfrac{\partial^2 u}{\partial x^2}+\dfrac{\partial^2 u}{\partial y^2} = 12(x^2-y^2), & a<\sqrt{x^2+y^2}<b,\\ u\big|_{\sqrt{x^2+y^2}=a} = 0, & \dfrac{\partial u}{\partial \boldsymbol{n}}\Big|_{\sqrt{x^2+y^2}=b} = 0.\end{cases}$$

解 由于求解区域是环形区域,边界是圆周,所以选用平面极坐标系,利用直角坐标系与极坐标系之间的关系

$$\begin{cases}x = \rho\cos\varphi,\\ y = \rho\sin\varphi\end{cases}$$

可将上述定解问题用极坐标 ρ,φ 表示:

$$\frac{1}{\rho}\frac{\partial}{\partial\rho}\left(\rho\frac{\partial u}{\partial\rho}\right)+\frac{1}{\rho^2}\frac{\partial^2 u}{\partial\varphi^2} = 12\rho^2\cos 2\varphi,\quad a<\rho<b, \tag{6.72}$$

$$u\big|_{\rho=a} = 0,\quad \frac{\partial u}{\partial\rho}\Big|_{\rho=b} = 0. \tag{6.73}$$

这是一个非齐次方程带有齐次边界条件的定解问题.采用本征函数法,并注意到圆域拉普拉斯方程所对应的本征函数(见 6.2 节例 6.4)为

$$\Phi(\varphi) = A\cos m\varphi + B\sin m\varphi,\quad m=0,1,2,\cdots, \tag{6.74}$$

可令问题(6.72)~(6.73)的解的形式为

$$u(\rho,\varphi) = \sum_{m=0}^{+\infty}[A_m(\rho)\cos m\varphi + B_m(\rho)\sin m\varphi].$$

将此解代入式(6.72)并整理得到

$$\sum_{m=0}^{+\infty}\left\{\left[A''_m(\rho)+\frac{1}{\rho}A'_m(\rho)-\frac{n^2}{\rho^2}A_m(\rho)\right]\cos m\varphi+\left[B''_m(\rho)+\frac{1}{\rho}B'_m(\rho)-\frac{n^2}{\rho^2}B_m(\rho)\right]\sin m\varphi\right\}$$
$$=12\rho^2\cos 2\varphi.$$

比较两端关于 $\cos m\varphi,\sin m\varphi$ 的系数,可得

$$A''_2(\rho)+\frac{1}{\rho}A'_2(\rho)-\frac{4}{\rho^2}A_2(\rho)=12\rho^2, \tag{6.75}$$

$$A''_m(\rho)+\frac{1}{\rho}A'_m(\rho)-\frac{n^2}{\rho^2}A_m(\rho)=0,\quad m\neq 2, \tag{6.76}$$

$$B''_m(\rho)+\frac{1}{\rho}B'_m(\rho)-\frac{n^2}{\rho^2}B_m(\rho)=0,\quad m=0,1,2,\cdots. \tag{6.77}$$

再由条件(6.73)得

$$A_m(a)=A'_m(b)=0, \tag{6.78}$$

$$B_m(a)=B'_m(b)=0. \tag{6.79}$$

方程(6.75)~(6.77)均为欧拉方程,可以通过令 $\rho=e^t$ 做变换化成常系数微分方程求出它们的解,这里用 Maple 求解方程(6.75)~(6.77):

```
ode1 := diff(A[2](x),x$2) + (1/x) * diff(A[2](x),x) - 4/x^2 * A[2](x) = 12 * x^2;
```

$$ode1:=\left(\frac{d^2}{dx^2}A_2(x)\right)+\frac{\frac{d}{dx}A_2(x)}{x}-\frac{4A_2(x)}{x^2}=12x^2$$

```
> dsolve(ode1);
```

$$A_2(x)=\frac{\_C2}{x^2}+x^2\_C1+x^4$$

```
> ode2 := diff(A[n](x),x$2) + (1/x) * diff(A[n](x),x) - n^2/x^2 * A[n](x) = 0;
```

$$ode2:=\left(\frac{d^2}{dx^2}A_n(x)\right)+\frac{\frac{d}{dx}A_n(x)}{x}-\frac{n^2A_n(x)}{x^2}=0$$

```
> dsolve(ode2);
```

$$A_n(x)=\_C1x^{(-n)}+\_C2x^n$$

即方程(6.75)的通解为

$$A_2(x)=\frac{\_C_2}{x^2}+x^2\_C_1+x^4,$$

其中$_C_1$ 和$_C_2$ 表示两个任意常数. 注意这里的 x 对应式(6.75),(6.76)和(6.77)中的 ρ,于是式(6.76)和式(6.77)的通解就是

$$A_m(\rho)=c_m\rho^m+d_m\rho^{-m},\quad B_m(\rho)=c'_m\rho^m+d'_m\rho^{-m},$$

其中 c_m,d_m,c'_m,d'_m 是任意常数. 由条件(6.78)与(6.79)可得

$$A_m(\rho)\equiv 0,m\neq 2;\quad B_m(\rho)\equiv 0,m=1,2,\cdots.$$

由条件(6.78)确定$_C_1$ 和$_C_2$,这一步可用 Maple 完成:

```
T(a) := subs(x = a, 1/x^2 * _C2 + x^2 * _C1 + x^4);
```

$$T(a):=\frac{\_C2}{a^2}+a^2\_C1+a^4$$

```
> T(b) := subs(x = b, diff((1/x^2 * _C2 + x^2 * _C1 + x^4), x));
```

$$T(b):=-\frac{2\_C2}{b^3}+2b\_C1+4b^3$$

```
> solve({T(a),T(b)},[_C1,_C2]);
```

$$\left[\left[\_C1=-\frac{2b^6+a^6}{b^4+a^4},\_C2=\frac{b^4a^4(-a^2+2b^2)}{b^4+a^4}\right]\right]$$

因此

$$A_2(\rho)=-\frac{a^6+2b^6}{a^4+b^4}\rho^2-\frac{a^4b^4(a^2-2b^2)}{a^4+b^4}\rho^{-2}+\rho^4,$$

原定解问题的解为

$$u(\rho,\varphi)=-\frac{1}{a^4+b^4}[(a^6+2b^6)\rho^2+a^4b^4(a^2-2b^2)\rho^{-2}-(a^4+b^4)\rho^4]\cos2\varphi.$$

6.4 非齐次边界条件的处理

前面所讨论的定解问题,无论方程是齐次的还是非齐次的,边界条件都是齐次的.如果遇到非齐次边界条件的情况,应该如何处理?总的原则是设法将边界条件化成齐次的.具体地说,就是取一个适当的未知函数之间的代换,使对新的未知函数,边界条件是齐次的.现在仍以一维波动方程的定解问题为例,说明选取代换的方法.

设有定解问题

$$\begin{cases}\dfrac{\partial^2 u}{\partial t^2}=a^2\dfrac{\partial^2 u}{\partial x^2}+f(x,t), & 0<x<l,t>0, \quad (6.80)\\ u_{x=0}=\alpha_1(t),u|_{x=l}=\alpha_2(t), & t>0, \quad (6.81)\\ u|_{t=0}=\varphi(x),\left.\dfrac{\partial u}{\partial t}\right|_{t=0}=\psi(x), & 0<x<l. \quad (6.82)\end{cases}$$

我们设法做一个代换,将边界条件化成齐次的.为此令

$$u(x,t)=V(x,t)+W(x,t), \tag{6.83}$$

选取 $W(x,t)$,使 $V(x,t)$的边界条件化成齐次的,即

$$V|_{x=0}=V|_{x=l}=0. \tag{6.84}$$

由式(6.81)和式(6.83)容易看出,要使式(6.84)成立,只要

$$W|_{x=0}=\alpha_1(t),\quad W|_{x=l}=\alpha_2(t). \tag{6.85}$$

也就是说,只要选取 W 满足式(6.85),就能达到我们的目的.而满足式(6.85)的函数是容易找到的,例如取 W 为 x 的一次函数,即设

$$W(x,t)=A(t)x+B(t).$$

用式(6.85)确定 A 和 B,分别为

$$A(t)=\frac{1}{l}[\alpha_2(t)-\alpha_1(t)],\quad B(t)=\alpha_1(t).$$

显然,函数 $W(x,t)=\alpha_1(t)+\frac{1}{l}[\alpha_2(t)-\alpha_1(t)]x$ 满足式(6.85),因此只要做代换

$$u=V+\alpha_1(t)+\frac{1}{l}[\alpha_2(t)-\alpha_1(t)]x, \tag{6.86}$$

就能使新的未知函数 V 满足齐次边界条件,即经过这个代换后,得到关于 V 的定解问题为

$$
\begin{cases}
\dfrac{\partial^2 V}{\partial t^2} = a^2 \dfrac{\partial^2 V}{\partial x^2} + f_1(x,t), & 0 < x < l, t > 0, \\
V|_{x=0} = 0, V|_{x=l} = 0, & t > 0, \\
V|_{t=0} = \varphi_1(x), \left.\dfrac{\partial V}{\partial t}\right|_{t=0} = \psi_1(x), & 0 < x < l,
\end{cases} \tag{6.87}
$$

其中

$$
\begin{cases}
f_1(x,t) = f(x,t) - \left[\alpha_1''(t) + \dfrac{\alpha_2''(t) - \alpha_1''(t)}{l} x\right], \\
\varphi_1(x) = \varphi(x) - \left[\alpha_1(0) + \dfrac{\alpha_2(0) - \alpha_1(0)}{l} x\right], \\
\psi_1(x) = \psi(x) - \left[\alpha_1'(0) + \dfrac{\alpha_2'(0) - \alpha_1'(0)}{l} x\right].
\end{cases} \tag{6.88}
$$

问题(6.87)可以用上一节介绍的方法求解，将问题(6.87)的解代入式(6.86)即得原定解问题的解.

上面的例子中由式(6.85)定 $W(x,t)$ 时，取 $W(x,t)$ 为 x 的一次式是为了使(6.88)中的几个式子简单些，并且 $W(x,t)$ 本身也容易定出. 其实满足式(6.85)的任何函数都行. 比如当 f, α_1 和 α_2 都与 t 无关时，可取适当的 $W(x)$(也与 t 无关)，使 $V(x,t)$ 的方程与边界条件同时都化成齐次的. 这样就可以省掉对 $V(x,t)$ 的求解要进行解非齐次偏微分方程的繁重工作. 这种 $W(x)$ 如何找，将在后面的例题中说明.

如边界条件不全是第一类的，本节的方法仍适用，不同的只是函数 $W(x,t)$ 的形式. 读者可以就下列几种边界条件的情况写出相应的 $W(x,t)$ 来：

(1) $u\big|_{x=0} = \alpha_1(t), \left.\dfrac{\partial u}{\partial x}\right|_{x=l} = \alpha_2(t)$;

(2) $\left.\dfrac{\partial u}{\partial x}\right|_{x=0} = \alpha_1(t), u|_{x=l} = \alpha_2(t)$;

(3) $\left.\dfrac{\partial u}{\partial x}\right|_{x=0} = \alpha_1(t), \left.\dfrac{\partial u}{\partial x}\right|_{x=l} = \alpha_2(t)$.

例 6.8　求解一端固定，一端作周期运动 $\sin\omega t$ 的弦的振动问题：

$$
\begin{cases}
u_{tt} = a^2 u_{xx}, & 0 < x < l, t > 0, \\
u|_{x=0} = 0, u|_{x=l} = \sin\omega t, & t > 0, \\
u|_{t=0} = 0, u_t|_{t=0} = 0, & 0 \leqslant x \leqslant l.
\end{cases} \tag{6.89}
$$

解法 1　令 $u(x,t) = v(x,t) + W(x,t)$，取

$$
W(x,t) = \frac{\alpha_2(t) - \alpha_1(t)}{l} x + \alpha_1(t) = \frac{x}{l}\sin\omega t, \tag{6.90}
$$

则定解问题转化为

$$
\begin{cases}
v_{tt} - a^2 v_{xx} = \dfrac{\omega^2}{l} x \sin\omega t, \\
v(0,t) = v(l,t) = 0, \\
v(x,0) = 0, \quad v_t(x,0) = -\dfrac{\omega}{l} x.
\end{cases} \tag{6.91}
$$

为了解出满足非齐次方程的 v，又令

$$v(x,t)=v^{\mathrm{I}}(x,t)+v^{\mathrm{II}}(x,t),$$

其中 $v^{\mathrm{I}}(x,t)$，$v^{\mathrm{II}}(x,t)$分别满足

$$\begin{cases}v_{tt}^{\mathrm{I}}=a^2v_{xx}^{\mathrm{I}},\\ v^{\mathrm{I}}(0,t)=v^{\mathrm{I}}(l,t)=0,\\ v^{\mathrm{I}}(x,0)=0,\quad v_t^{\mathrm{I}}(x,0)=-\dfrac{\omega}{l}x.\end{cases}\tag{6.92}$$

$$\begin{cases}v_{tt}^{\mathrm{II}}=a^2v_{xx}^{\mathrm{II}}+\dfrac{\omega^2}{l}x\sin\omega t,\\ v^{\mathrm{II}}(0,t)=v^{\mathrm{II}}(l,t)=0,\\ v^{\mathrm{II}}(x,0)=v_t^{\mathrm{II}}(x,0)=0.\end{cases}\tag{6.93}$$

用分离变量法求解问题(6.92)，得

$$v^{\mathrm{I}}(x,t)=\sum_{n=1}^{+\infty}(-1)^n\frac{2\omega l}{an^2\pi^2}\sin\frac{n\pi at}{l}\sin\frac{n\pi}{l}x.\tag{6.94}$$

用固有函数法求解问题(6.93)，即设

$$v^{\mathrm{II}}(x,t)=\sum_{n=1}^{+\infty}v_n(t)\sin\frac{n\pi x}{l},$$

$$\frac{\omega^2}{l}x\sin\omega t=\sum_{n=1}^{+\infty}f_n(t)\sin\frac{n\pi x}{l},$$

其中 $f_n(t)$可以用 Maple 计算如下：

```
> hs := omega^2/l * x * sin(omega * t) * sin(n * Pi * x/l);
```

$$hs := \frac{\omega^2 x\sin(\omega t)\sin\left(\frac{n\pi x}{l}\right)}{l}$$

```
> T := int(hs, x = 0..l);
```

$$T := -\frac{\omega^2\sin(\omega t)l(-\sin(n\pi)+n\pi\cos(n\pi))}{n^2\pi^2}$$

```
> f[n](t) := 2/l * T;
```

$$f_n(t) := -\frac{2\omega^2\sin(\omega t)(-\sin(n\pi)+n\pi\cos(n\pi))}{n^2\pi^2}$$

即

$$f_n(t)=\frac{2}{l}\int_0^l\frac{\omega^2}{l}x\sin\omega t\sin\frac{n\pi x}{l}\mathrm{d}x=(-1)^{n+1}\frac{2\omega^2}{n\pi}\sin\omega t.$$

代入方程(6.93)，得

$$\begin{cases}v_n''(t)+\dfrac{a^2n^2\pi^2}{l}v_n(t)=f_n(t),\\ v_n(0)=0,\quad v_n'(0)=0,\quad n=1,2,\cdots.\end{cases}$$

用 Maple1 求解以上定解问题：

```
>ode := diff(v[n](t),t $ 2) + a^2 * n^2 * Pi^2/l * v[n](t) = (-1)^(n+1) * 2 * omega^2/(n *
Pi) * sin(omega * t);
```

$$\text{ode} := \left(\frac{d^2}{dt^2}v_n(t)\right)+\frac{a^2n^2\pi^2v_n(t)}{l}=\frac{2(-1)^{(n+1)}\omega^2\sin(\omega t)}{n\pi}$$

```
> ics := v[n](0) = 0,D(v[n])(0) = 0;
```

$$\text{ics} := v_n(0)=0, D(v_n)(0)=0$$

```
> dsolve({ode,ics},v[n](t),method = laplace);
```

$$v_n(t)=\frac{2\left(\frac{\omega^2\sin(\omega t)}{\pi n}+\frac{\omega^3\sqrt{-a^2n^2l}\sinh\left(\frac{\pi\sqrt{-a^2n^2l}\,t}{l}\right)}{\pi^2a^2n^3}\right)(-1)^nl}{-a^2n^2\pi+\omega^2l}$$

代入 $v^{\text{II}}(x,t)$，并整理，得

$$v^{\text{II}}(x,t)=\sum_{n=1}^{+\infty}(-1)^{n+1}\frac{\omega^2l}{(n\pi)^2a}\left[\frac{\sin\omega t+\sin\omega_nt}{\omega+\omega_n}-\frac{\sin\omega_nt-\sin\omega t}{\omega_n-\omega}\right]\sin\frac{n\pi}{l}x, \tag{6.95}$$

其中 $\omega_n=\frac{n\pi a}{l}$. 因此，原定解问题的解为

$$u(x,t)=v^{\text{I}}(x,t)+v^{\text{II}}(x,t)+\frac{x}{l}\sin\omega t.$$

解法 2 取

$$W(x,t)=\frac{\sin\frac{\omega}{a}x}{\sin\frac{l}{a}\omega}\sin\omega t,$$

则原问题化为

$$\begin{cases}v''_{tt}=a^2v''_{xx},\\ v\big|_{x=0}=0,\quad v\big|_{x=l}=0,\\ v\big|_{t=0}=0,\quad v_t\big|_{t=0}=-\omega\sin\frac{\omega}{a}x\Big/\sin\frac{l}{a}\omega.\end{cases} \tag{6.96}$$

方程和边界条件同时齐次化了.

用分离变量法解方程(6.96)，得

$$v(x,t)=\frac{\omega}{\pi a\sin\frac{l}{a}\omega}\sum_{n=1}^{+\infty}\frac{1}{n}\left(\frac{1}{\alpha_n}\sin\alpha_nl-\frac{1}{\beta_n}\sin\beta_nl\right)\sin\frac{n\pi at}{l}\sin\frac{n\pi x}{l},$$

其中

$$\alpha_n=\left(\frac{\omega}{a}+\frac{n\pi}{l}\right),\quad \beta_n=\left(\frac{\omega}{a}-\frac{n\pi}{l}\right).$$

原定解问题的解为

$$u(x,t)=v(x,t)+\frac{\sin\frac{\omega}{a}x}{\sin\frac{l}{a}\omega}\sin\omega t.$$

应当指出，两种方法得到的定解问题的解在形式上不一样，但可以证明它们是等价的，这是由定解问题解的唯一性决定的.

例 6.9 求下列定解问题

$$\begin{cases}\frac{\partial^2u}{\partial t^2}=a^2\frac{\partial^2u}{\partial x^2}+A,\qquad 0<x<l,t>0, & (6.97)\\ u\big|_{x=0}=0,\quad u\big|_{x=l}=B,\quad t>0, & (6.98)\\ u\big|_{t=0}=\frac{\partial u}{\partial t}\Big|_{t=0}=0,\qquad 0<x<l & (6.99)\end{cases}$$

的形式解，其中 A,B 均为常数.

解 这个定解问题的特点是：方程及边界条件都是非齐次的.根据上述原则，首先应将边界条件化成齐次的.由于方程(6.97)的自由项及边界条件都与 t 无关，所以我们有可能通过一次代换将方程及边界条件都变成齐次的.具体做法如下：

令

$$u(x,t)=V(x,t)+W(x),$$

代入方程(6.97)，得

$$\frac{\partial^2 V}{\partial t^2}=a^2\left[\frac{\partial^2 V}{\partial x^2}+W''(x)\right]+A.$$

为了使这个方程及边界条件同时化成齐次的，选 $W(x)$ 满足

$$\begin{cases}a^2W''(x)+A=0,\\ W\big|_{x=0}=0,\quad W\big|_{x=l}=B.\end{cases}\tag{6.100}$$

方程(6.100)是一个二阶常系数线性非齐次常微分方程的边值问题，它的解可以通过积分两次，并利用边界条件定出积分常数，得到

$$W(x)=-\frac{A}{2a^2}x^2+\left(\frac{Al}{2a^2}+\frac{B}{l}\right)x.$$

求出函数 $W(x)$ 之后，再由式(6.99)可知函数 $V(x,t)$ 为下列定解问题

$$\begin{cases}\dfrac{\partial^2 V}{\partial t^2}=a^2\dfrac{\partial^2 V}{\partial x^2}, & 0<x<l,t>0, & (6.101)\\ V\big|_{x=0}=V\big|_{x=l}=0, & t>0, & (6.102)\\ V\big|_{t=0}=-W(x),\left.\dfrac{\partial V}{\partial t}\right|_{t=0}=0, & 0<x<l & (6.103)\end{cases}$$

的解.

应用分离变量法，可得式(6.101)满足齐次边界条件(6.102)的解为

$$V(x,t)=\sum_{n=1}^{+\infty}\left(C_n\cos\frac{n\pi a}{l}t+D_n\sin\frac{n\pi a}{l}t\right)\sin\frac{n\pi}{l}x.\tag{6.104}$$

利用式(6.103)中第二个条件可得 $D_n=0$.

于是定解问题(6.101)～(6.103)的解可表示为

$$V(x,t)=\sum_{n=1}^{+\infty}C_n\cos\frac{n\pi a}{l}t\sin\frac{n\pi}{l}x,$$

代入式(6.103)中第一个条件，得

$$-W(x)=\sum_{n=1}^{+\infty}C_n\sin\frac{n\pi}{l}x,$$

即

$$\frac{A}{2a^2}x^2-\left(\frac{Al}{2a^2}+\frac{B}{l}\right)x=\sum_{n=1}^{+\infty}C_n\sin\frac{n\pi}{l}x.$$

由傅里叶级数的系数公式可得

$$\begin{aligned}C_n&=\frac{2}{l}\int_0^l\left[\frac{A}{2a^2}x^2-\left(\frac{Al}{2a^2}+\frac{B}{l}\right)x\right]\sin\frac{n\pi}{l}x\,dx\\&=\frac{A}{a^2l}\int_0^l x^2\sin\frac{n\pi}{l}x\,dx-\left(\frac{A}{a^2}+\frac{2B}{l^2}\right)\int_0^l x\sin\frac{n\pi}{l}x\,dx\end{aligned}$$

$$=-\frac{2Al^2}{a^2n^3\pi^3}+\frac{2}{n\pi}\left(\frac{Al^2}{a^2n^2\pi^2}+B\right)\cos n\pi. \tag{6.105}$$

因此,原定解问题的解为

$$u(x,t)=-\frac{A}{2a^2}x^2+\left(\frac{Al}{2a^2}+\frac{B}{l}\right)x+\sum_{n=1}^{+\infty}C_n\cos\frac{n\pi a}{l}t\sin\frac{n\pi}{l}x,$$

其中 C_n 由式(6.105)确定.

习题 6

1. 就下列初始条件及边界条件求解弦振动方程

$$u(x,0)=0,\frac{\partial u(x,0)}{\partial t}=x(l-x);\quad u(0,t)=u(l,t)=0.$$

2. 两端固定的弦的长度为 l,用细棒敲击弦上 $x=x_0$ 点,即在 $x=x_0$ 施加冲力,设其冲量为 I,求解弦的振动,即求解定解问题

$$\begin{cases} u_{tt}-a^2u_{xx}=0, & 0\leqslant x\leqslant l,t>0,\\ u|_{x=0}=u|_{x=l}=0, & t>0,\\ u|_{t=0}=0,u_t|_{t=0}=\dfrac{I}{\rho}\delta(x-x_0), & 0\leqslant x\leqslant l. \end{cases}$$

3. 长为 l 的杆,一段固定,另一端因受力 F_0 而伸长,求解杆在放手后的振动. 其定解问题为

$$\begin{cases} u_{tt}-a^2u_{xx}=0, & 0\leqslant x\leqslant l,t>0,\\ u|_{x=0}=0,\quad u_x|_{x=0}=0, & t>0,\\ u(x,0)=\displaystyle\int_0^x\frac{\partial u}{\partial x}dx=\int_0^x\frac{F_0}{YS}dx=\frac{F_0x}{YS},\quad u_t(x,0)=0, & 0\leqslant x\leqslant l. \end{cases}$$

4. 长为 l 的理想传输线远端开路,先把传输线充电到电位差 v_0,然后把近端短路. 求线上的电压 $V(x,t)$,其定解问题为

$$\begin{cases} V_{tt}-a^2V_{xx}=0\quad(a^2=LC,0<x<l),\\ V(0,t)=0,\quad V_x(l,t)=-\left(R+L\dfrac{\partial}{\partial t}\right)i_x|_{x=l}=0,\\ V(x,0)=v_0,\quad V_t(x,0)=\dfrac{-1}{C}i_x|_{t=0}=0. \end{cases}$$

其中 i 表示电流强度,i_x 表示电流强度为 x 的偏导数.

5. 设弦的两端固定于 $x=0$ 及 $x=l$,弦的初始位移如图 6.5 所示,初速度为零,又没有外力作用,求弦作横向振动时的位移函数 $u(x,t)$.

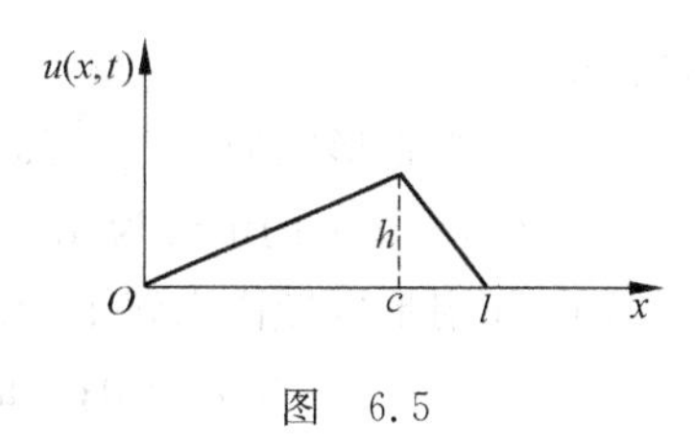

图　6.5

6. 试求适合于下列初始条件及边界条件的一维热传导方程的解

$$u|_{t=0}=x(l-x),\quad u|_{x=0}=u|_{x=l}=0.$$

7. 求解一维热传导方程,其初始条件及边界条件为

$$u|_{t=0}=x,\quad u_x|_{x=0}=0,\quad u_x|_{x=l}=0.$$

8. 在圆形区域内求解$\nabla^2 u=0$,使满足边界条件:

(1) $u|_{\rho=a}=A\cos\varphi$;　　(2) $u|_{\rho=a}=A+B\sin\varphi$.

9. 就下列初始条件和边界条件求解弦振动方程

$$u|_{t=0}=\begin{cases} x, & 0<x\leqslant\dfrac{1}{2};\\ 1-x, & \dfrac{1}{2}<x<1. \end{cases}$$

$$\left.\frac{\partial u}{\partial t}\right|_{t=0}=x(x-1),\quad u|_{x=0}=u|_{x=l}=0.$$

10. 求下列定解问题

$$\begin{cases} \dfrac{\partial u}{\partial t}=a^2\dfrac{\partial^2 u}{\partial x^2}+A,\\ u|_{x=0}=u|_{x=l}=0,\\ u|_{t=0}=0. \end{cases}$$

11. 求满足下列定解条件的一维热传导方程$u_t=a^2u_{xx}(0<x<l,t>0)$的解

$$u|_{x=0}=10,\quad u|_{x=l}=5,\quad u|_{t=0}=kx,\quad k\text{ 为常数}.$$

12. 试确定下列定解问题

$$\begin{cases} \dfrac{\partial u}{\partial t}=a^2\dfrac{\partial^2 u}{\partial x^2}+f(x),\\ u|_{x=0}=A,\quad u|_{x=l}=B,\\ u|_{t=0}=g(x) \end{cases}$$

解的一般形式.

13. 在矩形域$0\leqslant x\leqslant a,0\leqslant y\leqslant b$内求拉普拉斯方程$(u_{xx}+u_{yy}=0)$的解,使其满足边界条件

$$\begin{cases} u|_{x=0}=0,\quad u|_{x=a}=Ay,\\ \left.\dfrac{\partial u}{\partial y}\right|_{y=0}=0,\quad \left.\dfrac{\partial u}{\partial y}\right|_{y=b}=0. \end{cases}$$

14. 求解薄膜的恒定表面浓度扩散问题.薄膜厚度为l,杂质从两面进入薄膜,由于薄膜周围气体中含有充分的杂质,薄膜表面上的杂质浓度得以保持为恒定的N_0,其定解问题为

$$\begin{cases} u_t-a^2u_{xx}=0,\\ u(0,t)=u(l,t)=N_0,\\ u(x,0)=0. \end{cases}$$

求解u.

15. 求半带形区域$(0\leqslant x\leqslant a,y\geqslant 0)$内的静电势,已知边界$x=0$和$y=0$上的电势都是零,而边界$x=a$上的电势为$u_0$(常数).

16. 在扇形区域内求解下列定解问题

$$\nabla^2 u=0;\quad u|_{\varphi=0}=u|_{\varphi=\alpha}=0;\quad u|_{\rho=R}=f(\varphi).$$

例题补充

例 1　演奏琵琶是把弦的某一点向旁边拨开一小段距离,然后放手任其自由振动.设弦

长为 l,被拨开的点在弦长的 $\frac{1}{n_0}$(n_0 为正整数)处,拨开距离为 h,试求解弦的振动,即求解定解问题

$$\begin{cases} u_{tt}-a^2u_{xx}=0, & 0<x<l, \\ u|_{x=0}=u|_{x=l}=0, \\ u|_{t=0}=\begin{cases}\dfrac{n_0hx}{l}, & 0\leqslant x\leqslant\dfrac{1}{n_0}, \\ \dfrac{h(l-x)}{l-\dfrac{l}{n_0}}, & \dfrac{1}{n_0}\leqslant l,\end{cases} \\ u_t|_{t=0}=0. \end{cases}$$

解 将 $u(x,t)=X(x)T(t)$ 代入原方程及边界条件得

$$T''+\mu a^2T=0, \tag{1}$$

$$\begin{cases} X''+\mu X=0, \\ X(0)=X(l)=0, \end{cases} \tag{2}$$

其中 μ 是分离常数.解(2)第一式可得

$$X(x)=C\cos\sqrt{\mu}x+D\sin\sqrt{\mu}x.$$

由(2)的第二式得

$$\mu_n=\frac{n^2\pi^2}{l^2},$$

$$X_n(x)=D_n\sin\frac{n\pi x}{l}, \quad n=1,2,\cdots.$$

将 μ_n 代入(1)并解得

$$T_n(t)=A_n\cos\frac{n\pi at}{l}+B_n\sin\frac{n\pi at}{l}.$$

于是得问题的一般解为

$$u(x,t)=\sum_{n=1}^{+\infty}\left(A_n\cos\frac{n\pi at}{l}+B_n\sin\frac{n\pi at}{l}\right)\sin\frac{n\pi x}{l}.$$

由初始条件得

$$\sum_{n=1}^{+\infty}A_n\cos\frac{n\pi at}{l}=\begin{cases}\dfrac{n_0hx}{l}, & 0\leqslant x\leqslant\dfrac{1}{n_0}, \\ \dfrac{h(l-x)}{l-\dfrac{l}{n_0}}, & \dfrac{1}{n_0}\leqslant l,\end{cases}$$

$$\frac{n\pi a}{l}\sum_{n=1}^{+\infty}B_n\cos\frac{n\pi at}{l}\sin\frac{n\pi x}{l}=0,$$

所以

$$B_n=0,$$

$$A_n=\frac{2}{l}\left[\int_0^{\frac{1}{n_0}}\frac{n_0hx}{l}\sin\frac{n\pi x}{l}\mathrm{d}x+\int_{\frac{1}{n_0}}^{l}\frac{h(l-x)}{l-\dfrac{l}{n_0}}\mathrm{d}x\right]=\frac{2n_0^2h}{n^2\pi^2(n_0-1)}\sin\frac{n\pi}{n_0}.$$

从而

$$u(x,t)=\frac{2n_0^2h}{\pi^2(n_0-1)}\sum_{n=1}^{+\infty}\frac{1}{n^2}\sin\frac{n\pi}{n_0}\cos\frac{n\pi at}{l}\sin\frac{n\pi x}{l}.$$

例 2 求解细杆的导热问题，杆长 l，两端保持 0℃，初始温度分布 $u|_{t=0}=bx(l-x)/l^2$.

解 该问题的定解问题为

$$\begin{cases}u_t=a^2u_{xx},\\ u|_{t=0}=\dfrac{bx(l-x)}{l^2},\\ u|_{x=0}=u|_{x=l}=0.\end{cases}\tag{1}$$

令 $u(x,t)=X(x)T(t)$，代入(1)第一式可得

$$X''(x)+\lambda X(x)=0,\tag{2}$$

$$T'(t)+a^2\lambda T(t)=0,\tag{3}$$

其中 λ 为分离常数. 由(2)得

$$X(x)=A\cos\sqrt{\lambda}x+B\sin\sqrt{\lambda}x,\tag{4}$$

由(1)第三式可得

$$X(0)T(t)=0,\quad X(l)T(t)=0.$$

因为 $T(t)\neq0$，所以 $X(0)=X(l)=0$. 由 $X(0)=0$ 得 $A=0$，由 $X(l)=B\sin\sqrt{\lambda}l=0$，及 $B\neq0$ 得 $\lambda_n=\frac{n^2\pi^2}{l^2}(n=1,2,\cdots)$，于是有

$$X_n=B_n\sin\frac{n\pi x}{l},T_n(t)=C_n\mathrm{e}^{-a^2\lambda_nt}=C_n\mathrm{e}^{-\frac{n^2\pi^2a^2t}{l^2}},n=1,2,\cdots,$$

因此

$$u_n(x,t)=C_n\mathrm{e}^{-\frac{n^2\pi^2a^2t}{l^2}}\sin\frac{n\pi x}{l},\quad u(x,t)=\sum_{n=1}^{+\infty}C_n\mathrm{e}^{-\frac{n^2\pi^2a^2t}{l^2}}\sin\frac{n\pi x}{l}.$$

将 $\frac{bx(l-x)}{l^2}$ 作傅里叶展开得

$$\frac{bx(l-x)}{l^2}=\sum_{n=1}^{+\infty}B_n\sin\frac{n\pi x}{l},$$

其中

$$B_n=\frac{2}{l}\int_0^l\frac{bx(l-x)}{l^2}\sin\frac{n\pi x}{l}\mathrm{d}x=\frac{4b}{n^3\pi^3}[1-\cos n\pi],\quad n=1,2,\cdots,$$

于是

$$C_n=B_n=\frac{4b}{n^3\pi^3}[1-\cos n\pi],\quad n=1,2,\cdots,$$

因此

$$\begin{aligned}u(x,t)&=\sum_{n=1}^{+\infty}\frac{4b}{n^3\pi^3}[1-\cos n\pi]\mathrm{e}^{\frac{n^2\pi^2a^2t}{l^2}}\sin\frac{n\pi x}{l}\\&=\sum_{k=1}^{+\infty}\frac{8b}{(2k-1)^3\pi^3}\mathrm{e}^{\frac{(2k-1)^2\pi^2a^2t}{l^2}}\sin\frac{2k-1}{l}\pi x.\end{aligned}$$

例 3 在铀块中，除了中子的扩散运动之外，还进行着中子的增殖过程，每秒钟在电位

体积中产生的中子数正比于该处的中子浓度 u，从而可表示为 βu（β 是表示增殖快慢的常数）. 设铀块厚度 $0<x<l$，在两端浓度为零，求证临界厚度为 $l=\frac{\pi a}{\sqrt{\beta}}$（铀块厚度超过临界，则中子浓度将随时间而增长，以致铀块爆炸——核爆炸），该问题写成定解问题即为

$$\begin{cases}\dfrac{\partial u}{\partial t}=D\dfrac{\partial^2 u}{\partial x^2}+\beta u\,(D=a^2),\\ u|_{x=0}=u|_{x=l}=0.\end{cases}$$

解　令 $u(x,t)=X(x)T(t)$，代入原方程可得

$$\frac{T'(t)-\beta T(t)}{a^2T(t)}=\frac{X''(x)}{X(x)}=-\lambda,$$

其中 λ 为分离常数，从而有

$$X''(x)+\lambda X(x)=0, \tag{1}$$

$$T'(t)+(\lambda a^2-\beta)T(t)=0, \tag{2}$$

由(1)得

$$X(x)=A\cos\sqrt{\lambda}x+B\sin\sqrt{\lambda}x.$$

由 $u|_{x=0}=u|_{x=l}=0$ 得 $X(0)=X(l)=0$. 从而 $A=0$，$B\sin\sqrt{\lambda}l=0$，于是得本征值和本征函数分别为

$$\lambda_n=\frac{n^2\pi^2}{l^2},n=1,2,\cdots;\quad X_n(x)=B_n\sin\frac{n\pi x}{l}.$$

代入(2)，并解得

$$T_n(t)=C_n\mathrm{e}^{\left(\beta-\frac{n^2\pi^2a^2}{l^2}\right)t},$$

于是

$$u_n(x,t)=C_n\mathrm{e}^{\left(\beta-\frac{n^2\pi^2a^2}{l^2}\right)t}\sin\frac{n\pi x}{l},$$

及

$$u(x,t)=\sum_{n=1}^{+\infty}C_n\mathrm{e}^{\left(\beta-\frac{n^2\pi^2a^2}{l^2}\right)t}\sin\frac{n\pi x}{l}.$$

当 $n=1$ 时，若 $\beta-\frac{\pi^2a^2}{l^2}>0$，则浓度 u 将随时间而增长，便可能产生爆破；若 $\beta-\frac{\pi^2a^2}{l^2}<0$，则浓度 u 将随时间而减小，反应堆可能熄火；若 $\beta-\frac{\pi^2a^2}{l^2}=0$，即 $l=\frac{a\pi}{\sqrt{\beta}}$，浓度 u 将不随时间而变化，这时 l 就是临界厚度.

例4　矩形区域 $0<x<a$，$0<y<b$ 上，电位满足 $\nabla^2u=0$，并满足边界条件：$u|_{x=0}=Ay(b-y)$，$u|_{x=a}=0$，$u|_{y=0}=B\sin\frac{\pi x}{a}$，$u|_{y=b}=0$. 求此矩形区域内的电势 u.

解　定解问题为

$$\begin{cases}\nabla^2u=u_{xx}+u_{yy}=0,\\ u|_{x=0}=Ay(b-y),\quad u|_{x=a}=0,\\ u|_{y=0}=B\sin\dfrac{\pi x}{a},\quad u|_{y=b}=0.\end{cases} \tag{1}$$

令 $u=w+v$ 使得 w 和 v 分别满足

$$\begin{cases}w_{xx}+w_{yy}=0,\\ w\big|_{x=0}=Ay(b-y), \quad w\big|_{x=a}=0,\\ w\big|_{y=0}=0, \quad w\big|_{y=b}=0,\end{cases} \tag{2}$$

$$\begin{cases}v_{xx}+v_{yy}=0,\\ v\big|_{x=0}=0, \quad v\big|_{x=a}=0,\\ v\big|_{y=0}=B\sin\dfrac{\pi x}{a}, \quad v\big|_{y=b}=0.\end{cases} \tag{3}$$

先解定解问题(2)，令 $w(x,y)=X(x)Y(y)$，则有 $\dfrac{X''(x)}{X(x)}=-\dfrac{Y''(y)}{Y(y)}=-\lambda$，即

$$Y''(y)+\lambda Y(y)=0, \tag{4}$$

$$X''(x)-\lambda X(x)=0. \tag{5}$$

式(4)的通解为

$$Y(y)=A\cos\sqrt{\lambda}y+B\sin\sqrt{\lambda}y. \tag{6}$$

由 $w|_{y=0}=w|_{y=b}=0$ 得 $Y(0)=Y(b)=0$，代入(6)得 $A=0,\sin\sqrt{\lambda}b=0$，因此得本征值和本征函数

$$\lambda_n=\frac{n^2\pi^2}{b^2}, n=1,2,\cdots; \quad Y_n(y)=B_n\sin\frac{n\pi y}{b}.$$

从而

$$X_n=C_n e^{\frac{n\pi x}{b}}+D_n e^{-\frac{n\pi x}{b}}, \quad w(x,y)=\sum_{n=1}^{+\infty}(C_n e^{\frac{n\pi x}{b}}+D_n e^{-\frac{n\pi x}{b}})\sin\frac{n\pi y}{b}.$$

由 $w(a,y)=0$ 得 $\sum\limits_{n=1}^{+\infty}(C_n e^{\frac{n\pi a}{b}}+D_n e^{-\frac{n\pi a}{b}})\sin\dfrac{n\pi y}{b}=0$，即

$$C_n e^{\frac{n\pi a}{b}}+D_n e^{-\frac{n\pi a}{b}}=0. \tag{7}$$

由 $w(0,y)=Ay(b-y)$ 得 $\sum\limits_{n=1}^{+\infty}(C_n+D_n)\sin\dfrac{n\pi y}{b}=Ay(b-y)$，将 $Ay(b-y)$ 展开成傅里叶正弦级数，可以得到

$$C_n+D_n=\frac{2}{b}\int_0^b Ay(b-y)\sin\frac{n\pi y}{b}\mathrm{d}y=\frac{4Ab^2}{n^3\pi}. \tag{8}$$

由(7)，(8)可得

$$C_n=\frac{4Ab^2(1-\cos n\pi)}{n^3\pi^3(1-e^{\frac{2n\pi}{b}})}=\frac{-2Ab^2(1-\cos n\pi)e^{-\frac{2n\pi}{b}}}{n^3\pi^3\sinh\dfrac{n\pi a}{b}},$$

$$D_n=\frac{4Ab^2(1-\cos n\pi)}{n^3\pi^3(1-e^{-\frac{2n\pi}{b}})}=\frac{2Ab^2(1-\cos n\pi)e^{\frac{2n\pi}{b}}}{n^3\pi^3\sinh\dfrac{n\pi a}{b}},$$

于是

$$w(x,y)=\sum_{k=1}^{+\infty}\frac{8Ab^2\sinh\dfrac{(2k-1)\pi(a-x)}{b}}{(2k-1)^3\pi^3\sinh\dfrac{(2k-1)\pi a}{b}}\sin\frac{n\pi y}{b}.$$

再解(3)，令 $v(x,y)=X_1(x)Y_1(y)$，则有 $\dfrac{X_1''(x)}{X_1(x)}=-\dfrac{Y_1''(x)}{Y_1(x)}=-\lambda$，即

$$X_1''(x)+\lambda X_1(x)=0,\quad Y_1''(y)-\lambda Y_1(y)=0.$$

上面第一个方程的通解为

$$X(x)=A'\cos\sqrt{\lambda}x+B'\sin\sqrt{\lambda}x.$$

由边界条件，有

$$X_{1n}=B_n'\sin\frac{n\pi x}{a},\quad n=1,2,\cdots.$$

第二个方程的通解为

$$Y_{1n}=C_n'\mathrm{e}^{\frac{n\pi y}{a}}+D_n'\mathrm{e}^{-\frac{n\pi y}{a}},\quad n=1,2,\cdots,$$

于是

$$v(x,y)=\sum_{n=1}^{+\infty}\left(A_n\mathrm{e}^{\frac{n\pi y}{a}}+B_n\mathrm{e}^{-\frac{n\pi y}{a}}\right)\sin\frac{n\pi x}{a}.$$

再由 $v|_{y=b}=0$ 得

$$\sum_{n=1}^{+\infty}\left(A_n\mathrm{e}^{\frac{n\pi b}{a}}+B_n\mathrm{e}^{-\frac{n\pi b}{a}}\right)\sin\frac{n\pi x}{a}=0,$$

从而

$$A_n\mathrm{e}^{\frac{n\pi b}{a}}+B_n\mathrm{e}^{-\frac{n\pi b}{a}}=0. \tag{9}$$

又由 $v|_{y=0}=B\sin\dfrac{\pi x}{a}$ 得

$$\sum_{n=1}^{+\infty}(A_n+B_n)\sin\frac{n\pi x}{a}=B\sin\frac{\pi x}{a}.$$

将 $B\sin\dfrac{\pi x}{a}$ 展开成傅里叶正弦级数，可以得到

$$B\sin\frac{\pi x}{a}=\sum_{n=1}^{+\infty}f_nB\sin\frac{\pi x}{a}\sin\frac{n\pi x}{a}.$$

当 $n=1$ 时，有 $A_1+B_1=f_1B=\dfrac{2B}{a}\displaystyle\int_0^a\sin^2\frac{\pi x}{a}\mathrm{d}x=B$；

当 $n\neq 1$ 时，有 $A_n+B_n=f_nB=\dfrac{2B}{a}\displaystyle\int_0^a\sin\frac{\pi x}{a}\sin\frac{n\pi x}{a}\mathrm{d}x=0$.

由式(9)及以上两式得

$$\begin{cases}A_1=\dfrac{B}{1-\mathrm{e}^{\frac{2\pi b}{a}}}=-\dfrac{B\mathrm{e}^{-\frac{\pi b}{a}}}{2\sinh\frac{\pi b}{a}},\\[2ex] B_1=\dfrac{B}{1-\mathrm{e}^{-\frac{2\pi b}{a}}}=\dfrac{B\mathrm{e}^{\frac{\pi b}{a}}}{2\sinh\frac{\pi b}{a}}.\end{cases}$$

当 $n\neq 1$ 时，$A_n=B_n=0$，于是

$$v(x,y)=\frac{B}{2\sinh\frac{\pi b}{a}}\left[\mathrm{e}^{\frac{\pi(b-y)}{a}}-\mathrm{e}^{-\frac{\pi(b-y)}{a}}\right]\sin\frac{\pi x}{a}=\frac{B\sinh\frac{\pi(b-y)}{a}}{\sinh\frac{\pi b}{a}}\sin\frac{\pi x}{a}.$$

最后得矩形区域的电势分布为

$$\begin{aligned}u(x,y) &= w(x,y)+v(x,y)\\ &= \sum_{k=1}^{+\infty}\frac{8Ab^2\sinh\dfrac{(2k-1)\pi(a-x)}{b}}{(2k-1)^3\pi^3\sinh\dfrac{(2k-1)\pi a}{b}}\sin\frac{n\pi y}{b}+\frac{B\sinh\dfrac{\pi(b-y)}{a}}{\sinh\dfrac{\pi b}{a}}\sin\frac{\pi x}{a}.\end{aligned}$$

例 5 在带形区域($0\leqslant x\leqslant a,0\leqslant y<+\infty$)上求解拉普拉斯方程$\nabla^2 u=0$,使$u|_{x=0}=u|_{x=a}=0,u|_{y=0}=A\left(1-\dfrac{x}{a}\right),\lim\limits_{y\to\infty}u=0$.

解 定解问题为

$$\begin{cases}u_{xx}+u_{yy}=0,\\ u|_{x=0}=u|_{x=a}=0,\\ u|_{y=0}=A\left(1-\dfrac{x}{a}\right),\quad \lim\limits_{y\to\infty}u=0.\end{cases}\tag{1}$$

令 $u(x,y)=X(x)Y(y)$,代入原方程得

$$X''(x)+\mu X(x)=0,\tag{2}$$

$$Y''(y)-\mu Y(y)=0.\tag{3}$$

由式(1)的第二式得

$$X(0)=X(a)=0.\tag{4}$$

解本征值问题(2),(4),得

$$\mu=\frac{n^2\pi^2}{a^2},\quad X_n(x)=C_n\sin\frac{n\pi x}{a}.$$

解关于$Y(y)$的方程(3)得

$$Y_n(y)=A_n e^{\frac{n\pi y}{a}}+B_n e^{-\frac{n\pi y}{a}},$$

从而有

$$u_n(x,y)=(A_n e^{\frac{n\pi y}{a}}+B_n e^{-\frac{n\pi y}{a}})\sin\frac{n\pi x}{a},$$

$$u(x,y)=\sum_{n=1}^{+\infty}(A_n e^{\frac{n\pi y}{a}}+B_n e^{-\frac{n\pi y}{a}})\sin\frac{n\pi x}{a}.\tag{5}$$

将式(5)代入式(1)中边界条件的第三式和第四式,得

$$\sum_{n=1}^{+\infty}(A_n+B_n)\sin\frac{n\pi x}{a}=A\left(1-\frac{x}{a}\right),\tag{6}$$

及

$$\sum_{n=1}^{+\infty}(A_n e^{\infty}+B_n e^{-\infty})\sin\frac{n\pi x}{a}=0.\tag{7}$$

由$\lim\limits_{y\to+\infty}u=0$,取

$$A_n=0,\quad n=1,2,\cdots,$$

代入式(6)得

$$\sum_{n=1}^{+\infty}B_n\sin\frac{n\pi x}{a}=A\left(1-\frac{x}{a}\right),$$

由此得

$$B_n = \frac{2}{a}\int_0^a A\left(1-\frac{x}{a}\right)\sin\frac{n\pi x}{a}\mathrm{d}x = \frac{2A}{n\pi},\quad n=1,2,\cdots,$$

所以

$$u(x,y) = \frac{2A}{\pi}\sum_{n=1}^{+\infty}\frac{1}{n}\mathrm{e}^{-\frac{n\pi y}{a}}\sin\frac{n\pi x}{a}.$$

例 6　写出求解下列定解问题的方法和步骤：

$$\begin{cases}\dfrac{\partial^2 u}{\partial t^2} = a^2\dfrac{\partial^2 u}{\partial x^2} + f(x),\\ u\big|_{x=0} = M_1,\quad u\big|_{x=l} = M_2,\\ u\big|_{t=0} = \varphi(x),\quad u_t\big|_{t=0} = \psi(x).\end{cases}$$

解　设 $u(x,t)=v(x,t)+w(x,t)$，取 $w(x,t)=M_1+\dfrac{M_2-M_1}{l}x=w(x)$，则 v 满足

$$\begin{cases}\dfrac{\partial^2 v}{\partial t^2} = a^2\dfrac{\partial^2 v}{\partial x^2} + f(x),\\ v\big|_{x=0} = v\big|_{x=l} = 0,\\ v\big|_{t=0} = \varphi(x) - M_1 - \dfrac{M_2-M_1}{l}x,\quad v_t\big|_{t=0} = \psi(x).\end{cases}$$

设 $v(x,t)=v_1(x,t)+v_2(x,t)$，使

$$\begin{cases}\dfrac{\partial^2 v_1}{\partial t^2} = a^2\dfrac{\partial^2 v_1}{\partial x^2} + f(x),\\ v_1\big|_{x=0} = v_1\big|_{x=l} = 0,\\ v_1\big|_{t=0} = v_{1t}\big|_{t=0} = 0,\end{cases}\tag{1}$$

和

$$\begin{cases}\dfrac{\partial^2 v_2}{\partial t^2} = a^2\dfrac{\partial^2 v_2}{\partial x^2},\\ v_2\big|_{x=0} = v_2\big|_{x=l} = 0,\\ v_2\big|_{t=0} = \varphi(x) - M_1 - \dfrac{M_2-M_1}{l}x,\\ v_{2t}\big|_{t=0} = \psi(x).\end{cases}\tag{2}$$

求解定解问题(1)，由于是第一类齐次边界条件，故可令

$$v_1(x,t) = \sum_{n=1}^{+\infty} v_{1n}(t)\sin\frac{n\pi}{l}x,$$

$$f(x) = \sum_{n=1}^{+\infty} f_n(t)\sin\frac{n\pi}{l}x\text{，其中 } f_n(x) = \frac{2}{l}\int_0^l f(x)\sin\frac{n\pi}{l}x\,\mathrm{d}x.$$

代入(1)式中方程，有

$$\sum_{n=1}^{+\infty} v''_{1n}(t)\sin\frac{n\pi x}{l} = \sum_{n=1}^{+\infty}\left[-\frac{a^2n^2\pi^2}{l^2}v_{1n}(t)\sin\frac{n\pi x}{l}\right] + \sum_{n=1}^{+\infty} f_n(x)\sin\frac{n\pi x}{l},$$

于是

$$v''_{1n}(t) = -\frac{a^2n^2\pi^2}{l^2}v_{1n}(t) + f_n(x).$$

上式对应齐次方程的通解为$\bar{v}_{1n}(t)=A_n\sin\frac{an\pi}{l}t+B_n\cos\frac{an\pi}{l}t$，特解为$v_{1n}^*(t)=\frac{l^2f_n(x)}{a^2n^2\pi^2}$，从而

$$v_{1n}(t)=A_n\sin\frac{an\pi}{l}t+B_n\cos\frac{an\pi}{l}t+\frac{l^2f_n(x)}{a^2n^2\pi^2},$$

$$v_1(x,t)=\sum_{n=1}^{+\infty}v_{1n}(t)\sin\frac{n\pi x}{l}=\sum_{n=1}^{+\infty}\left[A_n\sin\frac{an\pi}{l}t+B_n\cos\frac{an\pi}{l}t+\frac{l^2f_n(x)}{a^2n^2\pi^2}\right]\sin\frac{n\pi x}{l}.\quad(3)$$

由于$v_{1n}(0)=\left.\frac{\partial v}{\partial t}\right|_{t=0}=0$，故$B_n=-\frac{l^2f_n(x)}{a^2n^2\pi^2}$，$A_n=-\frac{l^3f_n(x)}{a^3n^3\pi^3}$. 又令$v_2(x,t)=X(x)T(t)$，可解得

$$\begin{cases}X_n(x)=B_n\sin\frac{n\pi}{l}x,\\ T_n(t)=C_n\cos\frac{n\pi at}{l}+D_n\sin\frac{n\pi at}{l}.\end{cases}$$

叠加得到

$$v_2(x,t)=\sum_{n=1}^{+\infty}\left(C_n\cos\frac{n\pi at}{l}+D_n\sin\frac{n\pi at}{l}\right)\sin\frac{n\pi}{l}x,$$

且有

$$\sum_{n=1}^{+\infty}C_n\sin\frac{n\pi}{l}x=\varphi(x)-M_1-\frac{M_2-M_1}{l}x,$$

及

$$\left.\frac{\partial v_2}{\partial t}\right|_{t=0}=\sum_{n=1}^{+\infty}D_n\frac{n\pi}{l}\sin\frac{n\pi}{l}x=\psi(x)-\frac{M_2-M_1}{l},$$

即

$$C_n=\frac{2}{l}\int_0^l\left[\varphi(x)-M_1-\frac{M_2-M_1}{l}x\right]\sin\frac{n\pi}{l}x\,dx,$$

$$D_n=\frac{2}{l}\int_0^l\left[\psi(x)-\frac{M_2-M_1}{l}\right]\frac{l}{n\pi a}\sin\frac{n\pi}{l}x\,dx$$

$$=\frac{2}{n\pi a}\int_0^l\left[\psi(x)-\frac{M_2-M_1}{l}\right]\sin\frac{n\pi}{l}x\,dx,$$

最后

$$u(x,t)=v_1(x,t)+v_2(x,t)+w(x,t).$$

第7章

二阶常微分方程的级数解法 本征值问题

在应用分离变量法求解数学物理定解问题时，我们需要求解二阶常微分方程的本征值问题.第 6 章中涉及的微分方程是二阶线性常系数常微分方程(或可化为常系数的常微分方程，如欧拉方程).在进一步的讨论中，比如在正交曲线坐标系(如球坐标系或柱坐标系)下用分离变量法求解数学物理定解问题时，要遇到更一般的，即二阶线性变系数常微分方程的本征值问题.为此，我们在这一章中讨论形如

$$y''(x)+p(x)y'(x)+q(x)y(x)=0 \tag{7.1}$$

的方程的解法，并给出相应本征值问题的一些共性.

7.1 二阶常微分方程的级数解法

7.1.1 常点邻域内的级数解法

我们将应用复变函数理论求形如式(7.1)的二阶线性齐次常微分方程的级数形式的解.设 $p(z)$，$q(z)$和 $y(z)$是分别由 $p(x)$，$q(x)$和 $y(x)$所唯一确定的、复变量 z 的函数，代替方程(7.1)，我们考虑方程

$$y''(z)+p(z)y'(z)+q(z)y(z)=0.$$

不过为了讨论方便，我们仍从方程(7.1)出发，而将 x 直接理解成复变量.

方程(7.1)的解在指定点 x_0 邻域内的局部性质与其系数 $p(x)$和 $q(x)$在 x_0 点的解析性有关，如果 $p(x)$和 $q(x)$在 x_0 点是解析的，则称 x_0 点是方程(7.1)的常点.如果 $p(x)$和 $q(x)$中至少有一个在 x_0 点是不解析的，这样的 x_0 点称为方程(7.1)的奇点.我们先来讨论常点的情形，有下面的定理.

定理 7.1(柯西定理) 如果 $p(x)$，$q(x)$在$|x-x_0|<R$ 内解析，即 x_0 为方程(7.1)的常点，此时初值问题

$$\begin{cases} y''(x) + p(x)y' + q(x)y = 0, \\ y(x_0) = c_0, \quad y'(x_0) = c_1 \end{cases} \tag{7.2}$$

在 $|x-x_0|<R$ 内有唯一的解析解

$$y(x) = \sum_{n=0}^{+\infty} c_n (x-x_0)^n, \tag{7.3}$$

其中系数 c_n 可由初始条件和方程唯一确定，进一步还可证明所得幂级数的收敛半径至少是 R. 下面给出具体解法.

令方程的解为 $y(x) = \sum\limits_{n=0}^{+\infty} c_n (x-x_0)^n$，将 $p(x)$ 和 $q(x)$ 也展开成泰勒级数，有

$$p(x) = \sum_{k=0}^{+\infty} a_k (x-x_0)^k, \quad q(x) = \sum_{l=0}^{+\infty} b_l (x-x_0)^l.$$

代入方程(7.1)，有

$$\sum_{n=0}^{+\infty} c_n n(n-1)(x-x_0)^{n-2} + \sum_{k=0}^{+\infty} a_k (x-x_0)^k \cdot \sum_{n=0}^{+\infty} c_n n (x-x_0)^{n-1} +$$

$$\sum_{l=0}^{+\infty} b_l (x-x_0)^l \cdot \sum_{n=0}^{+\infty} c_n (x-x_0)^n = 0. \tag{7.4}$$

由幂级数的乘法：

$$\sum_{k=0}^{+\infty} \alpha_k (x-x_0)^k \cdot \sum_{l=0}^{+\infty} \beta_l (x-x_0)^l = \sum_{n=0}^{+\infty} \sum_{k=0}^{n} (\alpha_{n-k}\beta_k)(x-x_0)^n,$$

及

$$\begin{aligned} \sum_{n=0}^{+\infty} c_n n(n-1)(x-x_0)^{n-2} &= \sum_{n=2}^{+\infty} c_n n(n-1)(x-x_0)^{n-2} \\ &= \sum_{n=0}^{+\infty} c_{n+2}(n+2)(n+1)(x-x_0)^n, \end{aligned}$$

$$\sum_{n=0}^{+\infty} c_n n (x-x_0)^{n-1} = \sum_{n=1}^{+\infty} c_n n (x-x_0)^{n-1} = \sum_{n=0}^{+\infty} c_{n+1}(n+1)(x-x_0)^n,$$

可将式(7.4)写成

$$\sum_{n=0}^{+\infty} c_{n+2}(n+2)(n+1)(x-x_0)^n + \sum_{n=0}^{+\infty}\left[\sum_{k=0}^{n}(k+1)a_{n-k}c_{k+1}\right](x-x_0)^n +$$

$$\sum_{n=0}^{+\infty}\left[\sum_{k=0}^{n} b_{n-k}c_k\right](x-x_0)^n = 0.$$

比较等式两边 $(x-x_0)$ 同次幂的系数有

$$(n+2)(n+1)c_{n+2} + \sum_{k=0}^{n}(k+1)a_{n-k}c_{k+1} + \sum_{k=0}^{n} b_{n-k}c_k = 0, \quad n = 0,1,2,\cdots. \tag{7.5}$$

根据式(7.5)，c_n 完全可由初值 c_0，c_1 和 a_k，b_k 表示出来，如：

令 $n=0$，有 $c_2 = -\dfrac{1}{2}(a_0c_1 + b_0c_0)$，

$$\begin{aligned} n=1，有\ c_3 &= -\frac{1}{6}(a_1c_1 + 2a_0c_2 + b_1c_0 + b_0c_1) \\ &= \frac{1}{6}(a_0^2 - a_1 - b_0)c_1 + \frac{1}{6}(a_0b_0 - b_1)c_0, \\ &\ \ \vdots \end{aligned}$$

以此类推,可求出全部系数 c_n,得到式(7.1)的级数解. 它包含两个常数 c_0,c_1(由初始条件确定),于是可将级数(7.3)分成两个级数 $y_0(x)$ 和 $y_1(x)$,它们各含 c_0 和 c_1,这两个级数的第一项分别为 c_0 和 $c_1(x-x_0)$,故 $y_0(x)$ 和 $y_1(x)$ 线性无关,于是构成式(7.1)的基础解系.

例 7.1　在 $x_0=0$ 的邻域内求解常微分方程 $y''+\omega^2 y=0$(ω 为常数).

解　这里 $p(x)\equiv 0$,　$q(x)=\omega^2$,设方程的解为

$$y(x)=a_0+a_1x+a_2x^2+\cdots+a_kx^k+\cdots,$$

则

$$y'(x)=1a_1+2a_2x+\cdots+(k+1)a_{k+1}x^k+\cdots,$$

$$y''(x)=2\times 1a_2+3\times 2a_3x+\cdots+(k+2)(k+1)a_{k+2}x^k+\cdots.$$

把以上结果代入方程(因为 $p(x)\equiv 0$ 和 $q(x)=\omega^2$ 都已是泰勒级数),比较系数有

$$2\times 1a_2+\omega^2a_0=0,\quad 3\times 2a_3+\omega^2a_1=0,$$

$$4\times 3a_4+\omega^2a_2=0,\quad 5\times 4a_5+\omega^2a_3=0,$$

由此得递推公式

$$(k+1)(k+2)a_{k+2}+\omega^2a_k=0,$$

及

$$a_2=-\frac{\omega^2}{2!}a_0,\qquad a_3=-\frac{\omega^2}{3!}a_1,$$

$$a_4=\frac{\omega^4}{4!}a_0,\qquad a_5=\frac{\omega^4}{5!}a_1,$$

$$\vdots\qquad\qquad\vdots$$

$$a_{2k}=(-1)^k\frac{\omega^{2k}}{(2k)!}a_0.\qquad a_{2k+1}=(-1)^k\frac{\omega^{2k}}{(2k+1)!}a_1.$$

于是方程的级数解为

$$\begin{aligned}y(x)&=a_0\left[1-\frac{1}{2!}(\omega x)^2+\frac{1}{4!}(\omega x)^4+\cdots+(-1)^k\frac{1}{(2k)!}(\omega x)^{2k}+\cdots\right]+\\&\quad\frac{a_1}{\omega}\left[\omega x-\frac{1}{3!}(\omega x)^3+\frac{1}{5!}(\omega x)^5+\cdots+(-1)^k\frac{(\omega x)^{2k+1}}{(2k+1)!}+\cdots\right]\\&=a_0\cos\omega x+\frac{a_1}{\omega}\sin\omega x,\end{aligned}$$

或写成

$$y(x)=a_0\cos\omega x+a_1\sin\omega x,$$

其中 a_0,a_1 为任意常数. 这个解是我们熟知的,这里主要是熟悉幂级数解法.

7.1.2　勒让德方程的级数解

现在,我们用级数解法来求解重要的特殊函数微分方程——勒让德(Legendre)方程:

$$(1-x^2)y''-2xy'+l(l+1)y=0,\tag{7.6}$$

其中 l 为参数,称为勒让德方程的阶数,式(7.6)称为 l 阶勒让德方程.

下面我们来求方程(7.6)在 $x_0=0$ 的邻域内的级数解.

由方程(7.6)可知

$$p(x)=-\frac{2x}{1-x^2},\quad q(x)=\frac{l(l+1)}{1-x^2}.$$

因为$p(x)$和$q(x)$在$x_0=0$解析，所以$x_0=0$是$p(x)$，$q(x)$的常点，也是方程(7.6)的常点，由定理7.1，设方程(7.6)的解可以写成

$$y(x)=\sum_{n=0}^{+\infty}c_n x^n.$$

由此可以求出

$$y'(x)=\sum_{n=1}^{+\infty}nc_n x^{n-1}=\sum_{n=0}^{+\infty}(n+1)c_{n+1}x^n,$$

$$y''(x)=\sum_{n=2}^{+\infty}n(n-1)c_n x^{n-2}=\sum_{n=0}^{+\infty}(n+2)(n+1)c_{n+2}x^n,$$

因此

$$\begin{aligned}(1-x^2)y''&=\sum_{n=0}^{+\infty}(n+2)(n+1)c_{n+2}x^n-\sum_{n=0}^{+\infty}(n+2)(n+1)c_{n+2}x^{n+2}\\&=\sum_{n=0}^{+\infty}(n+2)(n+1)c_{n+2}x^n-\sum_{n=2}^{+\infty}n(n-1)c_n x^n,\end{aligned}$$

$$-2xy'=-\sum_{n=0}^{+\infty}2(n+1)c_{n+1}x^{n+1}=-\sum_{n=1}^{+\infty}2nc_n x^n,$$

$$l(l+1)y=\sum_{n=0}^{+\infty}l(l+1)c_n x^n.$$

将这些结果代入方程(7.6)中，并令x^n项系数为零，可得

$$(n+2)(n+1)c_{n+2}-n(n-1)c_n-2nc_n+l(l+1)c_n=0,$$

即

$$c_{n+2}=\frac{n(n+1)-l(l+1)}{(n+2)(n+1)}c_n=-\frac{(l-n)(l+n+1)}{(n+2)(n+1)}c_n,\tag{7.7}$$

这就是系数的递推公式，$c_{2n}(n=1,2,\cdots)$可由c_0表示，$c_{2n+1}(n=1,2,\cdots)$可由c_1表示：

$$c_2=\frac{(-l)(l+1)}{2!}c_0,\qquad c_3=\frac{(1-l)(l+2)}{3!}c_1,$$

$$c_4=\frac{(2-l)(l+3)}{4\times 3}c_2=\frac{(2-l)(-l)(l+1)(l+3)}{4!}c_0,$$

$$c_5=\frac{(3-l)(l+4)}{5!}c_3=\frac{(3-l)(1-l)(l+2)(l+4)}{5!}c_1,$$

$$\vdots$$

$$c_{2n}=\frac{(2n-2-l)(2n-4-l)\cdots(2-l)(-l)(l+1)(l+3)\cdots(l+2n-1)c_0}{(2n)!},\tag{7.8}$$

$$c_{2n+1}=\frac{(2n-1-l)(2n-3-l)\cdots(1-l)(l+2)(l+4)\cdots(l+2n)c_1}{(2n+1)!}.\tag{7.9}$$

这样得到l阶勒让德方程(7.6)的级数解

$$y=c_0y_0(x)+c_1y_1(x),\tag{7.10}$$

其中

$$y_0(x)=1+\frac{(-l)(l+1)}{2!}x^2+\frac{(2-l)(-l)(l+1)(l+3)}{4!}x^4+\cdots+$$

$$\frac{(2n-2-l)(2n-4-l)\cdots(2-l)(-l)(l+1)(l+3)\cdots(l+2n-1)}{(2n)!}x^{2n}+\cdots,$$

(7.11)

$$y_1(x)=x+\frac{(1-l)(l+2)}{3!}x^3+\frac{(3-l)(1-l)(l+2)(l+4)}{5!}x^5+\cdots+$$
$$\frac{(2n-1-l)(2n-3-l)\cdots(1-l)(l+2)(l+4)\cdots(l+2n)}{(2n+1)!}x^{2n+1}+\cdots, \qquad (7.12)$$

其中 c_0,c_1 为任意常数,可以由初始条件确定.

现在确定 $y_0(x)$ 和 $y_1(x)$ 的收敛半径

$$R=\lim_{n\to+\infty}\left|\frac{c_n}{c_{n+2}}\right|=\lim_{n\to+\infty}\left|\frac{(n+2)(n+1)}{(n-l)(n+l+1)}\right|=\lim_{n\to+\infty}\left|\frac{\left(1+\frac{2}{n}\right)\left(1+\frac{1}{n}\right)}{\left(1-\frac{l}{n}\right)\left(1+\frac{l+1}{n}\right)}\right|=1.$$

这说明 $y_0(x)$ 和 $y_1(x)$ 在 $|x|<1$ 内收敛,在 $|x|>1$ 时发散. 在 $x=\pm1$ 时,$y_0(x)$ 和 $y_1(x)$ 可表示成常数项级数

$$y_0(x)=\pm c_0\sum_{n=0}^{+\infty}u_n,\quad x=\pm1,$$

$$y_1(x)=\pm c_1\sum_{n=0}^{+\infty}v_n,\quad x=\pm1,$$

由高斯判别法,对 $y_0(x)$,有

$$\frac{u_n}{u_{n+1}}=\frac{(2n+2)(2n+1)}{(2n-l)(2n+1+l)}=1+\frac{1}{n}+o\left(\frac{1}{n^2}\right),$$

对 $y_1(x)$,有

$$\frac{v_n}{v_{n+1}}=\frac{(2n+3)(2n+2)}{(2n+1-l)(2n+2-l)}=1+\frac{1}{n}+o\left(\frac{1}{n^2}\right).$$

由此可知级数 $y_0(\pm1)$ 与 $y_1(\pm1)$ 均发散,即勒让德方程的级数解在 $x=1,x=-1$ 为无限值. 但在实际问题中变量 x 常常代表 $\cos\theta$,其中 θ 是球坐标系中的天顶角,所以 $x=1$ 和 $x=-1$,分别对应 $\theta=0$ 和 π,即代表 z 轴的正半轴和负半轴. 一般实际问题要求物理量在一切方向 $0\leqslant\theta\leqslant\pi$(即 x 的闭区间 $[-1,1]$)上有界,就需要引入自然边界条件 $|y(\pm1)|<+\infty$. 那么如何才能满足这个条件呢? 我们从方程中的参数 l 入手.

由 $y_0(x)$ 和 $y_1(x)$ 的系数可以看出,如果常数 l 是某个偶数,比方说 $2n(n=0,1,2,\cdots)$,则 $y_0(x)$ 只到 x^{2n} 项为止,以后各项的系数都含因子 $(2n-l)$,因而为零,于是 $y_0(x)$ 就不再是无穷级数,而是 $2n$ 次多项式,并且只含偶次幂项,$y_1(x)$ 仍是无穷级数. 这时

$$y_0(x)=1+\sum_{k=1}^{+n}\frac{(2k-2-2n)(2k-4-2n)\cdots(-2n)(2n+1)(2n+3)\cdots(2n+2k-1)}{(2k)!}x^{2k}$$

$$=\frac{(n!)^2}{(2n)!}\sum_{k=0}^{+n}(-1)^k\frac{(2n+2k)!}{(2k)!(n+k)!(n-k)!}x^{2k}. \qquad (7.13)$$

如果在通解(7.10)中取 $c_1=0$,则解成为 $y(x)=c_0y_0(x)$,也是 $2n$ 次多项式. 这时对任何实数 x,$y(x)$ 当然都是有界的,因而满足物理问题的要求,再取 c_0,使

$$y(1)=c_0y_0(1)=1, \qquad (7.14)$$

这样确定的 $y(x)$ 称为 $2n$ 阶勒让德多项式,记为 $\mathrm{P}_{2n}(x)$. 由式(7.13)和式(7.14)并作一些运

算后可得

$$c_0 = (-1)^n \frac{(2n-1)!!}{(2n)!!}. \tag{7.15}$$

这样，由式(7.13)，(7.14)和式(7.15)可得 $2n$ 阶勒让德多项式的具体表达式

$$\begin{aligned} P_{2n}(x) &= (-1)^n \frac{(2n-1)!!}{(2n)!!} \cdot \frac{(n!)^2}{(2n)!} \sum_{m=0}^{n} (-1)^m \frac{(2n+2m)!}{(2m)!(n+m)!(n-m)!} x^{2m} \\ &= \frac{(-1)^n}{2^{2n}} \sum_{m=0}^{n} (-1)^m \frac{(2n+2m)!}{(2m)!(n+m)!(n-m)!} x^{2m} \\ &= \sum_{k=0}^{n} (-1)^k \frac{(4n-2k)!}{2^{2n} k!(2n-k)!(2n-2k)!} x^{2n-2k}. \end{aligned} \tag{7.16}$$

上式的最后一步作了指标代换 $k=n-m$. 式(7.16)还可以表示成

$$P_l(x) = \sum_{k=0}^{\frac{l}{2}} (-1)^k \frac{(2l-2k)!}{2^l k!(l-k)!(l-2k)!} x^{l-2k}, \quad l = 0,2,4,\cdots.$$

同理，当取 l 为奇数，比如 $l=2n+1(n=0,1,2,\cdots)$ 时，由系数公式(7.10)可知 $c_{2n+3} = c_{2n+5} = \cdots = 0$. 这时 $y_1(x)$ 是 $2n+1$ 次多项式，并且只含奇次项，$y_0(x)$ 仍是无穷级数. $y_1(x)$ 可以表示为

$$\begin{aligned} y_1(x) &= x + \sum_{k=1}^{n} \frac{(2k-1-l)(2k-3-l)\cdots(1-l)(l+2)(l+4)\cdots(l+2k)}{(2k+1)!} x^{2k+1} \\ &= \frac{n!(n+1)!}{(2n+2)!} \sum_{k=0}^{n} (-1)^k \frac{(2n+2k+2)!}{(2k+1)!(n+k+1)!(n-k)!} x^{2k+1}. \end{aligned} \tag{7.17}$$

如果在通解(7.11)中取 $c_0=0$，则解成为 $y(x)=c_1 y_1(x)$，也是 $2n+1$ 次多项式. 再取 c_1 使

$$y(1) = c_1 y_1(1) = 1, \tag{7.18}$$

这样确定的 $y(x)$ 称为 $2n+1$ 阶勒让德多项式，记为 $P_{2n+1}(x)$. 由式(7.17)和式(7.18)可得

$$c_1 = (-1)^n \frac{(2n+1)!!}{(2n)!!}. \tag{7.19}$$

于是由式(7.17)和式(7.19)得到

$$\begin{aligned} P_{2n+1}(x) &= (-1)^n \frac{(2n+1)!!}{(2n)!!} \cdot \frac{n!(n+1)!}{(2n+2)!} \sum_{m=0}^{n} (-1)^m \frac{(2n+2m+2)!}{(2m+1)!(n+m+1)!(n-m)!} x^{2m+1} \\ &= \frac{(-1)^n}{2^{2n+1}} \sum_{m=0}^{n} (-1)^m \frac{(2n+2m+2)!}{(2m+1)!(n+m+1)!(n-m)!} x^{2m+1} \\ &= \sum_{k=0}^{n} (-1)^k \frac{(4n+2-2k)!}{2^{2n+1} k!(2n+1-k)!(2n+1-2k)!} x^{2n+1-2k}. \end{aligned} \tag{7.20}$$

最后一步仍然作了指标代换 $k=n-m$. $P_{2n+1}(x)$ 还可以表示成

$$P_l(x) = \sum_{k=0}^{\frac{l-1}{2}} (-1)^k \frac{(2l-2k)!}{2^l k!(l-k)!(l-2k)!} x^{l-2k}, \quad l = 1,3,5,\cdots. \tag{7.21}$$

综上所述，勒让德方程(7.6)只有当 l 取整数 $n(n=0,1,2,\cdots)$，才能在 $x=\pm 1$ 有有界解，这个解就是勒让德多项式 $P_n(x)$，它前面的任意常数已经被选取满足条件

$$P_n(1) = 1.$$

因此定解问题

$$\begin{cases}(1-x^2)y''-2xy'+l(l+1)y=0,\\ |y(\pm 1)|<+\infty\end{cases}\tag{7.22}$$

构成本征值问题,本征值就是 $l=n(n=0,1,2,\cdots)$,相应的本征解就是 n 阶勒让德多项式 $\mathrm{P}_n(x)$,也称为第一类勒让德函数. $\mathrm{P}_n(x)$可以统一表示为

$$\mathrm{P}_n(x)=\sum_{m=0}^{M}(-1)^m\frac{(2n-2m)!}{2^n m!(n-m)!(n-2m)!}x^{n-2m},\tag{7.23}$$

其中,

$$M=\begin{cases}\dfrac{n}{2}, & n=2k,\\ \dfrac{n-1}{2}, & n=2k-1,\end{cases}\quad k=0,\pm 1,\pm 2,\cdots.$$

关于勒让德多项式的性质及其在数学物理定解问题中的应用,将在第9章中较详细地讨论.

由以上的讨论,可得出如下结论:当 l 不是整数时,方程(7.6)的通解为

$$y=c_0y_0+c_1y_1,$$

其中 y_0,y_1 由式(7.11)和式(7.12)确定,而且它们在闭区间$[-1,1]$的端点上是无界的,所以此时方程(7.6)在$[-1,1]$无有界解;当 l 为整数时,在积分常数适当选定之后,y_0,y_1 中有一个是勒让德多项式 $\mathrm{P}_n(x)$,另一个仍为无穷级数,记为 $\mathrm{Q}_n(x)$,此时方程(7.6)的通解为

$$y=c_0\mathrm{P}_n(x)+c_1\mathrm{Q}_n(x),$$

其中 $\mathrm{Q}_n(x)$称为第二类勒让德函数,它在$[-1,1]$上仍是无界的.

7.1.3 正则奇点和非正则奇点附近的级数解

如果 $p(x)$以 x_0 为不高于一级的极点,$q(x)$以 x_0 为不高于二级的极点,即

$$p(x)=\frac{p_1(x)}{(x-x_0)},\quad q(x)=\frac{q_1(x)}{(x-x_0)^2},$$

其中 $p_1(x)$和 $q_1(x)$在 x_0 点是解析的,则称 x_0 点是方程(7.1)的正则奇点.

定理 7.2(Fuchs 定理) 设 x_0 为方程(7.1)的正则奇点,即方程(7.1)可以写成

$$y''(x)+\frac{P(x)}{(x-x_0)}y'(x)+\frac{Q(x)}{(x-x_0)^2}y(x)=0,\tag{7.24}$$

其中 $P(x),Q(x)$在$|x-x_0|<R$ 内解析,则在 $0<|x-x_0|<R$ 内方程(7.24)的基础解系为

$$y_1(x)=(x-x_0)^{\rho_1}\sum_{n=0}^{+\infty}a_n(x-x_0)^n,\tag{7.25}$$

$$y_2(x)=(x-x_0)^{\rho_2}\sum_{n=0}^{+\infty}b_n(x-x_0)^n,\tag{7.26}$$

或

$$y_2(x)=a_0y_1(x)\ln(x-x_0)+(x-x_0)^{\rho_2}\sum_{n=0}^{+\infty}b_n(x-x_0)^n,\tag{7.27}$$

其中 $a_0\neq 0,b_0\neq 0$. $y_2(x)$也可以是由其他方法确定的与 $y_1(x)$线性无关的解.

下面给出具体解法.

设方程(7.24)的解为

$$y(x)=(x-x_0)^{\rho}\sum_{n=0}^{+\infty}a_n(x-x_0)^n,\quad a_0\neq 0,\tag{7.28}$$

将 $P(x),Q(x)$ 在 x_0 点展开成泰勒级数，得

$$P(x)=\sum_{i=0}^{+\infty}P_i(x-x_0)^i,\quad Q(x)=\sum_{j=0}^{+\infty}Q_j(x-x_0)^j.$$

将以上关系代入方程(7.24)，比较 $x^0,x^1,\cdots,x^n$ 的系数可得

$$\begin{cases}f_0(\rho)a_0=0,\\ f_0(\rho+1)a_1+a_0f_1(\rho)=0,\\ \quad\vdots\\ f_0(\rho+n)a_n+f_1(\rho+n-1)a_{n-1}+\cdots+a_0f_n(\rho)=0,\quad n\geqslant 1,\end{cases}\tag{7.29}$$

其中

$$\begin{cases}f_0(\rho)=\rho(\rho-1)+\rho P_0+Q_0,\\ f_k(\rho)=\rho P_k+Q_k,\quad k=1,2,\cdots.\end{cases}\tag{7.30}$$

由于 $a_0\neq 0$，必有

$$f_0(\rho)=\rho(\rho-1)+\rho P_0+Q_0=0.\tag{7.31}$$

称方程(7.31)为方程(7.24)关于正则奇点 x_0 的指标方程，它的两个根 ρ_1,ρ_2 称为正则奇点 x_0 的指标数.

当两个指标数都是实数时，记 $\rho_1\geqslant\rho_2$；否则它们为一对共轭复根. 在解的级数表达式(7.28)中首先取 $\rho=\rho_1$，由于 $f_0(\rho)=0,f_0(\rho+n)\neq 0,n=1,2,\cdots$，所以对任选的 $a_0\neq 0$，可从递推关系(7.29)中唯一确定 $a_n(n\geqslant 1)$，从而得到方程(7.24)一个解

$$y_1(x)=(x-x_0)^{\rho_1}\sum_{n=0}^{+\infty}a_n(x-x_0)^n,\quad a_0\neq 0.\tag{7.32}$$

可以证明，此幂级数在 $|x-x_0|<R$ 内必收敛，称级数(7.32)为方程(7.24)的广义幂级数解.

再求第二个特解.

(1) 若 $\rho_1-\rho_2$ 不是整数或零，则在所设解式(7.28)中取 $\rho=\rho_2$，这时 $f_0(\rho_2)=0$，$f_0(\rho_2+n)\neq 0(n=1,2,\cdots)$，所以，对任意 $a_0\neq 0$，又可得到方程(7.24)的另一个解

$$y_2(x)=(x-x_0)^{\rho_2}\sum_{n=0}^{+\infty}b_n(x-x_0)^n.\tag{7.33}$$

不难证明，$y_1(x),y_2(x)$ 线性无关，它们构成方程(7.24)在 $0<|x-x_0|<R$ 内的基础解系.

(2) 若 $\rho_1-\rho_2=k$(整数)，则由于 $f_0(\rho_2)=0,f_0(\rho_2+k)=0$，则递推关系到了第 k 步，再不能进行，这时可令 $b_0=b_1=\cdots=b_{k-1}=0,b_k\neq 0$，则对任取 $b_k\neq 0$，又可由递推关系(7.29)唯一地确定 $b_n(n>k)$，从而得到方程的另一个解

$$y_2(x)=(x-x_0)^{\rho_2}\sum_{n=k}^{+\infty}b_n(x-x_0)^n.$$

若 $y_1(x),y_2(x)$ 线性无关，则它们构成方程(7.24)的基础解系，若 $y_1(x),y_2(x)$ 线性相关，则另一个解可由刘维尔公式得到

$$y_2(x)=a_0y_1(x)\ln(x-x_0)+(x-x_0)^{\rho_2}\sum_{n=k}^{+\infty}b_n(x-x_0)^n.\tag{7.34}$$

最后指出，当指标数 ρ_1 和 ρ_2 是一对共轭复数时，求出的解式(7.32)是一个复的广义幂

级数解.如果方程(7.24)是实系数的,用分开实部和虚部的方法,可以从式(7.32)得到两个实的级数解.

定理7.3(高斯定理)　设 $y''(x)+P(x)y'+Q(x)y=0$,其中 $P(x),Q(x)$ 在 $0<|x-x_0|<R$ 内解析,但 x_0 是 $P(x)$ 的级数高于一级的极点,或 x_0 是 $Q(x)$ 的级数高于二级的极点,这时称 x_0 为方程的非正则奇点,则在 $0<|x-x_0|<R$ 内方程的基础解系为

$$y_1(x)=(x-x_0)^{\rho_1}\sum_{n=-\infty}^{+\infty}a_n(x-x_0)^n, \tag{7.35}$$

$$y_2(x)=(x-x_0)^{\rho_2}\sum_{n=-\infty}^{+\infty}b_n(x-x_0)^n, \tag{7.36}$$

或

$$y_2(x)=a_0y_1(x)\ln(x-x_0)+(x-x_0)^{\rho_2}\sum_{n=-\infty}^{+\infty}b_n(x-x_0)^n. \tag{7.37}$$

而且可以证明,方程(7.35),(7.36)中的洛朗级数一定有无穷多个负幂项. $y_2(x)$ 也可以是由其他方法确定的与 $y_1(x)$ 线性无关的解.

证明从略.

7.1.4　贝塞尔方程的级数解

现在我们用级数法求解另一个重要的特殊函数方程——贝塞尔(Bessel)方程

$$x^2y''+xy'+(x^2-\mu^2)y=0, \tag{7.38}$$

其中参数 μ 称为贝塞尔方程的阶数,方程(7.38)称为 μ 阶贝塞尔方程.

将方程(7.38)改写成

$$y''+\frac{1}{x}y'+\left(\frac{x^2-\mu^2}{x^2}\right)y=0 \tag{7.39}$$

的形式,则可知 $x_0=0$ 是方程的正则奇点.由Fuchs定理(本节定理7.2)知这个方程的两个线性无关解应为式(7.25)和式(7.26)(或式(7.27))的形式,即

$$y_1(x)=x^{\rho_1}\sum_{n=0}^{+\infty}a_nx^n, \tag{7.40}$$

$$y_2(x)=x^{\rho_2}\sum_{n=0}^{+\infty}b_nx^n, \tag{7.41}$$

或

$$y_2(x)=a_0y_1(x)\ln x+x^{\rho_2}\sum_{n=0}^{+\infty}b_nx^n.$$

注意这里 $x_0=0$,而

$$P(x)=1,\quad Q(x)=-\mu^2+x^2.$$

这两个系数函数已经是泰勒级数的形式了,其中系数 $P_0=1,P_n=0(n\geqslant1)$; $Q_0=-\mu^2,Q_2=1,Q_n=0(n\neq0,2)$.

由Fuchs定理知,方程(7.38)(或(7.39))的指标方程为

$$\rho(\rho-1)+P_0\rho+Q_0=\rho(\rho-1)+\rho-\mu^2=\rho^2-\mu^2=0,$$

它的两个根,即贝塞尔方程的指标数分别是 $\begin{cases}\rho_1=\mu,\\ \rho_2=-\mu,\end{cases}$ 两者之差为

$$\rho_1 - \rho_2 = 2\mu.$$

由此可见，指标方程两根（即指标数）之差取决于方程的参数 μ，它将决定方程两个线性无关解(7.40)和(7.41)的具体形式，下面就来求出它们.

将广义幂级数解的一般形式

$$y(x) = x^{\rho} \sum_{k=0}^{+\infty} a_k x^k$$

代入到方程(7.38)，得到级数形式的贝塞尔方程，消去公共因子 x^{ρ} 后，有

$$\sum_{k=0}^{+\infty} (\rho+k)(\rho+k-1) a_k x^k + \sum_{k=0}^{+\infty} (\rho+k) a_k x^k + (-\mu^2 + x^2) \sum_{k=0}^{+\infty} a_k x^k = 0.$$

比较 x 各幂次的系数有

$$\begin{cases} [\rho(\rho-1) + \rho - \mu^2] a_0 = 0, \\ [(\rho+1)\rho + (\rho+1) - \mu^2] a_1 = 0, \\ \vdots \\ (\rho+k)(\rho+k-1) a_k + (\rho+k) a_k - \mu^2 a_k + a_{k-2} = 0, \end{cases} \tag{7.42}$$

其中第一式即为指标方程，由第三式得系数的递推公式

$$a_k = -\frac{1}{(\rho+k)^2 - \mu^2} a_{k-2}. \tag{7.43}$$

下面，我们根据指标方程两根之差的不同情况，分别讨论贝塞尔方程的解.

1. μ 不等于整数、半整数时的解

当 μ 不是整数或半整数$\left(\text{即}\frac{1}{2}, \frac{3}{2}, \cdots\right)$时，$\rho_1 - \rho_2 = 2\mu$ 就不为整数. 这时，两个线性无关的解取式(7.40)和式(7.41)的形式. 现在先对指标数 $\rho_1 = \mu$ 求出 $y_1(x)$.

将 $\rho = \rho_1 = \mu$ 代入系数递推公式(7.43)中，可得

$$a_k = -\frac{1}{k(2\mu + k)} a_{k-2}. \tag{7.44}$$

可见，待定系数 a_{2k} 可以依次类推，用 a_0 表示出来；类似地，a_{2k+1} 可用 a_1 表示出来，但由方程组(7.42)第二式，当 $\rho = \mu$ 时有 $a_1 = 0$，故 $a_{2k+1} = 0$.

为了用 a_0 表示 a_{2k}，由式(7.44)有

$$a_2 = -\frac{1}{2(2\mu+2)} a_0,$$

$$a_4 = -\frac{1}{4(2\mu+4)} a_2,$$

$$\vdots$$

$$a_{2k-2} = -\frac{1}{(2k-2)(2\mu+2k-2)} a_{2k-4},$$

$$a_{2k} = -\frac{1}{2k(2\mu+2k)} a_{2k-2}.$$

将以上等式的左右两边分别相乘，消去相同因子，立即可得

$$a_{2k} = (-1)^k \frac{1}{2^{2k} k!(\mu+1)(\mu+2)\cdots(\mu+k)} a_0.$$

这样就得到了相应于指标数 $\rho = \mu$ 的一个特解

$$y_1(x)=a_0x^{\mu}\sum_{k=0}^{+\infty}(-1)^k\frac{1}{k!(\mu+1)(\mu+2)\cdots(\mu+k)}\left(\frac{x}{2}\right)^{2k}.$$

若将 a_0 取为

$$a_0=\frac{1}{2^{\mu}\Gamma(\mu+1)},$$

这样选取 a_0 可使一般项系数中 2 的次数与 x 的次数相同，并可以运用恒等式

$$(\mu+k)(\mu+k-1)\cdots(\mu+2)(\mu+1)\Gamma(\mu+1)=\Gamma(\mu+k+1)$$

使分母简化，这样的 $y_1(x)$ 的形式就比较整齐、简单了：

$$y_1(x)=\sum_{k=0}^{+\infty}\frac{(-1)^k}{k!\Gamma(\mu+k+1)}\left(\frac{x}{2}\right)^{\mu+2k}.$$

用级数收敛的比值判别法（或称达朗贝尔判别法）可以判定这个级数在整个数轴上收敛. 这个无穷级数所确定的函数，称为 $+\mu$ 阶第一类贝塞尔函数，记作 $J_{\mu}(x)$，即

$$J_{\mu}(x)=y_1(x)=\sum_{k=0}^{+\infty}\frac{(-1)^k}{k!\Gamma(\mu+k+1)}\left(\frac{x}{2}\right)^{\mu+2k},\tag{7.45}$$

其中 $\Gamma(\mu+1)$ 是 Γ 函数（Γ 函数的定义和性质见附录 B），它也是一种特殊函数，且具有性质

$$\Gamma(\mu+1)=\mu\Gamma(\mu)=\mu(\mu-1)\Gamma(\mu-1)=\cdots.$$

显然，当 $\mu=n$（n 为整数）时，Γ 函数便退化为普通的阶乘，即

$$\Gamma(n+1)=n!.$$

类似地，对应于 $\rho_2=-\mu$，重复以上步骤，可得另一个与 $y_1(x)$ 线性无关的解为

$$y_2(x)=b_0x^{-\mu}\sum_{k=0}^{+\infty}\frac{(-1)^k}{k!(-\mu+1)(-\mu+2)\cdots(-\mu+k)}\left(\frac{x}{2}\right)^{2k}.$$

通常，也将 b_0 取为

$$b_0=\frac{1}{2^{-\mu}\Gamma(-\mu+1)}.$$

这样，便得到 $-\mu$ 阶第一类贝塞尔函数

$$J_{-\mu}(x)=y_2(x)=\sum_{k=0}^{+\infty}\frac{(-1)^k}{k!\Gamma(-\mu+k+1)}\left(\frac{x}{2}\right)^{-\mu+2k}.\tag{7.46}$$

比较式(7.45)、式(7.46)可知，只要在式(7.45)的右端把 μ 换成 $-\mu$，即得式(7.46). 因此，无论 μ 是正数还是负数，总可以用式(7.45)统一地表示第一类贝塞尔函数.

当 μ 不为整数、半整数时，这两个解 $J_{\mu}(x)$ 与 $J_{-\mu}(x)$ 是线性无关的，于是非整阶、非半整阶的贝塞尔方程的通解就是 $J_{\mu}(x)$ 和 $J_{-\mu}(x)$ 的线性组合，即

$$y(x)=C_1J_{\mu}(x)+C_2J_{-\mu}(x),\tag{7.47}$$

其中 C_1 和 C_2 为任意常数.

若在式(7.47)中取 $C_1=\cot\mu\pi$，　$C_2=-\csc\mu\pi$，则得到方程(7.38)的一个特解

$$Y_{\mu}(x)=\cot\mu\pi J_{\mu}(x)-\csc\mu\pi J_{-\mu}(x)=\frac{J_{\mu}(x)\cos\mu\pi-J_{-\mu}(x)}{\sin\mu\pi},\quad \mu\neq\text{整数}.\tag{7.48}$$

显然 $Y_{\mu}(x)$ 与 $J_{\mu}(x)$ 线性无关，因此方程(7.38)的通解也可写成

$$y(x)=C_1J_{\mu}(x)+C_2Y_{\mu}(x).\tag{7.49}$$

式(7.48)所确定的 $Y_{\mu}(x)$ 称为第二类贝塞尔函数，或称诺伊曼函数. 用 Maple 求解贝塞尔方程(7.38)，得到的就是这个结果：

```
> ode := x^2 * diff(y(x),x$2) + x * diff(y(x),x) + (x^2 - mu^2) * y(x) = 0;
```

$$\text{ode} := x^2 \frac{d^2}{dx^2}y(x) + x\frac{d}{dx}y(x) + (x^2 - \mu^2)y(x) = 0$$

```
> dsolve(ode);
```

y(x) = _C1 BesselJ(μ, x) + _C2 BesselY(μ, x).

2. μ 等于整数时的解

当方程(7.38)中的参数为半整数$\left(\frac{1}{2},\frac{3}{2},\cdots\right)$时，即 $\mu=n(n=0,1,2,\cdots)$时，指标方程的两根之差为整数

$$\rho_1-\rho_2=n-(-n)=2n.$$

方程(7.38)的一个特解可取

$$\mathrm{J}_n(x)=\sum_{k=0}^{+\infty}(-1)^k\frac{1}{k!\Gamma(n+k+1)}\left(\frac{x}{2}\right)^{n+2k},$$

其中 n 为正整数，由于 $\Gamma(n+k+1)=(n+k)!$，故正整数阶的第一类贝塞尔函数 $\mathrm{J}_n(x)$可以写成

$$\mathrm{J}_n(x)=\sum_{k=0}^{+\infty}(-1)^k\frac{1}{k!(n+k)!}\left(\frac{x}{2}\right)^{n+2k}.$$

但 $y_2(x)$不能取 $\mathrm{J}_{-n}(x)$，因为

$$\mathrm{J}_{-n}(x)=\sum_{k=0}^{+\infty}(-1)^k\frac{1}{k!\Gamma(-n+k+1)}\left(\frac{x}{2}\right)^{-n+2k}.$$

由于 n 为整数，只要 $k<n$，就有 $-n+k+1$ 为负数，那时 Γ 函数为无穷大，$\mathrm{J}_{-n}(x)$为零，因此对 k 求和实际上是从 $k=n$ 开始，即

$$\mathrm{J}_{-n}(x)=\sum_{k=n}^{+\infty}(-1)^k\frac{1}{k!\Gamma(-n+k+1)}\left(\frac{x}{2}\right)^{-n+2k}.$$

如果作一个变换，令 $m=k-n$，将求和指标从 k 换成 $m(m=0,1,2,\cdots)$，则有

$$\begin{aligned}\mathrm{J}_{-n}(x)&=\sum_{m=0}^{+\infty}(-1)^{m+n}\frac{1}{(m+n)!\Gamma(m+1)}\left(\frac{x}{2}\right)^{n+2m}\\&=(-1)^n\sum_{m=0}^{\infty}(-1)^m\frac{1}{m!(m+n)!}\left(\frac{x}{2}\right)^{n+2m}\\&=(-1)^n\mathrm{J}_n(x).\end{aligned}$$

可见 $\mathrm{J}_n(x)$与 $\mathrm{J}_{-n}(x)$线性相关，因此 $\mathrm{J}_n(x)$与 $\mathrm{J}_{-n}(x)$已不能构成贝塞尔方程的通解. 为了求出贝塞尔方程(7.38)的通解，修改第二类贝塞尔函数的定义，当 n 为整数时，我们定义第二类贝塞尔函数为

$$\mathrm{Y}_n(x)=\lim_{\alpha\to n}\frac{\mathrm{J}_\alpha(x)\cos\alpha\pi-\mathrm{J}_{-\alpha}(x)}{\sin\alpha\pi},\quad n\text{ 为整数}. \tag{7.50}$$

由于当 n 为整数时，$\mathrm{J}_{-n}(x)=(-1)^n\mathrm{J}_n(x)=\cos n\pi\mathrm{J}_n(x)$，所以上式右端的极限是"$\frac{0}{0}$"形的不定式极限，应用洛必达法则并经过冗长的推导(可参阅文献[11])，可以得到

$$\mathrm{Y}_0(x)=\frac{2}{\pi}\mathrm{J}_0(x)\left(\ln\frac{x}{2}+c\right)-\frac{2}{\pi}\sum_{m=0}^{+\infty}\frac{(-1)^m\left(\frac{x}{2}\right)^{2m}}{(m!)^2}\sum_{k=0}^{m-1}\frac{1}{k+1},$$

$$\mathrm{Y}_n(x)=\frac{2}{\pi}\mathrm{J}_n(x)\left(\ln\frac{x}{2}+c\right)-\frac{1}{\pi}\sum_{m=0}^{n-1}\frac{(n-m-1)!}{m!}\left(\frac{x}{2}\right)^{-n+2m}-$$

$$\frac{1}{\pi}\sum_{m=0}^{+\infty}\frac{(-1)^m\left(\frac{x}{2}\right)^{n+2m}}{m!(n+m)!}\left(\sum_{k=0}^{n+m-1}\frac{1}{k+1}+\sum_{k=0}^{m-1}\frac{1}{k+1}\right),\quad n=1,2,3,\cdots,$$

其中

$$c=\lim_{n\to\infty}\left(1+\frac{1}{2}+\frac{1}{3}+\cdots+\frac{1}{n}-\ln n\right)=0.5772\cdots$$

称为欧拉常数.

根据这个函数的定义,它确实是贝塞尔方程的一个特解,而且与 $\mathrm{J}_n(x)$ 线性无关(因为当 $x=0$ 时,$\mathrm{J}_n(x)$ 为有限值,而 $\mathrm{Y}_n(x)$ 为无穷大).

综上所述,不论 μ 是否为整数,贝塞尔方程(7.38)的通解都可表示为

$$y(x)=A\mathrm{J}_\mu(x)+B\mathrm{Y}_\mu(x),\tag{7.51}$$

其中 A,B 为任意常数,μ 为任意实数,而

$$\mathrm{Y}_\mu(x)=\begin{cases}\dfrac{\mathrm{J}_\mu(x)\cos\mu\pi-\mathrm{J}_{-\mu}(x)}{\sin\mu\pi} & \mu\neq\text{整数},\\[2ex] \lim\limits_{\alpha\to\mu}\dfrac{\mathrm{J}_\alpha(x)\cos\alpha\pi-\mathrm{J}_{-\alpha}(x)}{\sin\alpha\pi}, & \mu=\text{整数}.\end{cases}\tag{7.52}$$

统称为第二类贝塞尔函数或诺伊曼函数.

3. μ 等于半整数时的解

当方程(7.38)中的参数为半整数 $\left(\frac{1}{2},\frac{3}{2},\cdots,\frac{2k+1}{2}(k\text{ 为自然数}),\cdots\right)$ 时,指标方程的两根 ρ_1,ρ_2 之差为 $\rho_1-\rho_2=2\mu$,也是整数.在此我们研究 $\mu=1/2$ 的特例,在以后讨论贝塞尔函数的性质时,再给出一般半整数 μ 阶贝塞尔方程的解.事实上,当 $\mu=1/2$ 时,式(7.38)的解可用初等函数表示.当 $\mu=1/2$ 时,方程(7.38)成为

$$x^2y''+xy'+\left[x^2-\left(\frac{1}{2}\right)^2\right]y=0,\tag{7.53}$$

作变量代换 $y(x)=\left(\frac{2}{\pi x}\right)^{\frac{1}{2}}u(x)$,则 $u(x)$ 满足

$$u''(x)+u(x)=0.$$

这个方程的基础解系是我们熟知的,即 $\sin x,\cos x$.于是原方程的两个线性无关的解为

$$y_1(x)=\left(\frac{2}{\pi x}\right)^{\frac{1}{2}}\sin x,\quad y_2(x)=\left(\frac{2}{\pi x}\right)^{\frac{1}{2}}\cos x.$$

用 Maple 直接求解方程(7.53)的结果是

```
> ode := x^2 * diff(y(x),x $ 2) + x * diff(y(x),x) + (x^2 - 1/4) * y(x) = 0;
```

$$\mathrm{ode}:=x^2\left(\frac{d^2}{dx^2}y(x)\right)+x\left(\frac{d}{dx}y(x)\right)+\left(x^2-\frac{1}{4}\right)y(x)=0$$

```
> dsolve(ode);
```

$$y(x)=\frac{\_C1\ \sin(x)}{\sqrt{x}}+\frac{\_C2\ \cos(x)}{\sqrt{x}}$$

其中 _$C1$ 和 _$C2$ 为任意常数.这样,方程(7.53)通解可表示成

$$y(x)=Ay_1(x)+By_2(x)=A\left(\frac{2}{\pi x}\right)^{\frac{1}{2}}\sin x+B\left(\frac{2}{\pi x}\right)^{\frac{1}{2}}\cos x$$
$$=A\mathrm{J}_{\frac{1}{2}}(x)+B\mathrm{J}_{-\frac{1}{2}}(x).$$

即半整阶贝塞尔函数为初等函数，记为

$$\mathrm{J}_{\frac{1}{2}}(x)=\sqrt{\frac{2}{\pi x}}\sin x,\quad \mathrm{J}_{-\frac{1}{2}}(x)=\sqrt{\frac{2}{\pi x}}\cos x. \tag{7.54}$$

事实上，上式也可以直接从

$$\mathrm{J}_{\mu}(x)=\sum_{m=0}^{\infty}(-1)^m\frac{1}{m!\Gamma(\mu+m+1)}\left(\frac{x}{2}\right)^{\mu+2m}$$

中得到，因为

$$\mathrm{J}_{\frac{1}{2}}(x)=\sum_{m=0}^{\infty}(-1)^m\frac{1}{m!\Gamma\left(\frac{3}{2}+m\right)}\left(\frac{x}{2}\right)^{\frac{1}{2}+2m},$$

而

$$\Gamma\left(\frac{3}{2}+m\right)=\frac{1\cdot3\cdot5\cdot\cdots\cdot(2m+1)}{2^{m+1}}\Gamma\left(\frac{1}{2}\right)=\frac{1\cdot3\cdot5\cdot\cdots\cdot(2m+1)}{2^{m+1}}\sqrt{\pi},$$

从而

$$\mathrm{J}_{\frac{1}{2}}(x)=\sqrt{\frac{2}{\pi x}}\sum_{m=0}^{+\infty}\frac{(-1)^m}{(2m+1)!}x^{2m+1}=\sqrt{\frac{2}{\pi x}}\sin x.$$

同理，可求得

$$\mathrm{J}_{-\frac{1}{2}}(x)=\left(\frac{2}{\pi x}\right)^{\frac{1}{2}}\cos x.$$

由此可见，$\mathrm{J}_{\frac{1}{2}}(x)$和$\mathrm{J}_{-\frac{1}{2}}(x)$确系初等函数. 由我们将在第8章中讨论的贝塞尔函数的递推公式，可以证明所有半整阶贝塞尔函数都是初等函数.

7.2 施图姆-刘维尔本征值问题

从第6章我们看到，分离变量法的重要过程之一是求解固有值(或称本征值、特征值)问题. 在上一节中，我们讨论了一般二阶线性常微分方程的级数解法，即给出了方程通解的一般形式. 这一节，我们讨论一般二阶线性常微分方程固有值问题，并给出固有值问题的共性.

7.2.1 施图姆-刘维尔方程

事实上任意二阶线性常微分方程

$$y''(x)+p(x)y'(x)+q(x)y(x)=0 \tag{7.55}$$

都可化为所谓的施图姆-刘维尔(Sturm-Liouville)型方程，简称S-L型方程

$$\frac{\mathrm{d}}{\mathrm{d}x}\left[k(x)\frac{\mathrm{d}y}{\mathrm{d}x}\right]-\gamma(x)y+\lambda\tau(x)y=0 \tag{7.56}$$

的形式. 以函数 $k(x)=\exp\left[\int p(x)\mathrm{d}x\right]$ 乘以方程(7.55)两端整理后即得方程(7.56). 方程(7.56)中 $a\leqslant x\leqslant b$，$k(x)$，$\gamma(x)$，$\tau(x)$是$[a,b]$上给定的实函数，$k(x)$及其导数，$\gamma(x)$和$\tau(x)$ 在(a,b)内连续；在(a,b)内，$k(x)>0$，$\tau(x)>0$，$\gamma(x)\geqslant0$；λ 为参数，$k(x)$称为核函数，

$\tau(x)$称为权函数.

如贝塞尔方程

$$x^2y''+xy'+(k^2x^2-\mu^2)y=0,$$

可以写为

$$\frac{\mathrm{d}}{\mathrm{d}x}\left[x\frac{\mathrm{d}y}{\mathrm{d}x}\right]-\frac{\mu^2}{x}y+k^2xy=0,$$

其中$k(x)=x,\gamma(x)=\frac{\mu^2}{x},\tau(x)=x,\lambda=k^2$(为参数).

又如勒让德方程

$$(1-x^2)y''-2xy'+l(l+1)y=0,$$

可以写为

$$\frac{\mathrm{d}}{\mathrm{d}x}\left[(1-x^2)\frac{\mathrm{d}y}{\mathrm{d}x}\right]+l(l+1)y=0,$$

其中$k(x)=1-x^2,\gamma(x)=0,\tau(x)=1,\lambda=l(l+1)$(为参数).

而埃尔米特方程

$$y''-2xy'+2ny=0,$$

可以化为

$$\frac{\mathrm{d}}{\mathrm{d}x}\left(\mathrm{e}^{-x^2}\frac{\mathrm{d}y}{\mathrm{d}x}\right)+2n\mathrm{e}^{-x^2}y=0,$$

这里

$$k(x)=\mathrm{e}^{-x^2},\quad \gamma(x)=0,\quad \tau(x)=\mathrm{e}^{-x^2}.$$

对于拉盖尔方程

$$xy''+(1-x)y'+\alpha y=0,$$

其施图姆-刘维尔形式为

$$\frac{\mathrm{d}}{\mathrm{d}x}\left(x\mathrm{e}^{-x}\frac{\mathrm{d}y}{\mathrm{d}x}\right)+\alpha\mathrm{e}^{-x}y=0.$$

这里$k(x)=x\mathrm{e}^{-x},\gamma(x)=0,\tau(x)=\mathrm{e}^{-x},\lambda=\alpha$.

引进施图姆-刘维尔算符

$$L[y]=-\frac{\mathrm{d}}{\mathrm{d}x}\left[k(x)\frac{\mathrm{d}y}{\mathrm{d}x}\right]+\gamma(x)y,$$

则式(7.56)可以写成

$$L[y]=\lambda\tau(x)y \tag{7.56$'$}$$

的形式.

S-L型方程是在用分离变量法求解数学物理方程过程中概括出来的,它的主要特色在于方程(7.56)中含有待定常数λ(当然也可以用μ,ν等其他符号表示),以及将方程的一阶和二阶导数写在一起的形式.

7.2.2　本征值问题的一般提法

方程(7.56)中含有参数λ,在一定的边界条件下,只有当λ取某些特定的值时,方程才有满足边界条件的非零解,这种λ值称为问题的本征值(固有值、特征值),而相应的方程的解称为本征解或本征函数.那么,要使方程(7.56)构成本征问题需要附加什么样的边界条件呢?

边界条件通常有如下三种提法:

(1) 以端点 $x=a$ 为例,如果 $k(a)\neq 0$,则要附加齐次边界条件,例如第三类边界条件

$$[\alpha y'(x)+\beta y(x)]\big|_{x=a}=0, \tag{7.57}$$

其中 α,β 为常数,第一类和第二类的齐次边界条件可以看成当 $\alpha=0$ 和 $\beta=0$ 时的特例.

比如

$$\begin{cases} y''(x)+\lambda y(x)=0, & 0\leqslant x\leqslant l, \\ y(0)=0, & y(l)=0, \end{cases}$$

及

$$\begin{cases} y''(x)+\lambda y(x)=0, & 0\leqslant x\leqslant l, \\ y(0)=0, & y'(l)+hy(l)=0 \end{cases}$$

都属于这种情况.

(2) 以端点 $x=a$ 为例,如果 $k(a)=0$,而且 $x=a$ 是 $k(x)$ 的一级零点(即 $k'(a)\neq 0$,$k(x)=(x-a)\varphi(x)$,$\varphi(x)$ 是连续函数,且 $\varphi(x)\neq 0$),在这种情况下,如果方程(7.56)存在一个有界解 $y_1(x)$,它满足条件 $y_1(a)\neq\infty$,则由刘维尔求解公式

$$y_2(x)=y_1(x)\left\{\int_{x_0}^{x}\exp\left[-\int p(\xi)\mathrm{d}\xi\right]\frac{1}{y_1^2(\xi)}\mathrm{d}\xi+C\right\}=y_1(x)\left[\int_{x_0}^{x}\frac{\mathrm{d}\xi}{k(\xi)y_1^2(\xi)}+C\right]$$

(其中 x_0 是一个定点,C 为积分常数)可见,该方程与 $y_1(x)$ 线性无关的解 $y_2(x)$ 必定满足 $y_2(a)=\infty$. 由于 $k(a)=0$,这时应该附加边界条件

$$y(a)\neq\infty. \tag{7.58}$$

这种边界条件称为一种自然边界条件.

如贝塞尔方程

$$\frac{\mathrm{d}}{\mathrm{d}x}\left(x\frac{\mathrm{d}y}{\mathrm{d}x}\right)-\frac{\mu^2}{x}y+k^2xy=0,$$

$k(x)=x$,在端点 $x=0$ 的值 $k(0)=0$,在 $x=0$ 存在着自然边界条件 $y|_{x=0}\to$ 有限. 又如勒让德方程的本征值问题

$$\begin{cases} (1-x^2)y''(x)-2xy'(x)+\lambda y(x)=0, & -1\leqslant x\leqslant 1, \\ |\,y(\pm 1)\,|<+\infty \end{cases}$$

也属于这种情况.

(3) 如果 $k(a)=k(b)$,这时可以提周期性边界条件:

$$y(a)=y(b),\quad y'(a)=y'(b). \tag{7.59}$$

这也是一种自然边界条件. 例如,本征值问题

$$\begin{cases} y''(x)+\lambda y(x)=0, & 0\leqslant x\leqslant 2\pi, \\ y(0)=y(2\pi), & y'(0)=y'(2\pi) \end{cases}$$

就属于这种情况,它的本征值和本征函数分别是

$$\lambda_m=m^2,\ y_m(x)=\begin{cases}\cos mx, \\ \sin mx,\end{cases}\quad m=0,1,2,\cdots.$$

方程(7.56)附加两端点如式(7.57)或式(7.58)或式(7.59)的边界条件就构成了施图姆-刘维尔本征值问题.如贝塞尔方程本征值问题的提法是

$$\begin{cases} x^2 y''(x) + xy'(x) + (\lambda x^2 - n^2) y(x) = 0, \quad 0 \leqslant x \leqslant a, \\ y(0) \neq \infty, \quad [\alpha y'(x) + \beta y(x)]|_{x=a} = 0, \end{cases}$$

其中 α,β 为常数.

施图姆-刘维尔本征值问题具有许多重要的性质,有些性质的证明超出了本教程的范围,因此这里只列出几个基本性质,而不给出全部证明.

7.2.3　本征值问题的一般性质

性质1　如果 $k(x)$ 及其一阶导数连续,$\gamma(x)$ 或连续或在边界上有一级极点,则施图姆-刘维尔本征值问题有无穷多个本征值

$$\lambda_0 \leqslant \lambda_1 \leqslant \lambda_2 \leqslant \cdots \leqslant \lambda_n \leqslant \cdots,$$

若 λ_0 不存在,则从 λ_1 开始,相应地有本征函数

$$y_1(x), y_2(x), \cdots, y_n(x), \cdots.$$

性质2　所有本征值 $\lambda_i \geqslant 0$.

性质3　对应于不同本征值 λ_m 和 λ_n 的本征函数 $y_m(x)$ 与 $y_n(x)$ 在区间 $[a,b]$ 上加权正交,即

$$\int_a^b y_m(x) y_n(x) \tau(x) \mathrm{d}x = 0, \quad m \neq n. \tag{7.60}$$

证明　由于 $y_m(x)$ 与 $y_n(x)$ 都是施图姆-刘维尔方程(7.56)的解,所以有

$$\frac{\mathrm{d}}{\mathrm{d}x}\left[k(x)\frac{\mathrm{d}y_m(x)}{\mathrm{d}x}\right] - \gamma(x) y_m(x) + \lambda_m \tau(x) y_m(x) = 0, \tag{7.61}$$

$$\frac{\mathrm{d}}{\mathrm{d}x}\left[k(x)\frac{\mathrm{d}y_n(x)}{\mathrm{d}x}\right] - \gamma(x) y_n(x) + \lambda_n \tau(x) y_n(x) = 0, \tag{7.62}$$

式(7.61)乘以 y_n,式(7.62)乘以 y_m,两式相减并在 $[a,b]$ 上对 x 积分,得

$$\int_a^b \left[y_n \frac{\mathrm{d}}{\mathrm{d}x}\left(k\frac{\mathrm{d}y_m}{\mathrm{d}x}\right) - y_m \frac{\mathrm{d}}{\mathrm{d}x}\left(k\frac{\mathrm{d}y_n}{\mathrm{d}x}\right)\right]\mathrm{d}x + (\lambda_m - \lambda_n)\int_a^b y_m y_n \tau \mathrm{d}x = 0. \tag{7.63}$$

对第一项积分进行分部积分,有

$$\begin{aligned} &\int_a^b \left[y_n \frac{\mathrm{d}}{\mathrm{d}x}\left(k\frac{\mathrm{d}y_m}{\mathrm{d}x}\right) - y_m \frac{\mathrm{d}}{\mathrm{d}x}\left(k\frac{\mathrm{d}y_n}{\mathrm{d}x}\right)\right]\mathrm{d}x \\ &= k y_n \frac{\mathrm{d}y_m}{\mathrm{d}x}\bigg|_a^b - \int_a^b k \frac{\mathrm{d}y_m}{\mathrm{d}x}\frac{\mathrm{d}y_n}{\mathrm{d}x}\mathrm{d}x - k y_m \frac{\mathrm{d}y_n}{\mathrm{d}x}\bigg|_a^b + \int_a^b k \frac{\mathrm{d}y_n}{\mathrm{d}x}\frac{\mathrm{d}y_m}{\mathrm{d}x}\mathrm{d}x \\ &= k(b)[y_n(b) y_m'(b) - y_m(b) y_n'(b)] - k(a)[y_n(a) y_m'(a) - y_m(a) y_n'(a)]. \end{aligned} \tag{7.64}$$

上式的结果有两项,一项与端点 $x=a$ 有关,另一项与端点 $x=b$ 有关.下面以与端点 $x=a$ 有关的一项为例,证明在三种齐次边界条件下,它的值都是零(与端点 $x=b$ 有关的一项也如此).

(1) 若边界条件为自然边界条件,则 $k(a)=0$,从而该项为零.

(2) 若边界条件为第三类边界条件,则

$$\alpha y_m'(a) + \beta y_m(a) = 0, \alpha y_n'(a) + \beta y_n(a) = 0,$$

由 α 和 β 不同时为零，立刻可得

$$y_n(a)y'_m(a) - y_m(a)y'_n(a) = 0,$$

从而也有式(7.64)的第2项为零.

(3) 如边界条件为周期条件

$$y(a) = y(b), \quad y'(a) = y'(b),$$

则显然有式(7.64)的右端为零. 因此由式(7.63)有

$$(\lambda_m - \lambda_n)\int_a^b y_m y_n \tau \mathrm{d}x = 0,$$

因为 $\lambda_m \neq \lambda_n$，所以

$$\int_a^b y_m(x) y_n(x) \tau(x) \mathrm{d}x = 0. \tag{7.65}$$

在函数空间中，公式(7.65)左边的积分可以表示成两函数的内积：

$$(y_m, y_n) = \int_a^b y_m(x) y_n(x) \tau(x) \mathrm{d}x,$$

内积为零，表示"正交".

当 $m=n$ 时，则有

$$N_m^2 = \int_a^b [y_m(x)]^2 \tau(x) \mathrm{d}x, \tag{7.66}$$

N_m 称为本征函数 $y_m(x)$ 的模，式(7.66)称为 $y_m(x)$ 的模方公式. 如果 $N_m \equiv 1$，说明 $y_m(x)$ 是归一化的. 正交归一化的本征函数可以统一写成

$$\int_a^b y_m(x) y_n(x) \tau(x) \mathrm{d}x = \delta_{mn} = \begin{cases} 0, & m \neq n, \\ 1, & m = n. \end{cases}$$

性质4 本征函数系列 $y_n(x)(n=0,1,2,3,\cdots)$ 是完备系列，即任一个有(分段)连续二阶导数和连续一阶导数的函数 $f(x)$，可按此本征函数系列展开为一个绝对且一致收敛的级数：

$$f(x) = \sum_{n=1}^{+\infty} f_n y_n(x), \tag{7.67}$$

其中

$$f_n = \frac{\int_a^b y_n(x) f(x) \tau(x) \mathrm{d}x}{\int_a^b [y_n(x)]^2 \tau(x) \mathrm{d}x} = \frac{1}{N_n^2}\int_a^b y_n(x) f(x) \tau(x) \mathrm{d}x. \tag{7.68}$$

证明 设式(7.67)成立，两边乘以 $\tau(x) y_m(x)$，并在 $[a,b]$ 上对 x 积分，应用正交性(7.65)和模方公式(7.66)，立即可得式(7.68).

将函数 $f(x)$ 按本征函数系展开成级数的问题，称为 $f(x)$ 的广义傅里叶展开.

习题7

1. 在 $x=0$ 的邻域内，求解方程 $(1-x^2)y'' + xy' - y = 0$.
2. 在 $x=0$ 的邻域内求解方程 $y'' + y = 0$.
3. 在 $x=0$ 的邻域内求解艾里方程 $y'' - xy = 0$.

4. 求方程 $x^2y''(x)-xy'(x)+y=0$ 在 $x=0$ 邻域内的通解.

5. 将下列方程化为施图姆-刘维尔型方程的标准形式：

(1) $y''-\cot x y'+\lambda y=0$；　(2) $xy''+(1-x)y'+\lambda y=0$.

6. 求解下列本征值问题的本征值和本征函数：

(1) $X''(x)+\lambda X(x)=0, X(0)=0, X'(l)=0$；

(2) $X''(x)+\lambda X(x)=0, X'(0)=0, X(l)=0$；

(3) $X''(x)+\lambda X(x)=0, X(0)+HX'(0)=0, X(l)=0$（$H$ 为常数）；

(4) $\dfrac{\mathrm{d}}{r\mathrm{d}r}\left(r\dfrac{\mathrm{d}R}{\mathrm{d}r}\right)+\dfrac{\lambda}{r^2}R=0, R(a)=0, R(b)=0,\quad 0<a<b$.

7. 已知二阶线性常微分方程的两个线性无关解 $y_1(x)=\mathrm{e}^{a/x}$ 和 $y_2(x)=\mathrm{e}^{-a/x}$，求其所满足的方程.

8. 在 $x=0$ 的邻域内求解方程 $y''-2xy'+(\lambda-1)y=0$，当 λ 取什么数值时可使级数退化为多项式.

9. 求合流超几何方程 $xy''(x)+(\gamma-x)y'(x)-\alpha y(x)=0$ 在 $x=0$ 附近的通解，其中 α，γ 为常数，且 $\alpha>0, 1-\gamma\neq 0,1,2,\cdots$.

10. 证明在下列有界条件下的本征值问题中，本征函数是正交的.

$$\begin{cases}\dfrac{\mathrm{d}}{\mathrm{d}x}\left[k(x)\dfrac{\mathrm{d}y(x)}{\mathrm{d}x}\right]+\lambda y(x)=0, & x\in(a,b),\\ |y(a)|<+\infty, \quad |y(b)|<+\infty,\end{cases}$$

其中 $k(x)$ 为非负的连续实函数，且 $k(a)=k(b)=0$.

例题补充

例1　在 $x=0$ 的邻域内求解方程 $y''-2xy'+(\lambda-1)y=0$，当 λ 取什么数值时可使级数退化为多项式？

解　由 $p(x)=-2x, q(x)=\lambda-1$ 知道 $x_0=0$ 是原方程的常点.

设方程的解为 $y=\sum\limits_{n=0}^{+\infty}a_nx^n$，则

$$(\lambda-1)y=\sum_{k=0}^{+\infty}(\lambda-1)a_kx^k,$$

$$-2xy'=\sum_{n=1}^{+\infty}-2na_nx^n=\sum_{k=1}^{+\infty}-2ka_kx^k,$$

$$y''=\sum_{n=2}^{+\infty}n(n-1)a_nx^{n-2}=\sum_{k=0}^{+\infty}(k+2)(k+1)a_{k+2}x^k,$$

将以上各式代入到原方程，合并同幂次项，令各幂次的系数为零，得到系数递推公式：

$$a_{k+2}=\frac{2k+1-\lambda}{(k+1)(k+2)}a_k,$$

由此式可推得

$$a_2=\frac{1-\lambda}{1\times 2}a_0(a_0\neq 0,\text{待定}),\qquad a_3=\frac{3-\lambda}{2\times 3}a_1(a_1\neq 0,\text{待定}),$$

$$a_4 = \frac{5-\lambda}{3\times 4}a_2 = \frac{(1-\lambda)(5-\lambda)}{4!}a_0,\cdots,\qquad a_5 = \frac{7-\lambda}{4\times 5}a_3 = \frac{(3-\lambda)(7-\lambda)}{5!}a_1,\cdots,$$

$$a_{2k} = \frac{(1-\lambda)(5-\lambda)\cdots(4k-3-\lambda)}{(2k)!}a_0,\qquad a_{2k+1} = \frac{(3-\lambda)(7-\lambda)\cdots(4k-1-\lambda)}{(2k+1)!}a_1,$$

于是原方程的通解可以写成

$$y(x) = a_0 y_0(x) + a_1 y_1(x),$$

其中 a_0,a_1 为任意常数,而

$$y_0(x) = 1 + \frac{(1-\lambda)}{2!}x^2 + \frac{(1-\lambda)(5-\lambda)}{4!}x^4 + \cdots + \frac{(1-\lambda)(5-\lambda)\cdots(4k-3-\lambda)}{(2k)!}x^{2k} + \cdots,$$

$$y_1(x) = x + \frac{(3-\lambda)}{3!}x^3 + \frac{(3-\lambda)(7-\lambda)}{5!}x^5 + \cdots + \frac{(3-\lambda)(7-\lambda)\cdots(4k-1-\lambda)}{(2k+1)!}x^{2k+1} + \cdots.$$

可以证明这两个级数的收敛半径均是无限大.从级数的系数可以知道:当 $\lambda=4k-3(k=1,2,\cdots)$时,$y_0(x)$退化为多项式.当 $\lambda=4k-1(k=1,2,\cdots)$时,$y_1(x)$退化为多项式.

例 2 在 $x=0$ 的邻域内,求解超几何方程:

$$x(1-x)y'' + [\gamma-(\alpha+\beta+1)x]y' - \alpha\beta y = 0,$$

其中 $\alpha,\beta,\gamma(\neq$整数)是常数.

解 易知 $x=0$ 是方程的正则奇点,令 $y(x) = \sum_{n=0}^{+\infty} a_n x^{n+\rho}$,且 $a_0 \neq 0$,代入原方程可得

$$(x-x^2)\sum_{n=0}^{+\infty} a_n(n+\rho)(n+\rho-1)x^{n+\rho-2} +$$

$$[\gamma-(\alpha+\beta+1)x]\sum_{n=0}^{+\infty} a_n(n+\rho)x^{n+\rho-1} - \alpha\beta\sum_{n=0}^{+\infty} a_n x^{n+\rho} = 0,$$

即

$$\sum_{n=0}^{+\infty} a_n(n+\rho)(n+\rho-1+\gamma)x^{n-1} - \sum_{n=0}^{+\infty} a_n(n+\rho+\alpha)(n+\rho+\beta)x^n = 0,$$

由最低次幂 x^{-1}的系数可得

$$a_0[\rho(\rho-1+\gamma)] = 0,$$

因为 $a_0\neq 0$,得到指标方程

$$\rho(\rho-1+\gamma) = 0,$$

解得两个指标数 $\rho_1=0$,$\rho_2=1-\gamma$.

继续比较 x 的同次幂系数,得

$$x^0: a_1(1+\rho)(1+\rho-1+\gamma) - a_0(\alpha+\rho)(\beta+\rho) = 0,$$

$$a_1 = \frac{(\alpha+\rho)(\beta+\rho)}{(1+\rho)(1+\rho-1+\gamma)}a_0,$$

$$x^1: a_2(2+\rho)(2+\rho-1+\gamma) - a_1(\alpha+1+\rho)(\beta+1+\rho) = 0,$$

$$a_2 = \frac{(\alpha+1+\rho)(\beta+1+\rho)}{(2+\rho)(2+\rho-1+\gamma)}a_1,$$

$$\vdots$$

当 $k\geqslant 1$ 时,x^{k-1}的系数为

$$a_k(k+\rho)(k+\rho-1+\gamma) - a_{k-1}(\alpha+k-1+\rho)(\beta+k-1+\rho) = 0,$$

于是得到递推关系

$$a_k=\frac{(\alpha+k-1+\rho)(\beta+k-1+\rho)}{(k+\rho)(k+\rho-1+\gamma)}a_{k-1}.$$

当 $\rho=\rho_1=0$ 时,则有

$$a_1=\frac{\alpha\beta}{1\cdot\gamma}a_0,\quad a_2=\frac{(\alpha+1)(\beta+1)}{2(\gamma+1)}a_1,\cdots$$

$$\begin{aligned}a_k&=\frac{(\alpha+k-1)(\beta+k-1)}{k(\gamma+k-1)}a_{k-1}\\&=\frac{(\alpha+k-1)(\beta+k-1)}{k(\gamma+k-1)}\ \frac{(\alpha+k-2)(\beta+k-2)}{(k-1)(\gamma+k-2)}\cdots\ \frac{\alpha\beta}{1\cdot\gamma}a_0\\&=\frac{(\alpha)_k\ (\beta)_k}{k!(\gamma)_k}a_0,\end{aligned}$$

这里 $(\alpha)_0=1$,当 $k\geqslant1$ 时,$(\alpha)_k=\alpha(\alpha+1)(\alpha+2)\cdots(\alpha+k-1)$,$(\beta)_k$,$(\gamma)_k$ 的定义相同. 若取 $a_0=1$,得到原方程的第一个解

$$y_1(x)=\sum_{n=0}^{+\infty}\frac{(\alpha)_n\ (\beta)_n}{n!(\gamma)_n}x^n=F(\alpha,\beta,\gamma,x).$$

$F(\alpha,\beta,\gamma,x)$ 就是所谓的超几何级数或超几何函数.

当 $\rho=\rho_2=1-\gamma$ 时,则有

$$a_1=\frac{(\alpha+1-\gamma)(\beta+1-\gamma)}{1\cdot(2-\gamma)}a_0,\quad a_2=\frac{(\alpha+2-\gamma)(\beta+2-\gamma)}{1\cdot2\cdot(3-\gamma)(2-\gamma)}a_1,\cdots,$$

$$\begin{aligned}a_k&=\frac{(\alpha+k-\gamma)(\beta+k-\gamma)}{k(k+1-\gamma)}\ \frac{(\alpha+k-1-\gamma)(\beta+k-1-\gamma)}{(k-1)(k-\gamma)}\cdots\ \frac{(\alpha+1-\gamma)(\beta+1-\gamma)}{1\cdot(2-\gamma)}a_0\\&=\frac{(\alpha+1-\gamma)_k\ (\beta+1-\gamma)_k}{k!(2-\gamma)_k}a_0.\end{aligned}$$

若取 $a_0=1$,得到原方程的第二个解

$$\begin{aligned}y_2(x)&=\sum_{n=0}^{+\infty}\frac{(\alpha+1-\gamma)_n\ (\beta+1-\gamma)_n}{n!(2-\gamma)_n}x^{n+1-\gamma}\\&=x^{1-\gamma}F(\alpha+1-\gamma,\beta+1-\gamma,2-\gamma,x).\end{aligned}$$

因为 $\gamma\neq$ 整数,所以第二个解是一个多值函数,0 和 ∞ 为其支点. 而第一个解在 $x=0$ 的邻域内是解析函数,因此这两个解是线性无关的. 因此,超几何方程的通解为

$$y(x)=c_1y_1(x)+c_2y_2(x),\quad \text{其中 } c_1,c_2 \text{ 为任意常数}.$$

注意　若 α,β 中有一个是负整数,例如 $\alpha=-m$(m 为整数),则第一个解退化成一个多项式,这是因为当 $n=m+1$ 时 $(-m)_n=(-m)(-m+1)(-m+2)\cdots(-m+n-1)=0$,这时第一解变为

$$y_1(x)=\sum_{n=0}^{m}\frac{(-1)^n m!(\beta)_n}{n!(m-n)!(\gamma)_n}x^n.$$

同理,当 $\alpha+1-\gamma,\beta+1-\gamma$ 中有一个是负整数时,第二个解退化成一个多项式.

例 3　求合流超几何方程 $xy''(x)+(\gamma-x)y'(x)-\alpha y(x)=0$ 在 $x=0$ 附近的通解,其中 α,γ 为常数,且 $\alpha>0,1-\gamma\neq0,1,2,\cdots$.

解　因为 $p(x)=\dfrac{\gamma}{x}-1,q(x)=-\dfrac{\alpha}{x}$,所以指标方程和指标数分别为

$$\rho(\rho-1)+\gamma\rho=0,\quad \rho_1=0,\quad \rho_2=1-\gamma.$$

因为 $1-\gamma\neq 0,1,2,\cdots$,所以可设两个线性无关的解为

$$y_1(x)=\sum_{n=0}^{+\infty}c_n x^n,\quad y_2(x)=x^{1-\gamma}\sum_{n=0}^{+\infty}d_n x^n.$$

将第一个解代入方程,可得

$$\sum_{n=2}^{+\infty}c_n n(n-1)x^{n-1}+(\gamma-x)\sum_{n=1}^{+\infty}c_n n x^{n-1}-\alpha\sum_{n=0}^{+\infty}c_n x^n=0,$$

即 $\sum_{n=1}^{+\infty}c_n n(n+\gamma-1)x^{n-1}-\sum_{n=0}^{+\infty}c_n(n+\alpha)x^n=0.$

比较 x 的同次幂系数:

$$x^0: c_1\cdot 1\cdot\gamma-c_0\alpha=0,\qquad c_1=\frac{\alpha}{1\cdot\gamma}c_0,$$

$$x^1: c_2\cdot 2\cdot(1+\gamma)-c_1(1+\alpha)=0,\quad c_2=\frac{1+\alpha}{2\cdot(1+\gamma)}c_1=\frac{1+\alpha}{2\cdot(1+\gamma)}\frac{\alpha}{1\cdot\gamma}c_0,$$

$$\vdots$$

当 $n\geqslant 1$ 时,x^{n-1} 的系数为

$$c_n n(n+\gamma-1)-c_{n-1}(n-1+\alpha)=0,$$

于是得到递推关系为

$$\begin{aligned}c_n&=\frac{n-1+\alpha}{n(n-1+\gamma)}c_{n-1}=\frac{n-1+\alpha}{n(n-1+\gamma)}\frac{n-2+\alpha}{(n-1)(n-2+\gamma)}\cdots\frac{1+\alpha}{2(1+\gamma)}\frac{\alpha}{1\cdot\gamma}c_0\\&=\frac{\Gamma(n+\alpha)\Gamma(\gamma)}{n!\Gamma(n+\gamma)\Gamma(\alpha)}c_0.\end{aligned}$$

若取 $c_0=1$,则得到方程的第一解为

$$y_1(x)=\sum_{n=0}^{+\infty}\frac{\Gamma(n+\alpha)\Gamma(\gamma)}{n!\Gamma(n+\gamma)\Gamma(\alpha)}x^n=\sum_{n=0}^{+\infty}\frac{(\alpha)_n}{n!(\gamma)_n}x^n=F(\alpha,\gamma,x),$$

其中

$$(\alpha)_n=\frac{\Gamma(n+\alpha)}{\Gamma(\alpha)},\quad (\gamma)_n=\frac{\Gamma(n+\gamma)}{\Gamma(\gamma)}.$$

函数 $F(\alpha,\gamma,x)$ 称为合流超几何级数或者合流超几何函数.

将第二个解代入原方程,可得

$$\sum_{n=2}^{+\infty}d_n(n+1-\gamma)(n-\gamma)x^{n-\gamma}+(\gamma-x)\sum_{n=1}^{+\infty}d_n(n+1-\gamma)x^{n-\gamma}-\alpha\sum_{n=0}^{+\infty}d_n x^{n+1-\gamma}=0,$$

即 $\sum_{n=0}^{+\infty}d_n n(n+1-\gamma)x^n-\sum_{n=0}^{\infty}d_n(n+1+\alpha-\gamma)x^{n+1}=0.$

比较 x 的同次幂系数:

$$x^0: d_0\cdot 0=0,\qquad d_0\ \text{任意},$$

$$x^1: d_1\cdot 1\cdot(2-\gamma)-d_0(1+\alpha-\gamma)=0,\quad d_1=\frac{1+\alpha-\gamma}{1\cdot(2-\gamma)}d_0,$$

$$\vdots$$

当 $n\geqslant 1$ 时,x^n 的系数为

$$d_n n(n+1-\gamma) - d_{n-1}(n+\alpha-\gamma) = 0,$$

于是得到递推关系为

$$\begin{aligned} d_n &= \frac{n+\alpha-\gamma}{n(n+1-\gamma)} d_{n-1} = \frac{n+\alpha-\gamma}{n(n+1-\gamma)} \frac{n-1+\alpha-\gamma}{(n-1)(n-\gamma)} \cdots \frac{1+\alpha-\gamma}{1 \cdot (2-\gamma)} d_0 \\ &= \frac{\Gamma(n+1+\alpha-\gamma)\Gamma(2-\gamma)}{n!\Gamma(n+2-\gamma)\Gamma(1+\alpha-\gamma)} d_0. \end{aligned}$$

若取 $d_0=1$，则得到方程的第二解为

$$\begin{aligned} y_2(x) &= x^{1-\gamma} \sum_{n=0}^{+\infty} \frac{\Gamma(n+1+\alpha-\gamma)\Gamma(2-\gamma)}{n!\Gamma(n+2-\gamma)\Gamma(1+\alpha-\gamma)} x^n = x^{1-\gamma} \sum_{n=0}^{+\infty} \frac{(\alpha+1-\gamma)_n}{n!(2-\gamma)_n} x^n \\ &= x^{1-\gamma} F(\alpha+1-\gamma, 2-\gamma, x). \end{aligned}$$

于是合流超几何方程的通解可以写成

$$y(x) = c_1 F(\alpha,\gamma,x) + c_2 x^{1-\gamma} F(\alpha+1-\gamma, 2-\gamma, x),\quad \text{其中 } c_1, c_2 \text{ 为任意常数.}$$

注意　若 α 等于负整数，例如 $\alpha=-m$（m 为正整数），则第一个解退化为多项式，这是因为当 $n=m+1$ 时

$$(-m)_n = (-m)(-m+1)(-m+2)\cdots(-m+n-1) = 0,$$

这时第一个解变成

$$y_1(x) = \sum_{n=0}^{m} \frac{(-1)^n m!}{n!(m-n)!(\gamma)_n} x^n.$$

同理，当 $\alpha+1-\gamma=-m$（m 为正整数）时，第二个解的级数部分将退化成为一个多项式：

$$y_2(x) = x^{1-\gamma} \sum_{n=0}^{m} \frac{(-1)^n m!}{n!(m-n)!(2-\gamma)_n} x^n.$$

例 4　将超球方程

$$(1-x^2)y'' - 2(m+1)xy' + [\lambda - m(m+1)]y = 0$$

化成施图姆-刘维尔型方程的标准形式.

解　将超球方程与施图姆-刘维尔型方程的标准形式

$$\frac{\mathrm{d}}{\mathrm{d}x}\left[k(x)\frac{\mathrm{d}y}{\mathrm{d}x}\right] + [\lambda\tau(x) - \gamma(x)]y = 0,$$

进行比较，得

$$\frac{k'(x)}{k(x)} = -\frac{2(m+1)x}{1-x^2},$$

解之得

$$k(x) = (1-x^2)^{m+1},$$

因此，将超球方程两边同乘以 $(1-x^2)^{m+1}$，即可将超球方程化为

$$\frac{\mathrm{d}}{\mathrm{d}x}\left[(1-x^2)^{m+1}\frac{\mathrm{d}y}{\mathrm{d}x}\right] + [\lambda(1-x^2)^m - m(m+1)(1-x^2)^m]y = 0.$$

此即为施图姆-刘维尔型方程的标准形式.

例 5　求关联勒让德方程的本征值和本征函数.

$$\begin{cases} (1-x^2)z'' - 2xz' + \left(\mu - \dfrac{m^2}{1-x^2}\right)z = 0, & -1 \leqslant x \leqslant 1, \\ |z(\pm 1)| < \infty. \end{cases}$$

解 将关联勒让德方程写成施图姆-刘维尔型

$$\frac{\mathrm{d}}{\mathrm{d}x}\left[(1-x^2)\frac{\mathrm{d}z}{\mathrm{d}x}\right]+\left(\mu-\frac{m^2}{1-x^2}\right)z=0,$$

对应有 $k(x)=(1-x^2)$，$\tau(x)=1$.

可以证明(见9.1节)，关联勒让德方程的解 z 与勒让德方程的解 y 之间有关系

$$z(x)=(1-x^2)^{\frac{m}{2}}\frac{\mathrm{d}^m y(x)}{\mathrm{d}x^m},\quad m=0,1,2,\cdots.$$

而且，当 $m=0$ 时，关联勒让德方程退化为勒让德方程.

当 $\mu\neq l(l+1)$时，关联勒让德方程的通解可以写成

$$z(x)=Az_0(x)+Bz_1(x),$$

其中 $z_0(x)=(1-x^2)^{\frac{m}{2}}y_0^{(m)}(x)$，$z_1(x)=(1-x^2)^{\frac{m}{2}}y_1^{(m)}(x)$，而 $y_0(x)$和 $y_1(x)$是勒让德方程的解(见式(7.11)、式(7.12))，因 $y_0(x)$和 $y_1(x)$在 $x=\pm 1$ 发散，所以 $z_0(x)$和 $z_1(x)$也在 $x=\pm 1$ 发散，将上述解代入到自然边界条件得

$$\begin{cases}Az_0(-1)+Bz_1(-1)<+\infty,\\ Az_0(1)+Bz_1(1)<+\infty.\end{cases}$$

由 $z_0(x)$和 $z_1(x)$在 $x=\pm 1$ 发散知只有 $A=B=0$ 时上式成立，因而

$$z(x)\equiv 0,$$

所以 $\mu\neq l(l+1)$的那些值都不是本征值.

当 $\mu=l(l+1)$时，关联勒让德方程的通解可以写成

$$z(x)=A\,(1-x^2)^{\frac{m}{2}}\mathrm{P}_l^{(m)}(x)+B\,(1-x^2)^{\frac{m}{2}}\mathrm{Q}_l^{(m)}(x),$$

其中 $\mathrm{P}_l(x)$，$\mathrm{Q}_l(x)$分别为第一类和第二类勒让德函数，$\mathrm{Q}_l(x)$在 $x=\pm 1$ 有奇性，上述解代入到自然边界条件有

$$\begin{cases}A\,(1-x^2)^{\frac{m}{2}}\mathrm{P}_l^{(m)}(-1)+B\,(1-x^2)^{\frac{m}{2}}\mathrm{Q}_l^{(m)}(-1)<+\infty,\\ A\,(1-x^2)^{\frac{m}{2}}\mathrm{P}_l^{(m)}(1)+B\,(1-x^2)^{\frac{m}{2}}\mathrm{Q}_l^{(m)}(1)<+\infty.\end{cases}$$

上式成立只需 $B=0$，而 A 可以不为零. 于是本问题中关联勒让德方程的本征值是 $\mu=l(l+1)$($l=m,m+1,m+2,\cdots$；m 为非负整数)；相应的本征函数为

$$z_l^m(x)=A\,(1-x^2)^{\frac{m}{2}}\mathrm{P}_l^{(m)}(x),$$

记为 $\mathrm{P}_l^m(x)$，称为第一类关联勒让德函数，或关联勒让德多项式，即

$$\mathrm{P}_l^m(x)=A\,(1-x^2)^{\frac{m}{2}}\mathrm{P}_l^{(m)}(x),$$

其中 $\mathrm{P}_l^{(m)}(x)$是 l 阶勒让德多项式 $\mathrm{P}_l(x)$的 m 阶导数，并且 $m\leqslant l$.

例6 求解微分方程

$$\frac{\partial}{\partial t}\nabla_s^2\psi+\frac{1}{a^2\cos\varphi}\left[\frac{\partial\psi}{\partial\lambda}\frac{\partial}{\partial\varphi}(\nabla_s^2\psi+f)-\frac{\partial\psi}{\partial\varphi}\frac{\partial}{\partial\lambda}(\nabla_s^2\psi+f)\right]=0.$$

这个方程表示在球坐标系中，球面上无辐散涡度的方程，其中 t 为时间；λ 和 φ 分别表示经度和纬度；ψ 称为流函数，$f\equiv 2\Omega\sin\varphi$ (Ω 为地球自转角度)为寇里奥利(Coriolis)参数；a 为地球平均半径，且

$$\nabla_s^2=\frac{1}{a^2}\left[\frac{1}{\cos^2\varphi}\frac{\partial^2}{\partial\lambda^2}+\frac{1}{\cos\varphi}\frac{\partial}{\partial\varphi}\left(\cos\varphi\frac{\partial}{\partial\varphi}\right)\right]$$

为球面上的拉普拉斯算符.

解　令 $\theta=\frac{\pi}{2}-\varphi$，称为余纬，并引进变量 $\eta=\sin\varphi=\cos\theta$，则题设涡度方程化为

$$a^2\frac{\partial}{\partial t}\nabla_s^2\psi+\frac{\partial\psi}{\partial\lambda}\frac{\partial\nabla_s^2\psi}{\partial\eta}-\frac{\partial\psi}{\partial\eta}\frac{\partial\nabla_s^2\psi}{\partial\lambda}+2\Omega\frac{\partial\psi}{\partial\lambda}=0,$$

而拉普拉斯算符改写为

$$\nabla_s^2=\frac{1}{a^2}\left[\frac{1}{1-\eta^2}\frac{\partial^2}{\partial\lambda^2}+\frac{\partial}{\partial\eta}(1-\eta^2)\frac{\partial}{\partial\eta}\right].$$

设基本气流的角速度为 ω，令

$$\psi=-a^2\omega\sin\varphi+\psi'=-\omega a^2\eta+\psi',$$

代入涡度方程，忽略扰动的二次乘积项则得

$$a^2\left(\frac{\partial}{\partial t}+\omega\frac{\partial}{\partial\lambda}\right)\nabla_s^2\psi'+2(\Omega+\omega)\frac{\partial\psi'}{\partial\lambda}=0.$$

设上述方程的特解为

$$\psi'=\Psi(\eta)\mathrm{e}^{i(m\lambda-\beta t)},$$

其中 m 为纬圈方向波的数目，β 为圆频率. 把上述特解代入到方程中，得到

$$\frac{\mathrm{d}}{\mathrm{d}\eta}\left[(1-\eta^2)\frac{\mathrm{d}\Psi(\eta)}{\mathrm{d}\eta}\right]+\left(\mu-\frac{m^2}{1-\eta^2}\right)\Psi(\eta)=0,$$

其中 $\mu=\frac{2m(\Omega+\omega)}{m\omega-\beta}$. 易见 $\Psi(\eta)$ 满足关联勒让德方程，由例题 5 知它满足 $\left|\Psi(\eta)\big|_{\eta=\pm1}\right|<\infty$ 的本征值是

$$\mu=l(l+1),\quad l=0,1,2,\cdots;$$

相应的本征函数是

$$\Psi(\eta)=\mathrm{P}_l^m(\eta),\quad l=m,m+1,m+2,\cdots.$$

由 $\mu=l(l+1)$ 求得

$$\beta=m\omega-\frac{2m(\Omega+\omega)}{l(l+1)},$$

这就是球面上的 Rossby 波，即 Haurwitz 的圆频率，是大气动力学中的重要概念.

例 7　求下列本征值问题的本征值和本征函数.

$$\begin{cases}\dfrac{\mathrm{d}}{r\mathrm{d}r}\left(r\dfrac{\mathrm{d}R}{\mathrm{d}r}\right)+\dfrac{\lambda}{r^2}R=0, & 0<a<b,\\ R(a)=0, & R(b)=0.\end{cases}$$

解　由 $\frac{\mathrm{d}^2R}{\mathrm{d}r^2}+\frac{1}{r}\frac{\mathrm{d}R}{\mathrm{d}r}+\frac{\lambda}{r^2}R=0$，两边同乘 r^2，得 $r^2\frac{\mathrm{d}^2R}{\mathrm{d}r^2}+r\frac{\mathrm{d}R}{\mathrm{d}r}+\lambda R=0$，这是欧拉方程.

做代换 $r=\mathrm{e}^t$，即 $t=\ln r$，若 $r=a$ 则 $t=\ln a$，若 $r=b$ 则 $t=\ln b$，得到

$$\frac{\mathrm{d}^2R}{\mathrm{d}t^2}+\lambda R=0,$$

其通解为 $R=A\cos(\beta t)+B\sin(\beta t)$，其中 $\beta=\sqrt{\lambda}$.

代回原变量，并由边界条件，有

$$\begin{cases}A\cos(\beta\ln a)+B\sin(\beta\ln a)=0,\\ A\cos(\beta\ln b)+B\sin(\beta\ln b)=0.\end{cases}$$

由于 A,B 不全为零，故有

$$\begin{vmatrix} \cos(\beta\ln a) & \sin(\beta\ln a) \\ \cos(\beta\ln b) & \sin(\beta\ln b) \end{vmatrix} = \sin[\beta(\ln b - \ln a)] = 0,$$

因此 $\beta=\dfrac{n\pi}{\ln b-\ln a}$，于是 $\lambda=\left(\dfrac{n\pi}{\ln b-\ln a}\right)^2$ 为所求的本征值，本征函数为

$$\begin{aligned} R_n &= -B\tan(\beta\ln a)\cos\beta t + B\sin\beta t \\ &= B\frac{1}{\cos(\beta\ln a)}[-\sin(\beta\ln a)\cos\beta t + \cos(\beta\ln a)\sin\beta t] \\ &= B\sin(\beta t - \beta\ln a) = B\sin\left[\frac{n\pi(\ln r - \ln a)}{\ln b - \ln a}\right]. \end{aligned}$$

例 8 证明在下列有界条件下的本征值问题中，本征函数是正交的.

$$\begin{cases} \dfrac{d}{dx}\left[k(x)\dfrac{dy(x)}{dx}\right] + \lambda y(x) = 0, \quad x \in (a,b), \\ |y(a)| < +\infty, \quad |y(b)| < +\infty, \end{cases}$$

其中 $k(x)$ 为非负的连续实函数，且 $k(a)=k(b)=0$.

证明 由题意，a 和 b 是方程的正则奇点，在有界条件下，本征函数在 a,b 两点连续，一阶导数存在. 设对应于本征值 λ_m 和 λ_n 的本征函数为 $y_m(x)$ 和 $y_n^*(x)$，$y_m(x)$ 和 $y_n^*(x)$ 满足方程

$$\frac{d}{dx}\left[k(x)\frac{dy_m(x)}{dx}\right] + \lambda_m y_m(x) = 0,$$

$$\frac{d}{dx}\left[k(x)\frac{dy_n^*(x)}{dx}\right] + \lambda_n y_n^*(x) = 0.$$

用 $y_n^*(x)$ 乘第一个方程，用 $y_m(x)$ 乘第二个方程，二者相减后并在 $[a,b]$ 上积分，注意 $k(a)=k(b)=0$，则有

$$(\lambda_m - \lambda_n)\int_a^b y_m(x)y_n^*(x)dx = k(x)\left[y_m(x)\frac{dy_n^*(x)}{dx} - y_n^*(x)\frac{dy_m(x)}{dx}\right]_a^b = 0.$$

因为 $\lambda_m \neq \lambda_n$，所以证得对应于不同的本征值的本征函数正交，即

$$\int_a^b y_m(x)y_n^*(x)dx = 0.$$

第8章

贝塞尔函数及其应用

在第 7 章中，作为常微分方程级数解的例子，我们求解了贝塞尔方程，给出了作为贝塞尔方程解的贝塞尔函数的概念，这一章我们将深入讨论贝塞尔函数的性质，并结合定解问题来讨论贝塞尔函数的应用.

8.1 贝塞尔方程的引入

我们先通过一个例子来引入贝塞尔方程.

例 8.1 设有半径为 b 的薄圆盘，其侧面绝热，若圆盘边界上的温度恒保持为 0℃，且初始温度已知，求圆盘内瞬时温度分布规律.

这个问题可以归结为求解下列定解问题

$$\begin{cases} \dfrac{\partial u}{\partial t} = a^2\left(\dfrac{\partial^2 u}{\partial x^2} + \dfrac{\partial^2 u}{\partial y^2}\right), & x^2 + y^2 < b^2, t > 0, & (8.1) \\ u\big|_{x^2+y^2=b^2} = 0, & t > 0, & (8.2) \\ u\big|_{t=0} = f(x,y), & x^2 + y^2 < b^2. & (8.3) \end{cases}$$

用分离变量法解这个问题. 先将 t 的函数分离出来，令 $u(x,y,t) = v(x,y)T(t)$，代入式(8.1)得

$$v(x,y)T'(t) = a^2(v_{xx} + v_{yy})T(t),$$

用 $a^2 v(x,y)T(t)$除上式两边得

$$\frac{T'(t)}{a^2 T(t)} = \frac{v_{xx} + v_{yy}}{v(x,y)} = -\lambda,$$

其中 λ 为分离常数. 由此得到

$$T'(t) + \lambda a^2 T(t) = 0, \tag{8.4}$$

和

$$v_{xx} + v_{yy} + \lambda v = 0. \tag{8.5}$$

方程(8.4)是一阶常微分方程，其通解是

$$T(t)=A\mathrm{e}^{-\lambda a^2 t},$$

其中 A 为积分常数. 方程(8.5)称为二维亥姆霍兹方程. 为了求出这个方程满足边界条件

$$u\big|_{x^2+y^2=b^2}=0 \tag{8.6}$$

的解,采用平面极坐标系,将方程(8.5)和条件(8.6)由式(4.35)改写成极坐标下的形式

$$\begin{cases}\dfrac{\partial^2 v}{\partial\rho^2}+\dfrac{1}{\rho}\dfrac{\partial v}{\partial\rho}+\dfrac{1}{\rho^2}\dfrac{\partial^2 v}{\partial\varphi^2}+\lambda v=0, \quad \rho<b, & (8.7)\\ v\big|_{\rho=b}=0. & (8.8)\end{cases}$$

再分离变量,令 $v(\rho,\varphi)=R(\rho)\Phi(\varphi)$,代入到式(8.7)并令分离常数为 μ,得到(参见6.2节例6.4)

$$\Phi''(\varphi)+\mu\Phi(\varphi)=0, \tag{8.9}$$

$$\rho^2R''(\rho)+\rho R'(\rho)+(\lambda\rho^2-\mu)R(\rho)=0. \tag{8.10}$$

由式(8.9)和周期条件 $\Phi(\varphi+2\pi)=\Phi(\varphi)$,得

$$\mu=m^2, \quad m=0,1,2,\cdots.$$

相应的本征函数系为

$$\Phi_m=A_m\cos m\varphi+B_m\sin m\varphi, \quad m=0,1,2,\cdots,$$

这里 m 取非负整数的理由与6.1.1节中的理由相同.

将 $\mu=m^2$ 代入到式(8.10),得

$$\rho^2R''(\rho)+\rho R'(\rho)+(\lambda\rho^2-m^2)R(\rho)=0, \quad m=0,1,2,\cdots.$$

方程(8.10)与贝塞尔方程(7.38)相比,除了变量名不同外,就是第三项中 ρ^2 的系数是 λ 而不是1. 当 $\lambda>0$ 时,作变换 $r=\sqrt{\lambda}\rho$,则 $R(\rho)=R\left(\dfrac{r}{\sqrt{\lambda}}\right)\xlongequal{\text{def}}R_1(r)$,式(8.10)就变成了和式(7.38)一样的标准贝塞尔方程

$$r^2R_1''(r)+rR_1'(r)+(r^2-m^2)R_1(r)=0. \tag{8.11}$$

因此方程(8.10)也称为贝塞尔方程. 由式(8.11)和7.1.4节的讨论,知方程(8.11)的解为 $R_1(r)=C_m\mathrm{J}_m(r)+D_m\mathrm{Y}_m(r)$,故方程(8.10)的通解是

$$R(\rho)=C_m\mathrm{J}_m(\sqrt{\lambda}\rho)+D_m\mathrm{Y}_m(\sqrt{\lambda}\rho). \tag{8.12}$$

由条件(8.8)及温度是有限的,还需加上条件

$$\begin{cases}R(b)=0, & (8.13)\\ |R(0)|<+\infty. & (8.14)\end{cases}$$

这时,由条件(8.14)及8.2节要讲的贝塞尔函数的性质,需要取 $D_m=0$,因此有

$$\begin{cases}R(\rho)=C_m\mathrm{J}_m(\sqrt{\lambda}\rho), \quad 0<\rho<b,\\ R(b)=0.\end{cases} \tag{8.15}$$

这就是在第一类边界条件下,贝塞尔函数的本征值问题,要进一步讨论,就涉及贝塞尔函数的零点、已知函数按贝塞尔函数展开等问题,将在8.2节中讨论.

当 $\lambda=0$ 时,方程(8.10)变成

$$\rho^2R''(\rho)+\rho R'(\rho)-m^2R(\rho)=0, \quad m=0,1,2,\cdots.$$

这是在6.2节中求解过的欧拉方程,其通解是

$$R_0 = C_0 + D_0 \ln\rho, \quad m = 0,$$

$$R = C_m\rho^m + D_m \frac{1}{\rho^m}, \quad m > 0.$$

由条件(8.13)和(8.14),可知有 $C_0 = D_0 = C_m = D_m = 0(m=1,2,\cdots)$,因此当 $\lambda=0$ 时,带有第一类齐次边界条件的贝塞尔方程没有非零解.

当 $\lambda<0$ 时,令 $\lambda=-\mu^2$,方程(8.10)可以写成如下形式:

$$\rho^2 R''(\rho) + \rho R'(\rho) - (\mu^2\rho^2 + m^2)R(\rho) = 0, \quad m = 0,1,2,\cdots. \tag{8.16}$$

这个方程称为修正贝塞尔方程,将在8.4节中讨论.

8.2　贝塞尔函数的性质

8.2.1　贝塞尔函数的基本形态及本征值问题

用Maple画出的第一类和第二类贝塞尔函数的图像如图8.1所示.

```
> plot({BesselJ(0,x),BesselJ(1,x),BesselJ(2,x),BesselJ(3,x)},x = 0..15);
```

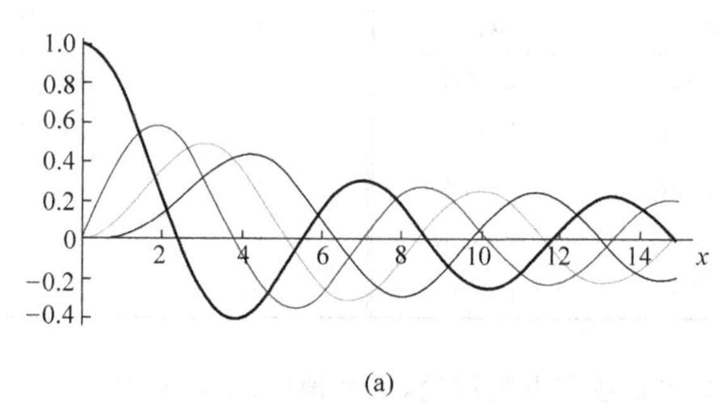

(a)

```
> plot({BesselY(0,x),BesselY(1,x),BesselY(2,x),BesselY(3,x)},x = 0..15, - 1..1);
```

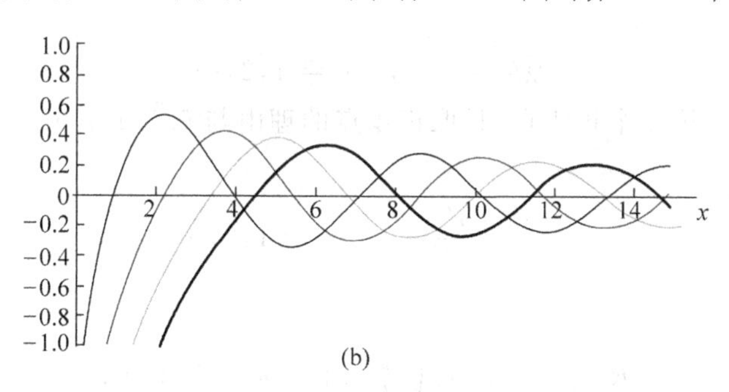

(b)

图　8.1

(a) 第一类贝塞尔函数的图像;(b) 第二类贝塞尔函数的图像

从图像上可以直观地看到:

(1) $J_m(x)$在 $x=0$ 点有有限值,$Y_m(x)$在 $x=0$ 点无有限值;所以在要求在坐标原点处有有限值的问题中,第二类贝塞尔函数 $Y_m(x)$便不能使用.这就是在例8.1的讨论中,取 $Y_m(x)$前的系数 $D_m=0$ 的原因.

(2) 贝塞尔函数 $J_m(x)$ 和 $Y_m(x)$ 都有无穷多个单重实零点，即它们的图像曲线与 x 轴的交点，且 $J_m(x)$ 的实零点在 x 轴上关于原点是对称分布的，因而 $J_m(x)$ 必有无穷多个单重正零点，以 $x_n^{(m)}$ 表示 $J_m(x)$ 的第 n 个正零点.

(3) $J_m(x)$ 的零点与 $J_{m+1}(x)$ 的零点是彼此相间分布的，即在 $J_m(x)$ 的任意两个相邻零点之间必存在且仅存在一个 $J_{m+1}(x)$ 的零点，即 $x_n^{(m)}<x_n^{(m+1)}<x_{n+1}^{(m)}$.

(4) 当 $n\to+\infty$ 时，$x_{n+1}^{(m)}-x_n^{(m)}$ 无限趋近于 π，即 $J_m(x)$ 几乎是以 2π 为周期的周期函数，$J_m(x)$ 和 $Y_m(x)$ 有如下渐近公式

$$J_m(x)\big|_{x\to+\infty}\to\left(\frac{2}{\pi x}\right)^{1/2}\cos\left(x-\frac{\pi m}{2}-\frac{\pi}{4}\right),$$

$$Y_m(x)\big|_{x\to+\infty}\to\left(\frac{2}{\pi x}\right)^{1/2}\sin\left(x-\frac{\pi m}{2}-\frac{\pi}{4}\right).$$

(5) 在解定解问题时，要用到贝塞尔函数零点的数值，为了便于工程上的应用，贝塞尔函数零点的数值已经被详细地计算出来，并且列成了表格，在一般的《数学手册》上都可以查到. 表 8.1 给出了 $J_0(x)$ 和 $J_1(x)$ 的前十个正零点 $x_n^{(0)}$ 及 $x_n^{(1)}$ $(n=1,2,\cdots,10)$.

表 8.1 $J_0(x)$，$J_1(x)$ 的零点

n	$x_n^{(0)}$	$x_n^{(1)}$	n	$x_n^{(0)}$	$x_n^{(1)}$
1	2.4048	3.8317	6	18.0711	19.6159
2	5.5201	7.0156	7	21.2116	22.7601
3	8.6537	10.1735	8	24.3525	25.9037
4	11.7925	13.3237	9	27.4935	29.0468
5	14.9309	16.4706	10	30.6346	32.1897

利用上述关于贝塞尔函数零点的讨论，本征值问题(8.15)应为

$$C_m J_m(\sqrt{\lambda}b)=0.$$

因为 $C_m\neq0$，必有

$$\sqrt{\lambda}b=x_n^{(m)},\quad n=1,2,\cdots,$$

其中 $x_n^{(m)}$ 是 $J_m(x)$ 的第 n 个正零点，只取正零点的理由与 6.1.1 节中的理由相同. 由此得到本征值为

$$\lambda_n=\frac{[x_n^{(m)}]^2}{b^2},\quad n=1,2,\cdots,$$

相应的本征函数是

$$R_m(\rho)=C_m J_m\left(\frac{x_n^{(m)}}{b}\rho\right),\quad n=1,2,\cdots.$$

一般地，贝塞尔方程的本征值问题是

$$\begin{cases}\rho^2R''(\rho)+\rho R'(\rho)+(\lambda\rho^2-m^2)R(\rho)=0,\\ [\alpha R(\rho)+\beta R'(\rho)]\big|_{\rho=R}=0,\quad |R(0)|<+\infty.\end{cases}$$

$\beta=0$ 或 $\alpha=0$ 对应第一类或第二类边界条件.

如上面的讨论，对于第一类边界条件，本征值由 $J_m(x)$ 的零点 $x_n^{(m)}$ 确定. 对于第二类齐次边界条件，本征值由贝塞尔函数一阶导数的零点来确定. 对于 $m=0$ 的特例，由下面列出

的贝塞尔函数的递推公式可知，$J_0'(x)$的零点就是$J_1(x)$的零点. 对于 $m\neq 0$ 的情况，由

$$J_m'(x) = \frac{1}{2}[J_{m-1}(x) - J_{m+1}(x)]$$

可知，$J_m'(x)$的零点，正是 $J_{m-1}(x)$和 $J_{m+1}(x)$两曲线的交点.

例 8.2　证明空心圆柱上贝塞尔方程的第一类边值的本征值问题

$$\begin{cases}\rho^2 R''(\rho) + \rho R'(\rho) + (\lambda\rho^2 - n^2)R(\rho) = 0, & a < \rho < b,\\ R(a) = R(b) = 0\end{cases}$$

的特征函数为 $R_m = Y_n(\mu_m a)J_n(\mu_m\rho) - J_n(\mu_m a)Y_n(\mu_m\rho)$，其中 μ_m 是 $Y_n(ax)J_n(bx) - J_n(ax)Y_n(bx) = 0$ 的第 m 个正根.

证明　题中贝塞尔方程的通解是

$$R_n(\rho) = A_n J_n(\sqrt{\lambda}\rho) + B_n Y_n(\sqrt{\lambda}\rho), \tag{1}$$

由边界条件，有

$$R_n(a) = A_n J_n(\sqrt{\lambda}a) + B_n Y_n(\sqrt{\lambda}a) = 0, \quad R_n(b) = A_n J_n(\sqrt{\lambda}b) + B_n Y_n(\sqrt{\lambda}b) = 0, \tag{2}$$

由于 A_n, B_n 应不全为零，所以上述方程的系数行列式为零，即

$$\begin{vmatrix} J_n(\sqrt{\lambda}a) & Y_n(\sqrt{\lambda}a) \\ J_n(\sqrt{\lambda}b) & Y_n(\sqrt{\lambda}b)\end{vmatrix} = J_n(\sqrt{\lambda}a)Y_n(\sqrt{\lambda}b) - J_n(\sqrt{\lambda}b)Y_n(\sqrt{\lambda}a) = 0,$$

所以本征值 λ 是方程

$$J_n(\sqrt{\lambda}a)Y_n(\sqrt{\lambda}b) - J_n(\sqrt{\lambda}b)Y_n(\sqrt{\lambda}a) = 0$$

的根，第 m 个根记为 μ_m，$\sqrt{\lambda_m} = \mu_m (m = 1, 2, \cdots)$；同时可取常数 $A_n = Y_n(\mu_m a), B_n = -J_n(\mu_m a)$，代入(1)得本征函数为

$$R_{mn} = Y_n(\mu_m a)J_n(\mu_m\rho) - J_n(\mu_m a)Y_n(\mu_m\rho).$$

8.2.2　贝塞尔函数的递推公式

阶数相邻的贝塞尔函数之间存在着一定的关系，这些关系称为贝塞尔函数的递推公式，下面讨论之.

由 7.1.4 节的讨论知，μ 阶第一类贝塞尔函数的表达式是

$$J_\mu(x) = \sum_{k=0}^{+\infty} \frac{(-1)^k}{k!\Gamma(\mu + k + 1)}\left(\frac{x}{2}\right)^{\mu+2k}, \tag{8.17}$$

它满足如下的递推公式

$$\frac{d}{dx}\left[\frac{J_\mu(x)}{x^\mu}\right] = -\frac{J_{\mu+1}(x)}{x^\mu}, \tag{8.18}$$

$$\frac{d}{dx}[x^\mu J_\mu(x)] = x^\mu J_{\mu-1}(x), \tag{8.19}$$

$$xJ_\mu'(x) - \mu J_\mu(x) = -xJ_{\mu+1}(x), \tag{8.20}$$

$$xJ_\mu'(x) + \mu J_\mu(x) = xJ_{\mu-1}(x), \tag{8.21}$$

$$\mu J_\mu(x) = \frac{x}{2}[J_{\mu+1}(x) + J_{\mu-1}(x)], \tag{8.22}$$

$$J'_\mu(x) = \frac{1}{2}[J_{\mu-1}(x) - J_{\mu+1}(x)]. \tag{8.23}$$

证明 在以上六式中,我们只证明开头两式,后面四式可以从这两个基本公式的变形或适当组合得到.实际上,只要将头两式左端的微商求出来,就可以得到式(8.20)和式(8.21);将式(8.20)和式(8.21)相减和相加,即可得到式(8.22)和式(8.23).下面证明式(8.18)和式(8.19).

(1) 将式(8.17)代入式(8.18)之左端,并求导得

$$\frac{d}{dx}\left[\frac{J_\mu(x)}{x^\mu}\right] = \sum_{k=1}^{+\infty} \frac{(-1)^k}{(k-1)!\Gamma(\mu+k+1)} \left(\frac{1}{2}\right)^{\mu+2k-1} x^{2k-1},$$

将求和指标变换成 l: $l=k-1$,即 $k=l+1$,有

$$\frac{d}{dx}\left[\frac{J_\mu(x)}{x^\mu}\right] = -\sum_{l=0}^{+\infty} \frac{(-1)^l}{l!\Gamma(\mu+l+2)} \left(\frac{1}{2}\right)^{\mu+2l+1} x^{2l+1}$$

$$= -\frac{1}{x^\mu}\sum_{l=0}^{+\infty} \frac{(-1)^l}{l!\Gamma(\mu+l+2)} \left(\frac{x}{2}\right)^{\mu+2l+1} = -J_{\mu+1}(x)/x^\mu,$$

递推公式(8.19)由此得证.

(2) 将式(8.17)代入式(8.19)左端,并求导有

$$\frac{d}{dx}[x^\mu J_\mu(x)] = \sum_{k=0}^{+\infty} \frac{(-1)^k(2\mu+2k)x^{2\mu+2k-1}}{k!\Gamma(\mu+k+1)} \left(\frac{1}{2}\right)^{\mu+2k}$$

$$= \sum_{k=0}^{+\infty} \frac{(-1)^k(\mu+k)x^{2\mu+2k-1}}{k!(\mu+k)\Gamma(\mu+k)} \left(\frac{1}{2}\right)^{\mu+2k-1}$$

$$= x^\mu \sum_{k=0}^{+\infty} \frac{(-1)^k}{k!\Gamma(\mu+k)} \left(\frac{x}{2}\right)^{\mu+2k-1}$$

$$= x^\mu J_{\mu-1}(x).$$

由此递推公式(8.19)得证.

下面,就递推公式再作几点补充说明:

(1) 将式(8.22)改写成

$$J_{\mu+1}(x) = 2\mu J_\mu(x)/x - J_{\mu-1}(x). \tag{8.24}$$

这是一种贝塞尔函数的降阶公式,高阶的贝塞尔函数可用此式连续降阶,最后用零阶和一阶贝塞尔函数表示.

(2) 式(8.18)的特例($\mu=0$)是

$$J'_0(x) = -J_1(x), \tag{8.25}$$

由此可得不定积分公式

$$\int J_1(x)dx = -J_0(x) + C. \tag{8.26}$$

(3) 由式(8.18)和式(8.19)可得不定积分公式

$$\int \frac{J_{\mu+1}(x)}{x^\mu}dx = -\frac{J_\mu(x)}{x^\mu} + C, \tag{8.27}$$

$$\int x^\mu J_{\mu-1}(x)dx = x^\mu J_\mu(x) + C. \tag{8.28}$$

第二类贝塞尔函数也具有与第一类贝塞尔函数相同的递推公式：

$$\begin{cases}\dfrac{\mathrm{d}}{\mathrm{d}x}[x^{\mu}\mathrm{Y}_{\mu}(x)] = x^{\mu}\mathrm{Y}_{\mu-1}(x),\\ \dfrac{\mathrm{d}}{\mathrm{d}x}[x^{-\mu}\mathrm{Y}_{\mu}(x)] = -x^{-\mu}\mathrm{Y}_{\mu+1}(x),\\ \mathrm{Y}_{\mu-1}(x)+\mathrm{Y}_{\mu+1}(x) = \dfrac{2\mu}{x}\mathrm{Y}_{\mu}(x),\\ \mathrm{Y}_{\mu-1}(x)-\mathrm{Y}_{\mu+1}(x) = 2\mathrm{Y}'_{\mu}(x).\end{cases}$$

作为贝塞尔函数递推公式的应用，我们考虑高阶半整数阶贝塞尔函数. 在 7.1.4 节中我们已经知道：

$$\mathrm{J}_{\frac{1}{2}}(x) = \sqrt{\frac{2}{\pi x}}\sin x \quad 及 \quad \mathrm{J}_{-\frac{1}{2}}(x) = \sqrt{\frac{2}{\pi x}}\cos x.$$

利用递推公式(8.24)得到

$$\begin{aligned}\mathrm{J}_{\frac{3}{2}}(x) &= \frac{1}{x}\mathrm{J}_{\frac{1}{2}}(x)-\mathrm{J}_{-\frac{1}{2}}(x) = \sqrt{\frac{2}{\pi x}}\left(-\cos x+\frac{1}{x}\sin x\right)\\ &= -\sqrt{\frac{2}{\pi}}x^{\frac{3}{2}}\cdot\frac{1}{x}\frac{\mathrm{d}}{\mathrm{d}x}\left(\frac{\sin x}{x}\right) = -\sqrt{\frac{2}{\pi}}x^{\frac{3}{2}}\cdot\left(\frac{1}{x}\frac{\mathrm{d}}{\mathrm{d}x}\right)\left(\frac{\sin x}{x}\right).\end{aligned}$$

同理可得

$$\mathrm{J}_{-\frac{3}{2}}(x) = \sqrt{\frac{2}{\pi}}x^{\frac{3}{2}}\cdot\left(\frac{1}{x}\frac{\mathrm{d}}{\mathrm{d}x}\right)\left(\frac{\cos x}{x}\right).$$

一般地有

$$\mathrm{J}_{n+\frac{1}{2}}(x) = (-1)^{n}\sqrt{\frac{2}{\pi}}x^{n+\frac{1}{2}}\cdot\left(\frac{1}{x}\frac{\mathrm{d}}{\mathrm{d}x}\right)^{n}\left(\frac{\sin x}{x}\right),$$

$$\mathrm{J}_{-\left(n+\frac{1}{2}\right)}(x) = \sqrt{\frac{2}{\pi}}x^{n+\frac{1}{2}}\cdot\left(\frac{1}{x}\frac{\mathrm{d}}{\mathrm{d}x}\right)^{n}\left(\frac{\cos x}{x}\right).$$

这里为了简便起见，采用了微分算子$\left(\frac{1}{x}\frac{\mathrm{d}}{\mathrm{d}x}\right)^{n}$，它是算子$\frac{1}{x}\frac{\mathrm{d}}{\mathrm{d}x}$连续作用 n 次的缩写. 如

$$\left(\frac{1}{x}\frac{\mathrm{d}}{\mathrm{d}x}\right)^{2}\left(\frac{\sin x}{x}\right) = \frac{1}{x}\frac{\mathrm{d}}{\mathrm{d}x}\left[\frac{1}{x}\frac{\mathrm{d}}{\mathrm{d}x}\left(\frac{\sin x}{x}\right)\right],$$

千万不能把它与$\frac{1}{x^{n}}\frac{\mathrm{d}^{n}}{\mathrm{d}x^{n}}$混为一谈.

由以上分析可见，半整数阶贝塞尔函数 $\mathrm{J}_{n+\frac{1}{2}}(x)$，$\mathrm{J}_{-\left(n+\frac{1}{2}\right)}(x)(n=0,1,2,\cdots)$都是初等函数.

例 8.3　利用贝塞尔函数的递推公式证明：

(1) $\int x^{n}\mathrm{J}_{0}(x)\mathrm{d}x = x^{n}\mathrm{J}_{1}(x)+(n-1)x^{n-1}\mathrm{J}_{0}(x)-(n-1)^{2}\int x^{n-2}\mathrm{J}_{0}(x)\mathrm{d}x$；

(2) $\int_{0}^{a}x^{3}\mathrm{J}_{0}\left(\frac{\mu}{a}x\right)\mathrm{d}x = \frac{2a^{4}}{\mu^{2}}\mathrm{J}_{0}(\mu)$，其中 μ 是 $\mathrm{J}_{1}(x)=0$ 的正根.

证明　(1) 由$\frac{\mathrm{d}}{\mathrm{d}x}[x\mathrm{J}_{1}(x)]=x\mathrm{J}_{0}(x)$，　$\frac{\mathrm{dJ}_{0}(x)}{\mathrm{d}x}=-\mathrm{J}_{1}(x)$，并应用分部积分法有

$$\int x^{n}\mathrm{J}_{0}(x)\mathrm{d}x = \int x^{n-1}\mathrm{d}(x\mathrm{J}_{1}(x)) = x^{n}\mathrm{J}_{1}(x)-(n-1)\int x^{n-1}\mathrm{J}_{1}(x)\mathrm{d}x$$

$$= x^n \mathrm{J}_1(x) + (n-1)\int x^{n-1} \mathrm{d}(\mathrm{J}_0(x))$$

$$= x^n \mathrm{J}_1(x) + (n-1)x^{n-1}\mathrm{J}_0(x) - (n-1)^2\int x^{n-2}\mathrm{J}_0(x)\mathrm{d}x.$$

(2) 在上式中,取 $n=3$,并再次利用 $(x\mathrm{J}_1)'=x\mathrm{J}_0$,有

$$\int x^3\mathrm{J}_0(x)\mathrm{d}x = x^3\mathrm{J}_1(x) + 2x^2\mathrm{J}_0(x) - 4x\mathrm{J}_1(x) + c,$$

其中 c 是积分常数. 在上式中代入积分上下限,并注意 $\mathrm{J}_1(\mu)=\mathrm{J}_0'(\mu)=0$,得

$$\int_0^a x^3\mathrm{J}_0\left(\frac{\mu}{a}x\right)\mathrm{d}x = \frac{a^4}{\mu^4}\left[x^3\mathrm{J}_1(x) + 2x^2\mathrm{J}_0(x) - 4x\mathrm{J}_1(x)\right]\Big|_0^\mu = \frac{2a^4}{\mu^2}\mathrm{J}_0(\mu).$$

8.2.3 贝塞尔函数的正交性和模方

将贝塞尔方程(8.10)写成施图姆-刘维尔型即是

$$\frac{\mathrm{d}}{\mathrm{d}\rho}\left[\rho\frac{\mathrm{d}R(\rho)}{\mathrm{d}\rho}\right] - \frac{m^2}{\rho}R(\rho) + \lambda\rho R(\rho) = 0, \tag{8.29}$$

其中 λ 是参数,由此知贝塞尔方程的权函数是 $\tau(\rho)=\rho$,如记 $\lambda=\mu^2$,则 $\mathrm{J}_m(\mu_k\rho)$,$\mathrm{J}_m(\mu_n\rho)$ 分别为对应不同本征值 μ_k,μ_n 的本征函数,贝塞尔函数的正交关系表示为

$$\int_0^b R_k(\rho)R_n(\rho)\rho\mathrm{d}\rho = \int_0^b \mathrm{J}_m(\mu_k\rho)\mathrm{J}_m(\mu_n\rho)\rho\mathrm{d}\rho = 0, \quad k \neq n, \tag{8.30}$$

其中 $\mu_k=\sqrt{\lambda_k}$,$\mu_n=\sqrt{\lambda_n}$ 分别表示第 k 个和第 n 个本征值. 当 $k=n$ 时,有

$$\begin{aligned}[N_n^{(m)}]^2 &= \int_0^b [R_n(\rho)]^2\rho\mathrm{d}\rho = \int_0^b [\mathrm{J}_m(\mu_n\rho)]^2\rho\mathrm{d}\rho \\ &= \frac{b^2}{2}[\mathrm{J}_m'(\mu_n b)]^2 + \frac{1}{2}\left(b^2 - \frac{m^2}{\mu_n^2}\right)[\mathrm{J}_m(\mu_n b)]^2.\end{aligned} \tag{8.31}$$

$[N_n^{(m)}]^2$ 称为贝塞尔函数的模方,式(8.31)称为贝塞尔函数模方的计算公式.

式(8.30)可以作为7.2节性质3的具体应用,也可以仿照性质3的证明方法来证明,留给读者完成. 现在来证明式(8.31),用 $\rho R_n'$ 乘施图姆-刘维尔型贝塞尔方程(8.29)

$$\frac{\mathrm{d}}{\mathrm{d}\rho}\left(\rho\frac{\mathrm{d}R_n(\rho)}{\mathrm{d}\rho}\right) + \left(\mu_n^2\rho - \frac{m^2}{\rho}\right)R_n(\rho) = 0$$

的两边,得到

$$\rho R_n'(\rho)\frac{\mathrm{d}}{\mathrm{d}\rho}\left(\rho\frac{\mathrm{d}R_n(\rho)}{\mathrm{d}\rho}\right) + (\mu_n^2\rho^2 - m^2)R_n(\rho)R_n'(\rho) = 0,$$

它可以改写成

$$\frac{1}{2}\frac{\mathrm{d}}{\mathrm{d}\rho}(\rho R_n'(\rho))^2 + \frac{1}{2}(\mu_n^2\rho^2 - m^2)\frac{\mathrm{d}R_n^2(\rho)}{\mathrm{d}\rho} = 0.$$

将上式对 ρ 从0到 b 进行积分,得

$$\frac{b^2}{2}[R_n'(b)]^2 + \frac{1}{2}\int_0^b(\mu_n^2\rho^2 - m^2)\mathrm{d}R_n^2(\rho) = 0,$$

再对上式中的积分项进行分部积分,可得

$$\frac{b^2}{2}[R_n'(b)]^2 + \frac{1}{2}(\mu_n^2\rho^2 - m^2)R_n^2(\rho)\Big|_0^b - \int_0^b \mu_n^2[R_n(\rho)]^2\rho\mathrm{d}\rho = 0.$$

上式左端第二项在下限 $\rho=0$ 处的值为零. 因为当 $m=0$ 时,它显然为零; 当 $m\neq0$ 时,由于

$R(0)=\mathrm{J}_m(0)=0$,故其值也为零.这样,就有

$$[N_n^{(m)}]^2=\frac{b^2}{2}[\mathrm{J}'_m(\mu_n b)]^2+\frac{1}{2}\left(b^2-\frac{m^2}{\mu_n^2}\right)[\mathrm{J}_m(\mu_n b)]^2.$$

注意,这里直接应用$R_n(\rho)=\mathrm{J}_m(\mu_n\rho)$.式(8.31)的导出,并未涉及边界条件的类型,它对三类齐次边界条件都适用.针对不同的边界条件,公式可以简化.

(1) 对第一类齐次边界条件

因为这时有$\mathrm{J}_m(\mu_n b)=0$,故式(8.31)化为

$$[N_n^{(m)}]^2=\frac{b^2}{2}[\mathrm{J}'_m(\mu_n b)]^2=\frac{b^2}{2}[\mathrm{J}_{m+1}(\mu_n b)]^2. \tag{8.32}$$

上式的最后一步中,已利用了递推公式(8.20)和此时的边界条件.

(2) 对第二类齐次边界条件

因为这时有$\mathrm{J}'_m(\mu_n b)=0$,故式(8.31)化为

$$[N_n^{(m)}]^2=\frac{1}{2}\left(b^2-\frac{m^2}{\mu_n^2}\right)[\mathrm{J}_m(\mu_n b)]^2. \tag{8.33}$$

(3) 对第三类齐次边界条件

因为这时有

$$\mathrm{J}'_m(\mu_n b)=-\frac{1}{H\mu_n}\mathrm{J}_m(\mu_n b),$$

所以模方公式化为

$$[N_n^{(m)}]^2=\frac{1}{2}\left(b^2-\frac{m^2}{\mu_n^2}+\frac{b^2}{H^2\mu_n^2}\right)[\mathrm{J}_m(\mu_n b)]^2. \tag{8.34}$$

8.2.4 按贝塞尔函数的广义傅里叶级数展开

如果函数$f(\rho)$满足展开成傅里叶级数的条件,就可以展开成下列绝对且一致收敛的级数,称为傅里叶-贝塞尔级数或广义傅里叶级数

$$f(\rho)=\sum_{n=1}^{+\infty}f_n\mathrm{J}_m(\mu_n\rho), \tag{8.35}$$

由正交性公式和模方的定义,级数的系数按下面公式计算

$$f_n=\frac{1}{[N_n^{(m)}]^2}\int_0^b f(\rho)\mathrm{J}_m(\mu_n\rho)\rho\mathrm{d}\rho. \tag{8.36}$$

求f_n常要求某些包含贝塞尔函数的积分.这个问题要用到递推公式等一些技巧,放到后面的例题中介绍.

例 8.4 在第一类齐次边界条件下,把定义在$(0,b)$上的函数

$$f(\rho)=H(1-\rho^2/b^2)$$

(其中H为常数)按零阶贝塞尔函数$\mathrm{J}_0(\mu_n\rho)$展开成级数.

解 按式(8.35)与式(8.36),有

$$H\left(1-\frac{\rho^2}{b^2}\right)=\sum_{n=1}^{+\infty}f_n\mathrm{J}_0(\mu_n\rho), \tag{8.37}$$

$$f_n=\frac{1}{[N_n^{(0)}]^2}\int_0^b H\left(1-\frac{\rho^2}{b^2}\right)\mathrm{J}_0(\mu_n\rho)\rho\mathrm{d}\rho, \tag{8.38}$$

其中$N_n^{(0)}$为模方.因为题设第一类齐次边界条件,即$\mathrm{J}_0(\mu_n b)=0$.按公式(8.32)有

$$[N_n^{(0)}]^2 = \frac{b^2}{2}[J_1(x_n^{(0)})]^2. \tag{8.39}$$

由零阶贝塞尔函数的零点 $x_n^{(0)}$ 确定本征值

$$\mu_n = \frac{x_n^{(0)}}{b}. \tag{8.40}$$

所以

$$\begin{aligned} f_n &= \frac{1}{[N_n^{(0)}]^2}\int_0^b H\left(1-\frac{\rho^2}{b^2}\right)J_0(\mu_n\rho)\rho d\rho \\ &= \frac{2H}{b^2[J_1(x_n^{(0)})]^2}\int_0^b J_0\left(\frac{x_n^{(0)}}{b}\rho\right)\rho d\rho - \frac{2H}{b^4[J_1(x_n^{(0)})]^2}\int_0^b J_0\left(\frac{x_n^{(0)}}{b}\rho\right)\rho^3 d\rho \\ &\overset{\text{def}}{=} \frac{2H}{b^2[J_1(x_n^{(0)})]^2}I_1 - \frac{2H}{b^4[J_1(x_n^{(0)})]^2}I_3. \end{aligned} \tag{8.41}$$

为求上式中的积分，利用递推公式(8.19)和分部积分法，有

$$\begin{aligned} I_1 &= \int_0^b J_0\left(\frac{x_n^{(0)}}{b}\rho\right)\rho d\rho \xlongequal{x=\frac{x_n^{(0)}}{b}\rho} \frac{b^2}{[x_n^{(0)}]^2}\int_0^{x_n^{(0)}} J_0(x)x dx \\ &= \frac{b^2}{[x_n^{(0)}]^2}xJ_1(x)\Big|_0^{x_n^{(0)}} = \frac{b^2}{x_n^{(0)}}J_1(x_n^{(0)}), \end{aligned} \tag{8.42}$$

$$\begin{aligned} I_3 &= \int_0^b J_0\left(\frac{x_n^{(0)}}{b}\rho\right)\rho^3 d\rho \xlongequal{x=\frac{x_n^{(0)}}{b}\rho} \frac{b^4}{[x_n^{(0)}]^4}\int_0^{x_n^{(0)}} J_0(x)x^3 dx \\ &= \frac{b^4}{[x_n^{(0)}]^4}\int_0^{x_n^{(0)}} x^2 d[xJ_1(x)] \\ &= \frac{b^4}{[x_n^{(0)}]^4}x^3J_1(x)\Big|_0^{x_n^{(0)}} - \frac{b^4}{[x_n^{(0)}]^4}2\int_0^{x_n^{(0)}} x^2J_1(x)dx \\ &= \frac{b^4}{x_n^{(0)}}J_1(x_n^{(0)}) - \frac{2b^4}{[x_n^{(0)}]^4}\int_0^{x_n^{(0)}} d[x^2J_2(x)] \\ &= \frac{b^4}{x_n^{(0)}}J_1(x_n^{(0)}) - \frac{2b^4}{[x_n^{(0)}]^4}x^2J_2(x)\Big|_0^{x_n^{(0)}} \\ &= \frac{b^4}{x_n^{(0)}}J_1(x_n^{(0)}) - \frac{2b^4}{[x_n^{(0)}]^2}J_2(x_n^{(0)}) \\ &= \frac{b^4}{x_n^{(0)}}J_1(x_n^{(0)}) - \frac{2b^4}{[x_n^{(0)}]^2}\left[\frac{2J_1(x_n^{(0)})}{x_n^{(0)}} - J_0(x_n^{(0)})\right] \\ &= \frac{b^4}{x_n^{(0)}}J_1(x_n^{(0)}) - \frac{4b^4}{[x_n^{(0)}]^3}J_1(x_n^{(0)}). \end{aligned} \tag{8.43}$$

式(8.42)倒数第2步用到递推公式(8.24). 将 I_1、I_3 代入到式(8.41)，得

$$f_n = \frac{8H}{[x_n^{(0)}]^3J_1(x_n^{(0)})}, \tag{8.44}$$

于是

$$H\left(1-\frac{\rho^2}{b^2}\right) = \sum_{n=1}^{+\infty}\frac{8H}{[x_n^{(0)}]^3J_1(x_n^{(0)})}J_0(\mu_n\rho).$$

8.3　贝塞尔函数在定解问题中的应用

现在，我们举些贝塞尔函数在定解问题中应用的例子，以加深对它们的理解和掌握.

首先回到例 8.7，在极坐标中分离变量，即令 $u(t,\rho,\varphi)=T(t)R(\rho)\Phi(\varphi)$，我们已经得到 $T(t)=A\mathrm{e}^{-\lambda a^2 t}$，$\Phi_m=A_m\cos m\varphi+B_m\sin m\varphi(m=0,1,2,\cdots)$ 和 $R_m(\rho)=C_m\mathrm{J}_m(\sqrt{\lambda}\rho)+D_m\mathrm{Y}_m(\sqrt{\lambda}\rho)$，其中 A,A_m,B_m,C_m 和 D_m 为任意常数. 由边界条件和贝塞尔函数的性质，进一步定得 $D_m=0$ 和本征值 $\lambda=\left(\frac{x_n^{(m)}}{b}\right)^2(n=1,2,\cdots)$，其中 $x_n^{(m)}$ 为 m 阶贝塞尔函数 $\mathrm{J}_m(x)$ 的第 n 零点. 这样经过组合、叠加，例 8.1 中定解问题的解，即圆盘中各点的温度分布可以表示为

$$\begin{aligned}u(t,\rho,\varphi)&=\sum_{m=0}^{+\infty}\sum_{n=1}^{+\infty}T_n(t)R_{mn}(\rho)\Phi_m(\varphi)\\&=\sum_{m=0}^{+\infty}\sum_{n=1}^{+\infty}\mathrm{e}^{-\left(\frac{x_n^{(m)}}{b}\right)^2a^2t}\mathrm{J}_m\left(\frac{x_n^{(m)}}{b}\rho\right)(A_{mn}\cos m\varphi+B_{mn}\sin m\varphi).\end{aligned}$$

注意　这里将各个函数中的任意常数都合并到 A_{mn} 和 B_{mn} 中了. 下面的任务是用初始条件确定 A_{mn} 和 B_{mn}.

由问题的初始条件 $u|_{t=0}=f(\rho,\varphi)$，得

$$\sum_{m=0}^{+\infty}\sum_{n=1}^{+\infty}\mathrm{J}_m\left(\frac{x_n^{(m)}}{b}\rho\right)(A_{mn}\cos m\varphi+B_{mn}\sin m\varphi)=f(\rho,\varphi).$$

要确定 A_{mn} 和 B_{mn}，就需要将左端的函数按 ρ 和 φ 进行双重展开，即按 φ 进行三角级数展开，而按 ρ 进行傅里叶-贝塞尔展开. 为了计算方便并不失一般性，我们讨论轴对称问题.

即如果初始条件只与 ρ 有关，而与 φ 无关，即初始条件变为 $u|_{t=0}=f(\rho)$，这时可以认为，圆盘内的温度分布也与 φ 无关，即 $u=u(\rho,t)$，这类问题就称为轴对称问题. 在本课程的计算问题中，我们只讨论轴对称问题.

如果设 $f(\rho)=1-\rho^2$，则例 8.1 中的定解问题变为

$$\begin{cases}\dfrac{\partial u}{\partial t}=a^2\left(\dfrac{\partial^2 u}{\partial\rho^2}+\dfrac{1}{\rho}\dfrac{\partial u}{\partial\rho}\right),\quad 0<\rho<b,\\ u|_{\rho=b}=0,\\ u|_{t=0}=1-\rho^2.\end{cases}\tag{8.45}$$

这里是第一类齐次边界条件，经过分离变量法，可知这时 $m=0$，问题的一般解成为

$$u(\rho,t)=\sum_{n=1}^{+\infty}A_n\mathrm{e}^{-a^2\left[\frac{x_n^{(0)}}{b}\right]^2t}\mathrm{J}_0\left(\frac{x_n^{(0)}}{b}\rho\right).\tag{8.46}$$

注意　因为 u 与 φ 无关，故 $m=0$，$\Phi(\varphi)=$ 常数. $\mathrm{J}_0\left(\frac{x_n^{(0)}}{b}\rho\right)$ 是零阶贝塞尔函数，$x_n^{(0)}(n=1,2,\cdots)$ 为零阶贝塞尔函数 $\mathrm{J}_0(x)$ 第 n 个零点. 由初始条件得

$$1-\rho^2=\sum_{n=1}^{+\infty}A_n\mathrm{J}_0\left(\frac{x_n^{(0)}}{b}\rho\right).$$

将左端的函数按贝塞尔函数展开，并比较等式两边级数的系数，有

$$A_n=\frac{2}{[J_0'(x_n^{(0)})]^2b^2}\int_0^b(1-\rho^2)\rho\mathrm{J}_0\left(\frac{x_n^{(0)}}{b}\rho\right)\mathrm{d}\rho$$

$$= \frac{2}{[J_1(x_n^{(0)})]^2 b^2}\left[\int_0^b \rho J_0\left(\frac{x_n^{(0)}}{b}\rho\right)d\rho - \int_0^b \rho^3 J_0\left(\frac{x_n^{(0)}}{b}\rho\right)d\rho\right].$$

上式中的积分就是式(8.42)和式(8.43)，即令 $x=\frac{x_n^{(0)}}{b}\rho$，$d\rho=\frac{b}{x_n^{(0)}}dx$，有

$$\int_0^b \rho J_0\left(\frac{x_n^{(0)}}{b}\rho\right)d\rho = \left(\frac{b}{x_n^{(0)}}\right)^2\int_0^{x_n^{(0)}} xJ_0(x)dx = \left(\frac{b}{x_n^{(0)}}\right)^2 xJ_1(x)\Big|_0^{x_n^{(0)}} = \frac{J_1(x_n^{(0)})b^2}{x_n^{(0)}};$$

而

$$\begin{aligned}\int_0^b \rho^3 J_0(x_n^{(0)}\rho)d\rho &= \left[\frac{b}{x_n^{(0)}}\right]^4\int_0^{x_n^{(0)}} x^3 J_0(x)dx \\ &= \left[\frac{b}{x_n^{(0)}}\right]^4\int_0^{x_n^{(0)}} x^2 d[xJ_1(x)] \\ &= \left[\frac{b}{x_n^{(0)}}\right]^4 x^3 J_1(x)\Big|_0^{x_n^{(0)}} - \left[\frac{b}{x_n^{(0)}}\right]^4 2\int_0^{x_n^{(0)}} x^2 J_1(x)dx \\ &= \frac{b^4 J_1(x_n^{(0)})}{x_n^{(0)}} - 2\left[\frac{b}{x_n^{(0)}}\right]^4 x^2 J_2(x)\Big|_0^{x_n^{(0)}} \\ &= \frac{J_1(x_n^{(0)})b^4}{x_n^{(0)}} - \frac{2b^4 J_2(x_n^{(0)})}{[x_n^{(0)}]^2}.\end{aligned}$$

若令 $b=1$，则

$$A_n = \frac{4J_2(x_n^{(0)})}{[x_n^{(0)}J_1(x_n^{(0)})]^2},$$

代入式(8.46)得定解问题(8.45)的解为

$$u(\rho,t) = \sum_{n=1}^{+\infty}\frac{4J_2(x_n^{(0)})}{[x_n^{(0)}J_1(x_n^{(0)})]^2}J_0(x_n^{(0)}\rho)e^{-a^2(x_n^{(0)})^2 t}. \tag{8.47}$$

例 8.5 求解下列定解问题

$$\begin{cases}\dfrac{\partial^2 u}{\partial t^2} = a^2\left(\dfrac{\partial^2 u}{\partial\rho^2}+\dfrac{1}{\rho}\dfrac{\partial u}{\partial\rho}\right), \quad 0<\rho<b, \\ \dfrac{\partial u}{\partial\rho}\Big|_{\rho=b} = 0, \quad |u|_{\rho=0}|<+\infty, \\ u|_{t=0} = 0, \quad \dfrac{\partial u}{\partial t}\Big|_{t=0} = 1-\dfrac{\rho^2}{b^2}.\end{cases} \tag{8.48}$$

解 这里 u 与 φ 无关，仍然为轴对称问题. 应用分离变量法，令 $u(\rho,t)=R(\rho)T(t)$，代入式(8.48)中的方程，并整理得

$$\rho^2 R''(\rho) + \rho R'(\rho) + \lambda\rho^2 R(\rho) = 0, \tag{8.49}$$

及

$$T''(t) + \lambda a^2 T(t) = 0. \tag{8.50}$$

方程(8.49)是零阶贝塞尔方程，其通解是

$$\begin{cases}R_0(\rho) = C_0 + D_0\ln\rho, & \lambda = 0, \\ R(\rho) = CJ_0(\sqrt{\lambda}\rho) + DY_0(\sqrt{\lambda}\rho), & \lambda > 0.\end{cases} \tag{8.51}$$

由边界条件 $\frac{\partial u}{\partial\rho}\Big|_{\rho=b}=0$，$|u|_{\rho=0}|<+\infty$，有 $\frac{dR}{d\rho}\Big|_{\rho=b}=0$，$|R(0)|<+\infty$. 由 $|R(0)|<+\infty$，需要取

$$D_0 = 0, \quad D = 0. \tag{8.52}$$

再由$\left.\frac{dR}{d\rho}\right|_{\rho=b}=0$,得

$$R_0(\rho) = C_0, \qquad \lambda = 0,$$

$$CJ'_0(\sqrt{\lambda}b) = 0, \quad \lambda > 0,$$

由递推公式(8.18),有

$$J_1(\sqrt{\lambda}b) = 0,$$

由此得

$$\sqrt{\lambda}b = x_n^{(1)}, \quad n = 1,2,\cdots,$$

其中 $x_n^{(1)}(n=1,2,\cdots)$表示 $J_1(x)$ 的第 n 个零点.由此得到本征值为

$$\lambda_0 = 0, \quad \lambda_n = \left(\frac{x_n^{(1)}}{b}\right)^2, \quad n = 1,2,\cdots. \tag{8.53}$$

相应的本征函数为

$$\begin{aligned} &R_0(\rho) = C_0, \quad \lambda_0 = 0, \\ &R_n(\rho) = C_n J_0\left(\frac{x_n^{(1)}}{b}\rho\right) \quad \left(\lambda_n = \left[\frac{x_n^{(1)}}{b}\right]^2\right). \end{aligned} \tag{8.54}$$

将本征值(8.53)代入到方程(8.50),解得

$$\begin{aligned} &T_0(t) = A_0 + B_0 t, && \lambda_0 = 0, \\ &T_n(t) = A_n \cos\frac{a x_n^{(1)} t}{b} + B_n \sin\frac{a x_n^{(1)} t}{b}, && \lambda_n = \left[\frac{x_n^{(1)}}{b}\right]^2. \end{aligned} \tag{8.55}$$

组合式(8.54)和式(8.55),并叠加,得到本定解问题的一般解为

$$\begin{aligned} u(\rho,t) &= R_0(\rho)T_0(t) + \sum_{n=1}^{+\infty} R_n(\rho)T_n(t) \\ &= A_0 + B_0 t + \sum_{n=1}^{+\infty}\left(A_n\cos\frac{a x_n^{(1)} t}{b} + B_n \sin\frac{a x_n^{(1)} t}{b}\right)J_0\left(\frac{x_n^{(1)}}{b}\rho\right). \end{aligned} \tag{8.56}$$

注意常数 C_0 和 C_n 合到相应的常数中.

由初始条件$u|_{t=0}=0$,得

$$A_0 + \sum_{n=1}^{+\infty} A_n J_0\left(\frac{x_n^{(1)}}{b}\rho\right) = 0,$$

由此得

$$A_0 = 0, \quad A_n = 0, \quad n = 1,2,\cdots.$$

再由

$$\left.\frac{\partial u}{\partial t}\right|_{t=0} = 1 - \frac{\rho^2}{b^2},$$

得

$$B_0 + \sum_{n=1}^{+\infty} B_n \frac{a x_n^{(1)}}{b} J_0\left(\frac{x_n^{(1)}}{b}\rho\right) = 1 - \frac{\rho^2}{b^2}.$$

分别用 ρ 和 $\rho J_0\left(\frac{x_k^{(1)}}{b}\rho\right)$乘上式两边,并分别在$[0,b]$上对 ρ 积分,应用递推公式和 $J_1(x_n^{(1)})=0$ 及对应于不同本征值的本征函数在$[0,b]$的加权正交性,依次得

$$\begin{cases} B_0 \int_0^b \rho \mathrm{d}\rho = \int_0^b \left(1 - \frac{\rho^2}{b^2}\right) \rho \mathrm{d}\rho, \\ B_n \frac{a x_n^{(1)}}{b} \left[N_n^{(0)}\right]^2 = \int_0^b \left(1 - \frac{\rho^2}{b^2}\right) \mathrm{J}_0\left(\frac{x_n^{(1)}}{b}\rho\right) \rho \mathrm{d}\rho. \end{cases} \tag{8.57}$$

由式(8.57)的第一式得

$$B_0 = \frac{1}{2};$$

由于本问题给出的是第二类边界条件，故式(8.57)第二式中的模方应用式(8.33)计算，得

$$\left[N_n^{(0)}\right]^2 = \int_0^b \mathrm{J}_0^2\left(\frac{x_n^{(1)}}{b}\rho\right) \rho \mathrm{d}\rho = \frac{1}{2} b^2 \mathrm{J}_0^2(x_n^{(1)}),$$

$$\int_0^b \left(1 - \frac{\rho^2}{b^2}\right) \mathrm{J}_0\left(\frac{x_n^{(1)}}{b}\rho\right) \rho \mathrm{d}\rho = \frac{2b^2 \mathrm{J}_2(x_n^{(1)})}{\left[x_n^{(1)}\right]^2}.$$

代入式(8.57)的第二式，得

$$B_n = \frac{4b \mathrm{J}_2(x_n^{(1)})}{a \left[x_n^{(1)}\right]^3 \mathrm{J}_0^2(x_n^{(1)})} = -\frac{4b}{a \left[x_n^{(1)}\right]^3 \mathrm{J}_0(x_n^{(1)})}.$$

将 B_0 和 B_n 的值代入式(8.56)，得定解问题的解是

$$u(\rho, t) = \frac{1}{2} t - \frac{4b}{a} \sum_{n=1}^{+\infty} \frac{1}{(x_n^{(1)})^3 \mathrm{J}_0(x_n^{(1)})} \sin \frac{a x_n^{(1)} t}{b} \mathrm{J}_0\left(\frac{x_n^{(1)}}{b}\rho\right). \tag{8.58}$$

例 8.6 半径为 a 高为 h 的圆柱体，上底的电势分布为 $f(\rho) = \rho^2$，下底和侧面的电势保持为零，求柱体内的电势分布.

解 问题属于静电场问题，电势满足拉普拉斯方程，以柱体的下底面作为 $z=0$ 的坐标平面，以柱轴为 z 轴建立柱坐标系，由边界上的电势分布可以推知柱内电势分布与 φ 无关，由式(4.33)写出定解问题是

$$\begin{cases} \nabla^2 u = \frac{\partial^2 u}{\partial \rho^2} + \frac{1}{\rho}\frac{\partial u}{\partial \rho} + \frac{\partial^2 u}{\partial z^2} = 0, \quad \rho < a, 0 < z < h, \\ u\big|_{z=0} = 0, \quad u\big|_{z=h} = \rho^2, \\ u\big|_{\rho=a} = 0, \quad \big|u\big|_{\rho=0}\big| < +\infty. \end{cases} \tag{8.59}$$

分离变量，即令 $u = u(\rho, z) = R(\rho) Z(z)$ 代入式(8.59)中的方程，得

$$Z''(z) - k^2 Z(z) = 0, \tag{8.60}$$

$$\rho^2 R''(\rho) + \rho R'(\rho) + (k^2 \rho - 0) R(\rho) = 0, \tag{8.61}$$

其中 $-k^2$ 是分离常数，当分离常数大于零时，得到修正贝塞尔方程，将在下一节中讨论. 方程(8.60)和方程(8.61)的通解依次是

$$\begin{cases} Z_0(z) = A_0 z + B_0, & k = 0, \\ Z(z) = A \mathrm{e}^{kz} + B \mathrm{e}^{-kz}, & k > 0; \end{cases} \tag{8.62}$$

$$\begin{cases} R_0(\rho) = C_0 + D_0 \ln\rho, & k = 0, \\ R(\rho) = C \mathrm{J}_0(k\rho) + D \mathrm{Y}_0(k\rho), & k > 0. \end{cases} \tag{8.63}$$

由边界条件

$$\big|u\big|_{\rho=0}\big| < +\infty \quad \text{和} \quad u\big|_{\rho=a} = 0,$$

得

$$C_0 = D_0 = D = 0,$$

及

$$J_0(ka)=0. \tag{8.64}$$

可见对应 $k=0$ 问题没有非零解.由式(8.64)得本征值为

$$k_n=\frac{x_n^{(0)}}{a},\quad n=1,2,\cdots \tag{8.65}$$

相应的本征函数为

$$R_n(\rho)=C_n J_0\left(\frac{x_n^{(0)}}{a}\rho\right),\quad n=1,2,\cdots. \tag{8.66}$$

将本征值(8.65)代入式(8.62)的第二个式子(由于已经得出本问题在 $k=0$ 无非零解的结论,故式(8.62)的第一个式子没有意义),得到

$$Z_n(z)=A_n e^{\frac{x_n^{(0)}}{a}z}+B_n e^{-\frac{x_n^{(0)}}{a}z}.$$

由边界条件 $u|_{z=0}=0$,得

$$A_n+B_n=0,\quad 即\quad B_n=-A_n,$$

于是

$$Z_n(z)=2A_n\frac{e^{\frac{x_n^{(0)}}{a}z}-e^{-\frac{x_n^{(0)}}{a}z}}{2}=a_n\sinh\frac{x_n^{(0)}}{a}z. \tag{8.67}$$

将式(8.66)和式(8.67)组合,并叠加,得到问题的一般解为

$$u(\rho,z)=\sum_{n=1}^{+\infty}C_n\sinh\left(\frac{x_n^{(0)}}{a}z\right)J_0\left(\frac{x_n^{(0)}}{a}\rho\right). \tag{8.68}$$

由边界条件 $u|_{z=h}=\rho^2$ 代入,得

$$\sum_{n=1}^{+\infty}C_n\sinh\left(\frac{x_n^{(0)}}{a}h\right)J_0\left(\frac{x_n^{(0)}}{a}\rho\right)=\rho^2.$$

右边的级数是左边函数的傅里叶-贝塞尔级数,由展开式的系数公式(8.36),并考虑此时的边界条件,有

$$\begin{aligned}C_n&=\frac{1}{\sinh\left(\frac{x_n^{(0)}}{a}h\right)\frac{a^2}{2}J_1^2(x_n^{(0)})}\int_0^a\rho^3J_0\left(\frac{x_n^{(0)}}{a}\rho\right)d\rho\\&=\frac{2}{\sinh\left(\frac{x_n^{(0)}}{a}h\right)a^2J_1^2(x_n^{(0)})}\frac{a^4}{(x_n^{(0)})^4}\int_0^a\left(\frac{x_n^{(0)}}{a}\rho\right)^3J_0\left(\frac{x_n^{(0)}}{a}\rho\right)d\left(\frac{x_n^{(0)}}{a}\rho\right).\end{aligned}$$

令 $\frac{x_n^{(0)}}{a}\rho=x$,应用分部积分法和递推公式,得

$$\begin{aligned}\int_0^{x_n^{(0)}}x^3J_0(x)dx&=(x_n^{(0)})^3J_1(x_n^{(0)})+2(x_n^{(0)})^2J_0(x_n^{(0)})-4x_n^{(0)}J_1(x_n^{(0)})\\&=x_n^{(0)}J_1(x_n^{(0)})[(x_n^{(0)})^2-4],\end{aligned}$$

因此

$$C_n=\frac{2a^2[(x_n^{(0)})^2-4]}{(x_n^{(0)})^3J_1(x_n^{(0)})\sinh\left(\frac{x_n^{(0)}}{a}h\right)}.$$

将上式代入式(8.68),得原定解问题的解为

$$u(\rho,z)=2a^2\sum_{n=1}^{+\infty}\frac{[(x_n^{(0)})^2-4]}{(x_n^{(0)})^3}\frac{\sinh\left(\frac{x_n^{(0)}}{a}z\right)}{\sinh\left(\frac{x_n^{(0)}}{a}h\right)}\frac{J_0\left(\frac{x_n^{(0)}}{a}\rho\right)}{J_1(x_n^{(0)})}. \tag{8.69}$$

*8.4　修正贝塞尔函数

8.4.1　第一类修正贝塞尔函数

在8.1节中我们曾得到修正贝塞尔方程

$$\rho^2R''(\rho)+\rho R'(\rho)-(\mu^2\rho^2+m^2)R(\rho)=0,\quad m=0,1,2,\cdots. \tag{8.70}$$

对此方程可以直接用级数求解，但是如果作变换 $\rho=-\mathrm{i}r(r=\mathrm{i}\rho)$，就可以将这个方程化成贝塞尔方程(8.10).

由于 $\rho=-\mathrm{i}r(r=\mathrm{i}\rho)$，$\frac{\mathrm{d}R}{\mathrm{d}\rho}=\frac{\mathrm{d}R}{\mathrm{d}r}\frac{\mathrm{d}r}{\mathrm{d}\rho}=\mathrm{i}\frac{\mathrm{d}R}{\mathrm{d}r}$，$\frac{\mathrm{d}^2R}{\mathrm{d}\rho^2}=-\frac{\mathrm{d}^2R}{\mathrm{d}r^2}$，将这些结果代入到式(8.70)就得到

$$r^2\frac{\mathrm{d}^2R}{\mathrm{d}r^2}+r\frac{\mathrm{d}R}{\mathrm{d}r}+(\mu^2r^2-m^2)R(r)=0.$$

因此方程(8.70)的通解为

$$R(\rho)=A_mJ_m(\mathrm{i}\mu\rho)+B_mY_m(\mathrm{i}\mu\rho). \tag{8.71}$$

如果参数 $\mu=1$，式(8.70)和式(8.71)就变成标准修正贝塞尔方程的解.

因为

$$J_m(\mathrm{i}x)=\mathrm{i}^m\sum_{k=0}^{+\infty}\frac{x^{m+2k}}{2^{m+2k}k!\Gamma(m+k+1)},$$

将此式乘以 i^{-m} 后，就去掉了虚值，将这个结果定义为第一类修正贝塞尔函数，记作

$$I_m(x)=\mathrm{i}^{-m}J_m(\mathrm{i}x)=\sum_{k=0}^{+\infty}\frac{x^{m+2k}}{2^{m+2k}k!\Gamma(m+k+1)}. \tag{8.72}$$

特别地

$$I_0(x)=\sum_{k=0}^{+\infty}\frac{\left(\frac{x}{2}\right)^{2k}}{(k!)^2}=1+\frac{x^2}{2^2}+\frac{x^4}{2^4(2!)^2}+\frac{x^6}{2^6(3!)^2}+\cdots,$$

$$I_1(x)=I_0'(x)=\sum_{k=0}^{+\infty}\frac{\left(\frac{x}{2}\right)^{2k+1}}{(k!)(k+1)!}=\frac{x}{2}+\frac{x^3}{2^3 2!}+\frac{x^5}{2^5 2!3!}+\cdots.$$

与 $J_m(x)$ 类似，当 m 不是整数时，$I_m(x)$ 与 $I_{-m}(x)$ 线性无关. 但当 $m=0,1,2,\cdots$ 为整数时，两者线性相关：

$$\begin{aligned}I_{-m}(x)&=\sum_{k=0}^{+\infty}\frac{1}{k!\Gamma(k-m+1)}\left(\frac{x}{2}\right)^{2k-m}\\&=\sum_{k=0}^{+\infty}\frac{1}{k!(k-m)!}\left(\frac{x}{2}\right)^{2k-m}=\sum_{l=0}^{\infty}\frac{1}{(l+m)!l!}\left(\frac{x}{2}\right)^{2l+m}=I_m(x).\end{aligned} \tag{8.73}$$

为此，引进第二类修正贝塞尔函数.

8.4.2　第二类修正贝塞尔函数

第二类修正贝塞尔函数定义如下：

当 m 是非整数时

$$\mathrm{K}_m(x)=\frac{\pi[\mathrm{I}_{-m}(x)-\mathrm{I}_m(x)]}{2\sin m\pi},\tag{8.74}$$

当 m 是整数时

$$\mathrm{K}_m(x)=\lim_{\alpha\to m}\frac{\pi[\mathrm{I}_{-\alpha}(x)-\mathrm{I}_\alpha(x)]}{2\sin\alpha\pi}.\tag{8.75}$$

所以修正贝塞尔方程

$$x^2y''(x)+xy'(x)-(x^2+m^2)y(x)=0\tag{8.76}$$

的通解是

$$y(x)=A_m\mathrm{I}_m(x)+B_m\mathrm{K}_m(x).\tag{8.77}$$

用 Maple 画出的第一类和第二类修正贝塞尔函数的曲线图如图 8.2 和图 8.3 所示.

```
> plot({BesselI(0,x),BesselI(1,x),BesselI(2,x)},x = 0..5,0..5);
```

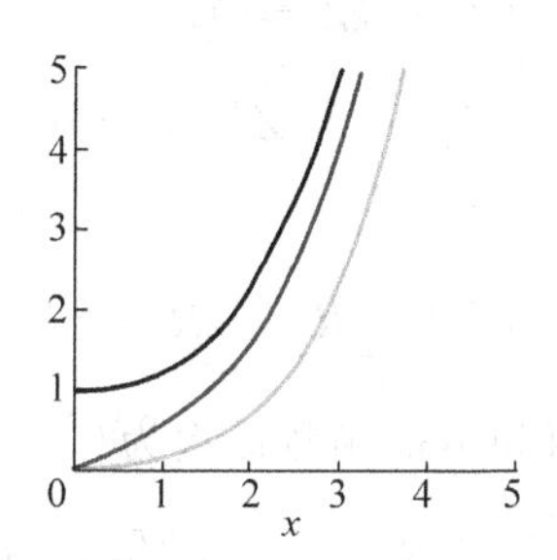

图 8.2　第一类修正贝塞尔函数曲线图

```
> plot({BesselK(0,x),BesselK(1,x),BesselK(2,x)},x = 0..3,0..3);
```

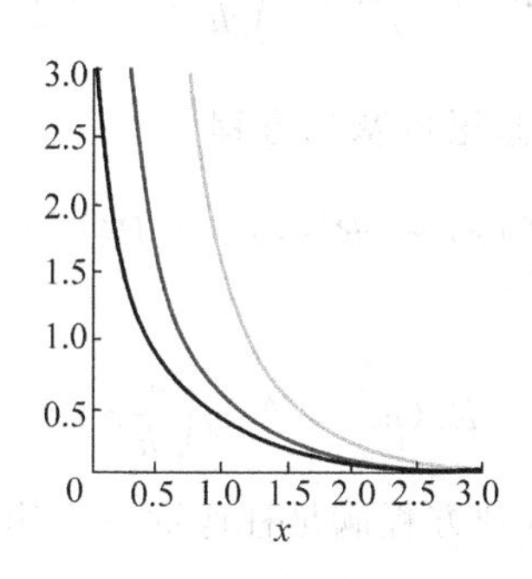

图 8.3　第二类修正贝塞尔函数曲线图

可以看出，$\mathrm{I}_m(x)$是正项级数，是 x 的递增函数. 当 $m=0$ 时，$\mathrm{I}_0(x)$没有零点；$m\neq0$ 时，$\mathrm{I}_m(x)$在 $x=0$ 处有一个零点，即 $\mathrm{I}_0(x)=1$；$\mathrm{I}_m(x)=1(m\neq0)$. 第二类修正贝塞尔函数在 $x=0$ 处没有有限值，$\mathrm{I}_m(x)$和 $\mathrm{K}_m(x)$都没有正零点，因此图形是单调曲线，这与第一类贝塞尔函数 $\mathrm{J}_m(x)$和第二类贝塞尔函数 $\mathrm{Y}_m(x)$不同. 下面举一个例子说明修正贝塞尔函数的

应用.

例 8.7 一个半径为 a、高度为 h 的均匀导体圆柱,侧面充电维持电势为常数 u_0,求柱体内部的电势.

解 以柱体的轴线为 z 轴建立柱坐标系 (ρ,φ,z),柱体内的电势 u 的分布是轴对称的,所以它仅仅是 ρ 与 z 的函数,而与 φ 无关.静电场的电势 u 满足拉普拉斯方程,于是得定解问题

$$\begin{cases} u_{\rho\rho}+\dfrac{1}{\rho}u_\rho+u_{zz}=0, & 0<\rho<a,0<z<h, \\ u|_{z=0}=u|_{z=h}=0, \\ u|_{\rho=a}=u_0. \end{cases} \tag{8.78}$$

用分离变量法求解.令 $u(\rho,z)=R(\rho)Z(z)$,代入到方程中,可得

$$\frac{R''+\frac{1}{\rho}R'}{R}=-\frac{Z''}{Z}=\lambda,$$

从而得特征值问题

$$\begin{cases} Z''+\lambda Z=0, \\ Z|_{z=0}=Z|_{z=h}=0, \end{cases} \tag{8.79}$$

和修正贝塞尔方程

$$R''+\frac{1}{\rho}R'-\lambda R=0. \tag{8.80}$$

由本征值问题(8.79),求得本征值和本征函数依次为

$$\lambda_n=\left(\frac{n\pi}{h}\right)^2,\quad Z_n(z)=\sin\frac{n\pi z}{h},\quad n=1,2,\cdots. \tag{8.81}$$

将特征值代入到修正贝塞尔方程(8.80),得到

$$R''+\frac{1}{\rho}R'-\left(\frac{n\pi}{h}\right)^2R=0. \tag{8.82}$$

令 $r=\frac{n\pi}{h}\rho$,则上述方程变成零阶修正贝塞尔方程

$$r^2R''(r)+rR'(r)-r^2R(r)=0. \tag{8.83}$$

于是方程(8.82)的有界解是

$$R_n(\rho)=A_n\mathrm{I}_0\left(\frac{n\pi}{h}\rho\right).$$

将 $Z_n(z)$ 和 $R_n(z)$ 组合并叠加,得到方程满足柱底面齐次边界条件的通解是

$$u(\rho,z)=\sum_{n=1}^{+\infty}A_n\sin\left(\frac{n\pi z}{h}\right)\mathrm{I}_0\left(\frac{n\pi\rho}{h}\right). \tag{8.84}$$

再由柱面上的边界条件 $u|_{\rho=a}=u_0$,得

$$u_0=\sum_{n=1}^{+\infty}A_n\mathrm{I}_0\left(\frac{n\pi a}{h}\right)\sin\left(\frac{n\pi z}{h}\right). \tag{8.85}$$

由上式可以求出展开式的系数为

$$A_n = \frac{2u_0}{n\pi \mathrm{I}_0\left(\frac{n\pi a}{h}\right)}[1-(-1)^n].$$

代入式(8.84)，得定解问题(8.78)的解为

$$u(\rho,z) = \frac{2u_0}{\pi}\sum_{n=1}^{+\infty}\frac{[1-(-1)^n]}{n}\frac{\mathrm{I}_0\left(\frac{n\pi\rho}{h}\right)}{\mathrm{I}_0\left(\frac{n\pi a}{h}\right)}\sin\left(\frac{n\pi z}{h}\right). \tag{8.86}$$

例 8.8　电子光学透镜的某个部件由两个半径为 r 的中空圆柱组成，其电势分别为 u_0 和 $-u_0$. 在两筒中间隙缝(缝宽为 2δ)的侧面边缘处电势可以近似表示为 $u=u_0\sin\frac{\pi z}{2\delta}$. 求圆筒内的电势分布. 圆筒两端的边界条件可以近似地表示为 $u|_{z=\pm l}=\pm u_0$(见图 8.4).

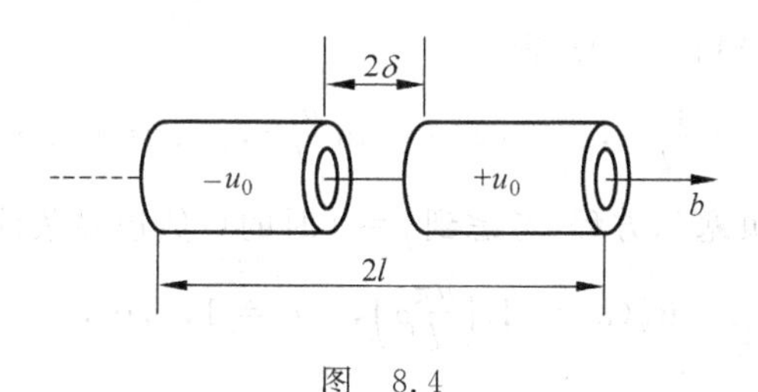

图　8.4

解　由题意，取圆柱坐标，柱内中心线取作 z 轴，原点取在隙缝中心处，由于问题是轴对称的，故电势与 φ 无关. 写出定解问题如下：

$$\begin{cases}\nabla^2 u = 0, & 0\leqslant\rho\leqslant r, -l<z<l, \quad (8.87)\\ u|_{z=-l} = -u_0, & u|_{z=l} = u_0, \quad (8.88)\\ u|_{\rho=r} = \begin{cases} u_0, & \delta<z<l,\\ u_0\sin\frac{\pi z}{2\delta}, & -\delta<z<\delta,\\ -u_0, & -l<z<-\delta.\end{cases} & (8.89)\end{cases}$$

为了简化问题，根据问题的对称性：$+z$ 和 $-z$ 部分正好相差一个负号，因此我们可以只求出 $0\leqslant z\leqslant l$ 部分的解，于是定解问题为

$$\begin{cases}\nabla^2 u = \frac{1}{\rho}\frac{\partial}{\partial\rho}\left(\rho\frac{\partial u}{\partial\rho}\right)+\frac{\partial^2 u}{\partial z^2} = 0, \quad 0\leqslant\rho\leqslant r, 0<z<l, & (8.90)\\ u|_{z=0} = 0, \quad u|_{z=l} = u_0, & (8.91)\\ u|_{\rho=r} = \begin{cases} u_0\sin\frac{\pi z}{2\delta}, & 0<z<\delta,\\ u_0, & \delta\leqslant z\leqslant l.\end{cases} & (8.92)\end{cases}$$

现在求解定解问题(8.90)～(8.92). 先把两组非齐次边界条件中的一组齐次化. 因为式(8.91)容易齐次化，故令

$$u = v + u_0\frac{z}{l}, \tag{8.93}$$

得到 v 的定解问题如下

$$\begin{cases} \dfrac{1}{\rho}\dfrac{\partial}{\partial\rho}\left(\rho\dfrac{\partial v}{\partial\rho}\right)+\dfrac{\partial^2 v}{\partial z^2}=0, \quad 0\leqslant\rho\leqslant r, 0<z<l, & (8.94)\\ v|_{z=0}=0, \quad u|_{z=l}=0, & (8.95)\\ v|_{\rho=r}=\begin{cases} u_0\left(\sin\dfrac{\pi z}{2\delta}-\dfrac{z}{l}\right), & 0<z<\delta,\\ u_0\left(1-\dfrac{z}{l}\right), & \delta\leqslant z\leqslant l. \end{cases} & (8.96) \end{cases}$$

分离变量,令 $v(\rho,z)=R(\rho)Z(z)$,代入到式(8.94)和式(8.95)得到两个常微分方程

$$Z''(z)+\lambda Z(z)=0, \tag{8.97}$$

$$R''(\rho)+\frac{1}{\rho}R'(\rho)-\lambda R=0, \tag{8.98}$$

和边界条件 $Z(0)=Z(l)=0$. (8.99)

解本征值问题(8.97)和(8.99),得

$$\lambda_n=\frac{n^2\pi^2}{l^2}, \quad Z_n(z)=\sin\frac{n\pi}{l}z, \quad n=1,2,\cdots.$$

方程(8.98)是零阶修正贝塞尔方程,考虑到 $\rho=0$ 时的自然边界条件,其解为

$$R_n(\rho)=\mathrm{I}_0\left(\frac{n\pi}{l}\rho\right), \quad n=1,2,\cdots,$$

于是问题的本征解为

$$v_n(\rho,z)=\mathrm{I}_0\left(\frac{n\pi}{l}\rho\right)\sin\frac{n\pi}{l}z, \quad n=1,2,\cdots.$$

将本征解叠加,得到

$$v(\rho,z)=\sum_{n=1}^{+\infty}C_n v_n=\sum_{n=1}^{+\infty}C_n\mathrm{I}_0\left(\frac{n\pi}{l}\rho\right)\sin\frac{n\pi}{l}z. \tag{8.100}$$

由边界条件(8.96)确定 C_n,即

$$v(\rho,z)|_{\rho=r}=\sum_{n=1}^{+\infty}C_n\mathrm{I}_0\left(\frac{n\pi}{l}r\right)\sin\frac{n\pi}{l}z=\begin{cases} u_0\left(\sin\dfrac{\pi z}{2\delta}-\dfrac{z}{l}\right), & 0<z<\delta,\\ u_0\left(1-\dfrac{z}{l}\right), & \delta\leqslant z<l. \end{cases}$$

将右端函数展开为傅里叶级数,有

$$\begin{aligned} C_n\mathrm{I}_0\left(\frac{n\pi}{l}r\right)&=\frac{2}{l}\left[\int_0^\delta u_0\left(\sin\frac{\pi\xi}{2\delta}-\frac{\xi}{l}\right)\sin\frac{n\pi\xi}{l}\mathrm{d}\xi+\int_\delta^l u_0\left(1-\frac{\xi}{l}\right)\sin\frac{n\pi\xi}{l}\mathrm{d}\xi\right]\\ &=\frac{2u_0}{l}\left[\int_0^\delta\sin\frac{\pi\xi}{2\delta}\sin\frac{n\pi\xi}{l}\mathrm{d}\xi-\frac{1}{l}\int_0^l\xi\sin\frac{n\pi\xi}{l}\mathrm{d}\xi+\int_\delta^l\sin\frac{n\pi\xi}{l}\mathrm{d}\xi\right]\\ &=\frac{2u_0}{n\pi}\left[\frac{l^2\cos\dfrac{n\pi}{l}\delta}{l^2-(2n\delta)^2}+2(-1)^{n+1}\right]. \end{aligned}$$

由此可得

$$C_n=\frac{2u_0}{n\pi\mathrm{I}_0\left(\dfrac{n\pi}{l}r\right)}\left[\frac{l^2\cos\dfrac{n\pi}{l}\delta}{l^2-(2n\delta)^2}+2(-1)^{n+1}\right].$$

这样就有

$$v(\rho,z)=\sum_{n=1}^{+\infty}\frac{2u_0}{n\pi}\left[\frac{l^2\cos\frac{n\pi}{l}\delta}{l^2-(2n\delta)^2}+2(-1)^{n+1}\right]\cdot\frac{\mathrm{I}_0\left(\frac{n\pi}{l}\rho\right)}{\mathrm{I}_0\left(\frac{n\pi}{l}r\right)}\sin\frac{n\pi z}{l}.$$

最后

$$u(\rho,z)=u_0\frac{z}{l}+\sum_{n=1}^{+\infty}\frac{2u_0}{n\pi}\left[\frac{l^2\cos\frac{n\pi}{l}\delta}{l^2-(2n\delta)^2}+2(-1)^{n+1}\right]\cdot\frac{\mathrm{I}_0\left(\frac{n\pi}{l}\rho\right)}{\mathrm{I}_0\left(\frac{n\pi}{l}r\right)}\sin\frac{n\pi z}{l}.\tag{8.101}$$

这个解虽然是在 $0\leqslant z\leqslant l$ 范围内得到的，但因为在 $z<0$ 范围与 $z>0$ 范围差一个负号，而解(8.101)符合这一要求，因此就是问题在 $-l\leqslant z\leqslant l$ 整个范围内的解.

在这一章的最后，我们请读者注意，本章求解的定解问题都具有轴对称性，即目标物理量 u 与 φ 无关. 对非轴对称的问题，即 u 与 φ 有关的问题，涉及对已知函数 $f(\rho,\varphi)$ 的二重展开，这里不予讨论.

*8.5 可化为贝塞尔方程的方程

贝塞尔函数是一类非常重要的特殊函数，在实际问题中，有许多微分方程虽然不是贝塞尔方程，但通过变换可以变成贝塞尔方程，其解可以用贝塞尔函数表示. 举例如下.

8.5.1 开尔文方程

开尔文方程为

$$x^2\frac{\mathrm{d}^2y}{\mathrm{d}x^2}+x\frac{\mathrm{d}y}{\mathrm{d}x}-(\mathrm{i}\beta^2x^2+m^2)y=0.\tag{8.102}$$

如设 $x_1=\sqrt{-\mathrm{i}}\beta x$，则方程(8.102)变成 x_1 的贝塞尔方程，它的解是 x_1 的贝塞尔函数，如 $\mathrm{J}_m(x_1)$，$\mathrm{H}_m^{(1)}(x_1)$，$\mathrm{K}_m(x_1)$等. 今将其实部与虚部分开，称作开尔文函数，即

$$beR_m(\beta x)=\mathrm{Re}\mathrm{J}_m(\sqrt{-\mathrm{i}}\beta x),$$
$$be\mathrm{I}_m(\beta x)=\mathrm{Im}\mathrm{J}_m(\sqrt{-\mathrm{i}}\beta x);$$
$$heR_m(\beta x)=\mathrm{Re}\mathrm{H}_m^{(1)}(\sqrt{-\mathrm{i}}\beta x),$$
$$he\mathrm{I}_m(\beta x)=\mathrm{Im}\mathrm{H}_m^{(1)}(\sqrt{-\mathrm{i}}\beta x);$$
$$KeR_m(\beta x)=\mathrm{Re}\mathrm{K}_m(\sqrt{-\mathrm{i}}\beta x),$$
$$Ke\mathrm{I}_m(\beta x)=\mathrm{Im}\mathrm{K}_m(\sqrt{-\mathrm{i}}\beta x).$$

其中 $H_m^{(1)}(x)$表示第三类贝塞尔函数.

8.5.2 其他例子

下面几个方程皆可化成贝塞尔方程，并给出解(贝塞尔函数用 Z_m 表示).

(1) $y''+bx^my=0$，　(8.103)

$$y=\sqrt{x}\mathrm{Z}_{\frac{1}{m+2}}\left(\frac{2\sqrt{b}}{m+2}x^{\frac{m+2}{2}}\right).$$

(2) $y''+\frac{1}{x}y'-\left[\frac{1}{x}+\left(\frac{m}{2x}\right)^2\right]y=0$, (8.104)

$$y=Z_m(2\mathrm{i}\sqrt{x}).$$

(3) $y''+\left(\frac{2m+1}{x}-k\right)y'-\frac{2m+1}{2x}ky=0$, (8.105)

$$y=\frac{1}{x^m}\mathrm{e}^{\frac{kx}{2}}Z_m\left(\frac{\mathrm{j}kx}{2}\right).$$

(4) $y''+\frac{1-2a}{x}y'+\left[(\beta rx^{r-1})^2+\frac{\alpha^2-m^2r^2}{x^2}\right]y=0$, (8.106)

$$y=x^a Z_m(\beta x^r).$$

(5) $y''+\left(\frac{1}{x}-2\tan x\right)y'-\left(\frac{m^2}{x^2}+\frac{\tan x}{x}\right)y=0$, (8.107)

$$y=\frac{1}{\cos x}Z_m(x).$$

(6) $y''+\left(\frac{1}{x}-2u\right)y'+\left(1+\frac{m^2}{x^2}+u^2-u'-\frac{u}{x}\right)y=0$, (8.108)

$$y=\mathrm{e}^{\int u\mathrm{d}x}Z_m(x).$$

其他就不一一列举了.

8.5.3 含贝塞尔函数的积分

计算含贝塞尔函数的积分,在前面曾用递推关系计算过.不过在被积函数不是贝塞尔函数与幂函数乘积的情况下,这种方法就不好用了.有时常常是把贝塞尔函数表示成级数,交换积分与求和的次序,先积分后求和得出结果.下面看两个例子.

(1) Sonine第一积分公式

$$\begin{aligned}
&\int_0^{\pi/2}\mathrm{J}_\mu(z\sin\theta)\,(\sin\theta)^{\mu+1}\,(\cos\theta)^{2v+1}\,\mathrm{d}\theta \\
&=\sum_{k=0}^{+\infty}\frac{(-1)^k}{k!\,\Gamma(k+\mu+1)}\left(\frac{z}{2}\right)^{2k+\mu}\int_0^{\pi/2}(\sin\theta)^{2k+2\mu+1}\,(\cos\theta)^{2v+1}\mathrm{d}\theta \\
&=\sum_{k=0}^{+\infty}\frac{(-1)^k}{k!\,\Gamma(k+\mu+1)}\left(\frac{z}{2}\right)^{2k+\mu}\frac{\Gamma(k+\mu+1)\Gamma(v+1)}{2\Gamma(k+\mu+v+2)} \\
&=\frac{2^v\Gamma(v+1)}{Z^{v+1}}\mathrm{J}_{\mu+v+1}(z),\quad \text{其中 } \mathrm{Re}\mu,\mathrm{Re}v>-1.
\end{aligned} \tag{8.109}$$

(2) 求积分

$$\begin{aligned}
I&=\int_0^{+\infty}\mathrm{e}^{-\alpha x}\mathrm{J}_0(\beta x)\mathrm{d}x=\int_0^{+\infty}\mathrm{e}^{-\alpha x}\sum_{k=0}^{\infty}\frac{(-1)^k}{(k!)^2}\left(\frac{\beta x}{2}\right)^{2k}\mathrm{d}x \\
&=\sum_{k=0}^{+\infty}\frac{(-1)^k}{(k!)^2}\left(\frac{\beta x}{2}\right)^{2k}\int_0^{+\infty}\mathrm{e}^{-\alpha x}x^{2k}\mathrm{d}x=\sum_{k=0}^{+\infty}\frac{(-1)^k}{(k!)^2}\left(\frac{\beta x}{2}\right)^{2k}\alpha^{-2k-1}(2k)! \\
&=\frac{1}{\alpha}\sum_{k=0}^{\infty}\frac{(-1)^k}{(k!)^2}\frac{(2k)!}{2^{2k}}\left(\frac{\beta}{\alpha}\right)^{2k}=\frac{1}{\alpha}\sum_{k=0}^{\infty}\begin{bmatrix}-\frac{1}{2}\\ k\end{bmatrix}\left(\frac{\beta}{\alpha}\right)^{2k}
\end{aligned}$$

$$=\frac{1}{\alpha\sqrt{1+\left(\frac{\beta}{\alpha}\right)^2}}=\frac{1}{\sqrt{\alpha^2+\beta^2}}. \tag{8.110}$$

在此式推导过程中，利用了 $\alpha>\beta$ 的条件，但结果并不受此条件的限制.

事实上，这个积分亦可利用 $\mathrm{J}_0(\beta x)$ 的积分表示进行计算.

$$\begin{aligned}\int_0^{+\infty}\mathrm{e}^{-\alpha x}\mathrm{J}_0(\beta x)\mathrm{d}x&=\frac{1}{2\pi}\int_0^{+\infty}\mathrm{e}^{-\alpha x}\mathrm{d}x\int_{-\pi}^{\pi}\mathrm{e}^{\mathrm{j}\beta x\sin\theta}\mathrm{d}\theta\\&=\frac{1}{2\pi}\int_{-\pi}^{\pi}\mathrm{d}\theta\int_0^{+\infty}\mathrm{e}^{-\alpha x+\mathrm{j}\beta x\sin\theta}\mathrm{d}x=\frac{1}{2\pi}\int_{-\pi}^{\pi}\frac{\mathrm{d}\theta}{\alpha-\mathrm{j}\beta\sin\theta}\\&=\frac{1}{2\pi}\int_{-\pi}^{\pi}\frac{(\alpha+\mathrm{j}\beta\sin\theta)}{\alpha^2+\beta^2\sin^2\theta}\mathrm{d}\theta=\frac{\alpha}{2\pi}\int_{-\pi}^{\pi}\frac{\mathrm{d}\theta}{\alpha^2+\beta^2\sin^2\theta}\\&=\frac{1}{\sqrt{\alpha^2+\beta^2}}.\end{aligned} \tag{8.111}$$

最后积分是利用复变函数积分法求出的. 两者结果相同.

习题 8

1. 试用平面极坐标系把二维波动方程分离变量：

$$u_{tt}-a^2(u_{xx}+u_{yy})=0,$$

即得到各相关单元函数所满足的常微分方程.

2. 写出 $\mathrm{J}_0(x)$，$\mathrm{J}_1(x)$，$\mathrm{J}_n(x)$（n 为正整数）级数表达式的前 5 项.

3. 证明 $\mathrm{J}_{2n-1}(0)=0$，其中 $n=1,2,3,\cdots$.

4. 证明 $y=\mathrm{J}_n(\alpha x)$ 为方程 $x^2y''+xy'+(\alpha^2x^2-n^2)y=0$ 的解.

5. 试证 $y=x^{\frac{1}{2}}\mathrm{J}_{\frac{3}{2}}(x)$ 是方程 $x^2y''+(x^2-2)y=0$ 的一个解.

6. 试证 $y=x\mathrm{J}_n(x)$ 是方程 $x^2y''-xy'+(1+x^2-n^2)y=0$ 的一个解.

7. 利用递推公式证明：

(1) $\mathrm{J}_2(x)=\mathrm{J}_0''(x)-\frac{1}{x}\mathrm{J}_0'(x)$；　　(2) $\mathrm{J}_3(x)+3\mathrm{J}_0'(x)+4\mathrm{J}'''_0(x)=0$.

8. 求解半径为 R、边界固定的圆形薄膜的轴对称振动问题，设 $t=0$ 时在膜上 $\rho\leqslant\varepsilon$ 处有一冲量的垂直作用.

9. 半径为 b 的圆形薄膜，边缘固定，初始形状是旋转抛物面

$$u|_{t=0}=(1-\rho^2/b^2)H,$$

初始速度分布为零. 求解膜的振动情况.

10. 一均匀无限长圆柱体，体内无热源，通过柱体表面沿法向的热量为常数 q，若柱体的初始温度也为常数 u_0，求任意时刻柱体的温度分布.

11. 圆柱空腔内电磁振荡的定解问题为

$$\begin{cases}\nabla^2u+\lambda u=0,\quad\sqrt{\lambda}=\dfrac{\omega}{c},\\u|_{\rho=a}=0,\\\left.\dfrac{\partial u}{\partial z}\right|_{z=0}=\left.\dfrac{\partial u}{\partial z}\right|_{z=l}=0.\end{cases}$$

试证电磁振荡的固有频率为

$$\omega_{mn}=c\sqrt{\lambda}=c\sqrt{\left(\frac{x_m^{(0)}}{a}\right)^2+\left(\frac{n\pi}{l}\right)^2},\quad n=0,1,2,\cdots;\ m=1,2,\cdots.$$

12. 半径为 R、高为 H 的圆柱内无电荷，柱体下底和柱面保持零电位，上底电位为 $f(\rho)=\rho^2$，求柱体内各内点的电位分布. 定解问题为(取柱坐标)

$$\begin{cases}\nabla^2 u=0,\\ u\big|_{z=0}=0,\quad u\big|_{z=H}=\rho^2,\\ u\big|_{\rho=0}\neq\infty,\quad u\big|_{\rho=R}=0.\end{cases}$$

*13. 圆柱体半径为 R、高为 H，上底保持温度 u_1，下底保持温度 u_2，侧面温度分布为

$$f(z)=\frac{2u_1}{H}\left(z-\frac{H}{2}\right)z+\frac{2u_2}{H}(H-z),$$

求柱内各点的稳定温度分布.

例题补充

例1 根据 $x^v\mathrm{J}_{v-1}(x)\mathrm{d}x=\mathrm{d}[x^v\mathrm{J}_v(x)]$，(1) 计算：$\int\mathrm{J}_1(\sqrt[3]{x})\mathrm{d}x$；(2) 求证：$\int\frac{\mathrm{J}_2(x)}{x^2}\mathrm{d}x=\frac{-\mathrm{J}_2(x)}{3x}-\frac{\mathrm{J}_1(x)}{3}+\frac{1}{3}\int\mathrm{J}_0(x)\mathrm{d}x$.

(1) **解** 令 $\sqrt[3]{x}=t$，则 $\mathrm{d}x=3t^2\mathrm{d}t$，于是

$$\int\mathrm{J}_1(\sqrt[3]{x})\mathrm{d}x=3\int t^2\mathrm{J}_1(t)\mathrm{d}t=3\int\mathrm{d}[t^2\mathrm{J}_2(t)]=3t^2\mathrm{J}_2(t)+C=3\sqrt[3]{x^2}\mathrm{J}_2(\sqrt[3]{x})+C.$$

(2) **证明** 根据题设可得

$$\begin{aligned}\int\frac{\mathrm{J}_2(x)}{x^2}\mathrm{d}x&=\int x^2\mathrm{J}_2(x)\mathrm{d}\frac{x^{-3}}{-3}=-\frac{1}{3}\left[x^{-3}x^2\mathrm{J}_2(x)-\int x^{-3}x^2\mathrm{J}_1(x)\mathrm{d}x\right]\\&=-\frac{1}{3}\left[x^{-3}x^2\mathrm{J}_2(x)-\int\frac{x\mathrm{J}_1(x)}{x^2}\mathrm{d}x\right]\\&=-\frac{1}{3}\left[\frac{\mathrm{J}_2(x)}{x}+\frac{1}{x}\cdot x\mathrm{J}_1(x)-\int\frac{1}{x}\cdot x\mathrm{J}_0(x)\mathrm{d}x\right]\\&=-\frac{\mathrm{J}_2(x)}{3x}-\frac{1}{3}\mathrm{J}_1(x)+\frac{1}{3}\int\mathrm{J}_0(x)\mathrm{d}x.\end{aligned}$$

例2 设 λ_n 为 $\mathrm{J}_0(x)=0$ 的正根，证明：$\frac{1-x^2}{8}=\sum_{n=1}^{+\infty}\frac{\mathrm{J}_0(\lambda_n x)}{\lambda_n^3\mathrm{J}_1(\lambda_n x)}$，$0<x<1$.

证明 设 $f(x)=\frac{1-x^2}{8}=\sum_{n=1}^{+\infty}f_n\mathrm{J}_0(\lambda_n x)$，则因 $\mathrm{J}_n(\lambda_n)=0$，$f(x)\big|_{x=1}=0$，

$$f_n=\frac{1}{[N_n^{(0)}]^2}\int_0^1\frac{1-x^2}{8}\mathrm{J}_0(\lambda_n x)x\mathrm{d}x.\tag{*}$$

其中 $[N_n^{(0)}]^2=\frac{1}{2}[\mathrm{J}_1(\lambda_n)]^2$，而

$$\begin{aligned}\int_0^1\frac{1-x^2}{8}\mathrm{J}_0(\lambda_n x)x\mathrm{d}x&=\frac{1}{8}\int_0^1\mathrm{J}_0(\lambda_n x)x\mathrm{d}x-\frac{1}{8}\int_0^1x^3\mathrm{J}_0(\lambda_n x)\mathrm{d}x\\&=\frac{1}{8}\left[\frac{1}{\lambda_n^2}\cdot\lambda_n x\cdot\mathrm{J}_1(\lambda_n x)\Big|_0^1-\left(\frac{1}{\lambda_n}-\frac{4}{\lambda_n^3}\right)\mathrm{J}_1(\lambda_n)\right]\end{aligned}$$

$$=\frac{1}{8}\left[\frac{1}{\lambda_n}J_1(\lambda_n)-\frac{1}{\lambda_n}J_1(\lambda_n)+\frac{4}{\lambda_n^3}J_1(\lambda_n)\right]=\frac{J_1(\lambda_n)}{2\lambda_n^3},$$

代入(*)得

$$f_n=\frac{2}{J_1^2(\lambda_n)}\frac{J_1(\lambda_n)}{2\lambda_n^3}=\frac{1}{\lambda_n^3J_1(\lambda_n)},$$

于是

$$\frac{1-x^2}{8}=\sum_{n=1}^{+\infty}\frac{J_0(\lambda_n x)}{\lambda_n^3J_1(\lambda_n x)},\quad 0<x<1.$$

例 3　求解半径为 R 的圆形薄膜的稳恒振动,已知每单位面积上作用的周期力为 $f=A\sin\omega t$.

解　设薄膜均匀,单位面积的质量为 ρ,则均匀圆膜的受迫横振动方程为

$$u_{tt}-a^2\nabla^2u=\frac{f}{\rho},\quad a^2=\frac{T}{\rho}.$$

取极坐标系,以圆膜中心为极点,则振动与 φ 无关,从而方程为

$$u_{tt}-a^2\left(u_{\rho\rho}+\frac{1}{\rho}u_\rho\right)=\frac{f}{\rho}.\tag{1}$$

求解在周期力作用下的稳恒振动,即是"没有初始条件"的问题,振动周期与外力周期相同.可设

$$u(\rho,t)=v(\rho)\sin\omega t.$$

由于 $f=A\sin\omega t$,所以

$$\begin{cases}v''+\dfrac{1}{\rho}v'+\dfrac{\omega^2}{a^2}v=-\dfrac{A}{a^2\rho},\\ v\big|_{\rho=R}=0.\end{cases}\tag{2}$$

式(2)是非齐次方程,不能直接求解.但是非齐次项是常数,故可令 $W=v+\dfrac{A}{a^2\rho}$ 及 $x=\dfrac{\omega}{a}\rho$,将定解问题(2)变成

$$\begin{cases}W''+\dfrac{1}{x}W'+W=0,\\ W\big|_{x=\frac{\omega}{a}R}=\dfrac{A}{a^2\rho}.\end{cases}\tag{3}$$

式(3)中的方程是零阶贝塞尔方程,在圆内的有限解为

$$W(x)=CJ_0(x),$$

代入式(3)中的边界条件得

$$CJ_0\left(\frac{\omega}{a}R\right)=\frac{A}{a^2\rho},\quad 即\quad C=\frac{A}{a^2\rho J_0\left(\dfrac{\omega}{a}R\right)},$$

于是 $W=\dfrac{A}{a^2\rho J_0\left(\dfrac{\omega}{a}R\right)}J_0(x)$,$v=\dfrac{A}{a^2\rho}\left[\dfrac{J_0\left(\dfrac{\omega}{a}\rho\right)}{J_0\left(\dfrac{\omega}{a}R\right)}-1\right]$,因此有

$$u=\frac{A}{a^2\rho}\left[\frac{J_0\left(\frac{\omega}{a}\rho\right)}{J_0\left(\frac{\omega}{a}R\right)}-1\right]\sin\omega t.$$

例 4 半径为 R 的半圆形膜,边缘固定,求其本征频率和本征振动.定解问题为(取极坐标)

$$\begin{cases}u_{tt}-a^2\nabla^2 u=0, & 0\leqslant\varphi\leqslant 2\pi, 0\leqslant\rho\leqslant R,\\ |u|_{\rho=0}\neq\infty, & u|_{\rho=R}=0,\\ u|_{\varphi=0}=u|_{\varphi=2\pi}.\end{cases}\tag{1}$$

解 令 $u=v(\rho)\Phi(\varphi)T(t)$,代入定解问题(1)并分离变量得

$$\begin{cases}\Phi''+m^2\Phi=0,\\ \Phi|_{\varphi=0}=\Phi|_{\varphi=2\pi},\end{cases}\tag{2}$$

$$\begin{cases}v''+\frac{1}{\rho}v'+\left(\lambda^2-\frac{m^2}{\rho^2}\right)v=0,\\ v|_{\rho=0}\neq\infty, \quad v|_{\rho=R}=0,\end{cases}\tag{3}$$

$$T''+\lambda^2a^2T=0.\tag{4}$$

本征值问题(2)的解为

$$\Phi=A_1\cos m\varphi+A_2\sin m\varphi, \quad m=0,1,2,\cdots.$$

本征值问题(3)在圆内有有限解

$$v=B_1J_m(\lambda\rho).$$

由 $v|_{\rho=R}=0$ 知 $J_m(\lambda R)=0$.令 $x_n^{(m)}$ 为 $J_m(x)=0$ 的第 n 个零点,则

$$\lambda_n^{(m)}=\frac{x_n^{(m)}}{R}, \quad v_n=B_nJ_m\left(\frac{x_n^{(m)}}{R}\rho\right), \quad n=1,2,\cdots.$$

方程(4)的解为

$$T_{m,n}=C\cos\frac{x_n^{(m)}}{R}at+D\sin\frac{x_n^{(m)}}{R}at,$$

所以本征振动为

$$u_{nm}=\left[A_{nm}\cos\frac{x_n^{(m)}}{R}at+B_{nm}\sin\frac{x_n^{(m)}}{R}at\right]J_m\left(\frac{x_n^{(m)}}{R}\rho\right)\sin m\varphi,$$

本征频率为 $\omega_{n,m}=\frac{a}{R}x_n^{(m)}$.

例 5 半径为 R、高为 H 的圆柱内无电荷,柱体下底和柱面保持零电位,上底电位为 $f(\rho)=\rho^2$,求柱体内各内点的电位分布.定解问题为(取柱坐标)

$$\begin{cases}\nabla^2u=0,\\ u|_{z=0}=0, \quad u|_{z=H}=\rho^2,\\ u|_{\rho=0}\neq\infty, \quad u|_{\rho=R}=0.\end{cases}\tag{1}$$

解 由边界条件知问题与 φ 无关(即 $m=0$).因侧面是第一类边界条件,故其本征值 λ 由 $J_0(\lambda R)=0$ 决定,即 $\lambda_n^{(0)}=\frac{x_n^{(0)}}{R}(n=1,2,3,\cdots)$,其中 $x_n^{(0)}$ 为 $J_0(\lambda R)=0$ 的第 n 个零点.

柱内问题的有限解为

$$u=\sum_{n=1}^{+\infty}\left(A_n e^{\frac{x_n^{(0)}}{R}z}+B_n e^{-\frac{x_n^{(0)}}{R}z}\right)J_0(\lambda_n^{(0)}\rho).$$

由边界条件(1)的第二式得

$$\begin{cases}\sum_{n=1}^{+\infty}(A_n+B_n)J_0(\lambda_n^{(0)}\rho)=0,\\ \sum_{n=1}^{+\infty}\left(A_n e^{\frac{x_n^{(0)}}{R}H}+B_n e^{-\frac{x_n^{(0)}}{R}H}\right)J_0(\lambda_n^{(0)}\rho)=\rho^2.\end{cases} \tag{2}$$

由式(2)的第一式得 $B_n=-A_n$. 由式(2)的第二式得

$$A_n=\frac{1}{R^2\left[J_1(x_n^{(0)})\right]^2\sinh\left(\frac{x_n^{(0)}}{R}H\right)}\int_0^R\rho^2 J_0(x_n^{(0)}\rho)\rho d\rho$$

$$=\frac{R^2}{x_n^{(0)}J_1(x_n^{(0)})\sinh\left(\frac{x_n^{(0)}}{R}H\right)}\left[1-\frac{4}{\left[x_n^{(0)}\right]^2}\right],$$

于是

$$u=2R^2\sum_{n=0}^{+\infty}\frac{J_0\left(\frac{x_n^{(0)}}{R}\rho\right)\sinh\left(\frac{x_n^{(0)}}{R}z\right)}{x_n^{(0)}J_1(x_n^{(0)})\sinh\left(\frac{x_n^{(0)}}{R}H\right)}\left[1-\frac{4}{\left[x_n^{(0)}\right]^2}\right].$$

例 6 研究电磁波及横电波在半径为 R 的圆形波导(空心金属管道)中的传播规律.

解 由 5.1 节知道,电磁波满足如下矢量波动方程

$$\frac{\partial^2 \boldsymbol{E}}{\partial t^2}=a^2\nabla^2\boldsymbol{E},\quad \frac{\partial^2 \boldsymbol{H}}{\partial t^2}=a^2\nabla^2\boldsymbol{H}, \tag{1}$$

其中 $\boldsymbol{E}$ 和 $\boldsymbol{H}$ 依次为电场强度和磁场强度. 现将时间 t 和空间变量 $\boldsymbol{r}$ 分离,即令

$$\boldsymbol{E}(\boldsymbol{r},t)=\boldsymbol{E}(\boldsymbol{r})T(t),\quad \boldsymbol{H}(\boldsymbol{r},t)=\boldsymbol{H}(\boldsymbol{r})T(t), \tag{2}$$

代入式(1),将该矢量波动方程分解为

$$T''(t)+a^2k^2T(t)=0, \tag{3}$$

和

$$\nabla^2\boldsymbol{E}(\boldsymbol{r})+k^2\boldsymbol{E}(\boldsymbol{r})=\boldsymbol{0},\quad \nabla^2\boldsymbol{H}(\boldsymbol{r})+k^2\boldsymbol{H}(\boldsymbol{r})=\boldsymbol{0}, \tag{4}$$

这里 k^2 是分离常数. 常微分方程(3)的通解为

$$T(t)=A\cos akt+B\sin akt.$$

偏微分方程(4)是矢量形式的亥姆霍兹方程,它实际上可以写成三个分量形式,在直角坐标系中就是

$$\begin{cases}\nabla^2E_x+k^2E_x=0,\quad \nabla^2E_y+k^2E_y=0,\quad \nabla^2E_z+k^2E_z=0;\\ \nabla^2H_x+k^2H_x=0,\quad \nabla^2H_y+k^2H_z=0,\quad \nabla^2H_z+k^2H_z=0.\end{cases}$$

而本题讨论的是圆形波导的问题,故需采用圆柱坐标. 在圆柱坐标中,方程(4)中各向量的分量满足

$$\begin{cases}\nabla^2 E_\rho-\dfrac{E_\rho}{\rho^2}-\dfrac{2}{\rho^2}\dfrac{\partial E_\varphi}{\partial\varphi}+k^2E_\rho=0,\\ \nabla^2 E_\varphi-\dfrac{E_\varphi}{\rho^2}+\dfrac{2}{\rho^2}\dfrac{\partial E_\rho}{\partial\varphi}+k^2E_\varphi=0,\\ \nabla^2 E_z+k^2E_z=0\end{cases}\quad\text{和}\quad\begin{cases}\nabla^2 H_\rho-\dfrac{H_\rho}{\rho^2}-\dfrac{2}{\rho^2}\dfrac{\partial H_\varphi}{\partial\varphi}+k^2H_\rho=0,\\ \nabla^2 H_\varphi-\dfrac{H_\varphi}{\rho^2}+\dfrac{2}{\rho^2}\dfrac{\partial H_\rho}{\partial\varphi}+k^2H_\varphi=0,\\ \nabla^2 H_z+k^2H_z=0.\end{cases}\tag{5}$$

在两组方程的前两个方程中，$E_\rho(H_\rho)$ 和 $E_\varphi(H_\varphi)$ 是耦合在一起的，求解将相当复杂. 第三个方程中只含有一个变量 $E_z(H_z)$，是标量形式的亥姆霍兹方程，求解相对简单. 如果能设法将 $\boldsymbol{E}$ 和 $\boldsymbol{H}$ 用 E_z 和 H_z 表示，问题就将归结为求解 E_z 和 H_z 的亥姆霍兹方程，求解将大大简化. 幸运的是，这是可以做到的，下面我们就来做把 $\boldsymbol{E}$ 和 $\boldsymbol{H}$ 用 E_x 和 H_x 表示出来的工作.

研究电磁波在圆形波导中传播的问题时，取管轴为 z 轴，设电磁波沿着管轴以谐波的形式传播

$$\begin{cases}\boldsymbol{E}(\rho,\varphi,z,t)=\boldsymbol{S}(\rho,\varphi)\mathrm{e}^{\mathrm{i}(hz-kct)},\\ \boldsymbol{H}(x,y,z,t)=\boldsymbol{T}(\rho,\varphi)\mathrm{e}^{\mathrm{i}(hz-kct)},\end{cases}\tag{6}$$

将式(5)代入麦克斯韦方程

$$\frac{\partial\boldsymbol{E}}{\partial t}=\frac{1}{\varepsilon}\nabla\times\boldsymbol{H}\quad\text{和}\quad\frac{\partial\boldsymbol{H}}{\partial t}=-\frac{1}{\mu}\nabla\times\boldsymbol{E},$$

(其中 ε 和 μ 分别表示介质的介电常数和磁导率)并用分量表示，有

$$\begin{cases}-\mathrm{i}kcS_\rho=\dfrac{1}{\varepsilon}\left(\dfrac{1}{\rho}\dfrac{\partial T_z}{\partial\varphi}-\mathrm{i}hT_\varphi\right),\\ -\mathrm{i}kcS_\varphi=\dfrac{1}{\varepsilon}\left(\mathrm{i}hT_\rho-\dfrac{\partial T_z}{\partial\rho}\right),\\ -\mathrm{i}kcS_z=\dfrac{1}{\varepsilon}\left(\dfrac{\partial T_\varphi}{\partial\rho}+\dfrac{1}{\rho}T_\varphi-\dfrac{1}{\rho}\dfrac{\partial T_\rho}{\partial\varphi}\right);\end{cases}\tag{7}$$

和

$$\begin{cases}\mathrm{i}kcT_\rho=\dfrac{1}{\mu}\left(\dfrac{1}{\rho}\dfrac{\partial S_z}{\partial\varphi}-\mathrm{i}hS_\varphi\right),\\ \mathrm{i}kcT_\varphi=\dfrac{1}{\mu}\left(\mathrm{i}hS_\rho-\dfrac{\partial S_z}{\partial\rho}\right),\\ \mathrm{i}kcT_z=\dfrac{1}{\mu}\left(\dfrac{\partial S_\varphi}{\partial\rho}+\dfrac{1}{\rho}S_\varphi-\dfrac{1}{\rho}\dfrac{\partial S_\rho}{\partial\varphi}\right).\end{cases}\tag{8}$$

从式(7)的第一式和式(8)的第二式中可以解出 S_ρ 和 T_φ，从式(7)的第二式和式(8)的第一式可以解出 S_φ 和 T_ρ，这里解出的意思是用 S_z 和 T_z 表示出：

$$\begin{cases}S_\rho=\dfrac{\mathrm{i}}{k^2-h^2}\left(h\dfrac{\partial S_z}{\partial\rho}+k\dfrac{1}{\rho}\sqrt{\dfrac{\mu}{\varepsilon}}\dfrac{\partial T_z}{\partial\varphi}\right),\\ S_\varphi=\dfrac{\mathrm{i}}{k^2-h^2}\left(h\dfrac{1}{\rho}\dfrac{\partial S_z}{\partial\varphi}-k\sqrt{\dfrac{\mu}{\varepsilon}}\dfrac{\partial T_z}{\partial\rho}\right);\end{cases}\tag{9}$$

$$\begin{cases}T_\rho=\dfrac{\mathrm{i}}{k^2-h^2}\left(h\dfrac{\partial T_z}{\partial\rho}-k\dfrac{1}{\rho}\sqrt{\dfrac{\mu}{\varepsilon}}\dfrac{\partial S_z}{\partial\varphi}\right),\\ T_\varphi=\dfrac{\mathrm{i}}{k^2-h^2}\left(h\dfrac{1}{\rho}\dfrac{\partial T_z}{\partial\varphi}+k\sqrt{\dfrac{\mu}{\varepsilon}}\dfrac{\partial S_z}{\partial\rho}\right).\end{cases}\tag{10}$$

这样就把 $\boldsymbol{E}$ 和 $\boldsymbol{H}$ 用 S_z 和 T_z 表示出来了. E_z 和 H_z 满足标量形式的亥姆霍兹方程 $\nabla^2 E_z + k^2 E_z = 0$ 和 $\nabla^2 H_z + k^2 H_z = 0$. 以

$$\begin{cases} E_z(\rho,\varphi,z,t) = S_z(\rho,\varphi)\mathrm{e}^{\mathrm{i}(hz-kct)}, \\ H_z(x,y,z,t) = T_z(\rho,\varphi)\mathrm{e}^{\mathrm{i}(hz-kct)} \end{cases}$$

代入,可得

$$\begin{cases} \nabla^2 S_z + (k^2 - h^2) S_z = 0, \\ \nabla^2 T_z + (k^2 - h^2) T_z = 0. \end{cases} \tag{11}$$

现在全部问题归结为求解亥姆霍兹方程(11).

方程(11)中的 h 应为实数,否则意味着 E 和 H 沿着管道衰减而通不过波导. 对于横磁波(通常称为 TM 波),$T_z = 0$,因此只需从亥姆霍兹方程

$$\nabla^2 S_z + (k^2 - h^2) S_z = 0 \tag{12}$$

中解出 S_z 即可. 如果波导内壁导电性很好,电磁波频率又不是特别高,可以把边界条件写成

$$S_z \big|_{\rho=R} = 0. \tag{13}$$

亥姆霍兹方程(12)的分离变量形式的解为

$$S_z = \mathrm{J}_m(\sqrt{k^2 - h^2}\,\rho) \begin{Bmatrix} \cos m\varphi \\ \sin m\varphi \end{Bmatrix}. \tag{14}$$

由边界条件(13)可得

$$\sqrt{k^2 - h^2}\,R = x_n^{(m)}, \quad x_n^{(m)} \text{ 是 } \mathrm{J}_m(x) \text{ 的第 } n \text{ 个零点}. \tag{15}$$

把 $T_z = 0$ 和上面求出的 S_z 代入到式(9)和式(10),就得到 S 和 T 的各个分量

$$\begin{cases} S_\rho = \dfrac{\mathrm{i}hR}{x_n^{(m)}} \mathrm{J}'_m\left(\dfrac{x_n^{(m)}}{R}\rho\right) \begin{Bmatrix} \cos m\varphi \\ \sin m\varphi \end{Bmatrix}, \\ S_\varphi = \dfrac{\mathrm{i}mhR^2}{\rho\,[x_n^{(m)}]^2} \mathrm{J}_m\left(\dfrac{x_n^{(m)}}{R}\rho\right) \begin{Bmatrix} \sin m\varphi \\ -\cos m\varphi \end{Bmatrix}, \\ S_z = \mathrm{J}_m\left(\dfrac{x_n^{(m)}}{R}\rho\right) \begin{Bmatrix} \cos m\varphi \\ \sin m\varphi \end{Bmatrix}; \\ T_\rho = \dfrac{\mathrm{i}mkR^2}{[x_n^{(m)}]^2\rho} \sqrt{\dfrac{\varepsilon}{\mu}}\, \mathrm{J}_m\left(\dfrac{x_n^{(m)}}{R}\rho\right) \begin{Bmatrix} -\sin m\varphi \\ \cos m\varphi \end{Bmatrix}, \\ T_\varphi = \dfrac{\mathrm{i}kR}{x_n^{(m)}} \sqrt{\dfrac{\varepsilon}{\mu}}\, \mathrm{J}'_m\left(\dfrac{x_n^{(m)}}{R}\rho\right) \begin{Bmatrix} \cos m\varphi \\ \sin m\varphi \end{Bmatrix}, \\ T_z = 0. \end{cases} \tag{16}$$

以上各式遍乘 $\mathrm{e}^{\mathrm{i}(hx-kct)}$,就得到 $\boldsymbol{E}$ 和 $\boldsymbol{H}$ 的各个分量. 对应于某一特定的 m 和某一特定的 n,分离变量形式的解称为这种波导中电磁波的一个特定模式.

本例就利用求得的分离变量形式的解,亦即各种模式来讨论哪些模式能够通过波导,哪些不能的问题. 而不是把这些分离变量形式的解叠加起来,再利用初始条件定叠加常数. 因为在实际工作中正是要创造条件激发起某一个或某一些模式,而抑制其他所有模式.

将式(15)改写成

$$h = \sqrt{k^2 - [x_n^{(m)}/R]^2}.$$

要使这种模式的电磁波能够通过波导，h 必须为实数，也就是说要有

$$k \geqslant \frac{x_n^{(m)}}{R}. \tag{17}$$

因为波矢 k 和波长 λ 之间的关系是 $k=\frac{2\pi}{\lambda}$，所以式(17)变成

$$x_n^{(m)} \leqslant \frac{2\pi R}{\lambda}. \tag{18}$$

由贝塞尔函数的性质知，对于一定的 n，m 越大则 $\frac{x_n^{(m)}}{R}$ 越大；对于一定的 m，n 越大，则 $\frac{x_n^{(m)}}{R}$ 越大. 因此对于特定的电磁波，λ 是一定的，波导越粗(R 越大)，符合式(17)的 $x_n^{(m)}$ 个数越多，即能通过的电磁波的模式越多，称为多模式传播.

在所有 $x_n^{(m)}$ 中，绝对值最小的非零零点是 $\mathrm{J}_0(x)$ 的第一个零点 $x_1^{(0)}=2.405$，其次是 $\mathrm{J}_1(x)$ 的第一个零点 $x_1^{(1)}=3.832$，这样，如果波导的半径满足

$$\frac{\lambda}{2\pi}x_1^{(0)} < R < \frac{\lambda}{2\pi}x_1^{(1)}, \quad 即 \quad \frac{2\pi R}{x_1^{(0)}} > \lambda > \frac{2\pi R}{x_1^{(1)}},$$

则只有 $m=0$(根据式(17)，这意味着电磁场的分布以波导的轴为对称轴)而且 $n=1$(根据式(17)，这意味着从管轴 $\rho=0$ 到管壁 $\rho=R$ 不存在节点)的模式通过波导. 如果 $R<\frac{\lambda}{2\pi}x_1^{(0)}$，即 $\lambda>\frac{2\pi R}{x_1^{(0)}}$，则什么模式也不能通过波导.

对于横电波(通常称为 TE 波，即 $E_z=0$)情形，讨论与 TM 情形相同. 只是这时设 $S_z=0$，故只需求 T_z.

在管壁上可认为 $S_\varphi=0$. 又因

$$S_\varphi = \frac{\mathrm{i}}{k^2-h^2}\left(h\,\frac{1}{\rho}\,\frac{\partial S_z}{\partial \varphi} - k\sqrt{\frac{\mu}{\varepsilon}}\,\frac{\partial T_z}{\partial \rho}\right),$$

由于 $S_z=0$，$S_\varphi=0$，知

$$\frac{\partial T_z}{\partial \rho}\Big|_{\rho=R} = 0. \tag{19}$$

这就是管壁上的边界条件. 现在在这个边界条件下求解问题.

T_z 满足亥姆霍兹方程((11)的第二式：$\nabla^2 T_z+(k^2-h^2)T_z=0$)，分离变量形式的解为

$$T_z = \mathrm{J}_m(\sqrt{k^2-h^2}\,\rho)\begin{Bmatrix}\cos m\varphi \\ \sin m\varphi\end{Bmatrix},$$

由边界条件(19)可得

$$\mathrm{J}_m'(\sqrt{k^2-h^2}\,R) = 0, \tag{20}$$

从而可得 $\sqrt{k^2-h^2}\,R=x_n^{(m)}$(其中 $x_n^{(m)}$ 是 $\mathrm{J}_m'(x)$ 的第 n 个零点)，因此

$$T_z = \mathrm{J}_m\left(\frac{x_n^{(m)}}{R}\rho\right)\begin{Bmatrix}\cos m\varphi \\ \sin m\varphi\end{Bmatrix}, \tag{21}$$

从而可以得到 $\boldsymbol{S}$ 和 $\boldsymbol{T}$ 的各个分量

$$\begin{cases} S_\rho = \dfrac{\mathrm{i}}{k^2-h^2}\dfrac{k}{\rho}\sqrt{\dfrac{\mu}{\varepsilon}}\dfrac{\partial T_z}{\partial \varphi} = \dfrac{\mathrm{i}mkR^2}{\rho[x_n^{(m)}]^2}\sqrt{\dfrac{\mu}{\varepsilon}}\mathrm{J}_m\left(\dfrac{x_n^{(m)}}{R}\rho\right)\begin{Bmatrix}-\sin m\varphi\\ \cos m\varphi\end{Bmatrix}, \\ S_\varphi = \dfrac{-\mathrm{i}k}{k^2-h^2}\sqrt{\dfrac{\mu}{\varepsilon}}\dfrac{\partial T_z}{\partial \rho} = -\dfrac{\mathrm{i}kR}{x_n^{(m)}}\sqrt{\dfrac{\mu}{\varepsilon}}\mathrm{J}_m'\left(\dfrac{x_n^{(m)}}{R}\rho\right)\begin{Bmatrix}\cos m\varphi\\ \sin m\varphi\end{Bmatrix}, \\ S_z = 0, \end{cases}$$

$$\begin{cases} T_\rho = \dfrac{\mathrm{i}h}{k^2-h^2}\dfrac{\partial T_z}{\partial \rho} = \dfrac{\mathrm{i}hR}{x_n^{(m)}}\mathrm{J}_m'\left(\dfrac{x_n^{(m)}}{R}\rho\right)\begin{Bmatrix}\cos m\varphi\\ \sin m\varphi\end{Bmatrix}, \\ T_\varphi = \dfrac{\mathrm{i}h}{(k^2-h^2)\rho}\dfrac{\partial T_z}{\partial \varphi} = \dfrac{\mathrm{i}hmR^2}{\rho[x_n^{(m)}]^2}\mathrm{J}_m\left(\dfrac{x_n^{(m)}}{R}\rho\right)\begin{Bmatrix}-\sin m\varphi\\ \cos m\varphi\end{Bmatrix}, \\ T_z = \mathrm{J}_m\left(\dfrac{x_n^{(m)}}{R}\rho\right)\begin{Bmatrix}\cos m\varphi\\ \sin m\varphi\end{Bmatrix}, \end{cases}$$

其中 $x_n^{(m)}$ 是 $\mathrm{J}_m'(x)=0$ 的第 n 个零点. 由前面讨论可知 $h=\sqrt{k^2-\left(\dfrac{x_n^{(m)}}{R}\right)^2}$，要使电磁波通过波导，$h$ 必须为实数，则有 $k\geqslant\dfrac{x_n^{(m)}}{R}$.

因为 $k=\dfrac{2\pi}{\lambda}$，所以

$$x_n^{(m)} \leqslant \frac{2\pi R}{\lambda}. \tag{22}$$

由贝塞尔函数的性质知，n 一定，m 越大，则 $\dfrac{x_n^{(m)}}{R}$ 越大；m 一定，n 越大，则 $\dfrac{x_n^{(m)}}{R}$ 越大.

又由式(22)知，对于一定的电磁波(λ 一定)，波导越粗(R 越大)，符合式(22)的 $x_n^{(m)}$ 个数越多，即能通过的电磁波的模式越多，称为多模式传播.

对于 TE 波，$x_n^{(m)}$ 是 $\mathrm{J}_m'(x)=0$ 的零点，其绝对值最小的零点是 $\mathrm{J}_1(x)$ 的第一个零点，因为 $\mathrm{J}_0'(x)=-\mathrm{J}_1(x)$，$x_1^{(1)}=3.832$，其次是 $\mathrm{J}_0(x)$ 第二个零点 $x_2^{(0)}=5.5201$. 于是波导半径 R 满足

$$\frac{\lambda}{2\pi}x_1^{(1)} < R < \frac{\lambda}{2\pi}x_2^{(0)}, \quad 即 \quad \frac{2\pi R}{x_1^{(1)}} > \lambda > \frac{2\pi R}{x_2^{(0)}}$$

时，则只有 $m=1$ 和 $n=1$ 的模式通过波导，称为单模式传播.

如果 $R<\dfrac{\lambda}{2\pi}x_1^{(1)}$，即 $\lambda>\dfrac{2\pi R}{x_1^{(1)}}$，则什么模式也不能通过波导.

*__例 7__ 求柱内的调和函数，使之在上下底($z=0,h$)的数值为零，而在柱面上($\rho=a$)上为

$$u|_{\rho=a} = Az\left(1-\frac{z}{h}\right).$$

解 先列出定解问题

$$\begin{cases} \dfrac{\partial^2 u}{\partial \rho^2} + \dfrac{1}{\rho}\dfrac{\partial u}{\partial \rho} + \dfrac{\partial^2 u}{\partial z^2} = 0, \\ |u|_{\rho=0}| < \infty, \quad u|_{\rho=a} = Az\left(1-\dfrac{z}{h}\right), \\ u|_{z=0} = 0, \quad u|_{z=h} = 0. \end{cases}$$

令 $u(\rho,z)=R(\rho)Z(z)$，分离变量得

$$\begin{cases} Z'' + \lambda Z = 0, \\ Z(0) = 0, \quad Z(h) = 0; \end{cases}$$

$$\frac{d^2 R}{d\rho^2} + \frac{1}{\rho}\frac{dR}{d\rho} - \lambda R = 0,$$

解之得

$$\lambda_n = \left(\frac{n\pi}{h}\right)^2, \quad Z_n(z) = \sin\frac{n\pi}{h}z, \quad n = 1,2,\cdots,$$

$$R_n(\rho) = \mathrm{I}_0\left(\frac{n\pi}{h}\rho\right), \quad n = 1,2,\cdots,$$

其中 I_0 是零阶第一类修正贝塞尔函数. 因此一般解为

$$u(\rho,z) = \sum_{n=0}^{+\infty} c_n \mathrm{I}_0\left(\frac{n\pi}{h}\rho\right)\sin\frac{n\pi}{h}z.$$

这里已经应用了在极点有界的条件，由柱面上的条件

$$\sum_{n=0}^{+\infty} c_n \mathrm{I}_0\left(\frac{n\pi}{h}a\right)\sin\frac{n\pi}{h}z = Az\left(1-\frac{z}{h}\right),$$

由本征函数系的正交性，有

$$c_n = \frac{2A}{h}\frac{1}{\mathrm{I}_0\left(\frac{n\pi}{h}a\right)}\int_0^b z\left(1-\frac{z}{h}\right)\sin\frac{n\pi}{h}z\,dz = \frac{4Ah}{(n\pi)^2}\frac{1-(-1)^n}{\mathrm{I}_0\left(\frac{n\pi}{h}a\right)},$$

故本问题的解为

$$u(\rho,z) = \frac{8Ah}{(\pi)^2}\sum_{n=1}^{+\infty}\frac{1}{(2n+1)^2}\frac{\mathrm{I}_0\left(\frac{(2n+1)\pi}{h}\rho\right)}{\mathrm{I}_0\left(\frac{(2n+1)\pi}{h}a\right)}\sin\frac{(2n+1)\pi}{h}z.$$

例 8 圆柱体半径为 R、高为 H，上底保持温度 u_1，下底保持温度 u_2，侧面温度分布为 $f(z)=\frac{2u_1}{H}\left(z-\frac{H}{2}\right)z+\frac{2u_2}{H}(H-z)$，求柱内各点的稳定温度分布.

解 定解问题为

$$\begin{cases} \nabla^2 u = 0, \\ u\,|_{\rho=R} = \frac{2u_1}{H}\left(z-\frac{H}{2}\right)z + \frac{2u_2}{H}(H-z), \\ u\,|_{z=0} = u_2, \quad u\,|_{z=H} = u_1. \end{cases} \tag{1}$$

这里边界条件是非齐次的，不能直接求解. 考虑到间接计算简单，我们化上下底为齐次边界. 令 $u=u_2+\frac{u_1-u_2}{H}z+v$，代入式(1)得 v 的定解问题为

$$\begin{cases} \nabla^2 v = 0, \\ v\,|_{\rho=R} = \frac{2u_1}{H}\left(z-\frac{H}{2}\right)z + \frac{2u_2}{H}(H-z), \\ v\,|_{z=0} = u\,|_{z=H} = 0. \end{cases} \tag{2}$$

因为上下底是齐次边界，所以本征值问题为

$$\begin{cases} Z = A_1\cosh z + A_2\sinh z, \\ Z\,|_{z=0} = Z\,|_{z=H} = 0. \end{cases} \tag{3}$$

即有 $A_1=0, h_n=\frac{n\pi}{H}(n=1,2,3,\cdots), Z_n=A_n\sin\frac{n\pi}{H}z$. 又因为问题与 φ 关(即 $m=0$),所以柱内问题的有限解为

$$v=\sum_{n=1}^{+\infty}A_n \mathrm{I}_0\left(\frac{n\pi\rho}{H}\right)\sin\frac{n\pi}{H}z. \tag{4}$$

代入式(2)的第二式得

$$\sum_{n=1}^{+\infty}A_n \mathrm{I}_0\left(\frac{n\pi R}{H}\right)\sin\frac{n\pi}{H}z=\frac{2u_1}{H}\left(z-\frac{H}{2}\right)+\frac{2u_2}{H}(H-z),$$

于是

$$\begin{aligned}
A_n&=\frac{2}{H}\frac{1}{\mathrm{I}_0\left(\frac{n\pi R}{H}\right)}\int_0^H\left[\frac{2u_1}{H}\left(z-\frac{H}{2}\right)+\frac{2u_2}{H}(H-z)\right]\sin\frac{n\pi}{H}z\,\mathrm{d}z\\
&=\frac{4u_1}{H\mathrm{I}_0\left(\frac{n\pi R}{H}\right)}\left[(-1)^{n+1}\frac{H}{n\pi}+\frac{H}{(n\pi)^3}((-1)^n-1)+(-1)^n\frac{H}{n\pi}\right]\\
&=\frac{-16u_1}{[(2k+1)\pi]^3\mathrm{I}_0\left(\frac{(2k+1)\pi R}{H}\right)},\quad k=1,2,3,\cdots.
\end{aligned}$$

代入式(4),得

$$u=-\sum_{k=0}^{+\infty}\frac{-16u_1}{[(2k+1)\pi]^3\mathrm{I}_0\left(\frac{(2k+1)\pi R}{H}\right)}\mathrm{I}_0\left(\frac{(2k+1)\pi\rho}{H}\right)\sin\frac{2k+1}{H}\pi z.$$

第9章

勒让德多项式及其应用

在这一章中，我们讨论另一个重要的特殊函数——勒让德多项式. 首先将通过在球坐标系中对拉普拉斯方程分离变量，引入在第 7 章中曾讨论过的勒让德方程. 并深入讨论勒让德方程在区间[－1,1]上有界解构成的另一类正交函数系——勒让德多项式.

9.1 勒让德方程与勒让德多项式的引入

首先我们从一个实际例子出发，从球坐标系中拉普拉斯方程的分离变量法中，引出勒让德方程和作为勒让德方程本征解的勒让德多项式，然后在接下来的各节中，介绍勒让德多项式的性质和应用.

在本来匀强的静电场 $\boldsymbol{E}_0$ 中，放置一个导体球，球的半径为 a，试研究导体球怎样改变了匀强电磁场（见图 9.1）.

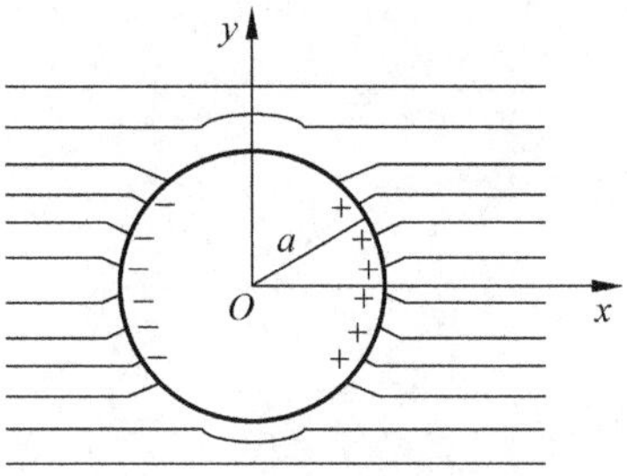

图 9.1 匀强静电场中的导体球

这是一个三维静电场问题，球外电势满足拉普拉斯方程，在距球无穷远处，电场保持为原来的匀强电场 $\boldsymbol{E}_0$. 取球坐标系（以球心为原点），定解问题是

$$\begin{cases} \nabla^2 u = 0, \quad r > a, & (9.1) \\ u\,|_{r\to+\infty} = -E_0 z = -E_0 r\cos\theta, & (9.2) \\ u\,|_{r=a} = 0. & (9.3) \end{cases}$$

由于当球面上的电荷不再运动时，可设球面上的电势处处相等. 又由于电势具有相对性质，因此设球面上的电势为零.

现在求解这个定解问题. 在球坐标系 (r,θ,φ) 中，拉普拉斯方程(9.1)，即 $\nabla^2 u(r,\theta,\varphi)=0$ 的表达式为（见式(5.39)）

$$\frac{1}{r^2}\frac{\partial}{\partial r}\left(r^2\frac{\partial u}{\partial r}\right)+\frac{1}{r^2\sin\theta}\frac{\partial}{\partial\theta}\left(\sin\theta\frac{\partial u}{\partial\theta}\right)+\frac{1}{r^2\sin^2\theta}\frac{\partial^2 u}{\partial\varphi^2}=0. \tag{9.4}$$

用分离变量法求解，设 $u(r,\theta,\varphi)=R(r)\Theta(\theta)\Phi(\varphi)$，代入式(9.4)中，得

$$\frac{\Theta\Phi}{r^2}\frac{\mathrm{d}}{\mathrm{d}r}\left(r^2\frac{\mathrm{d}R}{\mathrm{d}r}\right)+\frac{R\Phi}{r^2\sin\theta}\frac{\mathrm{d}}{\mathrm{d}\theta}\left(\sin\theta\frac{\mathrm{d}\Theta}{\mathrm{d}\theta}\right)+\frac{R\Theta}{r^2\sin^2\theta}\frac{\mathrm{d}^2\Phi}{\mathrm{d}\varphi^2}=0.$$

将变量 φ 和变量 r,θ 分离. 为此,用$\frac{r^2\sin^2\theta}{R\Theta\Phi}$遍乘上式,并适当移项,可得

$$\frac{\sin^2\theta}{R}\frac{\mathrm{d}}{\mathrm{d}r}\left(r^2\frac{\mathrm{d}R}{\mathrm{d}r}\right)+\frac{\sin\theta}{\Theta}\frac{\mathrm{d}}{\mathrm{d}\theta}\left(\sin\theta\frac{\mathrm{d}\Theta}{\mathrm{d}\theta}\right)=-\frac{\Phi''}{\Phi}=m^2,$$

其中 m^2 是分离常数. 由此可得两个微分方程

$$\Phi''+m^2\Phi=0,\tag{9.5}$$

和

$$\frac{1}{R}\frac{\mathrm{d}}{\mathrm{d}r}\left(r^2\frac{\mathrm{d}R}{\mathrm{d}r}\right)+\frac{1}{\Theta\sin\theta}\frac{\mathrm{d}}{\mathrm{d}\theta}\left(\sin\theta\frac{\mathrm{d}\Theta}{\mathrm{d}\theta}\right)-\frac{m^2}{\sin^2\theta}=0.$$

对上面第二个方程,再将变量 r,θ 分离

$$\frac{1}{\Theta\sin\theta}\frac{\mathrm{d}}{\mathrm{d}\theta}\left(\sin\theta\frac{\mathrm{d}\Theta}{\mathrm{d}\theta}\right)-\frac{m^2}{\sin^2\theta}=-\frac{1}{R}\frac{\mathrm{d}}{\mathrm{d}r}\left(r^2\frac{\mathrm{d}R}{\mathrm{d}r}\right)=-l(l+1),$$

其中 $l(l+1)$是第二次分离变量引入的常数,它可以用一个实数 λ 表示,为了以后讨论方便,令 $\lambda=l(l+1)$(可以证明任意一个实数 λ 都可表示为 $l(l+1)$,其中 l 为另一任意实数或复数). 由此又得到两个常微分方程

$$\frac{\mathrm{d}}{\mathrm{d}r}\left(r^2\frac{\mathrm{d}R}{\mathrm{d}r}\right)-l(l+1)R=0,\tag{9.6a}$$

即

$$r^2R''(r)+2rR'(r)-l(l+1)R(r)=0,\tag{9.6b}$$

以及

$$\frac{1}{\sin\theta}\frac{\mathrm{d}}{\mathrm{d}\theta}\left(\sin\theta\frac{\mathrm{d}\Theta}{\mathrm{d}\theta}\right)+\left[l(l+1)-\frac{m^2}{\sin^2\theta}\right]\Theta=0.\tag{9.7a}$$

对方程(9.7a)作变换 $x=\cos\theta$ 以后,可以改写成

$$\frac{\mathrm{d}}{\mathrm{d}x}\left((1-x^2)\frac{\mathrm{d}\Theta}{\mathrm{d}x}\right)+\left[l(l+1)-\frac{m^2}{1-x^2}\right]\Theta=0,\tag{9.7b}$$

即

$$(1-x^2)\Theta''(x)-2x\Theta'(x)+\left[l(l+1)-\frac{m^2}{1-x^2}\right]\Theta(x)=0.\tag{9.7c}$$

至此球坐标系下的拉普拉斯方程(9.4)分离变量的结果是得到三个常微分方程(9.5)、(9.6)和(9.7). 方程(9.5)加上周期性条件

$$\Phi(0)=\Phi(2\pi)\tag{9.8}$$

构成本征值问题,解之得到

$$\Phi(\varphi)=A_m\cos m\varphi+B_m\sin m\varphi,\quad m=0,1,2,\cdots.\tag{9.9}$$

方程(9.6)是欧拉方程,作变换 $r=\mathrm{e}^t$,可以将其化成常系数方程,求出其通解是

$$R(r)=A_lr^l+B_lr^{-(l+1)},\tag{9.10}$$

其中 A_l, B_l 为任意常数.

直接用 Maple 求解也得这个结果

```
>dsolve(r^2*diff(R(r),r$2)+2*r*diff(R(r),r)-l*(l+1)*R(r)=0);
R(r) = _C1r^l + _C2r^(-l-1)
```

其中_C1 和_C2 是两个积分常数.

方程(9.7)称为关联勒让德方程.在 $m=0$ 时,它就退化为勒让德方程

$$(1-x^2)\Theta''(x)-2x\Theta'(x)+l(l+1)\Theta(x)=0, \tag{9.11}$$

(注意这里未知函数用 Θ 表示)这种退化,有着真实的物理含义,它是物理问题具有轴对称的反应.所谓轴对称问题即场量 u 与角度 φ 无关,只是 r 和 θ 的函数.那么,这会在什么情况下发生呢?重新考虑定解问题(9.1)~(9.3).非齐次边界条件(9.2)是引起场量 u 发生变化的唯一根源,如果这个非齐次函数不是角变量 φ 的函数,则问题就具有轴对称性,我们讨论的问题符合这个条件.

在第7章中,我们已经求出了勒让德方程(9.11)的通解,并且指出,勒让德方程(9.11)加上自然条件

$$|\Theta(\pm 1)|<+\infty, \tag{9.12}$$

构成本征值问题,其本征值和本征函数依次是

$$l=n,\quad n=0,1,2,\cdots;\quad \Theta(x)=\mathrm{P}_n(x). \tag{9.13}$$

在我们讨论的问题中,自然条件(9.12)是必需的.因为这里(即球坐标系下拉普拉斯方程的分离变量法中)$x=\cos\theta$,$x=\pm 1$ 对应 $\theta=0$ 和 π,我们当然要求物理量 u 在各个方向上都有有限值.

综上,定解问题(9.1)~(9.3)在具有轴对称性质(即 u 与 φ 无关)的假设下,具有如下所示的一般解——常称为本征解,

$$u_n(r,\theta)=(A_nr^n+B_nr^{-(n+1)})\mathrm{P}_n(\cos\theta),\quad n=0,1,2,\cdots, \tag{9.14}$$

将这些解叠加起来,得到级数解为

$$u(r,\theta)=\sum_{n=0}^{+\infty}(A_nr^n+B_nr^{-(n+1)})\mathrm{P}_n(\cos\theta). \tag{9.15}$$

要确定其中的未知常数,需要进一步了解勒让德多项式的性质,将在下一节中讨论.

式(9.15)是轴对称条件下,球坐标系中拉普拉斯方程解的一般形式.

当问题不具有轴对称性质时,$m\neq 0$,关联勒让德方程(9.7c)的解也可用勒让德多项式表示.事实上,对方程(9.7c)作变换

$$\Theta(x)=(1-x^2)^{m/2}Y(x), \tag{9.16}$$

则函数 Y 满足方程

$$(1-x^2)Y''-2(m+1)xY'+[l(l+1)-m(m+1)]Y=0. \tag{9.17a}$$

另一方面,我们利用求高阶微商的莱布尼茨法则

$$(uv)^{(m)}=u^{(m)}v+\frac{m}{1!}u^{(m-1)}v'+\frac{m(m-1)}{2}u^{(m-2)}v''+\cdots,$$

将勒让德方程

$$(1-x^2)\mathrm{P}''-2x\mathrm{P}'+l(l+1)\mathrm{P}=0$$

对 x 求 m 次微商,可得

$$(1-x^2)\mathrm{P}^{(m)''}-2(m+1)x\mathrm{P}^{(m)'}+[l(l+1)-m(m+1)]\mathrm{P}^{(m)}=0, \tag{9.17b}$$

其中

$$\mathrm{P}^{(m)}=\frac{\mathrm{d}^m\mathrm{P}}{\mathrm{d}x^m}.$$

由此可见,式(9.17b)与式(9.17a)完全一样,所以有 $Y(x)=\mathrm{P}^{(m)}(x)$. 因为满足自然条件(9.12)的勒让德方程的解是勒让德多项式 $\mathrm{P}_n(x)$,所以满足同样边界条件的关联勒让德方程的本征函数,称为关联勒让德多项式,记作 $\mathrm{P}_n^m(x)$,由式(9.16)和式(9.17a),应有

$$\mathrm{P}_n^m(x)=(1-x^2)^{\frac{m}{2}}\frac{\mathrm{d}^m\mathrm{P}_n(x)}{\mathrm{d}x^m},\quad m=0,1,2,\cdots,n. \tag{9.18}$$

因此,球坐标系中拉普拉斯方程非轴对称问题的一般解 $u(r,\theta,\varphi)$ 应该是按本征函数序列的叠加,并且是二重求和,求和指标为 n,m. 首先本征解是

$$u_{nm}(r,\theta,\varphi)=[Ar^n+Br^{-(n+1)}]\times[C_m\cos m\varphi+D_m\sin m\varphi]\mathrm{P}_n^m(\cos\theta), \tag{9.19}$$

则一般解就是

$$u(r,\theta,\varphi)=\sum_{n=0}^{+\infty}\sum_{m=0}^{n}u_{nm}(r,\theta,\varphi),$$

关于关联勒让德多项式,我们将在9.4节中讨论.

9.2 勒让德多项式的性质

这一节中,我们给出勒让德多项式的一些常用性质,为其在定解问题中的应用打下基础.

9.2.1 勒让德多项式的微分表示

由第7章的讨论,我们知道,勒让德多项式为

$$\mathrm{P}_n(x)=\sum_{k=0}^{M}(-1)^k\frac{(2n-2k)!}{2^nk!(n-k)!(n-2k)!}x^{n-2k}, \tag{9.20}$$

其中

$$M=\begin{cases}\dfrac{n}{2}, & \text{当 } n \text{ 为偶数时},\\[2mm] \dfrac{n-1}{2}, & \text{当 } n \text{ 为奇数时}.\end{cases}$$

现在我们来证明,勒让德多项式还可表示成如下的微分形式:

$$\mathrm{P}_n(x)=\frac{1}{2^nn!}\frac{\mathrm{d}^n}{\mathrm{d}x^n}(x^2-1)^n, \tag{9.21}$$

它称为罗德里格斯(Rodrigues)公式.

证明 将式(9.21)中的 $(x^2-1)^n$ 按二项式定理展开,可得

$$(x^2-1)^n=\sum_{k=0}^{n}\frac{n!}{k!(n-k)!}(-1)^kx^{2n-2k}.$$

对上式求导 n 次后,x 的原来幂次 $2n-2k$ 低于 n 的项变为零,而不为零的项必须满足 $2n-2k\geqslant n$,即 $k\leqslant\frac{n}{2}$,这样当 n 是偶数时有

$$\frac{1}{2^n n!}\frac{\mathrm{d}^n}{\mathrm{d}x^n}(x^2-1)^n=\sum_{k=0}^{n/2}\frac{(-1)^k(2n-2k)\cdots(n-2k+1)}{2^n k!(n-k)!}x^{n-2k}$$

$$=\sum_{k=0}^{n/2}(-1)^k\frac{(2n-2k)!}{2^n k!(n-k)!(n-2k)!}x^{n-2k},$$

这正是式(9.20).当 n 是奇数时,有

$$\frac{1}{2^n n!}\frac{\mathrm{d}^n}{\mathrm{d}x^n}(x^2-1)^n=\sum_{k=0}^{\frac{n-1}{2}}\frac{(-1)^k(2n-2k)\cdots(n-2k+1)}{2^n k!(n-k)!}x^{n-2k}$$

$$=\sum_{k=0}^{\frac{n-1}{2}}(-1)^k\frac{(2n-2k)!}{2^n k!(n-k)!(n-2k)!}x^{n-2k}.$$

罗德里格斯公式由此得证.

利用罗德里格斯公式(9.21),可方便地给出低阶的几个勒让德多项式的显式:

$$\begin{cases}\mathrm{P}_0=1,\\ \mathrm{P}_1=x=\cos\theta,\\ \mathrm{P}_2(x)=\dfrac{3x^2-1}{2}=\dfrac{3\cos^2\theta-1}{2},\\ \mathrm{P}_3(x)=\dfrac{5x^3-3x}{2}=\dfrac{5\cos^3\theta-3\cos\theta}{2},\\ \mathrm{P}_4(x)=\dfrac{1}{8}(35x^4-30x^2+3)=\dfrac{1}{64}(35\cos4\theta+20\cos2\theta+9),\\ \mathrm{P}_5(x)=\dfrac{1}{8}(63x^5-70x^3+15x)=\dfrac{1}{128}(63\cos5\theta+35\cos3\theta+30\cos\theta).\end{cases}\tag{9.22}$$

利用 Maple,画出它们的图形如图 9.2 所示.

```
>plot({LegendreP(0,x),LegendreP(1,x),LegendreP(2,x),LegendreP(3,x),LegendreP(4,x),LegendreP(5,
 x)},x= -1..1);
```

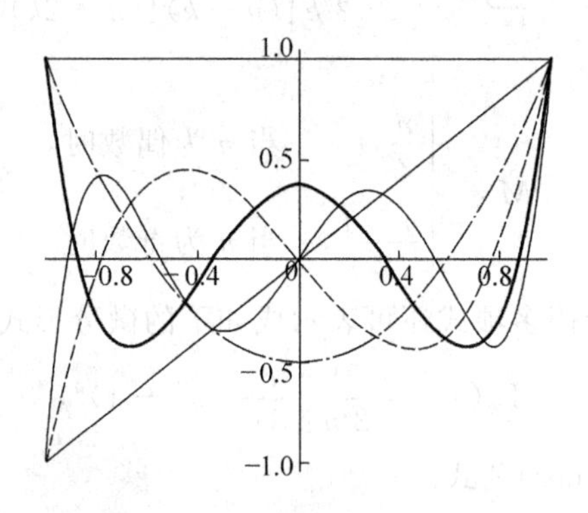

图 9.2 勒让德多项式

由图可见,$\mathrm{P}_l(1)=1$,$\mathrm{P}_l(x)$的奇偶性由 l 的奇偶性来决定.

$$\mathrm{P}_{2n}(-x)=\mathrm{P}_{2n}(x),\quad \mathrm{P}_{2n+1}(-x)=-\mathrm{P}_{2n+1}(x);$$

$$\mathrm{P}_{2n+1}(0)=0,\quad \mathrm{P}_{2n}(0)=(-1)^n\frac{(2n)!}{(2^n n!)^2}=(-1)^n\frac{(2n)!}{[(2n)!!]^2}.$$

9.2.2　勒让德多项式的积分表示

1. 施列夫利(Schlufli)积分

根据复变函数中的柯西积分公式

$$f^{(n)}(x)=\frac{n!}{2\pi\mathrm{i}}\oint_L\frac{f(z)\mathrm{d}z}{(z-x)^{n+1}},$$

$\mathrm{P}_n(x)$的微分表示又可变为积分表示：

$$\mathrm{P}_n(x)=\frac{1}{2^n n!}\frac{\mathrm{d}^n}{\mathrm{d}x^n}(x^2-1)^n=\frac{1}{2^n 2\pi\mathrm{i}}\oint_L\frac{(z^2-1)^n}{(z-x)^{n+1}}\mathrm{d}z,\tag{9.23}$$

其中L是在z平面上围绕$z=x$点的任一闭合回路.式(9.23)称为施列夫列积分.

2. 拉普拉斯积分

施列夫列积分也可写成定积分的形式.

在式(9.23)中,将积分回路L选成：以$z=x$为心,以$\rho=|x^2-1|^{\frac{1}{2}}$为半径的圆周(其中,$|x|<1$).因此,在积分回路上,有

$$z-x=(1-x^2)^{1/2}\mathrm{e}^{\mathrm{i}\varphi}\quad(0\leqslant\varphi\leqslant2\pi),\quad 即\quad z=x+(1-x^2)^{1/2}\mathrm{e}^{\mathrm{i}\varphi},$$

于是

$$\mathrm{d}z=\mathrm{i}(1-x^2)^{1/2}\mathrm{e}^{\mathrm{i}\varphi}\mathrm{d}\varphi.$$

将以上各式代入式(9.23)中,可得

$$\begin{aligned}\mathrm{P}_n(x)&=\frac{1}{2\pi\mathrm{i}}\int_{-\pi}^{\pi}\frac{(x-1+\sqrt{x^2-1}\,\mathrm{e}^{\mathrm{i}\varphi})^n(x+1+\sqrt{x^2-1}\,\mathrm{e}^{\mathrm{i}\varphi})^n}{2^n(x^2-1)^{(n+1)/2}\mathrm{e}^{\mathrm{i}(n+1)\varphi}}\mathrm{i}\sqrt{x^2-1}\,\mathrm{e}^{\mathrm{i}\varphi}\mathrm{d}\varphi\\&=\frac{1}{2\pi}\int_{-\pi}^{\pi}(x+\sqrt{x^2-1}\cos\varphi)^n\mathrm{d}\varphi\\&=\frac{1}{\pi}\int_0^{\pi}(x+\sqrt{x^2-1}\cos\varphi)^n\mathrm{d}\varphi.\end{aligned}$$

按$x=\cos\theta$,从变量x变回变量θ,可得

$$\mathrm{P}_n(x)=\frac{1}{\pi}\int_0^{\pi}[\cos\theta+\mathrm{i}\sin\theta\cos\varphi]^n\mathrm{d}\varphi,\tag{9.24}$$

上式称为勒让德多项式的拉普拉斯积分.

利用式(9.24),可得勒让德多项式的一些特殊值.比如

$$\mathrm{P}_n(1)=1\qquad(取\ x=1),$$

$$\mathrm{P}_n(-1)=(-1)^n\quad(取\ x=-1).$$

9.2.3　勒让德多项式的母函数

如果将一个函数按其某个自变量展开成幂级数时,其系数是勒让德多项式,则称该函数为勒让德多项式的母函数,或称生成函数,即如果有

$$f(x,t)=\sum_{n=0}^{+\infty}\mathrm{P}_n(t)x^n,$$

则$f(x,t)$称为勒让德多项式的母函数.为求$f(x,t)$,考虑下例.

考察电量为$4\pi\varepsilon_0$,位于半径为1的单位球北极N处的点电荷产生的电场,如图9.3所

示.由电学知识可知,它在球内一点 $M(r,\theta,\varphi)$ 处所产生的电势 u 为

$$u=\frac{1}{d}=\frac{1}{(1+r^2-2r\cos\theta)^{1/2}},\tag{9.25}$$

其中 $r<1, d=\overline{MN}=(1+r^2-2r\cos\theta)^{1/2}$.

另一方面,电荷产生的电场是静电场,球内电势 u 满足拉普拉斯方程 $\nabla^2 u=0$. 在球坐标系中,由于电荷放在极轴上,它所产生的静电场是轴对称的,与变量 φ 无关,即有 $u=u(r,\theta)$. 由 9.1 节的分析,球内任意一点的电势可以表示为式(9.15),如果再加上 $|u|_{r=0}|<+\infty$ 的条件,取式(9.15)中的系数 $B_n=0(n=0,1,2,\cdots)$,于是上述单位球内各点的电势分布是

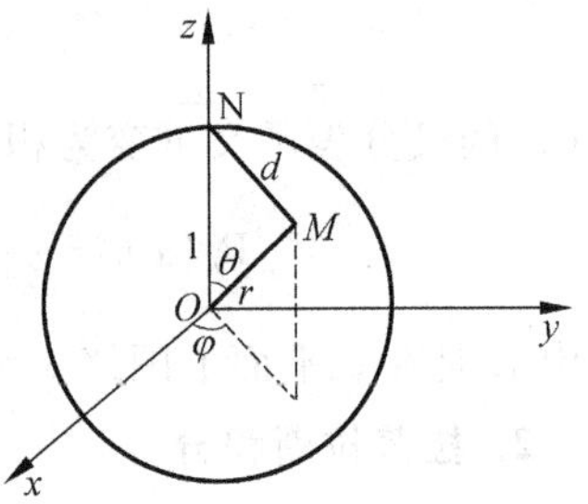

$$u=\sum_{n=0}^{+\infty}A_n r^n \mathrm{P}_n(\cos\theta).\tag{9.26}$$

图 9.3

比较式(9.25)和式(9.26)(它们表示同一点的电势),有

$$\frac{1}{(1+r^2-2r\cos\theta)^{1/2}}=\sum_{n=0}^{+\infty}A_n r^n \mathrm{P}_n(\cos\theta),\quad r<1.\tag{9.27}$$

为确定系数 A_n,取特殊位置 $\theta=0,\cos\theta=1$,式(9.27)化为

$$\frac{1}{1-r}=\sum_{n=0}^{+\infty}A_n r^n \quad (\text{其中已利用了 } \mathrm{P}_n(1)=1).$$

因为 $r<1$,上式左方可展成泰勒级数,于是

$$1+r+r^2+\cdots+r^l+\cdots=\sum_{n=0}^{+\infty}A_n r^n.$$

比较两边的系数,可知 $A_n=1(n=0,1,2,\cdots)$. 这样,式(9.27)便化为

$$\frac{1}{(1+r^2-2r\cos\theta)^{1/2}}=\sum_{n=0}^{+\infty}r^n \mathrm{P}_n(\cos\theta),\quad r<1,\tag{9.28}$$

或

$$\frac{1}{(1-2rx+r^2)^{1/2}}=\sum_{n=0}^{+\infty}r^n \mathrm{P}_n(x),\quad r<1.\tag{9.29}$$

由此可见,勒让德多项式 $\mathrm{P}_n(x)$ 是函数 $\frac{1}{(1-2rx+r^2)^{1/2}}$ 在 $r=0$ 的邻域中进行泰勒级数展开时所得的系数. 因此,该函数称为勒让德多项式 $\mathrm{P}_n(x)$ 的母函数.

式(9.28)和式(9.29)称为勒让德多项式 $\mathrm{P}_n(x)$ 的母函数展开式.

类似地,在球外一点的电势有

$$\frac{1}{(1+r^2-2r\cos\theta)^{1/2}}=\sum_{l=0}^{+\infty}\frac{1}{r^{l+1}}\mathrm{P}_l(\cos\theta),\quad r>1,$$

或

$$\frac{1}{(1-2rx+r^2)^{1/2}}=\sum_{l=0}^{+\infty}\frac{1}{r^{l+1}}\mathrm{P}_l(x),\quad r>1.\tag{9.30}$$

对于半径为 R 的球,式(9.29)和式(9.30)两式应为

$$\frac{1}{(1-2rx+r^2)^{1/2}}=\begin{cases}\sum\limits_{l=0}^{+\infty}\dfrac{1}{R^{l+1}}r^l\mathrm{P}_l(x), & r<R,\\ \sum\limits_{l=0}^{+\infty}R^l\dfrac{1}{r^{l+1}}\mathrm{P}_l(x), & r>R.\end{cases}\tag{9.31}$$

9.2.4　勒让德多项式的递推公式

阶数相邻的勒让德多项式以及它们的微商之间的关系式，称为勒让德多项式的递推公式.我们给出以下 3 个主要的递推公式：

(1) $(n+1)\mathrm{P}_{n+1}(x)-(2n+1)x\mathrm{P}_n(x)+n\mathrm{P}_{n-1}(x)=0,\quad n\geqslant 1$；　(9.32)

(2) $\mathrm{P}_n(x)=\mathrm{P}'_{n+1}(x)-2x\mathrm{P}'_n(x)+\mathrm{P}'_{n-1}(x),\quad n\geqslant 1$；　(9.33)

(3) $\mathrm{P}'_{n+1}(x)=x\mathrm{P}'_n(x)+(n+1)\mathrm{P}_n(x)$.　(9.34)

证明　(1) 将母函数公式(9.29)的两边对 r 求导一次，得

$$(x-r)(1-2rx+r^2)^{-3/2}=\sum_{n=0}^{+\infty}nr^{n-1}\mathrm{P}_n(x),$$

再用$(1-2rx+r^2)$乘上式两边，可得

$$(x-r)\sum_{n=0}^{+\infty}r^n\mathrm{P}_n(x)=(1-2rx+r^2)\sum_{n=0}^{+\infty}nr^{n-1}\mathrm{P}_n(x),$$

即

$$\sum_{n=0}^{+\infty}x\mathrm{P}_n(x)r^n-\sum_{n=0}^{+\infty}\mathrm{P}_n(x)r^{n+1}=\sum_{n=0}^{+\infty}n\mathrm{P}_n(x)r^{n-1}-\sum_{n=0}^{+\infty}2nx\mathrm{P}_n(x)r^n+\sum_{n=0}^{+\infty}n\mathrm{P}_n(x)r^{n+1},$$

或

$$\sum_{n=0}^{+\infty}n\mathrm{P}_n(x)r^{n-1}-\sum_{n=0}^{+\infty}(2n+1)x\mathrm{P}_n(x)r^n+\sum_{n=0}^{+\infty}(n+1)\mathrm{P}_n(x)r^{n+1}=0.\tag{$*$}$$

但

$$\sum_{n=0}^{+\infty}n\mathrm{P}_n(x)r^{n-1}=\mathrm{P}_1(x)+\sum_{n=1}^{+\infty}(n+1)\mathrm{P}_{n+1}(x)r^n,$$

$$\sum_{n=0}^{+\infty}(2n+1)x\mathrm{P}_n(x)r^n=x\mathrm{P}_0(x)+\sum_{n=1}^{+\infty}(2n+1)x\mathrm{P}_n(x)r^n,$$

$$\sum_{n=0}^{+\infty}(n+1)\mathrm{P}_n(x)r^{n+1}=\sum_{n=1}^{+\infty}n\mathrm{P}_{n-1}(x)r^n,$$

将这些结果代入到($*$)式，可得

$$\mathrm{P}_1(x)-x\mathrm{P}_0(x)+\sum_{n=1}^{+\infty}[(n+1)\mathrm{P}_{n+1}(x)-(2n+1)x\mathrm{P}_n(x)+n\mathrm{P}_{n-1}(x)]r^n=0.$$

由此可知式(9.32)是正确的.

(2) 将 $\mathrm{P}_n(x)$的母函数关系(9.29)，即$\dfrac{1}{(1-2rx+r^2)^{1/2}}=\sum\limits_{n=0}^{+\infty}r^n\mathrm{P}_n(x)$ 两边对 x 求导数，有

$$r(1-2rx+r^2)^{-3/2}=\sum_{n=0}^{+\infty}\mathrm{P}'_n(x)r^n,$$

上式两端乘以$(1-2rx+r^2)$并再利用母函数关系，得

$$r\sum_{n=0}^{+\infty}\mathrm{P}_n(x)r^n=(1-2rx+r^2)\sum_{n=0}^{+\infty}\mathrm{P}'_n(x)r^n,$$

即

$$r\sum_{n=0}^{+\infty}\mathrm{P}_n(x)r^n=\sum_{n=0}^{+\infty}\mathrm{P}'_n(x)r^n-\sum_{n=0}^{+\infty}2x\mathrm{P}'_n(x)r^{n+1}+\sum_{n=0}^{+\infty}\mathrm{P}'_n(x)r^{n+2},$$

或

$$\sum_{n=0}^{+\infty}[\mathrm{P}_n(x)+2x\mathrm{P}'_n(x)]r^{n+1}-\sum_{n=0}^{+\infty}\mathrm{P}'_n(x)r^n-\sum_{n=0}^{+\infty}\mathrm{P}'_n(x)r^{n+2}=0.$$

但

$$\sum_{n=0}^{+\infty}[\mathrm{P}_n(x)+2x\mathrm{P}'_n(x)]r^{n+1}=r+\sum_{n=1}^{+\infty}[\mathrm{P}_n(x)+2x\mathrm{P}'_n(x)]r^{n+1},$$

$$\sum_{n=0}^{+\infty}\mathrm{P}'_n(x)r^n=r+\sum_{n=1}^{+\infty}\mathrm{P}'_{n+1}(x)r^{n+1},$$

$$\sum_{n=0}^{+\infty}\mathrm{P}'_n(x)r^{n+2}=\sum_{n=1}^{+\infty}\mathrm{P}'_{n-1}(x)r^{n+1},$$

于是有

$$\sum_{n=0}^{+\infty}[\mathrm{P}_n(x)+2x\mathrm{P}'_n(x)-\mathrm{P}'_{n+1}(x)-\mathrm{P}'_{n-1}(x)]r^{n+1}=0,$$

因此有 $\mathrm{P}_n(x)+2x\mathrm{P}'_n(x)-\mathrm{P}'_{n+1}(x)-\mathrm{P}'_{n-1}(x)=0$,式(9.33)得证.

(3) 将递推公式(9.32)两端对 x 求导,得

$$(n+1)\mathrm{P}'_{n+1}(x)-(2n+1)\mathrm{P}_n(x)-(2n+1)x\mathrm{P}'_n(x)+n\mathrm{P}'_{n-1}(x)=0.$$

再将递推公式(9.33)两边乘以 n,得

$$n\mathrm{P}_n(x)+2xn\mathrm{P}'_n(x)-n\mathrm{P}'_{n+1}(x)-n\mathrm{P}'_{n-1}(x)=0.$$

以上两式相加即得到要证的式(9.34).

9.2.5 勒让德多项式的正交归一性

勒让德多项式在[−1,1]上满足如下正交归一关系:

$$\int_{-1}^{1}\mathrm{P}_n(x)\mathrm{P}_k(x)\mathrm{d}x=\begin{cases}0, & n\neq k,\\ \dfrac{2}{2n+1}, & n=k.\end{cases}\tag{9.35}$$

第一式称为正交性,第二式是勒让德多项式的模方 $N_n^2=\dfrac{2}{2n+1}$.

证明 事实上勒让德方程加上边界条件 $\mathrm{P}(x)|_{x=\pm1}=$有限值,构成施图姆-刘维尔本征值问题,于是勒让德多项式作为本征值问题的解——构成本征函数系,具有正交性,即第一式成立,也可给出证明如下:

由于 $\mathrm{P}_n(x)$和 $\mathrm{P}_k(x)$分别为 n 阶和 k 阶勒让德方程的一个特解,故有

$$\frac{\mathrm{d}}{\mathrm{d}x}\left[(1-x^2)\frac{\mathrm{dP}_n(x)}{\mathrm{d}x}\right]+n(n+1)\mathrm{P}_n(x)=0,$$

$$\frac{\mathrm{d}}{\mathrm{d}x}\left[(1-x^2)\frac{\mathrm{dP}_k(x)}{\mathrm{d}x}\right]+k(k+1)\mathrm{P}_k(x)=0.$$

以 $P_k(x)$乘第一式，$P_n(x)$乘第二式，再把结果相减，然后在[0,1]上积分得

$$\int_{-1}^{1} P_k(x)\frac{d}{dx}[(1-x^2)P_n'(x)]dx - \int_{-1}^{1} P_n(x)\frac{d}{dx}[(1-x^2)P_k'(x)]dx +$$
$$[n(n+1)-k(k+1)]\int_{-1}^{1} P_n(x)P_k(x)dx = 0. \tag{9.36}$$

对前两项利用分部积分，有

$$\int_{-1}^{1} P_k(x)\frac{d}{dx}[(1-x^2)P_n'(x)]dx = (1-x^2)P_k(x)P_n'(x)\Big|_{-1}^{1} - \int_{-1}^{1}(1-x^2)P_n'(x)P_k'(x)dx,$$

$$\int_{-1}^{1} P_n(x)\frac{d}{dx}[(1-x^2)P_k'(x)]dx = (1-x^2)P_n(x)P_k'(x)\Big|_{-1}^{1} - \int_{-1}^{1}(1-x^2)P_k'(x)P_n'(x)dx,$$

将结果代入式(9.36)，即得

$$[n(n+1)-k(k+1)]\int_{-1}^{1} P_n(x)P_k(x)dx = 0.$$

当 $n\neq k$ 时，有

$$\int_{-1}^{1} P_n(x)P_k(x)dx = 0.$$

下面证明第二式.

由母函数关系式(9.29)，两边平方，有

$$\frac{1}{1-2xt+t^2} = \sum_{n=0}^{+\infty} P_n(x)t^n \cdot \sum_{k=0}^{+\infty} P_k(x)t^k = \sum_{n=0}^{+\infty}\sum_{k=0}^{+\infty} P_n(x)P_k(x)t^{n+k}.$$

将上式两边对 x 积分，并应用正交性，有

$$\int_{-1}^{1}\frac{dx}{1-2xt+t^2} = \sum_{n=0}^{+\infty}\sum_{k=0}^{+\infty}\int_{-1}^{1} P_n(x)P_k(x)dx\cdot t^{n+k} = \sum_{n=0}^{+\infty}\int_{-1}^{1} P_n^2(x)dx\cdot t^{2n}.$$

又

$$\int_{-1}^{1}\frac{dx}{1-2xt+t^2} = -\frac{1}{2t}\int_{-1}^{1}\frac{d(1-2xt+t^2)}{(1-2xt+t^2)} = \frac{1}{2t}\ln\frac{(1+t)^2}{(1-t)^2} = \sum_{n=0}^{\infty}\frac{2}{2n+1}t^{2n},$$

故有

$$\sum_{n=0}^{+\infty}\frac{2}{2n+1}t^{2n} = \int_{-1}^{1}\frac{dx}{1-2xt+t^2} = \sum_{n=0}^{\infty}\int_{-1}^{1} P_n^2(x)dx\cdot t^{2n}.$$

比较 t^{2n}的系数，有

$$\int_{-1}^{1} P_n^2(x)dx = \frac{2}{2n+1}. \tag{9.37}$$

记 $N_n^2=\frac{2}{2n+1}$，称 N_n 为 $P_n(x)$的模，而$\frac{1}{N_n}$为 $P_n(x)$的归一化因子，因为函数$\frac{P_n(x)}{N_n}$在[−1,1]上归一：

$$\int_{-1}^{1}\left[\frac{P_n(x)}{N_n}\right]^2 dx = 1. \tag{9.38}$$

9.2.6　按 $\mathbf{P}_n(x)$的广义傅里叶级数展开

按施图姆-刘维尔型本征值问题的一般结论，本征函数族 $P_n(x)$是完备的，即如果定义在区间[−1,1]的函数 $f(x)$具有连续二阶导数，且满足与 $P_n(x)$相同的边界条件，则可按 $P_n(x)$展成绝对且一致收敛级数

$$f(x)=\sum_{n=0}^{+\infty} f_n \mathrm{P}_n(x), \tag{9.39}$$

称为傅里叶-勒让德级数.利用 $\mathrm{P}_n(x)$的正交性及模方公式(9.35),立即可证其系数的计算公式为

$$f_n=\frac{(2n+1)}{2}\int_{-1}^{1} f(x)\mathrm{P}_n(x)\mathrm{d}x. \tag{9.40}$$

如果使用原来的变量 θ,则为

$$f(\theta)=\sum_{n=0}^{+\infty} f_n \mathrm{P}_n(\cos\theta), \tag{9.41}$$

其中

$$f_n=\frac{(2n+1)}{2}\int_{0}^{\pi} f(\theta)\mathrm{P}_n(\cos\theta)\sin\theta\mathrm{d}\theta. \tag{9.42}$$

求级数系数 f_l 时,按式(9.40)或式(9.42)求积分,一般总能解决.但是,如果 $f(x)$或 $f(\theta)$能用更直接的办法写成所要级数的模样时,则采用比较系数法——直接比较等式两边相同基本函数的系数——总是更加简便的.采用比较系数法时,记住 $\mathrm{P}_l(x)$或 $\mathrm{P}_l(\cos\theta)$的几个低阶多项式的显式(9.22)是有用的.

9.2.7 一个重要公式

在计算包含 $\mathrm{P}_n(x)$的积分时,勒让德多项式的正交性、模方、递推公式、母函数等都是常用的关系式.这里再介绍一个重要公式:

$$\int_x^1 \mathrm{P}_n(x)\mathrm{P}_m(x)\mathrm{d}x=\frac{(1-x^2)[\mathrm{P}_n'(x)\mathrm{P}_m(x)-\mathrm{P}_m'(x)\mathrm{P}_n(x)]}{n(n+1)-m(m+1)}. \tag{9.43}$$

证明 写下勒让德方程的施图姆-刘维尔型公式

$$\frac{\mathrm{d}}{\mathrm{d}x}\left[(1-x^2)\frac{\mathrm{dP}_n}{\mathrm{d}x}\right]+n(n+1)\mathrm{P}_n=0, \tag{9.44}$$

$$\frac{\mathrm{d}}{\mathrm{d}x}\left[(1-x^2)\frac{\mathrm{dP}_m}{\mathrm{d}x}\right]+m(m+1)\mathrm{P}_m=0. \tag{9.45}$$

用 $\mathrm{P}_m(x)$乘式(9.44),$\mathrm{P}_n(x)$乘式(9.45),并将所得结果相减后再积分之,得

$$\int_x^1\left\{\mathrm{P}_m\frac{\mathrm{d}}{\mathrm{d}x}\left[(1-x^2)\frac{\mathrm{dP}_n}{\mathrm{d}x}\right]-\mathrm{P}_n\frac{\mathrm{d}}{\mathrm{d}x}\left[(1-x^2)\frac{\mathrm{dP}_m}{\mathrm{d}x}\right]\right\}\mathrm{d}x$$

$$=[m(m+1)-n(n+1)]\int_x^1 \mathrm{P}_n\mathrm{P}_m\mathrm{d}x.$$

对左端的两项实施分部积分,未积出的部分相互抵消,从而式(9.43)得证.

9.3 勒让德多项式的应用

这一节中,我们举一些利用勒让德多项式解定解问题的例子,以便更好地掌握它们.

先看9.1节开始时提到的问题:在均匀电场 $\boldsymbol{E}_0$ 中放置一个导体球.球的半径为 a,求在球外区域中的电场.

我们已经写出了其定解问题:

$$\nabla^2 u=0,\quad a<r<\infty, \tag{9.46}$$

$$u|_{r=a}=0, \tag{9.47}$$

$$u|_{r\to+\infty}=-E_0 r\cos\theta. \tag{9.48}$$

并求出其级数形式的一般解为

$$u=\sum_{n=0}^{+\infty}[A_n r^n+B_n r^{-(n+1)}]\mathrm{P}_n(\cos\theta). \tag{9.49}$$

为确定待定系数 A_n，B_n，先利用条件(9.48)，将式(9.49)代入，可得

$$u|_{r\to+\infty}=-E_0 r\cos\theta=\sum_{n=0}^{+\infty}A_n r^n\mathrm{P}_n(\cos\theta)=A_0+A_1 r\cos\theta+\sum_{n=2}^{+\infty}A_n r^n\mathrm{P}_n(\cos\theta).$$

比较两边的系数，可定出系数 A_n：

$$A_0=0,\quad A_1=-E_0,\quad A_n=0,\quad n\geqslant 2. \tag{9.50}$$

将上式代入一般解(9.49)，得到

$$u(r,\theta)=-E_0 r\mathrm{P}_1(\cos\theta)+\sum_{n=0}^{+\infty}B_n r^{-(n+1)}\mathrm{P}_n(\cos\theta). \tag{9.51}$$

现在，再利用条件(9.47)来确定系数 B_n. 将上式代入以后，得到

$$\frac{B_0}{a}+\left(-E_0 a+\frac{B_1}{a^2}\right)\mathrm{P}_1(\cos\theta)+\sum_{n=2}^{+\infty}B_n a^{-(n+1)}\mathrm{P}_n(\cos\theta)=0,$$

比较系数可得

$$B_0 a^{-1}=0,\quad -E_0 a+B_1 a^{-2}=0,\quad B_n=0,\quad n\geqslant 2,$$

解出

$$B_0=-0,\quad B_1=E_0 a^3,\quad B_n=0,\quad n\geqslant 2. \tag{9.52}$$

将它们代入式(9.49)，得到最后的解是

$$u(r,\theta)=-E_0 r\cos\theta+E_0 a^3\,\frac{\cos\theta}{r^2}. \tag{9.53}$$

其中第一项就是原来的匀强电场，第二项是导体球上感应电荷的影响，与 r^{-2} 成正比，说明在远离球面的地方，这个影响将消失.

例 9.1　在[-1，$+1$]上将函数 $f(x)=x^3$ 按 $\mathrm{P}_l(x)$展开成傅里叶-勒让德级数.

解　设 $f(x)=x^3=\sum_{l=0}^{\infty}f_l\mathrm{P}_l(x)$.

求系数 f_l 有两种方法：一种是按公式(9.40)，将 $f(x)=x^3$ 代入，利用罗德里格斯公式，采用分部积分等技巧. 这方法较烦琐. 另一种为比较系数法.

我们知道

$$\mathrm{P}_3(x)=\frac{5x^3-3x}{2}=\frac{5x^3-3\mathrm{P}_1(x)}{2},$$

所以

$$f(x)=x^3=\frac{3\mathrm{P}_1(x)}{5}+\frac{2\mathrm{P}_3(x)}{5}.$$

这就是 $f(x)=x^3$ 的傅里叶-勒让德级数，展开式系数为：$f_1=3/5$，$f_3=2/5$，$f_l=0$(当 $l\neq 1$，3 时).

例 9.2 计算积分 $\int_{-1}^{1} \mathrm{P}_n(x)\mathrm{d}x$.

解法 1 $\int_{-1}^{1} \mathrm{P}_n(x)\mathrm{d}x = \int_{-1}^{1} \mathrm{P}_0(x)\mathrm{P}_n(x)\mathrm{d}x = \begin{cases} 0, & n \neq 0, \\ \dfrac{2}{2\cdot 0+1} = 2, & n = 0. \end{cases}$

解法 2 利用递推公式

$$(2n+1)\mathrm{P}_n(x) = \mathrm{P}'_{n+1}(x) - \mathrm{P}'_{n-1}(x),$$

有

$$\begin{aligned}\int_{-1}^{1} \mathrm{P}_n(x)\mathrm{d}x &= \frac{1}{2n+1}\int_{-1}^{1}[\mathrm{P}'_{n+1}(x) - \mathrm{P}'_{n-1}(x)]\mathrm{d}x \\ &= \frac{1}{2n+1}[\mathrm{P}_{n+1}(1) - \mathrm{P}_{n+1}(-1) - \mathrm{P}_{n-1}(1) + \mathrm{P}_{n-1}(-1)],\end{aligned}$$

但

$$\mathrm{P}_n(1) \equiv 1, \quad \mathrm{P}_n(-1) = (-1)^n\mathrm{P}_n(1) = (-1)^n,$$

于是

$$\int_{-1}^{1} \mathrm{P}_n(x)\mathrm{d}x = \frac{1}{2n+1}[1-(-1)^{n+1} - 1 + (-1)^{n-1}] = \begin{cases} 0, & n \neq 0, \\ 2, & n = 0. \end{cases}$$

例 9.3 设 $f(x)$是一个 k 次多项式,试证明当 $k<n$ 时,

$$\int_{-1}^{1} f(x)\mathrm{P}_n(x)\mathrm{d}x = 0,$$

即 $f(x)$和 $\mathrm{P}_n(x)$在$[-1,1]$上正交.

证明 利用勒让德多项式 $\mathrm{P}_n(x)$的微分表达式

$$\mathrm{P}_n(x) = \frac{1}{2^n n!}\frac{\mathrm{d}^n}{\mathrm{d}x^n}(x^2-1)^n \tag{9.54}$$

和分部积分法,有

$$\begin{aligned}\int_{-1}^{1} f(x)\mathrm{P}_n(x)\mathrm{d}x &= \frac{1}{2^n n!}\int_{-1}^{1} f(x)\frac{\mathrm{d}^n}{\mathrm{d}x^n}(x^2-1)^n\mathrm{d}x \\ &= \frac{1}{2^n n!}\left[f(x)\frac{\mathrm{d}^{n-1}}{\mathrm{d}x^{n-1}}(x^2-1)^n\right]\Bigg|_{-1}^{1} - \frac{1}{2^n n!}\int_{-1}^{1} f'(x)\frac{\mathrm{d}^{n-1}}{\mathrm{d}x^{n-1}}(x^2-1)^n\mathrm{d}x,\end{aligned}$$

上式右端第一项之值为零,再对第二项分部积分$(k-1)$次,并注意 $f(x)$是一个 k 次多项式,$f^{(k)}(x)$是常数,于是上式变为

$$\begin{aligned}\int_{-1}^{1} f(x)\mathrm{P}_n(x)\mathrm{d}x &= (-1)^k\frac{1}{2^n n!}\int_{-1}^{1} f^{(k)}(x)\frac{\mathrm{d}^{n-k}}{\mathrm{d}x^{n-k}}(x^2-1)^n\mathrm{d}x \\ &= (-1)^k\frac{1}{2^n n!}f^{(k)}(x)\int_{-1}^{1}\frac{\mathrm{d}^{n-k}}{\mathrm{d}x^{n-k}}(x^2-1)^n\mathrm{d}x \\ &= (-1)^k\frac{1}{2^n n!}f^{(k)}(x)\left[\frac{\mathrm{d}^{n-k-1}}{\mathrm{d}x^{n-k-1}}(x^2-1)^n\right]\Bigg|_{-1}^{1} \\ &= 0.\end{aligned}$$

例 9.4 计算积分 $\int_{-1}^{1} x^2\mathrm{P}_n(x)\mathrm{P}_{n+2}(x)\mathrm{d}x$.

解 利用递推公式

$$(n+1)\mathrm{P}_{n+1}(x) - (2n+1)x\mathrm{P}_n(x) + n\mathrm{P}_{n-1}(x) = 0,$$

可得

$$xP_n(x)=\frac{1}{2n+1}[(n+1)P_{n+1}(x)+nP_{n-1}(x)],$$

$$xP_{n+2}(x)=\frac{1}{2(n+2)+1}[(n+3)P_{n+3}(x)+(n+2)P_{n+1}(x)],$$

将这两个式子代入到被积函数后，利用勒让德多项式和模方计算公式有

$$\begin{aligned}\int_{-1}^{1}x^2P_n(x)P_{n+2}(x)\mathrm{d}x&=\frac{1}{(2n+1)(2n+5)}\times\\&\quad\int_{-1}^{1}[(n+1)P_{n+1}(x)+nP_{n-1}(x)][(n+3)P_{n+3}(x)+\\&\quad(n+2)P_{n+1}(x)]\mathrm{d}x\\&=\frac{(n+1)(n+2)}{(2n+1)(2n+5)}\int_{-1}^{1}P_{n+1}^2(x)\mathrm{d}x\\&=\frac{(n+1)(n+2)}{(2n+1)(2n+5)}\cdot\frac{1}{2(2n+1)+1}\\&=\frac{2(n+1)(n+2)}{(2n+1)(2n+3)(2n+5)}.\end{aligned}$$

例 9.5　计算积分 $\int_0^1 P_n(x)\mathrm{d}x$.

解　当 $n=0$ 时，$I_0=\int_0^1 P_0(x)\mathrm{d}x=\int_0^1\mathrm{d}x=1$；

当 $n=2k,k=1,2,\cdots$时，$I_{2k}=\int_0^1 P_{2k}(x)\mathrm{d}x=\frac{1}{2}\int_{-1}^{1}P_{2k}(x)\mathrm{d}x=0$；

此处利用了例 9.3 的结果.

当 $n=2k+1,k=0,1,2,\cdots$时，

$$\begin{aligned}I_{2k+1}&=\int_0^1 P_{2k+1}(x)\mathrm{d}x=\frac{1}{2(2k+1)+1}\int_0^1[P'_{2k+1+1}(x)-P'_{2k+1-1}(x)]\mathrm{d}x\\&=\frac{1}{4k+3}[P_{2k+2}(1)-P_{2k+2}(0)-P_{2k}(1)+P_{2k}(0)]\\&=\frac{1}{4k+3}[P_{2k}(0)-P_{2k+2}(0)]\\&=\frac{1}{4k+3}\left[\frac{(-1)^k(2k)!}{2^{2k}k!k!}-\frac{(-1)^{k+1}[2(k+1)]!}{2^{2k+2}(k+1)!(k+1)!}\right]\\&=\frac{1}{4k+3}\frac{(-1)^k(2k+2)!}{2^{2k+2}[(k+1)!]^2}=\frac{(-1)^k(2k-1)!!}{(2k+2)!!}.\end{aligned}$$

例 9.6　在半径为 a 的球面上，电势分布为 $f(\theta)$，试求在球内、外区域中的电势分布.

解　(1) 球内电势满足

$$\nabla^2u=0,\quad r<a,0<\theta<\pi,0<\varphi<2\pi,\tag{9.55}$$

$$u\big|_{r=a}=f(\theta),\tag{9.56}$$

及

$$u\big|_{r=0}=\text{有限值}.\tag{9.57}$$

因为边界条件与 φ 无关，即问题具有轴对称性，由 9.1 节的讨论知问题的级数解为

$$u(r,\theta)=\sum_{n=0}^{+\infty}[A_nr^n+B_nr^{-(n+1)}]P_n(\cos\theta).\tag{9.58}$$

下面用边界条件确定系数 A_n, B_n. 由球内解的条件(9.57)应取

$$B_n = 0,$$

将式(9.58)代入边界条件(9.56),可得

$$u\big|_{r=a} = f(\theta) = \sum_{n=0}^{+\infty} A_n a^n \mathrm{P}_n(\cos\theta),$$

这是将函数 $f(\theta)$ 按 $\mathrm{P}_n(\cos\theta)$ 的傅里叶-勒让德级数展开问题. 按公式(9.42),有

$$A_n = \frac{2n+1}{2a^n}\int_0^\pi f(\theta)\mathrm{P}_n(\cos\theta)\sin\theta\mathrm{d}\theta, \tag{9.59}$$

于是球内电势的分布是

$$u(r,\theta) = \sum_{n=0}^{+\infty}\left[\frac{(2n+1)r^n}{2a^n}\int_0^\pi f(\theta)\mathrm{P}_n(\cos\theta)\sin\theta\mathrm{d}\theta\right]\mathrm{P}_n(\cos\theta).$$

(2) 球外电势满足

$$\nabla^2 u = 0,\quad a < r < +\infty, 0 < \theta < \pi, 0 < \varphi < 2\pi, \tag{9.60}$$

$$u\big|_{r=a} = f(\theta), \tag{9.61}$$

及

$$u\big|_{r\to+\infty} = \text{有限值}. \tag{9.62}$$

问题依然具有轴对称性,故一般解仍为式(9.58). 但由条件(9.62),应取 $A_n=0$,所以球外电势为

$$u = \sum_{n=0}^{+\infty} B_n r^{-(n+1)}\mathrm{P}_n(\cos\theta). \tag{9.63}$$

将式(9.63)代入条件(9.61)中,可得

$$u\big|_{r=a} = f(\theta) = \sum_{n=0}^{+\infty} B_n a^{-(n+1)}\mathrm{P}_n(\cos\theta),$$

按式(9.42),系数为

$$B_n = \frac{(2n+1)a^{n+1}}{2}\int_0^\pi f(\theta)\mathrm{P}_n(\cos\theta)\sin\theta\mathrm{d}\theta, \tag{9.64}$$

因此球外电势分布为

$$u = \sum_{n=0}^{+\infty}\left[\frac{(2n+1)a^{n+1}}{2r^{n+1}}\int_0^\pi f(\theta)\mathrm{P}_n(\cos\theta)\sin\theta\mathrm{d}\theta\right]\mathrm{P}_n(\cos\theta).$$

例 9.7 一个半球形热良导体,在球坐标系下,其半球表面维持温度为函数 $\cos^2\theta$,底面维持为 0℃,试求出导体内部的稳定温度分布.

解 球体表面温度分布为 $\cos^2\theta$,与 φ 无关,因此球体内的温度分布 u 具有轴对称性,与 φ 无关. 于是 u 满足如下定解问题

$$\begin{cases}\dfrac{1}{r^2}\dfrac{\partial}{\partial r}\left(r^2\dfrac{\partial u}{\partial r}\right)+\dfrac{1}{r^2\sin\theta}\dfrac{\partial}{\partial\theta}\left(\sin\theta\dfrac{\partial u}{\partial\theta}\right)=0, & 0<r<a, 0<\theta<\dfrac{\pi}{2},\\ u\big|_{r=a}=\cos^2\theta, & \\ u\big|_{\theta=\frac{\pi}{2}}=0. & \end{cases}$$

由半球底面的边界条件 $u\big|_{\theta=\frac{\pi}{2}}=0$ 以及方程关于 θ 的奇偶不变性,可以对 $u(r,\theta)$ 关于 $\theta=\dfrac{\pi}{2}$ 作奇延拓为新未知函数 $\bar{u}(r,\theta)$,上述定解问题变为

$$\begin{cases}\dfrac{1}{r^2}\dfrac{\partial}{\partial r}\left(r^2\dfrac{\partial \bar{u}}{\partial r}\right)+\dfrac{1}{r^2\sin\theta}\dfrac{\partial}{\partial\theta}\left(\sin\theta\dfrac{\partial \bar{u}}{\partial\theta}\right), & 0<r<a, 0<\theta<\pi,\\ \bar{u}\big|_{r=a}=\cos^2\theta, & 0<\theta\leqslant\pi.\end{cases}$$

设$\bar{u}(r,\theta)=R(r)\Theta(\theta)$，做代换$x=\cos\theta$，并记$\Theta(\theta)$为$P(x)$，由9.1节可知，$R,P$分别满足欧拉方程和勒让德方程

$$r^2R''+2rR'-n(n+1)R=0,$$
$$(1-x^2)P''-2xP+n(n+1)P=0.$$

它们有物理意义的特解分别是$R=r^n$和$P=\mathrm{P}_n(x)$，由叠加原理，得问题有物理意义的级数解为

$$\bar{u}(r,\theta)=\sum_{n=0}^{+\infty}C_nr^n\mathrm{P}_n(x).$$

在变换$x=\cos\theta$下，边界条件可以写成$\bar{u}(a,\theta)=x^2$，因此

$$x^2=\sum_{n=0}^{+\infty}C_na^n\mathrm{P}_n(x).$$

因为$\mathrm{P}_n(x)$是n次多项式，而等式左边是二次多项式，因此，当$n\geqslant 3$时，$C_n=0$，由勒让德函数的正交关系可以求出

$$C_n=\frac{2n+1}{2a^n}\int_{-1}^{1}x^2\mathrm{P}_n(x)\mathrm{d}x,\quad n=0,1,2.$$

$\mathrm{P}_1(x)$是奇函数，所以$C_1=0$，而

$$C_0=\frac{1}{2}\int_{-1}^{1}x^2\mathrm{d}x=\frac{1}{3},\quad C_2=\frac{5}{2a^2}\int_{-1}^{1}x^2\frac{3x^2-1}{2}\mathrm{d}x=\frac{2}{3a^2},$$

因此，有

$$\bar{u}(r,\theta)=\frac{1}{3}+\frac{2r^2}{3a^2}\mathrm{P}_2(\cos\theta)=\frac{1}{3}-\frac{r^2}{3a^2}+\frac{r^2}{a^2}\cos^2\theta,$$

最后

$$u(r,\theta)=\frac{1}{3}+\frac{2r^2}{3a^2}\mathrm{P}_2(\cos\theta)=\frac{1}{3}-\frac{r^2}{3a^2}+\frac{r^2}{a^2}\cos^2\theta,\quad 0<\theta<\frac{\pi}{2}.$$

*9.4 关联勒让德多项式

由9.1节知道，关联勒让德方程

$$(1-x^2)\Theta''(x)-2x\Theta'(x)+\left[l(l+1)-\frac{m^2}{1-x^2}\right]\Theta(x)=0\tag{9.65}$$

对应于本征值n的本征函数是如下的关联勒让德多项式

$$\mathrm{P}_n^m(x)=(1-x^2)^{m/2}\frac{\mathrm{d}^m}{\mathrm{d}x^m}\mathrm{P}_n(x),\quad m=0,1,2,\cdots,n,\tag{9.66}$$

它是关联勒让德方程(9.65)的有限解.

由式(9.66)可得

$$\begin{cases}\mathrm{P}_0^0(x)=1,\\ \mathrm{P}_1^0(x)=x=\cos\theta,\\ \mathrm{P}_1^1(x)=(1-x^2)^{\frac{1}{2}}=\sin\theta,\\ \mathrm{P}_2^1(x)=3(1-x^2)^{\frac{1}{2}}x=\frac{3}{2}\sin2\theta,\\ \mathrm{P}_2^2(x)=3(1-x^2)=\frac{3}{2}(1-\cos2\theta).\end{cases}\tag{9.67}$$

以下给出关联勒让德多项式的其他重要性质.

9.4.1 关联勒让德函数的微分表示

将罗德里格斯公式代入式(9.66),立即可得

$$\mathrm{P}_n^m(x)=(1-x^2)^{m/2}\frac{1}{2^n n!}\frac{\mathrm{d}^{n+m}}{\mathrm{d}x^{n+m}}[(x^2-1)^n]. \tag{9.68}$$

因为在关联勒让德方程中,参数 m 是以 m^2 的形式出现的,故若将 m 用 $-m$ 置换,方程并不发生任何改变,所以下式也是满足自然边界条件的本征函数

$$\mathrm{P}_n^{-m}(x)=(1-x^2)^{-m/2}\frac{1}{2^n n!}\frac{\mathrm{d}^{n-m}}{\mathrm{d}x^{n-m}}[(x^2-1)^n]. \tag{9.69}$$

它与 $\mathrm{P}_n^m(x)$ 仅差一个常数因子,即

$$\mathrm{P}_n^m(x)=(-1)^m\frac{(n+m)!}{(n-m)!}\mathrm{P}_n^{-m}(x). \tag{9.70}$$

9.4.2 关联勒让德函数的积分表示

利用柯西积分公式

$$[(x^2-1)^n]^{(n+m)}=\frac{(n+m)!}{2\pi\mathrm{i}}\oint_L\frac{(z^2-1)^n\mathrm{d}z}{(z-x)^{n+m+1}},$$

$\mathrm{P}_n^m(x)$ 也可写成施列夫利积分

$$\mathrm{P}_n^m(x)=\frac{(1-x^2)^{m/2}}{2^n}\frac{(n+m)!}{n!}\frac{1}{2\pi\mathrm{i}}\oint_L\frac{(z^2-1)^n\mathrm{d}z}{(z-x)^{n+m+1}}, \tag{9.71}$$

其中,L 是围绕 $z=x$ 的任一闭合回路.

如将围路 L 取为以 x 为心,以 $(|x^2-1|)^{\frac{1}{2}}$ 为半径的圆,$\mathrm{P}_l^m(x)$ 也可表示成定积分——拉普拉斯积分

$$\mathrm{P}_n^m(x)=\frac{(n+m)!}{\pi n!}\int_0^{\pi}(x+\mathrm{i}\sqrt{1-x^2}\cos\varphi)^n\cos m\varphi\mathrm{d}\varphi. \tag{9.72}$$

令 $x=\cos\theta$,则

$$\mathrm{P}_n^m(\cos\theta)=\frac{(n+m)!}{\pi n!}\int_0^{\pi}(\cos\theta+\mathrm{i}\sin\theta\cos\varphi)^n\cos m\varphi\mathrm{d}\varphi. \tag{9.73}$$

9.4.3 关联勒让德函数的正交性与模方

对应于不同本征值 n 和 k 的本征函数相互正交,即

$$\int_{-1}^{1}\mathrm{P}_n^m(x)\mathrm{P}_k^m(x)\mathrm{d}x=0,\quad k\neq n, \tag{9.74a}$$

或

$$\int_0^{\pi}\mathrm{P}_n^m(\cos\theta)\mathrm{P}_k^m(\cos\theta)\sin\theta\mathrm{d}\theta=0,\quad k\neq n. \tag{9.74b}$$

模方

$$(N_n^m)^2=\int_{-1}^{+1}[\mathrm{P}_n^m(x)]^2\mathrm{d}x=\frac{2(n+m)!}{(2n+1)(n-m)!}, \tag{9.75a}$$

或

$$(N_n^m)^2 = \int_0^\pi [\mathrm{P}_n^m(\cos\theta)]^2 \sin\theta \mathrm{d}\theta = \frac{2(n+m)!}{(2n+1)(n-m)!}. \tag{9.75b}$$

将式(9.74)和式(9.75)写在一起有

$$\int_{-1}^1 \mathrm{P}_n^m(x)\mathrm{P}_k^m(x)\mathrm{d}x = \int_0^\pi \mathrm{P}_n^m(\cos\theta)\mathrm{P}_k^m(\cos\theta)\sin\theta \mathrm{d}\theta = \frac{(n+m)!}{(n-m)!}\frac{2}{2n+1}\delta_{kn}, \tag{9.76}$$

其中 $\delta_{kn}=\begin{cases}1, & k=n,\\ 0, & k\neq n.\end{cases}$

9.4.4 按 $\mathbf{P}_l^m(x)$ 的广义级数展开

如果函数 $f(x)$ 可展开为如下绝对且一致收敛的级数

$$f(x) = \sum_{n=0}^{+\infty} f_n \mathrm{P}_n^m(x), \tag{9.77}$$

则其展开系数的计算公式为

$$f_n = \frac{(2n+1)(n-m)!}{2(n+m)!}\int_{-1}^{+1} f(x)\mathrm{P}_n^m(x)\mathrm{d}x. \tag{9.78}$$

或用变量 θ 写出

$$f(\theta) = \sum_{n=0}^{\infty} f_n \mathrm{P}_n^m(\cos\theta), \tag{9.79}$$

其中

$$f_n = \frac{(2n+1)(n-m)!}{2(n+m)!}\int_0^\pi f(\theta)\mathrm{P}_n^m(\cos\theta)\sin\theta \mathrm{d}\theta. \tag{9.80}$$

9.4.5 关联勒让德函数的递推公式

阶数相邻的关联勒让德多项式之间满足下列递推公式

$$(k+1-m)\mathrm{P}_{k+1}^m(x) - (2k+1)x\mathrm{P}_k^m(x) + (k+m)\mathrm{P}_{k-1}^m = 0. \tag{9.81}$$

例 9.8 设有一个半径为 a 的球壳，球面上的电势分布为 $(1+3\cos\theta)\sin\theta\cos\varphi$，试求球内的静电势分布.

解 问题写成定解问题是

$$\begin{cases}\nabla^2 u = 0, & r < a,\\ u|_{r=a} = (1+3\cos\theta)\sin\theta\cos\varphi.\end{cases}$$

由边界条件与 θ 和 φ 均有关知，这是一个非轴对称问题.

首先分离变量，即令 $u(r,\theta,\varphi)=R(r)\Theta(\theta)\Phi(\varphi)$，代入方程，按照 9.1.1 节同样讨论，得到问题的一般解为

$$u(r,\theta,\varphi) = \sum_{n=0}^{+\infty}\sum_{m=0}^{n}[A_n r^n + B_n r^{-(n+1)}](C_m\cos m\varphi + D_m\sin m\varphi)\mathrm{P}_n^m(\cos\theta). \tag{9.82}$$

如果加上 $|u|_{r=0}| < +\infty$ 的自然条件，则得球内电势解为

$$u(r,\theta,\varphi) = \sum_{n=0}^{+\infty}\sum_{m=0}^{n} r^n(C_{mn}\cos m\varphi + D_{mn}\sin m\varphi)\mathrm{P}_n^m(\cos\theta), \tag{9.83}$$

其中常数 A_n 合到 C_m 和 D_m 中，然后记为 $C_{mn}D_{mn}$. 现在由边界条件确定这些任意常数. 将边界条件代入得

$$\sum_{n=0}^{+\infty}\sum_{m=0}^{n}a^n(C_{mn}\cos m\varphi + D_{mn}\sin m\varphi)\mathrm{P}_n^m(\cos\theta) = \sin\theta\cos\varphi + \frac{3}{2}\sin 2\theta\cos\varphi.$$

对比上式两边三角函数 $\cos m\varphi$ 和 $\sin m\varphi$ 的展开系数得

$$\sum_{n=0}^{+\infty}C_{1n}a^n\mathrm{P}_n^1(\cos\theta) = \sin\theta + \frac{3}{2}\sin 2\theta, \tag{9.84}$$

于是

$$C_{mn}a^n\mathrm{P}_n^m(\cos\theta) = 0,\quad m\neq 1;\quad D_{mn}a^n\mathrm{P}_n^m(\cos\theta)\equiv 0,$$

即

$$C_{mn} = 0,\quad m\neq 1;\quad D_{mn}\equiv 0. \tag{9.85}$$

又由式(9.67)知

$$\mathrm{P}_1^1(x) = (1-x^2)^{\frac{1}{2}} = \sin\theta,\quad \mathrm{P}_2^1(x) = 3(1-x^2)^{\frac{1}{2}}x = \frac{3}{2}\sin 2\theta,$$

代入式(9.84),得

$$\sum_{n=0}^{+\infty}C_{1n}a^n\mathrm{P}_n^1(\cos\theta) = \mathrm{P}_1^1(\cos\theta) + \mathrm{P}_2^1(\cos\theta),$$

对比上式两边 $\mathrm{P}_n^m(\cos\theta)$ 的展开式系数得

$$C_{11}a = 1,\quad C_{12}a^2 = 1,\quad 即\quad C_{11} = \frac{1}{a},\quad C_{12} = \frac{1}{a^2}. \tag{9.86}$$

将式(9.85)、(9.86)代入式(9.83),得本问题的解为

$$\begin{aligned}u(r,\theta,\varphi) &= \frac{r}{a}\cos\varphi\mathrm{P}_1^1(\cos\theta) + \frac{r^2}{a^2}\cos\varphi\mathrm{P}_2^1(\cos\theta)\\ &= \frac{r}{a}\cos\varphi\sin\theta + \frac{3r^2}{2a^2}\cos\varphi\sin 2\theta.\end{aligned} \tag{9.87}$$

例 9.9 设有一个半径为 a 的球壳,球面上的电势分布为 $f(\theta,\varphi)$,求球内的静电势分布.

解 问题写成定解问题是

$$\begin{cases}\nabla^2 u = 0,\quad r < a,\\ u\,|_{r=a} = f(\theta,\varphi).\end{cases}$$

本例与上例的定解问题具有完全相同的形式,只是边界条件给定的不是具体函数,故在用边界条件确定展开式系数时,不能像上例那样,通过对比分析来得到,而必须用展开式系数公式来求.

球内电势的一般解仍是

$$u(r,\theta,\varphi) = \sum_{n=0}^{+\infty}\sum_{m=0}^{n}r^n(C_{mn}\cos m\varphi + D_{mn}\sin m\varphi)\mathrm{P}_n^m(\cos\theta),$$

代入本题的边界条件有

$$\sum_{n=0}^{+\infty}\sum_{m=0}^{n}a^n(C_{mn}\cos m\varphi + D_{mn}\sin m\varphi)\mathrm{P}_n^m(\cos\theta) = f(\theta,\varphi). \tag{9.88}$$

因为

$$\int_{-1}^{1}\mathrm{P}_n^m(x)\mathrm{P}_k^m(x)\mathrm{d}x = \int_0^{\pi}\mathrm{P}_n^m(\cos\theta)\mathrm{P}_k^m(\cos\theta)\sin\theta\mathrm{d}\theta = \frac{(n+m)!}{(n-m)!}\frac{2}{2n+1}\delta_{kn}, \tag{9.89}$$

$$\int_0^{2\pi}\cos n\varphi\cos m\varphi\mathrm{d}\varphi = \pi\delta_{mn}, \tag{9.90}$$

$$\int_0^{2\pi}\sin n\varphi\sin m\varphi\mathrm{d}\varphi = \pi\delta_{mn}, \tag{9.91}$$

$$\int_0^{2\pi}\sin m\varphi\cos n\varphi\mathrm{d}\varphi = 0. \tag{9.92}$$

所以为了求出系数 C_{mn}，我们将式(9.88)两边同乘 $\mathrm{P}_k^l(\cos\theta)\cos l\varphi$，然后在单位球面上积分，有

$$\sum_{n=0}^{+\infty}\sum_{m=0}^{n}\Big[C_{mn}a^n\int_0^{2\pi}\int_0^{\pi}\mathrm{P}_n^m(\cos\theta)\mathrm{P}_k^l(\cos\theta)\cos m\varphi\cos l\varphi\sin\theta\mathrm{d}\theta\mathrm{d}\varphi +$$

$$D_{mn}a^n\int_0^{2\pi}\int_0^{\pi}\mathrm{P}_n^m(\cos\theta)\mathrm{P}_k^l(\cos\theta)\sin m\varphi\cos l\varphi\sin\theta\mathrm{d}\theta\mathrm{d}\varphi\Big]$$

$$= \int_0^{2\pi}\int_0^{\pi} f(\theta,\varphi)\mathrm{P}_k^l(\cos\theta)\cos l\varphi\sin\theta\mathrm{d}\theta\mathrm{d}\varphi. \tag{9.93}$$

将正交性式(9.89)、式(9.90)和式(9.92)代入即得

$$C_{kl} = \frac{(2k+1)(k-l)!}{2\pi a^k(k+l)!}\int_0^{2\pi}\int_0^{\pi} f(\theta,\varphi)\mathrm{P}_k^l(\cos\theta)\cos l\varphi\sin\theta\mathrm{d}\theta\mathrm{d}\varphi,$$

即

$$C_{mn} = \frac{(2n+1)(n-m)!}{2\pi a^n(n+m)!}\int_0^{2\pi}\int_0^{\pi} f(\theta,\varphi)\mathrm{P}_n^m(\cos\theta)\cos m\varphi\sin\theta\mathrm{d}\theta\mathrm{d}\varphi. \tag{9.94}$$

类似地，将式(9.88)两边同乘 $\mathrm{P}_k^l(\cos\theta)\sin l\varphi$，然后在单位球面上积分，并代入正交性公式(9.89)、式(9.91)和式(9.92)，可得到

$$D_{mn} = \frac{(2n+1)(n-m)!}{2\pi a^n(n+m)!}\int_0^{2\pi}\int_0^{\pi} f(\theta,\varphi)\mathrm{P}_n^m(\cos\theta)\sin m\varphi\sin\theta\mathrm{d}\theta\mathrm{d}\varphi. \tag{9.95}$$

将式(9.94)、式(9.95)代入式(9.83)，即得到定解问题的解.

*9.5　其他特殊函数方程简介

下面再介绍一下在近代物理学中常常用到的埃尔米特多项式和拉盖尔多项式，它们是薛定谔方程在不同条件下的解. 同勒让德多项式一样，埃尔米特多项式和拉盖尔多项式也是正交多项式.

9.5.1　埃尔米特多项式

在量子力学中，处于有势场内的粒子的性态可以用薛定谔方程

$$\mathrm{i}h\frac{\partial\psi}{\partial t} + \frac{h^2}{2m}\nabla^2\psi - U(x,y,z,t)\psi = 0 \tag{9.96}$$

来描述，其中 $2\pi h$ 是普兰克常数，U 是粒子在力场中的势能，m 是粒子的质量，$\psi=\psi(x,y,z,t)$ 称为波函数.

若势能不依赖于时间 t，则 $U=U(x,y,z)$，可设 ψ 具有分离变量形式的解：$\psi=\bar{\psi}(x,y,z)\mathrm{e}^{-\frac{\mathrm{i}Et}{h}}$，其中 E 为粒子的总能量. 将此式代入式(9.96)，并在整理后把 $\bar{\psi}$ 仍记为 ψ，则有

$$\mathrm{i}h\cdot\psi(x,y,z)\mathrm{e}^{-\frac{\mathrm{i}Et}{h}}\left(-\frac{\mathrm{i}E}{h}\right) + \frac{h^2}{2m}\nabla^2\psi\mathrm{e}^{-\frac{\mathrm{i}Et}{h}} - U(x,y,z)\psi\mathrm{e}^{-\frac{\mathrm{i}Et}{h}} = 0,$$

整理得

$$\frac{h^2}{2m}\nabla^2\psi+(E-U)\psi=0. \tag{9.97}$$

仍为薛定谔方程.

在薛定谔方程中,具有直接物理意义的不是 ψ 本身,而是 $|\psi|^2$,它在统计上的解释是:式子 $|\psi|^2\mathrm{d}x\mathrm{d}y\mathrm{d}z$ 表示粒子在点 (x,y,z) 的体积元素 $\mathrm{d}x\mathrm{d}y\mathrm{d}z$ 内出现的概率.因此,前面对特殊函数所讲的归一性就看到物理意义了. $\iiint|\psi|^2\mathrm{d}x\mathrm{d}y\mathrm{d}z=1$,表示空间内总有一个地方"找到这个粒子的概率等于1".

设薛定谔方程所描述的是谐振子,则 $U=\frac{m\omega^2}{2}$,ω 是振子的固有频率,引入两个新的常数 $\alpha^2=\frac{m^2\omega^2}{h^2}$,$\lambda=\frac{2mE}{h^2}$,其中 α 为大于零的定数,而 λ 是取代 E 的位置,这时方程(9.97)成为

$$\frac{\mathrm{d}^2\psi}{\mathrm{d}x^2}+(\lambda-\alpha^2x^2)\psi=0,$$

作变换 $\xi=\sqrt{\alpha}x$,并将 ξ 仍记为 x,则有

$$\frac{\mathrm{d}^2\psi}{\mathrm{d}x^2}+\left(\frac{\lambda}{\alpha}-x^2\right)\psi=0. \tag{9.98}$$

由常微分方程理论,可设 $\psi(x)=\mathrm{e}^{\theta(x)}H(x)$,代入式(9.98),通过推算和分析,得到 $\theta(x)=-\frac{x^2}{2}$.因此,将 $\psi(x)=\mathrm{e}^{-\frac{x^2}{2}}H(x)$ 代入式(9.98),即得 $H(x)$ 应满足的方程

$$\frac{\mathrm{d}^2H(x)}{\mathrm{d}x^2}-2x\frac{\mathrm{d}H(x)}{\mathrm{d}x}+\left(\frac{\lambda}{\alpha}-1\right)H(x)=0.$$

由于边界条件要求取多项式解,令 $\frac{\lambda}{\alpha}-1=2n(n=0,1,2,\cdots)$,得

$$\frac{\mathrm{d}^2H}{\mathrm{d}x^2}-2x\frac{\mathrm{d}H}{\mathrm{d}x}+2nH=0. \tag{9.99}$$

这就是所谓的 n 阶埃尔米特方程.

用幂级数方法求解式(9.99),令

$$H(x)=\sum_{k=0}^{+\infty}C_kx^k,$$

代入式(9.99),得系数的递推公式

$$C_{k+2}=\frac{2k-2n}{(k+2)(k+1)}C_k,\quad k=0,1,2,\cdots.$$

于是

$$\begin{aligned}H(x)=&C_0\left(1+\sum_{k=1}^{+\infty}(-2)^k\frac{n(n-2)\cdots(n-2k+2)}{(2k)!}x^{2k}\right)+\\&C_1\left(x+\sum_{k=1}^{+\infty}(-2)^k\frac{(n-1)(n-3)\cdots(n-2k+1)}{(2k+1)!}x^{2k+1}\right).\end{aligned}$$

当 n 为偶数时,我们取 $C_1=0$,$C_0=(-1)^{\frac{n}{2}}2n!\bigg/\left(\frac{n-1}{2}\right)!$,因此对任意整数 n,$H_n(x)$ 可以写成

$$H_n(x)=(2x)^n-\frac{n(n-1)}{1!}(2x)^{n-2}+\frac{n(n-1)(n-2)(n-3)}{2}(2x)^{n-4}+\cdots+$$

$$(-1)^{\left[\frac{n}{2}\right]}\frac{n!}{\left[\frac{n}{2}\right]!}(2x)^{n-2\left[\frac{n}{2}\right]},$$

其中[]表示取整.

对埃尔米特多项式,也可以讨论其母函数、正交归一性,等等.

9.5.2 拉盖尔多项式

讨论电子在核的库仑场中运动时,其势能为 $U=\frac{-e^2}{r}$,r 是电子到核的距离,$-e$ 是电子的电荷,$+e$ 是核的电荷,于是薛定谔方程具有形式

$$\frac{h^2}{2m}\nabla^2\psi+\left(E+\frac{e^2}{r}\right)\psi=0. \tag{9.100}$$

在球坐标系中利用分离变量法,得到关于 r 的常微分方程. 再对函数和自变量作适当变换,可得到

$$\frac{\mathrm{d}}{\mathrm{d}x}(x\omega')+\left(\lambda-\frac{x}{4}-\frac{s^2}{4x}\right)\omega=0, \tag{9.101}$$

其中 $\lambda>0$,s 为非负定常数,作试探解

$$\omega(x)=\mathrm{e}^{-\frac{x}{2}}x^{\frac{s}{2}}L(x),$$

则 $L(x)$ 满足

$$x\frac{\mathrm{d}^2L}{\mathrm{d}x^2}+(s+1-x)\frac{\mathrm{d}L}{\mathrm{d}x}+\left(\lambda-\frac{s+1}{2}\right)L=0. \tag{9.102}$$

欲使此方程的解为多项式,则应令 $\lambda-\frac{s+1}{2}=n(n=0,1,2,\cdots)$,于是有

$$x\frac{\mathrm{d}^2L}{\mathrm{d}x^2}+(s+1-x)\frac{\mathrm{d}L}{\mathrm{d}x}+nL=0, \tag{9.103}$$

这就是 n 阶拉盖尔方程.

令 $L(x)=\sum\limits_{k=0}^{+\infty}C_kx^k$,代入式(9.103),得系数的递推公式

$$C_{k+1}=\frac{k-n}{(k+1)(k+s+1)}C_k,\quad k=0,1,2,\cdots$$

于是有

$$L(x)=C_0\left(1-\frac{n}{s+1}x+\frac{n(n-1)}{2!(s+1)(s+2)}x^2-\frac{n(n-1)(n-2)}{3!(s+1)(s+2)(s+3)}x^3+\cdots+\right.$$
$$\left.(-1)^n\frac{n(n-1)\cdots3\cdot2\cdot1}{n!(s+1)(s+2)\cdots(s+n)}x^n\right).$$

令 $C_0=(s+1)(s+2)\cdots(s+n)$,则有

$$L_n'(x)=(-1)^n\left[x^n-\frac{n}{1!}(s+n)x^{n-1}+\frac{n(n-1)}{2!}(s+n)(s+n-1)x^{n-2}+\cdots+\right.$$
$$\left.(-1)^n(s+n)(s+n-1)\cdots(s+1)\right]. \tag{9.104}$$

利用莱布尼茨公式:

$$(uv)^{(n)} = u^{(n)}v + nu^{(n-1)}v' + \frac{n(n-1)}{2!}u^{(n-2)}v'' + \cdots,$$

易证

$$L_n'(x) = e^x x^{-s} \frac{d^n}{dx^n}(e^{-x}x^{s+n}). \tag{9.105}$$

若取 $s=0$,则有

$$L_n'(x) = (-1)^n\left(x^n + \frac{n^2}{1!}\right)x^{n-1} + \frac{n^2(n-1)^2}{2!}x^{n-2} + \cdots + (-1)^n n!. \tag{9.106}$$

称式(9.103)的特解(9.104)(即 $L_n'(x)$)为 n 阶拉盖尔多项式,式(9.105)是它的微分形式,而称式(9.106)为 n 阶狭义拉盖尔多项式.

习题 9

1. 氢原子定态问题的量子力学薛定谔方程是

$$-\frac{h^2}{8\pi^2\mu}\nabla^2 u - \frac{Ze^2}{r}u = Eu,$$

其中 h,μ,Z,e,E 都是常数.试在球坐标系下把这个方程分离变量,即得到相应各单变量函数满足的常微分方程.

2. 证明:(1) $x^2=\frac{2}{3}P_2(x)+\frac{1}{3}P_0(x)$; (2) $x^3=\frac{2}{5}P_3(x)+\frac{3}{5}P_1(x)$.

3. 求证 $\int_{-1}^{1}(1-x^2)[P_n'(x)]^2 dx = \frac{2n(n+1)}{2n+1}$.

4. 证明 $P_l(-x)=(-1)^l P_l(x)$.

5. 已知 $P_0(x)=1, P_1(x)=x, P_2(x)=\frac{1}{2}(3x^2-1)$,用递推公式求 $P_3(x), P_4(x)$.

6. 在$(-1,1)$上,将下列函数按勒让德多项式展开为广义傅里叶级数.

$$f(x)=\begin{cases} x, & 0<x<1, \\ 0, & -1<x<0. \end{cases}$$

7. 利用勒让德多项式的生成函数(母函数)证明:

$$P_n(-1)=(-1)^n, \quad P_{2n-1}(0)=0, \quad P_{2n}(0)=\frac{(-1)^n(2n)!}{2^{2n}(n!)^2}.$$

8. 在半径为1的球内求解拉普拉斯方程 $\nabla^2 u=0$,使 $u|_{r=1}=3\cos 2\theta+1$.

9. 在半径为1的球内求解拉普拉斯方程$\nabla^2 u=0$,已知在球面上

$$u|_{r=1}=\begin{cases} A, & 0\leqslant\theta\leqslant\alpha, \\ 0, & \alpha<\theta\leqslant\pi. \end{cases}$$

10. 在半径为1的球外求解拉普拉斯方程 $\nabla^2 u=0$,使 $u|_{r=1}=\cos^2\theta$.

*11. 在半径为 a 的球外($r>a$)求解:

$$\begin{cases} \nabla^2 u=0, \\ u|_{r=a}=f(\theta,\varphi). \end{cases}$$

*12. (辐射速度势问题)设半径为 r_0 的球面径向速度分布为 $v=v_0\dfrac{1}{4}(3\cos2\theta+1)\cos\omega t$，这个球在空气中辐射出去的声场中的速度势满足三维波动方程：$v_{tt}-a^2\nabla^2 v=0$，其中 $a^2=\dfrac{p_0 r}{\rho_0}$，$p_0$ 是初始压强，ρ_0 是初始密度，r 是定压比热容的比值. 设 $r_0\leqslant\lambda$(声波长)，求速度势 v，当 r 很大时 $v|_{r\to\infty}$ 的渐近表达式是什么？

例题补充

例 1　在$(-1,1)$上，将下列函数按勒让德多项式展开成傅里叶-勒让德级数.

(1) $f(x)=x^4$；　(2) $f(x)=|x|$.

解：(1) 由计算可得

$$f_0=\frac{1}{2}\int_{-1}^{1}x^4\mathrm{P}_0(x)\mathrm{d}x=\frac{1}{2}\int_{-1}^{1}x^4\mathrm{d}x=\frac{1}{5},$$

$$f_1=0,f_3=0,\cdots,f_{2n-1}=0,\quad n=1,2,\cdots.$$

$$f_2=\frac{3}{2}\int_{-1}^{1}x^4\mathrm{P}_2(x)\mathrm{d}x=\frac{3}{2}\int_{-1}^{1}x^4\left(\frac{3x^2-1}{2}\right)\mathrm{d}x=\frac{4}{7},$$

$$f_4=\frac{9}{2}\int_{-1}^{1}x^4\mathrm{P}_4(x)\mathrm{d}x=\frac{9}{2}\int_{-1}^{1}x^4\ \frac{1}{8}(35x^4-3x^2+3)\mathrm{d}x=\frac{8}{35},$$

$$f_{2n}=0,\quad n=3,4,\cdots.$$

故 $x^4=\dfrac{1}{5}\mathrm{P}_0(x)+\dfrac{4}{7}\mathrm{P}_2(x)+\dfrac{8}{35}\mathrm{P}_4(x)$.

(2) 令 $|x|=\sum\limits_{l=0}^{+\infty}C_l\mathrm{P}_l(x)$，由系数公式有

$$C_l=\frac{2l+1}{2}\int_{-1}^{1}|x|\mathrm{P}_l(x)\mathrm{d}x,$$

因为$|x|$是偶函数，故当 $\mathrm{P}_l(x)$为奇函数，即当 $l=2n+1,n=0,1,2,\cdots$时，

$$C_l=C_{2n+1}=0,$$

于是

$$\begin{aligned}C_{2n}&=\frac{2(2n)+1}{2}\int_{-1}^{1}|x|\mathrm{P}_{2n}(x)\mathrm{d}x=(4n+1)\int_0^1 x\mathrm{P}_{2n}(x)\mathrm{d}x\\&=\frac{4n+1}{2\cdot2n+1}\int_0^1[x\mathrm{P}'_{2n+1}(x)-x\mathrm{P}'_{2n-1}(x)]\mathrm{d}x\\&=\int_0^1 x\mathrm{d}\mathrm{P}_{2n+1}-\int_0^1 x\mathrm{d}\mathrm{P}_{2n-1}=x\mathrm{P}_{2n+1}(x)\Big|_0^1-\int_0^1\mathrm{P}_{2n+1}\mathrm{d}x-x\mathrm{P}_{2n-1}(x)\Big|_0^1+\int_0^1\mathrm{P}_{2n-1}\mathrm{d}x\\&=\int_0^1\mathrm{P}_{2n-1}\mathrm{d}x-\int_0^1\mathrm{P}_{2n+1}\mathrm{d}x.\end{aligned}\tag{1}$$

而

$$\int_0^1\mathrm{P}_{2n+1}(x)\mathrm{d}x=\frac{1}{2n+1}\frac{(-1)^n(2n+2)!}{2^{2n+2}[(n+1)!]^2},\tag{2}$$

将式(2)中的 n 换为 $n-1$ 得到

$$\int_0^1 \mathrm{P}_{2n-1}(x)\mathrm{d}x = \frac{1}{2n-1}\frac{(-1)^{n-1}(2n)!}{2^{2n}(n!)^2}, \tag{3}$$

将式(2)、式(3)一并代入式(1),得

$$C_{2n} = \frac{1}{2n-1}\frac{(-1)^{n-1}(2n)!}{2^{2n}(n!)^2} - \frac{1}{2n+1}\frac{(-1)^n(2n+2)!}{2^{2n+2}[(n+1)!]^2}$$
$$= \frac{(-1)^{n+1}(4n+1)(2n-2)!}{2^{2n}(n-1)!(n+1)!},$$

于是

$$|x| = \frac{1}{2}\mathrm{P}_0(x) + \sum_{n=1}^{+\infty}\frac{(-1)^{n+1}(4n+1)(2n-2)!}{2^{2n}(n-1)!(n+1)!}\mathrm{P}_{2n}(x), \quad |x|<1.$$

例2 在球坐标系中亥姆霍兹方程为

$$\frac{1}{r^2}\frac{\partial}{\partial r}\left(r^2\frac{\partial u}{\partial r}\right) + \frac{1}{r^2\sin\theta}\frac{\partial}{\partial\theta}\left(\sin\theta\frac{\partial u}{\partial\theta}\right) + \frac{1}{r^2\sin^2\theta}\frac{\partial^2 u}{\partial\varphi^2} + k^2u = 0, \tag{1}$$

试将这个方程分离变量,即得到相关单变量函数满足的常微分方程.

解 设解的形式是 $u(r,\theta,\varphi)=R(r)\Theta(\theta)\Phi(\varphi)$,代入式(1)中,并除以 $R\Theta\Phi$,得到

$$\frac{1}{r^2R}\frac{\mathrm{d}}{\mathrm{d}r}\left(r^2\frac{\mathrm{d}R}{\mathrm{d}r}\right) + \frac{1}{r^2\Theta\sin\theta}\frac{\mathrm{d}}{\mathrm{d}\theta}\left(\sin\theta\frac{\mathrm{d}\Theta}{\mathrm{d}\theta}\right) + \frac{1}{r^2\Phi\sin^2\theta}\frac{\mathrm{d}^2\Phi}{\mathrm{d}\varphi^2} + k^2 = 0,$$

将变量 φ 和变量 r,θ 分离. 为此,用 $r^2\sin^2\theta$ 遍乘上式,并适当移项,可得

$$\frac{\sin^2\theta}{R}\frac{\mathrm{d}}{\mathrm{d}r}\left(r^2\frac{\mathrm{d}R}{\mathrm{d}r}\right) + \frac{\sin\theta}{\Theta}\frac{\mathrm{d}}{\mathrm{d}\theta}\left(\sin\theta\frac{\mathrm{d}\Theta}{\mathrm{d}\theta}\right) + k^2r^2\sin^2\theta = -\frac{\Phi''}{\Phi} = m^2, \tag{2}$$

其中 m^2 是分离常数. 由此可得 Φ 满足的微分方程

$$\Phi'' + m^2\Phi = 0, \tag{3}$$

上式满足周期条件 $\Phi(\varphi)=\Phi(\varphi+2\pi)$ 的解为

$$\Phi(\varphi) = A_m\cos m\varphi + B_m\sin m\varphi, \quad m = 0,1,2,\cdots. \tag{4}$$

式(2)中关于 r,θ 的方程是

$$\frac{1}{R}\frac{\mathrm{d}}{\mathrm{d}r}\left(r^2\frac{\mathrm{d}R}{\mathrm{d}r}\right) + \frac{1}{\Theta\sin\theta}\frac{\mathrm{d}}{\mathrm{d}\theta}\left(\sin\theta\frac{\mathrm{d}\Theta}{\mathrm{d}\theta}\right) - \frac{m^2}{\sin^2\theta} + r^2k^2 = 0.$$

再将上式中的变量 r,θ 分离,

$$\frac{1}{\Theta\sin\theta}\frac{\mathrm{d}}{\mathrm{d}\theta}\left(\sin\theta\frac{\mathrm{d}\Theta}{\mathrm{d}\theta}\right) - \frac{m^2}{\sin^2\theta} = -\frac{1}{R}\frac{\mathrm{d}}{\mathrm{d}r}\left(r^2\frac{\mathrm{d}R}{\mathrm{d}r}\right) - k^2r^2 = -l(l+1),$$

其中 $l(l+1)$ 是第二次分离变量引入的常数,由此又得到两个常微分方程

$$\frac{1}{r^2}\frac{\mathrm{d}}{\mathrm{d}r}\left(r^2\frac{\mathrm{d}R}{\mathrm{d}r}\right) + \left[k^2 - \frac{l(l+1)}{r^2}\right]R = 0, \tag{5a}$$

即

$$r^2R''(r) + 2rR'(r) + k^2r^2R(r) - l(l+1)R(r) = 0, \tag{5b}$$

以及

$$\frac{1}{\sin\theta}\frac{\mathrm{d}}{\mathrm{d}\theta}\left(\sin\theta\frac{\mathrm{d}\Theta}{\mathrm{d}\theta}\right) + \left[l(l+1) - \frac{m^2}{\sin^2\theta}\right]\Theta = 0. \tag{6a}$$

对方程(6a)作变换 $x=\cos\theta$ 以后,可以改写成

$$\frac{\mathrm{d}}{\mathrm{d}x}\left((1-x^2)\frac{\mathrm{d}\Theta}{\mathrm{d}x}\right) + \left[l(l+1) - \frac{m^2}{1-x^2}\right]\Theta = 0, \tag{6b}$$

即

$$(1-x^2)\Theta''(x)-2x\Theta'(x)+\left[l(l+1)-\frac{m^2}{1-x^2}\right]\Theta(x)=0.$$

这是一个关联勒让德方程. 在 $m=0$ 时,它就退化为勒让德方程

$$(1-x^2)\Theta''(x)-2x\Theta'(x)+l(l+1)\Theta(x)=0.$$

对式(5)作变换 $R=\frac{y}{\sqrt{r}}$,则有

$$r^2\frac{\mathrm{d}^2y}{\mathrm{d}r^2}+r\frac{\mathrm{d}y}{\mathrm{d}r}+k^2r^2y-\left(l+\frac{1}{2}\right)^2y=0,$$

这是 $l+\frac{1}{2}$ 阶贝塞尔方程,因此方程(5)的解是

$$R=C_l\mathrm{J}_{l+\frac{1}{2}}(kr)/\sqrt{r}+D_l\mathrm{Y}_{l+\frac{1}{2}}(kr)/\sqrt{r}.$$

一般地将

$$j_n(x)=\sqrt{\frac{\pi}{2x}}\mathrm{J}_{l+\frac{1}{2}}(x),\quad y_n=\sqrt{\frac{\pi}{2x}}\mathrm{Y}_{l+\frac{1}{2}}(x)$$

定义为球贝塞尔函数,所以方程(5)又称为球贝塞尔方程.

例 3　利用递推公式(9.32)、式(9.33)和式(9.35)证明下列递推公式:

(1) $\mathrm{P}'_{n-1}(x)=x\mathrm{P}'_n(x)-n\mathrm{P}_n(x)$;

(2) $\mathrm{P}'_{n+1}(x)-\mathrm{P}'_{n-1}(x)=(2n+1)\mathrm{P}_n(x)$;

(3) $(1-x^2)\mathrm{P}'_n(x)=n[\mathrm{P}_{n-1}(x)-x\mathrm{P}_n(x)]$.

证明　(1) 递推公式(9.32)两边对 x 求导,得

$$(n+1)\mathrm{P}'_{n+1}(x)=(2n+1)\mathrm{P}_n(x)+(2n+1)x\mathrm{P}'_n(x)-n\mathrm{P}'_{n-1}(x).$$

递推公式(9.33)两边乘以 $(n+1)$ 得

$$(n+1)\mathrm{P}_n(x)=(n+1)\mathrm{P}'_{n+1}(x)-2(n+1)x\mathrm{P}'_n(x)+(n+1)\mathrm{P}'_{n-1}(x).$$

以上两式相加,即得(1).

(2) 递推公式(9.35)与刚证明的递推公式(1)相减即得.

(3) 将递推公式(9.35)的 n 换成 $n-1$ 得

$$\mathrm{P}'_n(x)=x\mathrm{P}'_{n-1}(x)+n\mathrm{P}_{n-1}(x).$$

将式(1)两边乘以 x 得

$$x\mathrm{P}'_{n-1}(x)=x^2\mathrm{P}'_n(x)-nx\mathrm{P}_n(x).$$

以上两式相加即得(3).

例 4　均匀介质球,半径为 R,介电常数是 ε,把介质球放在点电荷 $4\pi\varepsilon_0 q$ 的电场中,球心与点电荷相距 d,求这个静电场中的电势.

解　球心和点电荷的连线是对称轴,将其作为球坐标的极轴,球心选作坐标原点. 本题应该区分球内电势 u_{i} 和球外电势 u_{e},并将它们通过球面上的衔接条件连接起来.

假如没有介质球,由库仑定律知点电荷的电势应该是

$$\frac{q}{\sqrt{d^2-2rd\cos\theta+r^2}},$$

因此,在存在介质球时可以设

$$u_{\mathrm{e}}=\frac{q}{\sqrt{d^2-2rd\cos\theta+r^2}}+v_{\mathrm{e}},$$

而其中 v_{e} 满足

$$\begin{cases}\nabla^2 v_e = 0, & r > R,\\ \lim\limits_{r\to\infty} v_e = 0,\end{cases}$$

以及

$$\begin{cases}\nabla^2 u_i = 0,\\ \lim\limits_{r\to 0} u_i \neq \infty.\end{cases}$$

球面上的衔接条件是

$$\begin{cases}u_e \big|_{r=R} = u_i \big|_{r=R},\\ \dfrac{\partial u_e}{\partial r}\Big|_{r=R} = \varepsilon \dfrac{\partial u_i}{\partial r}\Big|_{r=R}.\end{cases}$$

由轴对称条件下球坐标系中拉普拉斯方程的通解公式(9.15),以及无穷远处的边界条件,v_e可以写成

$$v_e = \sum_{l=0}^{+\infty} B_l \frac{1}{r^{l+1}} \mathrm{P}_l(\cos\theta),$$

而由球心处的边界条件,u_i 可以写成

$$u_i = \sum_{l=0}^{+\infty} C_l r^l \mathrm{P}_l(\cos\theta).$$

现在使用衔接条件定常数,为此,利用式(9.31),将$\dfrac{q}{\sqrt{d^2-2rd\cos\theta+r^2}}$展开,即

$$\frac{q}{\sqrt{d^2-2rd\cos\theta+r^2}} = q\sum_{l=0}^{+\infty} \frac{1}{d^{l+1}} r^l \mathrm{P}_l(\cos\theta),$$

于是,由衔接条件有

$$\begin{cases}q\sum\limits_{l=0}^{+\infty} \dfrac{1}{d^{l+1}} R^l \mathrm{P}_l(\cos\theta) + \sum\limits_{l=0}^{+\infty} B_l \dfrac{1}{R^{l+1}} \mathrm{P}_l(\cos\theta) = \sum\limits_{l=0}^{+\infty} C_l R^l \mathrm{P}_l(\cos\theta),\\ q\sum\limits_{l=0}^{+\infty} \dfrac{1}{d^{l+1}} R^{l-1} \mathrm{P}_l(\cos\theta) - \sum\limits_{l=0}^{+\infty} B_l \dfrac{l+1}{R^{l+2}} \mathrm{P}_l(\cos\theta) = \varepsilon\sum\limits_{l=0}^{+\infty} C_l l R^{l-1} \mathrm{P}_l(\cos\theta).\end{cases}$$

比较系数得

$$\begin{cases}q\dfrac{1}{d^{l+1}} R^l + B_l \dfrac{1}{R^{l+1}} = C_l R^l,\\ q\dfrac{1}{d^{l+1}} R^{l-1} - B_l \dfrac{l+1}{R^{l+2}} = \varepsilon C_l l R^{l-1},\end{cases}$$

由此解得

$$B_l = -\frac{lq(\varepsilon-1)R^{2l+1}}{[(\varepsilon+1)l+1]d^{l+1}},\quad C_l = \frac{q(2l+1)}{[(\varepsilon+1)l+1]d^{l+1}}.$$

最后得到球内外的电势分布分别为

$$\begin{cases}u_e = \dfrac{q}{\sqrt{d^2-2rd\cos\theta+r^2}} - \sum\limits_{l=0}^{+\infty} \dfrac{lq(\varepsilon-1)R^{2l+1}}{[(\varepsilon+1)l+1]d^{l+1}} \dfrac{1}{r^{l+1}} \mathrm{P}_l(\cos\theta),\\ u_i = \sum\limits_{l=0}^{+\infty} \dfrac{q(2l+1)}{[(\varepsilon+1)l+1]d^{l+1}} r^l \mathrm{P}_l(\cos\theta).\end{cases}$$

例5 设有半径为 a 的导体球壳,被一层过球心的水平的绝缘薄片分割为两个半球壳.

若上、下半球壳各充电到电势为 A 和 B，试求球壳内外的电势分布.

解　设球内外电势分别为 u_i 和 u_e，则它们的定解问题分别为

$$\begin{cases} \nabla^2 u_i = 0, \quad r < a, \\ u_i\big|_{r=a} = \begin{cases} A, & 0 \leqslant \theta \leqslant \dfrac{\pi}{2}, \\ B, & \dfrac{\pi}{2} < \theta < \pi, \end{cases} \\ u_i\big|_{r=0} = \text{有限}. \end{cases} \tag{1}$$

$$\begin{cases} \nabla^2 u_e = 0, \quad r > a, \\ u_e\big|_{r=a} = \begin{cases} A, & 0 \leqslant \theta \leqslant \dfrac{\pi}{2}, \\ B, & \dfrac{\pi}{2} < \theta < \pi, \end{cases} \\ u_e\big|_{r\to+\infty} = \text{有限}. \end{cases} \tag{2}$$

从边界条件可知，本问题也具有轴对称性，故由分离变量法立即可得

$$u_i(r,\theta) = \sum_{n=0}^{+\infty} C_n r^n \mathrm{P}_n(\cos\theta), \tag{3}$$

$$u_e(r,\theta) = \sum_{n=0}^{+\infty} D_n r^{-(n+1)} \mathrm{P}_n(\cos\theta). \tag{4}$$

将式(3)代入问题(1)中的边界条件，得

$$\sum_{n=0}^{+\infty} C_n a^n \mathrm{P}_n(x) = f(x) = \begin{cases} A, & 0 \leqslant x \leqslant 1, \\ B, & -1 \leqslant x < 0. \end{cases}$$

从而有

$$C_n = \frac{2n+1}{2a^n}\int_{-1}^{1} f(x)\mathrm{P}_n(x)\mathrm{d}x = \frac{2n+1}{2a^n}\left[\int_0^1 A\mathrm{P}_n(x)\mathrm{d}x + \int_{-1}^{0} B\mathrm{P}_n(x)\mathrm{d}x\right],$$

而

$$\int_{-1}^{0} \mathrm{P}_n(x)\mathrm{d}x = \int_1^0 \mathrm{P}_n(-x)\mathrm{d}(-x) = \int_0^1 \mathrm{P}_n(-x)\mathrm{d}x = (-1)^n\int_0^1 \mathrm{P}_n(x)\mathrm{d}x,$$

故

$$C_n = \frac{2n+1}{2a^n}\left[A\int_0^1 \mathrm{P}_n(x)\mathrm{d}x + (-1)^n B\int_0^1 \mathrm{P}_n(x)\mathrm{d}x\right] = \frac{2n+1}{2a^n}[A + (-1)^n B]\int_0^1 \mathrm{P}_n(x)\mathrm{d}x,$$

而由例 9.5 的结果有

$$\int_0^1 \mathrm{P}_n(x)\mathrm{d}x = \begin{cases} 1, n = 0, \\ 0, n = 2k, \quad k = 1,2,\cdots, \\ \dfrac{(-1)^k(2k-1)!!}{(2k+2)!!}, \quad n = 2k+1, \quad k = 0,1,2,\cdots. \end{cases} \tag{5}$$

代入上式有

$$\begin{cases} C_0 = \dfrac{2\cdot 0+1}{2}(A+B) = \dfrac{1}{2}(A+B), \\ C_{2k} = 0, \\ C_{2k+1} = \dfrac{2(2k+1)+1}{2a^{2k+1}}(A-B)\dfrac{(-1)^k(2k-1)!!}{(2k+2)!!}, \quad k = 0,1,2,\cdots. \end{cases} \tag{6}$$

将式(6)代入式(3),得球内电势分布为

$$u_i(r,\theta)=\frac{(A+B)}{2}+\frac{(A-B)}{2}\sum_{k=0}^{+\infty}(-1)^k\frac{(4k+3)(2k-1)!!}{(2k+2)!!}\left(\frac{r}{a}\right)^{2k+1}\mathrm{P}_{2k+1}(\cos\theta).\quad(7)$$

再求球外问题的解.将式(2)中的边界条件代入式(4),得

$$\sum_{n=0}^{+\infty}D_n\frac{1}{a^{n+1}}\mathrm{P}_n(x)=f(x)=\begin{cases}A, & 0\leqslant x\leqslant 1,\\ B, & -1\leqslant x<0.\end{cases}$$

于是

$$D_n=\frac{2n+1}{2}a^{n+1}\int_{-1}^{1}f(x)\mathrm{P}_n(x)\mathrm{d}x=\frac{2n+1}{2}a^{n+1}\left[\int_0^1 A\mathrm{P}_n(x)\mathrm{d}x+\int_{-1}^{0}B\mathrm{P}_n(x)\mathrm{d}x\right]$$

$$=\frac{2n+1}{2}a^{n+1}[A+(-1)^nB]\int_0^1\mathrm{P}_n(x)\mathrm{d}x,$$

将式(5)代入上式,得

$$\begin{cases}D_0=\dfrac{1}{2}(A+B)a,\\ D_{2k}=0,\quad k=1,2,\cdots,\\ D_{2k+1}=\dfrac{2(2k+1)+1}{2}a^{2k+2}(A-B)\dfrac{(-1)^k(2k-1)!!}{(2k+2)!!},\quad k=0,1,2,\cdots.\end{cases}\quad(8)$$

将式(8)代入式(4),得球外电势分布

$$u_e(r,\theta)=\frac{(A+B)}{2}\left(\frac{a}{r}\right)+\frac{(A-B)}{2}\sum_{k=0}^{+\infty}(-1)^k\frac{(4k+3)(2k-1)!!}{(2k+2)!!}\left(\frac{a}{r}\right)^{2k+2}\mathrm{P}_{2k+1}(\cos\theta).$$

第10章

行波法与积分变换法

在本书的第 6 章、第 8 章和第 9 章中，我们较为详细地讨论了分离变量法，它是求解有限区域(或带有界边界的区域)内定解问题的一个常用方法，只要解的区域比较规则(其边界在某种坐标系中的方程能用若干个只含有一个坐标变量的方程表示)，对三种典型的方程均可运用. 本章我们将介绍另外两个求解定解问题的方法：一是行波法；一是积分变换法. 行波法只能用于求解无界区域内波动方程的定解问题，积分变换法不受方程类型的限制，主要用于无界区域，但对有界区域也能应用.

10.1 一维波动方程的达朗贝尔公式

我们知道，要求得一个常微分方程的特解，惯用的方法是先求出它的通解，然后利用初始条件确定通解中的任意常数得到特解. 对于偏微分方程能否采用类似的方法呢？一般来说是不行的，原因之一是在偏微分方程中很难定义通解的概念；原因之二是即使对某些方程能够定义并求出它的通解，但在通解中包含有任意函数，要由定解条件确定出这些任意函数是会遇到很大困难的. 但事情总不是绝对的，在少数情况下不仅可以求出偏微分方程的通解(指包含有任意函数的解)，而且还可以由通解求出特解. 本节我们就一维波动方程来建立它的通解公式，然后由它得到初始值问题解的表达式.

考虑一维波动方程的初值问题

$$\begin{cases} \dfrac{\partial^2 u}{\partial t^2} = a^2 \dfrac{\partial^2 u}{\partial x^2}, \quad -\infty < x < +\infty, t > 0, & (10.1) \\ u\big|_{t=0} = \varphi(x), \quad \left.\dfrac{\partial u}{\partial t}\right|_{t=0} = \psi(x). & (10.2) \end{cases}$$

这里 $-\infty < x < \infty$ 是一种抽象，当我们只关注波动的传播，而不注重边界的影响，或边界的影响尚未到达时，这种假设是合理的.

为求解定解问题(10.1)和(10.2)，作如下的变换(见 5.3 节)

$$\begin{cases}\xi = x + at,\\ \eta = x - at.\end{cases} \tag{10.3}$$

利用复合函数微分法则得

$$\frac{\partial u}{\partial x} = \frac{\partial u}{\partial \xi}\frac{\partial \xi}{\partial x} + \frac{\partial u}{\partial \eta}\frac{\partial \eta}{\partial x} = \frac{\partial u}{\partial \xi} + \frac{\partial u}{\partial \eta},$$

$$\frac{\partial^2 u}{\partial x^2} = \frac{\partial}{\partial \xi}\left(\frac{\partial u}{\partial \xi} + \frac{\partial u}{\partial \eta}\right)\frac{\partial \xi}{\partial x} + \frac{\partial}{\partial \eta}\left(\frac{\partial u}{\partial \xi} + \frac{\partial u}{\partial \eta}\right)\frac{\partial \eta}{\partial x} = \frac{\partial^2 u}{\partial \xi^2} + 2\frac{\partial^2 u}{\partial \xi \partial \eta} + \frac{\partial^2 u}{\partial \eta^2}, \tag{10.4}$$

以及

$$\frac{\partial^2 u}{\partial t^2} = a^2\left[\frac{\partial^2 u}{\partial \xi^2} - 2\frac{\partial^2 u}{\partial \xi \partial \eta} + \frac{\partial^2 u}{\partial \eta^2}\right]. \tag{10.5}$$

将式(10.4)及式(10.5)代入式(10.1),将其化为

$$\frac{\partial^2 u}{\partial \xi \partial \eta} = 0. \tag{10.6}$$

将式(10.6)对 η 积分,得

$$\frac{\partial u}{\partial \xi} = f(\xi),\quad f(\xi)\text{ 是 }\xi\text{ 的任意可微函数},$$

再将此式对 ξ 积分,并回代原变量 x 和 t,得

$$u(x,t) = \int f(\xi)\mathrm{d}\xi + f_2(\eta) = f_1(\xi) + f_2(\xi) = f_1(x+at) + f_2(x-at), \tag{10.7}$$

其中 f_1, f_2 都是任意二次连续可微函数. 式(10.7)就是方程(10.1)的通解(包含有两个任意函数的解).

在各个具体问题中,我们并不满足于求通解,还要确定函数 f_1 与 f_2 的具体形式. 为此,必须考虑定解条件. 将已知条件(10.2)代入解式(10.7)中,得

$$f_1(x) + f_2(x) = \varphi(x), \tag{10.8}$$

$$af_1'(x) - af_2'(x) = \psi(x). \tag{10.9}$$

在式(10.9)两端对 x 积分一次,得

$$f_1(x) - f_2(x) = \frac{1}{a}\int_0^x \psi(s)\mathrm{d}s + C, \tag{10.10}$$

其中 C 为积分常数. 由式(10.8)与式(10.10)解出 $f_1(x), f_2(x)$,得

$$f_1(x) = \frac{1}{2}\varphi(x) + \frac{1}{2a}\int_0^x \psi(s)\mathrm{d}s + \frac{C}{2},$$

$$f_2(x) = \frac{1}{2}\varphi(x) - \frac{1}{2a}\int_0^x \psi(s)\mathrm{d}s - \frac{C}{2}.$$

把确定出来的 $f_1(x)$ 与 $f_2(x)$ 代回到式(10.7)中,即得到方程(10.1)在条件(10.2)下的解

$$u(x,t) = \frac{1}{2}[\varphi(x+at) + \varphi(x-at)] + \frac{1}{2a}\int_{x-at}^{x+at} \psi(s)\mathrm{d}s. \tag{10.11}$$

式(10.11)称为无限长弦自由振动的达朗贝尔公式,它是定解问题(10.1)~(10.2)的公式解,可以直接用来求解形如(10.1)~(10.2)的定解问题.

例 10.1　求解定解问题

$$\begin{cases} u_{tt}-a^2u_{xx}=0, & -\infty<x<\infty, \quad t>0, \\ u(x,0)=\cos x, & u_t(x,0)=\dfrac{1}{1+x^2}. \end{cases}$$

解　此处 $\varphi(x)=\cos x,\psi(x)=\dfrac{1}{1+x^2}$,由达朗贝尔公式(10.11)有

$$\begin{aligned} u(x,t)&=\frac{1}{2}[\cos(x+at)+\cos(x-at)]+\frac{1}{2a}\int_{x-at}^{x+at}\frac{1}{1+s^2}\mathrm{d}s \\ &=\cos at\cos x+\frac{1}{2a}[\arctan(x+at)-\arctan(x-at)]. \end{aligned}$$

例 10.2　试求解有阻尼的波动方程的初值问题

$$\begin{cases} v_{tt}-a^2v_{xx}+2\varepsilon v_t+\varepsilon^2v=0, & -\infty<x<\infty, t>0, \\ v(x,0)=\varphi(x), & v_t=\psi(x). \end{cases}$$

解　本问题的泛定方程与无界弦的自由振动方程相比,多出了阻尼项,故不能直接应用达朗贝尔公式(10.11),对于阻力的作用,常常可以表示为其解中带有一个随时间呈指数衰减的因子,即可令

$$v(x,t)=\mathrm{e}^{-\beta t}u(x,t), \quad 其中\ \beta>0\ 是待定参数,$$

从而

$$v_t=\mathrm{e}^{-\beta t}\left(\frac{\partial u}{\partial t}-\beta u\right), \quad v_{tt}=\mathrm{e}^{-\beta t}(u_{tt}-2\beta u_t+\beta^2u), \quad v_{xx}=u_{xx}\mathrm{e}^{-\beta t}.$$

将以上关系代入到振动方程,得

$$u_{tt}-a^2u_{xx}+(\varepsilon-\beta)u_t+(\varepsilon^2-2\varepsilon\beta+\beta^2)u=0,$$

可见只要取 $\beta=\varepsilon$,则上述方程化成标准的波动方程

$$u_{tt}-a^2u_{xx}=0,$$

而初始条件变成

$$\begin{aligned} &v(x,0)=\mathrm{e}^{-\varepsilon\cdot 0}u(x,0)=\varphi(x), \\ &v_t(x,0)=\frac{\mathrm{d}}{\mathrm{d}t}[\mathrm{e}^{-\varepsilon t}u(x,t)]_{t=0}=\left[\mathrm{e}^{-\varepsilon t}\left(\frac{\partial u}{\partial t}-\beta u\right)\right]\Bigg|_{t=0}=\psi(x), \end{aligned}$$

即

$$\begin{cases} u(x,0)=v(x,0)=\varphi(x), \\ u_t(x,0)=\psi(x)+\varepsilon\varphi(x). \end{cases}$$

由达朗贝尔公式

$$u(x,t)=\frac{1}{2}[\varphi(x+at)+\varphi(x-at)]+\frac{1}{2a}\int_{x-at}^{x+at}[\psi(s)+\varepsilon\varphi(s)]\mathrm{d}s,$$

回代原变量,即得原定解问题的解为

$$v(x,t)=\frac{1}{2\mathrm{e}^{\varepsilon t}}[\varphi(x+at)+\varphi(x-at)]+\frac{1}{2a\mathrm{e}^{\varepsilon t}}\int_{x-at}^{x+at}[\psi(s)+\varepsilon\varphi(s)]\mathrm{d}s.$$

现在来说明达朗贝尔公式的物理意义. 为方便起见,我们先讨论初始条件只有初始位移的情况下达朗贝尔解的物理意义. 此时式(10.11)给出

$$u(x,t)=\frac{1}{2}[\varphi(x+at)+\varphi(x-at)].$$

先看第二项，设当 $t=0$ 时，观察者在 $x=c$ 处看到的波形为

$$\varphi(x-at)=\varphi(c-a\cdot 0)=\varphi(c).$$

若观察者以速度 a 沿 x 轴的正向运动，则 t 时刻在 $x=c+at$ 处，他所看到的波形为

$$\varphi(x-at)=\varphi(c+at-at)=\varphi(c).$$

由于 t 为任意时刻，这说明观察者在运动过程中随时可看到相同的波形 $\varphi(c)$，可见，波形和观察者一样，以速度 a 沿 x 轴的正向传播. 所以，以 $\varphi(x-at)$ 代表以速度 a 沿 x 轴正向传播的波，称为正行波. 而第一项 $\varphi(x+at)$ 则当然代表以速度 a 沿 x 轴负向传播的波，称为反行波. 正行波和反行波的叠加（相加）就给出弦的位移.

再讨论只有初速度的情况. 此时式(10.11)给出

$$u(x,t)=\frac{1}{2a}\int_{x-at}^{x+at}\psi(s)\,\mathrm{d}s,$$

设 $\Psi(x)$ 为 $\dfrac{\psi(x)}{2a}$ 的一个原函数，即

$$\Psi(x)=\frac{1}{2a}\int_{x_0}^{x}\psi(s)\,\mathrm{d}s,$$

则此时有

$$u(x,t)=\Psi(x+at)-\Psi(x-at).$$

由此可见第一项也是反行波，第二项也是正行波，正、反行波的叠加（相减）给出弦的位移.

综上所述，达朗贝尔解表示正行波和反行波的叠加，因此，将这种先求方程通解，再由初始条件定出积分函数而得到定解问题解的方法称为行波法.

例 10.3　求解初始速度 $\psi(x)$ 为零，初始位移为

$$\varphi(x)=\begin{cases}0, & x<-a,\\ 2+\dfrac{2x}{a}, & -a<x\leqslant 0,\\ 2-\dfrac{2x}{a}, & 0<x\leqslant a,\\ 0, & x>a\end{cases}$$

的一维波动方程的定解问题.

解　直接由达朗贝尔公式(10.11)得出问题的解为

$$u(x,t)=\frac{1}{2}[\varphi(x+at)+\varphi(x-at)],$$

即初始位移（图 10.1 中最下面图的实线），它分为两半（该图虚线），分别向左右两个方向以速度 a 移动（如图 10.1 中由下而上的各图中的虚线所示），每经过时间间隔 $\dfrac{1}{4}$，它们分别向左和右移动 $\dfrac{a}{4}$，弦的位移由这两个行波的和给出（图 10.1 中由下而上各图中的实线）.

由以上的讨论我们看到，行波法的求解出发点是基于波动现象的特点为背景的变量变换. 它所采用的是与求解常微分方程一样的先求方程通解，再用定解条件定积分函数的方法，故其思路上易于理解，且用之研究波动问题也很方便. 但由于一般而言，偏微分方程的通解不易求，用定解条件定特解有时也十分困难，这就使得这种解法有相当大的局限性，我们一般只用它求解波动问题.

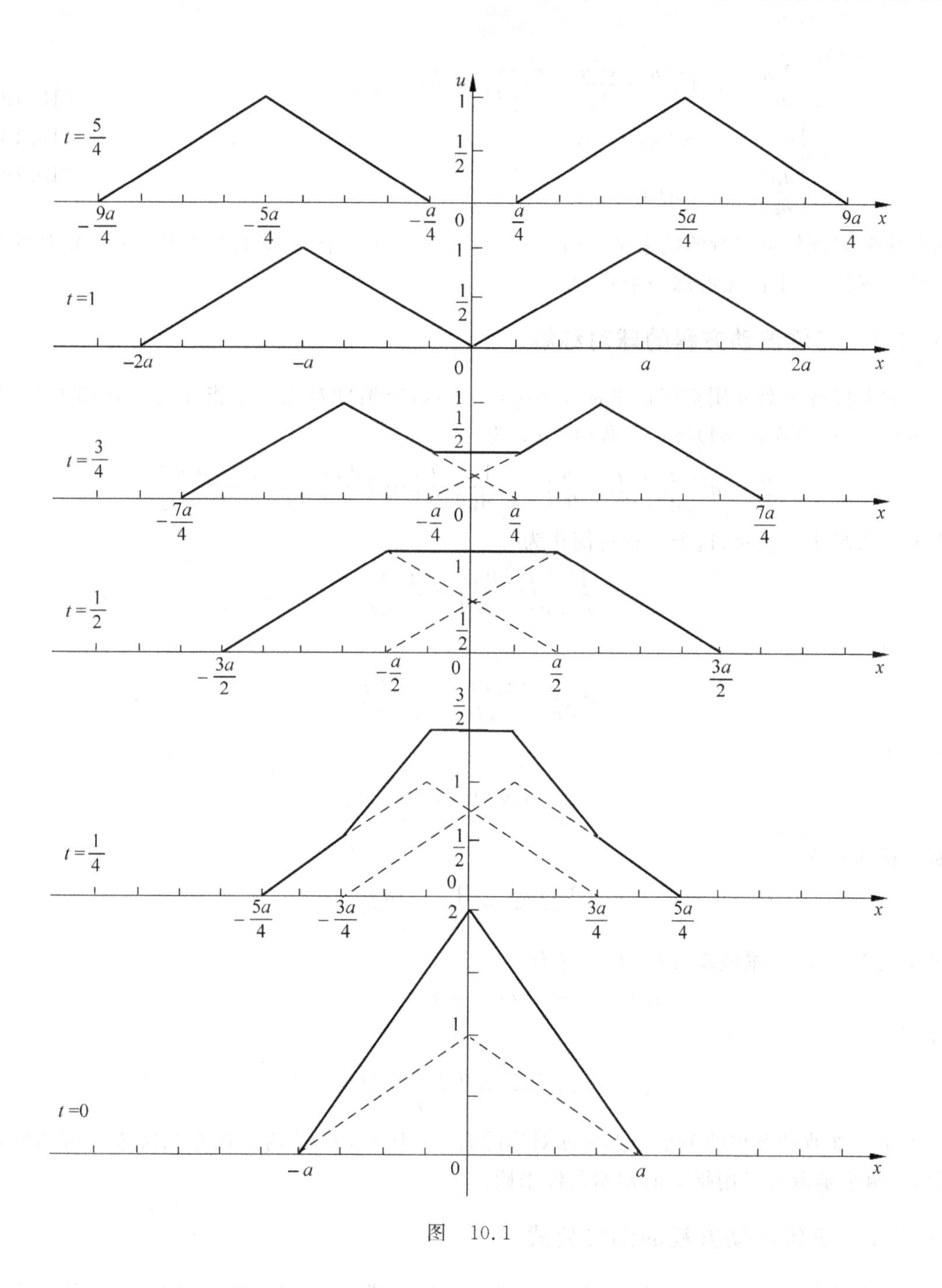

图 10.1

10.2 三维波动方程的泊松公式

10.1 节我们已经讨论了一维波动方程的初始值问题，得到了达朗贝尔公式. 但是只研究一维波动方程还不能满足实际工程技术上的要求，例如在研究交变电磁场时就要讨论三维波动方程，本节我们就来考虑在三维无限空间中的波动问题，即求解下列定解问题

$$\begin{cases} \dfrac{\partial^2 u}{\partial t^2} = a^2\left(\dfrac{\partial^2 u}{\partial x^2}+\dfrac{\partial^2 u}{\partial y^2}+\dfrac{\partial^2 u}{\partial z^2}\right), \quad -\infty < x,y,z < +\infty, t>0, & (10.12) \\ u\big|_{t=0} = \varphi_0(x,y,z), & (10.13) \\ \dfrac{\partial u}{\partial t}\Big|_{t=0} = \varphi_1(x,y,z). & (10.14) \end{cases}$$

这个定解问题仍可用行波法来解，不过由于坐标变量有三个，不能直接利用10.1节中所得到的通解公式.下面先考虑一个特例.

10.2.1　三维波动方程的球对称解

如果将波函数 u 用空间球坐标(r,θ,φ)来表示，所谓球对称就是指 u 与 θ,φ 都无关.在球坐标系中，由式(4.34)波动方程(10.12)为

$$\frac{\partial^2 u}{\partial t^2} = a^2\left[\frac{1}{r^2}\frac{\partial}{\partial r}\left(r^2\frac{\partial u}{\partial r}\right)+\frac{1}{r^2\sin\theta}\frac{\partial}{\partial\theta}\left(\sin\theta\frac{\partial u}{\partial\theta}\right)+\frac{1}{r^2\sin^2\theta}\frac{\partial^2 u}{\partial\varphi^2}\right].$$

当 u 不依赖于 θ,φ 时，这个方程可简化为

$$\frac{1}{r^2}\frac{\partial}{\partial r}\left(r^2\frac{\partial u}{\partial r}\right) = \frac{1}{a^2}\frac{\partial^2 u}{\partial t^2},$$

或写成

$$r\frac{\partial^2 u}{\partial r^2}+2\frac{\partial u}{\partial r} = \frac{r}{a^2}\frac{\partial^2 u}{\partial t^2}.$$

但由于

$$r\frac{\partial^2 u}{\partial r^2}+2\frac{\partial u}{\partial r} = \frac{\partial^2 (ru)}{\partial r^2},$$

所以得到方程

$$\frac{\partial^2 (ru)}{\partial r^2} = \frac{1}{a^2}\frac{\partial^2 (ru)}{\partial t^2}.$$

这是关于 ru 的一维波动方程，其通解为

$$ru(r,t) = f_1(r+at)+f_2(r-at),$$

或

$$u(r,t) = \frac{f_1(r+at)+f_2(r-at)}{r}.$$

这就是三维波动方程的关于原点为球对称的解，其中 f_1,f_2 是两个任意二次连续可微的函数，这两个函数可以用指定的初始条件来确定.

10.2.2　三维波动方程的泊松公式

现在我们来考虑一般的情况，即要求式(10.12)、式(10.13)、式(10.14)的解.从上面对球对称情况的讨论使我们产生这样一个想法：既然在球对称的情况，函数 $ru(r,t)$ 满足一维波动方程，可以求出通解，那么在不是球对称的情况下能否设法把方程也化成可以求通解的形式呢？由于在非球对称时波函数 u 不能写成 r 与 t 的函数，而是 x,y,z,t 的函数，那么在非球对称情况下，ru 不可能满足一维波动方程.但是，如果我们不去考虑波函数 u 本身，而是考虑 u 在以 $M(x,y,z)$ 为球心、以 r 为半径的球面上的平均值，则这个平均值当 x,y,z 暂时固定之后就只与 r,t 有关了.这就启发我们先引入一个函数 $u(r,t)$，它是函数 $u(x,y,z,t)$

在以点 $M(x,y,z)$ 为中心、以 r 为半径的球面 S_r^M 上的平均值,即

$$\bar{u}(r,t) = \frac{1}{4\pi r^2}\iint\limits_{S_r^M} u(\xi,\eta,\zeta,t)\mathrm{d}S = \frac{1}{4\pi}\iint\limits_{S_1^M} u(\xi,\eta,\zeta,t)\mathrm{d}\omega, \tag{10.15}$$

其中,$\xi = x + r\sin\theta\cos\varphi$,$\eta = y + r\sin\theta\sin\varphi$,$\zeta = z + r\cos\theta$ 是球面 S_r^M 上点的坐标,$\mathrm{d}S$ 是 S_r^M 上的面积元素. S_1^M 是以 M 为中心的单位球面,$\mathrm{d}\omega$ 是单位球面上的面积元素,在球面坐标系中 $\mathrm{d}\omega = \sin\theta\mathrm{d}\theta\mathrm{d}\varphi$,显然有 $\mathrm{d}S = r^2\mathrm{d}\omega$.

从式(10.15)及 $u(x,y,z,t)$ 的连续性可知,当 $r\to 0$ 时,$\lim\limits_{r\to 0}\bar{u}(r,t) = u(M,t)$,即

$$\bar{u}(0,t) = u(M,t).$$

此处的 $u(M,t)$ 表示函数 u 在 M 点及时刻 t 的值,即定解问题(10.12)~(10.14)的解.

下面先来推导 $\bar{u}(r,t)$ 所满足的微分方程. 对方程(10.12)的两端在 S_r^M 所围成的球体 V_r^M 内积分(为了区别 V_r^M 内的流动点的坐标与球心 M 点的坐标 (x,y,z),我们以 (x',y',z') 表示 V_r^M 内流动点的坐标),并应用高斯公式可得

$$\begin{aligned}
&\iiint\limits_{V_r^M} \frac{\partial^2 u(x',y',z',t)}{\partial t^2}\mathrm{d}V \\
&= a^2\iiint\limits_{V_r^M}\left(\frac{\partial^2 u(x',y',z',t)}{\partial x'^2} + \frac{\partial^2 u(x',y',z',t)}{\partial y'^2} + \frac{\partial^2 u(x',y',z',t)}{\partial z'^2}\right)\mathrm{d}V \\
&= a^2\iiint\limits_{V_r^M}\left[\frac{\partial}{\partial x'}\left(\frac{\partial u(x',y',z',t)}{\partial x'}\right) + \frac{\partial}{\partial y'}\left(\frac{\partial u(x',y',z',t)}{\partial y'}\right) + \frac{\partial}{\partial z'}\left(\frac{\partial u(x',y',z',t)}{\partial z'}\right)\right]\mathrm{d}V \\
&= a^2\iint\limits_{S_r^M}\frac{\partial u(\xi,\eta,\zeta,t)}{\partial \boldsymbol{n}}\mathrm{d}S = a^2\iint\limits_{S_1^M}\frac{\partial u(\xi,\eta,\zeta,t)}{\partial \boldsymbol{n}}r^2\mathrm{d}\omega \\
&= a^2 r^2\iint\limits_{S_1^M}\frac{\partial u(\xi,\eta,\zeta,t)}{\partial r}\mathrm{d}\omega = a^2 r^2\frac{\partial}{\partial r}\iint\limits_{S_1^M} u(\xi,\eta,\zeta,t)\mathrm{d}\omega \\
&= 4\pi a^2 r^2\frac{\partial\bar{u}(r,t)}{\partial r}.
\end{aligned} \tag{10.16}$$

其中 $\boldsymbol{n}$ 是 S_r^M 的外法向矢量,$\dfrac{\partial}{\partial \boldsymbol{n}}$ 表示 $\boldsymbol{n}$ 方向上的方向导数.

式(10.16)左端的积分也采用球面坐标表示并交换微分运算和积分运算的次序,得

$$\begin{aligned}
&\iiint\limits_{V_r^M}\frac{\partial^2 u(x',y',z',t)}{\partial t^2}\mathrm{d}V = \frac{\partial^2}{\partial t^2}\iiint\limits_{V_r^M} u(x',y',z',t)\mathrm{d}V \\
&= \frac{\partial^2}{\partial t^2}\iiint\limits_{V_r^M} u(x',y',z',t)\rho^2\mathrm{d}\omega\mathrm{d}\rho \\
&= \frac{\partial^2}{\partial t^2}\int_0^{2\pi}\int_0^{\pi}\int_0^{r} u(x+\rho\sin\theta\cos\varphi, y+\rho\sin\theta\sin\varphi, z+\rho\cos\theta, t)\rho^2\sin\theta\mathrm{d}\theta\mathrm{d}\varphi\mathrm{d}\rho \\
&= \frac{\partial^2}{\partial t^2}\iint\limits_{S_1^M}\mathrm{d}\omega\int_0^{r} u(x+\rho\sin\theta\cos\varphi, y+\rho\sin\theta\sin\varphi, z+\rho\cos\theta, t)\rho^2\mathrm{d}\rho.
\end{aligned}$$

代回式(10.16)中,得

$$\frac{\partial^2}{\partial t^2}\iint\limits_{S_1^M} d\omega \int_0^r u(x+\rho\sin\theta\cos\varphi, y+\rho\sin\theta\sin\varphi, z+\rho\cos\theta, t)\rho^2 d\rho = 4\pi a^2 r^2 \frac{\partial \bar{u}(r,t)}{\partial r}.$$

上式两端对 r 微分一次,并利用变上限定积分对上限求导数的规则,得

$$\frac{\partial^2}{\partial t^2}\iint\limits_{S_1^M} u(\xi,\eta,\zeta,t) r^2 d\omega = 4\pi a^2 \frac{\partial}{\partial r}\left[r^2 \frac{\partial \bar{u}(r,t)}{\partial r}\right],$$

或

$$\frac{\partial^2 \bar{u}(r,t)}{\partial t^2} = \frac{a^2}{r^2}\frac{\partial}{\partial r}\left[r^2 \frac{\partial \bar{u}(r,t)}{\partial r}\right].$$

又因为

$$\frac{1}{r^2}\frac{\partial}{\partial r}\left[r^2 \frac{\partial \bar{u}(r,t)}{\partial r}\right] = \frac{1}{r}\frac{\partial^2 [r\bar{u}(r,t)]}{\partial r^2},$$

故得

$$\frac{\partial^2 [r\bar{u}(r,t)]}{\partial t^2} = a^2 \frac{\partial^2 (r\bar{u}(r,t))}{\partial r^2}.$$

这是一个关于 $r\bar{u}(r,t)$ 的一维波动方程,它的通解为

$$r\bar{u}(r,t) = f_1(r+at) + f_2(r-at), \tag{10.17}$$

其中 f_1, f_2 是两个二次连续可微的任意函数.

下面的任务是用式(10.17)及式(10.13)、式(10.14)来确定原柯西问题的解 $u(M,t)$. 由式(10.17)得到

$$f_1(r) + f_2(r) = r\bar{u}(r,t)\big|_{t=0},$$

$$af_1'(r) - af_2'(r) = \frac{\partial}{\partial t}(r\bar{u}(r,t))\big|_{t=0}.$$

但

$$r\bar{u}(r,t)\big|_{t=0} = r\bar{\varphi}_0(r),$$

$$\frac{\partial}{\partial t}(r\bar{u}(r,t))\big|_{t=0} = r\bar{\varphi}_1(r),$$

其中 $\bar{\varphi}_0(r), \bar{\varphi}_1(r)$ 分别是 $\varphi_0(x,y,z)$ 与 $\varphi_1(x,y,z)$ 在球面 S_r^M 上的平均值,所以有

$$f_1(r) + f_2(r) = r\bar{\varphi}_0(r), \tag{10.18}$$

$$f_1'(r) - f_2'(r) = \frac{r}{a}\bar{\varphi}_1(r). \tag{10.19}$$

由此可求得

$$f_1(r) = \frac{1}{2}\left[r\bar{\varphi}_0(r) + \frac{1}{a}\int_0^a \rho\bar{\varphi}_1(\rho)d\rho + C\right],$$

$$f_2(r) = \frac{1}{2}\left[r\bar{\varphi}_0(r) - \frac{1}{a}\int_0^a \rho\bar{\varphi}_1(\rho)d\rho - C\right].$$

代回式(10.17),得

$$\bar{u}(r,t) = \frac{(r+at)\bar{\varphi}_0(r+at) + (r-at)\bar{\varphi}_0(r-at)}{2r} + \frac{1}{2ar}\int_{r-at}^{r+at} \rho\bar{\varphi}_1(\rho)d\rho. \tag{10.20}$$

此外,若将式(10.15)写成

$$\bar{u}(r,t) = \frac{1}{4\pi}\iint\limits_{\alpha_1^2+\alpha_2^2+\alpha_3^2=1} u(x+r\alpha_1, y+r\alpha_2, z+r\alpha_3, t)d\omega,$$

其中 $r>0,\alpha_1=\sin\theta\cos\varphi,\alpha_2=\sin\theta\sin\varphi,\alpha_3=\cos\theta$,则可利用下式

$$\begin{aligned}\bar{u}(-r,t)&=\frac{1}{4\pi}\iint\limits_{\alpha_1^2+\alpha_2^2+\alpha_3^2=1}u(x+r(-\alpha_1),y+r(-\alpha_2),z+r(-\alpha_3),t)\mathrm{d}\omega\\&=\frac{1}{4\pi}\iint\limits_{\beta_1^2+\beta_2^2+\beta_3^2=1}u(x+r\beta_1,y+r\beta_2,z+r\beta_3,t)\mathrm{d}\omega,\end{aligned}$$

将 $\bar{u}(r,t)$ 拓广到 $r<0$ 的范围内,并且比较上面两式可知

$$\bar{u}(-r,t)=\bar{u}(r,t),$$

即 $\bar{u}(r,t)$ 是 r 的偶函数. 同理,$\bar{\varphi}_0(r)$ 与 $\bar{\varphi}_1(r)$ 也是偶函数. 注意到这些事实后,我们可将式(10.20)写成

$$\bar{u}(r,t)=\frac{(r+at)\bar{\varphi}_0(r+at)-(at-r)\bar{\varphi}_0(at-r)}{2r}+\frac{1}{2ar}\int_{r-at}^{r+at}\rho\bar{\varphi}_1(\rho)\mathrm{d}\rho.$$

令 $r\to0$,并利用洛必达法则,得到

$$\begin{aligned}\bar{u}(0,t)&=\bar{\varphi}_0(at)+at\,\overline{\varphi'_0}(at)+t\bar{\varphi}_1(at)=\frac{1}{a}\frac{\partial}{\partial t}[(at)\bar{\varphi}_0(at)]+t\bar{\varphi}_1(at)\\&=\frac{1}{4\pi a}\frac{\partial}{\partial t}\iint\limits_{S_{at}^M}\frac{\varphi_0(x+at\sin\theta\cos\varphi,y+at\sin\theta\sin\varphi,z+at\cos\theta,t)}{at}\cdot(at)^2\sin\theta\mathrm{d}\varphi\mathrm{d}\theta+\\&\quad\frac{t}{4\pi}\iint\limits_{S_{at}^M}\frac{\varphi_1(x+at\sin\theta\cos\varphi,y+at\sin\theta\sin\varphi,z+at\cos\theta,t)}{(at)^2}\cdot(at)^2\sin\theta\mathrm{d}\varphi\mathrm{d}\theta,\end{aligned}$$

或简记成

$$u(M,t)=\frac{1}{4\pi a}\frac{\partial}{\partial t}\iint\limits_{S_{at}^M}\frac{\varphi_0}{at}\mathrm{d}S+\frac{1}{4\pi a}\iint\limits_{S_{at}^M}\frac{\varphi_1}{at}\mathrm{d}S.\tag{10.21}$$

式(10.21)称为三维波动方程的泊松公式. 不难验证,当 $\varphi_0(x,y,z)$ 是三次连续可微的函数,$\varphi_1(x,y,z)$ 是二次连续可微的函数时,由式(10.21)所确定的函数确实是原定解问题的解.

下面举一个例子,说明泊松公式(10.21)的用法.

例 10.4 求解定解问题

$$\begin{cases}u_{tt}=a^2\nabla^2u, & -\infty<x,y,z<\infty,t>0,\\u|_{t=0}=x^3+y^2z, & u_t|_{t=0}=0.\end{cases}$$

解 这里 $\varphi_0(x,y,z)=x^3+y^2z,\varphi_1(x,y,z)=0$,将这些给定的初始条件代入到泊松公式(10.21),并计算其中的积分,就可以得到问题的解.

$$\begin{aligned}u(x,y,z,t)&=\frac{1}{4\pi a}\frac{\partial}{\partial t}\iint\limits_{S_{at}^M}\frac{\varphi_0(M')}{at}\mathrm{d}S\\&=\frac{1}{4\pi a}\frac{\partial}{\partial t}\int_0^{2\pi}\int_0^{\pi}\frac{\varphi_0(\xi,\eta,\zeta)}{at}(at)^2\sin\theta\mathrm{d}\theta\mathrm{d}\varphi\\&=\frac{1}{4\pi}\frac{\partial}{\partial t}\Big\{t\int_0^{2\pi}\int_0^{\pi}[(x+at\sin\theta\cos\varphi)^3+\\&\quad(y+at\sin\theta\sin\varphi)^2(z+at\cos\theta)]\sin\theta\mathrm{d}\theta\mathrm{d}\varphi\Big\}\end{aligned}$$

$$= x^3 + 3a^2t^2x + y^2z + a^2t^2z.$$

上式中的积分和微分运算是由 Maple 完成的：

```
>u(theta,phi) := ((x + a * t * sin(theta) * cos(phi))^3 + (y + a * t * sin(theta) * sin(phi))^2 *
  (z + a * t * cos(theta))) * sin(theta);
```

$u(\theta,\phi) := ((x + at\sin(\theta)\cos(\phi))^3 + (y + at\sin(\theta)\sin(\phi))^2 (z + at\cos(\theta)))\sin(\theta)$

```
> v(phi) := int(u(theta,phi),theta = 0..Pi);
```

$$v(\phi) := 2x^3 + 4xa^2t^2\cos(\phi)^2 + 2y^2z + \frac{2}{3}a^2t^2\sin(\phi)^2z + \frac{3}{8}a^3t^3\cos(\phi)^3\pi + \frac{2a^2t^2z}{3} + yat\sin(\phi)z\pi - \frac{2}{3}a^2t^2z\cos(\phi)^2 + \frac{3}{2}x^2at\cos(\phi)\pi$$

```
> w(t) := int(v(phi),phi = 0..2 * Pi);
```

$$w(t) := 4xa^2t^2\pi + 4x^3\pi + 4y^2z\pi + \frac{4a^2t^2z\pi}{3}$$

```
> r := (1/(4 * Pi)) * diff(w(t) * t,t);
```

$$r := \frac{\left(8xa^2t\pi + \frac{8a^2tz\pi}{3}\right)t + 4xa^2t^2\pi + 4x^3\pi + 4y^2z\pi + \frac{4a^2t^2z\pi}{3}}{4\pi}$$

```
> simplify(r);
```

$3xa^2t^2 + a^2t^2z + x^3 + y^2z$

10.2.3 泊松公式的物理意义

下面我们来说明解式(10.21)的物理意义.

从式(10.21)可以看出，为求出定解问题(10.12)，(10.13)，(10.14)的解在(x,y,z,t)处的值，只需要以$M(x,y,z)$为球心、以at为半径作出球面S_{at}^M，然后将初始扰动φ_0，φ_1代入式(10.21)进行积分. 因为积分只在球面上进行，所以只有与M相距为at的点上的初始扰动能够影响$u(x,y,z,t)$的值. 或者，换一种说法，就是$M_0(\xi,\eta,\zeta)$处的初始扰动，在时刻t只影响到以M_0为球心、以at为半径的球面S_{at}^M上各点，这是因为以$S_{at}^{M_0}$上任一点为球心、以at为半径所作的球面都必定经过M_0点. 这就表明扰动是以速度a传播的. 为了明确起见，设初始扰动只限于区域Ω_0，任取一点M，它与Ω_0的最小距离为d，最大距离为D(图10.2)，由泊松公式(10.21)可知，当$at<d$，即$t<\dfrac{d}{a}$时，$u(x,y,z,t)=0$，这表明扰动的“前锋”还未到达；当$d<at<D$，即$\dfrac{d}{a}<t<\dfrac{D}{a}$时，$u(x,y,z,t)\neq0$，这表明扰动已经到达；当$at>D$，即$t>\dfrac{D}{a}$时，$u(x,y,z,t)=0$，这表明扰动的“阵尾”已经过去并恢复了原来的状态. 因此，当初始扰动限制在空间某局部范围内时，扰动有清晰的“前锋”与“阵尾”，这种现象在物理学中称为惠更斯原理或无后效现象. 由于在点(ξ,η,ζ)的初始扰动是向各方向传播的，在时间t，它的影响是在以(ξ,η,ζ)为中心、以at为半径的一个球面上，因此解(10.21)称为球面波.

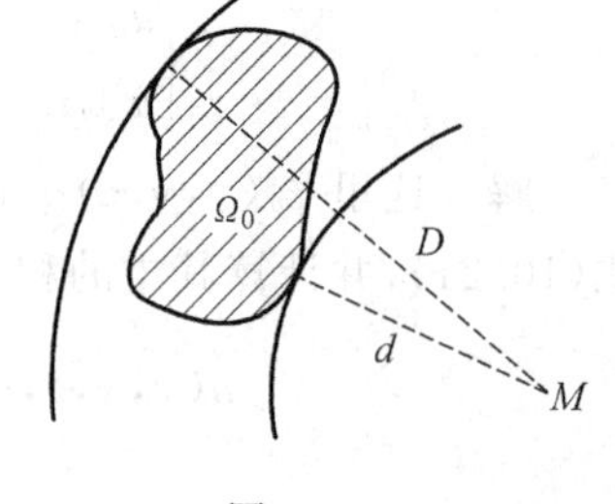

图 10.2

从式(10.21)我们也可以得到二维波动方程初始值问题的解. 事实上,如果 u 与 z 无关,则 $\frac{\partial u}{\partial z}=0$,这时三维波动方程的初始值问题就变成二维波动方程的初始值问题:

$$\begin{cases}\dfrac{\partial^2 u}{\partial t^2}=a^2\left(\dfrac{\partial^2 u}{\partial x^2}+\dfrac{\partial^2 u}{\partial y^2}\right), & -\infty<x,y<+\infty,t>0,\\ u\big|_{t=0}=\varphi_0(x,y), \\ \dfrac{\partial u}{\partial t}\Big|_{t=0}=\varphi_1(x,y).\end{cases} \tag{10.22}$$

要想从泊松公式(10.21)得到方程(10.22)解的表达式,就应将式(10.21)中两个沿球面 S_{at}^M 的积分转化成沿圆域 $C_{at}^M:(\xi-x)^2+(\eta-y)^2\leqslant(at)^2$ 内的积分. 下面以 $\frac{1}{4\pi a}\iint\limits_{S_{at}^M}\frac{\varphi_1}{r}\mathrm{d}S$ 为例说明这个转化方法. 先将这个积分拆成两部分:

$$\frac{1}{4\pi a}\iint\limits_{S_{at}^M}\frac{\varphi_1}{r}\mathrm{d}S=\frac{1}{4\pi a}\iint\limits_{S_1^M}\frac{\varphi_1}{r}\mathrm{d}S+\frac{1}{4\pi a}\iint\limits_{S_2^M}\frac{\varphi_1}{r}\mathrm{d}S, \tag{10.23}$$

其中 S_1,S_2 分别表示球面 S_{at}^M 的上半球面与下半球面. 在上半球面 S_1 上外法向矢量的方向余弦为

$$\cos\gamma=\frac{\sqrt{a^2t^2-(\xi-x)^2+(\eta-y)^2}}{at},$$

在下半球面 S_2 上外法向矢量的方向余弦为

$$\cos\gamma=-\frac{\sqrt{a^2t^2-(\xi-x)^2+(\eta-y)^2}}{at},$$

其中 γ 为法矢量与 z 轴正向的夹角. 将式(10.21)右端两个曲面积分化成重积分得

$$\begin{aligned}\frac{1}{4\pi a}\iint\limits_{S_{at}^M}\frac{\varphi_1}{r}\mathrm{d}S=&\frac{1}{4\pi a}\iint\limits_{C_{at}^M}\frac{\varphi_1(\xi,\eta)}{at}\frac{at}{\sqrt{a^2t^2-(\xi-x)^2+(\eta-y)^2}}\mathrm{d}\xi\mathrm{d}\eta-\\ &\frac{1}{4\pi a}\iint\limits_{C_{at}^M}\frac{\varphi_1(\xi,\eta)}{at}\left[-\frac{at}{\sqrt{a^2t^2-(\xi-x)^2+(\eta-y)^2}}\right]\mathrm{d}\xi\mathrm{d}\eta\\ =&\frac{1}{2\pi a}\iint\limits_{C_{at}^M}\frac{\varphi_1(\xi,\eta)}{\sqrt{a^2t^2-(\xi-x)^2+(\eta-y)^2}}\mathrm{d}\xi\mathrm{d}\eta.\end{aligned}$$

同理有

$$\frac{1}{4\pi a}\iint\limits_{S_{at}^M}\frac{\varphi_0}{r}\mathrm{d}S=\frac{1}{2\pi a}\iint\limits_{C_{at}^M}\frac{\varphi_0(\xi,\eta)}{\sqrt{a^2t^2-(\xi-x)^2+(\eta-y)^2}}\mathrm{d}\xi\mathrm{d}\eta.$$

将这两个等式代入式(10.21),即得方程(10.22)的解

$$\begin{aligned}u(x,y,t)=&\frac{1}{2\pi a}\left\{\frac{\partial}{\partial t}\iint\limits_{C_{at}^M}\frac{\varphi_0(\xi,\eta)}{\sqrt{a^2t^2-(\xi-x)^2+(\eta-y)^2}}\mathrm{d}\xi\mathrm{d}\eta+\right.\\ &\left.\iint\limits_{C_{at}^M}\frac{\varphi_1(\xi,\eta)}{\sqrt{a^2t^2-(\xi-x)^2+(\eta-y)^2}}\mathrm{d}\xi\mathrm{d}\eta\right\}.\end{aligned} \tag{10.24}$$

例 10.5 求解定解问题

$$\begin{cases} u_{tt}=a^2(u_{xx}+u_{yy}), & -\infty<x,y<\infty,t>0, \\ u(x,y,0)=x^2(x+y), & -\infty<x,y<\infty, \\ u_t(x,y,0)=0. \end{cases}$$

解 由二维泊松公式有

$$\begin{aligned} u(x,y;t)&=\frac{1}{2\pi a}\frac{\partial}{\partial t}\int_0^{at}\int_0^{2\pi}\frac{\varphi(x+\rho\cos\theta,y+\rho\sin\theta)}{\sqrt{(at)^2-\rho^2}}\rho\mathrm{d}\theta\mathrm{d}\rho \\ &=\frac{1}{2\pi a}\frac{\partial}{\partial t}\int_0^{at}\int_0^{2\pi}\frac{(x+\rho\cos\theta)^2(x+\rho\cos\theta+y+\rho\sin\theta)}{\sqrt{(at)^2-\rho^2}}\rho\mathrm{d}\theta\mathrm{d}\rho, \end{aligned}$$

其中 $\rho=\sqrt{(\xi-x)^2+(\eta-y)^2}$，$\theta$ 为极坐标变量. 由初始条件有

$$\begin{aligned} &\varphi(x+\rho\cos\theta,y+\rho\sin\theta)=(x+\rho\cos\theta)^2(x+y+\rho\cos\theta+\rho\sin\theta) \\ =\ &x^2(x+y)+2x(x+y)\rho\cos\theta+(x+y)\rho^2\cos^2\theta+ \\ &x^2\rho(\sin\theta+\cos\theta)+2x\rho^2(\sin\theta+\cos\theta)\cos\theta+ \\ &\rho^3\cos^2\theta(\sin\theta+\cos\theta). \end{aligned}$$

由三角函数的周期性、正交性、倍角公式等可得，$\cos\theta$，$\sin\theta$，$\cos\theta\sin\theta$，$\cos^3\theta$，$\cos^2\theta\sin\theta$ 在 $[0,2\pi]$上积分均为零，而 $\int_0^{2\pi}\cos^2\theta\mathrm{d}\theta=\pi$，故有

$$\begin{aligned} &\int_0^{at}\int_0^{2\pi}\frac{\varphi(x+\rho\cos\theta,y+\rho\sin\theta)}{\sqrt{(at)^2-\rho^2}}\rho\mathrm{d}\theta\mathrm{d}\rho \\ =\ &2\pi x^2(x+y)\int_0^{at}\frac{\rho\mathrm{d}\rho}{\sqrt{(at)^2-\rho^2}}+\pi(3x+y)\int_0^{at}\frac{\rho^3\mathrm{d}\rho}{\sqrt{(at)^2-\rho^2}} \\ =\ &2\pi x^2(x+y)at+\frac{2}{3}\pi(3x+y)a^3t^3, \end{aligned}$$

于是

$$\begin{aligned} u(x,y;t)&=\frac{1}{2\pi a}\frac{\partial}{\partial t}\left[2\pi x^2(x+y)at+\frac{2}{3}\pi(3x+y)a^3t^3\right] \\ &=x^2(x+y)+a^2t^2(3x+y). \end{aligned}$$

可见上述中积分的计算并不简单，利用 Maple 可以方便地得出结果

```
> u(rho,theta) := (x + rho * cos(theta))^2 * (x + y + rho * cos(theta) + rho * sin(theta)) * rho/
(sqrt(a^2 * t^2 - rho^2));
```

$$u(\rho,\theta):=\frac{(x+\rho\cos(\theta))^2(x+y+\rho\cos(\theta)+\rho\sin(\theta))\rho}{\sqrt{a^2t^2-\rho^2}}$$

```
> v(rho) := int(u(rho,theta),theta = 0..2 * Pi);
```

$$v(\rho):=\frac{\rho\pi(2x^3+\rho^2y+2x^2y+3x\rho^2)}{\sqrt{a^2t^2-\rho^2}}$$

```
> w(t) := int(v(rho),rho = 0..a * t);
```

$$w(t):=\frac{2a^2t^2(3x^3+3x^2y+a^2t^2y+3xa^2t^2)\pi}{3\sqrt{a^2t^2}}$$

```
> r := simplify((1/(2 * Pi * a)) * diff(w(t),t));
```

$$r:=\frac{at(x^3+x^2y+a^2t^2y+3xa^2t^2)}{\sqrt{a^2t^2}}$$

从式(10.24)和例 10.5 可以看出,要计算解 u 在(x,y,t)处的值,只要以 $M(x,y)$为中心、以 at 为半径作圆域 C_{at}^{M},然后将初始扰动代入式(10.24)进行积分. 为清楚起见,设初始扰动仍限于区域 Ω_0,并且 d,D 分别表示点 $M(x,y)$与 Ω_0 的最小和最大距离,则当 $t<\dfrac{d}{a}$时,$u(x,y,t)=0$; 当$\dfrac{d}{a}<t<\dfrac{D}{a}$时,$u(x,y,t)\neq 0$; 当 $t>\dfrac{D}{a}$时,由于圆域 C_{at}^{M}包含了区域 Ω_0,所以 $u(x,y,t)$仍不为零,这种现象称为有后效,即在二维情形,局部范围内的初始扰动具有长期的连续的后效特性,扰动有清晰的"前锋",而无"阵尾",这一点与球面波不同.

平面上以点(ξ,η)为中心的圆周的方程$(x-\xi)^2+(y-\eta)^2=r^2$ 在空间坐标系内表示母线平行于 z 轴的直圆柱面,所以在过(ξ,η)点平行于 z 轴的无限长的直线上的初始扰动,在时间 t 后的影响是在以该直线为轴、at 为半径的圆柱面内,因此解(10.24)称为柱面波.

10.3 傅里叶积分变换法求解定解问题

在第 6 章、第 8 章和第 9 章介绍的分离变量法主要用于求解各种有界区域问题. 对于无界区域或半无界区域,采用求解数理方程的另一种常用方法——积分变换法比较方便.

所谓积分变换,就是把某函数类 A 中的函数 $f(x)$,经过某种可逆的积分运算

$$F(p)=\int_a^b k(x,p)f(x)\,\mathrm{d}x, \tag{10.25}$$

变成另一函数类 B 中的函数 $F(p)$,$F(p)$称为 $f(x)$的像函数,$f(x)$的称为像原函数,而 $k(x,p)$是 p 和 x 的已知函数,称为积分变换的核. 在这种变换下,原来的偏微分方程可以减少自变量的个数,直至变成常微分方程,原来的常微分方程,可以变成代数方程,从而使在函数类 B 中的运算简化,找出在 B 中的一个解,再经过逆变换,便得到原来要在 A 中所要求的解.

积分变换的种类很多,如有傅里叶变换、拉普拉斯变换、汉克尔变换、梅林变换等. 本书只介绍常用的傅里叶变换和拉普拉斯变换. 这一节介绍傅里叶变换及解数学物理问题的傅里叶变换法,下一节重点介绍拉普拉斯变换和拉普拉斯变换法.

10.3.1 预备知识——傅里叶变换及性质

1. 傅里叶变换

函数 $f(x)$的傅里叶变换记为

$$F[f(x)]=G(\omega)=\int_{-\infty}^{+\infty}f(x)\mathrm{e}^{-\mathrm{i}\omega x}\,\mathrm{d}x, \tag{10.26}$$

$G(\omega)$称为 $f(x)$的像函数. 傅里叶逆变换(或称傅里叶反演)定义为

$$F^{-1}[G(\omega)]=f(x)=\frac{1}{2\pi}\int_{-\infty}^{+\infty}G(\omega)\mathrm{e}^{\mathrm{i}\omega x}\,\mathrm{d}\omega, \tag{10.27}$$

$f(x)$称为 $G(\omega)$的像原函数. 因此,当 $f(x)$满足傅里叶积分定理条件时,有

$$f(x)=F^{-1}[F(f(x))],$$

这是傅里叶变换和其逆变换之间的一个重要关系.

例 10.6 求指数衰减函数

$$f(t)=\begin{cases}0, & t<0,\\ \mathrm{e}^{-\beta t}, & t\geqslant 0,\beta>0\end{cases}$$

的傅里叶变换和 $f(t)$ 的积分表示.

解 由傅里叶积分变换的公式,有

$$F(\omega)=\int_{-\infty}^{+\infty} f(t)\mathrm{e}^{-\mathrm{i}\omega t}\mathrm{d}t=\int_0^{\infty}\mathrm{e}^{-\beta t}\mathrm{e}^{-\mathrm{i}\omega t}\mathrm{d}t=\frac{1}{\beta+\mathrm{i}\omega}=\frac{\beta-\mathrm{i}\omega}{\beta^2+\omega^2}.$$

由傅里叶反变换公式,得 $f(t)$ 的积分表示为

$$f(t)=\frac{1}{2\pi}\int_{-\infty}^{+\infty}\frac{\beta-\mathrm{i}\omega}{\beta^2+\omega^2}\mathrm{e}^{\mathrm{i}\omega t}\mathrm{d}\omega=\frac{1}{2\pi}\int_{-\infty}^{\infty}\frac{\beta-\mathrm{i}\omega}{\beta^2+\omega^2}[\cos(\omega t)+\mathrm{i}\sin(\omega t)]\mathrm{d}\omega.$$

由于 $f(t)$ 是实函数,故

$$f(t)=\frac{1}{2\pi}\int_{-\infty}^{+\infty}\frac{\beta\cos(\omega t)+\omega\sin(\omega t)}{\beta^2+\omega^2}\mathrm{d}\omega=\frac{1}{\pi}\int_0^{\infty}\frac{\beta\cos(\omega t)+\omega\sin(\omega t)}{\beta^2+\omega^2}\mathrm{d}\omega.$$

这就是指数衰减函数 $f(t)$ 的积分表达式. 于是推得一个含参变量的广义积分的结果是

$$\int_0^{\infty}\frac{\beta\cos(\omega t)+\omega\sin(\omega t)}{\beta^2+\omega^2}\mathrm{d}\omega=\begin{cases}0, & t<0,\\ \dfrac{\pi}{2}, & t=0,\\ \pi\mathrm{e}^{-\beta t}, & t>0.\end{cases}$$

2. 三维傅里叶变换

若记

$$\begin{cases}\boldsymbol{\omega}=\boldsymbol{e}_1\omega_1+\boldsymbol{e}_2\omega_2+\boldsymbol{e}_3\omega_3,\\ \boldsymbol{r}=\boldsymbol{e}_1x+\boldsymbol{e}_2y+\boldsymbol{e}_3z,\\ f(\boldsymbol{r})=f(x,y,z),\\ \mathrm{d}\boldsymbol{r}=\mathrm{d}x\mathrm{d}y\mathrm{d}z,\quad \mathrm{d}\boldsymbol{\omega}=\mathrm{d}\omega_1\mathrm{d}\omega_2\mathrm{d}\omega_3,\end{cases}\tag{10.28}$$

则三维傅里叶变换及反演公式可记为

$$F[f(\boldsymbol{r})]=G(\boldsymbol{\omega})=\iiint_{-\infty}^{+\infty}f(\boldsymbol{r})\mathrm{e}^{-\mathrm{i}\boldsymbol{\omega}\cdot\boldsymbol{r}}\mathrm{d}\boldsymbol{r},\tag{10.29}$$

$G(\boldsymbol{\omega})$ 称为 $f(\boldsymbol{r})$ 的像函数,其逆变换为

$$F^{-1}[G(\boldsymbol{\omega})]=f(\boldsymbol{r})=\frac{1}{(2\pi)^3}\iiint_{-\infty}^{+\infty}G(\boldsymbol{\omega})\mathrm{e}^{\mathrm{i}\boldsymbol{\omega}\cdot\boldsymbol{r}}\mathrm{d}\boldsymbol{\omega},\tag{10.30}$$

$f(\boldsymbol{r})$ 称为 $G(\boldsymbol{\omega})$ 的原像函数.

3. 傅里叶变换的性质

下面我们列出傅里叶变换的几个基本性质,但不给出证明,读者可以自证或参考其他文献. 设 $F[f(x)]=G(\omega)$,并且约定,当涉及一个函数需要进行傅里叶变换时,这个函数总是满足变换条件.

(1) 线性性质 若 α,β 为任意常数,则对任意函数 f_1 和 f_2,有

$$F(\alpha f_1+\beta f_2)=\alpha F(f_1)+\beta F(f_2).\tag{10.31}$$

(2) 延迟性质 设 ω_0 为任意常数,则

$$F(\mathrm{e}^{\mathrm{i}\omega_0 x}f(x))=G(\omega-\omega_0).\tag{10.32}$$

(3) 位移性质 设 x_0 为任意常数,则

$$F[f(x-x_0)]=\mathrm{e}^{-\mathrm{i}\omega x_0}F[f(x)].\tag{10.33}$$

(4) 相似性质 设 a 为不为零的常数,则

$$F[f(ax)]=\frac{1}{|a|}G\left(\frac{\omega}{a}\right).\tag{10.34}$$

(5) 微分性质 若当$|x|\to\infty$时,$f(x)\to 0$,$f^{(n-1)}(x)\to 0$(其中$n=1,2,\cdots$),则

$$\begin{cases} F[f'(x)]=\mathrm{i}\omega F[f(x)], \\ F[f''(x)]=(\mathrm{i}\omega)^2 F[f(x)], \\ \qquad\vdots \\ F[f^{(n)}(x)]=(\mathrm{i}\omega)^n F[f(x)]. \end{cases} \tag{10.35}$$

(6) 积分性质

$$F\left[\int_{x_0}^{x} f(\xi)\mathrm{d}\xi\right]=\frac{1}{\mathrm{i}\omega}F[f(x)]. \tag{10.36}$$

(7) 卷积性质 已知函数$f_1(x)$和$f_2(x)$,则定义积分

$$\int_{-\infty}^{\infty} f_1(\xi)f_2(x-\xi)\mathrm{d}\xi$$

为函数$f_1(x)$和$f_2(x)$的卷积,记作$f_1(x)*f_2(x)$,即

$$f_1(x)*f_2(x)=\int_{-\infty}^{\infty} f_1(\xi)f_2(x-\xi)\mathrm{d}\xi. \tag{10.37}$$

卷积定理

$$F[f_1(x)*f_2(x)]=F[f_1(x)]\cdot F[f_2(x)]. \tag{10.38}$$

(8) 像函数的卷积定理

$$F[f_1(x)\cdot f_2(x)]=\frac{1}{2\pi}F[f_1(x)]*F[f_2(x)]. \tag{10.39}$$

可以证明,三维函数$f(\boldsymbol{r})$的傅里叶变换亦具有上述性质.

10.3.2 傅里叶变换法

下面我们用具体的实例来说明傅里叶积分变换在求解定解问题中的应用.

例 10.7 求解弦振动方程的初值问题

$$\begin{cases} u_{tt}=a^2u_{xx}, & -\infty<x<\infty, t>0, & (10.40) \\ u(x,0)=\varphi(x), & -\infty<x<\infty, & (10.41) \\ u_t(x,0)=0, & -\infty<x<\infty. & (10.42) \end{cases}$$

解 视t为参数,对式(10.40)、式(10.41)和式(10.42)的两端均进行傅里叶变换,并记

$$F[u(x,t)]=\bar{u}(\omega,t),\quad F[\varphi(x)]=\bar{\varphi}(\omega),$$

则有

$$\begin{cases} \dfrac{\mathrm{d}^2\bar{u}}{\mathrm{d}t^2}=-a^2\omega^2\bar{u}, \\ \bar{u}(\omega,0)=\bar{\varphi}(\omega), \\ \bar{u}_t(\omega,0)=0. \end{cases}$$

这是带参数ω的常微分方程的初值问题,解之得

$$\bar{u}(\omega,t)=\bar{\varphi}(\omega)\cos a\omega t.$$

于是由逆变换公式(10.27),得定解问题(10.40)~(10.42)的解为

$$\begin{aligned} u(x,t)&=F^{-1}[\bar{u}(\omega,t)]=F^{-1}[\bar{\varphi}(\omega)\cos a\omega t] \\ &=\frac{1}{2\pi}\int_{-\infty}^{\infty}\bar{\varphi}(\omega)\cos a\omega t\,\mathrm{e}^{\mathrm{i}\omega x}\mathrm{d}\omega \end{aligned}$$

$$= \frac{1}{4\pi}\int_{-\infty}^{\infty}\bar{\varphi}(\omega)[e^{i\omega(x+at)} + e^{i\omega(x-at)}]d\omega$$

$$= \frac{1}{2}[\varphi(x+at) + \varphi(x-at)].$$

这与达朗贝尔公式所得到的结果一致，最后一步应用了位移定理式(10.33).

例 10.8 求无界杆的热传导问题

$$\begin{cases} u_t = a^2 u_{xx} + f(x,t), & -\infty < x < \infty, t > 0, \quad (10.43) \\ u(x,0) = \varphi(x), & -\infty < x < \infty. \quad (10.44) \end{cases}$$

解 对式(10.43)和式(10.44)两端关于 x 分别进行傅里叶变换，并记

$$F[u(x,t)] = \bar{u}(\omega,t), \quad F[\varphi(x)] = \bar{\varphi}(\omega), \quad F[f(x,t)] = \bar{f}(\omega,t),$$

则有

$$\begin{cases} \frac{d^2 \bar{u}}{dt^2} = -a^2\omega^2 \bar{u} + \bar{f}(\omega,t), \\ \bar{u}(\omega,0) = \bar{\varphi}(\omega). \end{cases}$$

这是带参数 ω 关于变量 t 的常微分方程的初值问题，解之得

$$\bar{u}(\omega,t) = \bar{\varphi}(\omega)e^{-a^2\omega^2 t} + \int_0^t \bar{f}(\omega,\tau)e^{-a^2\omega^2(t-\tau)}d\tau.$$

于是，由逆变换公式(10.26)得式(10.43)和式(10.44)的解应为

$$\begin{aligned} u(x,t) &= F^{-1}[\bar{u}(\omega,t)] \\ &= F^{-1}[\varphi(\omega)e^{-a^2\omega^2 t}] + F^{-1}\left[\int_0^t \bar{f}(\omega,\tau)e^{-a^2\omega^2(t-\tau)}d\tau\right] \\ &= F^{-1}\{F[\varphi(x)]\cdot F[F^{-1}(e^{-a^2\omega^2 t})]\} + \\ &\quad \int_0^t F^{-1}\{F[f(x,\tau)]\cdot F[F^{-1}(e^{-a^2\omega^2(t-\tau)})]\}d\tau. \end{aligned}$$

故由卷积定理(10.39)有

$$u(x,t) = \varphi(x) * F^{-1}(e^{-a^2\omega^2 t}) + \int_0^t f(x,\tau) * F^{-1}(e^{-a^2\omega^2(t-\tau)})d\tau,$$

而

$$F^{-1}(e^{-a^2\omega^2 t}) = \frac{1}{2\pi}\int_{-\infty}^{\infty} e^{-a^2\omega^2 t}e^{i\omega x}d\omega = \frac{1}{2\pi}\int_{-\infty}^{\infty} e^{-a^2\omega^2 t}(\cos\omega x + i\sin\omega x)d\omega$$

$$= \frac{1}{\pi}\int_0^{\infty} e^{-a^2\omega^2 t}\cos\omega x\, d\omega = \frac{1}{2a\sqrt{\pi t}}e^{-\frac{x^2}{4a^2 t}}. \quad (10.45)$$

这里利用了积分公式

$$\int_0^{\infty} e^{-ax^2}\cos bx\, dx = \frac{1}{2}e^{-\frac{b^2}{4a}}\sqrt{\frac{\pi}{a}}, \quad a > 0. \quad (10.46)$$

于是

$$u(x,t) = \varphi(x) * \frac{1}{2a\sqrt{\pi t}}e^{\frac{-x^2}{4a^2 t}} + \int_0^t f(x,\tau) * \frac{1}{2a\sqrt{\pi(t-\tau)}}e^{\frac{-x^2}{4a^2(t-\tau)}}d\tau$$

$$= \frac{1}{2a\sqrt{\pi t}}\int_{-\infty}^{\infty}\varphi(\xi)\mathrm{e}^{-\frac{(x-\xi)^2}{4a^2t}}\mathrm{d}\xi + \frac{1}{2a\sqrt{\pi}}\int_0^t\int_{-\infty}^{\infty}\frac{f(\xi,\tau)}{\sqrt{t-\tau}}\mathrm{e}^{\frac{-(x-\xi)^2}{4a^2(t-\tau)}}\mathrm{d}\xi\mathrm{d}\tau. \tag{10.47}$$

由此例看到，用傅里叶变换解方程时不必像分离变量法那样区分齐次方程和非齐次方程，都是按同样的步骤求解.

例 10.9 已知某种微粒在空间的浓度分布为 $\varphi(\boldsymbol{r})$，求解 $t>0$ 时浓度的变化.

解 其定解问题为

$$\begin{cases} u_t - a^2\nabla^2 u = 0, \\ u|_{t=0} = \varphi(\boldsymbol{r}). \end{cases} \tag{10.48}$$

将上述定解问题就空间变量 $\boldsymbol{r}(x,y,z)$ 作三维傅里叶变换，并记

$$F[u(\boldsymbol{r},t)] = \bar{u}(\boldsymbol{\omega}),\quad F[\varphi(\boldsymbol{r})] = \bar{\varphi}(\boldsymbol{\omega}),\quad \omega = \sqrt{\omega_1^2+\omega_2^2+\omega_3^2} = |\boldsymbol{\omega}|.$$

则运用微分性质有

$$\begin{cases} \dfrac{\mathrm{d}\bar{u}}{\mathrm{d}t} + a^2\omega^2\bar{u} = 0, \\ \bar{u}(\omega,0) = \bar{\varphi}(\omega), \end{cases}$$

解之得

$$\bar{u}(\omega,t) = \bar{\varphi}(\omega)\mathrm{e}^{-a^2\omega^2t}.$$

由三维函数的傅里叶的逆变换公式(10.30)，有

$$\begin{aligned} F^{-1}[\mathrm{e}^{-a^2\omega^2t}] &= \frac{1}{(2\pi)^3}\iiint_{-\infty}^{\infty}\mathrm{e}^{-a^2\omega^2t}\mathrm{e}^{\mathrm{i}\boldsymbol{\omega}\cdot\boldsymbol{r}}\mathrm{d}\boldsymbol{\omega} \\ &= \frac{1}{(2\pi)^3}\iiint_{-\infty}^{\infty}\mathrm{e}^{-a^2(\omega_1^2+\omega_2^2+\omega_3^2)t}\cdot\mathrm{e}^{\mathrm{i}(\omega_1x+\omega_2y+\omega_3z)}\mathrm{d}\omega_1\mathrm{d}\omega_2\mathrm{d}\omega_3 \\ &= \frac{1}{8a^3(\pi t)^{3/2}}\mathrm{e}^{-\frac{x^2+y^2+z^2}{4a^2t}}. \end{aligned}$$

此处重复用了式(10.45)的结果三次. 故由逆变换公式和卷积定理有

$$\begin{aligned} u(\boldsymbol{r},t) &= F^{-1}[\bar{u}(\omega,t)] = F^{-1}[\bar{\varphi}(\omega)\mathrm{e}^{-a^2\omega^2t}] \\ &= \frac{1}{8a^2(\pi t)^{3/2}}\iiint_{-\infty}^{\infty}\varphi(\boldsymbol{r}')\mathrm{e}^{-\frac{|\boldsymbol{r}-\boldsymbol{r}'|^2}{4a^2t}}\mathrm{d}\boldsymbol{r}'. \end{aligned} \tag{10.49}$$

例 10.10 求解真空中静电势满足的方程

$$\nabla^2u(x,y,z) = -\frac{1}{\varepsilon_0}\rho(x,y,z). \tag{10.50}$$

解 上述方程，即

$$\nabla^2u(\boldsymbol{r}) = -\frac{1}{\varepsilon_0}\rho(\boldsymbol{r}). \tag{10.51}$$

为方便见，令 $f(\boldsymbol{r}) = \frac{1}{\varepsilon_0}\rho(\boldsymbol{r})$，并记 $F[u(\boldsymbol{r})] = \bar{u}(\boldsymbol{\omega})$，$F[f(\boldsymbol{r})] = \bar{f}(\boldsymbol{\omega})$，对方程(10.51)进行傅里叶变换，得

$$\bar{u}(\boldsymbol{\omega}) = \frac{1}{\omega^2}\bar{f}(\boldsymbol{\omega}).$$

利用变换公式 $F\left[\frac{1}{r}\right] = \frac{4\pi}{\omega^2}$，有

$$F[u(\boldsymbol{r})] = \frac{1}{4\pi} F\left[\frac{1}{|\boldsymbol{r}|}\right] \cdot F[f(\boldsymbol{r})],$$

故由卷积定理有

$$u(\boldsymbol{r}) = \frac{1}{4\pi} \iiint_{-\infty}^{\infty} \frac{f(\boldsymbol{r})}{|\boldsymbol{r} - \boldsymbol{r}'|} d\boldsymbol{r}'.$$

10.4 拉普拉斯变换法求解定解问题

10.4.1 拉普拉斯变换及其性质

1. 拉普拉斯变换

函数 $f(t)$的傅里叶变换存在的充分必要条件是

$$\int_{-\infty}^{\infty} |f(t)| dt < \infty.$$

但在绝大多数物理和工程技术等问题中，以时间 t 为自变量的函数往往在 $t<0$ 无意义或不需要考虑，因此不妨假定

$$f(t) = 0, \quad t < 0.$$

为适合傅里叶积分变换的要求，将 $f(t)$乘以 $e^{-\beta t}(\beta>0)$，则只要 β 足够大，$f(t)e^{-\beta t}$就绝对可积，对 $f(t)e^{-\beta t}$ 作傅里叶积分变换，有

$$f(t)e^{-\beta t} = \frac{1}{2\pi}\int_{-\infty}^{\infty} d\omega \int_{0}^{\infty} f(\tau)e^{-\beta\tau}e^{i\omega(t-\tau)}d\tau,$$

$$f(t) = \frac{1}{2\pi}\int_{-\infty}^{\infty} d\omega \int_{0}^{\infty} f(\tau)e^{-(\beta+i\omega)\tau}e^{(\beta+i\omega)t}d\tau = \frac{1}{2\pi}\int_{-\infty}^{\infty}\left[\int_{0}^{\infty} f(\tau)e^{-(\beta+i\omega)\tau}d\tau\right]e^{(\beta+i\omega)t}d\omega.$$

令 $\beta+i\omega=p$，则 $id\omega=dp$，于是

$$f(t) = \frac{1}{2\pi i}\int_{\beta-i\infty}^{\beta+i\infty}\left[\int_{0}^{\infty} f(\tau)e^{-p\tau}d\tau\right]e^{pt}dp.$$

记

$$L[f(t)] = F(p) = \int_{0}^{\infty} f(t)e^{-pt}dt, \tag{10.52}$$

为 $f(t)$的拉普拉斯变换，即 $F(p)$为 $f(t)$的像函数，则

$$L^{-1}[F(p)] = f(t) = \frac{1}{2\pi i}\int_{\beta-i\infty}^{\beta+i\infty} F(p)e^{pt}dp \tag{10.53}$$

就是 $F(p)$的拉普拉斯逆变换(或称反演)，称 $f(t)$为 $F(p)$的像原函数，其中 $p=\beta+i\omega$ 为复参数. 显然

$$f(t) = L^{-1}\{L[f(t)]\}. \tag{10.54}$$

例 10.11 求正整数幂函数 $f(t)=t^n(n=1,2,\cdots)$的拉普拉斯变换.

解 当 $n=1$ 时，由拉普拉斯变换的定义及分部积分法，有

$$L(t) = \int_{0}^{\infty} te^{-pt}dt = -\frac{t}{p}e^{-pt}\Big|_{0}^{\infty} + \frac{1}{p}\int_{0}^{\infty} e^{-pt}dt = -\frac{1}{p^2}e^{-pt}\Big|_{0}^{\infty} = \frac{1}{p^2}, \quad \mathrm{Re}p > 0.$$

一般地，有

$$L(t^n) = \frac{n!}{p^{n+1}}, \quad \mathrm{Re}p > 0, \quad n\text{ 正整数}.$$

如果规定 0! =1,则上式在 $n=0$ 时也对.

2. 拉普拉斯变换的性质

同上节一样,我们列出拉普拉斯变换的一些基本性质而不给出证明.

(1) 线性性质

$$L(\alpha f_1 + \beta f_2) = \alpha L(f_1) + \beta L(f_2). \tag{10.55}$$

(2) 延迟性质

$$L[\mathrm{e}^{p_0 t} f(t)] = F(p - p_0), \quad \mathrm{Re}(p - p_0) > \beta_0, \tag{10.56}$$

其中　$F(p)=L[f(t)]$.

(3) 位移性质　设 $\tau>0$,则

$$L[f(t-\tau)] = \mathrm{e}^{-p\tau} L[f(t)]. \tag{10.57}$$

(4) 相似性质　设 $a>0, F(p)=L[f(t)]$,则

$$L[f(ax)] = \frac{1}{a} F\left(\frac{p}{a}\right). \tag{10.58}$$

(5) 微分性质　若当 $|x|\to\infty$ 时,$f(x)\to 0, f^{(n-1)}(x)\to 0$(其中 $n=1,2,\cdots$),则

$$\begin{aligned}
&L[f'(t)] = pL[f(t)] - f(0),\\
&L[f''(t)] = p^2 L[f(t)] - pf(0) - f'(0),\\
&\quad\vdots\\
&L[f^{(n)}(t)] = p^n L[f(t)] - p^{n-1} f(0) - p^{n-2} f'(0) - \cdots - f^{(n-1)}(0).
\end{aligned} \tag{10.59}$$

(6) 积分性质

$$L\left[\int_0^t f(\tau)\mathrm{d}\tau\right] = \frac{1}{p} L[f(t)]. \tag{10.60}$$

(7) 卷积定理

$$L[f_1(t) * f_2(t)] = L[f_1(t)] \cdot L[f_2(t)], \tag{10.61}$$

其中,定义

$$f_1(t) * f_2(t) = \int_0^t f_1(\tau) f_2(t-\tau)\mathrm{d}\tau. \tag{10.62}$$

10.4.2　拉普拉斯变换法

下面通过具体例子来说明拉普拉斯变换法求解定解问题的步骤.

例 10.12　在第 6 章用固有函数法求解两端固定的弦的纯强迫振动的问题时,曾经遇到过求解二阶非齐次常微分方程的定解问题

$$\begin{cases} T''(t) + \left(\dfrac{n\pi a}{l}\right)^2 T(t) = f(t),\\ T(0) = 0, \quad T'(0) = 0. \end{cases}$$

现在用拉普拉斯变换法求解这个定解问题.

解　对方程两边作拉普拉斯变换,并记 $L[T(t)]=\widetilde{T}(p), L[f(t)]=\widetilde{f}(p)$,则由拉普拉斯变换的微分性质,有

$$p^2\tilde{T}(p)-pT(0)-T'(0)+\left(\frac{an\pi}{l}\right)^2\tilde{T}(p)=\tilde{f}(p),$$

代入初始条件,得

$$p^2\tilde{T}(p)+\left(\frac{an\pi}{l}\right)^2\tilde{T}(p)=\tilde{f}(p).$$

这是关于$\tilde{T}(p)$的代数方程,解出$\tilde{T}(p)$,有

$$\tilde{T}(p)=\tilde{f}(p)\frac{1}{p^2+\left(\frac{an\pi}{l}\right)^2}.$$

而

$$\frac{1}{p^2+\left(\frac{an\pi}{l}\right)^2}=\frac{l}{n\pi a}\frac{\frac{an\pi}{l}}{p^2+\left(\frac{an\pi}{l}\right)^2}=\frac{l}{n\pi a}L\left[\sin\frac{an\pi}{l}t\right],$$

对$\tilde{T}(p)$取逆变换,应用卷积定理和上式的结果,得到

$$\begin{aligned}T(t)&=L^{-1}[\tilde{T}(p)]=L^{-1}\left[\tilde{f}(p)\cdot\frac{1}{p^2+\left(\frac{an\pi}{l}\right)^2}\right]\\&=\frac{l}{n\pi a}f(t)*\sin\frac{an\pi}{l}t=\frac{l}{n\pi a}\int_0^t f(\tau)\sin\frac{an\pi}{l}(t-\tau)\mathrm{d}\tau.\end{aligned}$$

这就是第6章已经用到过的结果.

例 10.13 求解半无界弦的振动问题

$$\begin{cases}u_{tt}=a^2u_{xx}, & 0<x<\infty,t>0,\\ u(0,t)=f(t), \quad \lim\limits_{x\to\infty}u(x,t)=0, & t\geqslant 0,\\ u(x,0)=0, \quad u_t(x,0)=0, & 0\leqslant x<\infty.\end{cases}$$

解 对方程两边关于变量t作拉普拉斯变换,并记

$$\hat{u}(x,p)=L[u(x,t)]=\int_0^\infty u(x,t)\mathrm{e}^{-pt}\mathrm{d}t,$$

则有

$$p^2\hat{u}(x,p)-pu(x,0)-u_t(x,0)=a^2\frac{\mathrm{d}^2\hat{u}(x,p)}{\mathrm{d}x^2},$$

代入初始条件,得

$$\frac{\mathrm{d}^2\hat{u}}{\mathrm{d}x^2}-\frac{p^2}{a^2}\hat{u}(x,p)=0. \tag{10.63}$$

再对边界条件关于变量t作拉普拉斯变换,并记$\hat{f}(p)=L[f(t)]$,则有

$$\begin{cases}\hat{u}(0,p)=\hat{f}(p),\\ \lim\limits_{x\to\infty}\hat{u}(x,p)=0.\end{cases} \tag{10.64}$$

常微分方程(10.63)的通解为

$$\hat{u}(x,p)=C_1(p)\mathrm{e}^{-\frac{p}{a}x}+C_2(p)\mathrm{e}^{\frac{p}{a}x},$$

代入边界条件(10.64),得

$$C_2(p)=0,\quad C_1(p)=\hat{f}(p).$$

故

$$\hat{u}(x,p)=\mathrm{e}^{-p\frac{x}{a}}\cdot\hat{f}(p).$$

而由位移定理(10.57)有

$$\mathrm{e}^{-p\frac{x}{a}}\hat{f}(p)=L\left[f\left(t-\frac{x}{a}\right)\right],$$

所以

$$u(x,t)=L^{-1}[\hat{u}(x,p)]=L^{-1}\left\{L\left[f\left(t-\frac{x}{a}\right)\right]\right\}=\begin{cases}0, & t<\dfrac{x}{a},\\ f\left(t-\dfrac{x}{a}\right), & t\geqslant\dfrac{x}{a}.\end{cases}$$

例 10.14　求解长为 l 的均匀细杆的热传导问题

$$\begin{cases}u_t=a^2u_{xx}, & 0<x<l,t>0,\\ u_x(0,t)=0, & u(l,t)=u_1,t\geqslant 0,\\ u(x,0)=u_0, & 0\leqslant x\leqslant l.\end{cases}$$

解　对方程和边界条件(关于变量 t)进行拉普拉斯变换,记 $L[u(x,t)]=\hat{u}(x,p)$,并考虑到初始条件,则得

$$\frac{\mathrm{d}^2\hat{u}}{\mathrm{d}x^2}-\frac{p}{a^2}\hat{u}+\frac{u_0}{a^2}=0,\tag{10.65}$$

$$\hat{u}_x(0,p)=0,$$

$$\hat{u}(l,p)=\int_0^{\infty}u_1\mathrm{e}^{-pt}\mathrm{d}t=-\frac{u_1}{p}\mathrm{e}^{-pt}\Big|_0^{\infty}=\frac{u_1}{p}.\tag{10.66}$$

方程(10.65)的通解为

$$\hat{u}(x,p)=\frac{u_0}{p}+C_1(p)\sinh\frac{\sqrt{p}}{a}x+C_2(p)\cosh\frac{\sqrt{p}}{a}x,$$

由边界条件(10.66)定出 $C_1(p),C_2(p)$,便得

$$\hat{u}(x,p)=\frac{u_0}{p}+\frac{u_1-u_0}{p}\frac{\cosh\frac{\sqrt{p}}{a}x}{\cosh\frac{\sqrt{p}}{a}l}.$$

由变换公式 $L(1)=\int_0^{\infty}1\cdot\mathrm{e}^{-pt}\mathrm{d}t=-\frac{1}{p}\mathrm{e}^{-pt}\Big|_0^{\infty}=\frac{1}{p}$, 知 $L^{-1}\left(\frac{1}{p}\right)=1$.

又

$$L^{-1}\left[\frac{\cosh\frac{\sqrt{p}}{a}x}{p\cosh\frac{\sqrt{p}}{a}l}\right]=1+\frac{4}{\pi}\sum_{k=1}^{\infty}\frac{(-1)^k}{2k-1}\cos\frac{(2k-1)\pi x}{2l}\mathrm{e}^{-\frac{a^2\pi^2(2k-1)^2}{4l^2}t}.\tag{10.67}$$

这个反演是用留数定理计算的,具体过程见附录 C,于是

$$u(x,t)=L^{-1}[\hat{u}(x,p)]=u_1+\frac{4}{\pi}\sum_{k=1}^{\infty}\frac{(-1)^k}{2k-1}\cos\frac{(2k-1)\pi x}{2l}\mathrm{e}^{-\frac{a^2\pi^2(2k-1)^2}{4l^2}t}.$$

从上面的例题可以看出，用拉普拉斯变换法求解定解问题时，无论方程与边界条件是齐次与否，都是采用相同的步骤. 拉普拉斯变换同样可以用来求解无界区域内的问题.

例 10.15　在传输线的一端输入电压信号 $g(t)$，初始条件均为零，求解传输线上电压的变化.

解　这是个半无界问题，定解条件如下：

$$\begin{cases} RGu+(LG+RC)u_t+LCu_{tt}-u_{xx}=0, & 0<x<\infty, t>0, \\ u|_{x=0}=g(t) \text{ 且在 } x>0 \text{ 内 } |u|<+\infty, \\ u|_{t=0}=0, \quad u_t|_{t=0}=0. \end{cases}$$

将方程和边界条件施以关于 t 的拉普拉斯变换，并考虑初始条件，得到

$$[RG+(LG+RC)p+LCp^2]\hat{u}-\frac{\mathrm{d}^2\hat{u}}{\mathrm{d}x^2}=0, \tag{10.68}$$

$$\hat{u}|_{x=0}=\hat{g}(p). \tag{10.69}$$

方程(10.68)的通解为

$$\hat{u}(x,p)=\alpha\mathrm{e}^{Ax}+\beta\mathrm{e}^{-Ax}, \tag{10.70}$$

其中

$$\begin{aligned} A&=\sqrt{LCp^2+(LG+RC)p+RG} \\ &=\sqrt{\left(\sqrt{LC}\,p+\frac{LG+RC}{2\sqrt{LC}}\right)^2+RG-\frac{(LG+RC)^2}{4LC}}. \end{aligned}$$

在实际问题中，一个很重要的情形是 $(LG+RC)^2=4LGRC$，这时

$$A=\sqrt{LC}\,p+\frac{LG+RC}{2\sqrt{LC}}=\sqrt{LC}\,p+\sqrt{RG}.$$

其次，由自然条件 $\lim\limits_{x\to\infty}u\neq\infty$，取 $\alpha=0$，故

$$\hat{u}(x,p)=\beta\mathrm{e}^{-Ax}=\beta\mathrm{e}^{-(\sqrt{LC}p+\sqrt{RG})x}.$$

再由边界条件(10.69)，得

$$\hat{u}(x,p)=\hat{g}(p)\mathrm{e}^{-(\sqrt{LC}p+\sqrt{RG})x}.$$

通过反演求 $u(x,t)$，由延迟定理有

$$u(x,t)=L^{-1}[\hat{g}(p)\mathrm{e}^{-\sqrt{LC}px}]\cdot\mathrm{e}^{-\sqrt{RG}x}=\begin{cases} g(t-\sqrt{LC}x)\mathrm{e}^{-\sqrt{RG}x}, & t-\sqrt{LC}x<0, \\ 0, & t-\sqrt{LC}x>0. \end{cases}$$

通过以上几节的分析可以看到，积分变换方法不仅能求解无界问题，而且也能够用来求解有界问题，应用是相当广泛的. 求解的步骤也不复杂.

第一步，将方程和定解条件对指定变量进行积分变换，得到像空间的代数方程或常微分方程的边值问题或初值问题；

第二步，求解像空间的代数方程或常微分方程的初值或边值问题，得到像空间中的解；

第三步，对像空间中的解进行反演，得到原像空间中的解.

限制积分变换法应用的是第三步，因为需要求复杂被积函数的无穷积分，往往遇到困难. 一般来说，求积分变换的反演有下列一些方法：(1) 直接查表，常见函数的傅里叶和拉普拉斯等积分变换和反变换已有列表(一般的《数学手册》上都能查到，一些常见函数

的傅里叶变换表和拉普拉斯变换表见附录 D)；(2)利用积分变换的性质，如上面的例题那样求出像函数的反演；(3)利用复变函数积分的性质和留数定理等知识，计算反演中的无穷积分；(4)数值反演，利用数值积分方法计算反演中的无穷积分，有时也能得到精确度很高的结果.

Maple 在计算积分反演时还不会应用积分变换的性质，如 10.3.2 节例 7 用 Maple 求解如下：

```
> restart;with(inttrans)
[addtable, fourier, fouriercos, fouriersin, hankel, hilbert, invfourier, invhilbert, invlaplace,
invmellin, laplace, mellin, savetable]
> ode := fourier((diff(u(x,t),t $ 2) - a^2 * diff(u(x,t),x $ 2)),x,omega);
```

$$\text{ode} := \left(\frac{\partial^2}{\partial t^2}\text{fourier}(u(x,t),x,\omega) + a^2\omega^2\text{fourier}(u(x,t),x,\omega)\right)$$

```
> fourier(u(x,t),x,omega) := f(t);
fourier(u(x,t),x,ω) := f(t)
> ode1 := simplify(ode);
```

$$\text{ode1} := \left(\frac{d^2}{dt^2}f(t)\right) + a^2\omega^2 f(t)$$

```
> fouier(phi(x),x,omega) := phi[1];
```

$\text{fouier}(\phi(x),x,\omega) := \phi_1$

```
> ics := f(0) = phi[1],D(f)(0) = 0;
```

$\text{ics} := f(0) = \phi_1,\quad D(f)(0) = 0$

```
> dsolve({ode1,ics});
```

$f(t) = \phi_1\cos(\omega a t)$

```
> u(x,t) := invfourier((fourier(phi(x),x,omega)) * cos(omega * a * t),omega,x);
```

$$u(x,t) := \frac{1}{2}\text{invfourier}(\text{fourier}(\phi(x),x,\omega)e^{(\omega a t I)},\omega,x) + \frac{1}{2}\text{invfourier}(\text{fourier}(\phi(x),x,\omega)e^{(-I\omega a t)},\omega,x)$$

两个函数之积的傅里叶变换便不能处理了.

习题 10

1. 确定下列初值问题的解：

(1) $u_{tt}-a^2u_{xx}=0, u(x,0)=0, u_t(x,0)=1$;

(2) $u_{tt}-a^2u_{xx}=0, u(x,0)=\sin x, u_t(x,0)=x^2$;

(3) $u_{tt}-a^2u_{xx}=0, u(x,0)=x^3, u_t(x,0)=x$;

(4) $u_{tt}-a^2u_{xx}=0, u(x,0)=\cos x, u_t(x,0)=e^{-1}$.

2. 求解无界弦的自由振动，设初始位移为 $\varphi(x)$，初始速度为 $-a\varphi'(x)$.

3. 求方程 $\dfrac{\partial^2 u}{\partial x\partial y}=x^2y$ 满足边界条件 $u|_{y=0}=x^2, u|_{x=1}=\cos y$ 的解.

4. 证明定解问题

$$u_{xx}+2\cos x\cdot u_{xy}-\sin^2 x\cdot u_{yy}-\sin x\cdot u_y=0,\quad -\infty<x,y<\infty,$$

$$u\mid_{y=\sin x}=\varphi(x),\quad u_y\mid_{y=\sin x}=\psi(x)$$

的解为

$$u(x,y)=\frac{\varphi(x-\sin x+y)+\varphi(x+\sin x-y)}{2}+\frac{1}{2}\int_{x+\sin x-y}^{x-\sin x+y}\psi(\xi)\mathrm{d}\xi.$$

5. 证明球面问题

$$\begin{cases}u_{tt}=a^2(u_{xx}+u_{yy}+u_{zz}), & -\infty<x,y,z<\infty,t>0,\\ u\mid_{t=0}=\varphi(r), & r^2=x^2+y^2+z^2,\\ u_t\mid_{t=0}=\psi(r)\end{cases}$$

的解是

$$u(r,t)=\frac{(r-at)\varphi(r-at)+(r+at)\varphi(r+at)}{2r}+\frac{1}{2ar}\int_{r-at}^{r+at}a\varphi(s)\mathrm{d}s.$$

6. 利用泊松公式求解定解问题

$$\begin{cases}u_{tt}=a^2(u_{xx}+u_{yy}+u_{zz}), & -\infty<x,y,z<+\infty,t>0,\\ u\mid_{t=0}=0, & -\infty<x,y,z<+\infty,\\ u_t\mid_{t=0}=x^2+yz, & -\infty<x,y,z<+\infty.\end{cases}$$

7. 证明傅里叶变换的卷积定理

$$F^{-1}[F_1(w)F_2(w)]=f_1(t)*f_2(t),$$

其中

$$f_1(t)=F^{-1}[F_1(w)],\quad f_2(t)=F^{-1}[F_2(w)],$$

$$f_1(t)*f_2(t)=\int_{-\infty}^{\infty}f_1(\xi)f_1(t-\xi)\mathrm{d}\xi.$$

8. 证明:

$$F^{-1}[\mathrm{e}^{-a^2w^2t}]=\frac{1}{2a\sqrt{\pi t}}\mathrm{e}^{-\frac{x^2}{4a^2t}}.$$

9. 求上半平面内静电场的电位,即求解定解问题

$$\begin{cases}\nabla^2u=0, & y>0,\\ u\mid_{y=0}=f(x),\\ \lim\limits_{x^2+y^2\to\infty}u=0.\end{cases}$$

10. 用积分变换法解定解问题

$$\begin{cases}\dfrac{\partial^2u}{\partial t^2}=\dfrac{\partial^2u}{\partial x^2}, & -\infty<x<\infty,t>0,\\ u\mid_{t=0}=\varphi(x),\\ \dfrac{\partial u}{\partial x}\mid_{x=0}=\psi(x).\end{cases}$$

11. 用积分变换法求解问题

$$\begin{cases}\dfrac{\partial^2u}{\partial x\partial y}=1, & x>0,y>0,\\ u\mid_{x=0}=y+1, & u\mid_{y=0}=1.\end{cases}$$

12. 用积分变换法解定解问题

$$\begin{cases}\dfrac{\partial u}{\partial t}=a^2\dfrac{\partial^2 u}{\partial x^2}, & 0<x<l,t>0,\\ u\big|_{t=0}=u_0, \quad \dfrac{\partial u}{\partial x}\Big|_{x=0}=0,\\ u\big|_{x=1}=u_1.\end{cases}$$

13. 求解一维无限长杆上的热传导问题

$$\begin{cases}u_t=a^2u_{xx}, & 0<x<\infty,t>0,\\ u(0,t)=u_0, \quad \lim\limits_{x\to\infty}u(x,t)=0, & t\geqslant 0,\\ u(x,0)=0, & 0\leqslant x<\infty,t>0.\end{cases}$$

14. 求解杆的纵振动问题

$$\begin{cases}u_{tt}=a^2u_{xx}, & 0<x<l,t>0,\\ u(0,t)=0,Eu_x(l,t)=A\sin\omega t, & t>0,\\ u(x,0)=0,u_t(x,0)=0, & 0<x<l.\end{cases}$$

例题补充

例 1 求解弦振动方程的古沙问题(图 10.3)

$$\begin{cases}u_{tt}=u_{xx}, & -\infty<x<\infty,t>0, & (1)\\ u(x,-x)=\varphi(x), & -\infty<x<\infty, & (2)\\ u(x,x)=\psi(x), & -\infty<x<\infty. & (3)\end{cases}$$

解 由 10.1 节知,方程(1)的通解为

$$u(x,t)=f_1(x+t)+f_2(x-t); \tag{4}$$

由式(2)得 $u|_{t=-x}=\varphi(x)$,即

$$f_1(0)+f_2(2x)=\varphi(x); \tag{5}$$

由式(3)得 $u|_{t=x}=\psi(x)$,即

$$f_1(2x)+f_2(0)=\psi(x); \tag{6}$$

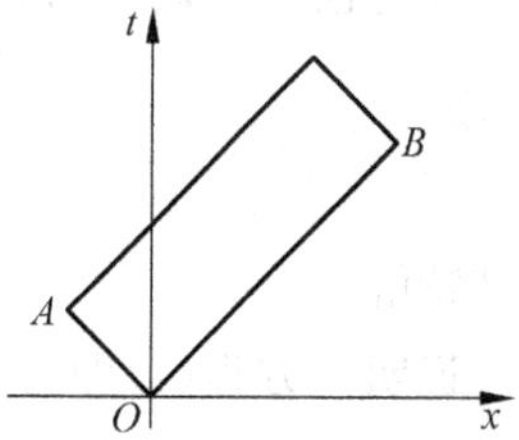

令 $2x=y$,则式(5)、(6)变为

$$\begin{cases}f_1(0)+f_2(y)=\varphi\left(\dfrac{y}{2}\right), & (7)\\ f_1(y)+f_2(0)=\psi\left(\dfrac{y}{2}\right), & (8)\end{cases}$$

图 10.3

其中 $-\infty<y<\infty$,求解方程(7)、(8)得

$$\begin{cases}f_1(y)=\psi\left(\dfrac{y}{2}\right)-f_2(0),\\ f_2(y)=\varphi\left(\dfrac{y}{2}\right)-f_1(0),\end{cases} \tag{9}$$

所以

$$f_1(x+t)=\psi\left(\frac{x+t}{2}\right)-f_2(0), \quad f_2(x-t)=\varphi\left(\frac{x-t}{2}\right)-f_1(0),$$

故

$$u(x,t)=\psi\left(\frac{x+t}{2}\right)+\varphi\left(\frac{x-t}{2}\right)-[f_1(0)+f_2(0)].$$

在式(9)中取 $y=0$ 可得

$$f_1(0)+f_2(0)=\frac{1}{2}[\varphi(0)+\psi(0)],$$

所以,该定解问题的解为 $u(x,t)=\psi\left(\frac{x+t}{2}\right)+\varphi\left(\frac{x-t}{2}\right)-\frac{1}{2}[\varphi(0)+\psi(0)]$.

例 2 细长锥杆的纵振动方程为

$$u_{tt}=a^2\left(u_{xx}+\frac{2}{x}u_x\right),$$

试求其通解.

解 令 $v(x,t)=xu(x,t)$,代入原方程得

$$v_{tt}=a^2v_{xx}, \tag{1}$$

方程(1)的通解为

$$v=f_1(x+at)+f_2(x-at),$$

由此得原方程的通解为

$$u(x,t)=\frac{1}{x}[f_1(x+at)+f_2(x-at)].$$

例 3 试证明方程

$$\frac{\partial}{\partial x}\left[\left(1-\frac{x}{h}\right)^2\frac{\partial u}{\partial x}\right]=\frac{1}{a^2}\left(1-\frac{x}{h}\right)^2\frac{\partial^2 u}{\partial t^2} \tag{1}$$

的通解为

$$u=[f_1(x+at)+f_2(x-at)]/(h-x),$$

其中 h 为已知常数,f_1,f_2 为充分光滑的任意函数. 若

$$\begin{cases}u(x,0)=\varphi(x), & -\infty<x<\infty,\\ u_t(x,0)=\psi(x), & -\infty<x<\infty,\end{cases} \tag{2}$$

求其特解.

证明 方程(1)即为

$$\left(1-\frac{x}{h}\right)u_{xx}-\frac{1}{a^2}\left(1-\frac{x}{h}\right)u_{tt}-\frac{2}{h}u_x=0. \tag{3}$$

考虑到式(3)的系数只是 x 的函数,故可令

$$u(x,t)=w(x)v(x,t), \tag{4}$$

于是

$$u_x=w_xv+wv_x,\quad u_{xx}=w_{xx}v+2w_xv_x+wv_{xx},$$
$$u_t=wv_t,\quad u_{tt}=wv_{tt},$$

代入式(3)可得

$$\left(1-\frac{x}{h}\right)wv_{tt}=a^2\left(1-\frac{x}{h}\right)wv_{xx}+\left[2a^2\left(1-\frac{x}{h}\right)w_x-\frac{2a^2}{h}w\right]v_x+$$
$$\left[a^2\left(1-\frac{x}{h}\right)w_{xx}-\frac{2a^2}{h}w_x\right]v, \tag{5}$$

令式(5)中

$$2a^2\left(1-\frac{x}{h}\right)w_x-\frac{2a^2}{h}w=0, \tag{6}$$

则

$$\frac{w_x}{w}=\frac{1}{h-x}.$$

两边对 x 积分可得 w 的一个特解

$$w(x)=\frac{1}{h-x}. \tag{7}$$

将式(7)代入式(5)可得

$$v_{tt}-a^2v_{xx}=0. \tag{8}$$

式(8)的通解为

$$v(x,t)=f_1(x+at)+f_2(x-at),$$

于是式(1)得通解为

$$u=wv=[f_1(x+at)+f_2(x-at)]/(h-x). \tag{9}$$

将式(9)代入式(2)得

$$f_1(x)+f_2(x)=(h-x)\varphi(x), \tag{10}$$

$$a[f_1{}'(x)-f_2{}'(x)]/(h-x)=\psi(x), \tag{11}$$

即

$$f_1(x)-f_2(x)=\frac{1}{a}\int_{x_0}^{x}(h-\xi)\psi(\xi)\mathrm{d}\xi+C. \tag{12}$$

解式(10),式(12)可得

$$f_1(x)=\frac{(h-x)\varphi(x)}{2}+\frac{1}{2a}\int_{x_0}^{x}(h-\xi)\psi(\xi)\mathrm{d}\xi+\frac{C}{2}, \tag{13}$$

$$f_2(x)=\frac{(h-x)\varphi(x)}{2}-\frac{1}{2a}\int_{x_0}^{x}(h-\xi)\psi(\xi)\mathrm{d}\xi-\frac{C}{2}, \tag{14}$$

将式(13),式(14)代入式(9)可得

$$u(x,t)=\frac{1}{2(h-x)}\Big[(h-x+at)\varphi(x+at)+(h-x-at)\varphi(x-at)+\int_{x-at}^{x+at}\frac{h-\xi}{a}\psi(\xi)\mathrm{d}\xi\Big].$$

例 4　求以下偏微分方程的通解：$u_{xx}-2u_{xy}-3u_{yy}=0$.

解　由 5.4 节知,这个方程的特征方程为

$$\left(\frac{\mathrm{d}y}{\mathrm{d}x}\right)^2+2\frac{\mathrm{d}y}{\mathrm{d}x}-3=0,$$

解之可得

$$3x+y=C_1,\quad x-y=C_2.$$

令

$$\begin{cases}\xi=x-y,\\ \eta=3x+y,\end{cases}$$

代入原方程可得

$$u_{\xi\eta}=0,$$

其通解为

$$u(\xi,\eta)=f_1(\xi)+f_2(\eta),$$

从而得原方程的通解为

$$u(x,y)=f_1(x-y)+f_2(3x+y).$$

例 5 求解下列初值问题

$$\begin{cases}u_{xx}+2u_{xy}-3u_{yy}=0, & (1)\\ u(x,0)=3x^2, & (2)\\ u_y(x,0)=0. & (3)\end{cases}$$

解 方程(1)即为

$$\left(\frac{\partial^2}{\partial x^2}+2\frac{\partial^2}{\partial x\partial y}-3\frac{\partial^2}{\partial y^2}\right)u(x,y)=0,$$

可以写成

$$\left(\frac{\partial}{\partial x}-\frac{\partial}{\partial y}\right)\left(\frac{\partial}{\partial x}+3\frac{\partial}{\partial y}\right)u(x,y)=0. \tag{4}$$

引入变量代换 $x=x(\xi,\eta)$, $y=y(\xi,\eta)$,使得

$$\frac{\partial}{\partial\xi}=\frac{\partial}{\partial x}\frac{\partial x}{\partial\xi}+\frac{\partial}{\partial y}\frac{\partial y}{\partial\xi}=\left(\frac{\partial}{\partial x}-\frac{\partial}{\partial y}\right)A, \tag{5}$$

$$\frac{\partial}{\partial\eta}=\frac{\partial}{\partial x}\frac{\partial x}{\partial\eta}+\frac{\partial}{\partial y}\frac{\partial y}{\partial\eta}=\left(\frac{\partial}{\partial x}+3\frac{\partial}{\partial y}\right)B, \tag{6}$$

其中 A,B 为任意常数. 由(5),(6)两式可令

$$\begin{cases}x=\xi+\eta,\\ y=3\eta-\xi,\end{cases}$$

即

$$\begin{cases}\xi=\dfrac{3x-y}{4},\\ \eta=\dfrac{x+y}{4}.\end{cases} \tag{7}$$

在此变换下方程(4)变为

$$\frac{\partial^2}{\partial\xi\partial\eta}u(\xi,\eta)=0. \tag{8}$$

为了求解方便,可令

$$\begin{cases}\xi=3x-y,\\ \eta=x+y.\end{cases} \tag{7'}$$

显然,此时方程(4)仍会变为方程(8). 于是求方程(1)的通解的问题便转化为了求解方程(8)的通解的问题. 将方程(8)对变量 ξ,η 各积分一次得

$$u(\xi,\eta)=f_1(\xi)+f_2(\eta), \tag{9}$$

其中 $f_1(\xi)$, $f_2(\eta)$分别为 ξ,η 任意的函数. 换回原来的变量,即将式(7′)代入式(9)得方程(1)的通解

$$u(x,y)=f_1(3x-y)+f_2(x+y). \tag{10}$$

将式(10)代入初始条件(2),(3)得

$$f_1(3x)+f_2(x)=3x^2,\quad -f_1'(3x)+f_2'(x)=0. \tag{11}$$

后一式对 x 积分得

$$-\frac{1}{3}f_1(3x)+f_2(x)=C. \tag{12}$$

由式(11),式(12)可得

$$f_1(3x)=\frac{3}{4}(3x^2-C), \tag{13}$$

$$f_2(x)=\frac{3}{4}(x^2+C), \tag{14}$$

在式(13)中以 $3x$ 换 x 得

$$f_1(x)=\frac{3}{4}\left(\frac{x^2}{3}-C\right). \tag{15}$$

将式(14),式(15)代入式(10)可得原定解问题的解为

$$u(c,t)=3x^2+y^2.$$

例 6 设大气中有一个半径为1的球形薄膜,薄膜内的压强超过大气压的数值为 p_0,假设该薄膜突然消失,将会在大气中激起三维波,试求球外任意位置的附加压强.

解 问题写成定解形式为

$$\begin{cases} p_{tt}-a^2\nabla^2 p=0, \\ p\mid_{t=0}=\begin{cases} p_0, & r<1, \\ 0, & r>1, \end{cases} \\ p_t\mid_{t=0}=0. \end{cases}$$

如图10.4所示,设薄膜球球心到球外任意一点 M 的距离为 r,则当 $r-1<at<r+1$ 时有

$$\begin{aligned}\iint_{S_{at}^M}\frac{\varphi(M')}{at}\mathrm{d}S &= \int_0^{2\pi}\mathrm{d}\varphi\int_0^{\theta_0}\frac{p_0\,(at)^2\sin\theta\mathrm{d}\theta}{at} \\ &= 2\pi p_0 at(1-\cos\theta_0) \\ &= 2\pi p_0 at\left(\frac{r^2+a^2t^2-1}{2art}\right) \\ &= -\frac{\pi p_0}{r}[(r-at)^2-1].\end{aligned}$$

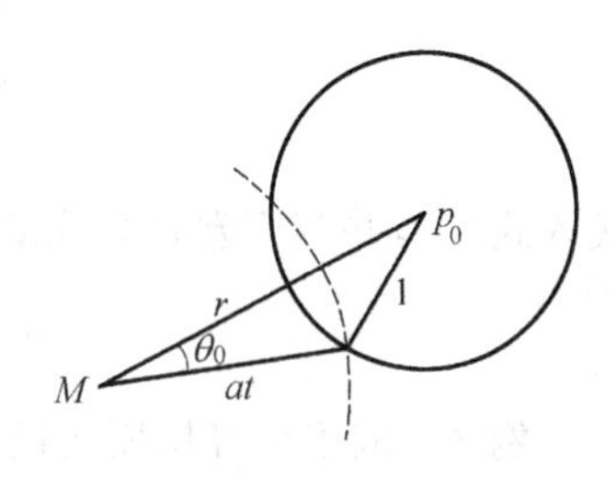

图 10.4

注意 $\psi(M')=p_t\mid_{t=0}$,故由泊松公式有

$$p(M,t)=\frac{1}{4\pi a}\frac{\partial}{\partial t}\iint_{S_{at}^M}\frac{\varphi(M')}{at}\mathrm{d}S=\frac{1}{4\pi a}\frac{\partial}{\partial t}\left(-\frac{\pi p_0}{r}\right)[(r-at)^2-1]=\frac{p_0}{2r}(r-at).$$

而当 $at<r-1$ 和 $at>r+1$ 时,由于 $\varphi(M')$ 和 $\psi(M')$ 均为零,故有 $p(M,t)=0$.

例 7 试用傅里叶变换法求解上半平面的狄利克雷问题:

$$\begin{cases} \nabla^2 u=0, \quad y>0, \\ u\mid_{y=0}=f(x), \\ \lim\limits_{(x^2+y^2)\to\infty} u=0. \end{cases}$$

解 **步骤1** 记

$$F[u(x,y)]=\int_{-\infty}^{+\infty}u(x,y)\mathrm{e}^{\mathrm{i}\omega x}\,\mathrm{d}x=\bar{u}(\omega,y),$$

$$F[f(x)]=\int_{-\infty}^{+\infty}f(x)\mathrm{e}^{\mathrm{i}\omega x}\,\mathrm{d}x=\bar{f}(\omega),$$

对上述定解问题中各项实施以 x 为变量的傅里叶变换,则得到如下的常微分方程的定解问题

$$\begin{cases}\dfrac{\mathrm{d}^2\bar{u}}{\mathrm{d}y^2}-\omega^2\bar{u}(\omega,y)=0, & (1)\\ \bar{u}(\omega,0)=\bar{f}(\omega), & (2)\\ \bar{u}(\omega,y)\mid_{y\to+\infty}\to 0. & (3)\end{cases}$$

步骤2 求解变量 y 的常微分方程(1),得

$$\bar{u}(\omega,y)=A(\omega)\mathrm{e}^{\omega y}+B(\omega)\mathrm{e}^{-\omega y},\tag{4}$$

其中 $A(\omega)$ 和 $B(\omega)$ 为含参量 ω 的任意函数,由边界条件(2),(3)所确定.

将式(4)代入式(3)可得:当 $\omega>0$ 时,$A(\omega)=0$;当 $\omega<0$ 时,$B(\omega)=0$. 所以

$$\bar{u}(\omega,y)=c(\omega)\mathrm{e}^{|\omega|y},\tag{5}$$

其中 $c(\omega)$ 为含参量 ω 的任意函数,可由式(2)决定.

将式(5)代入式(2)得 $c(\omega)=\bar{f}(\omega)$,所以

$$\bar{u}(\omega,y)=\bar{f}(\omega)\mathrm{e}^{|\omega|y}.$$

步骤3 求逆变换

$$\begin{aligned}u(x,y)&=F^{-1}[\bar{u}(\omega,y)]\\&=F^{-1}[\bar{f}(\omega)\mathrm{e}^{|\omega|y}]=F^{-1}F[f(x)*F(\mathrm{e}^{|\omega|y})],\end{aligned}\tag{6}$$

而

$$\begin{aligned}F^{-1}[\mathrm{e}^{|\omega|y}]&=\frac{1}{2\pi}\int_{-\infty}^{\infty}\mathrm{e}^{|\omega|y}\mathrm{e}^{\mathrm{i}\omega x}\,\mathrm{d}x\\&=\frac{1}{2\pi}\left[\int_{0}^{\infty}\mathrm{e}^{-(y-\mathrm{i}x)}\,\mathrm{d}\omega+\int_{-\infty}^{0}\mathrm{e}^{(y+\mathrm{i}x)}\,\mathrm{d}\omega\right]=\frac{y}{\pi}\,\frac{1}{x^2+y^2},\end{aligned}$$

代入式(6),并利用卷积公式的定义可得原定解问题的解为

$$u(x,y)=\frac{y}{\pi}\int_{-\infty}^{\infty}\frac{f(\xi)}{(x-\xi)^2+y^2}\mathrm{d}\xi.$$

例8 试用拉普拉斯变换法求解无界弦的一般受迫振动问题.

解 定解问题为

$$\begin{cases}u_{tt}-a^2u_{xx}=f(x,t), & -\infty<x<\infty,t>0,\\ u(x,0)=\varphi(x),\\ u_t(x,0)=\psi(x).\end{cases}$$

选择时间变量 t 施行变换,记

$$L[u(x,t)]=\int_{0}^{\infty}u(x,t)\mathrm{e}^{-pt}\,\mathrm{d}t=\bar{u}(x,p),$$

$$L[f(x,t)]=\int_{0}^{\infty}f(x,t)\mathrm{e}^{-pt}\,\mathrm{d}t=\bar{F}(x,p),$$

对定解问题中各项实施拉普拉斯变换,连同初始条件一并考虑进去得

$$\frac{\mathrm{d}^2\,\bar{u}(x,p)}{\mathrm{d}x^2}-\frac{p^2}{a^2}\,\bar{u}(x,p)=-\frac{1}{a^2}[p\varphi(x)+\psi(x)+\bar{F}(x,p)].\tag{1}$$

这是一个关于变量 x 的含有参数 p 的二阶线性非齐次常微分方程，由常数变易法可以求得其解

$$\bar{u}(x,p)=A\mathrm{e}^{-\frac{p}{a}x}+B\mathrm{e}^{\frac{p}{a}x}-\frac{1}{2a}\int\frac{1}{p}\mathrm{e}^{-\frac{p}{a}\xi}[p\varphi(\xi)+\psi(\xi)+\bar{F}(\xi,p)]\mathrm{d}\xi+$$

$$\frac{1}{2a}\int\frac{1}{p}\mathrm{e}^{\frac{p}{a}\xi}[p\varphi(\xi)+\psi(\xi)+\bar{F}(\xi,p)]\mathrm{d}\xi.\tag{2}$$

又由于原方程具有有限性自然边界条件

$$u\mid_{|x|\to\infty}\neq\infty,$$

故其像函数也应该满足

$$\bar{u}(x,p)\mid_{|x|\to\infty}\neq\infty,$$

代入式(2)得

$$A=B=0,$$

于是

$$\bar{u}(x,p)=\frac{1}{2a}\left[\int_x^{\infty}\frac{1}{p}\mathrm{e}^{-p(\xi-x)/a}\psi(\xi)\mathrm{d}\xi+\int_{-\infty}^{x}\frac{1}{p}\mathrm{e}^{p(\xi-x)/a}\psi(\xi)\mathrm{d}\xi\right]+$$

$$\frac{1}{2a}\left[\int_x^{\infty}\frac{1}{p}\mathrm{e}^{-p(\xi-x)/a}p\varphi(\xi)\mathrm{d}\xi+\int_{-\infty}^{x}\frac{1}{p}\mathrm{e}^{p(\xi-x)/a}p\varphi(\xi)\mathrm{d}\xi\right]+$$

$$\frac{1}{2a}\left[\int_x^{\infty}\frac{1}{p}\mathrm{e}^{-p(\xi-x)/a}\bar{F}(\xi,p)\mathrm{d}\xi+\int_{-\infty}^{x}\frac{1}{p}\mathrm{e}^{p(\xi-x)/a}\bar{F}(\xi,p)\mathrm{d}\xi\right].\tag{3}$$

因为

$$L^{-1}\left[\frac{1}{p}\mathrm{e}^{-p(\xi-x)/a}\right]=\begin{cases}1, & \xi<x+at,\\ 0, & \xi>x+at,\end{cases}$$

$$L^{-1}\left[\frac{1}{p}\mathrm{e}^{p(\xi-x)/a}\right]=\begin{cases}1, & \xi>x-at,\\ 0, & \xi<x-at,\end{cases}$$

所以

$$L^{-1}\left[\int_x^{\infty}\frac{1}{p}\mathrm{e}^{-p(\xi-x)/a}\psi(\xi)\mathrm{d}\xi+\int_{-\infty}^{x}\frac{1}{p}\mathrm{e}^{p(\xi-x)/a}\psi(\xi)\mathrm{d}\xi\right]=\int_{x-at}^{x+at}\psi(\xi)\mathrm{d}\xi,\tag{4}$$

$$L^{-1}\left[\frac{1}{p}\left(\int_x^{\infty}\frac{1}{p}\mathrm{e}^{-p(\xi-x)/a}\varphi(\xi)\mathrm{d}\xi+\int_{-\infty}^{x}\frac{1}{p}\mathrm{e}^{p(\xi-x)/a}\varphi(\xi)\mathrm{d}\xi\right)\right]$$

$$=\frac{\partial}{\partial t}\int_{x-at}^{x+at}\varphi(\xi)\mathrm{d}\xi=a[\varphi(x+at)+\varphi(x-at)],\tag{5}$$

$$L^{-1}\left[\int_x^{\infty}\frac{1}{p}\mathrm{e}^{-p(\xi-x)/a}\bar{F}(\xi,p)\mathrm{d}\xi+\int_{-\infty}^{x}\frac{1}{p}\mathrm{e}^{p(\xi-x)/a}\bar{F}(\xi,p)\mathrm{d}\xi\right]$$

$$=\int_0^t\int_{x-a(t-\tau)}^{x+a(t-\tau)}f(\xi,\tau)\mathrm{d}\xi\mathrm{d}\tau.\tag{6}$$

对(3)式取逆变换，并将(4)～(6)式代入，可得原定解问题的解为

$$u(x,t)=\frac{1}{2}[\varphi(x+at)+\varphi(x-at)]+\frac{1}{2a}\int_{x-at}^{x+at}\psi(\xi)\mathrm{d}\xi+$$

$$\frac{1}{2a}\int_0^t\int_{x-a(t-\tau)}^{x+a(t-\tau)} f(\xi,\tau)\mathrm{d}\xi\mathrm{d}\tau. \tag{7}$$

例 9 求解定解问题:

$$\begin{cases} u_{tt}-a^2u_{xx}=\cos\omega t, & 0<x<l,t>0, & (1)\\ u(x,0)=0, & u_t(x,0)=0, & (2)\\ u(0,t)=0, & \lim\limits_{x\to\infty}u_x=0. & (3)\end{cases}$$

解 变量 x,t 的变化范围均为$[0,\infty)$,但是对于实变量 x 而言,边界条件$\lim\limits_{x\to\infty}u_x=0$ 不符合拉普拉斯变换的条件,所以只能对 t 施行拉普拉斯变换.记

$$L[u(x,t)]=\bar{u}(x,p),\quad L[\cos\omega t]=\bar{f}(p).$$

对于方程和边界条件施行拉普拉斯变换,并考虑初始条件得

$$\begin{cases} \dfrac{\mathrm{d}^2\,\bar{u}(x,p)}{\mathrm{d}x^2}-\dfrac{p^2}{a^2}\,\bar{u}(x,p)=-\bar{f}(p)/a^2, & (4)\\ \bar{u}(0,p)=0, & (5)\\ \lim\limits_{x\to\infty}\bar{u}_x=0. & (6)\end{cases}$$

方程(4)的通解为

$$\bar{u}(x,p)=C_1\mathrm{e}^{px/a}+C_2\mathrm{e}^{-px/a}+\bar{f}(p)/p^2,$$

由边界条件(6)得 $C_1=0$,所以

$$\bar{u}(x,p)=C_2\mathrm{e}^{-px/a}+\bar{f}(p)/p^2.$$

又由式(5)得 $C_2+\bar{f}(p)/p^2=0$,所以 $C_2=-\bar{f}(p)/p^2$,于是

$$\bar{u}(x,p)=\bar{f}(p)/p^2(1-\mathrm{e}^{-px/a}).$$

注意到

$$\bar{f}(p)=Lp[\cos\omega t]=\frac{p}{p^2+\omega^2},$$

故

$$\bar{u}(x,p)=\frac{1}{\omega^2}\left[\frac{1}{p}\cdot\frac{1}{p^2+\omega^2}\right](1-\mathrm{e}^{-px/a}), \tag{7}$$

而

$$L^{-1}\left[\frac{1}{p(p^2+\omega^2)}\right]=\frac{1}{\omega^2}(1-\cos\omega t)=\frac{2}{\omega}\sin^2\frac{\omega t}{2}. \tag{8}$$

对于式(7)取拉普拉斯逆变换,将式(8)的结果代入,并应用位移性质可得

$$u(x,t)=\begin{cases}\dfrac{2}{\omega}\left[\sin^2\dfrac{\omega t}{2}-\sin^2\dfrac{\omega(t-x/a)}{2}\right], & t>x/a,\\ \dfrac{2}{\omega^2}\sin^2\omega t, & t<x/a.\end{cases}$$

例 10 求解热传导方程 $u_t=a^2u_{xx}\,(-\infty<x<\infty,t>0)$的初值问题,已知:

(1) $u(x,0)=\sin x$; (2) $u(x,0)=x^2+1$.

解 (1) 对于定解问题中的各项以 x 为变量施行傅里叶变换,并记

$$F[u(x,t)] = \int_{-\infty}^{\infty} u(x,t)\mathrm{e}^{-\mathrm{i}\omega x}\mathrm{d}x = \bar{u}(\omega,t),$$

$$F[\sin x] = \int_{-\infty}^{\infty} \sin x \mathrm{e}^{-\mathrm{i}\omega x}\mathrm{d}x = \bar{\varphi}(\omega,t),$$

则该定解问题可以化为

$$\begin{cases} \dfrac{\mathrm{d}\,\bar{u}(\omega,t)}{\mathrm{d}t} + a^2\omega^2\,\bar{u}(\omega,t) = 0, \\ u(\omega,0) = \bar{\varphi}(\omega). \end{cases}$$

求解该定解问题可得

$$\bar{u}(\omega,t) = \bar{\varphi}(\omega)\mathrm{e}^{-a^2\omega^2 t}.$$

求上式的逆变换得

$$u(x,t) = F^{-1}[\bar{u}(\omega,t)] = F^{-1}[\bar{\varphi}(\omega)\mathrm{e}^{-a^2\omega^2 t}] = F^{-1}F[\sin x * F^{-1}[\mathrm{e}^{-a^2\omega^2 t}]].$$

而

$$F^{-1}[\mathrm{e}^{-a^2\omega^2 t}] = \frac{1}{2\pi}\int_{-\infty}^{\infty} \mathrm{e}^{-a^2\omega^2 t}\mathrm{e}^{\mathrm{i}\omega x}\mathrm{d}\omega = \frac{1}{\pi}\int_{0}^{\infty} \mathrm{e}^{-a^2\omega^2 t}\mathrm{e}^{\mathrm{i}\omega x}\mathrm{d}\omega = \frac{1}{2a\sqrt{\pi t}}\mathrm{e}^{-\frac{x^2}{4a^2 t}},$$

于是原定解问题的解为

$$u(x,t) = \frac{1}{2a\sqrt{\pi t}}\int_{-\infty}^{\infty} \mathrm{e}^{-\frac{\xi^2}{4a^2 t}}\sin(x-\xi)\mathrm{d}\xi = \mathrm{e}^{-a^2 t}\sin x.$$

（2）对于定解问题中的各项以 x 为变量施行傅里叶变换，并记

$$F[u(x,t)] = \int_{-\infty}^{\infty} u(x,t)\mathrm{e}^{-\mathrm{i}\omega x}\mathrm{d}x = \bar{u}(\omega,t),$$

$$F[\sin x] = \int_{-\infty}^{\infty} (x^2+1)\mathrm{e}^{-\mathrm{i}\omega x}\mathrm{d}x = \bar{\varphi}(\omega,t),$$

则该定解问题可以化为

$$\begin{cases} \dfrac{\mathrm{d}\,\bar{u}(\omega,t)}{\mathrm{d}t} + a^2\omega^2\,\bar{u}(\omega,t) = 0, \\ u(\omega,0) = \bar{\varphi}(\omega). \end{cases}$$

求解该定解问题可得

$$\bar{u}(\omega,t) = \bar{\varphi}(\omega)\mathrm{e}^{-a^2\omega^2 t}.$$

求上式的逆变换得

$$u(x,t) = F^{-1}[\bar{u}(\omega,t)] = F^{-1}[\bar{\varphi}(\omega)\mathrm{e}^{-a^2\omega^2 t}] = F^{-1}F[(x^2+1) * F^{-1}[\mathrm{e}^{-a^2\omega^2 t}]].$$

而

$$F^{-1}[\mathrm{e}^{-a^2\omega^2 t}] = \frac{1}{2\pi}\int_{-\infty}^{\infty} \mathrm{e}^{-a^2\omega^2 t}\mathrm{e}^{\mathrm{i}\omega x}\mathrm{d}\omega = \frac{1}{\pi}\int_{0}^{\infty} \mathrm{e}^{-a^2\omega^2 t}\mathrm{e}^{\mathrm{i}\omega x}\mathrm{d}\omega = \frac{1}{2a\sqrt{\pi t}}\mathrm{e}^{-\frac{x^2}{4a^2 t}},$$

于是原定解问题的解为

$$u(x,t) = \frac{1}{2a\sqrt{\pi t}}\int_{-\infty}^{\infty} \mathrm{e}^{-\frac{\xi^2}{4a^2 t}}[(x-\xi)^2+1]\mathrm{d}\xi = x^2+1+2at.$$

第11章

格林函数法

11.1 引言

格林函数，又称点源函数或者影响函数，是数学物理中的一个重要概念．这概念之所以重要是由于以下原因：从物理上看，在某种情况下，一个数学物理方程表示的是一种特定的场和产生这种场的源之间的关系(例如热传导方程表示温度场和热源的关系，泊松方程表示静电场和电荷分布的关系，等等)，而格林函数则代表一个点源所产生的场，知道了一个点源的场，就可以用叠加的方法算出任意源的场(空间连续分布的"源"，可以看成是"无穷多"点源的叠加)．

例如，静电场的电势 u 满足泊松方程

$$\nabla^2 u = -4\pi\rho, \tag{11.1}$$

其中，ρ 是电荷密度，根据库仑定律，位于 M_0 点的一个正的点电荷在无界空间中的 M 点处产生的电势是

$$G(M,M_0) = \frac{1}{r_{MM_0}}, \tag{11.2}$$

由此可求得任意电荷分布密度为 ρ 的"源"在 M 点所产生的电势为

$$u(M) = \int \frac{\rho(M_0)}{r_{MM_0}}\mathrm{d}M_0 = \int G(M,M_0)\rho(M_0)\mathrm{d}M_0, \tag{11.3}$$

其中 $\mathrm{d}M_0$ 为空间体积元 $\mathrm{d}x_0\mathrm{d}y_0\mathrm{d}z_0$ 的简写．

式(11.2)中的 $G(M,M_0)$ 称为方程(11.1)左边拉普拉斯算符 ∇^2 在无界空间中的格林函数，用它可以求出方程(11.1)在无界空间的解式(11.3)．

在一般的数学物理问题中，要求的是满足一定边界条件和(或)初始条件的解，相应的格林函数也就比举例的格林函数要复杂一些，因为在这种情形下，一个点源所产生的场还受到边界条件和(或)初始条件的影响，而这些影响本身也是待定的．

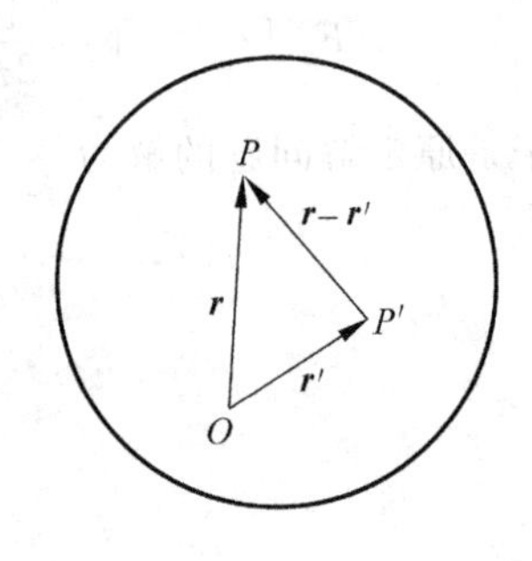

图 11.1

例如，在一个接地的导体空腔内的 P' 点放一正的单位点电荷，如图 11.1 所示，则在 P 点的电势不仅是点电荷本身所产生

的场，还要加上这个点电荷在导体内壁上感应电荷所产生的场，而感应电荷的分布是未知的，只知道两种场电势的叠加在边界上为零，这便是有界区域上格林函数的问题.

因此，一般地，格林函数是一个点源在一定的边界条件和(或)初始条件下所产生的场. 利用格林函数，可求出任意分布的源所产生的场. 下面我们首先介绍 δ 函数的概念与性质，然后再以泊松方程的第一、二、三类边界条件为例阐明格林函数的概念，接着讨论格林函数法——解的积分表示；最后应用格林函数法求解定解问题.

11.2　δ 函数的定义与性质

11.2.1　δ 函数的定义

δ 函数作为点源模型的数学抽象，常被用来在物理学中表示诸如质点、瞬间力、点电荷、点热源等所谓点量. 历史上著名物理学家狄拉克首先使用了 δ 函数，它不仅能帮助人们深刻理解许多物理现象的本质，作为数学表示法使用也很方便. 下面通过一个例子介绍 δ 函数的定义.

例 11.1　中心位于 x_0 点、长度为 l 的均匀带电细线，其线电荷密度 $\rho(x)$ 和总电荷 Q 分别是

$$\rho(x)=\begin{cases}0, & |x-x_0|>\dfrac{l}{2},\\[2mm] \dfrac{1}{l}, & |x-x_0|\leqslant\dfrac{l}{2};\end{cases}$$

$$Q=\int_{-\infty}^{\infty}\rho(x)\mathrm{d}x=1.$$

当 $l\to 0$ 时，电荷分布可以看成是位于 x_0 点的单位点电荷，这时电荷线密度及总电量分别为

$$\rho(x)=\begin{cases}0, & x\neq x_0,\\ \infty, & x-x_0;\end{cases}\tag{11.4}$$

$$Q=\int_{-\infty}^{\infty}\rho(x)\mathrm{d}x=1.\tag{11.5}$$

定义 11.1　称定义在区间 $(-\infty,+\infty)$ 上，满足条件(11.4)和式(11.5)的函数 $\rho(x)$ 为 δ 函数，记为 $\delta(x-x_0)$.

虽然 δ 函数具有鲜明的物理意义，在后面的内容中我们还将看到它有许多方便的用处. 但它还有与传统函数不一样的地方，因此被称为广义函数. 下面介绍它与传统函数的不同之处.

在式(11.4)中，$\delta(x-x_0)$ 在 $x=x_0$ 处取值为 ∞，在微积分学中我们知道，如果一个函数在某点趋于 ∞，该函数在这一点是没有意义的，因此也就没有必要进一步讨论函数在这一点的性质. 而现在要认为 $\delta(x-x_0)$ 在 $x=x_0$ 处取值为 ∞ 是有意义的，更加奇怪的是，在式(11.5)中，这个只在一个点取值非零的函数的积分竟然是非零的！在高等数学课程中，我们知道有限个点处改变函数的值不会改变函数的积分值，所以如果不是 $\delta(x-x_0)$ 在 $x=x_0$ 处取值为 ∞，这个积分一定为零.

δ函数的引入扩展了函数的定义，即有了广义函数的概念. 为了解决上述的困难，人们把广义函数看成定义在某些函数空间上的连续线性泛函（通常把定义在函数空间上的函数称为泛函，通俗地说就是函数的函数），这些函数空间称为检验函数空间. 如果用$C_0^\infty(\mathbb{R}^1)$表示当$x\to\pm\infty$时极限为零的那些光滑函数构成的集合，f是一个绝对可积函数，它可以定义一个广义函数：$F_f(\phi): C_0^\infty(\mathbb{R}^1)\to F$，

$$F_f(\phi)=\int_{-\infty}^{+\infty} f(x)\phi(x)\mathrm{d}x,\quad \forall\,\phi\in C_0^\infty(\mathbb{R}^1).$$

容易验证，如果f和g是连续且绝对可积的函数，则$F_f=F_g$当且仅当$f=g$. 实际上，对f和g的条件还可以放宽，比如姜礼尚的《数学物理方程讲义》第一章第1节中证明了：设f和g是两个连续函数，若$\int_{-\infty}^{+\infty} f(x)\phi(x)\mathrm{d}x=\int_{-\infty}^{+\infty} g(x)\phi(x)\mathrm{d}x$，$\forall\,\phi\in C_0^\infty(\mathbb{R}^1)$，则$f=g$. 这样，就可以用$F_f$来替代$f$，换言之，可以把传统函数看成广义函数.

现在定义一个泛函$F_{\delta_{x_0}}(\phi)$，满足

$$F_{\delta_{x_0}}(\phi)=\phi(x_0),\quad \forall\,\phi\in C_0^\infty(\mathbb{R}^1).\tag{11.6}$$

容易看出$F_{\delta_{x_0}}(\phi)$是一个连续线性泛函，所以它定义了$C_0^\infty(\mathbb{R}^1)$上的一个广义函数.

命题 11.1 $F_{\delta_{x_0}}(\phi)$恰好对应δ函数$\delta(x-x_0)$，即$\delta(x-x_0)$就是按式(11.6)定义的广义函数.

证明 只需验证

$$\int_{-\infty}^{+\infty}\phi(x)\delta(x-x_0)\mathrm{d}x=\phi(x_0),\quad \forall\,\phi\in C_0^\infty(\mathbb{R}^1).\tag{11.7}$$

事实上，任给$\varepsilon>0$，由积分中值定理，$\exists\,\xi\in(x_0-\varepsilon,x_0+\varepsilon)$，使得

$$\begin{aligned}\int_{-\infty}^{+\infty}\phi(x)\delta(x-x_0)\mathrm{d}x&=\int_{x_0-\varepsilon}^{x_0+\varepsilon}\phi(x)\delta(x-x_0)\mathrm{d}x\\&=\phi(\xi)\int_{x_0-\varepsilon}^{x_0+\varepsilon}\delta(x-x_0)\mathrm{d}x=\phi(\xi),\end{aligned}$$

令$\varepsilon\to 0$取极限，立即得式(11.7).

11.2.2 广义函数的导数

广义函数通常不具备传统可微函数的性质，它们的求导数是通过分部积分将求导转化到检验函数上的. 下面以δ函数为例，说明如何定义广义函数的导数.

命题 11.2

(1) $$\int_{-\infty}^{+\infty}\phi(x)\delta^{(n)}(x-x_0)\mathrm{d}x=(-1)^n\phi^{(n)}(x_0),\quad \forall\,\phi\in C_0^\infty(\mathbb{R}^1);\tag{11.8}$$

(2) $$\delta(x-x_0)=\frac{\mathrm{d}}{\mathrm{d}x}H(x-x_0),\tag{11.9}$$

其中$H(x-x_0)$是赫维赛德(Heaviside)函数

$$H(x-x_0)=\begin{cases}0, & x<x_0,\\ 1, & x\geqslant x_0.\end{cases}$$

证明 (1) 对式(11.8)左端分部积分，并注意由检验函数$\phi\in C_0^\infty(\mathbb{R}^1)$的定义，对任意自然数$k$有$\phi^{(k)}(\pm\infty)=0$，于是

$$\int_{-\infty}^{+\infty}\phi(x)\delta^{(n)}(x-x_0)\mathrm{d}x=\phi(x)\delta^{(n-1)}(x-x_0)\Big|_{-\infty}^{\infty}-\int_{-\infty}^{+\infty}\phi'(x)\delta^{(n-1)}(x-x_0)\mathrm{d}x$$

$$=-\int_{-\infty}^{+\infty}\phi'(x)\delta^{(n-1)}(x-x_0)\mathrm{d}x$$

$$\vdots$$

$$=(-1)^n\int_{-\infty}^{+\infty}\phi^{(n)}(x)\delta(x-x_0)\mathrm{d}x$$

$$=(-1)^n\phi^{(n)}(x_0).$$

(2) 同样，$\forall\,\phi\in C_0^\infty(\mathbb{R}^1)$，有

$$\int_{-\infty}^{+\infty}\phi(x)\frac{\mathrm{d}}{\mathrm{d}x}H(x-x_0)\mathrm{d}x=\phi(x)H(x-x_0)\Big|_{-\infty}^{+\infty}-\int_{-\infty}^{+\infty}\phi'(x)H(x-x_0)\mathrm{d}x$$

$$=-\int_{-\infty}^{+\infty}\phi'(x)H(x-x_0)\mathrm{d}x$$

$$=-\int_{x_0}^{+\infty}\phi'(x)\mathrm{d}x$$

$$=\phi(x_0).$$

因此由式(11.7)知

$$\int_{-\infty}^{+\infty}\phi(x)\frac{\mathrm{d}}{\mathrm{d}x}H(x-x_0)\mathrm{d}x=\int_{-\infty}^{+\infty}\phi(x)\delta(x-x_0)\mathrm{d}x,\quad\forall\,\phi\in C_0^\infty(\mathbb{R}^1),$$

因此可得式(11.9).

11.2.3 $\boldsymbol{\delta}$ 函数的傅里叶变换

命题 11.3 δ 函数 $\delta(x-x_0)$ 的傅里叶变换为

$$\overline{\delta(x-x_0)}=\mathrm{e}^{-\mathrm{i}\omega x_0}.\tag{11.10}$$

特别地

$$\overline{\delta(x-0)}=\overline{\delta(x)}=1,\tag{11.11}$$

从而得 δ 函数的表达式

$$\delta(x-x_0)=\frac{1}{2\pi}\int_{-\infty}^{+\infty}\mathrm{e}^{-\mathrm{i}\omega(x-x_0)}\mathrm{d}\omega,\tag{11.12}$$

$$\delta(x-x_0)=\frac{1}{2\pi}\int_{-\infty}^{+\infty}\cos\omega(x-x_0)\mathrm{d}\omega.\tag{11.13}$$

证明 显然

$$\overline{\delta(x-x_0)}=\int_{-\infty}^{+\infty}\delta(x-x_0)\mathrm{e}^{-\mathrm{i}\omega x}\mathrm{d}x=\mathrm{e}^{-\mathrm{i}\omega x_0}.$$

由傅里叶逆变换的公式有

$$\delta(x)=\frac{1}{2\pi}\int_{-\infty}^{+\infty}\overline{\delta(x)}\mathrm{e}^{\mathrm{i}\omega x}\mathrm{d}\omega=\frac{1}{2\pi}\int_{-\infty}^{+\infty}\mathrm{e}^{\mathrm{i}\omega x}\mathrm{d}\omega.$$

对此式作代换 $x\to x-x_0$ 即得式(11.12). 利用奇函数在$(-\infty,\infty)$上积分为零的性质，立即可以由式(11.12)推出式(11.13).

11.2.4 高维 $\boldsymbol{\delta}$ 函数

$\mathbb{R}^n$ 中的 δ 函数的定义为

$$\delta(P-P')=\begin{cases}0, & P\neq P',\\ \infty, & P=P';\end{cases} \tag{11.14}$$

$$\int_{-\infty}^{+\infty}\delta(P-P')\mathrm{d}V_p=1. \tag{11.15}$$

在直角坐标系中，

$$\begin{aligned}\delta(\boldsymbol{x}-\boldsymbol{x}')&=\delta(x_1-x_1',x_2-x_2',\cdots,x_n-x_n')\\&=\delta(x_1-x_1')\delta(x_2-x_2')\cdots\delta(x_n-x_n'),\end{aligned}$$

其中 $\boldsymbol{x}=(x_1,x_2,\cdots,x_n)$，$\boldsymbol{x}'=(x_1',x_2',\cdots,x_n')$. 显然

$$\begin{aligned}&\int_{R^n}\delta(\boldsymbol{x}-\boldsymbol{x}')f(\boldsymbol{x})\mathrm{d}V_x\\&=\int_{-\infty}^{+\infty}\cdots\int_{-\infty}^{+\infty}f(x_1,x_2,\cdots,x_n)\delta(x_1-x_1')\cdots\delta(x_n-x_n')\mathrm{d}x_1\mathrm{d}x_2\cdots\mathrm{d}x_n\\&=\int_{-\infty}^{+\infty}\cdots\int_{-\infty}^{+\infty}f(x_1,x_2,\cdots,x_{n-1},x_n')\delta(x_1-x_1')\cdots\delta(x_{n-1}-x_{n-1}')\mathrm{d}x_1\mathrm{d}x_2\cdots\mathrm{d}x_n\\&\ \vdots\\&=f(x_1',x_2',\cdots,x_n')\\&=f(\boldsymbol{x}').\end{aligned}$$

高维 δ 函数的其他性质与一维 δ 函数类似，例如

$$\delta(\boldsymbol{x}-\boldsymbol{x}_0)=\frac{1}{(2\pi)^n}\int_{-\infty}^{+\infty}\mathrm{e}^{\mathrm{i}\boldsymbol{\omega}\cdot(\boldsymbol{x}-\boldsymbol{x}_0)}\mathrm{d}V_\omega,$$

其中 $\mathrm{d}V_\omega=\mathrm{d}\omega_1\mathrm{d}\omega_2\cdots\mathrm{d}\omega_n$，等等.

11.3 泊松方程的边值问题

三维泊松方程的边值问题可以统一写成

$$\begin{cases}\nabla^2u(M)=-h(M), & M\in\Omega, & (11.16)\\ \left[\alpha\dfrac{\partial u}{\partial \boldsymbol{n}}+\beta u\right]_S=g(M), & & (11.17)\end{cases}$$

其中 α,β 是不同时为零的常数，S 是 Ω 的边界.

为了得到定解问题(11.16)～(11.17)的解的积分表达式，我们首先引入格林公式.

11.3.1 格林公式

设函数 $u(x,y,z)$ 和 $v(x,y,z)$ 在区域 Ω 直到边界 S 上具有连续的一阶导数，而在 Ω 中具有连续的二阶导数，则由高斯公式有

$$\iint_S u\,\nabla v\cdot\mathrm{d}\boldsymbol{S}=\iiint_\Omega\nabla\cdot(u\,\nabla v)\mathrm{d}\Omega=\iiint_\Omega u\,\nabla^2 v\mathrm{d}\Omega+\iiint_\Omega\nabla u\cdot\nabla v\mathrm{d}\Omega, \tag{11.18}$$

此式称为格林第一公式. 同理有

$$\iint_S v\,\nabla u\cdot\mathrm{d}\boldsymbol{S}=\iiint_\Omega v\,\nabla^2 u\mathrm{d}\Omega+\iiint_\Omega\nabla v\cdot\nabla u\mathrm{d}\Omega.$$

将此二式相减得

$$\iint_S (u\,\nabla v - v\,\nabla u)\cdot \mathrm{d}\boldsymbol{S} = \iiint_\Omega (u\,\nabla^2 v - v\,\nabla^2 u)\mathrm{d}\Omega, \tag{11.19}$$

即

$$\iint_S \left(u\frac{\partial v}{\partial \boldsymbol{n}} - v\frac{\partial u}{\partial \boldsymbol{n}}\right)\mathrm{d}S = \iiint_\Omega (u\,\nabla^2 v - v\,\nabla^2 u)\mathrm{d}\Omega. \tag{11.20}$$

此式称为格林第二公式，其中 $\boldsymbol{n}$ 为边界面 S 的外法向.

11.3.2 解的积分形式——格林函数法

现在我们在有界区域 Ω 中讨论定解问题(11.16)～(11.17)的解，引入函数 $G(M,M_0)$，使之满足

$$\nabla^2 G(M,M_0) = -\delta(M-M_0),\quad M\in\Omega, \tag{11.21}$$

其中 $M_0=M_0(x_0,y_0,z_0)$ 为区域 Ω 中的任意点，则由 δ 函数的定义知，$G(M,M_0)$ 为在 M_0 点的点源所产生的场，以函数 $G(M,M_0)$ 乘式(11.16)的两边，同时以函数 $u(M)$ 乘式(11.21)的两边，然后相减得

$$\begin{aligned}&G(M,M_0)\,\nabla^2 u(M) - u(M)\,\nabla^2 G(M,M_0)\\ &= u(M)\delta(M-M_0) - G(M,M_0)h(M).\end{aligned}$$

将上式对 $M(x,y,z)$ 积分，注意到 $G(M,M_0)$ 以 $M(x,y,z)$ 为自变量时，以 $M_0(x_0,y_0,z_0)$ 为奇点，因此，为了将格林第二公式(11.20)应用于上式积分后的左端，积分区域应取 Ω 内挖去以 M_0 为球心、以 $\varepsilon(\varepsilon\ll 1)$ 为半径的小球体 Ω_ε 后的区域 $\Omega-\Omega_\varepsilon$（图 11.2）. 记小球体的界面为 S_ε，在区域 $\Omega-\Omega_\varepsilon$ 上应用式(11.20)，有

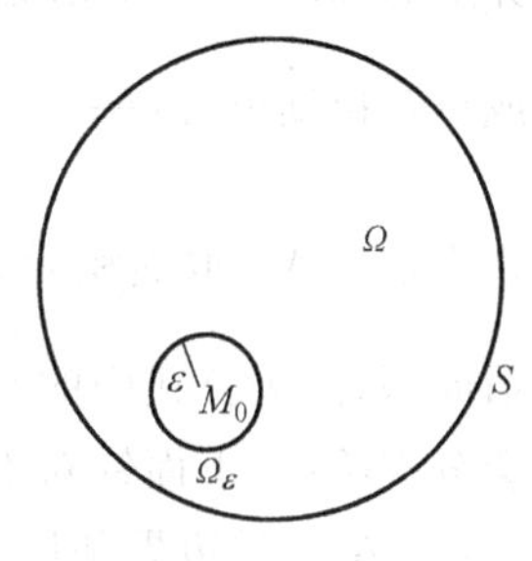

图 11.2

$$\iint_S \left(G\frac{\partial v}{\partial \boldsymbol{n}} - u\frac{\partial G}{\partial \boldsymbol{n}}\right)\mathrm{d}S + \iint_{S_\varepsilon}\left(G\frac{\partial v}{\partial \boldsymbol{n}} - u\frac{\partial G}{\partial \boldsymbol{n}}\right)\mathrm{d}S = \iiint_{\Omega-\Omega_\varepsilon}(G\,\nabla^2 u - u\,\nabla^2 G)\mathrm{d}\Omega, \tag{11.22}$$

其中 $\boldsymbol{n}$ 表示区域的外法线方向.

如果形式地令

$$\iint_{S_\varepsilon}\left(G\frac{\partial v}{\partial \boldsymbol{n}} - u\frac{\partial G}{\partial \boldsymbol{n}}\right)\mathrm{d}S = -\iiint_{\Omega_\varepsilon}(G\,\nabla^2 u - u\,\nabla^2 G)\mathrm{d}\Omega, \tag{11.22$'$}$$

其中的负号是由于对 S_ε 来说 $\boldsymbol{n}$ 为内向法线，式(11.22)与式(11.22)′合并，便得到

$$-\iiint_\Omega (G\,\nabla^2 u - u\,\nabla^2 G)\mathrm{d}\Omega = \iint_S \left(G\frac{\partial v}{\partial \boldsymbol{n}} - u\frac{\partial G}{\partial \boldsymbol{n}}\right)\mathrm{d}S,$$

即消却了奇异性.

因此有

$$\iint_S \left(G\frac{\partial v}{\partial \boldsymbol{n}} - u\frac{\partial G}{\partial \boldsymbol{n}}\right)\mathrm{d}S = \iiint_\Omega [u(M)\delta(M-M_0) - G(M,M_0)h(M)]\mathrm{d}\Omega.$$

由 δ 函数的性质有

$$u(M_0) = \iiint_\Omega G(M,M_0)h(M)\mathrm{d}\Omega +$$

$$\iint_S G(M,M_0)\frac{\partial u}{\partial \boldsymbol{n}}\mathrm{d}S-\iint_S u(M)\frac{\partial}{\partial \boldsymbol{n}}G(M,M_0)\mathrm{d}S. \tag{11.23}$$

上式在物理上很难解释清楚，如果在右边的第一项中，$G(M,M_0)$所代表的是M_0点的点源在M点产生的场，而$h(M)$所代表的却是M点的源.在后面我们将会看到格林函数具有对称性，即

$$G(M,M_0)=G(M_0,M).$$

于是在式(11.23)中用$G(M_0,M)$代替$G(M,M_0)$，并在公式中将M和M_0对换，而得到

$$u(M)=\iiint_\Omega G(M,M_0)h(M_0)\mathrm{d}\Omega_0+$$

$$\iint_S G(M,M_0)\frac{\partial u}{\partial \boldsymbol{n}_0}\mathrm{d}S_0-\iint_S u(M_0)\frac{\partial}{\partial \boldsymbol{n}_0}G(M,M_0)\mathrm{d}S_0. \tag{11.24}$$

式(11.24)被称为基本积分公式或解的积分表达式.它的物理意义是十分清楚的：右边第一个积分代表在区域Ω中体分布源$h(M_0)$在M点产生的场的总和，而第二、三两个积分则是边界上的源所产生的场.这两种影响都是由同一格林函数给出的.式(11.24)给出了泊松方程或拉普拉斯方程($h=0$时)解的积分表达式$\left(\text{其中，}\dfrac{\partial}{\partial \boldsymbol{n}_0}\text{表示对}M_0\text{求导，而}\mathrm{d}S_0\text{和}\mathrm{d}\Omega_0\text{则分别表示对}M_0\text{取面积元和体积元}\right)$，但它还不能直接用来求解泊松方程或拉普拉斯方程的边值问题，因为公式中的$G(M,M_0)$是未知的，且在一般的边值问题中，$u|_S$和$u_n|_S$之值也不会分别给出.下面针对不同边界条件作具体讨论.

(1) 第一类边界条件，即在式(11.17)中，$\alpha=0$，这时边界条件成为

$$u|_S=\frac{1}{\beta}g(M)=f(M). \tag{11.25}$$

这时要求$G(M,M_0)$满足第一类齐次边界条件

$$G(M,M_0)|_S=0, \tag{11.26}$$

则在式(11.24)中的面积分中，含$\dfrac{\partial u}{\partial \boldsymbol{n}_0}$的项消失，从而式(11.24)变为

$$u(M)=\iiint_\Omega G(M,M_0)h(M_0)\mathrm{d}\tau_0-\iint_S f(M_0)\frac{\partial}{\partial n_0}G(M,M_0)\mathrm{d}\sigma_0. \tag{11.27}$$

由此可见，只要从式(11.21)和式(11.26)中解出$G(M,M_0)$，则式(11.27)已全部由已知量表示，我们称方程(11.21)和边界条件(11.26)所构成的定解问题

$$\begin{cases}\nabla^2 G(M,M_0)=-\delta(M-M_0), & M\in\Omega,\\ G(M,M_0)|_S=0\end{cases} \tag{11.28}$$

的解$G(M,M_0)$为由方程(11.16)和边界条件(11.25)所构成的第一类边值(也称狄利克雷)问题

$$\begin{cases}\nabla^2 u(M)=-h(M), & M\in\Omega,\\ u|_S=f(M)\end{cases} \tag{11.29}$$

的格林函数.简称狄利克雷-格林函数；而称式(11.27)为狄利克雷积分公式，它是狄利克雷问题(11.29)的积分形式的解.

(2) 第三类边界条件,即式(11.17)中 α,β 均不为零.这时要求 $G(M,M_0)$ 满足第三类齐次边界条件,即

$$\left[\alpha\frac{\partial}{\partial n}G(M,M_0)+\beta G(M,M_0)\right]_S=0,\tag{11.30}$$

则以 $G(M,M_0)$ 乘以(11.17),以 $u(M)$ 乘以(11.30),然后再将两式相减,得

$$\left[G(M,M_0)\frac{\partial u}{\partial \boldsymbol{n}}-u(M)\frac{\partial}{\partial \boldsymbol{n}}G(M,M_0)\right]_S=\frac{1}{\alpha}G(M,M_0)g(M),$$

代入式(11.24),有

$$u(M)=\iiint_{\Omega}G(M,M_0)h(M_0)\mathrm{d}\Omega_0+\frac{1}{\alpha}\iint_S G(M,M_0)g(M_0)\mathrm{d}S_0.\tag{11.31}$$

可见,只要从式(11.21)和式(11.30)中解出 $G(M,M_0)$,则式(11.31)也已全部由已知量表示.我们称方程(11.21)和边界条件(11.30)所构成的定解问题

$$\begin{cases}\nabla^2 G(M,M_0)=-\delta(M-M_0), & M\in\Omega,\\ \left[\alpha\dfrac{\partial}{\partial n}G(M,M_0)+\beta G(M,M_0)\right]_S=0\end{cases}$$

的解 $G(M,M_0)$,为由方程(11.16)和边界条件(11.17)所构成的定解问题的格林函数,式(11.31)即为由式(11.16)和式(11.17)所构成的定解问题的积分形式的解.

(3) 第二类边界条件

第二类边界条件时,定解问题为

$$\begin{cases}\nabla^2 u(M)=-h(M), & M\in\Omega,\\ \left.\dfrac{\partial u}{\partial \boldsymbol{n}}\right|_S=\dfrac{1}{\alpha}g(M).\end{cases}\tag{11.32}$$

相应的格林函数 $G(M,M_0)$ 应该满足

$$\begin{cases}\nabla^2 G(M,M_0)=-\delta(M-M_0),\\ \left.\dfrac{\partial G}{\partial \boldsymbol{n}}\right|_S=0.\end{cases}\tag{11.33}$$

但由于 $\iiint_{\Omega}-\delta(M-M_0)\mathrm{d}\Omega=-1$,而

$$\iiint_{\Omega}\nabla^2 G\mathrm{d}\Omega=\iiint_{\Omega}\nabla\cdot(\nabla G)\mathrm{d}\Omega=\oiint_S\nabla G\cdot\mathrm{d}\boldsymbol{S}=\oiint_S\frac{\partial G}{\partial \boldsymbol{n}}\mathrm{d}S=0,$$

因此,问题(11.33)的解不存在.为了解决这个矛盾,取待定常数 A,作下列定解问题

$$\begin{cases}\nabla^2 G(M,M_0)=-\delta(M-M_0),\\ \left.\dfrac{\partial G}{\partial \boldsymbol{n}}\right|_S=A.\end{cases}$$

做与式(11.33)同样的分析,得出 $\iiint_{\Omega}[-\delta(M-M_0)]\mathrm{d}\Omega=\oiint_S A\,\mathrm{d}\sigma$,从而

$$A=-\frac{1}{\sigma},$$

其中 σ 为曲面 S 的面积,称

$$\begin{cases}\nabla^2 G(M,M_0)=-\delta(M-M_0),\\ \left.\dfrac{\partial G}{\partial \boldsymbol{n}}\right|_S=-\dfrac{1}{\sigma}\end{cases}\tag{11.34}$$

的解为第二类边界条件下拉普拉斯算符的广义格林函数，将式(11.34)和式(11.32)中的边界条件代入式(11.24)，得

$$u(M)=\iiint_{\Omega}G(M,M_0)h(M_0)\mathrm{d}\Omega+\oint\!\!\oint_{S}\left[G(M,M_0)\frac{1}{\alpha}g(M)-u(M_0)\left(-\frac{1}{\sigma}\right)\right]\mathrm{d}S.$$

由于 u 在边界上的分布客观存在，故 $\iint_{S}u(M_0)\frac{1}{\sigma}\mathrm{d}S$ 与 M 无关，为常数，故有

$$u(M)=C+\iiint_{\Omega}G(M,M_0)h(M_0)\mathrm{d}\Omega+\oint\!\!\oint_{S}[G(M,M_0)f(M)]\mathrm{d}S,\tag{11.35}$$

其中 C 为待定常数，$f(M)=\frac{1}{\alpha}g(M)$.

由上面的讨论看到，在各类非齐次边界条件下求解泊松方程(11.16)，可以先在相应的同类齐次边界条件下求解格林函数所满足的方程(11.21)，然后通过积分式(11.27)、式(11.31)或式(11.35)得到解 $u(M)$.

格林函数的定解问题，其方程(11.21)形式上比式(11.16)简单，而且边界条件又是齐次的，因此，相对地说，求 G 比求解 u 容易些. 不仅如此，对方程(11.16)中不同的非齐次项 $h(M)$和边界条件(11.17)中不同的 $g(M)$，只要属于同一类型的边界条件，函数 $G(M,M_0)$ 都是相同的. 这就把解泊松方程的边值问题化为在几种类型边界条件下求格林函数 $G(M,M_0)$ 的问题.

类似于上面的讨论过程，可以得到二维泊松方程的各类边值问题的积分公式. 如二维泊松方程的狄利克雷问题

$$\begin{cases}\nabla^2 u=-h(M), & M\in D,\\ u|_c=f(M)\end{cases}$$

的积分形式的解，即二维空间的狄利克雷积分公式为

$$u(M)=\iint_{D}G(M,M_0)h(M_0)\mathrm{d}\sigma_0-\int_{c}f(M_0)\frac{\partial}{\partial \boldsymbol{n}_0}G(M,M_0)\mathrm{d}l_0,\tag{11.36}$$

其中，$G(M,M_0)$为二维泊松方程的狄利克雷-格林函数，即定解问题

$$\begin{cases}\nabla^2 G(M,M_0)=-\delta(M-M_0), & M\in D,\\ G(M,M_0)|_c=0\end{cases}\tag{11.37}$$

的解；$M=M(x,y)$，$M_0=M_0(x_0,y_0)$；c 为区域 D 的边界线；而$\frac{\partial}{\partial \boldsymbol{n}_0}$，$\mathrm{d}l_0$，$\mathrm{d}\sigma_0$ 分别表示对 c 的法线方向的导数、c 上的线元和 D 上的面积元.

11.3.3　格林函数关于源点和场点是对称的

前面在导出积分公式时，用到格林函数的对称性

$$G(M,M_0)=G(M_0,M).\tag{11.38}$$

现在对最一般的亥姆霍兹方程，实际上是算符$\nabla^2+\lambda$(泊松方程可看作 $\lambda=0$ 的特例)，证明上述结论. 设 $G(M,M_1)$和 $G(M,M_2)$均满足亥姆霍兹方程和某类齐次边界条件，即

$$\nabla^2 G(M,M_1)+\lambda G(M,M_1)=-\delta(M-M_1),\quad M\in\Omega,\tag{11.39}$$

$$\left[\alpha\frac{\partial}{\partial \boldsymbol{n}}G(M,M_1)+\beta G(M,M_1)\right]_S=0,\tag{11.40}$$

及

$$\nabla^2 G(M,M_2)+\lambda G(M,M_2)=-\delta(M-M_2),\quad M\in\Omega,\tag{11.41}$$

$$\left[\alpha\frac{\partial}{\partial \boldsymbol{n}}G(M,M_2)+\beta G(M,M_2)\right]_S=0.\tag{11.42}$$

以 $G(M,M_2)$ 乘以方程(11.39),同时以 $G(M,M_1)$ 乘方程(11.41),然后相减,并在 Ω 上积分得

$$\iiint_{\Omega}[G(M,M_2)\nabla^2 G(M,M_1)-G(M,M_1)\nabla^2 G(M,M_2)]\mathrm{d}\Omega=-G(M_1,M_2)+G(M_2,M_1).$$

对上式左端应用格林第二公式得

$$G(M_2,M_1)-G(M_1,M_2)=\iint_S\left[G(M,M_2)\frac{\partial}{\partial \boldsymbol{n}}G(M,M_1)-G(M,M_1)\frac{\partial}{\partial \boldsymbol{n}}G(M,M_2)\right]\mathrm{d}S.$$

再由边界条件(11.40)和式(11.42),因为 α,β 不同时为零,所以有

$$\left[G(M,M_2)\frac{\partial}{\partial \boldsymbol{n}}G(M,M_1)-G(M,M_1)\frac{\partial}{\partial \boldsymbol{n}}G(M,M_2)\right]_S=0,$$

代入上式右边,得到

$$G(M_2,M_1)=G(M_1,M_2).$$

由于在物理上,格林函数 $G(M,M_0)$ 表示位于点 M_0 的点源在一定边界条件下在 M 点产生的场,故其对称性说明:在相同边界条件下,位于 M_0 的点源在 M 点产生的场等于同强度的点源位于 M 点在 M_0 点产生的场.这种性质在物理上称为倒易性.

11.4 格林函数的一般求法

从11.3节的讨论可以看出,求解边值问题实际上归结为求相应的格林函数,只要求出格林函数,将其代入相应的积分公式,就可得到问题的解.

一般来说,实际求格林函数,并非一件容易的事,但在某些情况下,却可以比较容易地求出.

11.4.1 无界区域的格林函数

无界区域的格林函数 G,又称为相应方程的基本解.G 满足含有 δ 函数的非齐次方程,具有奇异性,一般可以用有限形式表示出来.下面通过具体例子,说明求基本解的方法.

例 11.2 求三维泊松方程的基本解.

解 格林函数满足的方程为

$$\nabla^2 G=-\delta(x-x_0,y-y_0,z-z_0).\tag{11.43}$$

采用球坐标,并将坐标原点放在源点 $M_0(x_0,y_0,z_0)$ 上,则有

$$r=\sqrt{(x-x_0)^2+(y-y_0)^2+(z-z_0)^2}.$$

由于区域是无界的,点源所产生的场应与方向无关,而只是 r 的函数,于是式(11.43)简化为

$$\frac{1}{r^2}\frac{\mathrm{d}}{\mathrm{d}r}\left(r^2\frac{\mathrm{d}G}{\mathrm{d}r}\right)=-\delta(r).$$

当 $r\neq0$ 时,方程化为齐次的,即

$$\frac{\mathrm{d}}{\mathrm{d}r}\left(r^2\frac{\mathrm{d}G}{\mathrm{d}r}\right)=0,$$

积分两次,求得其一般解为

$$G=-C_1\frac{1}{r}+C_2, \tag{11.44}$$

其中 C_1 和 C_2 为积分常数.不失一般性,取 $C_2=0$,得

$$G=-C_1\frac{1}{r}. \tag{11.45}$$

下面考虑 $r=0$ 的情形.为此,对方程(11.43)在以原点为球心、ε 为半径的小球体 τ_ε 内作体积分

$$\iiint_{\tau_\varepsilon}\nabla^2 G\mathrm{d}v=-\iiint_{\tau_\varepsilon}\delta(x-x_0,y-y_0,z-z_0)\mathrm{d}v=-1,$$

从而

$$\lim_{\varepsilon\to 0}\iiint_{\tau_\varepsilon}\nabla^2 G\mathrm{d}v=-1.$$

而由高斯公式

$$\iiint_{v}\nabla\cdot\nabla u\mathrm{d}v=\oint\!\!\!\oint_{s}\nabla u\cdot\mathrm{d}\boldsymbol{s}(\boldsymbol{s}\text{ 为 } v \text{ 的边界面}),$$

有

$$\iiint_{\tau_\varepsilon}\nabla^2 G\mathrm{d}v=\iint_{s_\varepsilon}\frac{\partial G}{\partial\boldsymbol{n}}\mathrm{d}s,$$

故

$$\lim_{\varepsilon\to 0}\iint_{s_\varepsilon}\frac{\partial G}{\partial\boldsymbol{n}}\mathrm{d}s=\lim_{\varepsilon\to 0}\iint_{s_\varepsilon}\left.\frac{\partial G}{\partial r}\right|_{r=\varepsilon}\mathrm{d}s=-1.$$

将式(11.45)的结果代入上式,得

$$\lim_{\varepsilon\to 0}\int_0^{2\pi}\int_0^{\pi}C_1\cdot\frac{1}{\varepsilon^2}\cdot\varepsilon^2\sin\theta\mathrm{d}\theta\mathrm{d}\varphi=-1,$$

于是有

$$C_1=-\frac{1}{4\pi}.$$

代入式(11.45),得到

$$G(M,M_0)=\frac{1}{4\pi r}. \tag{11.46}$$

例 11.3 求二维泊松方程的基本解.

解 二维格林函数满足的方程为

$$\nabla^2 G=-\delta(x-x_0,y-y_0). \tag{11.47}$$

采用极坐标,并将坐标原点放在源点 $M_0(x_0,y_0)$ 上,则

$$r=\sqrt{(x-x_0)^2+(y-y_0)^2}.$$

与三维问题一样,G 应只是 r 的函数,于是式(11.47)在平面极坐标系中简化为

$$\frac{1}{r}\frac{\mathrm{d}}{\mathrm{d}r}\left(r\frac{\mathrm{d}G}{\mathrm{d}r}\right)=-\delta(r). \tag{11.48}$$

当 $r\neq 0$ 时,式(11.48)的右端为零,积分之,得 $G=C_1\ln r$.

当 $r=0$ 时，在以原点为中心、ε 为半径的小圆内对方程(11.47)两边作面积分，注意到二维情况下的高斯公式为

$$\iint_s \nabla\cdot\nabla u\mathrm{d}s=\oint_l \nabla u\cdot\mathrm{d}\boldsymbol{l}(l\text{ 为 } s \text{ 的边界}),$$

类似于对三维情况的讨论，可得 $C_1=-\dfrac{1}{2\pi}$，于是

$$G=\frac{1}{2\pi}\ln\frac{1}{r}. \tag{11.49}$$

11.4.2　用本征函数展开法求边值问题的格林函数

利用本征函数族展开是求边值问题的格林函数的一个重要而又普遍的方法. 现以狄利克雷问题

$$\begin{cases}\nabla^2 G(M,M_0)+\lambda G(M,M_0)=-\delta(M-M_0), & M\in\Omega,\\ G|_S=0\end{cases} \tag{11.50}$$

为例来讨论此法，写下相应的本征问题

$$\begin{cases}\nabla^2\psi+\lambda\psi=0, & M\in\Omega,\\ \psi|_S=0.\end{cases} \tag{11.51}$$

设本征值问题(11.51)的全部本征值和相应的归一化本征函数分别是 $\{\lambda_n\}$ 和 $\{\psi_n(M)\}$，即

$$\begin{cases}\nabla^2\psi_n(M)+\lambda_n\psi_n(M)=0, & M\in\Omega,\\ \psi_n|_S=0.\end{cases} \tag{11.52}$$

而且

$$\iiint_\Omega \psi_n(M)\,\bar{\psi}_m(M)\mathrm{d}\Omega=\delta_{nm}. \tag{11.53}$$

这里 $\bar{\psi}_m(M)$ 表示 $\psi_m(M)$ 的共轭复变函数. 将函数 $G(M,M_0)$ 在区域 Ω 上展开为本征函数族 $\{\psi_n(M)\}$ 的广义傅里叶级数

$$G(M,M_0)=\sum_{n=1}^{\infty}C_n\psi_n(M), \tag{11.54}$$

为定出系数 C_n，将式(11.54)代入问题(11.50)的方程中，并利用方程(11.52)得

$$\lambda\sum_{n=1}^{+\infty}C_n\psi_n(M)-\sum_{n=1}^{+\infty}\lambda_n C_n\psi_n(M)=-\delta(M-M_0).$$

设 $\lambda\neq\lambda_n$，以 $\bar{\psi}_m(M)$ 乘上式两端，然后在区域 Ω 上积分，并利用式(11.53)可得

$$C_m=\frac{1}{\lambda_m-\lambda}\bar{\psi}_m(M_0),$$

代入式(11.54)，即得

$$G(M,M_0)=\sum_{n=1}^{\infty}\frac{1}{\lambda_n-\lambda}\bar{\psi}_n(M_0)\psi_n(M). \tag{11.55}$$

显然，它满足齐次边界条件 $G|_S=0$.

如果格林函数 $G(M,M_0)$ 的齐次边界条件是第二类的或第三类的，这时可以类似地求

得G,只要本征函数也满足相应的齐次边界条件即可.

例 11.4 求泊松方程在矩形区域$0<x<a,0<y<b$内的狄利克雷问题的格林函数.

解 本问题格林函数的定解问题为

$$\begin{cases}\nabla^2 G(M,M_0)=-\delta(x-x_0)\delta(y-y_0), & (11.56)\\ G|_{x=0}=G|_{x=a}=G|_{y=0}=G|_{y=b}=0. & (11.57)\end{cases}$$

它是定解问题

$$\begin{cases}\nabla^2 G(M,M_0)+\lambda G(M,M_0)=-\delta(x-x_0)\delta(y-y_0), & (11.58)\\ G|_{x-0}=G|_{x=a}=G|_{y=0}=G|_{y=b}=0 & (11.59)\end{cases}$$

当$\lambda=0$时的特例,而与定解问题(11.58)~(11.59)相应的本征值问题为

$$\begin{cases}\nabla^2\varphi(x,y)+\lambda\varphi(x,y)=0,\\ \varphi|_{x=0}=\varphi|_{x=a}=\varphi|_{y=0}=\varphi|_{y=b}=0.\end{cases}$$

它的本征值和归一化的本征函数分别是

$$\lambda_{mn}=\pi^2\left(\frac{m^2}{a^2}+\frac{n^2}{b^2}\right)=\mu_m^2+\mu_n^2,\quad m,n=1,2,\cdots,$$

$$\varphi_{mn}(x,y)=\frac{2}{\sqrt{ab}}\sin\mu_m x\sin\mu_n y,$$

其中

$$\mu_m=\frac{m\pi}{a},\quad \mu_n=\frac{n\pi}{b}.$$

在式(11.58)中$\lambda=0\neq\lambda_{mn}$,故根据式(11.55),有

$$G(M,M_0)=\sum_{m,n=1}^{+\infty}\frac{4}{ab}\frac{\sin\mu_m x_0\sin\mu_n y_0\sin\mu_m x\sin\mu_n y}{\mu_m^2+\mu_n^2}.$$

11.5 用电像法求某些特殊区域的狄利克雷-格林函数

这一节我们给出一种求解边值问题格林函数的简单易行的方法——电像法,其基本思想是利用边值问题定解区域的对称性,在定解区域外放置合适的点源来代替边界的影响,使区域内的点源和区域外的点源之和同时满足边值问题格林函数要求满足的方程和边界条件.下面具体讨论之.

11.5.1 泊松方程的狄利克雷-格林函数及其物理意义

为了求三维泊松方程的狄利克雷-格林函数,即求解定解问题

$$\begin{cases}\nabla^2 G=-\delta(x-x_0,y-y_0,z-z_0), \quad M\in\Omega, & (11.60)\\ G|_S=0. & (11.61)\end{cases}$$

令

$$G(M,M_0)=F(M,M_0)+g(M,M_0), \tag{11.62}$$

使$F(M,M_0)$满足

$$\nabla^2 F=-\delta(x-x_0,y-y_0,z-z_0),\quad M\in\Omega \tag{11.63}$$

这一无边界问题的格林函数，即基本解，则 g 应满足

$$\begin{cases}\nabla^2 g = 0, & M \in \Omega, \\ g|_S = -F|_S.\end{cases} \tag{11.64}$$

显然 g 代表边界的影响. 非齐次方程(11.63)的解已由式(11.46)给出，即

$$F = \frac{1}{4\pi r},$$

其中

$$r = \sqrt{(x-x_0)^2+(y-y_0)^2+(z-z_0)^2}$$

为源点 $M_0(x_0, y_0, z_0)$ 与 $M(x,y,z)$ 点之间的距离，S 为区域 Ω 的边界面. 于是三维泊松方程的狄利克雷-格林函数可以写成

$$G = \frac{1}{4\pi r} + g, \tag{11.65}$$

其中

$$\begin{cases}\nabla^2 g = 0, & M \in \Omega, \\ g|_S = -\left.\dfrac{1}{4\pi r}\right|_S.\end{cases} \tag{11.66}$$

类似地，我们可以写出满足定解问题

$$\begin{cases}\nabla^2 G = -\delta(x-x_0, y-y_0), & M \in D, \\ G|_c = 0\end{cases} \tag{11.67}$$

的二维泊松方程的狄利克雷-格林函数

$$G = \frac{1}{2\pi}\ln\frac{1}{r} + g, \tag{11.68}$$

其中

$$\begin{cases}\nabla^2 g = 0, & M \in D, \\ g|_c = -\left.\dfrac{1}{2\pi}\ln\dfrac{1}{r}\right|_c,\end{cases} \tag{11.69}$$

而

$$r = \sqrt{(x-x_0)^2+(y-y_0)^2}$$

为源点 $M_0(x_0, y_0)$ 与 $M(x,y)$ 点之间的距离，c 为区域 D 的边界曲线.

由此可见，求泊松方程的狄利克雷-格林函数 G 的问题，已转化为求 g 的齐次方程(即拉普拉斯方程)的狄利克雷问题.

不难看出狄利克雷-格林函数 G 所具有的物理意义. 如图 11.3 所示，设 Ω 为空间接地的导电壳，在其中 $M_0(x_0, y_0, z_0)$ 点放有正点电荷 ε_0，则由静电学知，满足式(11.65)和定解问题(11.66)的 G 正好是 Ω 内除了

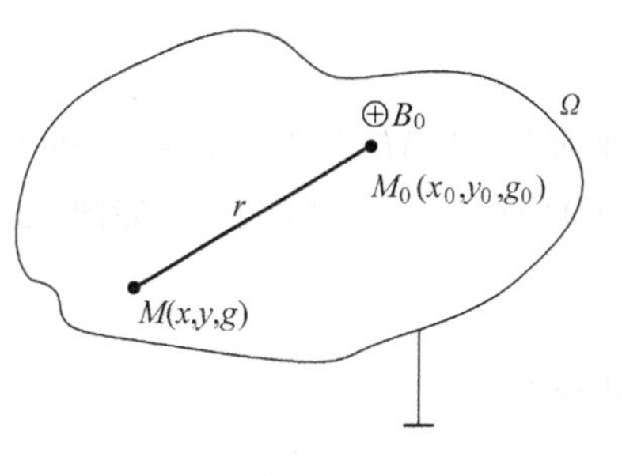

图　11.3

M_0 点以外的任意一点 $M(x,y,z)$ 处的电势，它由两部分组成：一部分是正点电荷 ε_0 在 M

点所产生的电位$\frac{1}{4\pi r}$；另一部分是边界面S上感应的电荷在M点所产生的电势g. 所以求G的问题，也就转化成了求感应电荷所产生的电势g的问题. 所谓"电像法"，就是在区域外选择一个合适的点，称为源点的"像点"，假想在该点放置一个点电荷，使它在M点产生的电势等于感应电荷在M点产生的电势g. 下面通过实例说明如何用"电像法"求一些边界形状简单的泊松方程的狄利克雷-格林函数G.

11.5.2 用电像法求格林函数

例 11.5 求解球内狄利克雷问题

$$\begin{cases}\nabla^2 u = 0, & \rho < a,\\ u\mid_{\rho=a} = f(M).\end{cases} \tag{11.70}$$

解 此时方程的非齐次项$h(M)=0$，故由积分公式(11.27)得定解问题(11.70)的解为

$$u(M) = -\iint_S f(M_0)\frac{\partial}{\partial \boldsymbol{n}_0}G(M,M_0)\,\mathrm{d}S_0, \tag{11.71}$$

其中S为球面$\rho=a$，G为球边界问题的狄利克雷-格林函数，它满足定解问题

$$\begin{cases}\nabla^2 G = -\delta(x-x_0,y-y_0,z-z_0), & \rho < a,\\ G\mid_{\rho=a} = 0.\end{cases} \tag{11.72}$$

故求u的问题就转化为求边界为球面的三维泊松方程的狄利克雷-格林函数G的问题. 而由上面所述的G的物理意义知，求G即要求在M_0点置有正电荷ε_0的接地导体球内任意一点M处的电势，亦即要求感应电荷所产生的电势g，它满足

$$\begin{cases}\nabla^2 g = 0, & \rho < a,\\ g\mid_{\rho=a} = -\left.\frac{1}{4\pi r}\right|_{\rho=a}.\end{cases} \tag{11.73}$$

由物理学知识知，倘若在M_0点关于球面的对称点(又称像点)放置一负点电荷$-q$，则由于$-q$在球外，它对球内电势的贡献必然满足拉普拉斯方程. 因此，只要适当选择q的大小，使之对边界面上电势的贡献与M_0点的正电荷ε_0对边界面上电势的贡献等值，则$-q$对球内任一点电势的贡献即与g等效. 为此，如图 11.4 所示，我们延长OM_0到M_1，记$\overline{OM_0}=\rho_0$，$\overline{OM_1}=\rho_1$，使

$$\rho_0\cdot\rho_1 = a^2,\quad 或\frac{\rho_0}{a}=\frac{a}{\rho_1},$$

则称M_1为M_0关于球面$\rho=a$的对称点，也称像点. 再记$\overline{OM}=\rho$，$\overline{MM_1}=r_1$，$\overline{MM_0}=r$，显然，当M点在球面$\rho=a$上时(如图 11.5 所示)，$\triangle OM_0M\sim\triangle OMM_1$，因此有

$$\frac{r}{r_1}=\frac{\rho_0}{a}=\frac{a}{\rho_1}, \tag{11.74}$$

从而有

$$\frac{1}{r}=\frac{a/\rho_0}{r_1},$$

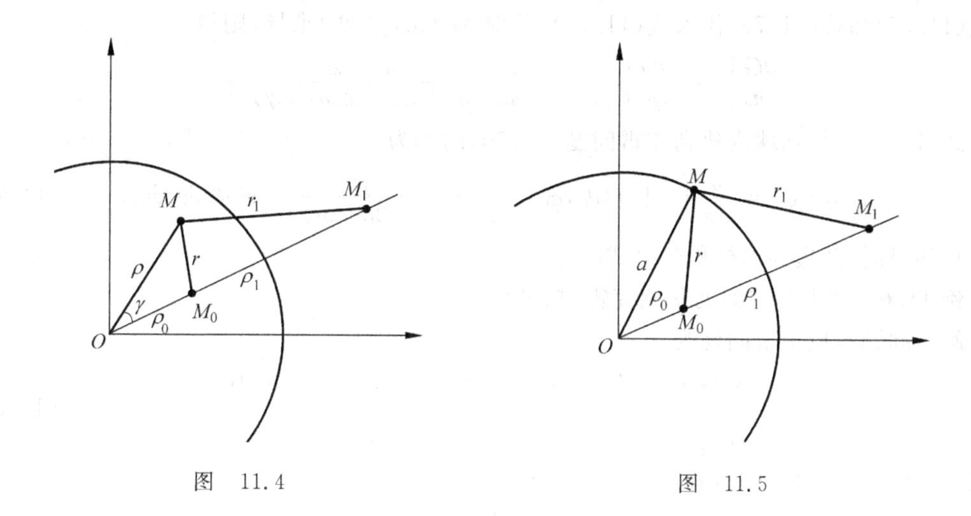

图　11.4　　　　图　11.5

即

$$-\left.\frac{1}{4\pi r}\right|_{\rho=a}=-\left.\frac{a/\rho_0}{4\pi r_1}\right|_{\rho=a} \tag{11.75}$$

由式(11.75)可以看出,当在球内一点 M_0 处放置正电荷 ε_0 时,只要在 M_0 关于球面的对称点 M_1 点放置一负电荷 $-\varepsilon_0 a/\rho_0$,则它在球内直到球上任意一点 $M(x,y,z)$处(除 M_0 外)所产生的电势为 $-\dfrac{\varepsilon_0 a/\rho_0}{4\pi r_1}$,它对于球内的任意一点 M,均满足拉普拉斯方程,即

$$\nabla^2\left(\frac{\varepsilon_0 a/\rho_0}{-4\pi r_1}\right)=0,$$

且在边界面上亦满足式(11.73)的边界条件. 所以

$$g=\frac{\varepsilon_0 a/\rho_0}{-4\pi r_1}.$$

我们称这个设想的负点电荷 $-\varepsilon_0 a/\rho_0$ 为球内 M_0 点所放置的正点电荷 ε_0 的电像;而称这种在像点放置一个虚构的点电荷来等效地代替导体面或界面上的感应电荷的方法为电像法.

将求得的 g 代入式(11.65),便得到球内问题的狄利克雷-格林函数为(不失一般性,取 $\varepsilon_0=1$)

$$G=\frac{1}{4\pi r}-\frac{a/\rho_0}{4\pi r_1}. \tag{11.76}$$

为了计算积分式(11.71),引入球坐标变量. 设

$$M_0=M_0(\rho_0,\varphi_0,\theta_0),\quad M=M(\rho,\varphi,\theta),$$

则

$$r=\sqrt{\rho^2+\rho_0^2-2\rho\rho_0\cos\gamma}, \tag{11.77}$$

$$r_1=\sqrt{\rho^2+\rho_1^2-2\rho_1\rho\cos\gamma}=\sqrt{\rho^2+\left(\frac{a^2}{\rho_0}\right)^2-2\,\frac{a^2}{\rho_0}\rho\cos\gamma}, \tag{11.78}$$

其中 γ 为矢量 $\overline{OM_0}$ 和 $\overline{OM}$ 的夹角(见图 11.4),所以

$$\cos\gamma=\cos\theta_0\cos\theta+\sin\theta_0\sin\theta\cos(\varphi-\varphi_0),$$

将式(11.77)和式(11.78)代入式(11.76),并对 $M_0(\rho_0,\varphi_0,\theta_0)$ 求导,则得

$$\frac{\partial G}{\partial \boldsymbol{n}_0}\bigg|_\sigma=\frac{\partial G}{\partial \rho_0}\bigg|_{\rho_0=a}=\frac{1}{4\pi a}\frac{\rho^2-a^2}{(\rho^2+a^2-2\rho a\cos\gamma)^{3/2}},$$

代入式(11.71),得到球内狄利克雷问题(11.70)的解为

$$u(\rho,\theta,\varphi)=\frac{a}{4\pi}\int_0^{2\pi}\int_0^{\pi}f(\theta_0,\varphi_0)\frac{a^2-\rho^2}{(a^2+\rho^2-2a\rho\cos\gamma)^{3/2}}\sin\theta_0\,\mathrm{d}\theta_0\,\mathrm{d}\varphi_0. \tag{11.79}$$

式(11.79)称作球边界泊松积分公式.

例 11.6 求上半空间的狄利克雷-格林函数.

解 问题写成定解问题为

$$\begin{cases}\nabla^2 G=-\delta(x-x_0,y-y_0,z-z_0), & z>0,\\ G\,|_{z=0}=0.\end{cases} \tag{11.80}$$

由式(11.65)和式(11.66),有

$$G=\frac{1}{4\pi r}+g, \tag{11.81}$$

其中

$$\begin{cases}\nabla^2 g=0, & z>0,\\ g\,|_{z=0}=-\dfrac{1}{4\pi r}\bigg|_{z=0}.\end{cases} \tag{11.82}$$

为了求 g,由电像法知,可在 $M_0(x_0,y_0,z_0)$ 关于边界面 $z=0$ 的像点 $M_1(x_0,y_0,-z_0)$ 处放置一负电荷 $-q$ (图 11.6),使得它在上半空间中任意一点 $M(x,y,z)$ 处所产生的电势 $\frac{-q}{4\pi r_1}$ 与 M_0 点的正点电荷 ε_0(不妨设 $\varepsilon_0=1$)在边界面 $z=0$ 上的感应电荷所产生的电势 g 等效. 为此,只需

$$\begin{cases}\dfrac{-q}{4\pi r_1}\bigg|_{z=0}=\dfrac{-1}{4\pi r}\bigg|_{z=0},\\ \nabla^2\left(\dfrac{-q}{4\pi r_1}\right)=0, & z>0\end{cases} \tag{11.83}$$

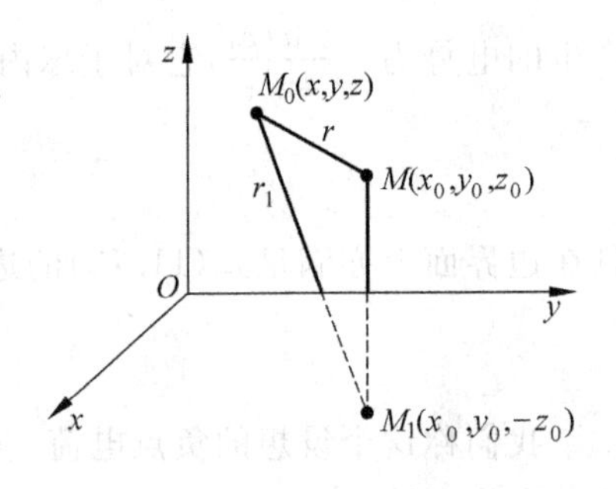

图 11.6

对比式(11.82)和式(11.83)知 $g=\frac{-q}{4\pi r_1}$.

注意到在边界面 $z=0$ 上 $r_1=r$,故由定解问题(11.83)中的第一个式子,有 $-q=-\varepsilon_0$,于是

$$g=-\frac{1}{4\pi r_1}. \tag{11.84}$$

这里取 $\varepsilon_0=1$,不失一般性. 将式(11.84)代入式(11.81),得到上半空间的狄利克雷-格林函数为

$$G=\frac{1}{4\pi r}-\frac{1}{4\pi r_1}, \quad z>0. \tag{11.85}$$

类似地,可以得到定解问题

$$\begin{cases}\nabla^2 G = -\delta(x-x_0, y-y_0), & y>0,\\ G|_{y=0}=0\end{cases} \tag{11.86}$$

的解，即上半平面的狄利克雷-格林函数为

$$G=\frac{1}{2\pi}\ln\frac{r_1}{r}. \tag{11.87}$$

习题 11

1. 求解上半平面的狄利克雷问题

$$\begin{cases}u_{xx}+u_{yy}=0, & y>0,\\ u|_{y=0}=f(x).\end{cases}$$

2. 求解上半空间的狄利克雷问题

$$\begin{cases}\nabla^2 u=0, & z>0,\\ u|_{z=0}=f(x,y).\end{cases}$$

3. (1) 用电像法求出圆域泊松方程的格林函数 $G(x,y;\ x_0,y_0)$，$M_0(x_0,y_0)$ 是圆内的一点，G 满足

$$\nabla^2 G=\delta(x-x_0)\delta(y-y_0),\quad G|_{\rho=a}=0.$$

(2) 在圆形域 $\rho\leqslant a$ 上求拉普拉斯方程第一边值问题：

$$\begin{cases}\nabla^2 u=0, & \rho\leqslant a,\\ u|_{\rho=a}=f(\varphi).\end{cases}$$

(3) 在圆形域 $\rho\leqslant a$ 上求解 $\nabla^2 u=0$，使满足边界条件 $u|_{\rho=a}=A\cos\varphi$.

4. 求区间 $0\leqslant x<\infty$，$0\leqslant y<\infty$ 上的格林函数，并由此求解狄利克雷问题：

$$\begin{cases}u_{xx}+u_{yy}=0,\\ u(0,y)=f(y), & 0\leqslant y\leqslant\infty,\\ u(x,0)=0, & 0\leqslant y\leqslant\infty,\end{cases}$$

其中 f 为已知的连续函数，且 $f(0)=0$.

5. 求矩形区域内泊松方程的狄利克雷边值问题的格林函数

$$\begin{cases}\nabla^2 G=-\delta(x-x_0)\delta(y-y_0),\\ G|_{x=0}=0,\quad G|_{x=a}=0,\\ G|_{y=0}=0,\quad G|_{y=b}=0.\end{cases}$$

例题补充

例 1　用保角变换法求格林函数.

用复变函数中的保角变换法求格林函数是一种比较实用的方法. 复变函数中著名的黎曼映射定理指出：一个连通且单连通的平面真子区域 Ω，如果其边界分段光滑，则总可以找到一个单叶全纯的保角映射 $f=f(z)$，其中 z 是复变数，它把 Ω 的内部映射成单位圆盘 D 的内部，把边界 $\partial\Omega$ 映射成单位圆盘 D 的边界 $\partial D=\{z\,\big|\,|z|=1\}$. 这个著名的定理使得不规则

区域的某些问题可以转化成简单区域——单位圆盘 D 上的问题.

定理 设

$$w(z,z_0)=\frac{f(z)-f(z_0)}{1-f(z)\overline{f(z_0)}},$$

则上述区域 Ω 上拉普拉斯方程第一边值问题的格林函数为

$$G(z,z_0)=\frac{1}{2\pi}\ln\frac{1}{|w(z,z_0)|}.$$

证明 当 $z\neq z_0$ 时，$\frac{1}{2\pi}\ln\frac{1}{w(z,z_0)}$是关于自变量 z 的全纯函数，它的实部为

$$\frac{1}{2}\left[\frac{1}{2\pi}\ln\frac{1}{w(z,z_0)}+\overline{\frac{1}{2\pi}\ln\frac{1}{w(z,z_0)}}\right]=\frac{1}{2\pi}\ln\frac{1}{|w(z,z_0)|},$$

它正好是 $G(z,z_0)$. 由于全纯函数的实部是调和函数，即当 $z\neq z_0$ 时，$G=G(z,z_0)$满足拉普拉斯方程$\nabla^2G(z,z_0)=0$. 显然 $z=z_0$ 时，G 是奇异的，只需验证它有 δ 函数型的奇异性. 实际上，由于极限

$$\begin{aligned}\lim_{z_0\to z}\left[G(z,z_0)-\frac{1}{2\pi}\ln\frac{1}{|z-z_0|}\right]&=-\frac{1}{2\pi}\lim_{z_0\to z}[\ln|w(z,z_0)|-\ln|z-z_0|]\\&=-\frac{1}{2\pi}\lim_{z_0\to z}\ln\left|\frac{w(z,z_0)}{z-z_0}\right|\\&=-\frac{1}{2\pi}\lim_{z_0\to z}\ln\left|\frac{f(z)-f(z_0)}{z-z_0}\frac{1}{1-f(z)\overline{f(z_0)}}\right|\\&=-\frac{1}{2\pi}\ln\frac{|f'(z)|}{1-|f(z)|^2},\end{aligned}$$

当 z 位于Ω 内部时是一个无奇点的函数，又根据式(11.49)知$\frac{1}{2\pi}\ln\frac{1}{|z-z_0|}$是二维拉普拉斯方程的基本解，所以 $G(z,z_0)$与$\frac{1}{2\pi}\ln\frac{1}{|z-z_0|}$有相同的奇异性，即$-\nabla^2G(z,z_0)=\delta(z-z_0)$.

下面验证要满足的边界条件. 首先

$$\begin{aligned}|w(z,z_0)|^2&=\left|\frac{f(z)-f(z_0)}{1-f(z)\overline{f(z_0)}}\right|^2\\&=\frac{|f(z)|^2-(f(z)\overline{f(z_0)}+\overline{f(z)}f(z_0))+|f(z_0)|^2}{1-(f(z)\overline{f(z_0)}+\overline{f(z)}f(z_0))+|f(z)|^2|f(z_0)|^2}.\end{aligned}$$

由黎曼定理，当 $z\in\partial\Omega$ 时，$|f(z)|=1$，所以$|w(z,z_0)|\,|_{z\in\partial\Omega}=1$，从而 $G(z,z_0)|_{z\in\partial\Omega}=0$.

综上，可知 $G(z,z_0)$就是 Ω 上第一边值问题的格林函数.

例 2 用格林函数法求圆内狄利克雷边值问题的解 $u(r,\theta)$：

$$\begin{cases}\nabla^2u=0,\quad r<a,\\u|_{r=a}=\varphi(\theta).\end{cases}$$

解 本题可以采用电像法求格林函数，这里采用保角变换方法. 取变换 $f(z)=\frac{a}{z}$把 $r<a$ 映射成单位圆盘 $r<1$. 由定理 11.1，题设第一类边值问题的格林函数为

$$G(z,z_0)=\frac{1}{2\pi}\ln\left|\frac{a^2-z\overline{z_0}}{a(z-z_0)}\right|=\frac{1}{4\pi}\ln\frac{a^4-2a^2rr_0\cos(\theta-\theta_0)+r^2r_0^2}{a^2(r^2-2rr_0\cos(\theta-\theta_0)+r_0^2)},$$

其中 $z=re^{i\theta}, z_0=r_0e^{i\theta_0}$. 将上式稍加整理，即得

$$G(z,z_0)=\frac{1}{2\pi}\left[\ln\frac{1}{\sqrt{r^2-2rr_0\cos(\theta-\theta_0)+r^2}}-\ln\frac{1}{\sqrt{\left(\frac{rr_0}{a}\right)^2-2rr_0\cos(\theta-\theta_0)+a^2}}\right].$$

将格林函数代入边值问题的求解公式，首先计算

$$\left.\frac{\partial G}{\partial \boldsymbol{n}}\right|_{r=a}=\left.\frac{\partial G}{\partial r}\right|_{r=a}=-\frac{a^2-r_0^2}{2\pi a({r_0}^2-2ar_0\cos(\theta-\theta_0)+a^2)},$$

将它代入到式(11.36)，经过化简得到本问题的解为

$$u(r_0,\theta_0)=\frac{1}{2\pi}\int_0^{2\pi}\frac{(a^2-r_0^2)\varphi(\theta)}{{r_0}^2-2ar_0\cos(\theta-\theta_0)+a^2}\mathrm{d}\theta,$$

上式称为圆的泊松公式.

例 3 用保角变换法求上半平面的格林函数，并且求解定解问题

$$\begin{cases}\nabla^2 u=0, & y>0,\\ u\,|_{y=0}=\varphi(x).\end{cases}$$

解 用保角变换方法求格林函数. 因为变换 $f(z)=\frac{z-a}{z-\bar{a}}$ 把上半平面映射成单位圆盘，这里 a 是虚部不为零的任意复数. 由定理 11.1，题设上半平面的格林函数为

$$\begin{aligned}G(z,z_0)&=-\frac{1}{2\pi}\ln\left|\frac{\frac{z-a}{z-\bar{a}}\,\overline{\frac{z_0-a}{z_0-\bar{a}}}}{1-\frac{z-a}{z-\bar{a}}\,\overline{\frac{z_0-a}{z_0-\bar{a}}}}\right|\\&=-\frac{1}{2\pi}\ln\left|\frac{(z-a)(z_0-\bar{a})-(z_0-a)(z-\bar{a})}{(z-\bar{a})(\bar{z}_0-a)-(z-a)(\bar{z}_0-\bar{a})}\right|\\&=\frac{1}{2\pi}\ln\left|\frac{z-\bar{z}_0}{z-z_0}\right|\\&=\frac{1}{2\pi}\ln\left|\frac{1}{z-z_0}\right|-\frac{1}{2\pi}\ln\left|\frac{1}{z-\bar{z}_0}\right|.\end{aligned}$$

为求边值问题的解，首先令 $z=x+iy, z_0=x_0+iy_0$，再计算

$$\left.\frac{\partial G}{\partial \boldsymbol{n}}\right|_{y=0}=-\left.\frac{\partial G}{\partial y}\right|_{y=0}=-\frac{y_0}{\pi[(x-x_0)^2+y_0^2]},$$

然后将上式代入到边值问题的求解式(11.36)，化简得到本问题的解是

$$u(x_0,y_0)=\frac{y_0}{\pi}\int_{-\infty}^{+\infty}\frac{\varphi(x)}{(x-x_0)^2+y_0^2}\mathrm{d}x.$$

例 4 求带状区域($0<y<a, -\infty<x<+\infty$)第一类边值问题的格林函数，进而求解定解问题：

$$\begin{cases}\nabla^2 u=0, & 0<y<a,\\ u\,|_{y=0}=\varphi(x), & u\,|_{y=a}=\psi(x).\end{cases}$$

解 用保角变换法构造满足条件的格林函数. 由复变函数的知识知道，变换 $f(z)=\frac{e^{\frac{z}{a}}-i}{e^{\frac{z}{a}}+i}$ 把带形域 $0<y<a, -\infty<x<+\infty$ 映射成单位圆盘，由定理 11.1，本问题的格林函

数为

$$G(z,z_0)=-\frac{1}{2\pi}\ln\left|\frac{\frac{e^{\frac{\pi}{a}z}-i}{e^{\frac{\pi}{a}z}+i}\frac{e^{\frac{\pi}{a}z_0}-i}{e^{\frac{\pi}{a}z_0}+i}}{1-\frac{e^{\frac{\pi}{a}z}-i}{e^{\frac{\pi}{a}z}+i}\frac{e^{\frac{\pi}{a}\bar{z}_0}-i}{e^{\frac{\pi}{a}\bar{z}_0}+i}}\right|$$

$$=-\frac{1}{2\pi}\ln\left|\frac{e^{\frac{\pi}{a}z}-e^{\frac{\pi}{a}z_0}}{e^{\frac{\pi}{a}z}-e^{\frac{\pi}{a}\bar{z}_0}}\right|$$

$$=-\frac{1}{2\pi}\ln\left|\frac{e^{\frac{\pi}{a}(z-z_0)}-1}{e^{\frac{\pi}{a}(z-\bar{z}_0)}-1}\right|.$$

由复变函数理论的函数展开公式

$$e^z-1=z\prod_{n\in Z-(0)}\left(1-\frac{z}{2\pi n i}\right),$$

有

$$\ln\left|\frac{e^{\frac{\pi}{a}(z-z_0)}-1}{e^{\frac{\pi}{a}(z-\bar{z}_0)}-1}\right|=\ln\prod_{n=-\infty}^{+\infty}\left|\frac{z-z_0-2nai}{z-\bar{z}_0-2nai}\right|.$$

令 $z=x+iy, z_0=x_0+iy_0$，代入上式得带状区域第一类边值问题的格林函数

$$G(x,y;x_0,y_0)=-\frac{1}{4\pi}\sum_{n=-\infty}^{+\infty}\ln\frac{(x-x_0)^2+(y-y_0-2na)^2}{(x-x_0)^2+(y+y_0-2na)^2}.$$

上述结果也可以用电像法求出. 计算

$$\left.\frac{\partial G}{\partial \boldsymbol{n}}\right|_{y=0}=-\left.\frac{\partial G}{\partial y}\right|_{y=0}$$

$$=\frac{1}{2\pi}\sum_{n=-\infty}^{+\infty}\left[\frac{-y_0-2na}{(x-x_0)^2+(y_0+2na)^2}+\frac{-y_0+2na}{(x-x_0)^2+(y_0-2na)^2}\right];$$

$$\left.\frac{\partial G}{\partial \boldsymbol{n}}\right|_{y=a}=-\left.\frac{\partial G}{\partial y}\right|_{y=a}$$

$$=\frac{1}{2\pi}\sum_{n=-\infty}^{+\infty}\left[\frac{y_0+(2n-1)a}{(x-x_0)^2+(y_0+(2n-1)a)^2}+\frac{y_0-(2n-1)a}{(x-x_0)^2+(y_0-(2n-1)a)^2}\right].$$

将它们代入式(11.36)，得带状区域第一类边值问题的解

$$u(x_0,y_0)=\frac{1}{2\pi}\sum_{n=-\infty}^{+\infty}\int_{-\infty}^{+\infty}\left[\frac{(y_0+2na)\varphi(x)}{(x-x_0)^2+(y_0+2na)^2}+\frac{(y_0-2na)\varphi(x)}{(x-x_0)^2+(y_0-2na)^2}\right]dx-$$

$$\frac{1}{2\pi}\sum_{n=-\infty}^{+\infty}\int_{-\infty}^{+\infty}\left[\frac{(y_0+(2n-1)a)\psi(x)}{(x-x_0)^2+(y_0+(2n-1)a)^2}+\right.$$

$$\left.\frac{(y_0-(2n-1)a)\psi(x)}{(x-x_0)^2+(y_0-(2n-1)a)^2}\right]dx.$$

附录A

常微分方程简介

1. 一阶线性齐次常微分方程

方程

$$\frac{\mathrm{d}y}{\mathrm{d}x}+P(x)y=0 \tag{A.1}$$

称为一阶线性齐次常微分方程.

方程(A.1)是可分离变量的,分离变量后得$\frac{\mathrm{d}y}{y}=-P(x)\mathrm{d}x$,两端积分得

$$\ln|y|=-\int P(x)\mathrm{d}x+C_1,\quad 故\quad y(x)=C\mathrm{e}^{-\int P(x)\mathrm{d}x}\quad (C=\pm \mathrm{e}^{C_1}),$$

这就是一阶线性齐次常微分方程(A.1)的通解.

2. 一阶线性非齐次常微分方程

方程

$$\frac{\mathrm{d}y}{\mathrm{d}x}+P(x)y=Q(x) \tag{A.2}$$

称为一阶线性非齐次常微分方程.

用常数变易法来求非齐次线性常微分方程的通解,即把方程(A.1)的通解中的C换成x的函数$u(x)$,做变换

$$y=u(x)\mathrm{e}^{-\int P(x)\mathrm{d}x} \tag{A.3}$$

于是

$$\frac{\mathrm{d}y}{\mathrm{d}x}=u'\mathrm{e}^{-\int P(x)\mathrm{d}x}-uP(x)\mathrm{e}^{-\int P(x)\mathrm{d}x}. \tag{A.4}$$

将式(A.3)、式(A.4)代入方程(A.2)得

$$u'\mathrm{e}^{-\int P(x)\mathrm{d}x}-uP(x)\mathrm{e}^{-\int P(x)\mathrm{d}x}+P(x)u\mathrm{e}^{-\int P(x)\mathrm{d}x}=Q(x),$$

即

$$u'\mathrm{e}^{-\int P(x)\mathrm{d}x}=Q(x),\quad 从而\quad u'=Q(x)\mathrm{e}^{\int P(x)\mathrm{d}x}.$$

两端积分得

$$u(x)=\int Q(x)e^{\int P(x)dx}dx+C,$$

把上式代入式(A.3)，便得非齐次线性常微分方程(A.2)的通解

$$y(x)=e^{-\int P(x)dx}\left(\int Q(x)e^{\int P(x)dx}dx+C\right).$$

3. 二阶常系数线性齐次常微分方程

设

$$y''+py'+qy=0, \tag{A.5}$$

其中 p,q 是常数.称此方程为二阶常系数线性齐次常微分方程.

求方程(A.5)的通解的步骤如下：

(1) 写出方程(A.5)的特征方程

$$r^2+pr+q=0. \tag{A.6}$$

(2) 求出特征方程(A.6)的两个根 r_1,r_2.

(3) 当 r_1,r_2 是两个不等的实根时，方程(A.5)的通解为

$$y=C_1e^{r_1x}+C_2e^{r_2x}.$$

当 r_1,r_2 是两个相等的实根，即 $r_1=r_2$ 时，方程(A.5)的通解为

$$y=(C_1+C_2x)e^{r_1x}.$$

当 r_1,r_2 是一对共轭复根，即 $r_{1,2}=\alpha\pm i\beta$ 时，方程(A.5)的通解为

$$y=e^{\alpha x}(C_1\cos\beta x+C_2\sin\beta x).$$

4. 二阶线性非齐次常微分方程的通解

形如

$$y''+P(x)y'+Q(x)y=f(x) \tag{A.7}$$

的方程称为二阶线性非齐次常微分方程.

已知对应于方程(A.7)的齐次微分方程 $y''+P(x)y'+Q(x)y=0$ 的通解为 $Y(x)=C_1y_1(x)+C_2y_2(x)$，用常数变易法求方程(A.7)的通解.

令

$$y=v_1(x)y_1(x)+v_2(x)y_2(x), \tag{A.8}$$

要确定未知函数 $v_1(x),v_2(x)$ 使式(A.8)所表示的函数满足方程(A.7). 为此，对式(A.8)求导得

$$y'=v_1'y_1+v_2'y_2+v_1y_1'+v_2y_2'.$$

将其代入方程(A.7)，就得到 v_1,v_2 必须满足的一个方程，但未知函数 v_1,v_2 有两个，为了确定它们，还必须找出一个限定条件，在理论上，这些另加的条件可以任意给出，其法无穷，当然以运算上简便为宜.

从 y' 的上述表示式可看出，为了使 y'' 的表示式中不含 v_1'' 和 v_2''，可设

$$v_1'y_1+v_2'y_2=0, \tag{A.9}$$

从而 $y'=v_1y_1'+v_2y_2'$，再求导得

$$y''=v_1'y_1'+v_2'y_2'+v_1y_1''+v_2y_2''.$$

将 y,y',y'' 代入方程(A.7)得

$$v_1'y_1'+v_2'y_2'+v_1y_1''+v_2y_2''+P(v_1y_1'+v_2y_2')+Q(v_1y_1+v_2y_2)=f,$$

整理得

$$v_1'y_1'+v_2'y_2'+(y_1''+Py_1'+Qy_1)v_1+(y_2''+P'y_2+Qy_2)v_2=f.$$

注意到 y_1,y_2 是齐次方程 $y''+P(x)y'+Q(x)y=$ 的解，故上式即为

$$v_1'y_1'+v_2'y_2'=f. \tag{A.10}$$

联立方程(A.9)和方程(A.10)，在系数行列式

$$W=\begin{vmatrix} y_1 & y_2 \\ y_1' & y_2' \end{vmatrix}=y_1y_2'-y_2y_1'\neq 0$$

时，可解得

$$v_1'=-\frac{y_2f}{W},\quad v_2'=\frac{y_1f}{W}.$$

对上面两式积分(假定 $f(x)$ 连续)，得

$$v_1=C_1+\int\left(-\frac{y_2f}{W}\right)\mathrm{d}x,\quad v_2=C_2+\int\left(\frac{y_1f}{W}\right)\mathrm{d}x.$$

于是得非齐次方程(A.7)的通解为

$$y=C_1y_1+C_2y_2-y_1\int\left(\frac{y_2f}{W}\right)\mathrm{d}x+y_2\int\left(\frac{y_1f}{W}\right)\mathrm{d}x.$$

5. 欧拉方程

形如

$$x^ny^{(n)}+p_1x^{n-1}y^{(n-1)}+\cdots+p_{n-1}xy'+p_ny=f(x) \tag{A.11}$$

的方程(其中 $p_1,p_2,\cdots,p_n$ 为常数)，称为欧拉方程.

作变换 $x=\mathrm{e}^t$ 或 $t=\ln x$，则 $y(x)=y(\mathrm{e}^t)=y_1(t)=y_1(\ln x)$，于是有

$$\frac{\mathrm{d}y}{\mathrm{d}x}=\frac{\mathrm{d}y_1}{\mathrm{d}t}\cdot\frac{\mathrm{d}t}{\mathrm{d}x}=\frac{1}{x}\frac{\mathrm{d}y_1}{\mathrm{d}t},\quad \frac{\mathrm{d}^2y}{\mathrm{d}x^2}=\frac{1}{x^2}\left(\frac{\mathrm{d}^2y_1}{\mathrm{d}t^2}-\frac{\mathrm{d}y_1}{\mathrm{d}t}\right).$$

采用记号 D 表示 y_1 对 t 求导的运算 $\frac{\mathrm{d}y_1}{\mathrm{d}t}$，那么上述计算结果可以写成

$$xy'=\frac{\mathrm{d}y_1}{\mathrm{d}t}=\mathrm{D}y_1,$$

$$x^2y''=\frac{\mathrm{d}^2y_1}{\mathrm{d}t^2}-\frac{\mathrm{d}y_1}{\mathrm{d}t}=\left(\frac{\mathrm{d}^2}{\mathrm{d}t^2}-\frac{\mathrm{d}}{\mathrm{d}t}\right)y_1=(\mathrm{D}^2-\mathrm{D})y_1=\mathrm{D}(\mathrm{D}-1)y_1,$$

一般地，有

$$x^ky^{(k)}=\mathrm{D}(\mathrm{D}-1)\cdots(\mathrm{D}-k+1)y_1.$$

将这些关系式代入欧拉方程(A.11)，便得到一个以 t 为自变量的常系数线性齐次常微分方程，在求出这个方程的解 $y_1(t)$ 后，把 t 换成 $\ln x$，即得原方程的解 $y_1(t)=y_1(\ln x)=y(x)$.

例题 求解欧拉方程 $x^2y''+xy'=x^2$.

解 做变换 $x=\mathrm{e}^t$ 或 $t=\ln x$，则 $y(x)=y(\mathrm{e}^t)=y_1(t)=y_1(\ln x)$，这时原方程化为

$$\mathrm{D}(\mathrm{D}-1)y_1+\mathrm{D}y_1=\mathrm{e}^{2t},\quad 即\quad \mathrm{D}^2y_1=\mathrm{e}^{2t}.$$

此方程的通解为

$$y_1(t)=\frac{1}{4}\mathrm{e}^{2t}+C_1+C_2t,$$

因此 $y_1(t)=y_1(\ln x)=\frac{1}{4}x^2+C_1+C_2\ln x$ 为所求的通解 $y(x)$.

附录B

Γ函数的定义和基本性质

1. 定义

Γ函数的通常定义是

$$\Gamma(z)=\int_0^{+\infty} \mathrm{e}^{-t}t^{z-1}\mathrm{d}t,\quad \mathrm{Re}z=x>0. \tag{B.1}$$

$\mathrm{Re}z=x>0$ 是这个积分收敛的条件.由于被积函数中的因子 t^{z-1} 一般是多值的(当 z 不是整数时),所以应规定其单值分支.通常规定 $\arg t>0$,即 t 在正实轴上.这样当 $t>0$ 时,$t^{z-1}=\mathrm{e}^{(z-1)\ln t}$ 中对数 $\ln t$ 就取实数值.定义式(B.1)中的积分也称为第二类欧拉积分.

可以证明式(B.1)在右半平面 $\mathrm{Re}z>0$ 上代表一个解析函数,在左半平面积分不存在.

2. 性质

Γ函数有如下性质:

(1) $\Gamma(1)=1$;

(2) 有递推关系 $\Gamma(z+1)=z\Gamma(z)$,它的特例是

$$\Gamma(n+1)=n!\quad(\text{当 } n \text{ 为 0 或正整数时});$$

(3) $\Gamma(z)\Gamma(z-1)=\dfrac{\pi}{\sin\pi z}$;

(4) $\Gamma\left(\dfrac{1}{2}\right)=\sqrt{\pi}$;

(5) Γ函数的对数导数为

$$\psi(z)=\frac{\Gamma'(z)}{\Gamma(z)}=-C-\frac{1}{z}+\sum_{n=1}^{+\infty}\left(\frac{1}{n}-\frac{1}{n+z}\right),$$

它的一个特例是 $z=m$(整数),此时有

$$\psi(m)=\left.\frac{\Gamma'(z)}{\Gamma(z)}\right|_{z=m}=\left(1+\frac{1}{2}+\frac{1}{3}+\cdots+\frac{1}{m-1}\right)-C=-C+\sum_{k=1}^{m-1}\frac{1}{k},$$

其中 C 为欧拉常数;

(6) 倍乘公式

$$\Gamma(2z)=2^{2z-1}\pi^{-1/2}\Gamma(z)\Gamma\left(z+\frac{1}{2}\right).$$

附录C

通过计算留数求拉普拉斯变换的反演

应用拉普拉斯变换法求解定解问题的关键是求拉普拉斯变换的反演. 一般的求拉普拉斯反演(也称反变换)的方法是直接查表(见附录D)或利用拉普拉斯变换的性质以及已知变换的组合. 这里介绍根据拉普拉斯变换的反演公式和留数定理来求反演的方法.

反演公式可以写成

$$f(t)=\frac{1}{2\pi\mathrm{i}}\int_c F(p)\mathrm{e}^{pt}\mathrm{d}p,\quad t>0,$$

其中 c 为 p 平面上 $\mathrm{Re}p=\beta>\beta_0$ 的与虚轴平行的任意一条直线.

若 $F(p)$ 是单值的,且在 $0\leqslant\arg p\leqslant 2\pi$ 中,当 $p\to\infty$ 时,$F(p)\to 0$,则有

$$f(t)=\sum_k \mathrm{Res}[F(p_k)\mathrm{e}^{p_k t},p_k],\quad t>0,\tag{C.1}$$

其中 p_k 为像函数 $F(p)$ 在全平面的奇点. 这就是所谓的展开定理.

因为在此情形中,只要 β 取得足够大,总能使 $F(p)$ 在直线 c 的右边解析. 考虑 $F(p)\mathrm{e}^{pt}$ 沿如图 C.1 所示实线闭合回路的积分,其中 C_R 为以 $p=0$ 为中心,R 为半径,从 A 到 B 不经过 $F(p)$ 的奇点的实线圆弧,则

$$\frac{1}{2\pi\mathrm{i}}\int_A^B F(p)\mathrm{e}^{pt}\mathrm{d}p+\frac{1}{2\pi\mathrm{i}}\int_{C_R} F(p)\mathrm{e}^{pt}\mathrm{d}p=\sum_{k在l内}\mathrm{Res}\left[F(p)\mathrm{e}^{pt}\right],\quad l=\overrightarrow{BA}+C_R.$$

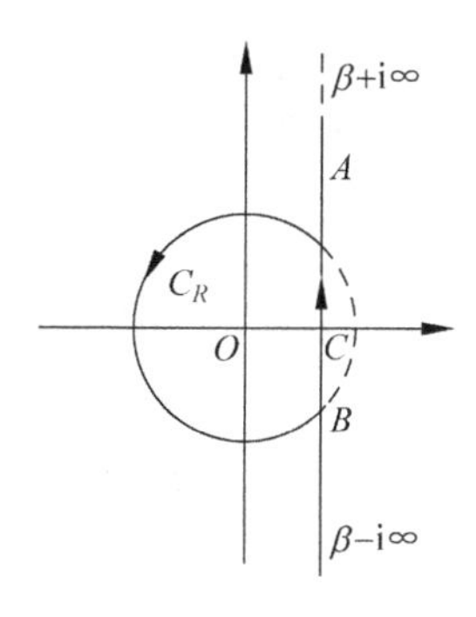

图 C.1

由若尔当引理可以证明

$$\lim_{R\to+\infty}\int_{C_R} F(p)\mathrm{e}^{pt}\mathrm{d}p = 0, \tag{C.2}$$

所以当 $R\to\infty$ 时，有

$$f(t)=\frac{1}{2\pi\mathrm{i}}\int_c F(p)\mathrm{e}^{pt}\mathrm{d}p = \sum_k \mathrm{Res}[F(p_k)\mathrm{e}^{p_k t}, p_k].$$

这样就把求反演的问题转化为计算留数的问题.

例题 求 $F(p)=\dfrac{\cosh\dfrac{\sqrt{p}}{a}x}{p\cosh\dfrac{\sqrt{p}}{a}l}$ 的原函数 $f(t)$.

解 $F(p)$ 是单值函数，它的奇点全是单极点，

$$p_0 = 0,\quad p_k = -\frac{a^2\pi^2(2k-1)^2}{4l^2},\quad k=1,2,\cdots,$$

$$\mathrm{Res}[F(p)\mathrm{e}^{pt},0]=1,$$

$$\mathrm{Res}[F(p)\mathrm{e}^{pt},p_k]=\left.\frac{\cosh\dfrac{\sqrt{p}}{a}x\cdot\mathrm{e}^{pt}}{\left[p\cosh\dfrac{\sqrt{p}}{a}l\right]'}\right|_{p=p_k}$$

$$=\frac{\cos\dfrac{(2k-1)\pi x}{2l}\mathrm{e}^{\frac{-a^2\pi^2(2k-1)^2}{4l^2}t}}{(-1)^k\dfrac{(2k-1)\pi}{4}},\quad k=1,2,\cdots,$$

所以

$$f(t)=\mathrm{Res}[F(p)\mathrm{e}^{pt},0]+\sum_{k=1}^{+\infty}\mathrm{Res}[F(p)\mathrm{e}^{pt},p_k]$$

$$=1+\frac{4}{\pi}\sum_{k=1}^{+\infty}\frac{(-1)^k}{2k-1}\cos\frac{(2k-1)\pi x}{2l}\mathrm{e}^{\frac{-a^2\pi^2(2k-1)^2}{4l^2}t}.$$

这就是正文中的式(10.67).

附录D

傅里叶变换和拉普拉斯变换简表

表 D.1 傅里叶变换简表

像原函数	像函数
$f(x)$	$\bar{f}(\omega)=\int_{-\infty}^{+\infty}f(x)\mathrm{e}^{-\mathrm{i}\omega x}\mathrm{d}x$
$\frac{\sin ax}{x}$	$\begin{cases}\pi, & \lvert\omega\rvert<a \\ 0, & \lvert\omega\rvert>a\end{cases}$
$\begin{cases}\mathrm{e}^{\mathrm{i}\lambda x}, & a<x<b \\ 0, & x<a \text{ 或 } x>b.\end{cases}$	$\frac{\mathrm{i}}{\lambda-\omega}\left(\mathrm{e}^{\mathrm{i}a(\lambda-\omega)}-\mathrm{e}^{-\mathrm{i}b(\lambda-\omega)}\right)$
$\begin{cases}\mathrm{e}^{-cx+\mathrm{i}\lambda x}, & x>0 \\ 0, & x<0.\end{cases}$	$\frac{\mathrm{i}}{\lambda-\omega+\mathrm{i}c}$
$\mathrm{e}^{-\eta x^2}$，$\mathrm{Re}\eta>0$	$\left(\frac{\pi}{\eta}\right)^{\frac{1}{2}}\mathrm{e}^{-\frac{\omega^2}{4\eta}}$
$\cos(\eta x^2)$	$\left(\frac{\pi}{\eta}\right)^{\frac{1}{2}}\cos\left(\frac{\omega^2}{4\eta}-\frac{\pi}{4}\right)$
$\sin(\eta x^2)$	$\left(\frac{\pi}{\eta}\right)^{\frac{1}{2}}\sin\left(\frac{\omega^2}{4\eta}+\frac{\pi}{4}\right)$
$\lvert x\rvert^{-s}$，$0<\mathrm{Re}s<1$	$\frac{2}{\lvert\omega\rvert^{1-s}}\Gamma(1-s)\sin\frac{\pi s}{2}$
$\frac{1}{\lvert x\rvert}\mathrm{e}^{-a\lvert x\rvert}$	$\left(\frac{2\pi}{a^2+\omega^2}\right)^{\frac{1}{2}}\left[(a^2+\omega^2)^{\frac{1}{2}}+a\right]^{\frac{1}{2}}$
$\frac{1}{\sqrt{\lvert x\rvert}}$	$\frac{(2\pi)^{\frac{1}{2}}}{\sqrt{\lvert\omega\rvert}}$

续表

像原函数	像函数
$\dfrac{\cosh ax}{\cosh \pi x}$， $-\pi<a<\pi$	$\dfrac{2\cos\frac{a}{2}\cosh\frac{\omega}{2}}{\cosh\omega-\cos a}$
$\dfrac{\sinh ax}{\sinh \pi x}$， $-\pi<a<\pi$	$\dfrac{\sin a}{\cosh\omega+\cos a}$
$\begin{cases}(a^2-x^2)^{-\frac{1}{2}}, & \|x\|<a \\ 0, & \|x\|>a\end{cases}$	$\pi J_0(a\omega)$（J_0 是零解贝塞尔函数）
$\dfrac{\sin[b(a^2+x^2)^{\frac{1}{2}}]}{(a^2+x^2)^{\frac{1}{2}}}$	$\begin{cases}0, & \|\omega\|>b \\ \pi J_0(a\sqrt{b^2-\omega^2}), & \|\omega\|<b\end{cases}$
$\begin{cases}\dfrac{\cos[b(a^2-x^2)^{\frac{1}{2}}]}{(a^2-x^2)^{\frac{1}{2}}}, & \|x\|<a \\ 0, & \|x\|>a\end{cases}$	$\pi J_0(a\sqrt{b^2+\omega^2})$
$\begin{cases}\dfrac{\cosh[b(a^2-x^2)^{\frac{1}{2}}]}{(a^2-x^2)^{\frac{1}{2}}}, & \|x\|<a \\ 0, & \|x\|>a\end{cases}$	$\begin{cases}\pi J_0(a\sqrt{\omega^2-b^2}), & \|\omega\|>b \\ 0, & \|\omega\|<b.\end{cases}$
$\delta(x)$	1
多项式 $P(x)$	$2\pi P\left(\mathrm{i}\dfrac{\mathrm{d}}{\mathrm{d}\omega}\right)\delta(\omega)$
e^{bx}	$2\pi\delta(\omega+\mathrm{i}b)$
$\sin bx$	$\mathrm{i}\pi[\delta(\omega+b)-\delta(\omega-b)]$
$\cos bx$	$\pi[\delta(\omega+b)+\delta(\omega-b)]$
$\delta^{(m)}(x)$	$(\mathrm{i}\omega)^m$
$\sinh bx$	$\pi[\delta(\omega+\mathrm{i}b)-\delta(\omega-\mathrm{i}b)]$
$\cosh bx$	$\pi[\delta(\omega+\mathrm{i}b)+\delta(\omega-\mathrm{i}b)]$
x^{-1}	$-\mathrm{i}\pi\,\mathrm{sgn}\,\omega$
x^{-2}	$\pi\|\omega\|$
x^{-m}	$-\mathrm{i}^m\dfrac{\pi}{(m-1)!}\omega^{m-1}\mathrm{sgn}\,\omega$
$\|x\|^{\lambda}$， $\lambda\neq-1,-3,\cdots$	$-2\sin\dfrac{\lambda\pi}{2}\Gamma(\lambda+1)\|\omega\|^{-\lambda-1}$
$H(x)$	$\dfrac{1}{\mathrm{i}\omega}+\pi\delta(\omega)$

表 D.2　拉普拉斯变换简表

像原函数	像　函　数
1	$\dfrac{1}{p}$
t^n，　$n=1,2,\cdots$	$\dfrac{n!}{p^{n+1}}$
t^α，　$\alpha>-1$	$\dfrac{\Gamma(\alpha+1)}{p^{\alpha+1}}$
$e^{\lambda t}$	$\dfrac{1}{p-\lambda}$
$\dfrac{1}{a}(1-e^{-at})$	$\dfrac{1}{p(p+a)}$
$\sin\omega t$	$\dfrac{\omega}{p^2+\omega^2}$
$\cos\omega t$	$\dfrac{p}{p^2+\omega^2}$
$\sinh\omega t$	$\dfrac{\omega}{p^2-\omega^2}$
$\cosh\omega t$	$\dfrac{p}{p^2-\omega^2}$
$e^{-\lambda t}\sin\omega t$	$\dfrac{\omega}{(p+\lambda)^2+\omega^2}$
$e^{-\lambda t}\cos\omega t$	$\dfrac{p+\lambda}{(p+\lambda)^2+\omega^2}$
$e^{-\lambda t}t^\alpha$，　$\alpha>-1$	$\dfrac{\Gamma(\alpha+1)}{(p+\lambda)^{\alpha+1}}$
$\dfrac{1}{\sqrt{\pi t}}$	$\dfrac{1}{\sqrt{p}}$
$\dfrac{1}{\sqrt{\pi t}}e^{-\frac{a^2}{4t}}$	$\dfrac{1}{\sqrt{p}}e^{-a\sqrt{p}}$
$\dfrac{1}{\sqrt{\pi t}}e^{-2a\sqrt{t}}$	$\dfrac{1}{\sqrt{p}}e^{\frac{a^2}{p}}\operatorname{erfc}\dfrac{a}{\sqrt{p}}$
$\dfrac{1}{\sqrt{\pi t}}\sin 2\sqrt{at}$	$\dfrac{1}{p\sqrt{p}}e^{-\frac{a}{p}}$
$\dfrac{1}{\sqrt{\pi t}}\cos 2\sqrt{at}$	$\dfrac{1}{\sqrt{p}}e^{-\frac{a}{p}}$
$\operatorname{erf}\sqrt{at}$	$\dfrac{\sqrt{a}}{p\sqrt{p+a}}$

续表

像原函数	像函数
$\operatorname{erfc}\dfrac{a}{2\sqrt{t}}$	$\dfrac{1}{p}e^{-a\sqrt{p}}$
$e^t\operatorname{erfc}\sqrt{t}$	$\dfrac{1}{p+\sqrt{p}}$
$\dfrac{1}{\sqrt{\pi t}}-e^t\operatorname{erfc}\sqrt{t}$	$\dfrac{1}{1+\sqrt{p}}$
$\dfrac{1}{\sqrt{\pi t}}e^{-at}+\sqrt{a}\operatorname{erf}\sqrt{at}$	$\dfrac{\sqrt{p+a}}{p}$
$J_0(t)$	$\dfrac{1}{\sqrt{p^2+1}}$
$J_n(t)$	$\dfrac{(\sqrt{p^2+1}-p)^n}{\sqrt{p^2+1}}$
$\dfrac{J_n(at)}{t}$	$\dfrac{1}{na^n}(\sqrt{p^2+a^2}-p)^n$
$e^{-at}I_0(bt)$	$\dfrac{1}{\sqrt{(p+a)^2-b^2}}$
$\lambda^n e^{-\lambda t}I_n(\lambda t)$	$\dfrac{(\sqrt{p^2+2\lambda p}-(p+\lambda))^n}{\sqrt{p^2+2\lambda p}}$
$t^n J_n(t)$， $n>-\dfrac{1}{2}$	$\dfrac{2^n\Gamma\left(n+\dfrac{1}{2}\right)}{\sqrt{\pi}(p^2+1)^{n+\frac{1}{2}}}$
$J_0(2\sqrt{t})$	$\dfrac{2}{p}e^{-\frac{1}{p}}$
$t^{\frac{n}{2}}J_n(2\sqrt{t})$	$\dfrac{1}{p^{n+1}}e^{-\frac{1}{p}}$
$J_0(a\sqrt{t^2-\tau^2})H(t-\tau)$	$\dfrac{1}{\sqrt{p^2+a^2}}e^{-\tau\sqrt{p^2+a^2}}$
$\dfrac{J_1(a\sqrt{t^2-\tau^2})H(t-\tau)}{\sqrt{t^2-\tau^2}}$	$\dfrac{e^{-\tau p}-e^{-\tau\sqrt{p^2+a^2}}}{a\tau}$
$\displaystyle\int_t^{+\infty}\frac{J_0(\tau)}{\tau}d\tau$	$\dfrac{1}{p}\ln(p+\sqrt{1+p^2})$
$\dfrac{e^{bt}-e^{at}}{t}$	$\ln\dfrac{p-a}{p-b}$

续表

像原函数	像函数
$\frac{1}{\sqrt{\pi t}}\sin\frac{1}{2t}$	$\frac{1}{\sqrt{p}}\mathrm{e}^{-\sqrt{p}}\sin\sqrt{p}$
$\frac{1}{\sqrt{\pi t}}\cos\frac{1}{2t}$	$\frac{1}{\sqrt{p}}\mathrm{e}^{-\sqrt{p}}\cos\sqrt{p}$
$\mathrm{si}t$	$\frac{\pi}{2p}-\frac{\arctan p}{p}$
$\mathrm{ci}t$	$\frac{1}{p}\ln\frac{1}{\sqrt{p^2+1}}$
$S(t)$	$\frac{1}{2\sqrt{2}p\mathrm{i}}\frac{\sqrt{p+\mathrm{i}}-\sqrt{p-\mathrm{i}}}{\sqrt{p^2+1}}$
$C(t)$	$\frac{1}{2\sqrt{2}p}\frac{\sqrt{p+\mathrm{i}}-\sqrt{p-\mathrm{i}}}{\sqrt{p^2+1}}$
$-\mathrm{ei}(-t)$	$\frac{1}{p}\ln(1+p)$

注：(1) $\mathrm{erf}(x)=\frac{2}{\sqrt{\pi}}\int_0^x \mathrm{e}^{-t^2}\mathrm{d}t$，称为误差函数.

(2) $\mathrm{erfc}(x)=1-\mathrm{erf}(x)=\frac{2}{\sqrt{\pi}}\int_x^{+\infty}\mathrm{e}^{-t^2}\mathrm{d}t$，称为余误差函数.

(3) $\mathrm{J}_n(x)=\sum_{k=0}^{+\infty}\frac{(-1)^k}{k!\Gamma(n+k+1)}\left(\frac{x}{2}\right)^{n+2k}$，$n=0,1,2,\cdots$ 是第一类 n 阶贝塞尔函数.

(4) $\mathrm{I}_n(x)=(\mathrm{i})^{-n}\mathrm{J}_n(\mathrm{i}x)$ 是第一类修正贝塞尔函数.

(5) $\mathrm{si}(t)=\int_0^t\frac{\sin x}{x}\mathrm{d}x$，$\mathrm{ci}(t)=\int_{-\infty}^t\frac{\cos x}{x}\mathrm{d}x$，$\mathrm{ei}(t)=\int_0^t\frac{\mathrm{e}^x}{x}\mathrm{d}x$.

$S(t)=\int_0^t\frac{\sin x}{\sqrt{2\pi x}}\mathrm{d}x$，$C(t)=\int_0^t\frac{\cos x}{\sqrt{2\pi x}}\mathrm{d}x$.

参 考 文 献

[1] TRISTAN N. Visual Complex Analysis[M]. New York：Clarendon Press,1997.
[2] 钟玉泉.复变函数论[M].2版.北京：高等教育出版社,1988.
[3] 焦红伟,尹景本.复变函数与积分变换[M].北京：北京大学出版社,2007.
[4] 梁昆淼. 数学物理方法[M].2版.北京：高等教育出版社,1996.
[5] 谷超豪,李大潜,等.数学物理方法[M].2版.北京：高等教育出版社,2002.
[6] 南京工学院数学教研组.数学物理方法与特殊函数[M].2版.北京：高等教育出版社,1998.
[7] 姚端正,梁家宝.数学物理方法[M].武汉：武汉大学出版社,1997.
[8] 徐效海.数学物理方法引论[M].南京：南京大学出版社,1999.
[9] 王竹溪,郭敦仁.特殊函数概论[M].北京：北京大学出版社,2000.
[10] 吉洪诺夫 A H,萨马尔斯基 A A. 数学物理方程[M].黄克欧,等译.北京：高等教育出版社,1959.
[11] 萨波洛夫斯基 A H. 特殊函数[M].魏执权,等译.北京：中国工业出版社, 1966.
[12] COURANT R,HILLBERT D. Methods of Mathematical Physics, Part Ⅰ and Part Ⅱ[M]. New York：McGraw-Hill, 1953, 1962.
[13] 施皮格尔 M R. 数学物理方法概论[M].于骏民,等译.上海：上海科技出版社,1981.
[14] 彭芳麟.数学物理方程的 MATLAB 解法与可视化[M].北京：清华大学出版社,2004.
[15] EDWARDS C H, PENNEY D E. Differential Equations and Boundary Value Problems-Computing and Modeling[M]. 3rd ed.北京：清华大学出版社(影印本),2004.
[16] KAMERICH E. Maple 指南[M].唐兢,李静,译.北京：高等教育出版社,2000.
[17] HABERMAN R. Applied Partial Differential Equations with Fourier Series and Boundary Value Problems[M]. 4th ed.北京：机械工业出版社(影印本),2004.
[18] 李大潜,秦铁虎.物理学与偏微分方程(上册)[M].北京：高等教育出版社,2005.
[19] 刘式适,刘式达.特殊函数[M].2版.北京：气象出版社,2002.
[20] 奚定平.贝塞尔函数[M].北京：高等教育出版社,1998.
[21] 潘文杰.傅里叶分析及其应用[M].北京：北京大学出版社,2000.